塑料薄膜的印刷与复合

SULIAOBOMO DE
YINSHUA
YU
FUHE

陈昌杰　主编

阴其倩　　吴世明　　李勇锋　　副主编

The Third Edition
第三版

U0207541

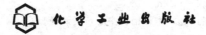

化学工业出版社

·北京·

本书在《塑料薄膜的印刷与复合》第二版的基础上，增补了第三篇塑料软包装行业的新进展及第四篇塑料软包装材料的性能测试，对一些新工艺、新技术做了较为详细的介绍，全书共四篇计15章。内容主要涉及塑料薄膜印刷概述、塑料印刷用油墨、塑料油墨的配色、塑料凹版印刷技术、柔性版印刷及其他印刷方法、塑料软包装材料基础、塑料薄膜的干法复合、挤出复合、共挤出复合成膜法、塑料复合薄膜的其他成膜方法、水性油墨及其在塑料凹版印刷中的运用、水性黏合剂及其在干法复合中的应用、无溶剂复合、多层共挤出的新进展，对食品用塑料包装薄膜产品的检测标准与方法，也进行了简明扼要的介绍。

本书在编写过程中，力求保持第二版简明、实用的风格，同时根据近年来业内的发展情况，对第二版的内容进行了必要的增补与扩容，汇集了塑料包装行业中资源节约型、环境友好型生产模式以及产品升级换代中的大量典型案例，并对国内外塑料软包装领域中的新动向，做了简要的介绍。本书不仅具有较强的科学性与系统性，而且具有较强的实用性和一定的先导性。

本书以从事塑料软包装材料生产、研究以及应用领域的广大科技人员为主要对象，也可供相关大专院校的师生参考，或者作为塑料薄膜的复合、印刷企业一线职工技术培训的参考教材。

图书在版编目（CIP）数据

塑料薄膜的印刷与复合/陈昌杰主编. —3版. —北京：化学工业出版社，2013.1（2023.7重印）
ISBN 978-7-122-15928-1

I.①塑… Ⅱ.①陈… Ⅲ.①塑料薄膜-印刷Ⅳ.①TS87

中国版本图书馆 CIP 数据核字（2012）第 284417 号

责任编辑：王苏平　　　　　　　　文字编辑：王 琪
责任校对：边 涛　　　　　　　　装帧设计：王晓宇

出版发行：化学工业出版社（北京市东城区青年湖南街 13 号　邮政编码 100011）
印　　装：北京捷迅佳彩印刷有限公司
710mm×1000mm　1/16　印张 31¼　字数 624 千字　　2023 年 7 月北京第 3 版第 5 次印刷

购书咨询：010-64518888　　　　　　售后服务：010-64518899
网　　址：http://www.cip.com.cn

凡购买本书，如有缺损质量问题，本社销售中心负责调换。

定　　价：128.00 元　　　　　　　　　　　　版权所有　违者必究
京化广临字 2013——2 号

第三版前言 FOREWORD

改革开放三十余年来，我国塑料包装行业，实现了从小到大的飞跃，2010年塑料包装材料的年产量达到了1600万吨，其中塑料软包装达到770万吨左右。现在我国已成为世界上名副其实的包装大国，塑料包装对整个国民经济和人民的日常生活做出了积极的贡献，然而较长时期以来，塑料包装行业，特别是塑料软包装行业，还在很大程度上沿用着高能耗、高污染的生产模式，同时在相当大的程度上，还存在着重产量、轻质量的思想，随着产业的进一步发展，亟待改变这种落后面貌。

1995年，我们组织了一批塑料软包装行业中造诣较深、影响力较高的专家学者，在培训教材的基础上，编辑、出版了《塑料薄膜的印刷与复合》一书，2004年又编辑、出版了该书的第二版，十余年来第一版、第二版共印刷了近10次，总印数近3万册，颇受业界欢迎，起到了"准教科书"的作用，在我国塑料包装行业实现由小到大的进程中，做出了积极的贡献。目前，我国塑料包装界已进入了一个由大到强的新时期，第一版作者中，我国的油墨泰斗杨海蛟先生、我国复合软包装胶黏剂的先驱张烈银先生这两位德高望重的老专家，在为我国塑料软包装行业做出卓越成绩之后，已驾鹤西去，行业发展的需要，要求我们在世的朋友，继承他们的遗愿、奋发工作。为了做好《塑料薄膜的印刷与复合》第三版的编辑、出版工作，我们在原有作者队伍的基础上，充实了一批年富力强的中青年专家，参加编写、出版工作。

《塑料薄膜的印刷与复合》一书的第三版，在基本保持第二版原有内容的基础上，汇集近年来塑料软包装行业中资源节约型、环境友好型生产模式及产品升级换代中的典型案例，增补了第三篇塑料软包装行业的新进展（第11～14章），同时考虑到性能测试在保证和提高产品质量方面的重要性及不可或缺性，增补了第四篇塑料软包装材料的性能测试（第15章）。增补部分的第11章水性油墨及其在塑料凹版印刷中的运用，由吴世明、罗杰卿高级工程师撰写；第12章水性黏合剂及其在干法复合中的应用，由沈峰高级工程师撰写；第13章无溶剂复合，由陈昌杰、赵有中高级工程师撰写；第14章多层共挤出的新进展，由李勇锋博士主笔，陈浩、陈新辉高级工程师参加了撰写；第15章食品用塑料包装薄膜产品的检测标准与方法，由秦紫明高级工程师撰写。此外，第一篇、第二篇在保持第二版中的内容基本不变的基础上，由鲍燕敏高级工程师对第 7 章干法复合工艺部分进行了改写，删除了交联聚乙烯薄膜等和塑料软包装关联性较少的部分，增补了现行标准等实用性较强的内容；鉴于第三版在第 13 章中，对无溶剂复合进行了详细的介绍，第 10 章塑料复合薄膜的其他成膜方法中，删减了无溶剂复合的内容，同时增补了无机双元蒸镀的新技术。

在本书的编写过程中，我们得到了左光申、於亚丰以及李小俊等朋友的大力支持，在此对他们表示衷心的感谢。

《塑料薄膜的印刷与复合》第三版，由陈昌杰担任主编，阴其倩、吴世明、李勇锋担任副主编。在选材及编写上，我们力求保持第二版简明扼要、重点突出、实用性强的风格，希望本书能够继续得到广大读者的厚爱，在经济发展变革的新时期中，能够对我国塑料软包装行业的发展做出积极的贡献。由于塑料软包装行业量大面广以及我们的时间及水平所限，书中不当之处在所难免，希望广大读者予以批评指正。

陈昌杰

2012 年 10 月

第二版前言 FOREWORD

《塑料薄膜的印刷与复合》一书，出版至今 8 年，蒙广大读者厚爱，其间销售量达到两万余册的佳绩，颇令人鼓舞。近三年来，出版社曾多次建议我们组织力量撰写第二版，我们亦感到随着时间的推延与近年来塑料软包装工业的飞速发展，原《塑料薄膜的印刷与复合》一书已不能很好地满足广大读者的需要，应补充一些塑料薄膜印刷与复合领域的新成果、新内容，但由于第一版作者或年迈体弱，或工作繁忙，无暇捉笔耕耘，《塑料薄膜的印刷与复合》第二版的编写工作进展十分缓慢，直至如今，《塑料薄膜的印刷与复合》第二版才得以脱稿，借此向广大读者表示歉意。

参加《塑料薄膜的印刷与复合》第二版文稿编写工作的有：陈昌杰高级工程师、张烈银高级工程师、阴其倩高级工程师、吴世明高级工程师以及潘辰娴技师等人，由陈昌杰任主编，张烈银、阴其倩、吴世明任副主编。第二版共两篇、计十章，第一篇第 1 章、第二篇第 8 章由阴其倩主笔，第一篇第 2 章、第 3 章、第 4 章、第 5 章由吴世明主笔，第二篇第 6 章、第 9 章、第 10 章由陈昌杰主笔，第二篇第 7 章由张烈银主笔。在第二版编写过程中，我们力求保持原书简明、实用的风格，同时根据近年来业内的发展，在原有内容的基础上作了相应的增补、扩容，主要有：在第一篇中，对油墨的配色作了更为详细的介绍，并对近年来发展迅速的柔性版印刷给予了很大的关注；在第二篇中，第 7 章对人们普遍关心的干法复合胶黏剂的安全、卫生问题作了较为详细的讨论，同时还介绍了一些实用性较强的功能性胶黏剂；第 8 章增补了一些具有较大参考价值的挤出复合产品案例；第 9 章介绍了对于多层共挤出复合工艺具有实际指导意义的多层流动包覆效应及层间不稳定现象等多层流变学基础知识，对多层共挤出成膜设备的核心部件——多层共挤出模头进行了较为详细的讨论，并在此基础上介绍了多层共挤出工艺在生产实践中的应用示例；此外还增加了"塑料复合薄膜的其他成膜方法"一章，对业内同仁尚不甚熟悉的一些工业化实用技术（无溶剂复合、涂覆、蒸镀、热熔胶复合等）作了较为详细的介绍，以便广大读者对塑料薄膜的印刷与复合有一个比较全面的了解。

我们希望通过《塑料薄膜的印刷与复合》第二版的编辑、出版，能对我国的塑料软包装行业的发展起到积极的促进作用。由于水平所限，书中可能会存在错误及不当之处，欢迎广大读者提出宝贵意见。

陈昌杰

2004 年 6 月 29 日于上海

目　录 CONTENTS

第3章　　　　　　　　　　　　　　　　　　　　　　　　　Page

塑料油墨的配色　　　　　　　　　　　　　　　　　　　029

第4章

塑料凹版印刷技术

第5章

柔性版印刷及其他印刷方法　101

第8章

挤出复合

第9章

共挤出复合成膜法

250

第四篇　塑料软包装材料的性能测试

第15章

第一篇

塑料薄膜的印刷

第1章 塑料薄膜印刷概述

1.1 塑料薄膜印刷的重要性

俗话说"佛要金装，人要衣装"，同样，流转中的商品也需要精美的包装。进入21世纪以来，人们的生活水平有了很大提高，人们的消费行为更为理智与挑剔，所以对商品包装的要求也越来越高。从根本上讲，一种质量合格的产品还不能称为商品，产品必须经过包装技术和其他物流销售技术的处理，才能变成受市场欢迎的商品，而且市场上的商品并不能自动实现其价值，只有经过消费者购买和使用后才能真正体现其社会价值。在当今市场商品竞争的诸多因素中，商品质量、价格、包装设计是3个主要因素，包装对整体形象的促进作用并不亚于广告。包装对商品起到如下的作用。

（1）保护商品　首先包装材料必须具有一定的机械强度。优良的包装可以使商品在从出厂到销售的整个流通过程中通过不同的环节处于不同的环境，都不致损坏、散失和变质。

（2）操作性能　对于塑料薄膜印刷材料来说，首先要有印刷性，或通过印前处理后能解决印刷牢度问题，还要具有一定的刚性和挺度，能适应包装机械自动包装，热封机械封口、制袋，并且容易填充内容物。

（3）方便功能　只有经过适当包装的商品才更有利于运输和储存，便于装卸和在仓库内堆码存放。

（4）美化商品、提高商品的价值，便于销售　优良、美观的包装往往可以提高商品的身价，包装可以通过形状、颜色来刺激消费者的视觉，激起他们的购买欲，使顾客愿意付出较高的价格来购买，同时也起广告宣传作用，增加商品售出机会。

塑料是一种高分子合成材料，用于包装印刷的塑料薄膜因具有透明度高、强度好、韧性强、密度低、耐化学品性优良等特性，越来越得到广泛的应用。

市场的现代化对于商品包装提出了越来越高的要求，随着社会的进步，人们对于消费品的需求不只是追求物质上的满足，还要求得心理上的满足。设计良好的销售包装往往给消费者直接的视觉冲击，容易吸引消费者的注意和诱发他们的兴趣，有利于激发购买欲望。印在塑料薄膜上的色彩是包装的第一视觉要素，顾客对商品的感觉首先是色彩，如果一种商品其内在质量很好，但是它的外包装色彩单调、印刷粗糙、套印不准，给人的第一印象就很差，往往人们对其都不愿多看一眼，更不要说激起消费者的购买欲了。如果印在塑料薄膜上的图案清晰明快，色彩与商品本身的用途和特性配合恰当，即使消费者走过时无意的一瞥也会进而转变为有意注意，刺激视觉、唤起联想，转而变成购买行为。所以塑料薄膜的印刷好坏是非常重要的。

塑料包装材料印刷品的印刷质量主要有以下几个要求：①印刷的牢度要好，即印刷油墨同承印件之间的附着力要大，不会因印刷面的摩擦及外力的作用而剥离。为了提高印刷油墨在承印件表面的附着力，应选用油墨同承印件表面有良好亲和力的黏结料，提高油墨黏结料用量，以增强印刷牢度。②印刷品有良好的耐酸耐碱性、耐水性、耐温性、耐光性，不会因上述因素的作用而发生退色、变色、脱落等现象。③印刷品要有良好的耐刮痕性，不会因尖锐物的刮擦而留下刮痕。耐刮擦性和耐揉搓性是有差别的，耐刮擦性是指油墨干燥成膜后的墨膜强度要好，即油墨中的黏结性树脂料的分子量应高，机械强度（尤其是硬度）要好；而耐揉搓性同油墨与承印件之间的附着力有关。④根据印刷品用户的要求，印刷品应有良好的光泽性、半消光性和消光性。⑤印刷套色要正确。只有套色正确，才能有良好的套色效果，反映出正确的叠加的色效应。

1.2 常用塑料包装印刷薄膜的种类及其印刷适应性

塑料包装用于印刷的薄膜，一般要求具有透明度高、无毒、无味、有一定的挺度、强度好、较柔软、防潮、化学性能稳定、耐寒、耐热、抗污染等性能。

塑料包装印刷薄膜的种类很多，可以根据被包装物的需要而进行选择。目前用量最大的是聚烯烃薄膜，包括低密度聚乙烯（LDPE）薄膜、高密度聚乙烯（HDPE）薄膜、双向拉伸聚丙烯（BOPP）薄膜、流延聚丙烯（CPP）薄膜，其次是双向拉伸聚酯（PET）薄膜、尼龙（PA）薄膜、聚氯乙烯（PVC）薄膜、玻璃纸等。

1.2.1 聚乙烯薄膜

聚乙烯（polyethylene，PE），是塑料包装印刷薄膜中用量最大的一个品种，根据聚合方法不同可分为高压法、中压法、低压法 3 种，按密度来分可分为低密度聚乙烯（密度为 $0.910\sim0.925g/cm^3$）、中密度聚乙烯（密度为 $0.926\sim0.940g/cm^3$）、高密度聚乙烯（密度为 $0.941\sim0.965g/cm^3$）。

1.2.1.1 低密度聚乙烯

高压法 $nCH_2\!=\!CH_2 \xrightarrow[\text{催化剂，200℃}]{100\sim200MPa} \left[CH_2\!-\!CH_2\right]_n$ 生产出的高压聚乙烯是低密度聚乙烯（LDPE）。

低密度聚乙烯分子中支链较多，结晶度低（60%～80%），软化温度为 105～120℃。LDPE 薄膜可以用吹塑法和流延法制得，薄膜为微白透明体，其机械强度、气体阻隔性、耐油脂性等都较差，但其阻湿性、耐寒性、耐低温性、化学稳定性、柔软性、伸长率、耐冲击性等都较好。

由于 LDPE 是非极性材料，其表面张力较差，只有 31mN/m 左右，如果不进行处理就去印刷，油墨的附着力非常差，很容易脱落。为了提高印刷牢度，在印刷前一定要进行电晕处理，使其表面张力达到 38～40mN/m。LDPE 柔软性较好，其延伸性也较大，这些特性给印刷的套印精度带来了一定的难度。为了克服这一困难，在制版时就应考虑到聚乙烯易拉伸的特性，每一个印刷单元都要适当地放量，单位尺寸较小的放量小一些，单元尺寸较大的放量大一些。一般来说，单元尺寸100～150mm 放量在 2mm 左右，单元尺寸 400mm 放量在 6～8mm 之间。制版时还要考虑每一色版辊直径的递增，印 LDPE 的版辊直径递增要大于 BOPP 和 PET 等材料的版辊直径递增幅度，通常印刷 BOPP 和 PET 等材料的版辊直径幅度在0.03mm 左右，但是印刷 LDPE 的版辊直径递增幅度在 0.05mm 左右。用于印刷的LDPE 薄膜必须厚薄均匀度好，薄膜平整，不能出现荡边现象。印刷时要特别注意张力的控制，防止薄膜延伸而影响套印精度。

1.2.1.2 高密度聚乙烯

低压法 $nCH_2\!=\!\!CH_2 \xrightarrow[\text{催化剂、溶剂}]{\text{略加压力，}60\sim80℃} \text{---}\!\!\left[CH_2\!-\!CH_2\right]_{\!n}$ 生产出的低压聚乙烯是高密度聚乙烯（HDPE）。

高密度聚乙烯的密度比低密度聚乙烯高一些，薄膜呈乳白色、半透明，质地刚硬一些，其强度、硬度、耐溶剂性、阻气性和阻湿性等都比低密度聚乙烯优越，并且不易破损，强度为 LDPE 的两倍。但其表面光泽性较差，一般用于小商品袋、食品袋和家庭垃圾袋。

由于 HDPE 透明性较差，所以印刷大都采用表印，与 LDPE 一样，在印刷前必须经过电晕处理，以提高表面张力，增强油墨附着力。HDPE 的延伸率较 LDPE小一些，但对其印刷膜的平整度、厚薄均匀度等要求也很高，否则同样会影响套印的精确度。

1.2.1.3 线型低密度聚乙烯

线型低密度聚乙烯（LLDPE）是在 1977 年和 1979 年分别用低压气相法和溶液法聚合成功。它是由乙烯与 α-烯烃共聚而成的，聚合物分子为线型结构，主链为直链，并带有短支链，性能与低密度聚乙烯相似，又具有高密度聚乙烯的特点，因此 LLDPE 在应用上有它的优越性，其密度一般在 $0.915\sim0.940g/cm^3$ 之间。LL-DPE 的刚性、冲击强度、撕裂强度和耐应力开裂等方面都优于低密度聚乙烯。在LLDPE 树脂中只要加入少量的添加剂就会有很好的光学性能。LLDPE 的最大特点就是可以生产厚度较薄的薄膜，达到降低成本的目的。

为了增加聚乙烯印刷薄膜的强度和刚性，可以将 LDPE、HDPE、LLDPE 共挤出吹膜，利用各种材料的优点以增加聚乙烯薄膜的印刷适应性，提高其套印精度。

1.2.2 聚丙烯薄膜

聚丙烯是在催化剂作用下从石油高温裂化后的废气中聚合而制得的。

印刷用的聚丙烯薄膜绝大多数是双向拉伸聚丙烯（BOPP），它是在加工时使无定形部分或部分结晶的薄膜在软化点以上纵横方向分别被拉伸，使薄膜表面增大、厚度减薄、光泽度和透明度得到大幅度提高。同时，由于拉伸分子定向，其机械强度、气密性、防潮阻隔性、耐寒性等方面都有较大提高。这种薄膜由于透明度极好，里印后色彩鲜艳、光亮、美观，是软塑包装中用量很大的印刷基材。

聚丙烯薄膜的性能包括以下几个方面。

① 聚丙烯薄膜质量轻，密度为 $0.9g/cm^3$，是最轻的塑料薄膜之一，能漂浮于水面。

② 耐热性较好，这是许多热塑性塑料所没有的优良性能。

③ 化学稳定性好，耐酸、耐碱、耐油，具有防潮、防水的阻隔性。

④ 无毒、无臭、无味，和聚乙烯一样是世界上公认的用于食品包装的最佳材料。

⑤ 阻氧性较差，在阳光照射下容易老化。

⑥ 耐低温性差，在低温时质地发脆。

⑦ 印刷性差，因此印刷前必须进行表面电晕处理（表面张力大于等于 38mN/m），处理后印刷效果好。

⑧ 静电高，如果印刷机无抗静电装置，应在用于生产薄膜的树脂中加入抗静电剂。

⑨ 透明度好，光泽度好，特别适合用于里印，印刷适应性较好。

BOPP 薄膜透明度好，印刷适应性佳，作为一种理想的印刷基材广泛使用。印刷用的 BOPP 薄膜的表面张力必须大于 38mN/m，在光线下观察不能有晶点，纵横方向收缩率要低，以防在印刷中遇热收缩。

1.2.3 聚酯薄膜

聚酯，原名为聚对苯二甲酸乙二醇酯，简称 PET，它以乙二醇和对苯二甲酸酯化而成的对苯二甲酸二甲酯缩聚所得的聚对苯二甲酸乙二醇酯为原料，采用挤出法制成厚片，再与双向拉伸工艺相配合制成薄膜。PET 是一种透明度和光泽度都非常好的薄膜，它耐热性好，故常用作蒸煮袋的印刷层。

聚酯薄膜的性能如下。

① 机械强度大，其拉伸强度约是聚乙烯的 5～10 倍，因此 $12\mu m$ 的 PET 薄膜已得到广泛使用，$9\mu m$ 的极薄 PET 薄膜也开始使用。此外，聚酯薄膜还具有挺度高和耐冲击力强等优点。

② 耐热性好。熔点 260℃，软化点 230～240℃，即使采用双向拉伸工艺，在高温情况下它的热收缩率仍然很小，具有极其优良的尺寸稳定性，在高温下长时间加热仍不影响其性能。

③ 耐油性、耐药性好，不易溶解，有很好的耐酸性腐蚀力，能耐有机溶剂、油脂类的侵蚀，但在接触强碱时容易劣化。

④ 有良好的气体阻隔性和良好的异味阻隔性。

⑤ 对水蒸气的阻隔性不及聚乙烯和聚丙烯。

⑥ 透明度好，透光率在90%以上，光泽度好，特别适合用于里印，印刷适应性较好。

⑦ 防止紫外线透过性差。

⑧ 带静电高，印刷时要消除静电。

⑨ PET薄膜挺度佳，延伸性小，印刷时易套准，易操作。

1.2.4 尼龙薄膜

尼龙，化学名称为聚酰胺，简称PA，是具有许多重复酰胺基团的树脂性物质的总称。

尼龙薄膜分为未拉伸尼龙薄膜和双向拉伸尼龙薄膜，软塑包装中用于印刷的薄膜绝大部分是双向拉伸尼龙薄膜。

双向拉伸尼龙薄膜的性能如下。

① 无臭、无味、无毒，是食品包装的良好材料。

② 拉伸强度、耐磨性、耐穿刺性好，韧性较好。

③ 尼龙属于极性材料，表面张力高，印刷适应性好。

④ 对气体有优良的阻隔性。

⑤ 透明度、光泽度好。

⑥ 耐寒性、耐热性好，其使用温度可从-60℃低温至150～200℃高温。

⑦ 吸潮性、透湿性较大，吸水后易产生尺寸偏移，并容易起皱，所以对尼龙薄膜的包装要求较高。

双向拉伸尼龙薄膜以其柔软、耐穿刺等特殊性能广泛应用于高温蒸煮食品、水煮食品、抽真空包装等产品上。

1.2.5 玻璃纸

玻璃纸，即再生纤维薄膜，简称PT，它是在1913年由法国的La Cellophane公司开发的产品，所以也称赛璐玢。玻璃纸有普通玻璃纸和防潮玻璃纸两类。

各种玻璃纸通常采用以下标记。

PT	普通玻璃纸（未处理、透明）
WST	两面防潮，有热合性的玻璃纸
MT	两面防潮，无热合性的玻璃纸
MOT	单面防潮玻璃纸
MOST	单面防潮，有热合性的玻璃纸

玻璃纸的性能如下。

① 高透明度，高光泽度，不带静电，极性大，不需进行处理印刷适应性就非

常好。

② 挺性好，易撕，扭结后不反弹，适宜用作糖果包装和易撕包装。

③ 耐热性好，耐阳光照射，不泛黄。

④ 不带静电，不易被污染。

⑤ 耐水性和防潮性差，水蒸气透过率大（但防潮玻璃纸没有这个缺点）。

除了这些材料外，还有聚氯乙烯（PVC）、聚苯乙烯（PS）、乙烯-乙酸乙烯共聚物（EVA）等薄膜。由于这些薄膜在软塑包装材料中的用量很少，在此就不作专门介绍了。

1.3 塑料薄膜的印前处理

塑料薄膜经过印刷后，不仅要求具有色彩鲜艳、层次丰富、立体感强的印刷效果，而且要求印刷油墨必须牢固，墨层不脱落、不掉色。但是印刷用的塑料薄膜的品种很多，其表面特性因分子结构、基材的极性基团、结晶程度和塑料稳定性等不同因素而有很大的差异。这些因素对于印刷油墨的结合牢度影响很大。因此，在印刷之前应根据不同塑料的表面特性而确定其是否需要进行表面处理。例如，聚氯乙烯（PVC）、尼龙（PA）、聚苯乙烯（PS）等薄膜属于极性结构，印刷前不必进行表面处理。而聚乙烯、聚丙烯、乙烯-乙酸乙烯共聚物等薄膜基本上属于非极性的高分子聚合物，它们的化学稳定性较高，表面张力较小，不易被大多数油墨和溶剂所浸润，而且聚烯烃塑料在加工过程中，为了使薄膜容易开口，具有抗静电、防老化、防紫外线照射等性能，就要加入各种助剂，但是在成膜后，这些助剂会慢慢迁移至薄膜表面，使薄膜与油墨粘接强度降低。为了提高薄膜的表面张力，提高薄膜与油墨的粘接强度，所以在印刷之前必须对这些薄膜进行表面处理。印刷常用薄膜的表面张力见表1-1。

表 1-1 印刷常用薄膜的表面张力

材 料 名 称	表面张力(20℃) /(mN /m)	材 料 名 称	表面张力(20℃) /(mN /m)
聚乙烯	31	聚氯乙烯	33～38
聚丙烯	34	尼龙	46～52
热塑性聚酯	40～43	玻璃纸	42～44

1.3.1 塑料薄膜表面处理方法

塑料薄膜表面处理最常用的是电晕处理。电晕放电处理又称电子冲击、电火花处理，采用高频高压或中频高压对塑料薄膜表面进行处理。

电晕处理装置中包括一个高压交流电机、输出变压器和两个电极。电晕处理时，将要处理的薄膜连续地送进两个电极之间，由于高压电使空气中的氧高度电离而产生臭氧（O_3），使薄膜表面受到氧化处理。臭氧是一种强氧化剂，可以使薄膜表面氧化，在活性点生成极性基团，使分子极性增大，表面张力提高，对油墨产生很强的亲和力、吸引力，增加油墨的印刷牢度。当薄膜通过高压电场时，电子流对塑料薄膜进行强有力的冲击，在其表面产生密集的凹凸不平的微纹，使其表面粗化，有利于对油墨的吸附作用，从而适应印刷的需要。电晕处理方法是塑料表面处理的最常用方法。

1.3.2 塑料薄膜表面处理效果的鉴定方法

要想知道塑料薄膜经过处理后效果怎样，放置一段时间后其表面张力是否会有变化，就需要进行鉴定。下面介绍润湿张力试验法。

(1) 配制测试液 将甲酰胺和乙二醇单乙醚按照表 1-2 所规定的比例配制，并将配好的各种比例的测试液分别装入瓶中备用。

表 1-2 聚烯烃润湿张力测试液

甲酰胺 /%	乙二醇单乙醚 /%	润湿张力 /(mN /m)	备 注
19	81	33	
26.5	73.5	34	
35	65	35	
42.5	57.5	36	
48.5	51.5	37	
54	46	38	
59	41	39	
63.5	36.5	40	
67.5	32.5	41	
71.5	28.5	42	在相对湿度 (50 ± 5)%、温度 (23 ± 2)℃ 条件下
74.5	25.3	43	
78	22	44	
80.3	19.7	45	
83	17	46	
87	13	48	
90.7	9.3	50	
93.7	6.3	52	
96.5	3.5	54	
99	1	56	

(2) 测定方法 用脱脂棉球蘸上已知表面张力的测试液，在薄膜上涂约 $1in^2$ ($6.4516 \times 10^{-4} m^2$) 的面积 2s，若不发生水纹状收缩，说明该薄膜已达到需要的表面张力。如果发生水纹状收缩，则说明该薄膜达不到需要的表面张力，这时可以用低于此挡的张力测试液进行测试，直至测试液发生水纹状收缩为止，前一挡的测试液张力数即是该薄膜的表面张力。一般聚乙烯薄膜印刷前的表面张力应为 38～40mN/m，聚丙烯薄膜印刷前的表面张力应大于 38mN/m。

1.4 塑料薄膜的常用印刷方法

1.4.1 凹版印刷

塑料凹版印刷工艺是当今塑料薄膜印刷的主要工艺方法，用凹版工艺印刷的塑料薄膜具有印刷质量高、墨层厚实、色泽鲜艳、图案清晰明快、画面层次丰富、反差适度、形象逼真、立体感强等优点，这是其他印刷方式难以达到的。凹版印刷耐印力强，适合印刷百万印以上的长版印件，其印刷速度也较快。但是凹版印刷的印前制版工艺复杂，成本较高，周期长，有废水、废气污染，一次性总投资比较大。

1.4.2 柔性版印刷

柔性版印刷是利用柔性凸版和快干性凸版油墨的一种印刷方法。其设备简单，成本低，柔性版材质量轻，印刷时压力小，版材及机械损耗小，印刷时噪声小、速度快。柔性版换版时间短、工效高，柔性版柔软、有弹性、传墨性能好，印刷材料适应面广，对于印刷批量小的产品成本比凹版印刷低，即使是表面比较粗糙的纸张也能印刷。但柔性版印刷对油墨和版子的要求较高，一般来说，其印刷质量较凹版稍逊色一些。

1.4.3 丝网印刷

丝网印刷原是一种古老的印刷方法。原先是用手工印刷一些简单的图案和文字，但近来由于生产发展的需要，这项工艺已从手工生产发展为机械化、自动化的大规模生产。随着丝网印刷设备、制版工艺、印刷工艺的不断改进，其应用范围越来越广，几乎做到凡是其他印刷机难以应付的印刷物，从平面到立体甚至曲面都可印刷。

丝网印刷的产品墨层丰厚、色泽鲜艳、色彩饱满、遮盖力强、油墨品种选择范围广、适应性强，印刷时压力较小、便于操作，制版工艺简单易行、设备投资少，因此成本低廉、经济效益较好、承印材料品种范围广，可印刷塑料薄膜、塑料书封面、提包等，也可印刷各种形状的中空制品、日用塑料制品等，应用范围很广。

1.4.4 凸版印刷

在20世纪60年代初，某些服装等出口商品要求塑料袋包装，当时国内根本没有凹版和柔性版印刷厂，为了解决问题，提出了凸版零件印刷的办法。时至今日，这种印刷方法早已落后，应该淘汰，但因中国地域宽广，各地区经济发展不平衡，某些地区仍在采用这种工艺。另外，某些塑料包装袋的规格特殊，数量又很少，不适宜用凹版和柔性版的快速大量印刷，故仍然采用凸版印刷。

塑料薄膜凸版印刷，即通常所说的"塑料铅印"。一般用方箱、花旗架和圆盘等这类低速铅印机，印刷时所用的油墨很稠，呈膏状，是氧化结膜油墨。凸版印刷制版容易、价格低廉、制作简单，所以能承印数量少、规格多的塑料薄膜零星产品，其最大的缺点是印后干燥速度慢、容易产生黏墨现象。

参 考 文 献

[1] 阜江艳. 凹版印刷. 北京：化学工业出版社，2002.
[2] 汤荣宝，乐玉晴. 柔性版和丝网制版、印刷实训教程. 上海：上海交通大学出版社，2006.
[3] 印刷工业出版社编辑部. 包装印刷. 北京：印刷工业出版社，2011.

第2章　塑料印刷用油墨

2.1　概述

我国在 20 世纪 60 年代开始发展塑料包装，但因石油化工基础薄弱，材料本身的发展受到限制。同时，未有适当的油墨和印刷机，不能快速和精美地印刷塑料包装以及相关的印前印后加工技术与设备落后等种种原因，故发展不快。20 世纪 70 年代末，材料和机械等都初步获得解决，遂迅速发展，20 世纪 80 年代发展更为迅速，跨进 21 世纪后仍显方兴未艾之势。

为了达到对被包装的商品给予标志和宣传的目的，包装上必须有精美的印刷。由于塑料包装材料的表面性质与纸张、木材不同，表面无吸收性，表面能较低，与其他物质不易相互粘接，故必须有特殊的油墨和相当的印刷方法来适应。回顾 20 世纪 60 年代初，国内已较多采用塑料薄膜作为包装材料，但限于当时条件，只能用凸版印刷方法进行印刷。由于一般凸版油墨印在塑料薄膜表面几天才干，干后也易擦掉，为此，工程技术人员配合试制了专用于塑料薄膜印刷的凸版油墨（又名铅印油墨），印后数小时就干了，而且不易擦掉，在当时推动了塑料包装印刷的大幅度发展。然而，由于铅印油墨和凸版印刷工艺性质所局限，无法印刷卷筒薄膜，也很难再进一步提高油墨的干燥速度和印刷速度，从而促使塑料包装印刷跨入了凹版轮转印刷工艺阶段，塑料凹版轮转印刷油墨随之应运而生。

目前国内塑料印刷采用的印刷方法以凹版印刷为主，柔性版印刷和丝网版印刷也正发展，零星印件如已制成薄膜袋的印刷也仍有采用凸版印刷者。印刷工艺不同，所需油墨也不同；塑料材料不同，所需油墨又有不同。故塑料印刷用的油墨品种很多。

2.2　凹版塑料印刷用油墨

2.2.1　凹版塑料印刷的对象及用途

（1）印刷对象　主要是指用于复合软包装的印刷基材薄膜，如聚乙烯（PE）、聚丙烯（PP）、热塑性聚酯（PET）、聚酰胺（PA）、玻璃纸（cellophane）、聚氯乙烯（PVC）等卷筒薄膜以及纸张卷筒材料。

（2）印刷物用途

① 包装用　各种食品包装复合膜、袋；各种日用品、杂货、五金、化妆品包装；肥料、水泥等重包装；一般铝塑、纸塑包装材料。

② 商业用　广告、月历、年画等。

③ 其他　家具和建材装饰贴面及其他。

2.2.2　凹版塑料印刷的特点

从印刷品的质量来说，塑料包装用凹版印刷工艺是比较合理的。首先，表面镀铬的印版耐印率极高，可印数百万份而不坏，适合于塑料包装的大量印刷。其次，可以半色调多层次彩色印刷，印刷质量很高；还可用卷筒材料快速印刷，机上可装冷、热吹风设备，使油墨迅速干燥。印刷速度可高达 200m/min；并可与裁切、灌装、封口等工序相连接。但这些工艺对油墨提出了严格的要求，油墨生产者必须从这些要求出发来制造适当的油墨。

2.2.3　一般凹版塑料印刷油墨的组成和结构

2.2.3.1　配方设计的基本原理和技术依据

凹版的图文是凹陷下去的，版辊浸入或蘸取油墨后须用刮刀将版平面刮干净，油墨仅留存在凹陷的图案文字中。将塑料材料与版辊接触，在一定的压力下，使油墨黏附到塑料上，经吹热风及冷风使油墨干燥，塑料表面就形成所需要的图案文字。

为什么凹印油墨要设计成挥发干燥型的？一方面，是由于凹版轮转印刷机速度快，一般都为 40~100m/min，高速机达 150~200m/min。另一方面，是凹版印刷的墨层厚，胶印印痕一般约为 $4\mu m$，铅印印痕一般约为 $2\mu m$，而凹版的凹入深度一般为 $20\sim50\mu m$，最深可达 $70\mu m$。根据研究模拟测定，凹印版上的墨转移率一般均为 40%~50%。这样，承印物上墨层厚度一般为 $9\sim20\mu m$。这样厚的墨层，单靠氧化结膜是无法达到快干的。印刷吸收性材料尚且如此，印刷非吸收性材料时就更困难了。只有使墨中非成膜部分尽快脱出墨膜，例如，使用沸点较低且有瞬间挥发特性的有机溶剂，使油墨迅速干燥。以上两点是设计凹印油墨为挥发性干燥的首要考虑因素。

其次，凹印油墨为什么要制成较低黏度即较为稀薄的流体？这是因为用于凹印印刷时，油墨的展布和传递不像胶印和铅印设备那样有窜动、调和油墨的装置，以使油墨能均匀涂布于印版上。凹印油墨要靠本身的流动性和粘接性填充、涂布于凹版网纹中，因而只有较低黏度即较稀薄的体系才能赋予这样的性质。在短时间内油墨要填满凹纹，如果黏度太大则难以填满凹纹，刮刀难以圆滑刮净非图案部分的油墨；相反，如果黏度太小也不行，由压印而造成油墨网点变形，就会使图案再现性欠佳。同时由于凹版印刷时使用刮刀除去非图文部分油墨，并使剩余部分油墨回复到原墨槽中，即使是图文中的墨也要反复与原墨接触，只有较低黏度的流体才容易除去，并且具有很好的复溶性、很小的触变性和屈服值，才能适应凹版印刷。

设计油墨时，要考虑以下几点。

① 印刷机的速度。

② 印刷物是属于何种塑料薄膜或其他材料。

③ 油墨是墨斗、墨槽循环，还是泵送、喷嘴循环。

④ 气候条件，一般正常干燥要求温度为 20～30℃，相对湿度为 65%～75%。因为在 20℃以下印刷，油墨自然干性要减慢，30℃以上油墨自然干性有加快趋势；空气相对湿度低，有助于墨中溶剂的挥发，反之则有碍溶剂的挥发。为了适应高速和印刷作业顺利进行，一般需装置电热或蒸汽加热器。有吹冷风的导管，集中吹过印刷面。

⑤ 塑料表面光滑，不像纸张表面那样疏松。

以上就是设计凹版油墨的基本原理和技术依据。

2.2.3.2　凹版塑料油墨的组成

要符合上述要求，凹版塑料印刷油墨的组成大致如下。

着色料——颜料	8%～35%	连接料——溶剂	30%～60%
填充料——体质料	0～5%	辅助剂	0～3%
连接料——合成树脂	10%～30%		

颜料的着色力大，吸油量大，用少量就可达到一定的着色浓度和一定的厚薄度，如酞菁蓝颜料。颜料着色力小，吸油量也小，就需要用量较大，如钛白。填充料可用可不用，如在油墨中用了适量的颜料后已达到了黏度和厚度的要求，就可不用。若油墨用了适量的颜料后黏度太小，厚度不够，则需加入少量的填充料。一般的填充料是超细气相白炭黑等。

连接料是合成树脂溶解在有机溶剂中而制成，有一定的黏度和厚薄度，具有使颜料等物质能很好地分散在其中成为均匀细腻的胶体体系的性质。在油墨印刷到塑料上干燥后成为墨膜时，能将包裹的颜料牢固地附着在塑料表面，其中树脂是对塑料牢固附着的主要材料。溶剂则应具有溶解树脂、帮助粘接、迅速挥发而使油墨干燥的性质。

辅助剂是具有调节油墨的黏度、厚薄度、流动性等作用的物质。构成凹版油墨的 5 大部分互相制约、互相影响、缺一不可。特别是辅助剂，用量极少，但往往能收到较大的改性效果。从现代制墨技术的倾向看，油墨配方设计的重点已转到研究辅助剂方面。表 2-1 列出了凹版油墨根据溶剂类型不同进行分类的 5 种类型及其对应的主要溶剂、主要树脂及印刷用途和性能。此外，也可以根据油墨中的树脂类型不同对油墨进行分类，例如，以聚酰胺树脂为连接料的油墨称为聚酰胺油墨，以氯化聚丙烯为连接料的油墨称为氯化聚丙烯油墨。有时也以着色料对油墨进行分类，如红色油墨、蓝色油墨等。

表 2-1 凹版油墨的用途和性能

类 型	主要溶剂	树 脂	用 途	印刷性能
苯型	苯、甲苯、二甲苯	松香、松香酸盐、改性酚醛树脂、石油树脂等	纸张出版物	优
汽油型	烷烃	季戊四醇松香酯、萜烯类、丁基橡胶等	纸张出版物	良好
混合溶剂型	苯-醇	聚酰胺、丙烯酸及其酯类共聚物、氯化聚苯乙烯树脂等	各种塑料薄膜	优
醇型	醇-酯	虫胶、醇溶性酚醛及醇溶纤维素等	纸张和玻璃纸	良好
水剂型	水-醇	丙烯酸树脂、乳胶及其碱可溶树脂等	纸张出版物和色浆纸等	尚可

2.2.4 印刷聚烯烃薄膜的凹版塑料油墨

目前国内用得较多的塑料包装材料是聚乙烯薄膜和聚丙烯薄膜，这些材料在国内已有大量生产，价格也较低廉，故为一般包装所大量采用。应用于这类材料的油墨已有几百家油墨厂生产，但就国内现状来看，目前大多数为溶剂型油墨，而且其中又以苯-醇混合型居多，这里作为重点品种来介绍。

2.2.4.1 印刷聚烯烃薄膜的凹版塑料油墨的组成

油墨的组成与上面所介绍的凹版塑料油墨大致相同，这里把各个组成材料进一步作具体介绍。

（1）颜料 红色颜料多数为偶氮类或色淀类，如永固红 2B、永固红 F4R、色淀金红 C、洋红 6B、磷钨钼酸色淀桃红等。

黄色颜料多数为偶氮中的永固黄或联苯胺黄，也有采用柠檬铬黄、中铬黄或深铬黄的；橘黄色则多用吡唑酮橘黄，但也有采用钼橘黄的；蓝色颜料以酞菁蓝为主，也有采用华蓝的；绿色颜料以酞菁绿为主，也有采用磷钨钼酸色淀翠绿的；紫色颜料以喹吖啶酮紫最佳，也有采用磷钨钼酸色淀紫的；白色以钛白、锌白用量为多，也有采用少量锌钡白的；黑色颜料均用炭黑。

（2）填充料 聚烯烃凹版印刷油墨有的要用有的可不用，为了调节油墨的黏度和厚薄度，多数采用胶质碳酸钙、沉淀硫酸钡等。

（3）合成树脂 目前用得最多的合成树脂是聚酰胺树脂。它是半干性植物油酸，如棉子油酸或豆油酸，先制成二聚酸，再与己二胺缩合而成。树脂的软化点较低，在 96～110℃之间。对经过表面处理的聚烯烃（如聚乙烯和聚丙烯）薄膜有较好的附着力。有的用丙烯酸与丙烯酸酯的共聚体来做连接料，也有较好的附着力，但成本较高。还有用氯乙烯与乙酸乙烯的二元共聚树脂，或在前二者中再加马来酸酐的三元共聚树脂来做连接料，附着力略差些，价格也不便宜，故国内用于聚烯烃薄膜表面印刷的油墨多数是采用聚酰胺树脂。

（4）溶剂 上述聚酰胺树脂所适用的溶剂以醇类和苯类的混合物为主。醇类多用乙醇、异丙醇、正丙醇和丁醇。苯类多用甲苯和二甲苯。因聚酰胺树脂的耐刮擦的性质不够好，有的油墨中加入硝化纤维素以弥补此缺陷，因此也需要加入酯类溶剂，如乙酸乙酯、乙酸丁酯。因为苯类溶剂毒性较大，故有的采用含少量苯类或不含苯类的链烃溶剂来代替。溶剂的沸点和蒸气压关系到油墨的挥发干燥性质，故必须适当选择。溶剂的闪点决定油墨的易燃性，故也必须加以注意。各种溶剂在油墨干燥后往往有一定量残留在塑料薄膜内，它的缓慢挥发会影响所包装的商品。若所包装的是食物或玩具，则超过一定量的残留溶剂会污染食物，也会使玩具及包装在与儿童接触时有损健康，所以也必须加以注意。将一些常用溶剂的相对密度、沸点、比蒸发速度和闪点等数据以及各种塑料薄膜对溶剂的吸附残留量列于表 2-2 和表 2-3 中，以供参考。

表 2-2 常用溶剂的性质

分　类	名　　称	相对密度	沸点 /℃	比蒸发速度(以乙酸丁酯为 100)	闪点 /℃
醇类	甲醇	0.792	64.5	370	11
	乙醇	0.791	78.2	203	12
	异丙醇	0.786	82.5	205	21
	正丁醇	0.811	117.1	45	37.8
酯类	乙酸甲酯	0.935	57.2	1040	−10
	乙酸乙酯	0.902	77.1	525	−4
	乙酸丁酯	0.876	125.5	100	22
酮类	丙酮	0.791	56.1	720	−18
	甲乙酮	0.806	79.6	465	−1
	甲基异丁基酮	0.803	115.8	145	22.7
	环己酮	0.946	155.7	25	46
醇类衍生物	甲基溶纤素	0.966	124.1	55	36
	乙基溶纤素	0.931	135.1	40	40
	丁基溶纤素	0.902	171.2	8	60
芳香烃	苯	0.879	79.6	500	−11.1
	甲苯	0.866	110.6	195	4.4
	二甲苯	0.870	139~140	68	23
脂肪烃	正乙烷	0.678	65~69	—	−25
	环己烷	0.778	80.8	—	−20

表 2-3 各种塑料薄膜对溶剂的吸附残留量

薄膜材料	薄膜内的溶剂残留量 /(mg/kg)					混合溶剂印刷后的溶剂残留量 /(mg/kg)				
	甲苯	异丙醇	乙酸乙酯	甲乙酮	共计	甲苯	异丙醇	乙酸乙酯	甲乙酮	共计
25μm 已处理聚丙烯	18	—	3	3	24	336	16	50	23	430
20μm 已处理双向拉伸聚丙烯	21	—	2	4	27	322	18	56	37	433

薄膜材料	薄膜内的溶剂残留量 /(mg /kg)					混合溶剂印刷后的溶剂残留量 /(mg /kg)				
	甲苯	异丙醇	乙酸乙酯	甲乙酮	共计	甲苯	异丙醇	乙酸乙酯	甲乙酮	共计
12μm 聚酯	5	—	3	3	11	85	36	46	37	204
15μm 已处理尼龙	8	8	2	1	19	74	92	18	19	203
涂聚偏氯乙烯的玻璃纸	126	3	11	371	510	443	59	30	714	1246
涂氯醋共聚体的玻璃纸	22	3	6	5	36	935	2418	184	377	3914
防潮玻璃纸	3	8	—	3	16	74	109	31	35	240
溶剂型聚偏氯乙烯涂覆的双向拉伸聚丙烯	90	—	—	12	102	608	109	75	90	882

注：1. 混合溶剂的组成为甲苯、异丙醇、乙酸乙酯及甲乙酮各 25% （质量分数）。

2. 印刷条件为 35μm 深凹版，50m/min 印刷速度，60℃热风吹干。

2.2.4.2 印刷聚烯烃薄膜的凹版塑料油墨的质量标准和其他性质

（1）公开的标准——GB/T 1046—1991《凹版塑料薄膜油墨》

颜色	与标准样近似（刮样目测）	着色力	与标准样相比为 95%～110%
细度	≤25μm	黏度	25℃条件下涂 4 杯 25～70s

（2）其他较重要的性能

① 附着牢度　处理过的聚乙烯或聚丙烯薄膜，其表面润湿张力为 38～40mN/m，按一般凹印方法印上油墨，或用 9mm 直径的铜棒上缠有直径 0.12mm 的钢丝刮棒将油墨刮在上述薄膜上，印样放置 24h 后，在油墨上贴上胶黏带（GB/T 7707—1987 附录 A1），在胶黏带滚压机（GB/T 7707—1987 附录 A2.1 条）上往返滚压 3 次，用圆盘剥离试验机（GB/T 7707—1987 图 1-2）以 0.6～1.0m/s 的速度揭开胶黏带。此时油墨层有可能被粘接在胶黏带上而剥离，用宽 20mm 的半透明毫米格子纸覆盖在被试验部分，数出油墨层完好的面积所占的格子数，再数出被揭去油墨面积所占的格子数，可用式（2-1）计算出油墨的附着牢度。

$$A=\frac{A_1}{A_1+A_2}\times100\%\tag{2-1}$$

式中，A 为油墨的附着牢度面积百分比；A_1 为试验后完好的油墨层格子数；A_2 为试验后被揭去油墨层的格子数。合格油墨的附着牢度应大于 90%。

② 初干性　这是指油墨在一定温度 [(25±1)℃]、一定湿度 [(65±5)%] 和一定时间（30s）的条件下，由于溶剂的挥发，不同厚度的油墨层最初达到由液态变为固态的干燥性。

具体试验方法为准备好揩拭干净的刮板细度仪，在上述温湿度条件下，用玻璃棒蘸取油墨迅速滴在刮板细度仪最上端 $100\mu m$ 深处，迅速用刮刀刮下，使油墨充满整个从 $100\mu m$ 到零的不同厚度的槽内。立即用秒表计时，当时间达到 30s 时，将长 160mm、宽 60mm 的 $65g/m^2$ 画报纸紧按在刮板细度仪最下端遮住刮板凹槽全部，用邵尔硬度为 50 的胶辊在纸上由上往下滚压。揭开纸，此时有一定量的油墨沾在纸上。墨层薄处可能已干就不沾纸，厚层未干就会沾纸，从零处起，用毫米尺度量未沾墨迹的长度，以 mm/30s 表示油墨的初干性。一般而论，凹版塑料油墨以印在聚烯烃表面为主，聚烯烃表面能极低，难以附着牢固，通常均将其表面用电火花或其他方法处理过，使其表面润湿张力达到 $3.8\sim4.0N/m$，然后进行印刷，否则就附着不牢固，印在上面的墨膜易于脱落。现在已研究出一种聚烯烃薄膜表面不需经过处理而进行印刷，墨膜也相当牢固的油墨（如环化橡胶系表印油墨），这种产品国内外均有生产，但其牢固度仍然不及处理过的聚烯烃薄膜印上一般凹印塑料油墨附着牢度好。这两种油墨主要用于表面印刷，故也称为"表印油墨"。印刷上除了要求色彩鲜艳、着色力合格、细度好、黏度适当、初干性适当以及附着牢度好之外，光泽度好也是必要的。印刷速度不同，对油墨的黏度和初干性也有不同的要求。印刷速度快，油墨黏度应小一些，初干性应快一些；印刷速度慢，则要求黏度大一些，初干性慢一些。

2.2.5 凹版复合塑料印刷油墨

专用于复合塑料薄膜包装材料的印刷油墨，一般是印在透明度很高的聚丙烯薄膜、聚酯薄膜或玻璃纸的反面，然后与聚乙烯薄膜或其他材料复合，油墨层夹在两层塑料薄膜之间，从里面透过薄膜显示出所印刷的图案文字，俗称为"里印油墨"。它和上述"表印油墨"用途不同，质量要求就有所不同，从而其组成成分也有不同。

2.2.5.1 复合塑料油墨和一般凹版塑料油墨质量要求的不同

因为是"里印"，上面所叙述的"表印油墨"所必须具备的耐刮牢度和光泽度就无关紧要。油墨夹在两层薄膜之间，不会直接被摩擦和搔刮，光泽度好和坏也都一样。但在薄膜复合后，有油墨处的复合粘接强度必须达到一定程度，一般为不低于 1.0N/15mm。否则这种复合材料制成的包装袋在包装或运输中稍受揉搓或挠曲即易于两层脱开。另外，复合包装的商品绝大部分是食品，或者是需要气密性和防潮性好的高档商品，油墨印刷后的溶剂残留量必须较低，因为复合包装的内层往往是聚乙烯薄膜，它比聚丙烯、聚酯、尼龙等表层薄膜的气密性差。油墨中残留的溶剂缓缓释放时，会从气密性差的内层渗透而被食品或其他被包装物所吸收。有机溶剂不论有毒、低毒或可视为无毒，都不允许污染食品，所以国际上食品法都有规定，必须限制在一定限度之下。其他高档商品沾染了溶剂气味也是不受欢迎的。所以复合塑料油墨印刷后的溶剂残留量必须符合食品法的规定。对油墨的其他质量要求如颜色、着色力、细度、黏度等则与上述表印油墨大致相同（见 QB/T 2024—1994《凹版复合塑料薄膜油墨》）。

2.2.5.2 复合塑料油墨的组成

由于上述各项质量要求，凹版复合塑料油墨的配方设计和结构组成与一般凹版塑料油墨相比，其难度要大得多。在进行配方设计时，首先必须从黏结材料同被黏结材料的表面自由能原理、黏结界面化学原理及高分子薄膜与树脂的表面处理等理论出发，研究选择数种高分子合成树脂作为油墨的主体连接料。然后要根据溶剂和高聚物的溶解度参数原理、高分子溶液的成膜机理及溶剂释放性能等原理，并从凹版塑料油墨的印刷适应性要求出发，研究选择最佳的溶剂及稀释剂配比。

另外，根据色彩学原理（特别是三原色原理）、颜料与高分子溶液的配伍性（如润湿性、分散性、发色性）等要求，选择好高档彩色层次版所需的成系列的各色颜料。

最后，为了综合改善以上各方面的性能，制作出理想的油墨产品，还必须各个击破地分别进行颜料的超细分散的理论和工程研究，如颜料表面处理和超分散剂的研究，以及各种油墨用助剂和添加剂有效性的研究和筛选。

除上述外还需注意，在颜料选用上不能采用含重金属等有毒成分（如铬黄类颜料含铅、银朱含汞、立索尔大红含钡）的颜料，以免制成油墨印成包装而污染食品。在合成树脂的选用上，需注意在制成复合包装材料后有油墨处的复合粘接强度能符合要求。以目前仍较多应用的几类合成树脂为例，氯化聚烯烃类树脂所制油墨在挤出复合或干式复合的正常操作工艺下制成的复合材料中，其复合粘接强度可达到 2.5N/15mm 左右；丙烯酸类共聚体树脂所制油墨在挤出复合正常工艺下制成的复合材料中，其复合粘接强度可达 2.3N/15mm 左右；聚异氰酸酯类树脂所制油墨在干式复合正常工艺下制成的复合材料中，其复合粘接强度可达 2.7N/15mm 左右。在溶剂的选用上，首先是能很好地溶解树脂，其次是溶剂残留量较小，以达到能够制成各项印刷性能良好的油墨，而在印刷成复合包装后其溶剂的残留释放量不超过食品法的规定。

2.2.6 耐蒸煮消毒的食品包装用油墨

需要经过蒸煮消毒的这类包装袋所包装的食品如肉类、熟食类，必须封装之后连包装袋一同经过 121℃（有的稍低）、30min 或 15min 条件的蒸煮灭菌处理。不合格的油墨会产生印迹网点扩大，使图案文字模糊；有的会使复合粘接强度大幅度降低，易于使有油墨处两层薄膜脱开；更严重的会产生有毒重金属污染食品或残留溶剂污染食品。故这类油墨除了需要具备复合塑料油墨的各项质量要求外，还必须具备蒸煮消毒后印迹不退色、不变色、网点不扩大，残留溶剂量更少和不含有毒重金属等要求。

制造这类油墨应选用耐上述蒸煮消毒不退色、不变色和不含有毒重金属的颜料，以聚异氰酸酯类树脂和适量的含活泼氢的固化剂及溶剂为连接料。或者树脂和固化剂分开为两个组分，在使用前才按适当比例混合。固化剂种类可分为室温固化和加热固化两类，按需要而定。固化剂可使树脂的网状交联程度加深，在包装袋加热蒸煮下油墨印迹更为稳定。对这类油墨目前国际上有两种看法，美国认为在蒸煮消毒中难免有氰基游离，具有剧毒，不宜采用；日本认为虽可能有氰基游离，但其量极微，不致影响人体健康，在严格控制下可以采用。

2.3　柔性版塑料油墨

柔性版油墨最早称为安尼林（Aniline）油墨或苯胺油墨，因为当时是用苯胺衍生物的染料为着色剂来制造油墨，这时的柔性版印刷也因之称为安尼林印刷或苯胺印刷。最初的柔性版是用天然橡胶版材雕成凸版，故也称橡皮凸版，油墨也一度称为橡皮凸版油墨。这些名称国外和国内仍有人在沿用。因橡皮雕刻凸版制作不易，精度不高，而且与油类或有机溶剂接触易于溶胀损坏，耐印率极低，油墨也受到限制，故这一印刷方法发展极慢。在20世纪60年代前后发明了柔软可挠曲的感光树脂版，并逐步改进。现在制版十分方便、迅速，质量也达到一定的精美程度（与凹版印刷相比尚有一定距离），而且可耐受一般溶剂，使油墨放宽了选材限制，故而获得迅速发展，已成为一大印刷工艺。国际上已统一称为柔性版印刷（flexograph），油墨名称也统一称为柔性版油墨。

2.3.1　柔性版塑料油墨的性质

金属制的凹版可耐任何有机溶剂的侵蚀，柔性版虽已不断改进可耐一般溶剂，但与强溶剂长久接触仍有溶胀倾向，柔性版塑料油墨与一般表面印刷用的凹版塑料油墨的最大不同之处在于，应不能使版材溶胀。至于其他质量如初干性、附着牢度和光泽度均与表面印刷凹版塑料油墨相仿。但由于转印后墨层比凹印的薄，与表面印刷凹版塑料油墨相比，在浓度、黏度等方面也有所不同。

2.3.2　柔性版塑料油墨的组成

由于不能使版材溶胀，选用溶剂方面仍受一定限制。例如，酮类最好不用，苯类应限制在5%以下。可采用的溶剂是醇类、酯类和烷烃类。由于溶剂的限制，合成树脂就以选用醇类、酯类和烷烃类能溶解的为主，有些树脂单独一类溶剂溶解性不好，却能溶解在混合溶剂中，也可采用。常用者为聚酰胺树脂、纤维素类、顺丁烯二酸酐树脂、松香和虫胶。颜料的选用与表面印刷油墨相同，但油墨配方中一般色浓度相应高于表印凹版塑料油墨，树脂含量同样也要高一点，黏度却相应要控制得小一些。

2.4　醇溶性凹版油墨

近年来，醇溶性油墨的研究开发取得了相当大的进展，目前在欧美及部分发达国家已率先以此取代了几乎全部苯型油墨，我国也必将逐步形成以醇溶性油墨占主导地位的市场氛围。醇溶性凹版油墨现正开始被采用，其以醇-酯体系配以进口（或部分进口部分国产）高性能醇溶性树脂（如饱和聚酯类、PVB类、醛酮树脂类或改性天然树脂类等）连接料制成了所谓的无苯无毒环保型油墨，这种凹版塑料油墨的黏度低，流动性好，凹版印刷转移率高，印刷质量和附着牢度等方面已与苯型油墨不相上下，而在抗静电性和高速印刷性方面还明显优于苯型凹版油墨。醇溶性凹版油墨的性能见表2-4。

表 2-4 醇溶性凹版油墨的性能

性能指标	被测材料	测试条件	达标指标
附着牢度	BOPP	按 GB/T 7707—1987 2.7 方法	100%
	BOPET	0.5h 后按 GB/T 7707—1987 2.7 方法	90%
		1h 后按 GB/T 7707—1987 2.7 方法	100%
光泽度	BOPP	GB/T 7707—1987	70%
	BOPET		69%
抗粘连性	油墨/油墨(LDPE 印膜)		通过
复合强度	油墨/胶黏剂	GB/T 10004—1998	3～5N/15mm
耐热性	BOPET 印膜	140℃	通过

稀释剂基本配比为50%异丙醇、50%乙酸乙酯，根据不同的使用条件与环境可做适当调整，其适合印后的挤出复合、干式复合及无溶剂复合。

2.5 UV塑料油墨

利用紫外线（波长 250～400nm）的能量使油墨中连接料固化交联的一类油墨，统称为 UV 油墨。最早是20世纪60年代后期，由美国率先将其作为胶印平版油墨在工业上使用。日本则是从20世纪70年代起引进 UV 印刷技术后开始使用。我国于20世纪70年代初开始研发，形成工业化生产始于20世纪80年代后期。于是以胶版、凸版、丝网印刷为中心，不断发展，平均以每年10%左右的速度递增。目前在我国的年产量约1500t，主要用于电子工业和印刷工业。

2.5.1 UV 油墨的特征

① 瞬间固化，可省空间，缩短周期。

② 低温固化，适用于各种基材，包括薄膜材料。

③ 高固体化，无溶剂（或极少），可改善作业环境，防止大气污染。

④ 耐摩擦性、耐溶剂性、耐热性等符合当前印刷作业的普遍要求，因而在各种各样的领域得到了广泛应用。

2.5.2 UV油墨目前存在的主要问题

① 价格较贵。

② 所用的部分原材料有一定的气味、毒性及皮肤刺激性，影响了其在食品包装中的应用。

③ 瞬间固化造成了涂层内应力大，降低了对承印物的附着性，限制了某些方面的应用。

④ 储存稳定性欠佳，大多数产品储存期仅为半年。

以上面临的问题促使人们进一步研究和开发，关键是解决上述②、③提出的问题，目前已取得了一定的进展。可以预料，随着国家环保法规的日益完善，人们环境意识的日益增强，UV印刷油墨作为面向21世纪绿色工业的环保产品，必将获得更大的发展。

目前市场所涌现的品种按印刷方式分，可分为UV胶印油墨、UV凹印油墨、UV柔印油墨、UV丝印油墨、UV移印油墨等。按不同应用基材分，可分为UV纸张油墨、UV塑料油墨、UV金属油墨等。

2.5.3 UV油墨的应用情况

UV油墨的应用情况见表2-5。

表2-5 UV油墨的应用情况

纸张	食品	饮料容器(牛奶、清凉饮料、酒类纸盒)、食品外包装盒
	杂货类	玩具、洗涤剂、礼品盒、化妆品包装盒
	其他	图书、购物袋、手提袋
塑料制品	食品	杯(面类、乳制品、甜点类)、瓶(酒、清凉饮料)、软管(芥末、色拉、果酱)
	医药、化妆品	软管(牙膏、润肤霜)、瓶(香波、洗涤剂)
	卡证	身份证、各种磁卡
	器材	办公器材、文具、玩具
	电器	音响音像器材、电子器材
发票、证券	账单票据	发票、单据和各种商业用纸
	金融券类	金融票证、合同证书、彩票之类用纸
标签	不干胶标签	
	容器外包装标签	
金属罐	饮料罐、啤酒罐等	

2.5.4 UV油墨的组成

UV光固化油墨的组成与溶剂型油墨差别较大，主要成分见表2-6。

表2-6 UV油墨的主要成分

组　分	UV光固化油墨	溶剂型油墨
成膜物	光敏树脂、活性单体	热塑性/热固性树脂
溶剂	无	有机溶剂
助剂	光引发剂、增感剂、消泡剂、流平剂	消泡剂、流平剂、润湿剂

2.5.5　UV 油墨的配方

UV 柔性油墨	配比/份
环氧丙烯酸树脂	18.0
聚酯丙烯酸树脂	10.0
三羟甲基丙烷三丙烯酸酯	10.0
三丙二醇二丙烯酸酯	25.0
二苯甲酮	5.0
异丙基硫杂蒽酮	3.0
三乙醇胺	3.0
颜料	22.0
蜡	2.0
其他	2.0
	100.0

UV 丝印油墨（白）	配比/份
聚氨酯丙烯酸树脂	27.75
环氧丙烯酸树脂	10.0
丙烯酸乙苯氧基乙酯	30.0
光引发剂（SR1113）	6.0
钛白粉	25.0
润湿剂（SRO22）	0.25
流平剂（SRO12）	1.0
	100.0

2.5.6　UV 光固化油墨的发展趋势

尽管 UV 光固化技术在油墨中的应用得以迅速发展，但仍存在某些缺陷，尚需加以改进。开发低刺激性活性单体，以避免使用时容易引起皮肤过敏或灼伤，现已有一定的成效。

开发 UV 光固化色墨用光引发剂，以提高引发效率，有利于色墨深层固化，不易分解和泛黄。现仍为少数厂商所垄断（巴斯夫、汽巴等）。

还有开发水性 UV 光固化油墨。根据报道，日本已开发出了线路板用水性 UV 光固化阻焊油墨，美国也已研制出印刷用水性 UV 光固化油墨。

改进油墨对承印物的附着性，开发阳离子及阳离子/自由基 UV 光固化体系，以改善 UV 油墨的氧阻聚影响和表面固化性能，使对人体皮肤刺激性减小，固化后内应力小，体积收缩小，而且柔韧性和附着性好，以适应更多的承印物，特别是探讨实行凹版轮转印刷各种塑料软包装的愿望。

2.6　水基塑料油墨

近年来，随着环保压力的逐步增大，原始古老的水性油墨又焕发了青春，并迅速在市场发展起来，特别是发达国家，在推进油墨水性化技术方面取得的成绩令整个工业界惊奇。

在美国、加拿大、英国、法国、意大利有 80% 以上的印刷公司安装了以应用水基油墨为主的柔性版印刷机，以英国《邮报》、意大利《Gazzettion》为首的世界各大著名报业争相进入水基柔性版印刷时代，《今日美国》已率先开拓了报纸彩色化的局面。显然水基油墨印刷各类纸张等吸收性基材的实践能力已经得到了证实。

但是水基油墨在耐水性、耐摩擦性、附着牢度要求苛刻的塑料薄膜等非吸收性底材的印刷方面尚没有进入真正的实用阶段。

水基油墨寄托着人类企图同时拥有现代工业和良好环境的愿望，为此，驱使人们在不同的领域进行着艰难的探索。以丙烯酸树脂为主的各种水性高分子化合物的相继问世，具有核壳结构和互穿网络结构的聚合物乳液和流变控制乳液在水基油墨、水性光油方面的应用成功，使得水基油墨在与溶剂油墨的竞争中不断拓宽应用领域，特别是正向着软包装印刷这一水基油墨的至高目标挺进。

水基塑料油墨印刷非吸收性基材薄膜存在问题与现状见表 2-7。

表 2-7　水基塑料油墨印刷非吸收性基材薄膜存在问题与现状

性能	现　状	对　策
润湿性	水的表面张力高，对非吸收性材料的润湿性差，虽通过添加表面活性剂和助溶剂可降低表面张力，但表面活性剂会促使水与空气界面的稳定化，从而产生泡孔，则又会重新导致 VOC 含量的增加	致力开发针对性的高效表面活性剂和无公害助溶剂
干燥性	水的蒸发潜能大，特别是印在非吸收性材料上，若要保持现有的印刷速度，就需要提高干燥速度，这意味着较大的设备投资和能量消耗(对塑料薄膜而言，现有干燥温度不能再提高，只能加大风量或延伸干燥距离，故一则带来薄膜抖动问题，再则为大幅度延长干燥线路而去设计专门印刷设备)	采取微波干燥器，实践证明其可促使水基油墨自身发热，加快干燥，从而可比现有干燥效率提高 3 倍
低温操作性	水的冰点比大多数有机溶剂高许多，因此必须添加防冻剂，但在储运中实行防冻保护实在不是易事，又得增加投资	研发有实用价值的高效防冻剂，综合改进水基油墨配方设计
防腐性	水性环境适宜于细菌的繁衍，必须专门添加防腐剂，从而使水基油墨配方组分进一步增加，添加剂过多必然带来其他方面的不良影响	积极开发简化的配方技术，研发本身能广泛抗菌的水基油墨连接料
抗水性	复溶性和抗水性是一对矛盾，印刷时版辊上的油墨必须有很好的复溶性，而转移到印品上干燥后又必须有很高的抗水性。对此，溶剂油墨不存在此矛盾，而目前常用水基油墨用树脂均无法解决这一矛盾	必须攻克水基油墨连接料本身存在的这一大矛盾，尽可能地解决问题

2.7　塑料油墨的使用常识

印刷品的质量好坏，是印刷机械与印刷工艺、承印物性质及油墨的质量和合理使用三者之间协调配合的结果。只要其中之一配合不好，就会影响印刷质量，或者会在印刷过程中发生故障。本节从油墨的质量和合理使用对印刷品的质量关系作介绍，但有些问题与印刷工艺及承印物性质关系更密切，也简单地加以说明。

首先，选用适当的油墨是一个前提。塑料印刷有多种印刷方法，必须选用相应的油墨。如一般塑料包装袋的表面印刷就应选用表印油墨，里印用的复合油墨价格虽贵，用作表印却光泽不好，附着牢度也不一定好。用于要经过蒸煮灭菌的包装袋印刷，不能采用一般的复合油墨，要用耐蒸煮的复合塑料油墨，否则就不符合食品卫生的规定。现在多用凹版塑料油墨进行柔性版印刷，少量印件似乎没什么问题；印刷量稍多就会损坏印版，反而造成损失。

其次，是要注意生产中如何使用油墨，倘若不加注意，常会产生印刷质量问题。

2.7.1 凹版塑料油墨的使用

凹版塑料油墨方面包括复合塑料油墨和耐蒸煮塑料油墨。

2.7.1.1 印刷画面白化

① 油墨干燥太快，影响了油墨的转移性，使承印物上沾油墨太少，油墨层太薄，再加上溶剂挥发太快，造成油墨层不平，结膜不良而泛白。应加入慢干稀释剂来解决。

② 印刷机运行时间较长，操作者因油墨变黏变厚，多次加入某种单一溶剂，使油墨中原来的混合溶剂中快干和慢干的成分不平衡，干燥结膜时，油墨层粗糙不平而泛白。应加入适量的慢干稀释剂来解决。

③ 印刷机运行时间较长，操作者不断加入溶剂，使油墨中的合成树脂成分相对减少，不能在干燥时结成平滑的膜层，因而泛白。应在加溶剂时改加慢干稀释剂，因油墨厂供应的慢干或快干稀释剂中均含有一定量的合成树脂和比例适当的混合溶剂，不致使树脂和溶剂的比例失调。

④ 如果车间湿度太高或加入溶剂中含水，会使油墨层结膜不良而泛白。除不能加入含水溶剂外，车间应除湿。

2.7.1.2 印刷画面缺陷

(1) 印刷画面光泽不良

① 上述各条凡产生白化现象者，均使光泽不良，有时虽未达到白化，也已影响光泽。

② 车间不清洁，尘埃粘接印刷面或混入油墨，均影响光泽。

(2) 细网点印不出或粗网点也有缺损

① 油墨黏度太高，使细网眼中油墨不能很好地转移到承印物上。应加慢干稀释剂降低黏度来解决。

② 油墨干燥太快，版子细网眼中油墨干结，粗网眼中油墨也有部分干结，所以会印不出和产生缺损。应加慢干稀释剂来解决。

③ 印刷机压力不足或表面不平整也会产生印不出和缺损现象。应调整压力及平整表面。

(3) 画面以外空白部分沾染油墨

① 油墨黏度太高，刮刀刮不干净。应适当降低黏度，可加入慢干和快干稀释剂各半来解决。

② 刮刀角度不适当、压力不够，也会出现此现象，应加以调整。

（4）图像尾部出现线条　图像尾部出现线条，俗称拖尾巴。

① 油墨含有粗硬颗粒或混入尘埃，只有换用良好的新墨来解决，车间内应除尘。

② 刮刀有微小缺损而导致拖尾，颇为常见，应换刀解决。

（5）前一层油墨上印不上第二色

① 两种油墨类型或组成不同，亲和性不良而印不上，应选用同类型的油墨。

② 印刷操作者在热天常在油墨中加入硅润滑剂，会产生印不上的情况，应绝对避免，代以慢干稀释剂。

③ 有时系第二色版子太浅所致，应加以调整。

（6）印刷面有针孔

① 承印物表面不平整，或被沾污，应做清洁工作。

② 油墨中混入了较多量的水，或油墨中的各种溶剂由于印刷过程中加入某种溶剂过多而极度不平衡，只能换用新墨才可解决。

2.7.1.3　印件与油墨层粘接

印件叠置堆放一个时期后，油墨层与印件背面粘接不能揭开。

① 车间温度较高，印刷速度较快，机上吹热风后未吹冷风，或吹冷风不够，印后复卷时油墨尚未干透和冷透，以致与印刷背面粘接。应注意上列印刷条件。

② 印件已裁切制袋，扎紧堆放一个时期后发生粘接现象。一个原因是印刷过程中加入慢干和残留量较高的溶剂太多（如丁醇），应尽量不加或少加；另一个原因是油墨中混入了具有促进氧化性质的物质，如多价金属铅、钴、锰的盐类，使油墨层在印件储藏期中逐渐氧化发黏所致。应避免上述类似物质的混入或接触。

③ 印件储藏条件不佳。如仓库温度、湿度太高。印件叠置太多，压力太大，也会导致粘接。应注意储藏条件。

④ 制造油墨的合成树脂软化点太低，也会导致粘接。这种情况已极少发生，如发生时，应由油墨厂解决。

⑤ 版子太深，油墨层印得太厚，也会导致粘接。应调整版子深度。

2.7.1.4　复合制袋后发现有溶剂气味

① 印刷过程中加入丁醇或二甲苯较多，使其干后在薄膜中残留量较多，复合制袋后仍会缓缓逸出而有气味，应尽量少加上述溶剂。

② 印刷速度较快，加热干燥不够。油墨未干透即被复卷，并随即复合，致使溶剂残留过多所致。应针对原因使油墨干透后再复合制袋。

2.7.1.5　印刷品不耐蒸煮

① 复合食品袋蒸煮消毒后印迹渗化模糊。这多数是采用了一般复合塑料油墨印刷，在蒸煮消毒中合成树脂受热和压力软化所致。应采用耐蒸煮消毒的复合塑料油墨。

② 复合食品袋蒸煮消毒后，其所包装食品发现有氰基毒性。这多数是聚异氰酸酯复合用胶黏剂不够稳定，在蒸煮消毒中产生游离氰基所致。也有可能为油墨所采用的聚异氰酸酯所致。应在重新印刷前对两者分别进行测试，以避免发生此弊病。

2.7.2　柔性版塑料油墨的使用

柔性版印刷与凹版印刷不同，油墨方面除了溶剂不同外均为挥发干燥性质。印刷中发生故障的现象和原因也有所不同。

(1) 印版不耐印，发胀，使印迹模糊毛糙

① 光敏树脂版制版时曝光不足和硬化不足，故印后不久，在压力下和油墨浸润中发胀模糊。只有重新制版来解决。

② 油墨中含有苯类溶剂较多，使版材溶胀，只有换用好墨来解决。

③ 印刷过程中所加混合溶剂含有一定量的苯类，数量虽少，时间一长则使版材溶胀，应加以注意。

(2) 印迹白化和光泽不良

① 油墨的挥发干燥性质不平衡，尤其是印刷过程中加入过多乙醇，过快和不平衡的挥发使合成树脂结膜不光滑，轻则光泽不良，重则泛白。倘若换加异丙醇和正丙醇，情况可能改善。油墨厂有配套供应的快干和慢干稀释剂，其中含有合成树脂和配比适当的溶剂。冬天可加快干稀释剂，夏天可加慢干稀释剂，就不至于发生光泽不良和泛白的弊病。

② 倘若在油墨中加入含水乙醇，即使量不多，也会因乙醇挥发时留下水分而使树脂结膜不良，造成失光和白化，应避免加入。市售异丙醇有时也含有较多水分，也应注意。

③ 柔性版油墨以醇类溶剂为主，易于吸收水分，车间湿度太高，也易使印品墨膜失光和泛白，应以降低车间湿度来解决。

(3) 印迹粉化，易于抹去　较长时间的印刷，油墨中加入溶剂过多，使合成树脂含量相对地减少到一定程度，油墨层结膜不良，以致粉化。应在加溶剂时适当地加些合成树脂，或使用油墨厂供应的快干或慢干稀释剂，可避免粉化发生。

(4) 印品发现针孔

① 油墨与承印物表面之间的润湿性太差，使印上去的油墨层部分收缩而产生针孔。可在油墨中加入乙二醇醚等物质增加润湿性和流平性，可改善针孔现象。

② 塑料薄膜表面沾有石蜡、润滑剂等物质，使印上去的油墨不能润湿，印迹油墨层产生针孔。必须清洁表面或做氧化、电晕、火焰处理，才能改善针孔现象。

(5) 印件图案不清晰

① 印件图案不清晰，网点相连或边缘起毛　多数情况为油墨干燥太快，在版上已有干燥现象；或油墨黏度太大，版上吸墨量太多，使印迹图案网点相连或边缘起毛。应加入慢干稀释剂降低干燥性和黏度。

② 印品图案边缘油墨层增厚　多数情况为油墨干燥太快，在印刷机上较长时间运转有黏度增加的情况，使印迹图案边缘油墨层增厚。可加入慢干稀释剂来解决。

（6）印品相互粘连

① 车间温度高、湿度大，印刷速度较快，印后复卷时油墨未干透和冷透，以致与印件背面粘接。应注意改善上述印刷条件。

② 印件制袋捆扎堆放后一个时期发生粘连。原因之一是印刷过程中加入慢干和残留量较多的溶剂（如丁醇），应尽量不加或少加；另一原因是油墨中混入了具有促进氧化性质的物质，使油墨在较长的储存期中被氧化而发黏所致。应绝对避免此类物质的混入。

③ 印件储藏条件不佳。如仓库温度太高、湿度太高、印件叠置太多而压力太大，会导致粘连。应改善上述储藏条件。

2.7.3　网孔版塑料油墨的使用

网孔版印刷中的油墨是由印版的网孔中漏到承印物上成为印件的，印刷过程和油墨性质与凹版或柔性版印刷均不相同，将一些主要由于油墨所引起的故障原因和解决方法列举如下。

（1）堵网　停机一段时间后重新开机印刷，印版网孔堵塞，油墨不能漏下，图文印不出；有时印刷进行一段时间后，部分网孔堵塞，使印件图文有缺损。这些堵网现象都是油墨干燥太快之故，以致油墨在停机时或印刷进行中在版面上干结，堵塞网孔。应立即停机，用溶剂、清洗剂或开孔剂（是由数种溶剂组成的，对一般网孔版油墨均有较好溶解和清洗作用的液体）洗刷版面，清除堵塞，然后在油墨中加入适当的慢干稀释剂或慢干溶剂降低其干燥性，进行印刷。

（2）印件图文发现缺损　一种情况是轻微的堵网，因为轻微，不易觉察，检查印件质量才被发现。应加强印刷进行中的印件检查，一经发现，立即在油墨中加入适量的慢干溶剂或慢干稀释剂来解决。另一种情况是油墨中混入了杂质或干结了的墨皮，正好堵住网孔。应立即除去杂质或墨皮，清洗印版后再进行印刷。

（3）印件图文边缘毛糙发糊　油墨的溶剂挥发较快，在较长时间印刷后，由于溶剂成分的减少而黏性变大，或者油墨本身就黏性太大，使刮板刮过后提起网版时油墨有拉丝现象。墨丝断裂后回缩到印件上，使印迹边缘毛糙。加入适量的去黏剂或慢干溶剂，使油墨的黏性降低，不产生拉丝现象，印迹边缘就不会毛糙。

（4）印件细小、图文扩大和并糊　油墨的流动扩展性太大，印到承印物上后还有较大的扩展，致使细小的点线扩大变粗甚至于相并。应加入增稠剂，使油墨变稠厚和减小流动扩展性，就可改善此弊病。

（5）印件图文边缘呈明显锯齿形　网孔版印刷的图文网点比之其他印刷的网点粗，加上油墨的流动扩展性太差，漏在承印物面上的油墨就呈网孔的形状，图文的边缘就呈明显的锯齿形。应加入适量的流平剂，增加油墨的流动扩展性，可以解决此问题。

（6）油墨拉丝，影响印刷质量　以丙烯酸酯类为主要成分的油墨，在印刷过程中溶剂挥发减少到一定程度，就会在印版与承印物油墨层分离时，产生许多油墨被拉成丝状然后断裂的现象，丝状油墨沾污承印物空白部分和印版的下面，严重影响印刷质量。应随时注意加入适量溶剂，以避免拉丝现象的发生。

2.7.4　凸版零印塑料油墨的使用

用凸版零件印刷的印件较多发生的问题是油墨干燥太慢、过早老化和有明显臭味，其原因和解决方法如下。

（1）印件上油墨不干，易于擦脱　氧化聚合干燥性的凸版零印塑料油墨印到聚烯烃薄膜上，需经过 2～3 天甚至更长时间才能干燥，必须加入适量催干剂。白燥油用量为 5%～15%，红燥油为 2%～5%，也可两者混合加入，干燥时间才能缩短为 8～24h。印件油墨不干，除薄膜表面有杂质污染或车间湿度太大（相对湿度在 95% 以上）外，多数是催干剂加入量不足所造成。但白燥油加入量也不能太多，如超过油墨质量的 20%，有时会产生油墨层虽已干燥，却始终有黏手的感觉，也会造成印件叠置后相互粘连的弊病。故催干剂的加入量应加称量，不能随手乱加。

（2）印件油墨层经 1～2 个月就易揉搓脱落　凸版零印塑料油墨易于老化，易被揉搓脱落，这是一大缺点。但在正常情况下可维持 6 个月不老化。过早老化是加入催干剂过多或紫外线光照过于强烈所致。注意控制可避免此弊病。

（3）印件油墨层有较大臭味　催干剂中有一种红燥油，以环烷酸钴和环烷酸锰为主要成分，环烷酸有类似蟑螂所发出的臭味，油墨中加入红燥油后就会有些臭味。另外有一种以松脂酸钴和松脂酸锰为主要成分的红燥油没有这种臭味，白燥油也没臭味，加以选择使用就可避免此弊病。

2.8　塑料油墨的发展方向

2.8.1　塑料油墨各品种的发展

目前国内塑料包装的印刷以表面印刷为多，多数印件是聚烯烃薄膜袋，故油墨也以表印者为多。但复合包装以其坚牢密封、透气透湿性小的优点，更适合于食品和某些高档商品的包装，故里印的复合包装印刷油墨和耐蒸煮消毒的食品袋印刷油墨将成为油墨发展的方向。从印刷工艺来看，目前在国内以凹版印刷为主，柔性版印刷和丝网印刷与之相比不到 1/20。但柔性版印刷的制版迅速和价格低廉已为人们所认识，许多马甲袋和包装袋已转向柔性版印刷，故柔性版塑料油墨是一个发展品种。网孔版印刷以其适合于包装化妆品和饮料的塑料瓶的印刷为特点，将随着这些商品的发展而发展，故网孔版塑料油墨也是一个发展品种。凹版印刷在短期内将仍然是塑料包装的主流，所以凹版塑料油墨也仍然是发展的品种。至于凸版零印塑料油墨，随着国民经济和印刷工业的发展将被逐步淘汰。

2.8.2　油墨结构组成的发展

　　本章所叙述的各类塑料油墨，除凸版零印油墨外均属于溶剂型，含有大量芳香烃、脂肪烃、酯类、醇类等有机溶剂，在制造和使用时大量挥发，污染大气，对人类健康有一定的影响。有识之士早已提出以水代替有机溶剂的建议，工业先进国家（如日本、美国、德国等国）均已先后有水性和乳化型油墨问世，我国也有。但这些新品种的某些质量均未能达到溶剂型油墨的水平，如光泽度较差、储存保质期较短、印刷适应性较差等，故不能真正代替溶剂型油墨，仅被少量采用。但为保持环境洁净，维护人类健康，水性和乳化型油墨是必须努力研究开发的品种，期望不久的将来会有这类油墨的品种问世和被采用。

参 考 文 献

[1] E A Apps B Sc. Printing Ink Technology. London：Leonard Hill Books Limited，1958.
[2] Brasington E T. America Ink Maker，1961，（12）：32-39，65-66.
[3] Brit. Pat. 1156835. 1966.
[4] ［日］堀口博. 公害与毒物、危险物（有机篇）. 刘文宗，张凤臣，车吉泰等译. 北京：石油化学工业出版社，1978.
[5] 相原次郎，一见敏男，根本雄平. 印刷イソキ技术. 东京：シヘユムシヘ株式会社，1984.
[6] ［日］印刷油墨工业联合会编. 印刷油墨手册. 丁一译. 北京：印刷工业出版社，1986.
[7] 李荣兴编著. 油墨. 北京：印刷工业出版社，1986.
[8] 程能林等. 溶剂手册. 北京：化学工业出版社，1987.
[9] 油墨制造工艺编写组. 油墨制造工艺. 北京：轻工业出版社，1987.
[10] 惠山南，张碧等. 丝网印刷，1992，（1），（2）.
[11] 吴世明等编. 全国复合软包装及辅助材料技术培训教材（二）（三）. 2001.

第3章 塑料油墨的配色

3.1 色彩学基本知识

3.1.1 光和色彩的特性

（1）光和色彩的关系 我们能看到物体的色彩是由于物体能反射出不同波长的光线的缘故，那么，光与色彩到底有什么关系呢？

我们平时看到的光（如阳光）不是一种单色光，而是由各种不同色光组成的混合光。当光通过三棱镜时，由于各种色光的折射率不同，光被分解为以红、橙、黄、绿、青、蓝、紫顺序排列的连续色光带。

若物体表面受阳光照射，它吸收了某些色光的光线，而将另一些色光的光线反射到我们的眼睛里，这些反射光线的色光就决定了该物体的色彩。例如，物体吸收蓝光和绿光，只反射红光，则该物体就呈红色；物体吸收红光和绿光，只反射蓝光，该物体就呈蓝光；物体吸收红光和蓝光，只反射绿光，该物体就呈绿色；物体吸收全部色光，该物体就呈黑色；物体反射全部色光，该物体就呈白色。

（2）色光与波长的关系 光是一种电磁波，人的眼睛能够看见的光称为可见光，可见光在整个电磁波谱中只占很小的一部分，可见光的波长范围在 390～760nm 之间。表 3-1 为可见光中光波波长与色彩的关系。

表 3-1 光波波长与色彩的关系

波长 /nm	色彩	波长 /nm	色彩
400～430	紫	570～600	黄
430～450	蓝	600～630	橙
450～500	青	630～750	红
500～570	绿		

（3）光的三原色 实验证明，在红、橙、黄、绿、青、蓝、紫等色光中，只有红、绿、蓝这 3 种单色光不能由其他色光混合得到，而自然界中任何一种色光都可用这 3 种单色光按不同比例混合得到。我们把红、绿、蓝 3 种色光称为光的三原色，用红、绿、蓝三原色组成各种色彩的原理称为色光的三原色原理。

光的三原色在光谱中都占有一定的波长范围，为了统一起见，国际照明委员会作了如下规定：红色的主波长为 700nm，绿色的主波长为 546.1nm，蓝色的主波长为 435.8nm。

（4）色彩的三要素　色相、亮度和饱和度是鉴别色彩的 3 个物理量，称为色彩的三要素。

① 色相（或称色调）　是指色彩的种类和名称，由物体反射到人眼睛的光波波长所决定，不同波长的光反映出不同的色相，也就是色彩的特征。例如，红、橙、黄、绿、青、蓝、紫就是不同的色相。

② 亮度（或称明度）　是指色彩的明暗程度。若物体表面的反射率高，它的亮度就大。一般把亮度分为 11 个级别。黑色的亮度最小，为 0；白色的亮度最大，为 10。1～3 为暗调，4～6 为中间调，7～9 为明调。

③ 饱和度（或称彩度）　是指色彩的纯度。饱和度高者，纯度好，色彩鲜明。如粉红的饱和度比纯红小。

3.1.2　色彩的配合

在印刷品上，色彩的配合有 3 种不同形式出现，即色彩的混合、色彩的重叠和色彩的并置。

（1）色彩的混合　根据三原色原理，任何一种色彩都可用红、绿、蓝 3 种色彩拼合而成。在三原色原理的应用上，把色彩的混合分为色光加色法和色料减色法两种。

① 色光加色法　当两种或两种以上的色光同时作用于人的眼睛时，就会使视觉神经产生另一种色光的感觉。这种由两种或两种以上色光混合后产生综合色觉的效果，称为色光加色法。色光相加后产生一种比原来色光更亮的新色光：红光＋绿光＝黄光，红光＋蓝光＝品红光，绿光＋蓝光＝青光，红光＋蓝光＋绿光＝白光，红光＋青光＝白光，绿光＋品红光＝白光，蓝光＋黄光＝白光。

两种色光相加得到白光，称这两种色光互为补色。例如，黄光与蓝光、品红光与绿光、红光与青光都是互为补色。利用补色原理可以改变色光，或者消除某些色光。例如，黄光蓝加入微量紫色就成红光蓝，这是因为紫色由红光、蓝光组成，蓝光与黄光互为补色，可以减去黄光，这样就增强了红光，变为红光蓝；红光蓝加入少许绿色可以变成黄光蓝；同样，蓝光黄加入少许橙色可以得到红光黄。为使白墨更加雪白，可加微量的群青，以消除黄光；为使黑墨乌黑，可以加入微量酞菁蓝，以消除黄光。

② 色料减色法　透明度大的品红、青、黄称为色料的原色，或者称为一次色。3 种原色按不同比例混合后，可得到比原色彩暗的各种色相。用这种方法成色，称为色料减色法。

色料混合后所得的色相：品红＋黄＝红，黄＋青＝绿，青＋品红＝蓝。以上是按等比例混合的结果。如果混合比例不同，得到的色彩也不相同。由两种原色混合后得到的色彩称为间色，或者称为二次色。按等比例混合得到的色彩称为标准间色。

由 3 种原色混合后得到的色彩称为复色，或者称为三次色，例如，品红＋黄＋青＝黑（等比例）。复色也可用间色混合得到，例如，蓝＋绿＝黑。复色比间色更暗。

（2）色彩的重叠　当两种或两种以上的色彩先后涂布在一起时，就会形成一种新的色彩感觉。应用于重叠的色彩一般以透明为多。涂布在白色塑料上的油墨越薄，明亮度就越强，因而产生下列现象：黄色越薄就越接近黄绿的感觉；橙色越薄就越接近黄的感觉；红色越薄就越接近橙的感觉；暗红色越薄就越接近红的感觉；青色越薄就越接近绿的感觉；紫色越薄就越接近蓝的感觉，暗紫色越薄就越接近紫的感觉。

（3）色彩的并置　把一种色彩与另一种色彩相邻地放在一起，从互相映照中增强或减弱固有色相，由于视神经的错觉，形成了一种新的色彩感觉。色彩的并置见表 3-2。

表 3-2　色彩的并置

并置色彩	产 生 结 果	并置色彩	产 生 结 果
红与黄	红倾向紫,黄倾向绿	蓝与绿	蓝倾向紫,绿倾向黄
红与青	红倾向橙,青倾向绿	蓝与紫	蓝倾向青,紫倾向红
红与绿	红更红,绿更鲜明	蓝与黑	蓝更鲜明,黑有橙味
红与橙	红倾向紫,橙倾向黄	蓝与白	蓝倾向蓝灰,白有橙味
红与紫	红倾向橙,紫倾向蓝	橙与绿	橙倾向红,绿倾向青蓝
红与黑	红鲜明且倾向橙,黑有绿味	橙与紫	橙倾向黄,紫倾向蓝
红与白	红倾向红灰,白有绿味	橙与黑	橙鲜明且倾向黄,黑有蓝味
黄与蓝	黄倾向橙,蓝倾向紫	橙与白	橙倾向橙灰,白有蓝味
黄与紫	黄更黄,紫更鲜明	绿与紫	绿倾向黄,紫倾向红
黄与绿	黄倾向橙,绿倾向蓝	绿与黑	绿鲜明,黑有红味
黄与橙	黄倾向绿,橙倾向黄	绿与白	绿倾向灰绿,白有红味
黄与黑	黄更鲜明,黑有紫味	紫与黑	紫鲜明,黑有黄味
黄与白	黄倾向黄褐,白有紫味	紫与白	紫倾向紫灰,白有黄味
蓝与橙	蓝更蓝,橙更鲜明		

3.1.3　颜色的表示方法（CIE 表色系）

（1）CIE 表色系简介　根据 GB/T 7707—1987《凹版装潢印刷品》中采用 CIE 表色系，作以下介绍。

CIE 表色系的基础是红（R）、绿（G）、蓝（B）三原色，以它们来决定混色比率；通常确定色刺激是根据加色法混色的原理来实现的。

图 3-1 是由两个积分球（或白的屏幕）所组成的，从Ⅱ引入实验光 C，反射出来的光还是 C，引入和反射出来的光是等色的，而Ⅰ引入的光是 R、G、B 三原色刺激的混合光，如果调节混合光的量就会变化出各种不同的色调。

设 r、g、b 是与实验光 C 等色调时的原刺激量，则原刺激 R、G、B 与实验光 C 之间存在着如下关系：

$$rR + gG + bB \equiv C \qquad (3-1)$$

式中，r、g、b 相当于与实验光 C 所含的三原色 R、G、B 的各个分量的能量比（混合色的三原色称为三刺激值；测定这 3 种刺激值称为测色，也称颜色测量）。

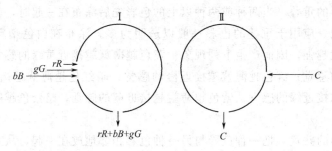

图 3-1　加色法混色的等色示意（一）

式（3-1）如果用几何关系表示出来，如图 3-2 所示，由 R、G、B 所组成的三角形内的颜色都能配制出来。

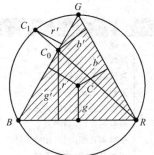

图 3-2　三刺激值和混合色的
几何表示法

大多数的物体色的色刺激都能和三刺激 R、G、B 的混色等色，但是不论怎样的混色方法，混合后的饱和度都低于原刺激的饱和度，R、G、B 的混合光不能制出像光谱单色光那样高饱和度的色刺激。

例如，在图 3-2 中，从中心向外配制出高饱和度的色刺激，把三原色的最高饱和度的位置放在圆周的 3 个顶点上。混合光的刺激纯度位置在三原色各点的连接线上。三原色的混合光一定在三原色所组成的三角形内。在三角形之外的高纯度的混合色是不存在的，但是按下述方法进行加色法混色是存在的。

图 3-2 中的高饱和度的实验光 C_1，用 R 与 C_1 混合，则混合光和 R 近似，如果色调 G、B 相混，混合光某一比率时的 C_0 点是不等色点，C_0 是 G 和 B 的混合光。如果 G、B 的分量是 g'、b'，则：

$$g'G + b'B \equiv C_0$$

如果 C_0 和 C_1 混合，R 的分量 r' 的混合光等色，则：

$$C_1 + r'R \equiv C_0$$

用等色方法作出图 3-3，这时的三原色 R、G、B 和它们的分量 r'、g'、b' 与实验光源的关系为：

$$g'G + b'B \equiv C_1 + r'R$$

所以

$$C_1 \equiv -r'R + g'G + b'B \qquad (3-2)$$

式中，r'、g'、b' 为 C_1 的三刺激值。

作为 CIE 的三刺激值，R、G、B 所选用的主波长为 $\lambda = 700\text{nm}$、$\lambda = 546.1\text{nm}$、

$\lambda=435.8nm$ 的单色光。

　　在实际颜色的测量中，把这三原色的
混合光与实验光等色，求出实验光的三刺
激值。色刺激的光谱成分各个波段含有各
自的能量比，能量比的大小由各波段的分
光比率决定。所含能量不同，它的性质也

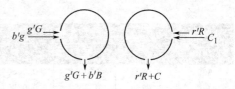

图 3-3　加色法混色的等色示意（二）

不同，因此，根据不同波长光的能量求出等能光谱的三刺激值，再根据各个光谱的
分光特性就可以计算出实验光的三刺激值，也就是将等能光谱的三刺激值乘以实验
光的分光特性比率，最后相加，就能求出实验光的三刺激值（表3-3）。

表 3-3　光谱刺激值

波长 λ /nm	光谱刺激值			波长 λ /nm	光谱刺激值		
	$\bar{x}_\lambda$	$\bar{y}_\lambda$	$\bar{z}_\lambda$		$\bar{x}_\lambda$	$\bar{y}_\lambda$	$\bar{z}_\lambda$
380	0.0014	0.0000	0.0065	35	0.2257	0.9149	0.0298
85	0.0022	0.0001	0.0105	540	0.2904	0.9540	0.0203
390	0.0042	0.0001	0.0201	45	0.3597	0.9803	0.0134
95	0.0076	0.0002	0.0362	550	0.4334	0.9950	0.0087
400	0.0143	0.0004	0.0679	55	0.5121	1.0002	0.0057
05	0.0232	0.0006	0.1102	560	0.5945	0.9950	0.0039
410	0.0435	0.0012	0.2074	65	0.6784	0.9786	0.0027
15	0.0776	0.0022	0.3713	570	0.7621	0.9520	0.0021
420	0.1344	0.0040	0.6456	75	0.8425	0.9154	0.0018
25	0.2148	0.0073	1.0391	580	0.9163	0.8700	0.0017
430	0.2839	0.0116	1.3856	85	0.9786	0.8163	0.0014
35	0.3285	0.0168	1.6230	590	1.0263	0.7570	0.0011
440	0.3483	0.0230	1.7471	95	1.0567	0.6949	0.0010
45	0.3481	0.0298	1.7826	600	1.0622	0.6810	0.0008
450	0.3362	0.0380	1.7721	05	1.0456	0.5668	0.0006
55	0.3187	0.0480	1.7441	610	1.0026	0.5030	0.0003
460	0.2908	0.0600	1.6692	15	0.9384	0.4412	0.0002
65	0.2511	0.0739	1.5281	620	0.8544	0.3810	0.0002
470	0.1954	0.0910	1.2876	25	0.7514	0.3210	0.0001
75	0.1421	0.1126	1.0419	630	0.6424	0.2650	0.0000
480	0.0956	0.1390	0.8130	35	0.5419	0.2170	0.0000
85	0.0580	0.1693	0.6162	640	0.4479	0.1750	0.0000
490	0.0320	0.2080	0.4652	45	0.3608	0.1382	0.0000
95	0.0147	0.2586	0.3533	650	0.2835	0.1070	0.0000
500	0.0049	0.3230	0.2720	55	0.2187	0.0816	0.0000
05	0.0024	0.4073	0.2123	660	0.1649	0.0610	0.0000
510	0.0093	0.5030	0.1582	65	0.1212	0.0446	0.0000
15	0.0291	0.6082	0.1117	670	0.0874	0.0320	0.0000
520	0.0633	0.7100	0.0728	75	0.0636	0.0232	0.0000
25	0.1096	0.7932	0.0573	680	0.0468	0.0170	0.0000
530	0.1655	0.8620	0.0422	85	0.0329	0.0119	0.0000

波长 λ /nm	光谱刺激值			波长 λ /nm	光谱刺激值		
	$\bar{x}_\lambda$	$\bar{y}_\lambda$	$\bar{z}_\lambda$		$\bar{x}_\lambda$	$\bar{y}_\lambda$	$\bar{z}_\lambda$
690	0.0227	0.0082	0.0000	740	0.0007	0.0003	0.0000
95	0.0158	0.0057	0.0000	45	0.0005	0.0002	0.0000
700	0.0114	0.0041	0.0000	750	0.0003	0.0001	0.0000
05	0.0081	0.0029	0.0000	55	0.0002	0.0001	0.0000
710	0.0058	0.0021	0.0000	760	0.0002	0.0001	0.0000
15	0.0041	0.0015	0.0000	65	0.0001	0.0000	0.0000
720	0.0029	0.0010	0.0000	770	0.0001	0.0000	0.0000
25	0.0020	0.0007	0.0000	75	0.0000	0.0000	0.0000
730	0.0014	0.0005	0.0000	780	0.0000	0.0000	0.0000
35	0.0010	0.0004	0.0000				

等能光谱的三刺激值是 CIE 的标准观察者作出的。由等能光谱各段波长的三刺激值求出混合光的等色光谱称为光谱刺激值。

实验光的三刺激值是根据 $\bar{r}$、$\bar{g}$、$\bar{b}$ 的刺激值乘以实验光的光谱能量分布的各值，然后把各个波段积分求出。这种求出样品的三刺激值的方法称为 1931CIE-RGB 表色系。

如前所述，RGB 表色系有时会产生负值，使计算复杂化。所以，为了计算光谱的刺激值，就必须使所有的值都是正的。

在表色系方面，为了求出实验光的三刺激值，就要使用符号表示颜色，与实验颜色的原刺激 R、G、B 相对应，与虚构的刺激值是有差别的。实际上，关系式 $(\tau_i = \tau_{1\lambda}, \tau_{2\lambda}, \tau_{3\lambda}, \cdots, \tau_{N\lambda}, \cdots)$ 是所有的实验色光，具有与原刺激 R、G、B 相对应的虚构的原刺激，所有的实际色存在于 R、G、B 的圆内。

变换 R、G、B 坐标，使它成为 CIE 假设的原刺激 X、Y、Z。这种光谱三刺激值如图 3-4 所示，表 3-3 列出了 $\bar{x}_\lambda$、$\bar{y}_\lambda$、$\bar{z}_\lambda$ 的值。

用 X、Y、Z 表示三原色的方法称为 1931CIE-XYZ 表色系。

从 RGB 表色系变成 XYZ 表色系，它们的光谱刺激值（$\bar{y}$）和视敏度是一致的，刺激值 Y 已作为明度值处理过。

（2）表示方法 图 3-5 表示了 XYZ 表色系的光谱刺激值曲线，各个波长的光谱刺激值为 $\bar{x}_\lambda$、$\bar{y}_\lambda$、$\bar{z}_\lambda$，把含实验光的分光成分按比例算成三刺激值 X、Y、Z 表示。

从具有连续光谱光源的三刺激值的光谱功率分布的 $\bar{x}_\lambda$、$\bar{y}_\lambda$、$\bar{z}_\lambda$ 求出各个波长的分光成分的比例值，最后对 $380 \sim 780$nm 进行积分。如 $0 < \tau_\lambda < 1$，$P_{n\lambda} < P_{1\lambda}$，$P_{n\lambda} = P_{1\lambda}$，$\tau_{1\lambda}$，$\tau_{2\lambda}$，$\tau_{n\lambda}$…所示。式中，$P_{n\lambda}$ 是实验光源的光谱功率分布的各个波长的值。光谱刺激值 $\bar{x}_\lambda$、$\bar{y}_\lambda$、$\bar{z}_\lambda$ 的值（表 3-3）给出，已被 CIE 所采用。

$$X = K \int_{380}^{780} P t_\lambda \bar{x}_\lambda \, \mathrm{d}\lambda \tag{3-3}$$

$$Y = K\int_{380}^{780} Pt_\lambda \bar{y}_\lambda \, \mathrm{d}\lambda \tag{3-4}$$

$$Z = K\int_{380}^{780} Pt_\lambda \bar{z}_\lambda \, \mathrm{d}\lambda \tag{3-5}$$

式中，$\mathrm{d}\lambda$ 是波长间隔，测定时采用 $\mathrm{d}\lambda = 10\mathrm{nm}$，如果要求精密计算时，$\mathrm{d}\lambda = 5\mathrm{nm}$；粗略计算时，$\mathrm{d}\lambda = 20\mathrm{nm}$；$K$ 是计算光源色的系数，使 Y 值与测定的结果一致。测光的单位是 $\mathrm{lm/W}$，一般都是为了求出色度坐标的值。当 $K = 1$ 时，实验光的光谱功率分布的值可以直接求出。

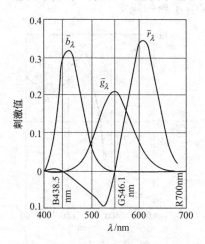

图 3-4 1931CIE-RGB 表色系的
光谱三刺激值

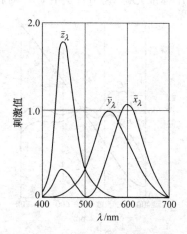

图 3-5 XYZ 表色系光谱
刺激值曲线

物体色的三刺激值 X、Y、Z 是在照明光源下由所见到的样品色刺激的光谱功率分布得到的。先要知道光谱刺激值 $\bar{x}_\lambda$、$\bar{y}_\lambda$、$\bar{z}_\lambda$ 的分光成分，之后由式（3-6）、式（3-7）、式（3-8）求得。

$$X = K\int_{380}^{780} P_\lambda \bar{x}_\lambda \rho_\lambda \, \mathrm{d}\lambda \tag{3-6}$$

$$Y = K\int_{380}^{780} P_\lambda \bar{y}_\lambda \rho_\lambda \, \mathrm{d}\lambda \tag{3-7}$$

$$Z = K\int_{380}^{780} P_\lambda \bar{z}_\lambda \rho_\lambda \, \mathrm{d}\lambda \tag{3-8}$$

式（3-6）、式（3-7）、式（3-8）中，ρ_λ 是物体的分光反射率（透过率用 τ_λ 表示）的值，即氧化镁（MgO）表面亮度和样品表面亮度在各个波长的比值。它代表样品的反射特性，是样品色直接对眼睛的色刺激的光谱功率分布。它与照明光源分光特性有关，改变照明分光特性，则物体色的色刺激特性也会改变。

因此设计一个具有一定能量分布的标准光源，在标准光源照明下求得样品的色刺激的三刺激值，误差就会变小。

① 标准光源 A 色温度 2854K。

$$x=0.4476 \qquad y=0.4075$$

② 标准光源 B　色温度 4870K。

$$x=0.3485 \qquad y=0.3518$$

③ 标准光源 C　色温度 6740K。

$$x=0.3101 \qquad y=0.3163$$

图 3-6 和表 3-4 表示出了 CIE 标准光源的光谱功率分布曲线和不同波长测定的值。A、B、C 三种光源称为 CIE 标准光源，标准光源的值用 P_λ 表示。一般人们都采用标准光源 C。1983 年 CIE 对标准光源又有了新的规定。

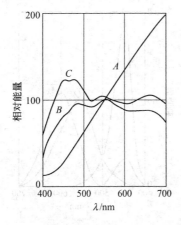

图 3-6　CIE 标准光源的光谱功率分布曲线

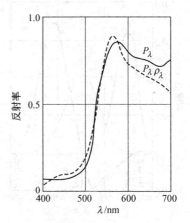

图 3-7　样品的分光反射率（ρ_λ）曲线和样品在标准光源照明下反射光的光谱功率分布（$P_\lambda\rho_\lambda$）曲线

表 3-4　标准光源光谱功率分布

λ /nm	标准光源 P_λ			λ /nm	标准光源 P_λ		
	A	B	C		A	B	C
400	14.71	41.30	63.30	60	100.00	102.80	105.30
100	17.68	52.10	80.60	70	107.18	102.60	102.30
20	21.00	63.20	98.10	80	114.44	101.00	97.80
30	24.67	73.10	112.40	90	121.73	99.20	93.20
40	28.70	80.80	121.50	600	129.04	98.00	89.70
50	33.09	85.40	124.00	10	136.34	98.50	88.40
60	37.82	88.30	123.10	20	143.62	99.70	88.10
70	42.87	92.00	123.80	30	150.83	101.00	88.00
80	45.25	95.20	123.90	40	157.98	102.20	87.80
90	53.91	96.50	120.70	50	165.03	103.90	88.20
500	59.86	94.20	112.10	60	171.96	105.00	87.90
10	66.06	90.20	102.30	70	178.77	104.90	86.30
20	72.50	89.50	96.90	80	185.43	103.80	84.00
30	79.13	92.20	98.00	90	191.93	101.60	80.20
40	85.95	96.96	102.10	700	98.26	99.10	76.30
50	92.91	101.00	105.20				

当人们观察样品时，直接射向眼睛的是色刺激（$P_\lambda \rho_\lambda$）的分光特性。样品的分光反射率曲线和样品反射光的光谱功率分布曲线，如图 3-7 所示。图中的 ρ_λ 就是样品所具有的分光反射率特性，用实线画出，图中的虚线是 $P_\lambda \rho_\lambda$ 的特性曲线，P_λ 是标准光源 C 的特性曲线。

$\bar{x}_\lambda$、$\bar{y}_\lambda$、$\bar{z}_\lambda$ 的光谱刺激函数值见表 3-5。

表 3-5　标准光源光谱刺激函数值（CIE，$d\lambda = 10nm$）

波长 λ /nm	标准光源 A			标准光源 B			标准光源 C		
	$P_\lambda \bar{x}_\lambda$	$P_\lambda \bar{y}_\lambda$	$P_\lambda \bar{z}_\lambda$	$P_\lambda \bar{x}_\lambda$	$P_\lambda \bar{y}_\lambda$	$P_\lambda \bar{z}_\lambda$	$P_\lambda \bar{x}_\lambda$	$P_\lambda \bar{y}_\lambda$	$P_\lambda \bar{z}_\lambda$
380	1	0	6	3	0	14	4	0	20
390	5	0	23	13	0	60	19	0	89
400	19	1	93	56	2	268	85	2	404
410	71	2	340	217	6	1033	329	9	1570
420	262	8	1256	812	24	3899	1238	37	5949
430	649	27	3167	1983	81	9678	2997	122	14628
440	926	61	4647	2689	178	13489	3975	262	19938
450	1031	117	5435	2744	310	14462	3915	443	20638
460	1019	210	5851	2454	506	14083	3362	694	19299
470	776	362	5116	1718	800	11319	2272	1058	14972
480	428	622	3636	870	1265	7396	1112	1618	9461
490	160	1039	2324	295	1918	4290	363	2358	5274
500	27	1792	1509	44	2908	2449	52	3401	2864
510	57	3080	969	81	4360	1371	89	4833	1520
520	425	4771	525	541	6072	669	576	6462	712
530	1214	6322	309	1458	7594	372	1523	7934	388
540	2313	7600	162	2689	8834	188	2785	9149	195
550	3732	8568	75	4183	9603	84	4282	9832	86
560	5510	9222	36	5840	9774	38	5880	9641	39
570	7571	9457	21	7472	9334	21	7322	9147	20
580	9719	9228	18	8843	8396	16	8417	7992	16
590	11579	8540	12	9728	7176	10	8984	6627	10
600	12704	7547	10	9948	5900	7	8949	5316	7
610	12669	3356	4	9436	4737	3	8325	4176	2
620	11373	5071	3	8140	3630	2	7070	3153	2
630	8980	3704	0	6200	2558	0	5309	2190	0
640	6558	2562	0	4374	1709	0	3693	1443	0
650	4336	1637	0	2815	1062	0	2349	886	0
660	2628	972	0	1655	612	0	1361	504	0
670	1448	530	0	876	321	0	708	259	0
680	804	292	0	466	169	0	369	134	0
690	404	146	0	220	80	0	171	62	0
700	209	75	0	108	39	0	82	29	0
710	110	40	0	53	19	0	39	14	0
720	57	19	0	26	9	0	19	6	0
730	28	10	0	12	4	0	8	3	0
740	14	6	0	6	2	0	4	2	0
750	6	2	0	2	1	0	2	1	0
760	4	2	0	2	1	0	1	1	0
770	2	0	0	1	0	0	1	0	0
780	0	0	0	0	0	0	0	0	0
总和	109828	100000	35547	99072	100000	85223	98041	100000	118103
XYZ	0.4476	0.4075	0.1449	0.3485	0.3517	0.2998	0.3101	0.3163	0.3736

注：$d\lambda$ 为波长间隔。

光谱刺激值是光谱的各波段的能量相等时的白光（把它称为基础刺激）所含的三刺激值 X、Y、Z 的一定比例，并且三刺激值在各个波段按比例分配。当 $\bar{x}_\lambda$、$\bar{y}_\lambda$、$\bar{z}_\lambda$ 是等能光谱同时射入观察者的眼内，就会看到白色。所以，样品的色刺激中求出反射光的三刺激值 $\bar{x}_\lambda$、$\bar{y}_\lambda$、$\bar{z}_\lambda$ 就可以得到样品所含的任何比例，各波段的三刺激值 $\bar{X}_\lambda$、$\bar{Y}_\lambda$、$\bar{Z}_\lambda$ 用下式计算：

$$X_\lambda = P_\lambda \bar{x}_\lambda \rho_\lambda$$

$$Y_\lambda = P_\lambda \bar{y}_\lambda \rho_\lambda$$

$$Z_\lambda = P_\lambda \bar{z}_\lambda \rho_\lambda$$

由此可求出对于样品的三刺激值 X、Y、Z 的分光曲线。

射入观察者眼睛的色刺激是可见光谱全波长（380～780nm）的总和。色刺激值用积分的方法可以求得。积分符号为 $\int$，$\mathrm{d}\lambda$ 是积分的间隔，即测定波长时的间隔，一般情况下，$\mathrm{d}\lambda=10\mathrm{nm}$。根据以上的方法求样品的三刺激值，从 RGB 表色系到 XYZ 表色系的坐标变换时的光谱刺激值 $\bar{y}_\lambda$，在和锥体细胞的视敏度一致时，则刺激值 Y 所对应的明度值就原封不动地等于反射率的明度值。

物体样品表面，如氧化镁表面的 Y 值与分光反射率 ρ_λ 的关系为：

$$K = \frac{1}{\int_{380}^{780} P_\lambda y_\lambda \mathrm{d}\lambda} \tag{3-9}$$

式中，y 是与照明光源有关的值，y 值和标准光源 A、B、C 有关，$P_\lambda \bar{y}_\lambda$ 的和用 100000 进行处理，表 3-5 中列出了 $P_\lambda \bar{y}_\lambda$、$P_\lambda \bar{x}_\lambda$、$P_\lambda \bar{z}_\lambda$ 在标准光源 A、B、C 照射下测定的值，一般情况下，这些可以使用，在 $\mathrm{d}\lambda=10\mathrm{nm}$ 时，K 值为：

$$K = \frac{1}{1000000}$$

这时氧化镁（MgO）表面的明度值 $Y=1.0$（100%）。

以上样品的三刺激值 X、Y、Z 可按式（3-6）、式（3-7）、式（3-8）求得。这时的 Y 值为样品的总明度中的最高明度值。在 X、Z 的方向上的分量会出现误差。

（3）色度坐标　当光源色三刺激值 X、Y、Z 是等能光谱时就成为白色光源。物体色包含氧化镁在内的表面反射光的 X、Y、Z 的三原色色刺激的各量，与样品色刺激的各量之比既有纵向关系，也有横向关系，如果没有这些相互关系是不方便的，所以从 X、Y、Z 的比值关系可得：

$$x = \frac{X}{X+Y+Z} \tag{3-10}$$

$$y = \frac{Y}{X+Y+Z} \tag{3-11}$$

$$z = \frac{Z}{X+Y+Z} \tag{3-12}$$

x、y、z 是色度坐标，这 3 个值之和是一个常数。

$$x+y+z=1 \qquad\qquad (3\text{-}13)$$

因此在 CIE 表色系中，测得样品色的三刺激值 X、Y、Z 就可以求出样品的色度坐标。由式(3-10) ～式(3-13) 可得：

$$z=1-(x+y)$$

$$X=x\left(\frac{Y}{y}\right)$$

$$Z=z\left(\frac{Y}{y}\right)$$

最少也得求出 Y 和 x、y 的值。

Y、x、y 这 3 项表现了物体色的 3 个属性，其中 Y 表示亮度，x、y 分别表示色调和饱和度。

（4）色度图 根据色度坐标 x、y、z 之和等于常数 1 的关系，把这个关系以几何图形用三角坐标表示，称为色度图。

最初的色度图的原形是一个正三角形，各个顶点分别作为三刺激 X、Y、Z 的位置，三刺激 X、Y、Z 按比例分配，色度坐标 x、y、z 也按比例相对应，坐标值是由色度点向三角形的三个边引垂线 (x)、(y)、(z) 来表示。(x)、(y)、(z) 之和是一个常数，三垂线的交点就是色度点。

但是，正三角形的坐标系既不太适用，又不方便，因而需要把它换成直角三角坐标系。现行的色度图的几何图形尺寸关系为 $x=(y)$，$y=(y)$，三角形的斜边是正三角形的右边，所以 $z=(z)/\sqrt{z}$，表示了 z 的长度，从式(3-7) 可以直接求得。

现行的色度图用直角坐标表示。在这个色度图上，按光谱单色光的色度值在色度图上打点（称为色度点），图中 W 点的位置如图 3-8 所示；标准光源 C 的色度坐标为：

$$x=0.3101 \qquad y=0.3163$$

用点 "⊙" 在图上表示，记作 W。

光谱色在 $380\sim780\text{nm}$ 范围内是连续存在的，把单色光的色度点 "·" 连接起来，这个轨迹（图 3-8）称为光谱色轨迹。

另外，紫红色系统的色调光谱色是不存在的，属于这个色调的色刺激实际上是在 380nm 和 780nm 两点的连线上，这个光谱色轨迹是存在的，这个直线称为纯紫轨迹。

所有颜色的色度点在色度图打点。可以看出，在光谱色轨迹上，光谱色饱和度最高。

两种色刺激进行加法混色，混合色的色刺激的色度点在两个原来色的色度点的连接线上。

将白色光和光谱色的各单色光进行加法混色，混合色的色度点在相混的两点连接直线上。例如，色刺激 S_1 和非彩色点 W（标准光源 C）相连，并延长与光谱色

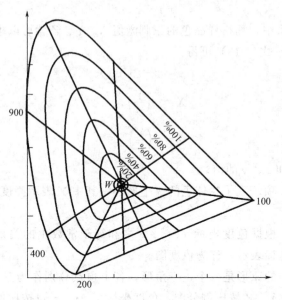

图 3-8 色饱和度的概念

轨迹相交，交点的波长就是 S_1 的主波长。这里 S_1 的主波长为 620nm。

S_2 与 W 相连，并延长连线与纯紫轨迹相交，但纯紫轨迹不存在主波长，因此要向非彩色点 W 方向延长，与光谱色轨迹相交，这个交点处的波长就是 S_2 的主波长，称为补色的主波长。为了区别主波长和补色主波长，在补色主波长前加一个符号 "—"，或在补色主波长后边加一个 "C"。例如，S_2 的补色主波长为—510nm 或写成 510Cnm。

(5) 饱和度 色调用主波长或补色主波长表示，则非彩色点和光谱色轨迹上各点相连的直线上的一切点都具有相同的主波长，也都具有相同的色调。在非彩色点没有饱和度。一个样品的色调都能在非彩色点和光谱色连接的直线上找到它的位置。以非彩色点为中心，到光谱色轨迹的距离为 100%，这样颜色样品的色度点到非彩色点的距离是百分之几，这就是样品的饱和度。加法混色是按混合色的比例进行的，被混合的颜色刺激称为原刺激，混合色刺激称为饱和度。

图 3-8 以非彩色点的饱和度为 0，光谱色轨迹的饱和度定为 100%，以 20% 等分来表示刺激纯度。

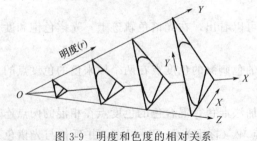

图 3-9 明度和色度的相对关系

(6) 明度 色刺激强度的方向用色向量表示。如图 3-9 所示，从暗黑点 O 开始，按色刺激强度的比例向光谱三刺激 X、Y、Z 的方向延伸，各混合光存在于三刺激光谱连接线所组成的三角形内；混合色的色调、饱和度等在光谱的方向内是一个常数，因此，色度图从暗黑色开始，增加原刺激的刺激纯度，随着明度值的变化将有无数个色度图存在。明度值小的色度图也小，色度图随明度值增大而变大。所以，色度图大小的不同，在同一色度的光谱方向一定的条件下形成数个三角形。这样就可以用色度图表示色调和饱和度。

用色度图表示的值必须是色刺激强度的值，即 Y 值。色度坐标值 x、y 表示方向。

修正的孟塞尔表色系对孟塞尔的样品进行了测定，由目测得知样品的色知觉的等距性。根据色刺激的明度值 V，在色度图上决定色调（H）、饱和度（C），可得到孟塞尔符号（H、V、C）与 CIE 符号（Y、x、y）的关系和视觉作用，从而确定了物理测量的基础。

① CIE1976 均匀色空间　为了进一步统一评价颜色差别的方法，CIE 于 1976 年推荐了两个颜色空间及有关的色差公式，即 CIE1976（$L^* U^* V^*$）空间和 CIE1976（$L^* a^* b^*$）空间，并于 1976 年在国际上正式采用。

② CIE1976（$L^* U^* V^*$）空间和色差公式　CIE 改进原有的 CIE（$U^* V^* W^*$）空间和其有关的色差公式，提出了采用（$L^* U^* V^*$）空间的标定颜色方法。CIE1976（$L^* U^* V^*$）空间采用米制明度 L^* 和米制色度 U^*、V^*，得到式(3-14)～式(3-16)。

$$L^* = 116(Y/Y_0)^{1/3} - 16 \tag{3-14}$$

$$U^* = 13L^*(U - U_0) \tag{3-15}$$

$$V^* = 13L^*(V - V_0) \tag{3-16}$$

$$U' = \frac{4X}{X + 15Y + 3Z} \qquad V' = \frac{9Y}{X + 15Y + 3Z}$$

$$U_0' = \frac{4X_0}{X_0 + 15Y_0 + 3Z_0} \qquad V_0' = \frac{9Y_0}{X_0 + 15Y_0 + 3Z_0}$$

式中，$Y/Y_0 > 0.01$；X、Y、Z 是样品的三刺激值；U'、V' 为样品的色度坐标；Y_0、X_0、Z_0 是 CIE 标准光源 D_{65} 或标准光源 A，照射在完全反射的漫射体上，再由完全反射漫射体反射到观察者眼睛内，白色物体的 $Y_0 = 100$；U_0、V_0 为光源的色度坐标。

按 $L^* U^* V^*$ 标定的两个颜色之间的色差为 ΔE_{CIE}（$L^* U^* V^*$），由式(3-17)决定。

$$\Delta E_{CIE}(L^* U^* V^*) = [(\Delta L^*)^2 + (\Delta U^*)^2 + (\Delta V^*)^2]^{1/2} \tag{3-17}$$

③ CIE1976（$L^* a^* b^*$）空间和色差公式　为了获得物体色在知觉上均匀的色空间，并能反映出大于阈值、小于孟塞尔颜色系统所表示的色差，CIE 又推荐了一个均匀颜色空间和计算公式，这就是 CIE1976（$L^* a^* b^*$）色空间的色差公式。

$$L^* = 116\left(\frac{Y}{Y_0}\right)^{1/3} - 16 \tag{3-18}$$

$$a^* = 500\left[\left(\frac{X}{X_0}\right)^{1/3} - \left(\frac{Y}{Y_0}\right)^{1/3}\right] \tag{3-19}$$

$$b^* = 200\left[\left(\frac{Y}{Y_0}\right)^{1/3} - \left(\frac{2}{20}\right)^{1/3}\right] \tag{3-20}$$

式中，$Y/Y_0 > 0.01$；X、Y 和 X_0、Y_0 同式（3-18）、式（3-19）、式（3-20）；L^* 为米制明度；a^*、b^* 为米制色度。

按 L^*、a^*、b^* 标定两个颜色，两色之间的色差 ΔE_{CIE}（$L^* a^* b^*$）由下式计算：

$$\Delta E_{CIE}(L^* a^* b^*) = [(\Delta L^*)^2 + (\Delta a^*)^2 (\Delta b^*)^2]^{1/2}$$

CIE1976 两个色空间中的明度 L^* 是相同的，都是米制明度。而米制色度 a^*、b^* 和 U^*、V^* 之间不存在简单的关系，但它们与 x、y 色度图有关系。以上就是 GB/T 7707—1987《凹版装潢印刷品》中有关色差（ΔE）公式的来历。

3.2　塑料油墨的仪器配色

3.2.1　电子配色处方的简便计算

配色是印刷工业、涂料工业、工艺美术、绘画艺术等很多部门的重要手段，更重要的是选择合适的色料，探讨色料的配伍性，制定出一个复现性良好的工艺条件，从而解决着色后的色彩特性上的各种问题，例如由于条件等色或人工观察（或光线）上的变化、色料的色牢度、成本以及其他原因所造成退色等。

这是一项包括范围相当广泛的颜料化学、色度学、物理学、光学、心理物理学以及工厂经营管理等各种问题的重大课题，所以必须充分研究。在这方面，技术先进的国家如美国、日本、瑞典等国都已建立了自己的色彩研究中心，应用测色、配色技术解决科学技术方面的重大问题。

由于工业产品种类繁多，色彩千变万化，配出较为理想的色彩就成了难题。特别是没有色样，仅仅笼统地提出颜色要求，这给配色工业带来更大的困难。过去靠人工配色，这需要积累大量的样卡资料，但这样检索起来又麻烦。近来，已广泛使用电子计算机进行颜色配方计算、存储数据，用电子计算机配色称为电子配色，效果较好。

所谓配色是从测色学上来考虑的，配色就是把不同的色料根据要求组合起来，配出的颜色的三刺激值与样品色的三刺激值达到一致。所谓三刺激值一致，即：

$$X_s = X_m$$
$$Y_s = Y_m \tag{3-21}$$
$$Z_s = Z_m$$

式中，s 表示样品；m 表示配色结果。当色调一致就达到了配色的目的。

配色结果的三刺激 X_m、Y_m、Z_m 的分光反射率按式（3-22）计算：

$$X_m = K \int_{380}^{780} p_\lambda (R_m) \lambda \overline{X}_\lambda \, d\lambda \tag{3-22}$$

$$Y_m = K \int_{380}^{780} p_\lambda (R_m) \lambda \overline{Y}_\lambda \, d\lambda$$

$$Z_m = K \int_{380}^{780} p_\lambda (R_m) \lambda \overline{Z}_\lambda \, d\lambda$$

式中，p_λ 为标准照明的分光分布；$\overline{X}_\lambda$、$\overline{Y}_\lambda$、$\overline{Z}_\lambda$ 为三刺激值；λ 为波长；R_m 为配色的分光反射率，如果使用的色料的组成发生变化，则 $(R_m)\lambda$ 也发生变化。

我们知道，即使在相同的条件下配色，其分光反射率的分布状态与样品的分光反射率分配状态相比也会有很大的差异。这是由于存在条件等色之差关系造成的。

为了满足式(3-21)，就要求得到式(3-22) 中的 $(R_m)\lambda$ 光谱分布的配方，当得到了色调一致的颜色，就达到了配色的目的。由于计算量很大，变化因素又多，计算起来非常困难，但使用计算机来计算，就方便多了。

要想得到颜料的配方，就需要了解各种颜料单独的基准浓度的分光反射率，了解这些颜料的色调与配色的颜色的分光反射率之间所存在的关系。如果颜料单独反射率是已知的，给出基准浓度 C_1、C_2、C_3 就可以获得拼色结果。这是可以做到的，即把反射率换成任意函数，函数比率的值对应于颜料浓度的值（即光学浓度）变换后相加，再进行逆变换，成为原来反射率数值。这种变换与在光学分析上早已应用的方法相似，称为朗伯-比尔定律，见式（3-22）。

$$D_\lambda = -\lg \left(\frac{T_\lambda}{100} \right) \tag{3-23}$$

式中，D_λ 为物体透过的光学密度，称为吸光度，是分光透射率的函数（$T\%$），在分析工作中经常用到。应用于配色则按杜贝·蒙克在 1931 年《涂料光泽的光学研究》一书中得出的公式计算，即式（3-24）。

$$R = \frac{\dfrac{1}{R_\infty}(R'+R_\infty) - R_\infty \left(R' - \dfrac{1}{R_\infty} \right)^{eSX\left(\frac{y}{R'-R_\infty}\right)}}{(R'-R_\infty) - \left(R' - \dfrac{1}{R_\infty} \right)^{SX\left(\frac{1}{R'-R_\infty}\right)}} \tag{3-24}$$

式中，R' 为底材反射率；R_∞ 为无限大厚度的涂膜反射率；X 为涂膜厚度；S 为涂膜的散射系数；e 为自然对数；R 为具有 R' 的性质、涂膜厚度为 X 时的反射率；∞ 表示渗透影响的消失程度的厚度。

$$R_\infty = \lambda - \sqrt{a^2 - 1}$$

$$a = 1 + \frac{K}{S}$$

则

$$R_\infty = H \frac{K}{S} - \sqrt{\left(\frac{K}{S} \right)^2 + 2\frac{K}{S}} \tag{3-25}$$

式中，S 为散射系数；K 为吸收系数。

式（3-24）是在底材的厚度无限大、渗透影响消失的情况下导出的反射率 R_∞ 与 K、S 的关系，因此还可以写成式（3-26）的形式。

$$\frac{K}{S} = \frac{(1-R_\infty)^2}{2R_\infty} \tag{3-26}$$

式中，R_∞ 取值为 $0 < R_\infty < 1$。

随着配色技术研究的深入和发展，发现了 K 与 S 分别与色料配方的用量存在比例关系。如果对每一种所使用的色料的基准浓度求出 K/S 值，这时就能进行混色计算。例如，设所用颜料为 A、B、C 3 种，分别按某一基准浓度对其浓度求出 K_A、K_B、K_C 与 S_A、S_B、S_C 的基准，这样就可以按 C_A、C_B、C_C 的浓度配色，其结果变为 K/S 的函数，则：

$$\frac{K}{S} = \frac{C_A K_A + C_B K_B + C_C K_C + \cdots + K_W}{C_A S_A + C_B S_B + C_C S_C + \cdots + S_W} \tag{3-27}$$

式中，K_W 为底材的吸收系数；S_W 为散射系数。

如果 S_A、S_B 的值非常小，可以不计，则式（3-27）可写为：

$$\frac{K}{S} = \frac{C_A K_A + C_B K_B + \cdots + K_W}{S_W} \tag{3-28}$$

当 $S_W = 1$ 时，有：

$$\frac{K}{S} = C_A K_A + C_B K_B + \cdots + K_W \tag{3-29}$$

如果配方中只有一种颜料 A，就可以用式（3-30）表示。

$$\frac{(1-R_A)^2}{2R_A} = \frac{K_A + K_W}{S_A + S_W} = \frac{K_A + K_W}{S_W} \tag{3-30}$$

当 $S_W = 1$ 时，有：

$$\frac{(1-R_A)^2}{2R_A} = K_A + K_W \tag{3-31}$$

式中，R_A 为颜料 A 的反射率。

对于每一种颜料来说，K_A/S_A 可由式（3-32）计算。

$$\frac{K_A}{S_A} = \left(\frac{K}{S}\right)_A = \frac{(1-R_A)^2}{2R_A} - \left(\frac{K}{S}\right)_W \tag{3-32}$$

这样就可把式（3-26）写成式（3-33）的形式。

$$\frac{K}{S} = \left(\frac{K}{S}\right)_A C_A + \left(\frac{K}{S}\right)_R C_B + \left(\frac{K}{S}\right)_C C_C + \cdots + \left(\frac{K}{S}\right)_W \tag{3-33}$$

上式是目前配色中计算简便、使用较广的基本公式，现在使用的电子计算机配色系统就是在这个基础上发展起来的。

3.2.2　仪器测色程序

（1）分光光度计　分光光度计是利用光电管法测定光谱的反射率或透过率的仪器。这种测色仪器近几年在国外发展很快，由原来只对颜色进行测量发展为自动配色计算系统，可测出样品表面色彩的分光曲线，再通过计算机系统的计算从而可以得到多种颜色配方的方案，人们就可从中选择最佳配方。

（2）测色色差计　颜色的实质是可见光谱的辐射能量对人眼睛的刺激所引起的色知觉，因此颜色测量必须以眼睛的功能为基础。不同的人对同一样品的颜色观察结果多少是有差别的。1931年CIE规定了标准观察者的数据，即标准观察者的光谱三刺激值，从而奠定了颜色测量的基础。

任一物体的颜色都可用三刺激值X、Y、Z或它们的导出量表示。色差计利用机器内部光源照明测量样品的透射光或反射光，它是由探测器、放大调节器、仪表读数或数字显示、数据运算等部分组成的，模拟标准观察者对颜色的适应性，直接测出样品的三刺激值，给出色差值。为了减少色差计的误差，就要根据所要测定的样品的颜色选用与样品色调相接近的标准色板或标准滤色片来标定仪器，也就是将选定的标准色或标准滤色片放入仪器，调节仪器输出，使显示的三刺激值和标准色板或标准滤色片所标定的值一致。

色差计的测量精度与光源、光电管的光谱灵敏度有密切关系，光源色温的变化、光电管相对光谱灵敏度的改变都会影响色差计的测量精度。为保证色差计的测量精度，必要时要更换光源和探测器。并且要对色差计进行定期校正。

（3）颜色控制系统　颜色是评价印刷质量的主要指标之一，色彩再现的优劣很大程度上反映了印刷技术水平的高低。

彩色类凹版印刷油墨完全遵从以上色彩学的基本原理，以色相（色调）、亮度（明度）、彩度（纯度或称饱和度）为三大要素。色相是指该油墨反射光的波段在何区域，故而呈现该波段色光的颜色。亮度是指该油墨反射光量的多少，多则亮度高，色彩鲜明；少则亮度低，色彩灰暗。彩度则是指该油墨色彩的饱和程度，其反射光波段区域越窄，含其他补色光越少，即是彩色较高，人眼所见颜色较为鲜明浓艳；反之，则较为暗淡而不鲜艳。

由上述内容可看出，分光反射率最忠实地记录着颜色的性质，即颜色不同，曲线也不同；而曲线相同，颜色就相同。所以，实际上人的视觉对颜色的反映即色彩三要素是反射率曲线在人脑中的直观反映。

物体反射光的各个波长能量分布不同，人眼感觉到的色相不同。物体的色相随其反射率主波长由400nm向700nm方向的变化而依次由紫向红变化。

物体反射的光量不同，人眼感觉到的明度不同。反射率曲线由0向100%方向变化，物体的明度由暗向明变化。反射率在全波长范围内都很小时物体呈黑色；反射率在全波长范围内都很大时物体呈白色。

物体反射光中含白光成分不同，人眼感觉到的饱和度不同。白光成分少，饱和度大；随着白光成分增加，饱和度逐步降低，反射率曲线逐渐趋于水平，一直到物体失去彩色性。对于一个从事印刷工作的人来说，要描述一个颜色并记住它，绝非易事。大家也许有过这样的经历：把两个原以为相同的颜色放在一起时，却发现它们并不一致，两个颜色之间存在色差。其原因是人们只能定性地描述和记住一个颜色。当人们观察第二个颜色时，已无法完全记清第一个颜色了。所以，人脑尽管很聪明，却无法记住用肉眼看到的颜色，当然可借助经历和经验而做到强于别人、胜过别人，但仍无法确切地记住颜色。

随着现代科学技术的飞速发展，对于色彩的描述、体现和配色等进入了计算机时代，即由计算机（硬件加软件）、分光光度计及显示（输出）设备组成的颜色控制系统（图3-10）。

图3-10　颜色控制系统示意

该系统可对颜色进行精确测定。分光光度计用分光反射率记录颜色的性质。根据色彩三要素（明度、色相、饱和度）采用三维空间表达法描述颜色；通过计算机进行定量分析和色彩计算等。在积累数据和建立数据库的基础上可着手进行计算机配色。这些数据还包括油墨的密度、价格以及不同浓度下的分光反射率数据，依据这些数据，输入该系统后只需几秒钟（至多数分钟）就可得到计算机预测的颜色配方。这无疑比人工配色先进、准确、快速，同时也是配色人员梦寐以求的。

3.3　塑料油墨的人工调色

3.3.1　艺术和印刷工艺的用色法

画家仅使用十多种颜色，以敏锐的辨色力和熟练的配色技术，不必称量而凭借脑、手、眼三者的协作，在混杂多色的调色板上就可获得任何一种与被写生的物像相同的颜色，从而制成丰富多彩的图画。但是印刷工人在印刷时仅选择三四种颜色油墨，就能制出几乎与原稿相同的复制品。由此可知，复制者对于色彩不但要善于调配，而且要善于分析。这种用少数几种色墨实现多种色彩的画面，全依赖于印刷工艺用色的技术。

艺术家制作绘画等造型艺术作品是大脑高级神经思维的产物，绘画艺术的作品就是依据彩色印刷复制的原稿。复制工艺借助照相分色和人工以及利用机械方法矫正色差。电子分色机则借助电子计算机做出许多模拟行为和协助大脑的功能，它扩大了人的听觉、视觉、嗅觉以及加速了人脑的思维速度，加速了手和足的运动速度和能力，尽管还不能代替大脑主动思考问题，绘出图画及其应有的色调气氛，但我们得承认，电子分色机在人的正确掌握下可以比照相分色更好、更迅速地把原稿上的色彩和形象完善地模拟制成复制品。

现在讨论两类用色的方法这一课题，不论是照相分色制版还是电子分色制版都必须利用网目组成色彩这一彩色印刷复制的特殊工具来组成万紫千红的色彩。下面列出艺术与印刷工艺在用色的方式和方法上的异同之处，以作比较，见表3-6。

表 3-6　艺术和印刷工艺两类用色法比较

艺术用色法	印刷工艺用色法
色与色以不同的比例相混成为间色,或三次色,以至于多色混成的复色	运用加色原理,把各色网点错综排列,使之映辉在眼底构成间色或复色;运用减色原理把网点交叠,叠出间色或复色
在颜料中掺入白色颜料、油或水等来稀释色素,使之成为淡色和明快的调子	以网点和空白面积的大小作为颜色浓淡和光度明暗的表现手段,为使色素淡而透明,利用光油等作为展色剂
利用黑色或多色混合复类的颜料加深色彩的暗度,使成为浓色	如用标准三色油墨套叠后的结果不能与原稿符合时,也可利用黑墨以增加暗调,用白墨或其他颜料改变油墨的色调
增加颜料的量,以色素的稠密度和色素的多少来显示色的浓淡情况	以多色重叠作为混色及加深颜色的手法

3.3.2　调和油墨色彩的规律

前面对印刷工艺用色和画家用色作了比较,内容都是提纲挈领性的。在这里要叙述生产中混合色墨的规律,在方法上规定只许用 3 种减原色油墨。从这个规律的研讨过程中,目的是要牢固地树立利用黄、品红和青 3 种原色油墨在制版(网点法)和调配油墨两种不同的方法上认识这数种色墨的演色性质。通过在这方面的探讨,也正是对以前所叙述的内容的实际应用。

彩色印刷术中的重要组织色彩的手段是网点,网点和各种各样彩色油墨合成的方法都是具有规律的。如我们所见和所知的,在商品包装、书刊封面等装帧、装潢设计的印刷品上,所用的色彩以实地平涂为多数,在美术印刷品中,如木刻版画和图案底纹等一类的印刷品也应用实地平涂的单色和复色。但油墨厂对非单质原料的品种是很少生产的,因此任何特殊的颜色色样,我们都将以自己配制为主。对于不熟悉颜色变化性质的人来说,往往认为调配色墨是相当神秘的,事实上,只要认识三原色的理论,就抓住了它的变化规律,可以举一反三地运用。

3.3.3　层次版印刷和原色油墨

(1) 层次版印刷油墨　所谓层次版印刷油墨,即符合国际标准的四原色版油墨(塑料印刷中还包括托底白色油墨)。

我国于 1984 年 9 月在太原由原轻工部主持召开的会议上提出了进行四色版油墨颜色标准化的研究,并确定桃红系列四色版油墨以美国金光油墨厂生产的四色版油墨作标准、洋红(品红)系列四色版油墨以日本大日本油墨化学公司(DIC)Apex-G 型四色版油墨作标准的初步方向。

目前在国外较有名的四色版油墨的颜色标准有欧洲标准、德国标准、日本标准、美国柯达标准以及近年来在国际市场上应用较广的美国潘通(PANTONE)标准等。

我国许多印刷厂过去一直沿用以桃红为基础的四色版油墨进行制版印刷,在国际市场目前应用较多的是美国潘通色标中以洋红为基础和以桃红为基础的两套四色版油墨。但在实际印刷应用方面多以洋红系列的为主，原因是洋红油墨（主要是其原料）在耐乙醇性、耐溶剂性、灰度平衡、印刷品反差等方面均比桃红好，而且价格便宜。所以，近几年来在我国的广大印刷厂中桃红已逐渐被洋红所取代。

洋红（品红）、青（酞菁蓝）、黄（中黄）、黑、白5色为目前我国塑料凹版印刷常用的层次版印刷油墨，它们的颜色性质都比较好。品红加中黄呈大红，中黄加酞菁蓝呈绿色，酞菁蓝加品红呈紫色，采用三原色油墨调成中间色是比较方便、适当的。但实际上油墨厂生产的大红墨、绿墨和紫墨，因为采用了色调、亮度和彩度三者均较高的专门颜料来制墨，所以要比上述调配出来的间色油墨鲜艳明亮。

目前通过美国潘通协会购得的色标除四色版颜色外，尚有13种专色，用这些颜色调出了1000多种不同的颜色并制成了色标，同时还分成有光纸（coated paper）和无光纸（uncoated paper）两类色标，可供配色时参照。

随着印刷业的发展和国际交往的日益频繁，凹版油墨印刷的标准化、系列化也必将越来越趋于规范化和追求国际标准化。据悉，国内某些油墨厂已制成了十一二种完全符合美国潘通标准的专色，这意味着可用这些颜色调配出成百上千种符合国际标准的印刷用彩色凹版油墨。

（2）认识三原色的性质　从理论上说，用3个减原色油墨调配色彩正如同光的三原色一样，可以千变万化地演绎出自然界的任何色彩来，但其仅具有相对的可能性，必须看到颜料本身存在固有的缺点，所以调和后的色彩的饱和度和亮度都受到对光的特性的局限。不论是绘画还是天然色正片的拍摄都是如此，然而颜料性质的局限性，只要整个色调处理适当是无损于色彩呈现的。

利用三原色油墨来调配任何色彩，不仅是一项技术，更重要的是对色彩的基本理论的认识和是否善于运用3个原色油墨的性质问题。

① 着色力比例相同的三原色油墨混合后成为近似黑色。

② 着色力比例相同的三原色油墨分别掺入适量的冲淡剂（包括白墨、凡力水等）混合后，在理论上可以成为淡调的间色或中性灰色。

③ 比例不同的三原色相互调配后成为浓调的间色或复色。若将规定比例的冲淡剂掺入浓调的间色内，可成为各种淡调的间色或复色。

对于三原色油墨性质的掌握，如与习惯使用的颜色油墨相结合，也就是说所用的色标最好是本厂油墨色相的标准，这样便于贯彻从修版经过打样一直到印刷车间所用油墨的色相是统一的，而不是各自为政的，实行油墨使用的规范化首先在于用色思想的规范化。

三原色油墨的色相为黄、品红和青色，它们的纯度常有大同小异之处，所以，检验它们性质的重要手段是测试出它们的比例以求得其中性质。做若干种不同容量（cm³）的工具，进行配比定量，这是简易可行的。

三原色油墨有冷和暖两类色彩。冷色的品红发紫，青色为艳丽的天蓝，黄色为柠檬黄。暖色的品红具有橙味；青色如孔雀蓝，带有微绿蓝；黄色为正常的不偏红味的中黄。

3.3.4 认识10种浓调色彩

要分辨众多数目的色彩必须先熟悉10种基本浓调色彩，其中包括三原色3种、间色3种、复色4种。原色是不能用其他颜色调配得到的。两种不同比例的原色混合会产生从橙黄、草绿、深绿、红紫到暗紫等各种间色。三原色以不同比例混合产生出从暗红紫、古铜到茶褐色以及暗绿的橄榄色等复色系统的种种色彩。

在3个减原色油墨等着色力等量的混合下，或者是等着色力的等网点面积叠合下，应该获得中性黑或中性灰，而不应该偏向任何色彩。

为了容易认识10种基本的色彩（图3-11）、基本十色图的结构及其演示方式，该图分成3层三角形，内小三角形是原色层，中层是双色混合的倒三角形，最外层是三色混合的复色层。中心为三重叠色黑（近似黑色），在大三角形外边写有"$M+C$"、"$C+Y$"和"$Y+M$"字样，表示调配复色时的比例。通过十色图所获得的暗色是不加任何黑墨的，如果每种原色以10种不同的容积或质量比例调和，可以获得1330种色彩。另外，必须重视和理解降低色彩的明度是颜色的"补色"理论在调色实践中起的作用。从浓调颜色调配经验中，又可以认识到"灰色平衡"在印刷复制过程中的充分体现。

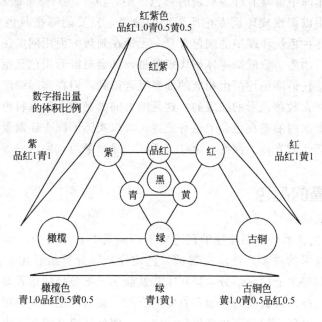

图 3-11 基本十色图

3.3.5 三原色油墨的演色性

对于三原色油墨来说，其各种色相能够吸收可见光谱中的1/3原色光，并且反射出其余 2/3 的原色光，这一理论指明了 3 种色墨在不加入冲淡剂或白色油墨的情况下可以调配或叠合出极大范围的彩色的可能性，因此调配和运用色彩的工作者必须善于掌握任何色彩的 3 种属性关系，才能对任何颜色的含量做出准确的分析。

在分析颜色的三属性的过程中，我们先对三原色油墨的着色力和它们的演色性做出研究和认识。

$$黄＋黑＝黄＋紫$$

从上式的表面现象看来，这不是一个恒等式。这样把颜色作配比，似乎是不可能相等的。然而从色彩学的减色法理论来探索，把黑和紫这两种绝对不同的颜色同黄色分别混合或者叠合是完全可以使上式等同起来的，关键是在于颜色分量的多少而已。

要把黄＋黑混合成苔土色，使黄＋紫也成为同样的苔土色，前提是黑色油墨必须是中性的，因为有的黑色油墨常常墨头偏黄，在制造厂往往掺入铁蓝以中和其黄味。所以如用这种黑墨调以黄色，也许要出现带绿味的灰绿色。

由此看来，以上似乎不能恒等的颜色等式是可以完全相等的，可见减色法三原色的性质就是如此灵活。再看"三叠色"黑块，其色效可近似真正的黑色，也就不足为奇了。

研究了这一色彩演色性以后，我们可以从中认识到运用颜色是一件十分灵活机动的工作。在车间中常常有许多剩余的彩色油墨，事实上只要里面没有什么渣滓，完全可及时利用以调配成印刷专色所需要的油墨，只要能够把减色法原理融会贯通，善于分析各种色块和剩墨的颜色含量，无论在制版方面用网点法代表墨量，还是在调墨部门用油墨质量或油墨体积代表墨量，都会对准确用色起指导作用。

一般而言，任何颜色均可由相应的油墨混合得到，但在实际调配时，仅用三原色是较难调配好无数种色彩的油墨的。这是因为油墨制造中的色料色彩不是十分标准，而且不同批次的油墨在色彩上也有差异，所以实际调配中还需要用到深黄、中黄、深蓝、淡蓝、射光蓝、深红、金红、橘红、绿、淡黄、黑、白等十余种色彩的油墨。

3.3.6　油墨的配色

（1）调色的前提

① 关于调色技术　印刷油墨的调色对于印刷是非常重要的，而且也是较困难的工作。随着技术的进步，把测定器械（色差计）同计算机联用，做自动调色处理，已成为印刷等工业的一部分，但在未普及前手工配色仍然很重要。

实际的调色技术多数受到经验和直觉的支配，而且油墨的种类很多，新品种的薄膜、印刷物的处理、用途等也多样化，因此，调色技术必须在取决于熟练程度的直觉的同时照顾到非常广泛的范围。

严格地讲，调色技术的进步因人而异，但是如果不懂要领和窍门，尽管再努力也是白费力气。因此要不怕困难和麻烦，首先要靠基本调色积累原始经验，再加上直觉得到尽可能理想的结果。

② 关于照明灯　颜色具有一种所谓"变位异构性"的复杂的特异性质，即在某种照明光源下看到同样颜料的同一个颜色，而在其他照明光源下看到的却往往不限于同一个颜色。例如，无论什么人都知道，夜间印刷作业中调准确了的印刷物颜色在白天看起来就不一样了，而且有所谓的黄色过强等。因此，调色所用光最无可非议的是靠太阳光并在室内间接光下进行，这是最安全的。可能的话，最好在朝北窗户下的光线条件中进行。

若在傍晚的太阳光下，分别在东、南、西、北窗下看颜色，感觉则都不相同。另外，要避免在直射光线下看颜色，反射光过强，眼睛的神经不适应，就不能准确地识别颜色。

晚间调色时，对照明光必须特别考虑周到，如果可能，要求有标准光源，但最后的校色必须在自然光源下进行。

③ 关于底版的使用　调色时，色标样本需精心设计，原稿的色标和校正印刷时的色标也可以用马赛尔色板等来确定。此外，也有使用上次印刷时保存下来的调色油墨标样的，但都希望在用于印刷的底版上进行展色（有油墨标样时则例外）。

若底版不符，对油墨的颜色影响是很大的，如在纸上印刷时，由于纸的表面处理、性质不同，对油墨的转移性、吸收性等的影响也各不相同。

在薄膜上印刷时没有纸那样的差异，而取决于使用的基材性能，若预先进行黏结、拉伸等试验，安全性就高。使用薄膜时需注意的无疑是要分清表面印刷还是里面印刷，这是由于冲稀、叠印等对色差影响是较大的（特别是透明的油墨、有光泽的油墨，如金红、黄、草绿、紫色等）。

（2）调色的要点

① 原稿分析　为了得到与原稿相同的图案色彩，应分析原稿是用哪几种色彩的油墨印成的，然后再分析某一色印墨的色彩组成情况。例如，某原稿由黄色和古铜色油墨印刷而成，根据三原色原理，古铜色由黄、品红、青 3 种油墨调配而成，那么古铜色油墨中黄、品红、青的含量各是多少呢？这就需要进一步分析测试。

在分析原稿时要注意以下几点：a. 在观看原稿某一色时，应将其周围的部分遮住，以防止色彩并置。b. 光线最好是间接明亮的日光。若在日光灯的光线下观看，会使原稿泛蓝；若在白炽灯的光线下观看，会使原稿泛黄。c. 注意承印材料的颜色、表面粗糙度等对印墨色彩产生的影响。

② 调墨量的确定　在调配油墨前还要知道油墨调配量的多少，以避免浪费。因此必须先估算出印刷品实际用墨量。

a. 印刷数量　用墨量与印刷数量成正比，印刷数量越多，用墨量就越大。一般来说，印刷 2000m² 的薄膜需要用 1kg 油墨，那么，印刷 4000m² 的薄膜就需要用 2kg 油墨。

b. 印刷图案　不同印刷图文其用墨量也不同。若设实地（满版）印刷为 10，则有镂空文字的为 8~9，线条一类的图案为 4~5，彩色层次为 3~4，细笔文字为 1~2。

c. 印刷方式　印刷方式不同，用墨量也不同，这是由于油墨层厚度不同所致。用墨量大小次序一般为：丝网印刷＞凹版印刷＞凸版印刷＞柔性版印刷。

d. 油墨品种　不同品种的油墨密度不同，相同质量的油墨体积也不同，如 1kg 黑墨可印约 600m² 面积的薄膜，而 1kg 白墨只能印约 300m² 面积的薄膜。

根据上述因素只能粗略估算出印刷品的用墨量，实际调配中调墨量应略大于估算值。

③ 墨色的调配　一般先调配成试样（小样），然后再根据调墨量进行大批量调墨。在油墨配色中，要注意所选择的油墨的色彩，色相要纯正，以避免调配后形成色差。油墨的种数要尽可能少，否则调出的油墨色彩暗浊不鲜艳。调配时，取墨量要少，计量要准确。应对照原稿逐步加量，并不时刮样对照，直到与原稿的色彩相同为止。

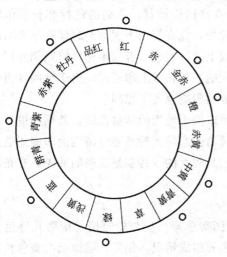

图 3-12　色环

a. 把色环（图 3-12）位置相近的颜色相混得到的颜色是鲜艳的，两种颜色混合成所要求的颜色时，只有色环位置相近的颜色混合才能得到鲜艳的颜色。例如，要得到鲜艳的草绿色，应把青黄色和草绿色混合起来。而把鲜艳的中黄色和蓝色混合时，色环距离相差较远，与前面混合成的鲜艳的草绿色油墨比，得到的是较暗浊的草绿色。而把橙色和深蓝色混合，则成为完全浊色的橄榄色。

一般调色方法是先选择与色标样本最接近的色环的颜色，把它作基色，掺入少量其他色混合。如要配制较暗的颜色，在主色油墨中将色环对面位置上的颜色加上去即可。例如，紫中加少量黄，绿中加少量红，就马上得到浊色。总之，选用什么颜色，应根据使用颜色的各种特性酌定，加进黑色是为降低亮度（发暗），加进白色则是为了提高亮度（发亮）。

b. 油墨的使用以色墨种类越少越好。例如，调制茶色时可用下列各种组合。

橘红＋黑

青黄＋红＋黑

中黄＋红＋蓝

金红＋中黄＋黑

中黄＋红＋蓝＋黑

其他各种油墨颜色的组合也有类似情况。为了得到要求的颜色，最理想的是在必要范围内用少数几种颜料混合就能得到所需要的颜色。

c. 不要反复胡乱改动，以起始选定的油墨的组合如能调出色来，需要有相当的技术水平。不按规则混调，无论怎么调都不行，与其反复胡乱改动，倒不如重新选择别的油墨组合简单，这样得到所需要的色调的成功率反而大。放弃已调错的色，重新再调，也不失为一种可行的方法。颜色的系统不同或颜色发暗时，重新调配可以减少废品或次品。

除配比正确无误的场合外，一般配制新定的色样及校正印刷时，应先用少量油墨，例如用需要量的一半进行调色，一直调到需要量为止（不造成剩余的油墨）。

d. 颜色的差别鉴定。一边订正色差，一边调到接近样本要求时，要区别色差的三特性，即很好地鉴定这种颜色相当于哪一类色相、亮度和彩度。如果弄错了，往往要进行返工。

e. 注意油墨类型对光泽的影响。由于油墨种类不同，会由树脂引起色差和浓度差别，而且同一种油墨有无光泽对颜色也有很大影响，正面印刷和反面印刷也有差别。特别是正面印刷时，必须特别注意给定样本的光泽度。另外，将标准油墨和制成的油墨同时对比，如果仅以未干的颜色判断的话则往往会失败，所以必须待干燥后再判断，这也是希望尽可能使用规定底版的理由之一。

④ 调色情况的判定

a. 有油墨标样时　在拉伸纸（又称刮样纸）上排列标样油墨和制成（调色）油墨，以展色刀比较两者的浓度和颜色。也可在底版上排列标样油墨和制成（调色）油墨，以棒状涂料器（6#～10#）比较展开色的情况。

b. 有印刷标样时　用校样机（手动式、试验式、样机）在底版上试印。如一开始就以生产设备印刷，由于费工夫和总要损耗一些油墨，所以先用小型的试验机摸索调色配方为好。

c. 使用和调配油墨的记录　首先应当说明，记录使用的油墨种类和用量是非常重要的。

作为具体的一种方法，事前先称一下基础油墨的质量，调色以后把剩下的基础油墨再称一下，此差值就是使用量。尽管还有其他各种方法，但养成把平日使用情况记录下来的习惯是极其重要的。

调多的油墨及印刷后残留的油墨要进行妥善处理。把品名、数量、配方比率、展色样等数据详细记录，以后遇到同样色样即可马上使用。

⑤ 调色具体操作

a. 调色中必要的用具及材料　展色刀、匙棒、刮样纸、衬纸、棒状涂料器[15.24～25.4cm（6～10in）]、查恩杯、样本簿（表面印刷、里面印刷用单色和调色卡片），根据油墨种类，从物性上来说，需要一些特殊的颜色稀释油墨以及溶剂等。

b. 调色时颜色的识别法　与油墨标样比较时（或用印刷标样比较也是一样），

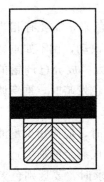

图 3-13 检查色的鉴定纸

调色过程中，为了弄清颜色怎样变动，可以很方便地使用图 3-13 所示印了部分"黑带"的优质刮样纸。

在刮样纸上并排着两个油墨，左侧是调色中油墨，右侧是标准色油墨，用展色刀拉开比较颜色。此时形成加力拉伸了的淡色部及去掉力拉伸了的浓色部。以淡色部判别油墨的色相、亮度、色彩度、光泽等的差别，以"黑带"部分判别透明度，以浓色部判别遮盖力和透过度。调色进行到这 3 部分几乎完全一样时，视情况不同，有必要在白墨中兑入 1/10 的淡色，刮样检查着色力和浓度。重复订货时，只需用刮样纸判别一下，基本满足要求即可。面对新的颜色，最终应把这两个油墨印在纸上加以确认。在有印刷标样或色标的情况下进行调色操作，方法是一样的，但仅用刮样纸是不能正确检查颜色的，必须使用校色机和涂色机等设备，对实际所用印刷材料进行印刷并判别。没有这种机器时，用橡胶辊在玻璃板上拉伸油墨后，试把纸转动，用指尖拉伸油墨，使其接近于印刷状态，也能进行检查。不过这样做要求具有相当熟练的技术和技巧。照相凹版油墨也可使用棒状涂料器，用一定油墨量检查颜色。

再强调一下，刮样对照中应注意以下几点。

(a) 墨膜在干燥前后的色彩有差异，只有在墨膜干燥后，检验的结果才会正确。

(b) 配色时的照明条件十分重要，配色应在明亮间接光的室内进行。

(c) 刮样的材料应与原稿的材料一致，以防出现色差。

⑥ 其他因素的考虑 在油墨调色时，除考虑色彩因素外，还应考虑用途适应性、印刷作业性和价格等因素。

不同类型的油墨一般不能混用，否则会产生印刷故障。用于印刷招贴画或广告牌的油墨，要求有良好的耐光性，若采用金红、深红（用立索尔红颜料）等油墨调配而成，其耐光性差，即使色彩一致也不能满足使用要求。

调配油墨的色彩时有多种组合方法。例如，要调配古铜色油墨，可用红、绿两种色彩的油墨调配，也可用深黄、大红和黑墨 3 种色彩的油墨调配。如果厂里有现存的红墨、绿墨，那么就没有必要再去购买深黄油墨、大红油墨和黑墨。

3.3.7 油墨色彩的种类

配色油墨按所含原色油墨种数的多少分类，可分为间色油墨和复色油墨；按油墨色彩的深浅分类，则可分为深色油墨和浅色油墨。

(1) 间色油墨 间色油墨是用两种原色油墨调配而成的。表 3-7 为几种常用间色油墨的配比。

表 3-7　几种常用间色油墨的配比

原 墨 色 相		配 比	混合色相
桃红	黄	1:1	大红
桃红	黄	1:3	深黄
桃红	黄	3:1	金红
桃红	蓝	1:1	蓝紫
桃红	蓝	3:1	青莲(近似)
桃红	蓝	1:3	深蓝紫
黄	蓝	1:1	绿
黄	蓝	3:1	翠绿
黄	蓝	4:1	苹果绿
黄	蓝	1:3	墨绿

（2）复色油墨　复色油墨可用 3 种原色油墨调配而成，也可用 2 种间色油墨调配而成。表 3-8 为几种常用复色油墨的配比。

表 3-8　几种常用复色油墨的配比

油 墨 色 相			配 比	混合色相
桃红	黄	蓝	2:1:1	棕红
			4:1:1	红棕
			1:1:2	橄榄
			1:1:4	暗墨绿
			1:1:1	黑色(近似)
红	蓝紫		1:1	紫红
红	绿		1:1	古铜
蓝紫	绿		1:1	橄榄

（3）深色油墨　深色油墨一般用原色油墨或间色油墨调配而成。深色油墨的色彩种数很多，例如前述的间色油墨和复色油墨中的各色油墨。下面再介绍几种常用的深色油墨的配比，供参考。

① 翠绿油墨　孔雀蓝油墨加淡黄油墨。

② 假金油墨　以黄墨为主，略加深红油墨和中蓝油墨。

③ 金色油墨　以中黄油墨、淡黄油墨为主，略加金粉。

④ 古铜油墨　以深黄油墨为主，略加大红油墨和黑墨。

⑤ 青莲油墨　孔雀蓝油墨加桃红油墨。

⑥ 紫红油墨　红墨为主，黑墨为辅。

⑦ 墨绿油墨　深黄油墨加中蓝油墨，略加深红油墨。

深色油墨的调配要点是：先将主色油墨（比例最大的一色油墨）放入墨盘中，或者放在墨桶内，然后逐渐加入辅助色油墨，调和均匀，用对照方法观看与原稿色彩的差异，直到符合要求为止。记下各色油墨的比例和总量，供备用。

用三原色油墨来配制茶色、假金、赤紫、古铜、橄榄等色彩油墨时，往往会产生其他色光，此时可用补色原理来消除。

（4）浅色油墨　以冲淡剂（只冲淡油墨的颜色，基本上不影响油墨的黏度和流动性的一类材料，如白墨、透明冲淡墨等）为主，其他油墨为辅，所调配成的一类油墨称为浅色油墨。浅色油墨的色彩种数很多，下面为几种常用浅色油墨的配比，供参考。

① 粉红油墨　　以白墨为主，略加桃红油墨、橘红油墨。

② 天蓝油墨　　以白墨为主，略加蓝墨。

③ 肉色油墨　　以白墨为主，略加透明橘红油墨、中黄油墨。

④ 奶白油墨　　以白墨为主，略加黄墨。

⑤ 米色油墨　　以白墨为主，略加橘黄油墨、中黄油墨和黑墨。

⑥ 灰色油墨　　以白墨为主，略加黑墨。

⑦ 蛋白青油墨　　以白墨为主，略加桃红油墨和品蓝油墨。

⑧ 湖绿油墨　　以白墨为主，略加蓝墨和淡黄油墨。

⑨ 银灰油墨　　以冲淡剂为主，略加银浆和黑墨。

⑩ 象牙黄油墨　　以白墨为主，中黄油墨、孔雀蓝油墨和橘红油墨为辅。

⑪ 橄榄黄绿油墨　　以白墨为主，加淡黄油墨和孔雀蓝油墨，略加桃红油墨。

浅色油墨的调配要点是：先将冲淡剂放入墨盘或墨桶内，然后逐渐加入其他油墨，调和均匀，用对照的方法观看与原稿色彩的差异，直到符合要求为止。记下各色油墨的比例和总量，供备用。

参 考 文 献

［1］ 徐则达编著. 印刷色彩学. 上海：上海印刷学校，1980.

［2］ 李荣兴编著. 油墨. 北京：印刷工业出版社，1986.

［3］ 叶洪盘编著. 颜色科学. 北京：轻工业出版社，1988.

［4］ 吕新广等编著. 包装色彩学. 北京：印刷工业出版社，2001.

［5］ 沈永嘉主编. 有机颜料品种与应用. 北京：化学工业出版社，2001.

［6］ 吴世明等. 凹版印刷高级工（培训讲义）. 上海：新闻出版教培中心，2011.

第4章　塑料凹版印刷技术

4.1　概述

塑料印刷的工艺种类主要有凸版印刷、柔性（苯胺）版印刷、丝网版印刷和凹版印刷等几种，本章涉及的主要是凹版印刷技术。目前市场上的塑料印刷品包括单层和复合的印刷薄膜，其印刷工艺绝大部分均为凹版轮转印刷。凹版轮转印刷方式具有几乎可在一切薄膜上进行的优点，并与当今飞速发展的软包装密切结合，因而在很短的时间内便得到显著的普及和迅速的发展。

凹版印刷的鲜明特点是一种图案文字从版子表面凹进去，在向整个版面供油墨以后，用种种方法（一般用刮墨刀）把凹部以外的油墨除去，只有凹部图案文字的油墨转移到被印刷物上的印刷方法。由于凹版印刷是通过印刷压力把积于版面凹部的油墨转移和堆积在被印刷物上的，因此其浓淡除了由凹版网点大小、密度变化来表现外，同时也由版深来表现。凹印版分为电子雕刻凹版和化学腐蚀凹版等几种。目前，电雕凹版能印刷极细的线条，因而更适合于印刷可防止伪造的复杂细线条，同时，它与化学腐蚀凹版一样能丰富地再现色调梯度，获得出色的印刷效果，并可广泛选用各种油墨，因此可在各种被印刷物上印刷。这种印刷技术应用于复合软包装加工工艺制造过程时，虽然由于制版费用较高，不能面向小批量的生产，但较其他印刷方式更能达到原稿（特别是照相原稿）风格重现的目的，并且能把卷筒状的薄膜印刷后再次卷成整齐的卷筒，以便进行第二次、第三次及更多次的加工，在其解决和确保了印刷油墨的无臭性和低残留溶剂性的前提下，将成为最符合包装卫生要求的产品。

当然，在另一方面，它也存在制版费用较高、版子不能修正、印刷中要使用挥发性溶剂、容易污染环境和引起火灾等缺点。

4.2　照相凹版制版

照相凹版的制版工艺流程如图 4-1 所示。

制版工艺过程有如下要求。

① 版辊的确定　根据用户要求及生产工艺规范确定原稿尺寸大小、排列次序，

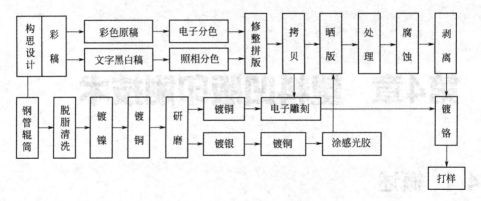

图 4-1　照相凹版的制版工艺流程

并根据成品尺寸规格选择相应外径的无缝钢管作为印版的基辊。

②　选稿、画稿　根据构思设计确定的彩色原稿。需选用透射反转片，同时画出文字、线条的黑白原稿。

③　电子分色

a. 将反转片彩色原稿进行电子分色，根据原稿的实际情况进行必要的选择裁剪，再根据成品的尺寸要求计算出电分时的放大倍数（放大倍数一般不要超过 5 倍）。

b. 对于后道制版，如果采用电子雕刻工艺，应选用标准胶印电子分色曲线进行分色；如采用腐蚀制版工艺，则选用凹印专用电子分色曲线。两种电分都采用负网点形式。

c. 对文字黑白稿，根据原稿大小与成品尺寸计算出照相放大倍数，然后通过手工方法对照相底片进行分色（色块线条版）。

④　拷贝　对电分后的负片与照相分色负片，根据色相叠加拼版，并拷贝成单色正片。

⑤　版辊加工　根据设计要求，选用直径大于设计直径约 2mm 的无缝钢管，经过金属切削加工工序加工成符合设计直径要求的版辊。

⑥　镀底铜　切削加工后的版辊应先通过手工清洗（包括酸洗），然后再通过专用电镀流水线进行电解脱脂（碱溶液）、酸洗、清洗、镀镍，然后镀底铜。

⑦　研磨　在钢管辊筒上镀底铜时，由于钢管加工的表面粗糙度一般不高，所以镀好底铜后的表面粗糙度一般也不会很高。然而凹版制版的版辊粗糙度要求很高，所以必须通过研磨机进行研磨，经过研磨后的一套版辊（多少套颜色，即为多少根版辊作一套），要求其直径误差在 ±0.002mm 以内，锥度误差也要求在 ±0.002mm 以内。

⑧　电雕版辊镀铜　如后道制版采用电子雕刻制版工艺，研磨后的版辊需在电镀流水线上重新电解脱脂，再经酸洗后直接镀铜，其厚度为 $50\mu m$。

⑨　电雕　把通过胶印电分负片拷贝后的阳图片按电子雕刻机的操作规范固定

到电子雕刻机的扫描辊筒上，同时固定好印刷标记，确定好各类扫描的数据。把第二次镀铜后的辊筒固定到电子雕刻机座上，确定好所有电雕的有关技术数据后便可启动电子雕刻机的扫描头和雕刻头开始工作。

⑩ 喷胶制版镀铜及制作　如采用喷胶腐蚀制版工艺，则研磨后的版辊需在电镀流水线上重新电解脱脂，并经酸洗后再进行镀银，然后镀面铜（约 $50\mu m$ 厚）。接着在专用涂胶设备上淋涂感光胶，再采用凹印专用电分负片拷贝后的阳图片，经曝光晒版后在制版流水线上，经显影、处理、腐蚀、剥离、清洗等工序后完成整个制版工艺过程。

⑪ 镀铬　为使经电雕或喷胶腐蚀制版后的凹版版辊具有较高的耐印性（对印刷时刮墨刀的耐刮性），必须在版辊的铜表面镀上一层硬铬。

⑫ 打样　在一整套版辊全部完工后进行打样。通过打样，一方面确认制版的质量，另一方面可确定印刷中使用油墨的各种技术数据。打样一般在专用打样机上进行。

4.3　塑料凹版油墨的使用和调节

4.3.1　塑料凹版油墨大类的选择

在柔性包装的用途中，不论复合与否，几乎全部都要经过印刷，所以绝对不能无视印刷油墨的作用和影响，如果不事先了解它的性质，往往会引起很大的事故。

塑料印刷油墨分为表面印刷用凹版油墨和复合印刷（里面印刷）用凹版油墨两大类。表面印刷一般用于非透明薄膜，如各类着色薄膜、纸张、铝箔等。根据国内外现状，一般对单层聚乙烯薄膜（包括 LDPE、MDPE、HDPE、LLDPE）、EVA薄膜以及非拉伸聚丙烯薄膜等均可采用表面印刷的方法进行加工，而且一般以管膜卷筒形式进行印刷居多。除此之外，其他薄膜和玻璃纸等只要透明度允许（甚至包括用作复合牙膏管的表层 PE 印刷膜等），则均以里面印刷方式进行，这是由于进行里面印刷不仅可更显出油墨色泽之鲜明光润，而且还能起到保护油墨面的作用。

表印油墨，顾名思义，即应用于印刷面直接暴露在外面的印刷品，因而特别要求其具有以下特点。

① 耐磨性、抗刮性强。

② 具有能耐热封时高温的耐热性。

③ 外观上要求光泽性佳。

而里印油墨一般都用于复合薄膜，由于油墨部分被夹在印刷薄膜和另一层复合薄膜之间，因此只要求具有所谓的复合适应性之特殊耐久性，如复合强度、同复合用 AC 打底剂和各类胶黏剂的亲和性、结合性等，而对表面印刷要求的耐磨、抗刮和光泽等耐性则几乎不需要，这是两者的不同之处。

4.3.2　塑料薄膜用印刷油墨品种的选定

选定塑料薄膜用的油墨类型时，不仅取决于其用途和组成，而且决定于被印刷材料以及塑料薄膜与其他薄膜的黏合、使用条件等因素。

①	要根据被印刷薄膜的种类、牌号、拉伸与未拉伸、有无表面处理等来选定。

②	要根据印后的加工内容（复合加工及其他特殊加工）来选定。

③	要根据用户的质量要求（颜色、光泽、加工适应性等）来选定。

④	颜色的选择应根据被印刷薄膜的图案设计来决定。

⑤	由塑料印刷品在商店和流通过程中的装潢价值和保存期限考虑油墨是否有必要的耐光性、耐久性。

⑥	对化妆品和油脂类包装，要求油墨有耐油性和耐香精等的溶解性，一般可选双组分反应型的照相凹版油墨。

⑦	取决于内装物的种类不同，如酸、碱及其他具有反应性的物质，油墨往往容易发生转化或变质，故需要油墨有一定的耐药品性。

⑧	印刷品加工时（如热封口）由于受热，油墨部分会发生劣化或剥落的情况，故要求油墨具有不同的耐热性等。

4.3.3 溶剂的功能和选用

（1）对树脂的溶解能力 溶剂能溶解树脂或添加剂及助剂，赋予流动性，使颜料容易分散，有助于在印刷机上油墨的转移并同印刷材料粘接。

（2）黏度的调整能力 溶剂是低黏度的液体，加到印刷油墨里能降低黏度，其与印刷速度、印版深度等相对应，能够使印刷有效地进行。

（3）干燥速度的调整能力 照相凹版印刷依据印刷速度、干燥设备的能力、气候条件、图案面积大小等，可以合理地调整油墨的干燥速度，通常的印刷条件下采用如表4-1所示的标准溶剂即可。随着条件的变化，就必须采用快干溶剂或慢干溶剂及特慢干溶剂。由稀释用溶剂来调整干燥速度的机能与溶解树脂的机能一样，都是最重要的性质。

表4-1 稀释用溶剂

区 分	使 用 规 则
快干溶剂	在要求特别快干燥等的情况下使用
标准溶剂	通常作稀释用溶剂或清洗剂使用
慢干溶剂	为调节过快干燥时使用
特慢干溶剂	以少量添加使用为宜(发白、糊版、光泽不良)

（4）溶剂的选择方法 通常溶剂不是单一的，考虑到溶解能力和干燥速度，绝大多数用的都是经精确配制而成的混合溶剂。特定的油墨必须使用特定的专用溶剂，用错溶剂或使用不当，严重时会引起油墨的凝胶、分离、颜色变坏。轻度时看上去像正常溶解，但进行印刷过程中会出现分离、着色不良、不透明、版堵塞、图文模糊的现象。因此，在选择使用溶剂时必须特别注意，尤其是溶剂的比蒸发速度，见表4-2。

表 4-2　部分溶剂的比蒸发速度（以甲苯为 100）

溶　剂	比蒸发速度	溶　剂	比蒸发速度
甲苯	100	乙醇	117
二甲苯	34	异丙醇	96
乙酸甲酯	500	丙酮	480
乙酸乙酯	260	甲乙酮	70
乙酸正丁酯	42	乙烷	400
甲醇	254		

4.3.4　塑料凹版油墨性质的调整

（1）干燥性　照相凹版油墨的干燥是靠溶剂的蒸发来完成的，用热和风的作用促进干燥。油墨的干燥速度应与印刷速度和蒸发速度及干燥装置相匹配，并以此加以调节。干性太慢时，可在油墨中加入快干溶剂或快干稀释剂；干性太快时，可在油墨中加入慢干溶剂或慢干稀释剂。

（2）黏度掌握　油墨厂商供给的油墨，为保证在储存过程中不沉淀，故黏度较大。使用时应在印刷现场适当稀释，以达到合适的黏度和流动性，这取决于机械结构和印刷速度。一般用 3 号查恩杯测量油墨黏度。若印刷速度在 20～80m/min 之间，可调节黏度在 20～25s 之间；若印刷速度在 100～200m/min 之间，可调节黏度在 16～20s 之间。

（3）溶剂配比　照相凹版油墨所用溶剂必须是纯粹的物质，同时要选择最佳的配比。即使含有少量不纯物的高沸点溶剂，也将成为堵版或印刷品变臭的原因。

4.4　常用塑料薄膜的印刷性能

4.4.1　聚乙烯薄膜的印刷性

聚乙烯薄膜可分为低密度聚乙烯（LDPE）薄膜、高密度聚乙烯（HDPE）薄膜、中密度聚乙烯（MDPE）薄膜、单向拉伸高密度聚乙烯（OPE）薄膜（又称可扭结膜）等。

聚乙烯薄膜（特别是低密度聚乙烯薄膜）延展性较大，较难控制套印精度，对油墨的附着牢度差，印刷前必须进行表面电晕处理，使其表面张力达到 38～44mN/m。

4.4.2　聚丙烯薄膜的印刷性

聚丙烯薄膜可分为吹塑聚丙烯（IPP）薄膜、流延聚丙烯（CPP）薄膜、双向拉伸聚丙烯（BOPP）薄膜等。常用的珠光膜也是双向拉伸聚丙烯薄膜的一种，有可热封与不可热封之分。

聚丙烯薄膜的伸展变化较聚乙烯薄膜小，套色精度较聚乙烯薄膜易掌握，但受热过高（100℃以上）仍会延伸变形。油墨附着力差，印刷前必须进行表面处理，使其表面张力大于 38mN/m。

4.4.3　聚酯薄膜的印刷性

双向拉伸聚酯（BOPET）薄膜机械强度大，延展性小，挺度佳，具有优良的耐热性和尺寸稳定性，印刷多套色易于操作，对油墨的附着力好，一般不需要进行表面处理（现在也有提出希望达到 48～52mN/m 者）。但由于厚度小、卷绕长度大、静电作用强并含有添加剂等原因，有时会引起油墨粘搭等故障。

4.4.4　聚氯乙烯薄膜的印刷性

目前常用的单向拉伸聚氯乙烯（OPVC）薄膜的机械适应性较强，油墨黏着良好，但由于具有经加热能收缩的特点，所以印刷时不能施加热风。软质 PVC 薄膜由于含有大量增塑剂，所以受热后延伸性大，而且油墨中的颜料易迁移，所以印刷时存在较大问题，目前已较少采用。

4.4.5　赛璐玢的印刷性

赛璐玢（cellophane）又称玻璃纸，分为普通玻璃纸和防潮玻璃纸，防潮玻璃纸又分为单面防潮和双面防潮等，在印刷前必须加以仔细确认。

玻璃纸因其延伸性小，油墨附着力好，故印刷适应性好。但空气干燥时易发脆断裂，在潮湿天气易变软而延伸，这是其缺点。

4.5　塑料薄膜的表面处理

4.5.1　表面处理的必要性

塑料薄膜通过凹版印刷的方法印上图案以后，能起到美化商品包装的作用，对商品具有良好的宣传作用，有着其他印刷材料不可比拟的独特优点。但是其中最常用的聚烯烃薄膜材料（PE、PP、改性聚烯烃等）属于非极性的聚合物，其表面张力相当低，仅29～31mN/m。从理论上说，若某种物体的表面张力低于 33mN/m，那么就几乎无法附着于目前已知的任何一种胶黏剂。故而要使油墨在聚烯烃表面获得一定的印刷牢度，就必须提高其表面张力，根据工艺要求，应达到38mN/m 以上才行。到目前为止，国内外最普遍采用的塑料薄膜的有效表面处理方法就是电晕处理方法。

4.5.2　电晕放电处理

（1）电晕放电处理装置　电晕放电处理装置（图 4-2）是把电介质材料包覆在接触被处理薄膜的辊筒上，使用棒状电极进行放电处理的一种方法。辊筒上包覆电介质，避免了电晕放电变成电弧放电。电介质材料必须使用具有耐

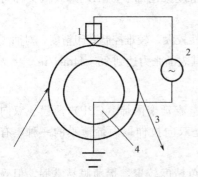

图 4-2　电晕放电处理装置

1—电极棒；2—高频发生器；
3—被处理塑料薄膜；4—电介质

高电压和在臭氧下不至于很快老化的材料，而且具有介电常数大而介电损耗小等性质，目的是避免由于电晕放电的集中所造成的处理不均匀问题。被处理表面与电极之间的间隙也是装置中的重要条件。另外，为了使处理能有效地进行，电极间隙和频率有着密切关系，存在一个最佳条件。再者，电极间隙与电源的阻抗匹配也是装置中的一个重要因素。

（2）电晕处理的效果　由于电晕处理一般在空气中进行，所以在高压、高频电火花的冲击条件下，一方面，空气发生了电离，产生了各种极性基团；另一方面，聚烯烃分子结构中的双键，特别是其支链上的双键更易打开。这样，就在处理的瞬间，各种极性基团与高聚物表面发生了接枝反应，从而使聚烯烃表面由非极性变为极性表面。可以这么说，经电晕放电处理后的聚烯烃表面约零点几纳米的厚度已变成了与原聚烯烃结构完全不同的极性物质，表面张力由此大大提高，经测定可达 38～44mN/m。同时，高压、高频电火花将薄膜材料表面冲击打毛（用高放大倍数的电子显微镜观察，可在处理表面看到小沟槽状的凹凸不平），从而提高了油墨的浸润性和接触面积，在化学和物理两方面的作用下提高了油墨在其表面的附着牢度。

聚烯烃电晕放电处理的表面用 ESCA 光谱测定，可检测出相当于醚、醇、过氧化物、酮、醛、酸、酯等官能团中碳的光谱，在光谱图中可以找到与各种官能团相对应的谱线。这些含有氧的官能团随着处理程度的加深而增加。

（3）检测方法　检测电晕处理效果的简易方法通常采用 JIS K6763—1971——聚乙烯与聚丙烯膜的浸润张力试验方法。检测时，用清洁棉球棒蘸取以上混合液之一，在试验薄膜上涂布约 $2cm^2$，此液膜保持 2s 以上，再用下一挡表面张力高的混合液试验。当液膜在 2s 内破裂成小液滴时，则用比上一挡表面张力低的混合液试验，从而选定恰当的混合液表面张力作为薄膜润湿张力的数值。混合液配制比例与润湿张力数据见表 1-2。

4.6　凹版印刷机械的特点和分类

4.6.1　凹版印刷机的特点

凹版印刷机作为印刷机械的一种，和其他种类印刷机一样，是利用复制原理将原稿图文复制到薄膜和其他承印物表面，也就是借助压力将印版图文上的油墨转移到薄膜及其他承印物上，并且能够牢固粘接，这就是印刷原理的同一性。但凹版印刷机也有和其他印刷机不同的地方，其个性特点如下所述。

（1）机械结构简单，电子控制线路复杂　凹版印刷机相对于凸版、平版印刷机来讲操作方式变化较小。凹版印刷机的压印机构均采用圆压圆形式，由印版辊筒和压印辊筒组成，采用直接印刷的方式，没有匀墨机构和润湿装置，所以机械结构较为简单。

凹版印刷机采用溶剂型油墨，需要进行黏度控制，严格的张力控制要求、精确的自动套准、导边等都需要用电、光、气设备仪器来控制，所以相对其他种类的印刷机来讲，其控制线路较为复杂。

（2）耐印率较高　凹版印刷采用钢制辊筒，经镀铜、镀铬制成，表面镀铬层耐磨性能较好，所以可长时间重复使用。在正常使用条件下，版辊耐印率可达 200 万印，甚至可超过 300 万印，大大超过平版、凸版印版的使用寿命。对大批量印刷的产品，充分体现了其经久耐用的优越性。

（3）印刷速度快　由于采用圆压圆方式，不存在冲击力，再加上采用了先进的电子控制设备，为印刷速度的提高创造了有利的条件。近年来，由于油墨配方的完善、烘干装置的改进，更使高速印刷成为可能。目前卷筒印刷速度最高达 400m/min 左右，这是其他印刷设备所无法企及的。

以上 3 点是凹版印刷机最大的特点。同时凹版印刷机印刷的产品印刷油墨层厚实、层次丰富、立体感较强，故凹印产品的质量明显高于凸印、平印产品。

由于凹印版辊耐印率极高，凹印印刷品质量上乘，给凹版印刷机的发展提供了极好的机会。从 20 世纪 70 年代后期开始，多色、宽幅、高速轮转凹版印刷机迅速崛起，加上电雕制版等技术的改进和提高，凹版印刷机在印刷业中的占有量正在迅速增大。

4.6.2　凹版印刷机的分类

根据凹版印刷机用途不同，可以分为 3 大类。

（1）书刊凹印机　用于印刷各种书籍、报纸、杂志的凹版印刷机称为书刊凹印机，其有单张纸和卷筒纸两种，部分设备在收纸部分带有折页装置。

（2）软包装凹印机　以印刷软包装材料为主的凹版印刷机称为软包装凹印机，其主要承印材料为塑料薄膜、铝箔、低克重的纸张等，主要产品为商标、烟标、食品、药品包装袋等，一般均为卷筒印刷。部分设备还连有复合、涂布、分切或模切等装置，用于产品的后加工。这类凹版印刷机在我国占有很大的比重。

这类印刷机中还有用于印刷建筑装潢用木纹纸、家具贴面纸、墙纸等特殊用途的设备，同样配备了用于后加工的复合、涂布、分切、复卷等装置，以满足不同产品的加工工艺要求。

（3）硬包装凹印机　用于印刷较厚卡纸的凹版印刷机相对于软包装凹印机来讲被称为硬包装凹印机，主要用于烟标硬盒、食品盒等产品，形式为卷筒印刷机，部分设备还装有模切、折叠等后加工设备。

这 3 种类型的设备按印刷色数分类可分为单色、双色、多色等，按输纸形式分类可分为单张、卷筒及双放双收等。

4.7　卫星式(鼓式)凹版印刷机的结构及工艺操作

卫星式凹版印刷机采用轮转印刷形式，由送料机构、印版辊筒、压印辊筒、输墨机构、收卷装置等组成。该类设备结构紧凑、套印准确，但组距短、门幅窄、速度较慢，在包装行业目前使用很普遍。其结构如图 4-3 所示。

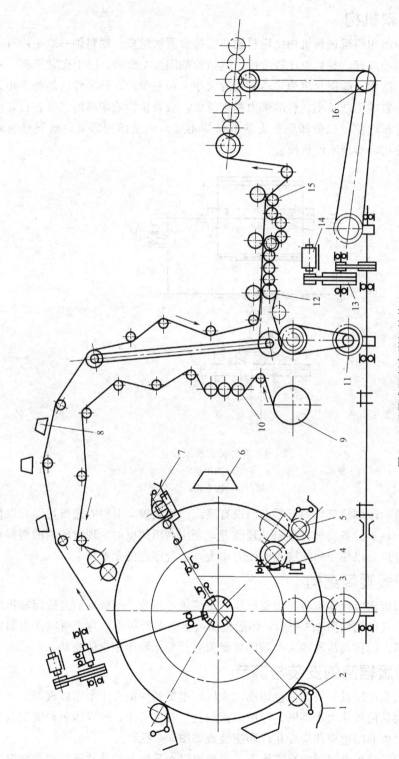

图 4-3 卫星式凹版印刷机结构

1—油墨容器；2—反刮刀部分；3—压版辊传动系统；4—版辊对花系统；5—印版辊筒；6—红外线干燥系统；
7—正刮刀部分；8—红外线干燥器；9—卷筒纸；10—纸筒变速系统；11—无级变速系统；12—同速辊筒；
13—主轴传动系统；14—主机直流电机；15—滚刀部分；16—收纸传动系统

4.7.1 送料机构

卫星式凹版印刷机送料机构由送料轴和摩擦装置所组成。送料轴一般采用有芯轴，有芯轴同心度好，装料也比较方便。其结构如图4-4所示，用于夹紧筒料，可作料卷的轴向微调。摩擦片用弹簧压紧力的大小来调整张力，该装置的制动力矩是固定的，随着料卷不断减小，料的张力越来越大，会直接影响印刷的正常进行，所以就要人工进行调整，以使印刷张力基本保持不变，满足印刷需要。送料轴有两根，可交替使用，实现不停机换卷。

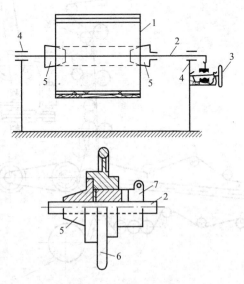

图4-4 有芯轴安装纸卷

1—纸卷；2—芯轴；3—切向移动用手轮；4—支架轴承座；
5—锥头；6—轴向移动用手轮；7—固定套

部分设备为印刷玻璃纸等材料专门设有蒸汽产生装置，对料卷进行增湿，以保证正常印刷。该类设备均装有电晕处理装置，利用高压放电的原理对印刷的塑料薄膜进行表面处理，以使塑料薄膜表面张力增大，适合印刷的要求。

4.7.2 印版辊筒结构

卫星式凹版印版机印版辊筒由辊筒体、辊筒轴等组成。印版辊筒与辊筒轴拆装和调节方便。其结构如图4-5所示，印版辊筒由金属铜所制成，为了耐印而表面镀铬。印版辊筒上的传动齿轮的大小随印版辊筒直径变化要作相应的变动。

4.7.3 印版辊筒的安装与调节

卫星式凹版印刷机一般为四色印刷，大压印辊筒的周围有4个印版辊筒。

由于印刷品的尺寸大小不同，印版辊筒的直径有大有小，所以印版辊筒安装与大压印辊筒的中心距也应相应变化。印刷装置如图4-6所示。

印刷装置通过轴承座固定在滑块上，滑块可以在导轨上滑动并通过螺旋装置进

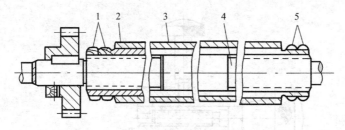

图 4-5　印版辊筒结构

1,5—螺母；2—轴套；3—印版辊筒体；4—辊筒轴

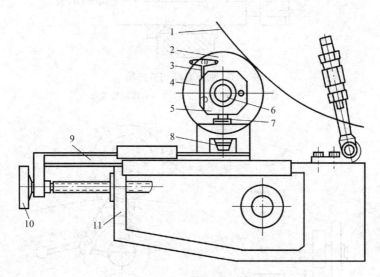

图 4-6　印刷装置（卫星式）

1—压印辊筒；2—印版辊筒；3—螺栓；4—轴承盖；5—轴承座；

6—轴颈；7,8—螺母；9—滑板；10—螺杆；11—支架

行调节。

（1）印刷压力的调节　将印刷装置处于合压状态，用调节螺母使印版辊筒与压印辊筒之间产生压力，压力大小以能清晰印出产品为准。

（2）印版辊筒高低的调节　版辊直径变化时需要调节高低位置。调节方法是用螺旋装置调节轴承座的高低，调到合适的位置后用螺母锁紧。

（3）轴向套准调节　轴向套准调节结构如图 4-7 所示，利用印版辊筒轴上的槽，配上螺旋装置上的拔块，使之产生纵向移动，以调节套准位置。调整结束后锁紧螺钉，以保证套准位置不发生变化。

（4）纵向套准调节　纵向套准调节结构如图 4-8 所示。

通过调节螺旋装置，使斜齿轮产生轴向移动，另一个斜齿轮在齿向螺旋角的作用下于周向转过一个角度，再经其他齿轮传递后完成印版辊筒的周向移动，从而实现纵向套准，套准调整结束后要锁紧螺母。

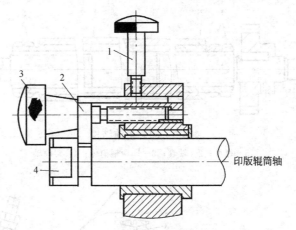

图 4-7　轴向套准调节结构

1—螺钉；2—拔块；3—丝杆；4—印版辊筒轴

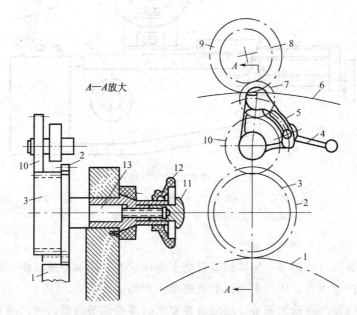

图 4-8　纵向套准调节结构

1,2,3,7,8,10—齿轮；4—手柄；5—调节板；6—压印辊筒；

9—印版辊筒；11—螺母；12—手轮；13—微调轴

4.7.4　辊筒离合机构

卫星式凹版印刷机辊筒离合机构如图 4-9 所示。

印版辊筒安装在滑动支架上，绕支架转动，通过手柄和连杆系统可以完成合压、离压动作，从而保证在有印材通过时合压印刷，平时则将印版辊筒脱离压印辊筒，防止压印辊筒被油墨污染。为了保证脱离状态的可靠完成，各色印版辊筒轴的

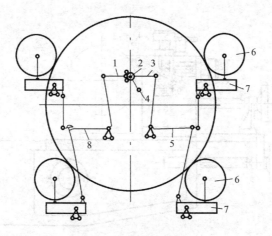

图 4-9　辊筒离合机构

1,3—离合连板；2—台阶偏心轮；4—操纵手柄；5,8—连板；6,7—印版辊筒装置

中心高度要保持准确度，可通过装于印版座上的螺杆来调整。

4.7.5　输墨装置

卫星式凹版印刷机输墨装置一般采用循环式输墨装置，印版辊筒约有 1/3 浸没在墨槽中，如图 4-10 所示。

墨泵将墨箱中的油墨通过输墨导管输送到喷射管口，经浇墨装置（图 4-11）均匀地浇到印版辊筒上，再流回墨槽中，而由刮墨刀刮下的油墨同时流回墨槽，通过导管并经过滤后流回墨箱。这样反复循环，实现供墨的要求。

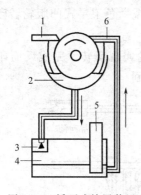

图 4-10　循环式输墨装置

1—刮墨刀；2—墨槽；3—过滤器；
4—墨箱；5—电动墨泵；6—输墨导管

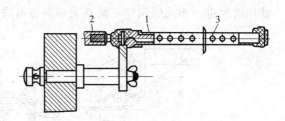

图 4-11　浇墨装置

1—喷射管口；2—输墨导管；3—浇墨孔

这种输墨装置使得油墨不断被搅动，既可有效防止沉淀和结皮，又可以保证色度一致，故已经被广泛使用。

4.7.6　刮墨刀装置

刮墨刀装置如图 4-12 所示。

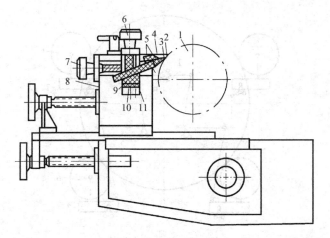

图 4-12　刮墨刀装置

1—印版辊筒；2—刮刀；3—弹性垫片；4—压板；5—螺栓；6,7—螺杆；

8—支架；9—螺钉；10—刮刀轴；11—滑架

　　刮墨刀紧贴在印版辊筒上，将多余的表面油墨刮去。通过螺旋装置可以调节刮墨刀的上、下、左、右位置。压铁通过杠杆对刮墨刀加压，通过调节压铁的轻重可以改变压力的大小，刮墨刀的接触角为70°～75°。刮墨刀装置有正有反，反刮刀对印刷质量有较大影响，因机械位置原因，刮刀刮墨点与压印点之间的距离比正刮刀要大许多，容易造成"干版"，特别是夏天高温季节，印刷质量较难控制。

4.7.7　反面印刷装置

　　卫星式凹版印刷机还可作反面印刷，一般五色或六色卫星式凹版轮转印刷机常见的有四正一反或四正二反、三正三反等。

　　反面印刷装置如图4-13所示。其通过过渡齿轮实现反转，完成反面印刷，在使用时要进行相关的调整，调整完毕后方可进行印刷。

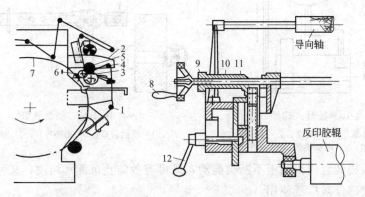

图 4-13　反面印刷装置

1,4—导向辊；2—反印墙板；3—印版辊筒；5—反压压印小辊筒；6—过渡齿轮；7—压印辊筒；

8—手轮；9—离合螺母；10—离合器；11—离合锥齿轮；12—手柄

4.7.8 通风干燥装置

卫星式凹版印刷机通风干燥装置由一台风机和十多台远红外干燥器组成。如图
4-14 所示，分为色间干燥和顶桥干燥两部分。色间干燥由一组远红外干燥器和一个吹风喷嘴组成。顶桥干燥器装有 3 个远红外干燥器和 1 个吹风喷嘴，干燥温度靠电气系统及改变远红外干燥器与印刷物表面之间的距离来调节。

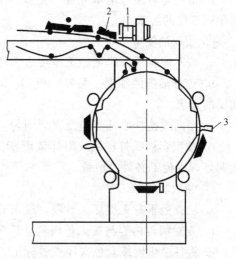

图 4-14　通风干燥装置
1—风机；2—远红外干燥器；3—吹风喷嘴

4.7.9 收卷装置

收卷装置与放卷一样，由收卷轴及调节装置组成。料卷的轴向位置调整时，粗调采用改变紧固锥体位置调整，细调采用螺旋装置调整。收料的张力控制同样通过调节弹簧压力改变摩擦离合器的张力来实现。收卷装置中有两根收卷轴，可以不停机交替收料。

在卫星式凹版印刷机中还有电气装置、传动装置、牵引装置等部分，这里不一一赘述。

4.8 国产组式、鼓式凹版印刷机印刷工艺

4.8.1 工艺过程

（1）工艺过程　国产组式、鼓式凹印机印刷工艺流程如图 4-15 所示。

（制版车间）版辊
（油墨仓库）油墨　　　→印刷机→装版辊→装墨斗→装油墨→装刮刀片
（原材料仓库）薄膜　　　　　　　（检查版辊）

→装刮刀架→薄膜开卷→校恒张力辊→电晕处理→印第一色——干燥——→印第二色
——干燥——印三～六色→恒张力牵引控制→对花→收卷→校对签样

图 4-15　国产组式、鼓式凹印机印刷工艺流程

（2）开印前的准备　印刷开印之前，首先要根据客户的要求、施工单、彩稿或黑白稿的要求等进行仔细分析、研究，随后根据印刷工艺步骤进行。

① 领取薄膜

a. 选择薄膜。如选用 LDPE、HDPE、BOPP、PET、PVC 等。

b. 薄膜的规格要求。宽度、厚度尺寸及牌号或特殊规定。

c. 按施工单要求的投料量，薄膜质量必须称准。

d. 检查薄膜平整度，看筒料是否有"突筋"、"荷叶边"等不符合质量要求的情况。

e. 薄膜是否经过电晕处理，是双面处理还是单面处理，电晕处理强度是否达到印刷牢度的要求。

② 领取油墨

a. 按不同材质薄膜或施工单要求选择相应油墨。

b. 检查油墨的细度、黏度、色相、着色力等指标，应全部符合印刷质量对该油墨的要求。

c. 摇动或搅拌原桶油墨至完全均匀（不可有沉淀）。

d. 按照彩稿、打样稿或附样调配所需要的墨色，尽量做到用多少调多少，一次调好，避免不必要的浪费。

③ 领取版辊

a. 检查版辊有无损坏、砂眼，线条有无脱落露铜。

b. 查对版辊内容与施工单内容（厂名、套色、尺寸等）要求是否相符。

c. 将各色版辊按套色次序查看标记、光电分切线、自动制袋色标。

d. 选好与版辊规格相符的闷头（两端闷头规格要相同）。

e. 版辊要轻放在清洁的绒毯上，防止碰伤。

④ 装版辊

a. 版辊装上版轴，使版轴与闷头紧密吻合，无间隙产生。

b. 版轴螺帽拧紧，不能有丝毫松动，否则会发生走版现象，影响套版准确。

c. 版辊套色次序正确，版辊装进机架中央。

d. 用手试转版辊，看其运转是否灵活。

e. 用水平尺置于各色版辊上面，检查版辊是否水平。

f. 各色版辊对压胶的压力要平衡均匀，打空车要求版辊与压印胶辊有 3～5mm 间距。

4.8.2 鼓式、组式凹印机有关工艺的异同点

（1）墨斗、墨泵系统

① 组式机。每一墨斗搁在版辊下居中，定位螺钉伸入固定槽内固定墨斗，任何一边不能碰到版辊或版辊轴，也不能碰到底部，防止返墨。

② 鼓式机。第一色和第三色墨斗搁在版辊下。将墨斗的内边推至距压印胶1cm处，拧紧墨斗下的螺钉，固定墨斗。不能碰到压印胶和版辊，否则会轧坏胶筒和版辊，造成重大事故。

③ 目前墨泵采用电动墨泵和齿轮墨泵两种。鼓式机一般用齿轮墨泵，组式机用电动墨泵（现在进口组式机用气泵）。

④ 深色改淡色油墨必须要清洗墨斗和墨泵、墨管，确保油墨不变色。

（2）穿料方法

① 将薄膜装在放卷轴的中央。

② 穿料通过三星辊（鼓式机）穿过电晕处理辊。

③ 穿过压印辊筒及印版辊筒之间。

④ 穿过恒张力牵引辊进入收卷轴。

（3）装刮墨刀

① 刀片规格。国产新刀片厚度为 $180\sim220\mu m$ 的弹性钢皮，进口新刀片厚度为 $150\sim180\mu m$ 的弹性钢皮。

② 衬片与刀背的距离为 1cm，衬片与刀片的距离为 $0.5\sim0.8cm$。

③ 将新刀片放在衬刀后面装入刀槽内旋紧刀背螺钉（应从中间逐渐往外，两边轮流旋紧，使刀片平整无翘扭现象）。

④ 磨刀。进口新刀片不用磨，国产刀片要磨。采用油石一块、磨刀砖一块、水砂皮、0 号金相砂皮，要求磨至刀片粗糙度 R_a 不大于 $0.8\mu m$。

鼓式机要装挡墨板，正二、反二全部要装，因鼓式机是"喷墨"形式输墨，而组式机有半只版辊浸在墨斗内，可不必装。

（4）调整刮墨刀

① 刮墨刀两边要长于印版辊筒 $1\sim2cm$。

② 刀口与版辊成平行直线，且要吻合。

③ 刮墨刀原则上装置于版辊的 1/4 处，应使刀口与压印点之间的距离越小越好。

④ 刮墨刀与版辊的角度为 $70°\sim75°$，斜度向上。

⑤ 刮墨刀的压力不宜过大，掌握在 $200\sim400kPa$。目前有 3 种压力调整装置，即拉簧、压铁、手轮。

⑥ 刮墨刀使用时间长短取决于刀刃磨损角度、油墨的纯洁度、电镀质量、装行刀（活刀）还是死刀。

（5）调试过程

① 打开墨泵电源开关，检查墨泵运转是否正常，循环墨管是否畅通，是否有漏墨、塞墨现象。

② 加入溶剂，调整油墨黏度到规定范围。

③ 启动主机按钮，调慢车速运转，检查各套版辊运转是否正常。

④ 检查刮墨刀能否刮清油墨，刮刀有否抖动，刮刀横向行程是否平稳。

⑤ 启动鼓风机开关，注意鼓风机是否异常。风口必须对准印刷面，不能对着印刷版辊吹，否则会把版面吹干。

⑥ 启动加热按钮，检查远红外线（电热）是否正常。

⑦ 启动张力收卷装置，检查收卷装置转动是否灵活。

⑧ 校正进料张力辊的摩擦电盘或摩擦盘，稍放松出料摩擦电盘或摩擦盘。

⑨ 以上一切正常，启动压辊按钮，版辊打上压印辊筒，开始印刷。

⑩ 出料要求张力适度，保持恒定，进料张力也要保持恒定（以前开卷采用三星辊，收卷是弹簧摩擦片。目前有的开卷已采用电磁粉末离合器，电位器控制，收卷采用力矩电机配合控制张力的方法）。

⑪ 检查各墨色图案，要求清晰完整。

（6）对花

① 开机调试墨色，图案如已完整清晰地印在薄膜上，则关闭热风停车。

② 以第一色色标为准（色标、十字线、箭头等）。

③ 打上压印胶辊（鼓式机用调整棒或调整斜牙轮、组式机压胶辊是用压缩汽缸移上移下进行控制），转动第二色版辊使它的色标基本对准第一色色标。

④ 第三色、第四色、第五色、第六色同样对花。再压下压印胶辊，启动收卷从 0 开始以慢车速运转。

⑤ 各套色基本对准后进行微调。横向一般用手旋，纵向鼓式机用斜齿轮手工调整，组式机用张力辊调节或电动对花（进口机采用光电控制自动调整装置），以使图案色标完全对准，然后进入正常车速。

4.9 组合式凹版印刷机及工艺操作

4.9.1 机械结构

组合式凹版印刷机由输料、印刷、干燥、收卷四大基本部分组成。为了适应印刷过程的需要，还有张力控制、套准控制、油墨黏度控制、同步观察等装置。先进的组合式凹版印刷机具有多色（现有 10 色以上）、高速（200m/min 以上）、双收双放（1 台机可当 2 台用）等特点。

（1）输料装置　组合式凹版印刷机输料形式采用卷筒料连续输料方式。送料支架一般安装一个料卷，有的同时装有 3 个料卷。

① 料卷安装方法　料卷装在送料轴上，其安装方法有以下两种。

a. 有芯轴安装　在细长轴上装有一个附加紧料卷用的锥头，装上料卷后锁紧，然后用螺纹装置夹紧料卷。其结构如图 4-4 所示。还有采用气胀轴形式的，装上料卷后，充气将锁定块推出，夹紧料卷，料卷用完后放气将锁定块退出，可将料筒芯很方便地从轴上拆下。目前许多设备采用这一结构。

b. 无芯轴安装　这种安装方式不需要芯轴，安装便捷，适应高速印刷机的使用。料卷放入后，将锥头推入并锁紧，即完成了安装过程。其结构如图 4-16 所示。有些设备则是采用汽缸推动锥头来夹紧料卷的。

② 料卷提升机构　料卷装上送料轴后，其位置需要提升，这个过程是靠送料支架的回转来实现的，这个过程可以是手动的、电动的，也可以实现自动化。

③ 自动换料装置　为了保证连续印刷，减少停机时间，印刷机上设有自动换卷装置。首先采用自动控制装置保证新料卷进入预定位置，然后使新料卷加速，作

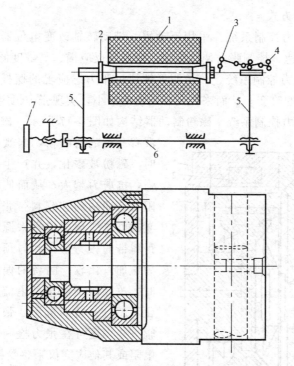

图 4-16　无芯轴安装纸卷
1—卷筒；2—锥头；3,4,7—手轮；5—移动杠杆；6—长轴

好预备动作，在旧料卷快要印完时迅速完成粘接动作，保证新料卷进入印刷，同时切断旧料卷。由于薄的纸张抗冲击能力比较差，所以必须考虑新料卷的加速。在一些印刷机上装有粘贴机，当料卷进入工作位置后，粘贴机迅速揭开蒙片，露出胶带，完成和旧料卷的粘接后自动切断旧料卷，从而完成整个自动换卷动作。

（2）张力控制系统　在采用卷筒印刷时，为了保证准确套印，又不拉断印刷料带，并防止产生纵向或横向皱纹，必须确保张力基本均衡稳定，这个过程就是由张力控制系统来完成的。为了保证料带张力恒定，一般采用在料卷轴上设置制动器来进行必要的控制。料卷制动总的要求是保证料带匀速、平稳地送入印刷装置。具体要求为机器稳定运转期间（启动后，刹车前）保证料带张力稳定在给定值上；在启动和刹车期间要防止料带过载和随意打开；制动力应能调整。

张力控制方式分为手动电动控制方式和自动控制方式。

① 手动电动控制方式　按制动力施加方法分为圆周制动和轴制动两大类。

固定制动带圆周制动法制动简单，但由于存在和料卷的直接摩擦，会损伤料面，产生静电；运动制动带圆周制动是依靠料带速度和制动带速度差产生摩擦力来产生制动力，它的优点是制动力调整方便，所以使用相当广泛；轴制动是制动零件不与料面接触，结构紧凑，但不能有效控制偏心料卷产生的离心力，一般采用闸瓦、磁粉制动及电机制动。

② 自动控制方式

a. 浮动式张力控制系统　采用浮动辊、带动转轴改变电位器的阻值，再通过电路调节电机转速，控制张力使之恒定，缺点是反应慢、灵敏度低。

b. 气动式张力控制系统　该控制系统通过张力感应辊的摆杆的动作，运用气动元件实现气压的改变，从而来控制制动力的大小，实现张力恒定。

c. 磁粉式张力控制系统　磁粉制动器结构如图 4-17 所示。磁粉制动器中填充混有润滑剂的磁粉，当激磁绕组通过电流时，磁粉被磁化，并产生抗剪力，磁化越强，抗剪力越大，从而使料卷的转动受到阻力，即达到控制料带张力的目的。控制激磁电流变化的信号来源于张力检测器测得料带的张力值，并与预先给定的理想张力值加以比较，两者的偏差达到一定数值时，改变激磁绕组的电流，维持张力的变化不超过一定的范围。张力检测器有浮动辊方式，还可在张力检测辊两端安装压敏电阻或其他应变仪来感受料带的张力变化。

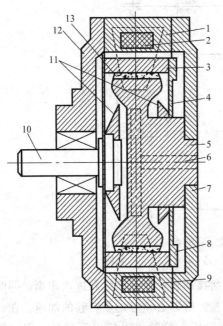

图 4-17　磁粉制动器

1，9—磁轭；2—激磁线圈；3—转子；

4—密封环；5—板靴；6—冷却水路；

7—后端盖；8—风扇；

10—转子轴；11—迷宫环；

12—端盖；13—磁粉

(3) 印刷装置

① 印版辊筒与压印辊筒　组合式凹版印刷机每一色组均由印版辊筒与压印辊筒所组成。压印辊筒不仅能调节压力，而且可以离合。组合式压印辊筒为增加压力往往还采用第二压印辊筒。部分高速凹印机为提高换版速度，将印版辊筒与输墨装置组合成联合体，换版时可整体调换。

② 刮墨刀装置　刮墨刀装置的作用是除去印版上非印刷部分的油墨。刮墨刀安装在刀架上，通过汽缸的加减压（有用一个汽缸对刮刀中心实现施压的，而现在常用两组汽缸对刮刀两端同时施压，这样更易于达到压力均衡的目的），达到对版辊施压以刮净油墨的目的。传统的刮墨刀在使用前要用油石磨刀，这种刀片目前已很少使用，大多使用不需刃磨的新型刮墨刀片，这种刀片能达到较好的使用效果和较长的使用寿命。刮墨刀大多装有横向移动装置，通过齿轮箱的偏心轴来实现刮刀的横向行程，一般随印版转动 15 周左右完成一个来回，行程为 10～20mm。

（4）套印控制装置　组合式凹版印刷机的套准装置可进行横向和纵向两个方向的套准。

① 横向套准

a. 组合式凹版印刷机的横向套准一般在放卷部分设有自动导边系统（EPC），以保证走料横向位置的准确。在此基础上，每色组的印版辊筒的横向位置通过丝杆进行调节，从而实现横向套准。

b. 一些设备上装有横向套准自动控制装置，它是通过扫描头对信号标记进行识别，在电子控制装置的控制下调规电机对印版辊筒位置做自动调整，从而保证了高精度的横向套准。

② 纵向套准　由于各种材料在印刷过程中纵向长度会发生一定的变化，影响套印的准确性，所以要进行套准调节。套准调节的手段一般分为改变印版辊筒的旋转角度和改变组间料带长度两种方式。

a. 补偿辊调节法　通过改变补偿辊位置、调节机组之间的料带长度、改变料带相对位置来实现套准的目的。

b. 差动齿轮调节法　印版辊筒的传动齿轮与主传动轴之间用差动齿轮箱连接，用差动齿轮使印版辊筒稍微改变一定的角度来实现套准。

c. 调整辊调节法　利用装于机组间的套准调节辊线摆动轴作一定范围内的摆动，实现料带位置的稍微改变，进而实现套准。

d. 光电自动套准装置　光电自动套准装置大致包括电子控制装置、扫描头、脉冲信号发生器、调整辊和调规电机、示波器等几个部分。扫描头上的两组光电装置对印刷品上印上去的套准检测标记（图4-18）进行扫描，检测到的信号由电子控制装置进行识别，然后通过计算机发出校正信号，指示调规电机带动调节辊运转，改变料带位置以实现自动控制。这是目前大部分凹印机上采用的自动套准方法，各色套准的调节可以在控制面板上完成。自动套准控制装置一般可将误差控制在±0.3mm范围以内，最高可达±0.1mm。

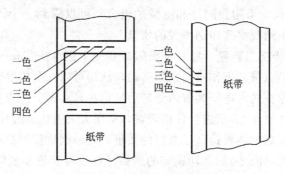

一色
二色
三色
四色
纸带

一色
二色
三色
四色
纸带

图 4-18　检测标记位置

（5）干燥装置　目前大部分组合式凹版印刷机采用快速回风干燥器进行干燥，其结构如图4-19所示，送入风道内的新风经热交换器进行加热，然后送到承印物表面，使油墨中的溶剂挥发，再经吸风机排气。其热交换器可用蒸汽、电热、煤气、燃油等方法进行加热产生热风。这种形式的干燥装置加工简单、风压损失小、排气快、风口与承印物距离近、风速与温度损失小，可有效提高干燥效率。

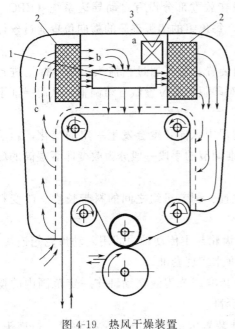

图 4-19　热风干燥装置

1—通风装置；2—发热装置；3—排气口

（6）油墨黏度自动控制装置　油墨黏度的变化直接影响印刷质量，所以必须加以严格的控制。一般采用黏度计进行检测，然后加溶剂进行调整。目前在高速凹版轮转印刷机上设有黏度自动控制装置，其工作原理是通过检测装置探测油墨对搅动棒的阻力矩，然后反馈给控制装置，并与标准值进行比较。当发现黏度增大时，发出信号，指挥溶剂阀打开，使箱体中的溶剂加入油墨中。随着溶剂的加入，油墨黏度下降，达到规定值后阀关闭，停止加溶剂。这样重复动作，使黏度控制在规定值内，以实现黏度自动控制。

（7）同步观察装置　高速运动的料卷使得人们无法直接观察印刷图像的质量，而只有观察到动态的变化才能有效地控制产品质量。所以人们就根据光学的原理，在设备上设立了各种同步观察装置。

①频闪灯　频闪灯是采用光的频闪与印刷速度同步的方法，使得人的视觉可以看到一个稳定、清晰的图像。

频闪灯有手提式和固定式两种形式，适应不同场合下使用。

②同步指示仪　采用频闪灯和透镜的组合，可以看到一个固定的、不动的图像，从而可以清晰地观察到印刷图像的质量。

③显示屏同步观察装置　将一个频闪灯和一个摄像头装在一个可以横向移动的支架上，在电动机带动下作横向来回移动，从而可以在全幅度范围内观察到印刷图像，图像经摄像头送入电子装置内处理后显示在显示屏上。当发现质量问题可以使其停止移动，并放大 25 倍进行仔细观察，从而大大强化了监控手段。

一系列的同步观察装置提高了观察的质量，使印刷质量控制更加可靠。

（8）收卷装置（图 4-29）　印刷完的产品经过收卷装置卷成筒状材料，供下道工序继续加工。为了确保收卷的整齐和松紧合适，在收卷部分装有张力控制和横向调偏装置，还有保证连续印刷的自动换卷装置，一部分印刷机上还根据特种需要在收卷部分装有模切、折页和分切等装置。

4.9.2　组式凹版轮转印刷工艺

（1）设备动力与控制部分功能及操作

①各操作面板功能

a. 主操作面板（安装于出料单元处）　主电机驱动（DRIVE）；速度设定（SPEED SET）；版辊周长设定（CYLINDER SIZE）和汽缸压力设定；所有风机总控制（ALL BLOWERS）；所有加热总控制（ALL HEATERS）；所有压辊总升降控制（ALL IMP UP，ALL IMP DOWN）；出料张力控制（OUT FEED TENSION）；收卷张力控制（REWIND TENSION）；收卷接膜（SPLICE）；收卷计数（COUNT START）；检视灯开关（LIGHTING）；排风操作（仅在1#处）（EXH.FAN）；双收双放配比控制（仅在1#处）；翻转架控制（仅在2#处）。

b. 放卷操作面板（安装于各进料单元）　主电机驱动（DRIVE）；预加热（PRE-HEATER）；进料张力控制（IN FEED TENSION）；放卷张力控制（UNWIND TENSION）。

c. 各色单元操作面板（安装于各套色单元处）　停止、报警和点动控制（STOP，ALARM，INCHING）；温度控制（DRYER）；压辊升降控制（IMP.UP，IMP.DOWN）；照明灯（LIGHTING）；补偿辊手动控制（COMPEN）。

d. 放卷控制面板　放卷翻转架控制（TURRET）；接膜控制（SPLICE）；换轴控制（SHAFT CHANCE）。

e. 收卷控制面板　收卷翻转架控制；接膜控制；换轴控制。

② 各主电柜的操作

a. 1#主电柜　确认进柜电源指示灯亮后，首先合上总电源开关（CB-1，3P，350A），电压表指示应为380V；再合上AC200V主电源开关（CB3，2P，20A）及AC100V主电源开关（CB4，2P，20A）；然后合上控制回路电源开关（CB2，2P，20A），确认"控制回路"指示灯亮；最后合上各电机电源开关和其他需使用的电气装置电源开关。

b. 2#主电柜　确认进柜电源指示灯亮后，合上总电源开关（CB1-2，3P，1000A），电压表指示为380V。

c. 1#张力控制柜　合上电源开关（CBI-1）后，合上张力控制开关（CB40，3P，150A）。

d. 2#张力控制柜　合上电源开关（CBI-1）后，合上张力控制开关（CB42，3P，125A）。

（2）开印前准备工作

① 装版辊、校版辊　首先，分清版辊前后顺序，即黑版、蓝版、红版、黄版、白版。

其次，根据版辊上的光电记号和色标（光电记号和色标在制版时已做好），在装版时使有光电记号的一端放在同一方向，然后开始装版。先把版辊放在工具车上，再把版轴穿入版辊中间（图4-21），在两端盖上闷头（其中靠齿轮的一端先固定），外端用汽缸压紧后固定，使版辊不能松动（版辊与轴的转动主要是通过闷盖的键与版辊里端的键槽相配合来带动的），然后放入印刷装置中。如是无芯轴装版，

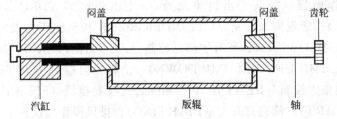

图 4-20　版辊装置 (有芯轴)

则按无芯轴装版步骤进行。通过操作端的舵盘刻度指示，使版辊置于印刷机的横向中间位置，当版辊横幅较窄时版辊有脱落的危险，因此，当调节距离超出汽缸极限位置时，在机器中央上端的旋转警示灯 (红) 闪亮 (版辊顶轴报警)，版辊顶轴压力可通过调节相应气阀设定压力值大小。如此，把所有版辊都安装好后，装版工序即告完成。

②调墨　在印刷时，为了使油墨保持恒定的黏度，采用油墨缸、油墨箱中的油墨能循环回流的装置 (图 4-21)，同时采用自动稀释结构，即用 3# 查恩杯和秒表测定黏度后用黏度测试器监视。如黏度增大就通过阀门自动添加溶剂，如黏度变小则由信号灯指示再添加油墨，使黏度恢复到原来的程度。一般印刷油墨的黏度在 25～30s 之间，所以在印刷时必须对油墨进行稀释 (黑墨、白墨在 16s 左右，蓝墨、红墨、黄墨在 18s 左右)，然后倒入油墨缸内，开动黏度测试器，转动黏度调节旋钮，使黏度指示表中指针处于平衡位置 (正中间)。使用手动开关，事先在溶剂箱中加入溶剂，这样通过黏度测试器随时调节油墨黏度，使之保持恒定。溶剂添加的快慢可通过频率传感器来控制其速率。

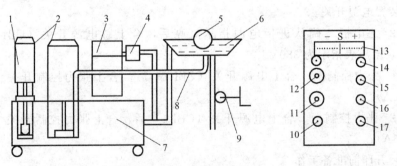

图 4-21　供墨系统

1—黏度测试器；2—接电线；3—溶剂箱；4—阀；5—版辊；6—墨斗；7—油墨箱；
8—输墨管；9—升降手柄；10—工作灯；11—频率传感器；12—黏度调节旋钮；
13—黏度指示表；14—黏度指示灯；15—阀门按钮；16—手动开关；17—电源开关

③装刮墨刀 (图 4-22)　刮墨刀由刮墨刀片 2、支撑刀片 1、支撑架 3 构成。刮墨刀对印版的刮墨压力通过汽缸的加、减压力来实现。一般装刮墨刀时支撑刀片伸长 15～20mm，刮墨刀比支撑刀片多伸出 8～10mm。如图 4-23 所示，刮墨刀与版辊的接触点位置可以根据需要用升降刀架的推前、缩后来调节。刀片与接触点切

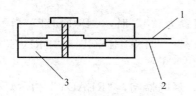

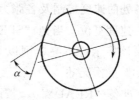

图 4-22　刮墨刀结构

1—支撑刀片；2—刮墨刀片；

3—支撑架

图 4-23　刮墨刀位置

线垂直线的夹角 α 越小越好。一般控制在 $15°\sim30°$，但又要防止油墨甩到油墨盘外。刮墨刀装好后，还需检查一下刀片，方可使用。图 4-24 为刮墨刀系统结构。

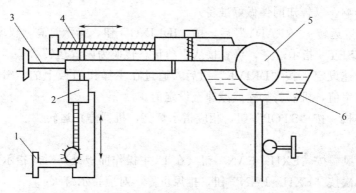

图 4-24　刮墨刀系统结构

1—升降手柄；2—汽缸；3—手柄；4—刮墨刀前后移动手柄；5—版辊；6—油墨盘

（3）工艺过程

① 面板操作

a. 版辊预置　将主操作面板上的"PRESET-OFF-INITIALIZE"选择开关拨向"PRESET"。

输入版辊周长（最小单位为 0.1mm），按"PRESET ON"钮，通过自动计算后，补偿辊将自动移至适当位置，同时应将调节辊处于中间位置（手动）。预置完成后，"PRESET ON"指示灯灭。如果预置出错，按"PRESET OFF"钮，再按"PRESET ON"钮。当机器运行时，按"PRESET ON"钮无效。如果计数器（指示补偿位置）与补偿辊实际位置不一致，可通过"INITIALIZE"，使补偿辊回至初始位置后置计数器为零。当使用翻转印刷架时，把主控面板上的选择开关拨向"9TU"或"10TU"，然后再按"PRESET ON"钮。

b. 主驱动

（a）设定版辊周长　如果更换产品后版辊周长有所不同，应重新设定版辊周长，通过自动计算，将给出补偿辊的位置值，同时自动将版辊周长数据送至各张力控制单元。印刷速度可通过"SPEED SET"旋钮输入。如果不做版辊周长设定，将影响各处的速度控制及各张力点的控制。

(b) 速度复位 当把"SPEED SET"旋钮置为"0"时,"PRESET"指示灯亮。如果该指示灯不亮,则以下按钮"READY"、"INCHING"、"DRIVE"和"IDLING"操作无效。

(c) 准备("READY") 按"READY"钮,蜂鸣器响,"READY"指示灯亮,可进行下一步操作。

(d) 点动 按下"READY"钮后,再按"INCHING"钮不放,机器以最低速运转。

(e) 驱动 按下"READY"钮后,再按"DRIVE"钮,机器以最低速运转。如果排风没启动,启动机器运行无效(在启动运行前,应多次按动"READY"钮,蜂鸣器响,以告知同伴做好准备)。

(f) 闲置运转 "READY"后,按"IDLING"钮,指示灯亮,仅印刷版辊转。如果"PRESET"指示灯亮,可直接从驱动状态转换为闲置运转状态,或相反。

(g) 线速设定 按"DRIVE"钮后,通过在主操作面板上的"SPEED SET"旋钮设定速率值,机器将加速或减速至设定值。

(h) 停机 按"STOP"钮,相应指示灯亮,机器停止运转。

c. 烘箱

(a) 排风 按"EXH. FAN"钮(在1#主操作面板处)对应指示灯亮,排风机运转。再次按"EXH. FAN"钮,排风机停,对应指示灯灭。

(b) 进风 开启排风电机后,按"ALL BLOWERS"钮,对应指示灯亮,如果各印刷单元处(包括预加热单元)的相应选择开关都处于"ON"状态,则"ALL BLOWERS"钮能集中控制所有进风电机。

(c) 加热 按"ALL BLOWERS"钮后,按"ALL HEATERS"钮(在主操作控制面板处),对应指示灯亮。如果各印刷单元处(包括预加热单元)的相应选择开关都处于"ON"状态,则"ALL BLOWERS"钮能集中控制加热。当按"STOP"钮时机器停止运转,所有加热也停止工作(即需再启动)。

d. 串膜 如需串膜,可置"THREAD-OFF-BRANE"选择开关为"THREAD"挡(在放卷操作面板处),"THREAD"指示灯亮,此时磁粉制动装置释放(无制动),串膜方便。如果机器运动时选择开关处于"THREAD"或"OFF"挡,放卷张力无法控制,即串膜完成后,选择开关应处于"BRAKE"挡。

e. 双收双放单元配比

(a) 整机直接印刷 将"SEPARATE"选择开关置于"STRAIGHT"挡(1#主操作面板处),并确认5-6、6-7、7-8、8-9等处的机械连接器连接无误,确认对应的指示灯及"NORMAL"指示灯亮。

(b) 十色机作5-5配比印刷 置"SEPARATE"选择开关于"5-5"挡,脱开5-6连接器,连接6-7、7-8、8-9连接器,确认6-7、7-8、8-9连接正常指示灯亮和

"NORMAL"指示灯亮。

(c) 6-4、7-3、8-2配比印刷 类似于上述。

② 开卷 放纸轴是采用两根充气轴或无芯轴使机台在换料时不停车。送纸轴一端的磁粉离合器用来控制原料的转动力矩，不随原纸卷筒直径的缩小而发生基材张力的变化。磁粉离合器的工作原理是依靠电磁作用使磁粉间的结合力与运转时产生的摩擦力来传递力矩，使卷筒匀速运转。其大小变化是由调节输入电压来控制，一般是与张力辊同时工作。张力辊的张力控制在1.0～2.1MPa，其中张力辊产生的张力是用来控制预热辊到第一色印刷点处之间的进料速率。如图4-25所示，通过电眼来互换放纸轴的掣动力，压辊用来压平基材薄膜（通过预热辊加热），电眼的作用是在车台高速运转时原料断掉后自动停止机台，一般在操作过程中不使用，横向调节盘范围是±2cm。

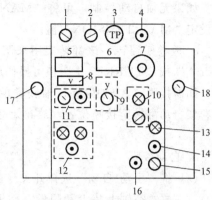

图4-25 开卷电气控制箱

1—接料压辊开关；2—预热压辊；3—压力表；4—压力调节旋钮；5—张力辊张力表；6—预热辊制动压力表；7—预热温度控制盘；8—磁粉离合器调压电压表；9—预热辊制动压力工作开关及调节旋钮；10—预热辊工作开关及工作指示灯；11—张力辊和磁粉离合器手动开关和调节旋钮；12—两送纸辊互换按钮及指示灯；13—安全灯；14—铃；15—停止开关；16—车速减速按钮；17—换料自锁电眼开关；18—断料自停电眼开关

EPC装置（图4-26）主要用来自动调节基材的横向位置，利用电眼来监视，使上面两根导辊一端前后移动，一端固定不动，从而使基材发生左右移动来工作。一般是在基材横向不很平整时使用。

a. 装膜卷 由气顶轴顶膜卷，并可由手柄根据相应刻度值摇至横向中间位置，纸芯宽度范围为650～1050mm。

b. 张力控制 置"THREAD-OFF-BRAKE"选择开关于"BRAKE"挡，则可建立放卷张力，如需调换A、B轴控制，按"SHAFT CHANGE"钮即可，对应轴工作指示灯亮。

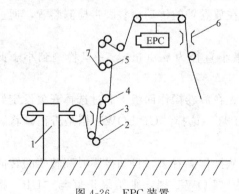

图4-26 EPC装置

1—送纸架；2,5—压辊；3,6—电眼；4—张力辊；7—预热辊

当"MAN-AUTO"选择开关拨向"AUTO"时，启动印刷机后将出料压辊压下，"AUTO"指示灯亮，张力即处于自动控制状态。通过调节"UNWIND TESION SET"（放卷张力设定）旋钮可改变放卷张力。

如果无须自动控制，可将"MAN-AUTO"选择开关拨至"MAN"挡，并手动设定"MAN TENSION"值。

c. 放卷架翻转　该翻转架用来调换放卷膜卷，如 A 轴 ←→ B 轴，按"TURRET↑"或"TURRET↓"钮可操作放卷架正反向翻转。

如需接膜（A 轴膜卷-B 轴膜卷的粘连、切换），按"SPLICE READY"钮，放卷架自动翻转至接膜位置（放卷架翻转时不要进入放卷架，放卷架下严禁堆放它物）。

d. 自动接膜

（a）将"手动-自动"选择开关（在放卷操作面板侧面处）拨向"自动"（AUTO）　在放卷空轴上装上新膜卷，贴上胶带，按"SPLICE READY"钮，相应指示灯亮，翻转架旋转，刀架臂到位后，翻转架至接膜位置停，新膜卷轴预驱动电机与线速一致时同步指示灯"SYNCHRO"亮，待旧膜卷轴用至剩余不多时，按"SPLICE"钮，瞬间，接触压辊压下，切刀动作，新、旧膜卷轴转换完成，刀架臂回归初始位置。

如果按下"SPLICE READY"钮后欲取消接膜操作，可按"SPLICE CANCEL"钮或反向点动翻转架。如果又欲进行接膜操作，可将翻转架反向过 90°，再按接膜顺序操作。

（b）接膜调整　可通过侧面操作按钮面板上的对应键钮手动操作，分别观察刀架臂、接触压辊、切刀等动作，在做这些动作前应确认刀架附近无人，并给予充分的关注。

调整完毕后，应将所有的调整键钮拨至"OFF"状态，否则将不能自动接膜。

（c）胶带位置检测　为使接膜可靠，在放卷轴的传动侧装胶带检测装置，通过拨盘上的反射镜可指定胶带确认位置。

（d）放卷接膜直径检测　放卷接膜最小直径为 φ200mm，一旦检测到小于此值，不能自动接膜。

（e）放卷方向选择　开动机器前，应先在放卷操作面板上通过选择开关设定好"UP-LOW"挡的位置，并确定其对应指示灯。选择"UP-LOW"挡是否正确将影响张力控制和自动接膜。

在 1# 放卷处，如果设为"UP"挡，从操作侧看去，自动接膜时翻转架的转向为逆时针，放卷方向为顺时针；如果设为"LOW"挡，则结果正好与"UP"挡相反。

在 2# 放卷处，如果设为"UP"挡，放卷方向为逆时针，翻转架为顺时针；如果设为"LOW"挡，放卷方向为顺时针，翻转架为逆时针。

（f）放卷纸芯选择　纸芯选择为 6 和 3 两挡，选择错误将影响放卷剩余报警的准确度和预驱速度的同步性。

e. 进料操作　进料单元由进料辊（冷却辊）、进料压辊、张力控制器和预加热器组成，由交流电机驱动。

（a）张力控制　主电机启动，进料压辊和出料压辊压上后，张力将自动建立。在放卷操作面板上，通过"INFEED TENSION SET"钮设定进料张力的大小。

（b）进料压辊控制　置"NIP ROLL"选择开关为"ON"，进料压辊压下。如果选择"AUTO"，进料压辊随"DRIVE"钮按下而压下，随"STOP"或"IDLING"钮按下而释放。可通过调节气压设定进料压辊的压力。

（c）预加热　预加热是为了消除膜卷的皱纹及不平整，使油墨转移效果更好。其操作与其他加热单元一样。

③ 印刷单元操作　塑料印刷流程如下：

装版→调墨→装刮刀→开卷→调节张力辊→印第一色→干燥→印第二色→干燥→……→印第十色→干燥→对花→牵引→收卷

a. 压印辊（压辊）　如果将"IMP. ROLLER"选择开关置于"AUTO"挡，按"STOP"、"IOLING"钮或"ALL IMP. UP"钮，压印辊将自动抬起，当然此时如按"IMP. UP"/"IMP. DOWN"钮也能手动抬起或放下压印辊，按"ALL IMP. DOWN"所有压印辊放下。如果选择开关置于"MAN"挡，按"ALL IMP. UP"钮不能抬起压印辊。压印辊压力由两只汽缸同时产生。

b. 刮刀　刮刀可做抬起、放下、前后运动和进给调节，刮刀压力由汽缸提供，其中背压用来克服刮刀架自重。刮刀左右移动的幅度为0～20mm。

c. 墨盘　可通过手轮升降墨盘，其高度视版辊直径而定，注意不要碰伤版辊。

d. 烘箱

（a）操作　如果"ALL BLOWERS"指示灯亮，可在各单元上通过吹风、加热选择开关单独控制吹风电机的启动，进出风量可调节。

（b）风量设定　通过静态气压测得最大进风量可达840Pa（20℃）。当840Pa时，喷嘴风速约37m/s。

（c）出风量（排风量）设定　通过调节，确认静态气压为-280Pa。

（d）精调　尽管有调节，但如发生热风泄漏、膜材飘动等现象，还得精调进出风量，以达平衡。

e. 补偿辊　补偿辊可用于补偿轻微的套印误差和制版误差，可通过选择开关的"FOR"或"REV"挡进行前向或后向调节，调节距离为1000mm，速度1mm/s。

f. 照明　各单元均装有照明灯，置"LIGHTING"选择开关为"ON"，照明灯亮。

g. 转印辊　转印辊可防止油墨飞溅和起皮，使油墨强行进入版子网穴，以减少堵版等问题。转印辊由主轴驱动，速度可调。

h. 调节辊　用来补偿因膜材厚薄不均匀所产生的误差。

机台电气控制箱如图4-27所示。

④ 套印（对花） 印刷对花由电子扫描控制器来完成，即通过每组光电扫描头监视示波器上的脉冲信号来自动调节前一套与本身一套之间的距离，使两套之间的光电色标距离保持20mm不变。电子对花器如图4-28所示。接通电源开关，把扫描头对准光电信号（在版辊印刷后的材料上），根据版辊圆周大小调节旋钮，使之与版辊圆周的大小匹配。再把转换开关转到第一套，寻找第一套与第二套脉冲信号，即利用第一套频幅旋钮使扫描示波器的屏幕上面产生信号。信号共有两个，使之水平位置处于轴上，垂直位置处于轴左方，由转换波点旋钮看两个信号是否出现并重叠。若有重叠，即说明第一套已经完成，再把旋钮转换到第二套，寻找第二套与第三套的信号。但由于实际的套色是第三套，所以有3个信号产生，而起作用的是后两个信号，因此要排除第一个信号，留下后两个信号，寻找的方法与前一套相同。后面第三、第四套寻找的方法与前面相同，也必须各留下两个信号。一般套色是否套准，可以根据误差表看出超前或落后，如果超过一定范围就失效，这时必须利用手动开关来调节，直到调节到自动对

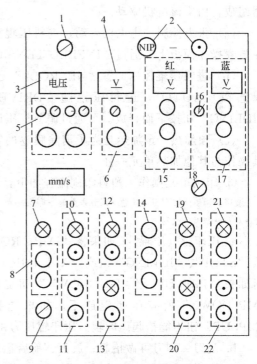

图4-27　机台电气控制箱

1—牵引辊开关；2—压力液与调节旋钮；3—牵引力表；4—牵引辊电压表；5—牵引力手动开关及调节旋钮；6—牵引辊电压表开关及调节旋钮；7—安全灯；8—铃与启动按钮；9—停车开关；10—主机开关；11—加减开关；12—热风开关；13—中心复位开关；14—压辊升降按钮；15—红轴收卷电压表；16—收卷手动开关；17—蓝轴收卷电压表手动控制旋钮及卷取力控制旋钮；18—预驱动转速旋钮；19—切割臂的放下抬起开关；20—预驱动开关；21—收卷开关；22—切割开关

花范围，然后把开关拨到自动位置，即可正常工作。对花的工作过程就是通过对花电机的正反转来带动调节辊前后摆动，以改变套与套之间的距离。有时在印刷时会出现这样的问题，版面的十字线已对准，而图案与文字可能有偏差，如版面超前或落后，必须调节平移旋钮，使图案与文字套准，图案超前的使之落后，反之使之超前。还有一种左右两端发生偏差，这时必须调节偏差辊来校正。由于偏差辊的调节只能使版面落后，所以两端都有调节盘，直至图案与文字套准为止，即算完成对花过程。

⑤ 出料　出料单元由出料辊（冷却辊）、出料压辊和张力控制器组成，由交流

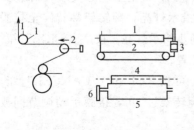

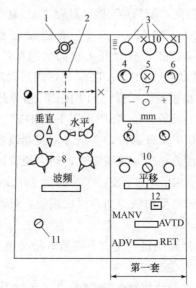

(a) 电子对花器结构	(b) 电子对花器操作盘

1—调节辊; 2—偏差辊; 3—对花电机;　1—转换开关; 2—示波器; 3—展幅旋钮; 4—超前; 5—循环风机;
4—压辊; 5—版辊; 6—横向调节盘　　6—落后; 7—误差指示表; 8—波点转换开关; 9—手动开关;
　　　　　　　　　　　　　　　　　10—旋转频率; 11—扫描连续开关; 12—电源

图 4-28　电子对花器

电机驱动。

　　a. 张力控制　当机器主电机开启，出料辊压上，出料辊将以印刷速度同步运转，出料张力将自动建立，张力大小可通过"OUTFEED TENSION SET"旋钮设定。

　　b. 出料压辊控制　置"NIP ROLL"选择开关为"ON"，出料压辊合上。如果选择开关置于"AUTO"挡，出料压辊将随"DRIVE"钮按下而合上，随"STOP"或"IDLING"钮按下而释放。出料压辊的压力可通过气压来调节。

　　c. 照明　置"LIGHTING"选择开关为"ON"，检品屏灯亮。

　　⑥ 收卷操作

　　a. 换膜卷　收卷的气胀轴与放纸轴相同，收卷的卷取力由收卷电机来控制牵引辊的牵引力，一般与放纸处的张力相同，使机台正常运转。当一根卷取轴卷完后，可切割后换卷到另一轴上，如图 4-29 所示。

　　b. 张力控制　按"REWIND"钮，对应指示灯亮，收卷电机启动。按"SHAFT CHANGE"钮，可轮流选择 A、B 轴，且对应指示灯亮。按"READY"钮，收卷电机输出收卷力矩，建立张力。当"MAN-AUTO"选

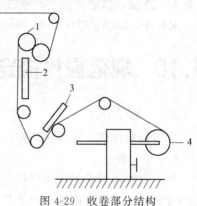

图 4-29　收卷部分结构

1—压辊; 2—屏幕; 3—切割臂; 4—收卷

择开关拨向"AUTO"挡，对应"AUTO"指示灯亮，张力处于自动控制状态，通过"REWIND TENSION SET"旋钮设定张力。如果不需要张力自动控制，可把"MAN-AUTO"选择开关拨向"MAN"挡，由"MAN TENSION"旋钮设定张力大小。"TAPER RATE"旋钮用来设定张力梯度，其他与放卷类似。

c. 接膜操作 设"SPLICE"选择开关为"AUTO"，把空纸芯安装在翻转架上，缠上胶带。按"SPLICE READY"钮，对应指示灯亮，翻转架翻转停至接膜位置，切刀架臂到位，空纸芯与膜卷线速一致，同步指示灯亮。按"SPLICE"钮，瞬间作切刀动作，接膜完成，切刀架臂回归初始位置。

按"SPLICE READY"钮后如欲取消接膜，可按"SPLICE CANCEL"钮，或按翻转架反向钮。如欲再次接膜，可反向旋转翻转架过30°，接膜手动调节同放卷部分。

d. 接触压辊 使收卷膜卷既松又整齐，接触压辊压力由气压调节，应尽量小。

⑦ 其他操作

a. 收卷计数器 为收卷 A、B 轴计量长度各装一只计数器，按"COUNT"钮，计数器工作，单位为 m，计数器上置有复位键。

b. 空气装置 为本机提供干燥、清洁的空气，排水每周 1 次。

c. 气压报警 当主机气压（应 0.7MPa 以上）减少，旋转黄灯亮，此时应引起警觉，并做仔细检查。

d. 张力检测装置——摇摆辊 摇摆辊通过汽缸施压产生压力，在与薄膜张力的动态抗衡过程中，与摇摆辊端头连接的电位器产生 U 电量变化，以控制相应电机的输出，使摇摆辊处于中间位置（$U=0$）。

e. 常用配备工具 活络扳手 [20.3cm（8in）、25.4cm（10in）、30.5cm（12in）]，呆扳手 [20.3～30.5cm、30.5～35.5cm（14in）]，内六角扳手（2mm、4mm、5mm、6mm、8mm、10mm、12mm），月牙扳手（68mm×70mm），螺丝批（一大一小），尖嘴钳、老虎钳、管子钳各 1 把，油壶两把，纱头若干，胶带两卷，铜丝刷，漆刷，棕刷，剪刀，墨刀，水平尺，卷尺，千分尺，厘米尺，0 号金相砂皮，水砂皮，500kg 磅秤 1 台，台虎钳 1 台。

4.10 规范操作规定

4.10.1 装卸料

① 原材料薄膜上机印刷前必须核对薄膜的品名、厚度、宽度等是否与工艺单、生产指令单一致。

② 对每卷薄膜必须用测厚仪进行厚度检测，并用电晕处理测试液测试表面张力，OPP、PE、CPP 薄膜应大于等于 38mN/m，PA、PET 应大于等于 48mN/m。

③ 装料、卸料时应小心细致，避免卷筒两端面与收放卷架等机器部件碰撞摩

擦而损坏。

④ 在原材料及半成品卷筒装卸与搬运过程中，必须采取安全保护措施，以防倒塌而引起人员、物料损伤。

⑤ 堆放半成品薄膜时，应事先检查装卸板上是否有钉子之类锐器，并在装卸板上铺上废纸板，以免损坏半成品膜。

⑥ 对于原材料薄膜拆包时所产生的废纸板、废木板、装卸板等物品应按定置管理原则分门别类整齐堆放。

⑦ 应时刻关注薄膜卷筒印刷运转时的情况，如出现褶皱、荡边以及使用至靠纸芯处出现打折现象等，必须立即采取措施。

⑧ 对换下的不合格原材料应包装好，写上规格、厂家、生产日期、不合格原因，做好不合格标识后退仓库。

⑨ 应做好每卷上机印刷薄膜的留样标识工作。

4.10.2 调配油墨

调墨必须按配色规程操作，在工作中应不断积累操作经验，提高判断能力。

① 调配油墨时必须首先核对油墨的品牌、型号与工艺单是否一致，再根据订单大小、上墨量多少合理配制适当数量的油墨，并且做到称量准确，卸墨时每色不超过 10kg。

② 在调色过程中必须用废膜打样，以减少原材料薄膜的损耗。

③ 配好的油墨按品牌放至规定的货架上，以保持整齐、有序。

④ 厉行节约，合理管好用好旧墨。旧墨上机前必须用专用过滤网过滤，过滤网使用前必须清洗干净。

⑤ 必须用专用壶装溶剂，稀释油墨时，溶剂由壶嘴流出，沿着墨桶壁或调墨棒流入桶内，边加边搅拌，避免溶剂直接冲下而破坏油墨的结构，以致影响油墨使用效果。

⑥ 不同品牌油墨必须按工艺单规定使用不同配方的混合溶剂，一般情况下，尽量不使用单一溶剂稀释油墨。

⑦ 不同厂家、不同品牌的油墨严禁混用。

⑧ 使用油墨时要本着节约原则，倒净桶内油墨。

⑨ 卸下的油墨应用同一品牌、同一颜色的空桶盛装，以免出现色差现象（里印与表印墨桶绝对不能搞错）。

⑩ 卸下的油墨必须贴上剩墨专用标识，并整齐堆放到规定地方，以便下次使用。

4.10.3 过程控制

① 装版时应对版辊进行仔细检查，确保不带伤上机，避免中途停机。

② 装版前应将气胀闷头斜面和版辊两端内孔斜面擦干净，以防止版辊径向跳

动造成套印不准。

③ 装版后气胀闷头必须完全用膜包裹住，避免气胀闷头回缩时卡死造成设备故障。

④ 为保证产品的印刷质量，每卷印膜都应仔细核对颜色、套印、图案尺寸及其他质量要求，发现问题应该快速排除，一时排除不了的应立即停机找原因，以免造成浪费。

⑤ 机器在正常运转过程中应加强对运行状况的监控，经常巡检油墨，防止断墨。通过显示屏或频闪灯检查印刷状况，发现异常及时处理。

⑥ 在印刷过程中曾调整过参数或自感有问题的印卷可以上检品机复检，剔除不合格品。每个产品的第一卷印刷膜或接班后第一卷印刷膜应立即上检品机复检，并仔细核对工艺单及标准样，确认印刷和制版质量。

⑦ 对半成品印刷膜质量如果自检无法确认，应立即报告质检员，并贴上标识放入待检区。

⑧ 在印刷过程中有擦版或动刮刀排除刀丝情况者，应做好明显标记。如数量少，可在流转证上注明位置和原因；如数量较多，则应断膜剔除。

⑨ 系列产品流转证、标识必须以不同颜色区分，以便识别。

⑩ 印好的同批半成品印刷膜必须留样，并认真填写流转证贴于膜卷中央，同时在纸管内壁贴上小标识。

⑪ 穿膜时必须走金属楼梯，禁止从放卷架等处上下，防止意外事故发生，并影响设备正常运转。

⑫ 发现明显机器故障时应立即填写好报修单交设备维修部门，尽快予以修复。

4.10.4 清扫及安全

① 做好每班的清洁工作，下班前必须将机器主要工作部位如导辊、压辊等擦干净；卸版时必须将版辊及墨盘擦干净；对本机台周围的环境进行清扫；对原材料、半成品、废料、工具等按定置管理规定进行摆放。

② 对换下的橡胶压辊等应及时妥善处理，避免时间过长而损坏。

③ 清洗机器时应以节约为原则，清洗墨泵换下的溶剂可用来清洗墨盘，擦墨盘时先用用过的揩布擦，最后再用干净的擦布擦，其他部位也如此。

④ 在机器运转过程中，一般严禁将手触及转动的部件，如必须在运转中擦版时则应两手交叉托稳，防止发生事故。

⑤ 磨刮刀前必须先把刮刀上的油墨擦干净，使之推拉顺滑，磨刀时必须全神贯注。

⑥ 放溶剂时严禁人离开，以免溢出造成浪费；装溶剂时不能超过容器容量的80%，搬运溶剂时车速要慢，避免一路走一路洒。在搬运过程中推车绝对不能与金属部件碰撞，以免溅出火星点燃溶剂。

⑦ 禁止非专职铲车人员开铲车；使用液压车时严禁溜车，避免发生事故。

⑧ 消防器材及电气箱周围禁止堆放物品，以便及时取用。

4.11 常见凹版印刷产品质量问题及解决措施

凹版轮转印刷质量标准如下。

(1) 印刷外观质量和理化检测

① 版面整洁，无明显脏污、刀丝和线条。

② 印品墨色鲜艳、柔润、均匀，色相正确，叠色透亮，印迹边缘光洁。

③ 图案文字线条要求清晰完整，不残缺、不变形。

④ 网纹要求层次丰富，网点清晰。

⑤ 印刷牢固，要求用透明胶带粘拉油墨不脱色。

⑥ 经对花工序后，各色图案套准，误差不大于 0.3mm。

⑦ 检查薄膜的规格，各组误差符合相关标准。

印刷产品符合以上要求，可用剪刀剪下一段，连同施工单、黑白稿、彩稿交有关技术人员校对签样，再开始生产。最终产品还要经理化检测同色密度偏差和同批同色色差等指标，并符合 GB/T 7707—1987《凹版装潢印刷品》要求。

(2) 签样要求

① 签样必须符合客户要求及施工单要求。

② 签样必须符合印刷质量标准。

(3) 在正常印刷过程中要掌握的几个变化

① 油墨变化

a. 油墨的干燥快慢与车速成正比，如果油墨的干燥速度与车速相适应时，印刷操作就正常。

b. 掌握油墨厚薄、黏度及变化规律。

c. 选用与印刷产品及油墨相适应的溶剂。

d. 控制油墨的各种参数，保证产品达到质量标准。

② 冷热风变化

a. 根据天气及车间内的气温掌握风量大小和冷热风的平衡是印好产品的关键。车间内应有恒温恒湿设备，否则冬天气温较低只能开足热风，夏季气温高只能减少热风，开大冷风，势必影响车速及产品质量。

b. 早班开冷车时印版、压印辊尚未经热量传递，车速必须适当放慢，过 1h 后，车速可逐渐加快，达到适应油墨干燥的程度。

c. 电热风的距离可根据薄膜的性能及印刷版面的大小来校正。

d. 电热风风向应对准印刷面。如果发觉风口向下，必须进行校正，否则吹到版辊会影响产品质量。

③ 张力变化

a. 根据薄膜的种类及其收缩率来调整张力。如 PE、CPP 等伸缩率大的薄膜，其本身易变形，所以张力应小；如 PET、OPP 等伸缩率小的薄膜，张力可相应大一点。

b. 根据薄膜的厚度及其内在质量等确定张力。薄膜两边松紧不一致，平整度不好，张力可加大一点；如薄膜质量好，厚度薄时，可减少其张力。

c. 干燥箱温度及天气环境温度提高时，由于薄膜易拉伸，可相应地降低张力。

d. 考虑到薄膜变形、沾脏等，故收卷张力不宜过大，一般以产品收卷整齐、不滑动为准。

e. 为了保证套色精度，开卷和收卷的张力要保持均衡。国内的凹版轮转印刷机多数开卷采用三星辊摩擦片，目前也采用电磁粉末离合器等，而收卷采用力矩电机配合控制塑料薄膜张力，在印多套色时则采用张力自动调整装置。进口印刷机目前采用电磁粉末离合器或直流电机直接控制开卷、收卷张力，套色精度控制采用光电套准结合张力自动调整装置。但有的组式凹版轮转印刷机则在开卷轴上配备跳动辊来平衡出料的张力。

(4) 影响塑料薄膜印刷质量的因素　包括薄膜材料、油墨、制版、设备、工艺技术等各个方面，同时要印好一个产品还与溶剂使用、环境气温、热风温度及大小等有关。如有一方面考虑不当，在印刷过程中就会产生质量问题，主要的有下列几种。

① 套印不准

a. 设备原因。在长期生产过程中，设备的某些主要部件磨损，如闷头未装正、印刷轴弯曲、搭牙磨损、套筒轴不加油造成磨损、牵引轴不平等均会影响套印精度。

b. 印刷版辊各套色压力不均匀、印刷版辊左右两端压力不均匀、印刷版辊松动等因素造成套印不准。

c. 工艺技术方面，开卷、收卷张力控制不平衡，操作失误，热风量不适当，张力失调等影响套印精度。

d. 制版时各套版辊规格不符（超过正常误差范围），造成套印不准。

e. 油墨黏度大，致使套印不良。

f. 薄膜性能变化（如厚薄不均匀）影响恒张力，造成套印不准。

印刷操作人员在正常生产过程中责任心要强，思想要集中，认真操作，不断检查产品质量，发现套色问题及时予以解决。

② 墨色粘连

a. 溶剂问题。由于溶剂的配比不当，挥发太慢，在溶剂中含有少量的高沸点物，如环己酮、丁醇等。

b. 设备方面。干燥装置热风量不足，冷热风使用不当，车速太快等。

c. 制版方面。印刷凹版辊深度太大。

d. 油墨方面。油墨太厚，油墨中含有增塑剂过多，还有树脂对溶剂的释放性差等。

e. 牵引辊拉得太紧，收卷张力过大。

f. 薄膜方面。因薄膜中所含的添加剂对溶剂具有亲和性，从而影响溶剂释放；未经电晕处理或没有达到所需的表面张力指标，造成油墨不牢。

g. 气温过高、空气潮湿、压力过大等环境因素造成墨色粘连。

③ 图案线条残缺

a. 油墨干燥太快，造成燥版。

b. 热风量过大，致使印辊凹面干燥。

c. 制版腐蚀过浅，油墨附着少。

d. 印辊与压印辊压力太小。

e. 刮刀在印辊上的刮墨点离压印点之间距离过远（鼓式机反刮刀容易燥版）。

f. 车速太慢。

④ 线痕方面

a. 刮墨刀口紧贴印辊面处有硬性微粒、杂质，必须及时清除，凡是不固定的线痕，只要磨刀或换刀即可。

b. 如果线条是固定的，可能印辊网点内嵌有硬性杂质，必须停车去除。

c. 新版辊开始印刷时，发现固定线痕一般是印辊经镀铬后毛面未砂光洁或由修版针眼造成。

d. 油墨中颜料未磨细，也会造成线痕，必须用铜丝刷清除网点内杂质，用120目铜丝网过滤后再印刷。

e. 刮刀角度、位置调整，硬度、厚度选择必须适当。

塑料凹版轮转印刷过程中出现影响产品质量的因素还有许多，只有在印刷实践中结合原辅材料及现场设备运作的实际情况进行探索、分析，才能很好地予以解决。

（5）凹版印刷中经常发生的问题及解决方法　见表4-3。

表4-3　凹版印刷中经常发生的问题及解决方法

问　题	原　因	解　决　方　法
磨损 　印版辊筒的磨损	1. 颜料分散不良 2. 颜料本身的特性 3. 溶剂干燥过快 4. 镀铬不良 5. 刮刀不能活动 6. 刮刀压力过大	1. 充分进行分散 2. 改用别的颜料 3. 使用慢干性溶剂 4. 重新镀铬 5. 把机器改造为刮刀能左右活动的结构 6. 降低刮刀压力
粘连 　在收卷的上下两层膜间印刷面粘接在另一层膜的背面	1. 油墨干燥过慢 2. 有溶剂残留 3. 印刷后的卷膜收卷温度过高 4. 收卷压力(张力)过大 5. 收卷时卷材含水量过大 6. 未使用粘连防止剂	1. 改用溶剂配比适当的油墨 2. 改造干燥装置 3. 收卷时把卷膜温度与室温的差距控制在5℃以下 4. 降低收卷张力 5. 使冷却辊的水温高于室内露点温度，以防止水分凝结 6. 对油墨使用粘连防止剂

问　题	原　因	解　决　方　法
淤积油墨的粘接 　淤泥状的油墨粘接在刮刀及印刷辊筒上	1. 油墨供应装置有毛病 2. 油墨干燥 3. 油墨干燥速度有问题 4. 油墨黏度过高	1. 修理或清扫油墨供应装置 2. 检查并防止从干燥器到印刷辊筒有空气流通 3. 确认溶剂混合量 4. 把油墨黏度降低到正常水平
颜色过淡 　印刷颜色浓度不够	1. 油墨中溶剂过多 2. 油墨沉淀	1. 补充新的油墨,把油墨调整为适当的黏度 2. 把油墨放入油墨盘前应充分搅拌
颜色过浓 　印刷颜色浓度过大	1. 油墨黏度过大 2. 油墨浓度过大 3. 凹版雕刻过深或有损伤	1. 对油墨加规定量的溶剂,把油墨调整为适当的黏度 2. 添加稀释溶剂或冲淡剂(由树脂溶解而成的) 3. 重新制作凹版辊筒或填补凹痕
印刷作业中的颜色变化	1. 油墨黏度没有很好地调整 2. 凹版辊筒堵塞 3. 印刷工人作业不妥当	1. 增加手动测定油墨黏度的次数,或采用油墨黏度自动调整装置 2. 清扫印版辊筒 3. 制定印刷作业标准,同一项印刷必须用同一台印刷机完成,不得换机器
油墨附着不良	1. 油墨对基底材料的可沾污性不够 2. 油墨黏度过低 3. 印刷机速度不够高 4. 印版辊筒腐蚀深度过大 5. 印刷压力过大	1. 调整刮刀角度,并改用别的溶剂 2. 提高油墨黏度 3. 提高印刷机速度 4. 重新制作印版辊筒 5. 降低印刷压力
彗星状的印疵	1. 凹版辊筒不良 2. 刮刀上有异物 3. 镀铬不良 4. 油墨干燥过快	1. 对印版辊筒加以研磨 2. 过滤油墨 3. 重新镀铬 4. 对油墨添加慢干性溶剂
环形现象 　只能印出网点周围部分	1. 油墨干燥过快 2. 溶剂组成不平衡	1. 改用慢干性溶剂 2. 改用组成平衡的溶剂
印刷模糊(slur) 　印刷面边缘出现水珠状印疵	1. 油墨黏度过低 2. 刮刀有波纹状变形 3. 刮刀对印版辊筒的角度不适当 4. 刮刀有变形(检查变形时因摸得太轻而查不出变形) 5. 卷膜张力调整得不好 6. 油墨干燥过慢 7. 速度不协调	1. 提高油墨黏度 2. 把刮刀尽量矫平或换新 3. 调整刮刀角度,并对刮刀进行整形 4. 调整支撑刀的角度和位置,使其靠近刮刀边缘 5. 确认卷膜张力 6. 改用速干性溶剂,并增加加热量,以提高干燥速度 7. 确认印版辊筒和卷膜速度
油墨干燥过快 　油墨已在印版辊筒上干燥,因而不转移到膜上	1. 溶剂不适当 2. 印版辊筒周围有空气流动	1. 选用适当的溶剂 2. 用罩子罩上油墨盘,并检查有无来自干燥器的空气流通

问 题	原 因	解 决 方 法
油墨干燥过慢 　这会引起油墨掺色和叠印、油墨转移到辊子上、粘页及印刷表面有粘接性等问题	1. 溶剂不适当 2. 油墨黏度过高 3. 干燥器的能力不够,不配套 4. 油墨选用得不适合 5. 油墨滑动性不够	1. 选用适当的溶剂 2. 改用黏度低的油墨,并经常检查油墨黏度 3. 采用具有足够能力的干燥器,改变干燥方式 4. 改用更合适的油墨 5. 对油墨添加黄蜡
胡须状印疵 　画线处向外伸出的无规则的丝状印疵	1. 油墨黏度调整不当 2. 印刷压力过大 3. 受静电影响	1. 保持适当的油墨黏度,经常检查黏度 2. 调整为适当的印刷压力 3. 使用静电防止装置
三原色印刷不清晰 　由于反差不够,造成印迹模糊不清	1. 油墨黏度过低 2. 彩色油墨有污染 3. 分色不适当	1. 提高油墨黏度 2. 换用干净的油墨,经常使用标准的彩色油墨,三原色为黄色、青色及品红色 3. 重新进行分色,并重新制作凹版辊筒
气泡 　油墨中产生微小气泡	1. 油墨储槽中有大量的空气混入 2. 油墨返回油墨储槽时的落下高度太大 3. 油墨中的空气出不去 4. 油墨陈旧 5. 再次使用了曾经用过的油墨 6. 油墨组成不适当	1. 检查泵方式、泵流速及溢流速度,减慢溢流速度 2. 提高油墨储槽的位置,并改用适当的配管,把油墨配管的弯曲部分做圆 3. 降低油墨黏度,并用消泡剂 4. 补充新的油墨,并添加适当量的消泡剂 5. 使用新的油墨 6. 请油墨厂提供指导
印刷面粗糙 　印刷面不光滑	1. 油墨黏度过高 2. 印刷机速度过慢	1. 使用慢干性溶剂,降低油墨黏度 2. 提高印刷机速度
失光 　透明的薄膜经过印刷稍微变成不透明 　印刷层模糊	1. 凹版辊筒不良 2. 刮刀刮得不好 3. 镀铬不良 4. 环境湿度过高 5. 混合溶剂不好 6. 卷筒收卷张力不适当	1. 对印版辊筒加以研磨,向辊筒面吹空气 2. 加大刮墨角度或者更换刮刀 3. 把印版辊筒研磨后重新镀铬 4. 使用慢干性溶剂 5. 改用别的溶剂 6. 确认卷膜张力
毛刺(hickey) 　印刷面上产生小孔或眼镜状的未印部分	1. 基底材料上有异物附着 2. 辊筒上有干燥的油墨或异物附着	1. 使用卷膜清洗装置和静电除去装置,以除去尘埃、线头、卷纸纤维等大大小小的所有附着物 2. 应使油墨完全干燥,有油墨附着的辊筒须全部清洗
套色不准 　有部分印刷花稿与其他颜色的花稿错位	1. 印版辊筒面上的花稿布置不准确 2. 不同直径的印版辊筒的排列不合理	1. 重新制作印版辊筒 2. 当印版辊筒直径小于所需直径时,应提高印刷压力,应使用更软的加压橡胶

问 题	原 因	解 决 方 法
套色不准 　有部分印刷花稿与其他颜色的花稿错位	3. 卷膜张力不适当	3. 确认卷膜张力是否适当
	4. 对位装置有毛病	4. 如果使用着对位装置，并且其调整装置在工作，则应确认其设定值
	5. 卷膜温度过高	5. 如温度太高就会使卷纸长度发生变化，所以须降低干燥温度
	6. 辊筒摩擦过大或旋转不良	6. 辊筒都为自动旋转，如有必要，应注入润滑油或润滑脂
	7. 纵向对位装置有毛病	7. 检查差动齿轮、补偿辊装置及纵向对位装置
	8. 印刷机中心找得不准	8. 检查并记录印刷机的排列
	9. 基底材料厚度不均匀	9. 更换基底材料卷
	10. 辊筒中心找得不准	10. 检查辊筒中心对准情况，如有必要，应重新找中心
	11. 横向对位装置有毛病	11. 如果横向对位装置装配得不适当，就无法保证正常的工作
臭味 　基底材料中留有臭味	1. 溶剂残留过多	1. 测定残留溶剂量，并把它调整为适当的水平
	2. 干燥不良	2. 检查干燥器的效率和温度
	3. 车速太快	3. 降低印刷机速度
背面蹭脏 　油墨转移到基底材料的背面	1. 收卷时油墨干燥得不够	1. 确认干燥器的温度及其他因素，提高干燥温度
	2. 溶剂残留过多	2. 使用速干性溶剂
	3. 收卷张力过大	3. 降低收卷张力
	4. 基底材料使用了经过两面处理的薄膜	4. 把收卷张力降低到最小值，并添加蹭脏防止剂、粘页防止剂
斑疵(picking) 　油墨沾在本来不应该印刷的地方	1. 干燥得不够	1. 增加干燥器的热量和空气量，并提高空气速度，降低印刷机的印刷速度
	2. 溶剂干燥过慢	2. 使用速干性溶剂
	3. 油墨的黏着性过大	3. 降低油墨的黏着性，请油墨厂提供指导
斑疵(多色印刷) 　先印刷的油墨沾在卷纸或辊子上	1. 第一色油墨干燥过慢	1. 使用速干性溶剂
	2. 第二色油墨黏度高	2. 使用稀释剂
	3. 相应的印版辊筒油墨没擦净	3. 检查刮刀装配状态，并加以调整
	4. 印版辊筒有毛病	4. 对有毛病的印版辊筒吹空气
气孔 　印刷面产生微孔	1. 油墨不能形成完整的油墨层	1. 调整连接料，降低油墨黏度，使用有活性的溶剂
	2. 基底材料有缺陷	2. 调整刮刀角度
	3. 油墨不适用于基底材料	3. 更改油墨组成，请油墨厂提供指导
	4. 基底材料表面太粗糙	4. 改用硬度更高的压印辊筒，提高印刷压力，采用静电印刷工艺
刀线 　在未印刷部分产生线状印疵	1. 凹版辊筒上有划伤	1. 重新研磨或重新制作印版辊筒
	2. 刮刀上有划伤	2. 把刮刀换新
	3. 刮刀上有微小尘埃附着	3. 过滤油墨，加大擦墨压力
	4. 在印版辊筒或镀铬面有突出部分产生	4. 从凹版辊筒面除去这些部分，或重新研磨印版辊筒

问　题	原　因	解　决　方　法
网眼纱(screening) 网眼状印刷缺陷	1. 油墨黏度过高 2. 油墨干燥过快 3. 刮刀角度太尖锐	1. 降低油墨黏度 2. 改用干燥速度更慢的油墨,但应注意防止网眼被遮蔽 3. 把刮刀角度做平
脱落(高光部分) 在网点中有未印刷部分	1. 印刷基底材料表面太粗糙 2. 印刷压力过低 3. 油墨在凹版辊筒的小槽里就干燥 4. 印版辊筒上的油墨不足 5. 油墨黏度过高 6. 油墨流动不良	1. 改用更光滑的基底材料,或者进行预处理涂布 2. 检查印刷压力,如有必要应增加印刷压力,提高压印辊筒的硬度 3. 使用慢干性溶剂 4. 检查油墨供给装置及泵 5. 检查油墨黏度 6. 检查泵、油墨供给装置及配管
脱落(全面刻槽部分) 印刷面产生未印刷的白点	1. 基底材料表面太粗糙 2. 油墨黏度过大 3. 油墨干燥过快	1. 提高印刷压力及压印辊筒硬度,采用静电印刷工艺,使用有极性的溶剂 2. 降低油墨黏度 3. 减慢油墨干燥速度
静电引起的缺陷 印刷面起毛	1. 基底材料面有静电 2. 卷纸含水量不够 3. 油墨黏度过低	1. 使用静电除去装置 2. 提高卷纸含水量 3. 提高油墨黏度 4. 如果可能最好使用有极性的溶剂
比刀线更小的线状印疵 在同一地方发生的线状印疵,从印刷面边缘发生的较短的线	1. 印版辊筒破损 2. 由于刮刀摇动而产生两条线 3. 油墨中有异物混入 4. 油墨黏度过高 5. 凹版辊筒的小槽腐蚀太严重 6. 静电	1. 重新研磨或重新制作印刷辊筒 2. 研磨或换新刮刀 3. 过滤油墨,清扫刮刀 4. 降低油墨黏度 5. 检查凹版辊筒的小槽的深度 6. 使用静电除去装置,对卷膜提高湿度
印迹重叠 有此现象,印刷质量就降低	第一色的油墨没有充分干燥	1. 检查干燥装置,使用速干性油墨,减慢印刷速度 2. 不使用第二色的印刷机,而利用其干燥器来干燥第一色的油墨层 3. 改用黏着力更强的油墨
喷火口 像火山喷火口那样的印疵	1. 溶剂残留过多 2. 加热过大	1. 使用适合的溶剂混合物,改善干燥器 2. 降低干燥器温度
卷膜错位 卷纸对印刷机中心有横向偏位	1. 印刷机中心找得不准 2. 辊筒中心找得不准 3. 辊筒上有油墨、塑料带或异物附着和积累 4. 卷膜横向对位装置工作失灵 5. 卷纸厚度不均匀 6. 对某种薄膜加热过分(聚乙烯) 7. 卷膜张力过低	1. 检查印刷机中心对准情况 2. 检查各辊筒的中心对准情况 3. 清扫有异物附着的所有辊筒 4. 检查和清扫卷膜对位装置 5. 更换基底材料卷 6. 降低卷膜干燥温度 7. 增加卷膜张力

问 题	原 因	解 决 方 法
飞白 　印刷后的画面好像撒上了面粉似的，呈现一片白色，并产生黏着不良、划痕等	1. 刮刀不良 2. 油墨黏度过大 3. 油墨干燥过快 4. 油墨中颜料含量过多 5. 油墨在薄膜表面干燥时混合溶剂丧失平衡，造成树脂不溶解、析出、白浊和局部凝胶化 6. 油墨在薄膜表面干燥时由于温度下降混入水分，以至于白浊、凝胶，造成树脂不溶解、析出、白浊和局部凝胶化	1. 检查刮刀装配状态 2. 降低油墨黏度 3. 使用慢干性溶剂 4. 添加溶剂 5. 发生树脂白化的场合应使用正确配方的专用稀释溶剂，如还不能解决，当场难以处理，应与油墨厂联系 6. 这也称为白化，是由于没有根据溶剂的气化热补充热量而发生的，应使用慢干性溶剂或提高印刷速度，尽快将印刷品送入烘干机内，不伴有热量的过大风速是有害而无利的
起皱 　卷膜折翻及皱纹	1. 卷膜边缘松弛 2. 卷膜中心部分松弛 3. 张力不适当或基底材料本身有皱纹 4. 基底材料卷绕在橡胶辊筒上的角度过大 5. 轧点压力过大 6. 橡胶硬度不够 7. 机器布置不妥当	1. 使用偏心辊筒，如机器不带偏心辊筒则把塑料带卷绕在辊筒一端来补正 2. 使用弓形辊筒 3. 使用张力调整辊筒 4. 调整卷膜卷绕角度 5. 降低轧点压力 6. 使用高硬度橡胶辊筒 7. 研究辊筒装配位置
跑色 　阴影部分油墨的转移状态形成细小的浓淡不均匀，很不好看，尤其是绿色系的印刷上特别多见	1. 凹版的深度太深，油墨的黏度太低 2. 由于某种原因影响了油墨的流动性 3. 油墨的温度低	1. 采用干燥快的溶剂，以高黏度的油墨印刷，尽量提高印刷速度，并加快干燥 2. 检查是否错用了溶剂以及不同种类油墨的混合错误，更换新油墨 3. 在使用前用蒸汽等加温油墨 4. 绝对不允许跑色时应在制版时改变版网的角度和线数
卷曲 　这是一种印刷物向内侧卷曲的现象，不仅制品难看，而且给二次加工带来困难	1. 由油墨溶剂造成的薄膜溶胀 2. 油墨膜和薄膜因温度变化而产生的收缩率不同	1. 和油墨厂联系，改为尽量不使薄膜溶胀的溶剂 2. 应尽可能选用含可塑化自由载体的油墨。此外，从制版上想办法（尽可能以较浅的版深来再现色调）或在薄膜背面涂布防卷曲剂等
起皮 　油墨盘中的油墨有一部分表层干燥，形成一层皮膜，这一皮膜附着到辊筒上，版面形成凹凸不平、刮刀划痕、污染	1. 油墨干燥过快，或流动性差，油墨的沉淀都已干燥 2. 油墨盘的结构不好，产生不流动的滞留部，从干燥机漏出的空气烘干了油墨的表层	1. 不使用干燥过快的油墨，变质现象有损于油墨的流动性，在油墨盘漂浮一些聚乙烯管也是一种办法 2. 设法将油墨盘制成油墨在印刷过程中能均匀流动的式样，此外，应使干燥机的排风量稍大于送风量，并防止空气从烘干机漏出。如果干燥机漏风，则应采取加以覆盖的措施，不使风吹到油墨上
凝胶化 　油墨极端地丧失了流动性，凝固成胶状的现象	1. 由于低温而胶化 2. 混入异物或错用了溶剂 3. 由于化学反应	1. 保持在高于凝胶化点的温度下，并对油墨进行搅拌 2. 检查是否有因混入水分而造成的变质、混用了不同种类的油墨或错用了溶剂 3. 对于使用异氰酸酯的溶液反应性油墨，如果使用过的残留油墨已经严重变质，就不再使用

问 题	原 因	解 决 方 法
变质 油墨丧失了流动性	油墨中的溶剂在油墨盘及版面上干燥时,由于溶剂的气化热而使温度降低,使周围空气中的湿气成分结露,造成油墨中水分增多	为了防止由于气化热而导致的温度下降,可以并用缓干的溶剂。在高热多湿时有相当量的水分混入油墨,因此在发生异常时应补充新油墨或全部更换。使用过多次的剩油墨由于混进了许多尘埃,应定期进行过滤或废弃
粉化 油墨涂膜的耐摩擦性极度恶化,轻轻摩擦即会使油墨膜粉化	外观上是油墨涂膜的脆化,稀释过度的油墨向纸渗入过多形成极度的白化,发生在用错油墨等情况	检查是否有白化现象,以适当的黏度进行印刷。如果问题仍得不到解决,则选错油墨、用法错误的可能性极大,应与厂方联系。为了防止简单的错误,做黏着性的简单试验是很重要的
挤出 油墨由画线部向前进方向的后方或舌状溢出,并转移到薄膜上	凹版孔中的油墨被印出凹处,油墨转移到未蚀刻的部位	1. 尽可能使用高黏度的油墨 2. 以采用快干性溶剂,较高速度印刷为有利 3. 以压辊的橡胶较软、较轻印压为好 4. 油墨的流动性不好时容易发生
版面堵塞 油墨从版上的转移通常应该是固定的(50%～70%),由于某种原因而降低,最后形成不转移的状态,容易在版深浅的部分发生	1. 油墨固结在版面上 2. 油墨中的粗颗粒、不溶析出物、尘埃等的凝结 3. 错用了变质油墨或溶剂,反应生成物降低了印刷中的油墨再溶解性 4. 版的网眼内壁蚀刻加工状态不良,版形对油墨的顺畅转移不利	1. 参照"干燥过快" 2. 印刷过程中,在油墨的循环通路中插入 80～120 目的金属网进行过滤,油墨中的树脂、石蜡等析出时可实行对油墨加热(40～50℃) 3. 参照"凝胶化"、"变质",应尽量避免机械的停止运转,长时间不运行时应充分清洗版面,或继续空转 4. 由于制版时对网眼内壁的加工粗糙,这个场合应实行再镀铬或改版,消除在版形上开口部位过狭的网孔
针孔 油墨的转移状态形成了有一部分被印上的状态,从外观上出现了油墨未被转移上的细小血点	1. 薄膜中所含的增塑剂、润滑剂等浮于表面上,妨碍了油墨的正常转移和润滑 2. 油墨的黏度过高、干燥过快,或是黏着剂的缺陷而造成的转移、湿润适应性不良 3. 印刷压力过小,制版上的缺陷 4. 油墨中的小泡妨碍了油墨的正常转移	1. 印刷时应利用预热实行薄膜加温印刷,如不能解决,则应与薄膜厂联系 2. 降低油墨的黏度并用缓干溶剂,如问题仍严重,则可能是油墨的缺陷,应与油墨厂联系 3. 如针孔部位是有规律性的,则可能是制版上的毛病,检查印压胶辊是否有凹凸的损伤,加强印压 4. 参照"起皮"
卷取不良 为了使薄膜卷取顺利,虽然需要相当的光滑性,但在光滑性不足或过度时都会发生问题	1. 油墨涂膜表面不够平滑或过分光滑 2. 印压静电引起的薄膜之间相互附着,从而导致不平滑	1. 油墨本身的光滑性不良时,应与油墨厂洽商,调整光滑性。残留溶剂对于平滑性也有影响 2. 带电严重时会使薄膜紧密附着形成皱褶而不能卷取,采用放电方法的除静电装置有时会起副作用,应切断开关进行检查

参 考 文 献

[1] ［日］明和化成株式会社. 照相凹版印刷教程. 1981.

[2] Akers James B，et al. U. S. 4524189. 1985.

[3] 张步堂等编著. 凹版印刷基础. 上海：上海出版印刷公司，1987.

[4] 饭村泰造，白井尚武等. 问题的解决方法. 方志译. 1987.

[5] Kimura Tadao，et el. D. E. 4041382. 1991.

[6] 窦翔，程冠清主编. 塑料包装印刷. 北京：轻工业出版社，1993.

[7] ［日］UNITIKA 公司技术资料. 凹版印刷技术. 1995.

[8] 吴世明等编. 全国复合软包装及辅助材料技术培训教材（二）（三）. 2001.

[9] 余勇主编. 凹版印刷. 北京：化学工业出版社，2011.

[10] 吴世明等. 凹版印刷高级工（培训讲义）. 上海：新闻出版教培中心，2011.

[11] 胡更生等. 凹版印刷技术问答. 北京：化学工业出版社，2011.

[12] 陈文革，蒋文燕，黄学林. 我国凹版印刷机的现状及发展方向. 包装工程，2008，（4）.

[13] 北京探知者科技有限公司. 设备故障诊断系统. 2012.

[14] 孙敬忠，成西良. 快速发展的凹版印刷机制造技术——无轴（电子轴）传动. 今日印刷，2005，（4）.

第5章 柔性版印刷及其他印刷方法

5.1 概述

5.1.1 柔性版印刷工艺发展简史

柔性版印刷工艺发展至今已有一百多年历史。其原名为"苯胺印刷"（aniline printing），因其最初使用苯胺染料制成挥发性的液体油墨进行印刷而得名。世界上公认的第一台柔性版印刷机1905年诞生于英国（由豪威研制，并于1905年12月7日被授予英国专利第16519号），但当初并未得到推广，直到20世纪20年代。由于包装材料需求的增长，特别是卷筒玻璃纸投入生产应用领域，基于玻璃纸比一般纸张吸水性小，又轻又薄，很难用其他传统印刷工艺印刷，而"柔性印刷"对此刚好适宜，才促使其有所发展，不过只能承印质量要求不高的印件。美国在当时曾向德国引进"苯胺印刷机"，并将习惯所称的"苯胺印刷"更名为"橡皮凸版印刷"，因为那时这类印刷用的印版均为"橡皮版"。但那时制版工艺过程烦琐，精细度又差，仍无法承印质量要求较高的产品。到了20世纪50年代初，由于聚乙烯等塑料薄膜应用于包装印刷材料，同时由于制版材料采用柔性橡胶或感光性合成树脂，故有人提出应将此类印刷工艺确切定名为"柔性版印刷"（flexographic printing）。这一提案于1952年10月22日第十四届美国包装学会学术讨论会上通过，并于1958年创立了美国柔性版印刷协会（FTA）。1973年，欧洲也成立了柔性版印刷协会，以后又被世界印刷业所公认。自此以后的几十年，由于感光性柔性版材和网纹传墨辊制作以及短墨路传墨等技术有了重大突破，柔性版印刷机的结构、设计不断更新并趋向合理化，至此，出现了三大类机型——卫星式（中心压印式）、堆叠式、组合式（并列式），各自以其特点展示于世，较以前的机型无论在印刷速度、对各种印刷基材广泛适用性还是印刷质量方面都有了明显的进步，从而使柔性版印刷工艺得到了更广泛的应用和发展。特别是在包装印刷领域，所占份额已达30%左右，可见其竞争力十分明显，已与其他传统印刷工艺形成并驾齐驱之势。

目前，柔性版印刷已成为公认的四大印刷工艺之一，并作为发展印刷工艺技术过程中所要探索的重要课题之一。全世界柔性版印刷产品年产值超过1000亿美元，拥有从业职工 20 多万人。其中，美国是柔性版印刷发展最快的国家，全国从事柔性版印刷的企业有 6000 多家，拥有各种柔性版印刷机近万台（套），所有包装印刷材料中将近 80％采用柔性版工艺印刷。市场份额见表 5-1。

表 5-1　预计未来 5 年柔性版印刷市场份额

印刷方式	市场份额 /%	增长率 /%	印刷方式	市场份额 /%	增长率 /%
胶印	35	0	其他	15	6
柔印	35	2	丝印	2	0
凹印	15	0	凸印	1	0

从 20 世纪 70 年代中期起，柔性版印刷技术还在新闻出版和商业（特别是软包装印刷业）领域得到了广泛应用。1982 年，美国印刷报纸出版者协会在芝加哥举行会议，第一次公开讨论了将"短墨路装置"的柔性版印刷工艺应用于改造报纸印刷，这种经反复试验制造成的柔性版印报机不但改造了报社印刷厂的老式铅字版印刷机，而且投资少，纸张克重可大大减小，杜绝飞墨，不会沾脏，废纸减少等，从而使柔性版印刷又获得一次机遇，在报纸印刷领域安营扎寨，成为平版印报的主要竞争者。

5.1.2　柔性版印刷工艺在我国的发展概况

柔性版印刷技术在我国起步较晚，约 20 世纪 70 年代初开始逐步应用，以后又因种种原因徘徊了二十多年，直至进入 20 世纪 90 年代后才得到了较快的发展。我国于 1992 年 6 月成立了中国印刷技术协会柔性版印刷技术专业委员会，并在国内大力普及柔性版印刷工艺，致力于提高柔性版印刷产品的质量和拓宽其应用范围。该专委会曾举办过数期全国性柔性版印刷技术培训班，并与美国柔性版印刷协会联合在上海、广州等地举办了技术交流、研讨会，对提高操作、管理人员的理论知识水平，扩大视野，从国外同行中吸取宝贵经验方面起到了极大的辅佐作用。据统计，截至 1998 年底，全国已引进了一百多条窄幅（印刷幅面在 60cm 以下）柔性版印刷生产线，分布于广东、北京、上海、云南等二十多个省、市与地区。国家在"九五"规划的后 3 年到 2010 年印刷行业发展的目标中，着重强调要从国外引进中、高档柔性版印刷机，同时还强调要消化吸收国际上的先进技术，发挥柔性版印刷技术在软包装印刷行业中的优势。

5.1.3　柔性版印刷工艺在机型、演进及配套技术发展等方面的概况

印版、油墨、网纹辊是柔性版印刷的三大关键技术。在早期较长一段时间内，此三者一直处于初级的萌芽状态，以致阻碍了柔性版印刷术的迅速发展，呈现了数十年甚至几十年的徘徊。然而，机遇和竞争给其带来了生机，并且使其不断得到完善而趋于成熟。至今，柔性版印刷已有了突破性的进展，已跻身为当今四大印刷术之列。

（1）印版　初期的印版是手工雕刻橡皮版，这种印版至今在瓦楞纸板印刷方面

仍在沿用。由于是手工雕刻而成，故只能做些大字、大色块或简单图案。此后逐步发展为将文字图案感光在铜锌版表面，经腐蚀后再用浸渍过酚醛类树脂的纸压制纸模后翻制成橡胶印版。这种工艺虽较以前有了进步，并且能够用作套色版，但只能制成 23.62 线/cm（60 线/in）以下的网线版，而且制版周期长，工效相当低下。直到 1973 年，美国杜邦（DuPont）公司推出了"Cyrel"（"赛丽"）感光版材，才使柔性版印刷的版材达到了理想的要求。这种版材属于"预制感光"类，使用方便，性能优越，制版时，经光聚合作用晒版成像，再腐蚀成凸版形式（"柔性凸版"亦即由此而得名）。这类版材具有良好的分辨力，能制成 39.37～47.244 线/cm（100～120 线/in）甚至 59.055 线/cm（150 线/in）以上的层次图像印版。一般版材的厚度为 0.7～7mm，邵尔硬度为 30～60，印版的耐印力可达到 50 万～100 万印。

（2）油墨　初期的油墨是从煤焦油提炼而成的物质与苯胺染料溶解于醇类溶剂中制得的，其印刷性能、色泽、遮盖力、附着牢度、各种耐性等均存在问题。后来逐步得到改进，至今已出现醇性、水基、UV 型等各种类型的柔性版印刷油墨。连接料树脂也由以前的天然或人造树脂发展为聚酰胺类或丙烯酸与丙烯酸酯类共聚树脂以及其他改性聚合物等。同时应用了标准三原色色相的高档有机颜料，添加各种优良助剂，如润湿剂、表面活性剂、抗粘连剂、增强剂等，使得油墨成为具有优良印刷适应性、符合环保要求的柔性版印刷的重要辅助材料之一。

（3）网纹辊　网纹辊已被公认为柔性版印刷机传墨系统的关键部件，甚至被视作柔性版印刷机的心脏。初期时的柔性版印刷机的传墨辊采用两根钢辊，墨量难以控制，后来也用过橡胶传墨辊、毛毡传墨辊或采用金属辊喷砂、打毛以及烧结陶瓷辊等，但始终无法理想地解决上墨均匀和定量供墨的问题。后来由于照相腐蚀工艺的发展，出现了腐蚀法网纹辊，初步解决了以上两大问题。然而由于网纹辊上留有拼缝和网线较粗等而仍未达到理想状态。如今出现了直接雕刻网纹钢辊、机械挤压的金属网纹辊和激光烧蚀的陶瓷网纹辊等，其精细纹的线数可达 393.7 线/cm（1000 线/in）以上。

5.1.4　柔性版印刷工艺的优越性

（1）技术特性方面

① 高速　柔性版印刷机械结构简单，采用圆压圆轮转印刷，运转线速度高达 250m/min 以上。制版速度较其他印刷方法快，生产周期较其他印刷方法缩短。

② 高效　一次连续套版印刷一般可高达 6～8 色，装版可在固定位置上预装，装版调节时间缩短，印版耐印力一般为 50 万～100 万印次，质量稳定，效率较高。

③ 多功能　适宜承印纸张、塑料薄膜、铝箔、不干胶纸等卷筒材料，并且适合各种较复杂的图案、文字及网纹层次印刷。同时可以配套成龙，进行分切、甩切、模压、打孔、复卷等加工工序。

④ 快干　由于柔性版油墨一般采用醇溶性及水溶性油墨，墨层又较凹印等薄，故具有较强的挥发性，结合印刷机热风干燥装置，经过印刷的印迹墨层可在 0.2～

0.3s干燥。

（2）经济效益方面

① 设备投资少、效益高　一般情况下，设备投资与投资产值（以年计）为1：5，而其他各类型印刷方法约为1：2或1：3，故投资效益十分明显。

② 材料耗用少　根据柔性版印刷企业统计资料表明，制版材料费用仅占凹版印版的10%～20%；油墨耗用量比凹印减少30%～40%；材料损耗率在0.1%左右，与其他印刷方法的0.5%～1%相比具有明显的经济效益。

③ 生产周期短　由于制版及印刷工艺简单，工艺操作方便，生产周期较其他印刷方法（如是同一产品）约缩短50%～100%。

④ 利润率高　由于上述几个方面的综合原因，最后反映至利润率方面，理所当然较其他印刷工艺将有明显的提高。

（3）工艺质量方面　柔性版印刷是一种特殊的印刷工艺，兼有凸印、胶印、凹印三者的长处。从其印版结构来说，它有凸版印刷的特性；从其印刷适应性来说，它以其柔性橡胶印版与印刷基材接触而具有胶版印刷的特性；从其被印刷的对象来说，它是采用圆压圆轮转卷筒印刷，凡是凹印能承印的产品，它基本上都能替代。所以说，柔性版印刷工艺是融一般平、凸、凹印刷物性为一体的特种印刷工艺。

① 与凸版印刷比较

a. 柔性凸版印刷压力在0.1MPa左右，是轻压力印刷工艺，与金属凸版印刷（印版与压印辊筒之间的压力在3.0MPa左右）相比，明显轻得多，因此，它的运转速度大大提高。

b. 柔性凸版压印时印版与纸张接触有一定弹性，因此装版时间比金属凸版缩短，而且可以印刷质量较次的纸张印件，但对版材平整度同样要求很高，误差一般要求控制在±20μm。

c. 柔性凸版印刷墨层厚度一般可达5～10μm（与金属凸版相似），但柔性版印刷油墨流动性好、黏度小，可自动循环使用。

d. 柔性凸版适宜承印批量较大的卷筒薄纸及塑料薄膜，印刷质量较好，但承印批量较小、版面较大的厚纸产品时效益不及金属凸版。

② 与胶版印刷比较

a. 柔性版印刷压力（0.1MPa左右）小于胶版印刷橡皮印版与压印辊筒之间的压力（0.5MPa左右），因此，其运转速度比胶印高得多。

b. 柔性版印刷一般文字实地产品，墨层光泽度比胶印好，但承印多色照相网纹印品的质量尚不及胶版印刷，这是由于其网点扩大率比胶印大一些。

c. 柔性版印刷工艺操作较胶印简单方便得多，而且生产运转稳定，纸张要求及损耗率比胶印低得多（一般情况下损耗不超过0.1%），生产流转周期也短得多。

d. 柔性版印刷配套设备和前道工序处理（例如晾纸处理等）以及对生产车间温湿度要求较胶版印刷的要求低得多，因此设备投资较少。

③ 与凹版印刷比较

a. 柔性版印刷压力与凹版印刷压力比较接近（凹版视产品或基材而压印力变化较大，约为 0.3～1.8MPa）。

b. 柔性版印刷套色一般较凹版印刷容易，这是由于材料承受的拉力较小，所以较凹版更适宜印刷超薄的柔软薄膜。

c. 柔性版印版制作简易，制版设备便宜。厂家可自行晒版、制版，时间约 1h 即可。而凹版制版工序复杂得多，成本高，厂家为节省投资多交由外界承制，往返操作，所需时间很长（凹版的耐印率要大大高于柔性版）。

d. 操作应用方面，柔性版换版比凹版轻便快捷，柔性版可局部改版，例如更改局部时去掉该部补上新的即可，而凹版只能整根版辊更换；储存方面，柔性版只需将胶版贴在承托片上，储存轻巧容易，节省地方，而凹版辊筒需大量空间托架储存。

其他方面，柔性版设备耗电较少，约为凹版的 60%；操作人员方面，柔性版印刷机约 1～2 人，凹印机则 2～3 人；柔性版印刷连同配套设备的占地空间只需凹版印刷设备的 60%；在印刷损耗率方面，柔性版上车试机等方便容易，套准快，故损耗率较凹印低（通常柔性版为 1%～2%，凹版为 2%～3%）。当然柔性版与凹版比目前也有许多弱点，比如，由于版材关系，柔性版文字容易"掉点"，这对中文文字来说几乎是致命的；另外，由于"网点扩大"的问题尚未从根本上解决，墨层不如凹版厚实，150 线以上的精细层次版制作难度大，故印刷质量上尚有差距。

5.2　柔性版制版工艺

柔性版目前有橡胶版、感光树脂柔性版及激光雕刻橡皮版三大类。它们所用的材料和制版方法不尽相同，但在复合塑料软包装上均有应用。

5.2.1　橡胶版

橡胶版是以天然橡胶和合成橡胶为原料，制成适宜厚度的橡皮版，分别采用手工雕刻法或模压法两种方法制取。

（1）手工雕刻法　这是柔性版印版最早使用的一种制版方法，类似雕刻橡皮印章。先将绘画的图案和文字反贴到橡皮版的表面，然后由人工精心雕刻成凸版，把雕刻好的印版粘贴到轮转印刷机的版辊上即可印刷。其工艺流程如图 5-1 所示。

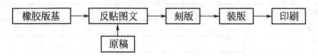

图 5-1　手工雕刻柔性版制版工艺流程

手工雕刻橡胶版速度慢、精度差，只适合于印刷一些简单、质量档次并不高的瓦楞纸箱、包装用牛皮纸袋等产品。

（2）模压法　模压法制版分为以下 3 步进行。

① 制取金属凸版（原版）　即用照相制版法将原稿的图文拍摄成阴图底版，在金属版（铜锌版）表面涂布感光胶，经晒版、显影、腐蚀为金属凸版。

② 压制模版　以金属凸版为原版，以热固性树脂（酚醛树脂）为材料，在压机上通过加热加压制取凹型模版。

③ 压制橡胶凸版　在凹型模版上面铺上橡胶片（天然橡胶或合成橡胶），经过硫化、模压、固化制成橡胶版，再根据印刷需要的厚度磨平印版背面，即可上机装版印刷。其工艺流程如图 5-2 所示。

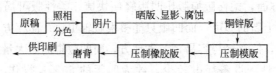

图 5-2　模压法柔性版制版工艺流程

模压橡胶版的图文精细度优于手工雕刻橡胶版，一块模版可以反复压制多块橡胶版。由于工艺复杂、成本高、效率低，推广应用受到一定的限制。

（3）性能要求　柔性版印刷对橡胶版的性能要求如下。

① 印版的厚薄误差小。

② 尺寸稳定性好。

③ 硬度和弹性适中。

④ 耐溶剂性佳。

⑤ 着墨性和传墨性好。

⑥ 耐印率高。

（4）橡胶版的耐溶剂性　由于橡胶版材料采用天然橡胶或合成橡胶，故大部分溶剂对其几乎均存在溶胀的倾向，所以对油墨的选择有较大的限制。橡胶版的耐溶剂性视所用的材料不同而异，根据所用油墨类型，应选择相应的印版材料，见表 5-2。

表 5-2　橡胶版的耐溶剂性

溶　剂	天然橡胶	聚异丁烯橡胶	丁腈橡胶
醇类	S	S	S
醚类	X	S	X
酮类	X	S	X
烃系、芳香族	X	X	X
烃系、脂肪族	X	S	S
硝基丙烷	S	S	X
水	S	S	S

注：S 为安全；X 为不宜。

（5）橡胶版的硬度和印刷质量　在柔性版印刷中，根据印刷图案和油墨的转移性能而改变橡胶版的硬度，可以提高产品的印刷质量。通常较软的实地版着墨比较均匀，细笔画字线或网点用较硬的印版方能印得清晰。以下的硬度对于非吸收表面的塑料薄膜印刷时较适宜。

细笔画字线、网点 　　55～60（邵尔）

实地版　　　　　　35～45（邵尔）

5.2.2　感光树脂柔性版

感光树脂柔性版材料是某种高弹态的聚合物，制版时间短、成本低、耐印力高。这种感光版材经过紫外线的照射产生光聚合反应，变成不溶性的网状高聚物，而未受光部分在显影时被溶剂洗掉，形成浮雕效果的凸版。

（1）感光树脂柔性版的优缺点

① 制版时间短。

② 精度高，网点再现性好。

③ 尺寸稳定性好，版材厚度误差小。

④ 耐溶剂性比橡胶版好。

⑤ 胶的弹性不足（细笔画字线易断掉）。

随着材料和工艺的改进，柔性版的优点将被保存而缺点将逐步改善。

（2）感光树脂柔性版的结构　　感光树脂柔性版是由版基、胶黏剂层、感光胶层和保护层组成的（图5-3）。

① 版基　版基在版材中作为载体，要求透明度好、平整、伸缩率小。一般采用聚酯片材作为版基（以前也有使用金属铝版作为版基的）。

② 胶黏剂层　胶黏剂层是感光胶层与版基之间的黏结材料，一般

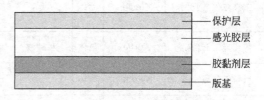

图 5-3　感光树脂柔性版结构

是先涂覆于版基表面，待其干燥后再涂布感光胶层。

③ 感光胶层　感光胶层是版材的主体，它决定版材的感光特性，它是由树脂、交联剂、光引发剂和阻聚剂等成分组成的。

a. 树脂　柔性版用的是不饱和橡胶型聚合物，属于高分子线型不饱和树脂，如聚丁二烯、丁二烯-苯乙烯共聚物、三羟甲基三丙烯酸酯、聚氨基甲酸酯、乙烯-乙酸乙烯共聚物、异戊二烯-苯乙烯共聚物等。

b. 交联剂　在感光树脂中能与不饱和聚酯发生共聚作用的化合物称为交联剂，在中间起到使聚合物由线型结构变成网状结构的桥梁作用。交联剂本身是含有不饱和双键的乙烯基团$\left(\diagup C=C\diagdown\right)$。交联剂种类较多，选用时要注意与树脂的搭配，与树脂搭配得好，相辅相成，才能构成优良的感光树脂。

c. 光引发剂　光引发剂又称光敏剂，在感光树脂中能起到光聚合的催化剂作用。当光引发剂受到紫外线的作用后即迅速裂解产生游离基，游离基撞击交联剂中

的乙烯基，打开双键，加速聚合反应。光引发剂能够影响感光树脂的感光度和保存期。常用的光引发剂有二苯甲酮、二苯乙醇酮（安息香）、蒽醌等。

d. 阻聚剂　感光树脂柔性版是一种预制版材，从生产版材的厂家到用户单位都需要一定的运输和保存时间，在制版过程中要防止热反应，确保印版的质量。而在感光组分中添加阻聚剂的作用就在于此，即为了提高版材感光树脂的稳定性。阻聚剂是暗反应的抑制剂，常用的阻聚剂有对苯二酚、对甲氧基苯酚、没食子酸等。

e. 其他助剂　为调节各种性能所使用的少量添加剂。

（3）国内常用的柔性版材　柔性版的研制和使用在国内起步较迟，过去大量依靠进口，近年上海、北京等地已有柔性版材生产供应，但品种、质量同国外先进品牌还有一定差距。

① 国内常用柔性版材举例　目前国内常用的柔性版材及显影冲洗溶剂见表5-3。

表5-3　常用的柔性版材及显影冲洗溶剂

生产厂商	商品名称	版型	显影冲洗溶剂	感光层主体材料
杜邦公司（Du-Pont）	Cyrel	固体	1,1,1-三氯乙烷的混合液	聚苯乙烯、聚异戊二烯、聚丁二烯和三羟甲基三丙烯酸酯
Uniroyal	Flex-light	固体	1,1,1-三氯乙烷的混合液	丁腈橡胶(丙烯腈27%)
东京应化工业(株)	Elaslon	固体	1,1,1-三氯乙烷的混合液	聚丁二烯、丁二烯-苯乙烯共聚物和四乙烯乙二醇二丙烯酸酯及三羟甲基三丙烯酸酯
旭化成工业(株)	Aprflex	液体	稀碱液	聚醚型异氰酸酯及2-羟基丙烯酸酯的预聚体
巴斯夫公司	Nyloflex	固体	1,1,1-三氯乙烷的混合液	
上海印刷技术研究所	GS柔性版	固体	1,1,1-三氯乙烷的混合液	

② 柔性版的主要技术参数

a. 规格尺寸　版材的幅面大小、厚度，根据印刷产品的需要和印刷设备、材料的条件进行选择。如上海印刷技术研究所生产的GS型柔性版有450mm×550mm、450mm×720mm两种规格，版材的厚度有2～2.5mm（厚型）与0.8～1.1mm（薄型）两种，供用户选择。美国杜邦公司的Cyrel版品种规格更多（表5-4）。

表5-4　Cyrel版的规格与工艺参数

项　目		Cyrel PLS	Cyrel HOS	Cyrel EXL	Cyrel TDR	Cyrel PLB
底基膜厚/mm		0.13	0.13	0.13	0.13	0.18
版材颜色		红/紫	红	红/蓝	红	红/蓝
制版厚度/mm		1.72/2.28 2.84/3.18	1.7/2.54 2.84	1.7/2.54 2.84	2.84/3.94 5.50/7.00	0.73/1.14
印版硬度（邵尔）	曝光前	28～43	12～36	28～43	13～18	59～61
	曝光后	51～60	50～58	50～60	34～41	71～78

项 目		Cyrel PLS	Cyrel HOS	Cyrel EXL	Cyrel TDR	Cyrel PLB
制版参数	背曝光/s	10～45	14～90	5～120	37～100	45～46
	主曝光/min	3～12	4～8	4～5	6～18	4
	洗版/min	6	6	6	6～13	6
	烘干/h	3	3	3	3	3
	除黏/min	10	10	10	10	10
	后曝光/min	12	4	12	5～7	4～12

b. 平整度误差　0.02～0.025mm 印刷压力为 $1kgf/cm^2$ [1]，所以对印版的平整度要求比金属凸版的平整度要求高，平整度误差要小。

c. 分辨率　可高达 48～60 线/cm。

d. 吸收光谱　380nm。

e. 最细的独立线　0.175mm。

f. 最小的独立点(直径)　0.25mm。

g. 版的深度　0.76～1.10mm。

h. 版的硬度　邵尔 35～50。

i. 表面张力　20～40mN/m。

j. 存放期　1 年。

③ 选用柔性版材的注意事项

a. 承印材料的差别　材质的差别，纸张、塑料薄膜；材料表面状况的差别，有的材料表面平滑、柔软，可以选用薄型版材，而有的材料表面粗糙、质硬，必须采用厚型版材。

b. 印品的精度　质量档次的差别，如塑料薄膜印刷品，有的是线条图案、文字类包装，套印精度、分辨率要求不高，而有一些彩色层次版高档次产品必须选用分辨率高、伸缩率小的柔性版，根据目前国内柔性版的生产质量现状，复制这一类产品尚需要使用进口版材。

c. 柔性版印刷机　印刷机有平压平式、圆压平式和圆压圆式 3 种类型，机器有新旧之分。圆压圆式和圆压平式的印刷机若输墨均匀、压力均匀，可以使用薄型版材，印刷精细产品。而平压平一类印刷机输墨和压力都不均匀，只能使用厚型版材，印刷一般产品。

(4) 感光树脂柔性版制版工艺

① 工艺流程　感光树脂柔性版制版工艺流程如图 5-4 所示。

② 原稿　图案、文字稿的黑度要深、要一致，黑白分明，若图文轮廓模糊、灰暗，会影响照相阴片的效果；缩小比例较大的原稿，图文的细微笔画要清晰，缩小时不能发生"并失"现象；连续调照片的反差要适中；原稿上阴文的细小笔画应

---

[1] $1kgf/cm^2 = 98.0665kPa$。

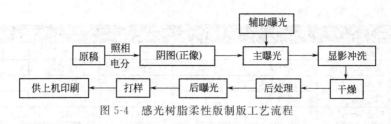

图 5-4　感光树脂柔性版制版工艺流程

适当粗一些，避免在印刷时由于柔性版墨迹扩大而模糊；在原稿设计时，要避免在同一块色版上出现既有大面积的浓色实地又有清晰的加网图像，为便于印刷时能够控制墨量和墨色，确保印刷质量，设计时必须将浓色实地和加网的细微层次分开制版。

③ 制取阴图片　一般的线条绘图黑稿或照排文字稿可用照相方法制取阴图片，感光软片需采用高反差软片或正色片。阴图片上非图文部分的密度要大于 3.5，图文部分（透明处）的密度要小于 0.05。如果阴图片反差小，密度不高，透明处有灰雾密度，就会影响柔性版制作的质量。遇到这种情况就要采用阴拷阴的方法，拉大反差。柔性版是直接印刷，印版上的图文为反向，故阴图片必须是正像。

彩色层次版的阴图片制作可以采用类似平版彩色制版工艺，用照相分色加网或电子分色加网工艺。由于柔性版印刷的版材、印刷机与平版印刷不同，分色加网的要求也不相同。

a. 网线粗细不同　柔性版的网线一般比平版印刷使用的网线粗。如果网点太细，10%以下的细网点容易在印刷过程中掉失。目前，柔性版网线一般控制在 47.24 线/cm（120 线/in）左右。

b. 套色网线角度不同　平版印刷常用的套色网线角度为 15°、45°、75°、90°；而柔性版采用的套色网线角度为 7.5°、37.5°、67.5°、82.5°。这是因为柔性版印刷采用网纹辊短墨路输墨系统供墨，受网纹辊网穴角度的影响，不能使用平印的套色网线角度。

c. 网点反差不同　平版印刷的网点反差大，淡调及高光处可以绝网，深调可高达 95%以上。而柔性版网点反差小，淡调处不能绝网，必须有细小点子。暗调的网点因受网点扩大的影响，应适当降低。

④ 辅助曝光（背面闪光曝光）　辅助曝光又称预曝光，是从印版的背面给予全面曝光，使印版背面的感光聚合层敏化变成一层硬化的底层。辅助曝光的时间由版面需要的深度而定。辅助曝光的时间与版基的厚度成正比，版基越厚，需要的曝光时间越长；辅助曝光时间与版面浮凸的深度成反比，浮凸越深，需要的曝光时间越短。辅助曝光的时间应根据不同的版材经预先测试确定。

⑤ 主曝光（正面曝光）　主曝光是指透过阴图片向版面感光聚合层进行曝光。主曝光是决定图文成像的基础。曝光之前先揭去柔性版表面的保护层（膜），将阴图底片放置于柔性印版表面，抽真空使其密合，启动光源，紫外线透过阴图底片使柔性版感光聚合层受光，发生光聚合反应，使受光的感光聚合层变成不溶性的物质

以构成图像。主曝光决定图文的清晰度和角坡度。曝光过量与不足都会影响图像的质量。影响主曝光时间的主要因素有柔性版的感光性能、阴图片的透光状况、印刷浮凸深度的要求、辅助曝光时间的长短、主曝光光源的发生强度等。

a. 柔性版材的感光性能　不同厂商生产的柔性版感光性能不同。同一厂家生产销售的柔性版材，由于生产时间、批号不同，所需曝光时间也不同。所以，每逢更换不同批号的柔性版时，必须通过测定以求取正确的曝光时间。阴图片的透光状况有两种：一种是阴图片的透明度和密度反差状况，即透明度的高低与曝光时间成反比，密度越高，曝光时间越长；另一种是版面图文的结构状况，有的是图案、色块、线条版，有的是套色网纹版，网点有粗细，相差悬殊，它们的曝光时间都不会相同。网点越细，所需的曝光时间越长，越难控制，必须通过测定以选择最佳曝光时间。

b. 印版浮凸深度不同　柔性凸版的浮凸深度因版材厚度的不同而有差异。印刷材料及表面粗糙度不同，浮凸的深度也不同。如塑料薄膜印刷的印版浮凸深度为0.4～0.5mm，厚纸印版的深度为1～2mm。浮凸的深度越深，所需的曝光时间就越长。

c. 光源　柔性版晒版用光源的光谱输出分布与版材的吸收光谱范围要一致，一般采用近紫外线，例如菲利浦黑光管（辐射能量大于 $160mW/cm^2$）。光的强度要均匀，光源的光强度对主曝光的时间影响较大。采用新的光源程序，曝光时间就短，随着光源的老化，光的强度减弱，必须相应地增加曝光时间。

柔性凸版版材中的感光胶层与感光树脂版材的制版工艺大致相同，但不同型号的版材有着不同的特性。表 5-5 列举了几种柔性版的制版各工序所需控制时间。

表 5-5　几种柔性版的制版各工序所需控制时间　　　单位：min

名　　称	曝光		显影	干燥	后曝光
	背面	正面			
Cyrel(杜邦公司)	0.7	3～15	4～6	6	10
Flex-Light(保利发公司)	3～5	8～12	15～20	0(65℃)	—
Elaslon[东京应化工业(株)]	—	6～12	1～5	10	5

注：采用 300～400nm 波长的紫外线晒版灯，灯距为 8cm。

⑥ 显影　显影是利用溶剂将印版未感光部分的感光树脂冲洗掉，留下感光聚合部分，使印版呈浮雕状。柔性版显影是在专用的显影机内进行的，通过显影液的作用加上刷洗动作使未感光的树脂被溶解除去。

柔性版显影液主要由三氯乙烷（或四氯乙烯）、过氯乙烯、乙醇和正丁醇等溶剂组成混合液。该混合液易挥发、有毒、有刺激性气味，故显影机操作时应密闭，做到随开随闭。工人操作时应戴橡皮手套和防护眼镜，工房要有良好的通风条件。

显影时间的长短会影响印版浮凸的深度，显影时间越长，深度越深。正常生产时应事先测定，求得标准显影时间。显影时间与显影液的浓度有关，新配的显影液浓度高，显影速度快，所需的显影时间就短。随着显影冲洗印版数量的增加，显影液中溶入的未感光的胶越积越多，就会降低显影效率，必须不断补充新鲜的显影液，才能保证显影冲洗的质量。

⑦ 干燥　柔性版在显影冲洗过程中由于吸收了溶剂而膨胀，必须通过干燥除去溶剂，以恢复到原来均匀一致的厚度。干燥的方法有多种，如烘箱烘烤、热风加热和红外线加热。加热温度不宜过高，一般不能超过 60℃，若温度过高，柔性版的聚酯片基会收缩。

⑧ 后处理　柔性版经显影冲洗、干燥以后，版面会发黏。所谓后处理，就是用光照方法或化学方法对版面进行去黏处理，以提高版的光洁程度和硬度。

a. 光照法　用光谱输出为 254nm 的紫外线对印版进行短时间光照。光照的时间以能达到去黏就行，光照时间过长，容易导致印版开裂、变脆。光照去黏的时间长短取决于显影时间和干燥时间。上述因素发生变化，光照的时间也要改变。

b. 化学法　把干燥的印版浸入配制好的去黏溶液里（版面图文朝上，版基在下）处理。化学去黏有氯化处理（漂白粉水溶液）和溴化处理（盐酸和溴化物水溶液）两种。化学去黏处理的时间与所用的版材、去黏液配方和温度有关。有些柔性印版是在后曝光之前进行去黏处理（如杜邦赛丽版 HOS、HL、LD、POS、PLS），有些印版是在后曝光之后再进行去黏处理（如杜邦赛丽版 LP）。经过去黏处理的印版必须用自来水冲洗干净，再把版面的水用吸水巾吸干。

⑨ 后曝光　后曝光是对干燥过的印版进行一次全面、均匀的曝光，目的是使印版感光聚合树脂彻底聚合硬化，不会受油墨、溶剂的侵蚀而变形，同时提高柔性版的耐印力。

（5）感光树脂柔性版的保管　感光树脂柔性版与其他感光树脂版一样，有一定的保存期（一般为 1 年）。制成或使用后的印版必须放平，勿压，并注意防晒、防潮、防高温。

5.2.3　柔性版制版工艺的发展

（1）激光雕刻柔性版的问世　进入 20 世纪 90 年代，激光技术已广泛应用于印刷领域。近年来，激光雕刻橡皮版替代了感光树脂版，它不仅可以减少感光树脂版腐蚀时所产生的污染，而且可以做成衬套式，从而大大简化了制版过程，省去了贴版等时间，同时解决了印版接头的难题。该方法又称"数字式柔印辊筒直接制版"（CTP）技术。

① 工艺原理　数字式柔印辊筒直接制版工艺流程如图 5-5 所示。

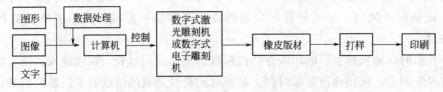

图 5-5　数字式柔印辊筒直接制版工艺流程

"电雕"是以电子系统的图像、文字信号指挥"电雕头"直接在柔性版辊筒上雕刻。"激光雕刻"则是在辊筒表面涂上一层特殊树脂，随后由电子整页拼版系统输出的信号指挥二氧化碳保护的激光进行扫描，使树脂层气化而形成凹陷的非图案部分。

这种柔性版制版工艺如今被誉为国际最先进的制版工艺，它具有如下特点。

a. 制版精度高，套印准确。

b. 无须制胶片，尺寸精度高，节省费用，交货期短。

c. 雕刻的版子尺寸大（最大可达 1.2m×3.0m）。

d. 可进行层次版雕刻。

| 网线数 | <59.055线/cm（150线/in） | 网线角度 | 5°～85° |
| 调值范围 | 10%～90% | 网点形状 | 圆形、椭圆形、菱形、方形 |

也可进行线条版雕刻，分辨率为 1200dpi，雕刻深度最大 3mm，并可进行局部加网制版作业。同时也可进行直接雕刻制作橡胶无接缝印辊（或套筒），并避免了背曝光、主曝光以及溶剂溶胀等因素对网点的影响。

② 激光雕刻柔性版的性能　激光雕刻柔性版的性能与其他制版法比较见表 5-6。

表 5-6　激光雕刻柔性版的性能与其他制版法比较

项　　目	性能特点		
	激光雕刻版	感光树脂版	模压橡胶版
分辨率	8	8	5
平整度	10	8	5
尺寸稳定性	9	9	2
油墨转印性	8	5	6
抗溶剂性	10	4	8
套印定位	10	6	1
装版及再装版	10	6	6
储存期	10	4	10
耐印寿命	9	7	6
对材料的适应性	10	6	10
合计	94	63	61

（2）版材的改进与发展

① 热致显影版　DuPont 公司近年推出的 Cyrel FAST 制版系统采用热致显影制版技术，制版时间比普通柔性版可缩短 75%；另外，用热致显影代替溶剂法显影，避免了溶剂洗版过程中因溶剂侵入版材而引起的版材轻微膨胀变形，减少了洗版、干燥等因素对网点扩大的影响。

② 高宽容度版　柔性版宽容度的提高可有利于改善网点扩大率。DuPont 公司某些新型版材的宽容度可达到 30% 以上，因而曝光时间的长短对版面特征（浮雕高度、版面硬度等）影响不再那么敏感，这样既方便操作，又有利于网纹、线条、实地内容共存于同一张版的制版作业。

③ 薄型印版　印版厚度为 0.76～1.14mm。例如，DuPont 公司的 Cyrel EXL型及 PLS 型均为双层印版，以一块特制的 PET 垫底胶（R-BAK）作为防震和压力

调节的底衬，配合较薄的版材以减少压印时由变形而造成的网点扩大加剧，从而使精细线条、高分辨率层次网线以及反白文字等均可取得良好效果。

④ 套筒式印版辊筒　与传统印版辊筒相比，套筒式印版辊筒将给柔性版印刷带来许多好处。

套筒系统仅一人即可装卸，可方便地配合气撑辊进行定位或改变位置，可在同一根气撑辊上根据需要套上两只或更多的套筒。最大的好处是能重复使用、连续作业和随时在套筒上贴印版，既灵活又方便。目前，先进的宽幅柔印机均采用套筒技术。套筒分多种形式，其中"基本套筒"一般由特殊的多层结构的天然树脂玻璃钢制成，并在上面包覆橡胶、聚氨酯或聚亚氨酯等材料，主要应用于激光雕刻制版；而"印版套筒"专用于装贴印版，表面硬度高、耐冲击、便于切割，壁厚可在1.4~25mm之间任意选择。这意味着只需一根气撑辊就可以使印刷周长增加将近150mm。近年来又发明了所谓的"气垫套筒"，即在邵尔硬度达65左右的表面材料上包覆一层占整个套筒体积约80%的开放型蜂窝状可高度压缩的聚氨酯类泡沫，这种高弹性表面的"气垫套筒"与薄型印版组合应用，对印刷细网点、控制网点扩大率十分有利。

⑤ 显影洗版液的改革　自1995年蒙特罗公约对CFC（氟氯碳化物）化合物排放加以限制后，对于柔性版洗版溶剂三氯乙烷、四氯乙烯等的限制排放使用也提上了日程。显影洗版液的改革出路逐步归并为两个思路：第一个出路为环保药水——新洗版溶剂的开发；第二个出路就是水洗柔性版（water-washout flexo plate）的开发。前者以BASF、DuPont公司为首，后者则以美国优耐印公司以及日本的旭化成和东洋纺公司为首，并已有少量产品问世（以瓦楞纸箱印刷用为主）。就目前情况来看，两者均存在相当明显的缺点。

5.3　柔性版印刷设备与工艺

5.3.1　柔性版印刷机的独特结构

柔性版印刷机结构的独特性在于它采用网纹辊的输墨系统，即所谓的"短墨路系统"，主要由以下装置组成：着墨辊（刮刀）、网纹辊、印版辊筒和压印辊筒。

（1）3种基本形式　短墨路系统有以下3种不同的形式。

① 着墨辊-网纹辊形式　着墨辊是由钢辊外包专用橡胶层制成的，将其置于油墨槽中与网纹辊紧密接触，其作用是将油墨传递到网纹辊上，进而再均匀地传递至印版上，最后通过与压印辊筒相配而顺利进行印刷。为了达到在着墨辊与压印辊筒紧密接触的范围内将网纹辊网墙上的油墨刮干净的目的，必须具备以下几个条件。

a. 着墨辊与网纹辊之间的速差　两者在表面线速度一致的前提下存在一个速度差（$v_1 < v_2$），即网纹辊的转速 v_2 高于着墨辊的转速 v_1，这样会在两辊接触范围内产生滑动摩擦，以将网纹辊网墙上的油墨刮干净。一般而言，这个速差没有统一

规定，但其将随着印刷速度的提高而相应增大，为此，着墨辊的转速是由单独调整机构控制的。

b. 着墨辊与网纹辊之间的压力　一旦两者的速差确定下来，即可合理调整着墨辊与网纹辊之间的接触压力（墨量压力），墨量压力与传墨量的多少成反比关系，即压力越大，传墨量越小。这一压力可通过墨量压力调整机构加以调节。

c. 油墨黏度的稳定性　众所周知，油墨的黏度将随着温度及稀释剂的变化而变动，柔性版现在常用的油墨分为水剂型、溶剂型和 UV 型等数种，虽然配方中的色含量均比凹版墨略高一些（由于考虑柔性版印刷墨层薄的缘故），但也不能靠过多的稀释剂来调低黏度，故最好的办法是将油墨温度和印刷环境温度控制在20℃左右，这对保持稳定的黏度从而达到良好的传墨效果是十分有益的。

d. 着墨辊受力后的偏斜　由于着墨辊受压力后将变形，而且中央部位的变形将明显大于两端的变形，这将造成传墨量的不均匀。为此，一般将着墨辊制成腰鼓形，并使其与网纹辊旋转中心交叉一角度（20°～30°）进行安装，以使传墨量均匀。

② 正刮刀-网纹辊形式　即在网纹辊靠近印版压印点处设置正刮刀，使刮刀与网纹辊之间形成的锐角尖指向网辊转动方向，使网墙上被刮下的油墨流回墨斗中，以达到控制墨量、均匀上墨的目的。由于油墨具有一定的黏度，在输墨过程中刮刀与网纹辊表面之间会堆积一定量油墨，对刮刀刀片产生一向外的作用力，影响刮墨效果。此外，油墨中的异物也会沉积，堵塞在刮刀内侧，特别是在车速高时会造成刮刀抖动，以致影响印刷质量。

③ 反刮刀-网纹辊形式　即在网纹辊靠近印版压印点处设置反刮刀，使刮刀与网纹辊之间形成的角尖方向与网纹辊转动方向相反，使被刮下的油墨沿网纹辊表面流回墨斗内，这样就不会使油墨堆积在刮刀内侧与网纹辊表面之间。因此，刮刀的操作条件得到了改善，刮墨效果比正刮刀要好，而且不会受速度加快的影响，但其对网纹辊的磨损要高于正刮刀。反刮刀角度一般为 30°～50°。

（2）不同短墨路形式的输墨功能　将上述 3 种短墨路输墨系统性能通过印刷试验进行比较，可以得出如下大致结论。

① 当印刷速度小于 200m/min 时，印刷速度对 3 种形式传墨量的影响均较小。

② 当印刷速度为 200～400m/min 时，有以下两种情况。

a. 着墨辊-网纹辊形式　随着印刷速度增加 1 倍，传墨量增大约 3 倍，说明印刷速度对于传墨将产生很大影响，故输墨性能较差。

b. 正刮刀-网纹辊形式　随着印刷速度的提高，对传墨产生一定影响，但并不十分明显，如果印刷速度不超过 500m/min，在此范围内传墨性能尚可。

③ 当印刷速度超过 500m/min 时，只有反刮刀-网纹辊形式传墨形式仍是基本稳定的，说明这种形式传墨性能最佳。

因此，对于网点层次印刷，采用反刮刀-网纹辊形式输墨系统是最好的。

（3）输墨系统与离合压装置　由于柔性版印刷工艺使用挥发干燥型油墨，所以当印版辊筒与压印辊筒分离时，输墨系统必须继续保持运转，否则网纹辊上的油墨就会干涸。但此时网纹辊相对于印版辊筒来说应处于离压位置，为此，网纹辊应设置离合压装置。

（4）网纹辊 网纹辊常用的有两种：镀铬网纹辊与陶瓷网纹辊。陶瓷网纹辊比前者更为坚固耐用，与刮刀配合使用也更为适宜。激光雕刻的网纹辊的网纹为66.9线/cm（170线/in）、177.2线/cm（450线/in）和393.7线/cm（1000线/in）不等。66.9线以下的网纹辊可用于一般线条图文的印刷；66.9线以上的网纹辊用于图文网点的印刷；177.2线以上至393.7线的网纹辊则可用于高精细的网线图文的印刷。使用网纹辊的目的主要是对传递到印版辊筒上的油墨量加以精确控制，以确保印刷的质量。而使用刮墨刀的目的是把网纹辊上多余的油墨刮干净，使输墨量更加精确、可靠。

网纹辊加工工艺过程大致分为辊体预加工、网纹加工及后处理等过程。

① 辊体预加工 是指网纹辊加工网线之前的电镀前加工、电镀加工和镀后处理等工艺过程。

a. 电镀前加工 网纹辊基辊材料一般选用优质中碳素钢管，其壁厚为7～10mm；采用连轴辊体形式，即用法兰和芯轴与钢管连成一体，工艺包括粗加工→动平衡→轴与法兰盘加工→焊接→机械加工→调质处理→半精加工→精加工，使精度达到如下基本指标方算完成。

（a）同心度 辊体外圆中心应与法兰盘内孔中心重合，其不同心度小于等于0.002mm。

（b）外圆尺寸精度 应不低于2级。

（c）表面粗糙度 在轴颈与齿轮部位一般为0.8μm。

（d）动平衡 在比实际印刷速度更快的条件下校正动平衡，一般在粗加工后即需进行，主要由辊体壁厚加工一致性及连轴加工精度来初步保证动平衡，随后在动平衡仪上测试。如发现动平衡不良，可以在辊体壁上加配配重，最后达到动平衡。

b. 电镀加工 即在辊体表面镀镍和镀铜，使之在辊体表面形成网纹的基底层。电镀必须达到的指标参数如下。

（a）外观 镀层外观应呈玫瑰红色，表面光洁细致，无毛刺、镀痕、麻点、起泡、起皮等。

（b）镀层厚度 一般为0.12～0.15mm，厚度误差应小于0.03mm。

（c）镀层表面硬度 标准为170～190HV。

c. 镀后处理 亦即辊体加工的最后工序，包括磨削-抛光工艺和车磨加工工艺。先用高精度金刚石砂轮磨床进行磨削加工，然后再用羽布抛光轮涂以抛光膏对辊体进行抛光，以完成表面粗糙度为0.05μm的镜面加工要求，最后在瑞士Polishmaster精密车床上进行车磨加工，并以如下指标为验收标准。

（a）辊体直径 应与印版辊筒相等，其尺寸精度不低于2级。

(b) 辊体椭圆度　应不大于 0.015mm。

(c) 锥度　应不大于 0.015mm。

(d) 径向跳动　应不大于 0.006mm。

(e) 不同心度　应不大于 0.009mm。

② 网纹加工　即在辊体镀铜层表面制出所要求的网纹或墨穴。早期曾用机械加工法制得网纹，即用金刚石刀头或专用滚削刀具直接在辊体表面加工网纹，加工工艺简单，成本低廉，仅限于加工 78.74 线/cm（200 线/in）以下的网纹辊。也有用照相腐蚀法（即利用光栅掩膜技术）进行照相，随后进行化学腐蚀的工艺，但由于技术难度大、要求高，故实际很少采用。目前最多见的为以下两种制作网纹的方法。

a. 电子雕刻法　利用光电转换原理在电子雕刻机上雕刻网穴，其加工高线数的网纹质量高，稳定性好。网纹加工完毕，为了提高其耐刮性，还需进行镀铬处理（硬度为 800～1000HV）。

b. 激光雕刻陶瓷网纹辊　前面叙述的金属网纹辊经镀铬后耐刮磨性虽大大提高，但是由于镀铬层厚度薄，使用寿命较短。如果采用陶瓷辊，其表面硬度可达维氏硬度 1300，耐磨性为镀铬辊的 5 倍以上。

陶瓷网纹辊是在前面 [5.3.1中（4）①] 所述基辊的表面喷涂厚度在 0.6mm 左右的陶瓷，经研磨、抛光，最后用激光束在陶瓷表面直接雕刻出所需网穴。

c. 网纹辊的有关性能参数　主要有网穴形状和网纹线数这两方面的性能参数。

（a）网穴形状　主要有棱台形、格子形、圆台形、螺旋线形等数种。目前常用的大多数为棱台形结构，其中以倒四棱台形和倒金字塔形应用最为广泛，其中网穴的开口、网墙、深度、角度等参数直接影响传墨量（即油墨转移率），可根据印刷要求合理选择。

（b）网纹线数　即指单位长度内的网线数，一般习惯以"线/in"表示，常用范围 170～800 线/in（66.9～315 线/cm），目前最高网纹线数可达 1200 线/in（472.4 线/cm）。

实践检验表明，网纹辊的线数与印刷版辊的网线数应保持在（4～7）∶1 的比例关系，并采用反刮刀方式，特别是对于高精度网线层次印刷是十分重要的。至于网纹辊线数是取高限还是取低限，可根据各色版的不同要求而定。一般来说，对于青（原色蓝）版，网纹辊的线数可略低些；对于黄（原色黄）版，网线数可比青版再低些；而对于品红版和黑版，则可取高限。

陶瓷网纹辊的选用一般可遵循以下原则。

a. 实地版为 250～400 线/in（98.4～157.5 线/cm）。

b. 文字线条版为 400～600 线/in（157.5～236.2 线/cm）。

c. 网线版为 550～800 线/in（216.5～315 线/cm），适合印版网线的为 133～150 线/in（25.4～59.0 线/cm）、700～1200 线/in（275.6～472.4 线/cm），适合 175 线/in（69 线/cm）或以上印版。

③ 网纹辊的维护和保养　由于网纹辊在柔性版印刷中的突出重要性，故其使用和存放过程中必须十分注意维护与保养。

a. 网纹辊是备用件，应有固定的存放场所，存放时必须防止变形。

b. 在使用、存放过程中，要注意保护网纹辊表面，防止表面划伤。

c. 网纹辊使用完毕必须要将其清洗干净，方法主要分为手工清洗、化学清洗、塑料细珠喷射清洗等，各有优缺点，可视情况选择，目的是经济、简单、清洗效果佳。对 1000 线/in（393.7 线/cm）的网纹辊最好采用塑料细珠喷射清洗法，因为塑料细珠是一种非黏性物质，对墨穴的损害较小，具有良好的清洗效果。

（5）印版辊筒　安装在网纹辊和压印辊筒之间，印版辊筒安装好以后即可通过网纹辊向印版上传墨，印版上凸现的图文将所载油墨传至承印物上，柔性版印刷的工艺也就基本完成了。

（6）压印辊筒　为表面非常光洁的金属辊筒，其作用是配合印版辊筒，在经过其间的承印基材的表面印上图文，完成印刷过程。

5.3.2　卷筒基材柔性版印刷生产线及其辅助装置

卷筒基材柔性版印刷生产线是由以下装置组成的。

（1）放卷装置　印刷前，必须把卷筒材料的位置放准，控制好卷材的张力，以确保把材料顺利地输入印刷机进行印刷。

性能良好的放卷装置由以下部件组成：多工位解卷装置、上卷材的旋转塔、半自动长盘、精细滚珠、自动测导装置、自动张力控制装置、自动张力显示装置、输送驱动辊、自动接驳装置。

（2）印刷装置　柔性版印刷机的印刷装置在 5.3.1 中已介绍。多色印刷时需用多组印刷装置串联。

（3）干燥装置　印刷后，或在多色印刷过程中，必须使油墨迅速地干燥，不然将影响下一色的正常印刷。

干燥方法现有以下几种：热风、电子束、红外线及紫外线等。具体装置有热风管及各种灯具。

（4）收卷装置　印刷后的材料需要收卷为整齐紧密的卷筒，以便后加工及储存。收卷装置由以下装置组成：多工位复卷装置、卸卷转塔、半自动夹盘、防磨损轴承、卷筒张力显示器、收卷张力控制装置、卸卷装置、冷却辊、自动递送装置、侧规、分切装置、静电消除器、卷筒监视器。

5.3.3　柔性版印刷机的种类

不同种类的柔性版印刷机都具有相似的印刷装置，区别主要在于印刷部位的位置有所不同。依据印刷机组在承印材料时运行方向上的配置不同，柔性版印刷机主要分为 3 类，即卫星式、堆叠式和并列式。

（1）卫星式柔性版印刷机（图 5-6）　卫星式也可称为大辊筒式，其在共用压印

辊筒的周围配置印刷装置。它的结构主要有以下
几部分。

①放卷部分　略。

②输入部分　略。

③预处理部分　对塑料薄膜主要是电晕处
理；对纸张等可进行温度和湿度调节处理（包括
材料展平装置、材料清洁装置、纠偏装置、张力
控制单元等）。

④印刷装置

a. 中心压印辊筒　对于六色印刷机，其直径

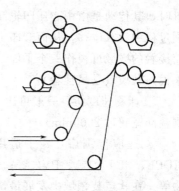

图 5-6　卫星式柔性版印刷机

一般为 1200～1500mm（瓦楞纸印刷机的大辊筒直径可达 2400mm）；对于八色印
刷机，大辊筒直径一般为 1700～2000mm（瓦楞纸印刷机的大辊筒直径可达
3000mm）；对于十色印刷机，大辊筒直径可达2900mm。压印辊筒还配有水循环系
统，以保持其外表面温度恒定，防止辊筒表面受热膨胀。

b. 印刷单元　若干个印刷色组单元分布于中心压印辊筒周围，色组间距为
700～900mm，印版辊筒与料带、印版辊筒与网纹辊的离合压力大多采用在水平导
轨上移动的方式来实现。这种系统可以保证最大的刚性，避免跳动和印品出现条
杠。预套准和横向套准及纵向套准大多采用电机远距离调节。横向套准调节范围一
般为10～15mm，纵向套准调节范围可达 30mm。各个单元可独立进行印刷压力的
调节，使用测微计和步进电机操作，纠偏调节范围约 $1.6\mu m$。印版辊筒和网纹辊
都有整体式和套筒式两种［见 5.2.3 中（2）④］，套筒式更适用于宽度小于
1000mm 且经常需要更换的场合。

c. 自动清洗系统　略。

d. 自动转向机构　用于管状薄膜的多色双面印刷。

⑤干燥和冷却部分　略。

⑥连线印刷和加工部分　连线印刷如凹印机一样，一般只用在软包装和装饰
印刷中；连线加工部分包括模切部分和连线复合部分。

⑦输出、收卷或堆码部分　略。

⑧印刷机控制和管理系统　根据自动化程度的水平分为手动调节为主、自动
调节为主和全自动数字化系统等。

卫星式柔性版印刷机是 3 种机型中最重要的一种，在欧洲和美国占全部柔印机
的比例不低于 70%，我国柔印机引进和制造的重点也将逐渐由窄幅机组式转向宽
幅卫星式。其显著的优点体现在以下几点（宽幅卫星式柔性版印刷机）。

①套版精度高，印刷工艺稳定，印品质量佳。卫星式柔性版印刷机的套印精
度可达±0.05mm，大大超越其他轮转印刷工艺所能达到的精度。主要原因是：中
心压印辊筒的表面温度能保持恒温，从而使压印力保持恒定；印刷材料在进入印刷

机时，其传动是由中心压印辊筒来带动的，而且紧贴在中心压印辊筒的表面，在印刷过程中没有位移，从而套印十分精确；中心压印辊筒的直径大，印刷时在印版辊筒接触的区域可视作一个平面，因而相当于"圆压平"的印刷（圆压平从印刷工艺来说，其质量是最佳者）。

② 印刷速度快，一般可达 250～400m/min（如印报机速度可达 680m/min，印刷幅面宽超过 2000mm）。

③ 适应范围广，几乎适用于所有卷筒塑料薄膜，如 BOPP、CPP、LDPE、HDPE、PET、PA、PVC 等；也可适用于 28～700g/m² 的各类纸张以及铝箔、织物等。在软包装领域中发展最快。

当然其也有一些不可避免的缺点。

① 组间距小（一般为 700～900mm），容易造成印品蹭脏。

② 对油墨性能特别是干燥性能要求高，一般要求在百分之几秒内干燥，但又要保持高光泽，有较大难度。

（2）堆叠式柔性版印刷机（图 5-7）　堆叠式柔性版印刷机每个机组具有独立的压印辊筒，常常是把一个机组放在另一个机组上，形成层叠状，或在机架上安装各色印刷单元，多者可达八色，但较多采用的是六色。

堆叠式柔性版印刷机有几个突出的优点。

① 卷材的走向可以变换，可一次印刷两面。

② 可以按需要变动组间的距离，也容易调节印刷机械的精度。

③ 容易接近印刷色台，便于清洗和更换油墨。由于各机组为上下排列，故占地面积小。

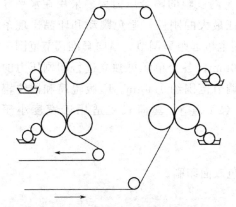

图 5-7　堆叠式柔性版印刷机

④ 堆叠式柔性版印刷机可以进行 360°套准，各印刷单元可单独啮合或松开，而让其他单元继续印刷。

⑤ 由于各印刷单元是独立的，故较容易调整供墨速度，并使供墨标准化。

堆叠式柔性版印刷机可以和其他印刷辅机联机，如制袋机、裁切机、复合机、上光机等。

堆叠式柔性版印刷机使用范围很广，可以印刷大多数卷筒材料，但其套印精度不如卫星式柔性版印刷机高，只能用于一般印刷质量要求的印品，更不适合印刷易伸缩的塑料薄膜和容易起褶的承印基材。

（3）并列式（组合式）柔性版印刷机（图 5-8）　并列式柔性版印刷机与堆叠式柔性版印刷机一样，每个机组具有独立的压印辊筒，因为机组是按直线一字排

列，故组间距长。这种机型容易增设印刷
机组，能够与制袋机和成型机连接，但占
地面积大。不过这种机型比较灵活，可进
行单色、多色及单、双面多色印刷，而且
承印材料可以是卷筒，也可以是单张。它

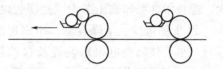

图 5-8 并列式（组合式）柔性版印刷机

可以用于一般质地的纸张、纸板、瓦楞纸、多层纸的印刷，印刷幅面可以很宽；也
可以印窄幅卷筒，如商业标签和不干胶标签等。宽幅机与窄幅机的结构和印刷原理
虽一样，但在印版辊筒的安装位置、上墨辊与网纹辊、网纹辊与印版辊筒、印版辊
筒与压印辊筒之间的压力调节及油墨使用调节等方面有一定的差别。

　　并列式柔性版印刷机还有其他优点，如便于安装辅助设备，还可以联机进行烫
金、覆膜、打孔、分切等。短距并列式柔印机各压印辊筒间距较小，便于多色套
印，印刷精度较高，特别适用于伸缩性较小的纸质的装潢性纸盒和商标等。

5.3.4 塑料薄膜柔性版印刷工艺探讨

　　受国际软包装印刷发展的影响，我国的塑料薄膜柔性版印刷兴起于 20 世纪 80
年代初期，但在此需指出，国内外对塑料薄膜的印刷一般均采用卫星式柔性版印刷
机。下面就从卫星式柔性版印刷机及其辅助设备、材料的发展与其对塑料薄膜的印
刷适应性和后加工要求的适应性等方面谈起。

　　(1) 卫星式柔性版印刷机印刷塑料薄膜的优点　柔性版印刷工艺除了制版成本
低、生产周期短、印刷损耗少等优点外，在印刷塑料薄膜方面还体现出如下优点。

　　① 套印容易、精度高。这是卫星式柔印机的最突出优点。一般来说，如印刷
$25\sim30\mu m$ 的 LDPE，卫星式柔印机的套色精度可轻易控制在 0.2mm 以下。因为当
上述 LDPE 膜进入卫星式柔印机的中央压印大辊筒时，经橡胶压辊将薄膜紧贴于
其表面，卫星式柔印机各印刷色组围着中央大辊筒四周排列，其组间距短，一般为
$400\sim800mm$，薄膜在上述状态下不易拉伸变形，所以不必采用光电控制套色精度
装置即能把套印误差牢牢地控制在 0.2mm 以下。如与组式凹版轮转印刷机印刷的
状况相比，两者之间的不同是显而易见的。

　　② 墨层薄、耗墨省、溶剂残留少。与凹版印刷相比，柔性版印刷的墨层厚度
大约不到前者的一半，即如果凹版单位面积耗墨量为 $5\sim8g/m^2$，则柔性版印刷指
标为 $2\sim3g/m^2$。当然，柔性版塑料油墨一般色浓度比相应的凹版塑料油墨高，而
且不用较廉价的苯类等溶剂，故单价较高。但市场价不会高过凹版墨 1 倍，故从成
本来说仍是合算的。另外，由于柔性版印刷产品墨层薄，残留溶剂量将明显低于凹
版印刷产品。目前，软包装行业国家标准《包装用复合膜、袋》中规定溶剂残留量
的指标值应不超过 $10mg/m^2$，其中苯类溶剂残留量不大于 $3mg/m^2$。因此，采用凹
版印刷必须经工艺各方面的严格控制才能确保不超标。然而对柔性版印刷来说则是
轻而易举即可达到的。由于溶剂残留少，对印刷牢度、复合牢度的提高也必将是有
利而无弊的。随着环保呼声的日益高涨，食品、药品包装卫生要求日益严格，因

此，选择柔性版印刷工艺无疑是明智之举。

③ 上墨量少、干燥容易、印刷速度快。目前，用凹版轮转印刷机印刷塑料薄膜时，尽管依靠光电跟踪装置及自动张力控制系统可以把套色精度控制在 $0.2 \sim 0.3mm$，但由于其组间距长（相邻两色组间隔为 $6 \sim 8m$），墨层厚，干燥慢，所以一般生产速度最高不超过 180m/min。目前，一般的卫星式柔性版印刷机无论印刷什么塑料薄膜，其印刷速度均不低于 200m/min，先进的宽幅柔印机的印刷速度可达 360m/min，在如此高速的情况下，齿轮的传动相当平稳，套版压力变化不大，套色精度仍可平稳地控制在 0.2mm 以下。这是由于先进的卫星式柔印机上采用了位置、角度、深度以及材料硬度均经特定设计的斜齿轮，在运行过程中啮合紧密无隙，不易跳动，故传动十分平稳；另外，在输墨装置方面采用了密封式双刮刀输墨系统，从而确保了高速运转时的平稳，并且不会使油墨飞溅。

（2）卫星式柔性版印刷机印刷塑料薄膜尚存的不足之处 尽管上面谈了卫星式柔性版印刷机印刷塑料薄膜的多方面优点，但与目前在软包装领域仍占优势的凹版轮转印刷工艺相比尚存在一些弱点，亟待尽快加以解决。

① 印版网线数低，难以印制高清晰度的精细产品。目前，柔性版在印刷塑料薄膜时，网线一般采用 $120 \sim 133$ 线/in（$31.5 \sim 51.4$ 线/cm），网点直观显得较粗，半色调印品层次不够分明，调子拉不开，较平铺呆板。作为对比，如果同样的画面制成 175 线/in（69 线/cm）的凹版，以凹版印刷工艺印制的产品则层次分明、网点细微清晰、立体感强，调子拉得开。显然两者对比之下，不可同日而语。

那么，为何柔性版不制成 150 线/in（59 线/cm）或 175 线/in（69 线/cm）呢？其中一个原因就是塑料薄膜是非吸收性材料，柔印时墨量稍控制不好就会造成堵版，这种"堵版"不像凹版的堵版，它并不是网点堵住了，而是网点与网点之间被多余的油墨连起来，好像一个个哑铃，这就是所谓的架桥，即油墨在原先两个互不相关的网点间架起了"桥"。印刷时，如果这种故障不排除，架桥现象会迅速扩大范围，脏污一大片，以致严重影响印刷的质量，必须停机擦拭干净后才行，然而过不了多久"堵版"现象又会重现。正是由此，将网线数做低一些相对会使网点间"架桥"现象不易产生。目前，150 线/in（59 线/cm）及以上的网线数仍是柔性版印刷工艺的改进目标。

② 容易掉小网点，网点扩大率高，无法做"绝网"。前章已述，柔性版制版时的小网点（$1\% \sim 2\%$ 的层次网点）在洗版时稍有不慎即会被洗去，这是由于印版材料的强度所限，这些小的独立网点很难保存，就算制版成功了，到印刷时也会被损坏，不知何时就不见了。这对如汉字一般的文字来说无疑是一个障碍。换句话说，柔性版要在半色调印品中达到"绝网"的效果难度很大，网线数低时虽网点不易掉，但效果本身就不佳；网线数高时渐变网衰减到 2% 或 1% 处就突然断了，再加上网点扩大率高（2% 的网点印刷时将扩大为 8%），更给人一种突兀的感觉，显得很不柔和。然而对于凹版来说，做 175 线/in（69 线/cm）的"绝网"效果却是轻

而易举的事。这也正是柔性版制版需要改进的方向。

③ 大面积的实地与网纹不能共处一块版上。凹版印刷工艺中大面积的实地与网纹一般是共处于一根印版之上的，凹版印刷时几乎无网点扩大之忧。凹版常用的电雕制版方法是通过控制印版的深度来控制色彩的密度的。比如，对于 175 线/in（69 线/cm）的印版，其深度可以渐调（$35\mu m \rightarrow 38\mu m \rightarrow 40\mu m \rightarrow 43\mu m \rightarrow 45\mu m \rightarrow 48\mu m \rightarrow 51\mu m \cdots \cdots$），其密度也随之渐变（$10\% \rightarrow 20\% \rightarrow 30\% \rightarrow 40\% \cdots \cdots$）。对于实地部分，要密度高可雕深一点，对于精细网线部分则可根据需要雕浅一些，由此解决了实地与网纹共处一根版辊的问题。而对柔性版制版来说就相形见绌了。一则柔性版印刷的墨量是由网纹辊来控制的，对颜色密度高处只能用低网线数、储墨量大的网纹辊，对颜色密度低处尤其是精细网纹处则需用高网线数、储墨量小的网纹辊。而且，对实地与网纹的不同部位，也要选用不同密度的双面胶，只有这样才能避免大面积实地印刷的针孔现象以及精细网纹印刷时的严重堵版现象。这两对矛盾导致了柔印工艺中对于同一色的大面积实地与网纹，无法共处一块印版之上，而必须要分成两块印版，采用两个色组来完成，这也就有了"十色机只能当八色机用"的缺点，在一定程度上阻碍了塑料薄膜柔性版印刷的更快推广发展。

（3）卫星式柔性版印刷工艺的改进方向　近年来，有关各方，特别是一些柔印工艺方面比较发达的国家，均致力于对柔性版印刷工艺不足之处的改善研究，在材料和制版技术方面均取得了可喜的进展。如果输墨系统和传动及压力控制系统可以不断改进，柔性版工艺实现"高线数网"和"绝网效果"便指日可待。

① 进一步提高网纹辊线数及精度质量，彻底解决印版网点间"架桥"弊端。为了提高精细网纹印刷品的质量档次，使之与凹印和胶印相媲美，首先印版网线数在改善版材质量的前提下要做高、做精细，然后，必须将网纹辊与印版线数之比例进一步提高到（6∶1）~（7∶1），亦即印版线数如为 175 线/in（69 线/cm）的话，网纹辊线数将高达 1200 线/in（472.4 线/cm）左右。

架桥（bridging）现象主要发生在两个部位。一是在 50% 网点上下处，如上墨压力（网纹辊与印版辊筒之间的压力）偏大，使油墨被挤溢出网点表面，从而使两相邻网点连接起来。这个问题通过调控好上墨压力、防止印版异常变形即能基本解决。二是出现于较小网点，特别是 5% 网点以下范围，堵版状况和发生原因均较复杂，解决措施可从以下多方面着手。

a. 根据印版最小网点直径大于网纹辊网穴开口直径的原则来确定网纹辊线数。以 150 线/in（59 线/cm）印版为例，其 4%、3%、2%、1% 网点直径分别为 $38\mu m$、$33\mu m$、$27\mu m$ 和 $19\mu m$，则对应于 2% 印版网点，可选择网穴开口直径为 $25\mu m$ 的 900 线/in（354 线/cm）的网纹辊；而对应于 1% 网点的印版，则选择网穴开口直径为 $19\mu m$ 的 1200 线/in（472.4 线/cm）网纹辊即可。

b. 严格控制网纹辊、印版辊筒、压印辊筒三者的径向跳动，保证好三辊的回转同轴度；三辊的跳动误差不应大于 0.02mm。

c. 控制好两个压力——上墨压力（网纹辊与印版辊筒之间的压力）与印刷压力（印版辊筒与压印辊筒之间的压力），使柔性版在印刷瞬间的弹性形变控制在 $0.03\sim0.08$mm 范围内，使还原的网点不产生扩大、中空、拖尾、架桥。

d. 根据不同的版面状况，分别配以不同软硬度的双面胶带衬垫，以合理解决好压力的缓冲和均衡问题。这一点很难用数据说明，但必须十分灵活地掌握分寸。

e. 油墨的表面张力应与印版表面张力值尽量接近，一般来说，其两表面张力差值越小，油墨越容易转移而不致因积墨过多造成挤溢架桥。

② 采用激光 CTP 直接制版等新技术制作 1‰ 精细网点，并有效控制网点扩大。这种不用胶片，而是转成计算机数据直接用激光曝光，然后经洗版而制得的印版，其最小网点为 1‰，很好地解决了高质量层次网线柔性版的制作难题。激光曝光直线性好，网点角度陡，边缘光洁，印刷时网点扩大值也小，以 5‰ 网点为例，传统网点印刷时一般扩张至 20‰ 左右，而激光 CTP 直接制版所得的网点仅扩张到 13‰ 左右，如果配以高精度的印刷机，并调整好各部分压力，高光部位的网点扩大率和转印性将会更理想。

③ 采用先进软件，对印版绝网处做特殊处理。由于柔性版印刷工艺网点扩张这一特点，即使 150 线/in（59 线/cm）的 1‰ 小网点（直径约 $19\mu m$），印刷时将扩张到 $40\sim50\mu m$，印品高光部位从 $50\mu m$ 的圆点一下过渡到零（空白），在大面积的渐变网中，其分界线仍十分明显，给人一种突兀之感。如果采用 BARCO 的 SAN-BAR 软件等做处理，其利用了在 5‰ 网点以下，将原先的调幅网处理成调频网，即网线的衰减从网点面积的衰减变成网点密度的衰减，使人的视觉很难区分这一点，作为掩饰，从而使以上绝网处的这条"硬边"变得柔和起来，获得了很好的效果。

5.3.5　柔性版印刷机操作规程

从工艺角度看，卫星式柔印机的操作较复杂。现以意大利 Amber 808 卫星式柔印机为例，其操作规程如下。

（1）印前准备

① 确认所需的水、电、气的供给正常，合上电源开关。

② 打开冷水机组，按工艺要求设定冷水机的水温。

③ 启动机器电源，观察控制面板视窗，在显示良好的情况下进入下一步操作，输入与产品有关的各参数及速度。

④ 将已贴好印版的版辊根据印刷要求安装在各自的色组，各色组印版与网纹辊的线数匹配好。

⑤ 安装油墨盘与刮墨刀时应注意出口刮墨刀方向，安装油墨盘时应注意第一色和第八色的油墨盘与其他六色有所不同。

⑥ 安放油墨桶、油墨泵，连接油墨管，测定油墨黏度，使其达到要求。

⑦ 按 "ALL REGISTERS CENTRE" 键，使各版辊居中，待灯不闪后装上横向套准装置，同时锁紧版辊两侧的固定螺栓。

⑧ 合上刮墨刀，启动油墨泵和网纹辊，转动手轮，使油墨进入良好的循环状态，保证油墨循环通畅。

⑨ 调整刮墨刀与网纹辊之间的接触压力，使网纹辊上墨均匀，严禁油墨泵未供墨状况下启动网纹辊。

⑩ 用上手轮将每一色组的印版辊筒与网纹辊的压力调至零位。

⑪ 根据印版辊筒的周长及机器上各色组的曲线表，用下手轮将印版辊筒与压印辊筒之间的压力调至规定读数。

⑫ 按 "DECK IN" 推入版辊和网纹辊。

⑬ 预套准，按预套准钮 "PREDISTER SEQUENCE"，待其到位后，按印刷色序逐一安装各色组齿轮，齿轮数要正确，每色组安装齿轮之前应按下 "PREDISTER START" 按钮，直至指示灯亮后方可安装，并将之锁定。

（2）印刷操作规程

① 按穿纸要求穿纸。

② 打开收、放卷张力开关。

③ 使印刷机慢速运转（20m/min 左右），调整薄膜位置，打开收、放卷 EPC。

④ 调节各组印刷压力，用 "PRINT ON" 通过转动压力手柄调节压力。

⑤ 合压印刷（按 "PRINT ON ALL"），打开色间干燥和烘箱加热开关，并合适选择加热功率，旋至 "AUTO"，在慢速运转的情况下通过套准器完成纵横向套色。

⑥ 缓慢加速到要求速度，在开机过程中注意油墨黏度及印刷质量。

⑦ 在操作中，万一发现事故隐患，可按下 "FAST STOP" 或打开安全装置，以防事故发生。

⑧ 在放卷自动接料时，人应尽量远离翻转架，以免光电错位而影响机器的正常工作。

（3）印刷结束操作规程

① 将各色组退出（按 "DECK OUT"），油墨泵关闭，将各色组网纹辊按要求认真仔细清洗干净，拆除导墨管，卸下横向套准装置与齿轮。

② 卸下各色印版辊筒。

③ 将油墨盘、油墨桶、刮墨刀、印版清洗干净，并放置到指定位置。

④ 切断电源。

⑤ 按设备保养要求，做好机器的保养、润滑工作。

⑥ 做好中心压印辊筒的清洁、保养工作。

5.4 柔性版印刷工艺故障原因及对策

柔性版印刷工艺故障原因及对策见表 5-7。

表 5-7　柔性版印刷工艺故障原因及对策

问 题 点		原 因	对 策
1. 印刷操作上的问题	（1）油墨在辊子上不平滑、不均匀	油墨吸收了空气中的水分，降低了油墨的流动性和转移性，严重时油墨中的树脂析出，形成分离状态（在梅雨期至夏季的高温多湿季节容易发生变质）	（1）一旦感到油墨有异常时应更新的油墨 （2）用迟干性的稀释溶剂 （3）在油墨盘上要加盖罩子，以减少溶剂的蒸发 （4）用剩的油墨尽快回收密封保管 （5）印刷场所最好有空调设备
	（2）油墨盘上起满一层泡	水质油墨容易起泡，在印刷面上发生划痕	在油墨中添加少量消泡剂。这种场合应选用适合于油墨的消泡剂，注意添加量的限度。消泡剂添加过多时也会使油墨无法均匀地涂布在版面上，从而发生针孔
	（3）油墨形成难以流动的状态	（1）变质 （2）黏度增高。长期使用时油墨中的溶剂逐渐蒸发，油墨的黏度增高 （3）凝胶化。黏度进一步增高时，油墨将形成凝胶状而完全丧失流动性 （4）某些油墨在长期保存时，经过一段时间颜色会变化及会增加黏度而凝胶化	（1）参照 1.（1）项 （2）①印刷时的黏度增高可以从印刷品颜色及网目堵塞情形观察到，必须每隔一定时间用溶剂加以稀释，以使油墨保持一定的黏度 ②以使用自动黏度调整装置最为有效 （3）将凝胶化的油墨更换为新的油墨 （4）经过长期保存的油墨应事先检验其颜色和黏度
	（4）导辊被油墨污染（印刷面最初接触的导辊被污染）	（1）与印刷速度相比较，油墨的干燥速度慢 （2）油墨的黏着性不良（印刷薄膜时，由于油墨黏着不良而使印刷图案遭破坏） （3）烘干设备不完备。当风吹到版面上时，版面会形成干燥状态，结果造成黏着不良	（1）①降低印刷黏度 ②更换干燥速度快的油墨或使用快干性稀释溶剂 ③充分发挥干燥系统的作用 （2）①油墨不适合于基材薄膜，应使用适用于基材薄膜的油墨 ②油墨在版上呈半干燥状态后再转移到薄膜上，原因是过早干燥，应使用迟干性溶剂 ③处理程度不足或处理不均匀是一个原因，应检查薄膜的处理程度，选用处理良好的薄膜 （3）应采取措施，尽量避免印版遭风吹烘干
	（5）卷取的印刷品回卷不良，印刷品的油墨层软化，黏着到一起，使卷曲的印刷品整个形成硬饼	（1）油墨干燥不良或残留溶剂等 （2）由于烘干机残留热的蓄积 （3）卷取的张力过强 （4）卷筒状印刷品在高温下储存	（1）①尽量少用迟干性溶剂 ②尽量提高干燥机的性能，特别是依靠风力吹掉溶剂最为有效 ③减慢印刷速度，避免在油墨尚未干燥的状态下被卷取进去 （2）提高干燥机的温度时，必须通过冷却辊冷却后再卷取 （3）①对于聚烯烃薄膜一类容易伸长的薄膜，尤其注意不要卷得太紧 ②在图案偏向一侧的场合，卷取薄膜的印刷图案的一侧受到的压力大，容易造成粘搭。因此对于有这种图案的薄膜，尤其要注意不要卷得太紧 （4）①应避免在日光直接照射下或在热源的附近储存卷筒状印刷品 ②仓库在炎热天气时应具备降温装置

问 题 点	原 因	对 策
1. 印刷操作上的问题	（6）在自动包装机上卡住，机械不能顺畅进行 （1）原料薄膜的平滑性不好 （2）印刷面的平滑性差	（1）对印刷前的原料薄膜进行检查，如发现确属薄膜平滑性不良，则必须调换好的薄膜（有时是由于制成时间短，原料薄膜中的滑爽剂尚未发挥作用，此时可加热进行陈化处理，加以弥补改进） （2）如油墨干燥皮膜的平滑性不足，需在油墨中添加蜡类等滑爽剂；有时是由于残留溶剂量过多而发生，这时必须重新烘干
	（7）印刷品左右摆动，不能顺畅卷取 （1）干燥箱加热过度 （2）原料薄膜厚度不均匀、松垂	（1）调整干燥温度 （2）需要检查原料薄膜。对于防止摆动上述两种情况都有效
2. 印刷后在印刷品上出现的问题	（1）印刷表面呈现乳白色无光泽的状态（白化） 油墨中的溶剂蒸发过快，空气中的水分凝聚在印刷面上，这种状态下油墨干燥皮膜的黏着性也会下降	（1）与变质同样，容易在高温、高湿时发生。对此最有效的方法是安装空调设备 （2）提高印刷速度或在可能范围内提高干燥机的热量，但应充分注意黏着及残留臭气 （3）使用迟干性溶剂，但如果添加过多则会发生臭味及黏着问题
	（2）印刷面上出现印不上油墨的部分 （1）尘埃附着在印版上 （2）印压不足 （3）针孔 （4）油墨固结在版上，而使印刷面受到摩擦	（1）①塑料薄膜在印刷中由于产生静电，容易引起尘埃的附着，在冬季低湿度的季节经常发生，需要增加室内湿度 ②停止印刷机的运转，擦掉粘接在版上的尘埃 （2）印版的平服性不充分时，偏低的部分就会发生转移空白。应采取在低凹的部位从背面贴上衬垫等措施来充分使其平服 （3）①用一般的油墨在浮有润滑剂的塑料薄膜表面及涂防水层的纸面上印刷时，有时会发生针孔 ②添加消泡剂过多（对于水性油墨特别要将消泡剂的添加量控制在最少限度以内），对于添加了过多消泡剂的油墨则必须更换 ③在印刷速度低时容易出现针孔，此时可通过提高印刷速度来避免出现针孔 （4）①添加慢干性溶剂或延缓干燥剂，以降低油墨的干燥速度 ②不使干燥箱的风直接吹向版面 ③提高印刷速度
	（3）在印刷面上出现颜色浓度不均匀的现象 （1）印刷面上出现与印刷图样相同的淡色图影（重影） （2）沿前进方向的横侧出现有规则的浓淡色调（齿轮痕）	（1）①大多是由于油墨的供给量不足，故可设法增加给墨量 ②油墨干燥过快时，网纹辊的网眼中残留的油墨发生黏着，难以向印版转移 ③降低油墨的干燥速度 （2）网纹辊、印版之间的齿轮咬合不顺畅，可调整齿轮间的咬合
	（4）图案及带边现象（迁移） 印压过大使油墨向横侧挤出	（1）降低印版与原料薄膜的压力（印压），使之轻而均匀接触 （2）降低网纹辊与印版的压力，使之轻而均匀接触 （3）调整给墨量，防止给墨过多
	（5）文字及网点过粗，印样不鲜明清晰 （1）印压太强导致发生边缘压痕带 （2）给墨量过多	（1）参照2.（4）项 （2）减少给墨量，在两辊方式中应提高网纹辊的压力，而在刮刀方式中则应提高刮刀的接触压力

问 题 点		原 因	对 策
2. 印刷后在印刷品上出现的问题	（5）文字及网点过粗,印样不鲜明清晰	（3）油墨干燥过快,随着少量边缘压痕带的发生,该处的油墨即形成半干状态,边缘带逐渐积累增多	（3）降低油墨的干燥速度,特别是在网点印版的场合,应使用慢干性油墨
		（4）印版的刻蚀深度不足(网点堵塞的场合)	（4）使用刻蚀深度好的印版
	（6）印刷图案的周围发生胡须状痕迹	（1）油墨干燥过快,印版边缘带部分的油墨发黏,原料薄膜与印版分离时发生油墨拉丝现象并出现在印刷面上	（1）减轻印压,尽量减少边缘压痕带的发生,延缓油墨的干燥过程
		（2）油墨黏度高时也容易发生	（2）将油墨稀释到适当程度
	（7）在印刷图案的周围渗出颜色(渗出迁移)	用染料或染色性颜料做油墨时,着色剂被原料薄膜中的增塑剂等所溶解而发生渗出现象	使用不含染料、染色性颜料的油墨
	（8）在整个印刷面上发生不规则的条纹或细小斑点	（1）低黏度的油墨在给墨量大时容易发生	（1）使用黏度高的油墨,在印刷时控制给墨量
		（2）油墨的流动性不良	（2）使用流动性好的油墨,参照1.（3）项
		（3）原料薄膜的表面不均匀	（3）使用表面均匀的原料薄膜,使用硬度低的印版
		（4）原料纸纤维不均匀(渗透不均匀)	（4）使用纤维均匀的原料纸,使用硬度较低的印版
		（5）版的表面状态不良(对感光性树脂版需要特别注意保管)	（5）更换新版
	（9）在印刷方向上出现细条纹	（1）低黏度的油墨在给墨量大时容易发生	（1）使用较高黏度的油墨,在印刷时调节给墨量
		（2）油墨的平滑性不良	（2）使用流动性好的油墨,参照1.（3）项
		（3）网纹辊的网目粗时容易发生	（3）使用更细网目的网纹辊
	（10）在多色印刷中第二色以下的油墨不能充分地转移到第一色上(叠印不良)	（1）第一色的油墨干燥过慢	（1）第一色应使用干燥较快的油墨或用快干性溶剂进行稀释,尽可能薄一些
		（2）第二色以下的印压过强	（2）第二色以下的印压采用轻接触
		（3）第二色以下的油墨黏度过低	（3）第二色以下的油墨黏度应比第一色油墨的黏度稍高,但如果各印色之间的干燥效果好时,也可使用同样的黏度
	（11）印刷品的颜色浓度变浓	（1）油墨的黏度增高,特别是在两辊方式中,黏度增加后油墨的供给量也会增加	（1）① 由于油墨具有挥发性,随着时间的延长、溶剂的挥发,黏度也会增加,因此必须间隔适当的时间对油墨进行稀释,以保持一定的黏度 ② 长时间运转时最有效的方法是装备自动黏度调整装置
		（2）与印刷速度相比油墨黏度过高(两辊式)	（2）提高印刷速度时,应降低油墨的黏度或调小给墨量

问 题 点	原 因	对 策
2. 印刷后在印刷品上出现的问题	(12) 印刷品的颜色浓度变淡 (1) 油墨黏度过低(稀释过度) (2) 给墨量过少 (3) 网纹辊的磨耗 (4) 网纹辊未洗干净(网目的容积被干燥的油墨所占据而减少) (5) 油墨变质 (6) 印刷面的白化	(1) 添加原墨,提高油墨黏度,在两辊方式中黏度低时也可对给墨量进行调节,控制黏度 (2) 增加给墨量 (3) 由于磨耗减少了网纹辊上网目的容积,因此需要更换网纹辊 (4) 用适合于所用油墨的洗涤剂充分洗净网纹辊(使用软毛刷洗刷能取得较好的效果) (5) 参照1.(1)项 (6) 参照2.(1)项
	(13) 印刷标记对不正 (1) 贴版不正确 (2) 张力控制不良	(1) 贴版应准确,找正水平和垂直 (2) 充分调节好卷取、卷取的张力,避免使薄膜发生伸长、松垂等情况
	(14) 油墨上面发生干燥皮膜(粉化、黏着不良) (1) 错用了油墨类型 (2) 油墨过度稀释 (3) 原料薄膜的处理度不良 (4) 由于白化及变质	(1) 使用适合于原料薄膜的油墨 (2) 添加原油墨,调整到适当的黏度之后再使用 (3) 薄膜需要有38dyn(1dyn = 10^{-5}N)以上的处理度 (4) 参照1.(1)项及2.(1)项
	(15) 印刷面转印到未被印刷的面上(印刷到背面),黏着较轻的状态 (1) 油墨干燥不良或有残留溶剂 (2) 干燥器残存热的蓄积 (3) 卷取张力过大 (4) 卷取的印刷品在高温下储存 (5) 薄膜中增塑剂的迁移	(1)~(4) 参照1.(5)项 (5) 避免印刷品的卷压过大,卷取前使用防黏粉,参照2.(7)项
3. 与印刷版有关的问题	(1) 版面膨胀 印版因不耐溶剂而溶胀	甲苯、MEK、乙酸乙酯等溶剂不仅使版材溶胀,也使橡胶辊溶胀,因此要使用不会造成版材、胶辊溶胀的油墨和溶剂
	(2) 在三原色印刷时在印刷品上出现花格模样的条纹 版材加网时的网目角度不良	柔性版印刷机上的网纹辊的网目通常是45°,应从这一点考虑,变换使用网目角度不同的各色网版
4. 柔性版制版上的问题	(1) 空白部分堵塞 (1) 版材背面曝光过度 (2) 主曝光过度 (3) 与底片密实不良	(1) 求得正确的后曝光时间 (2) 在再现细线或网点的范围内缩短主曝光时间 (3) 检查真空度,使薄膜与树脂之间不留空气,有效的方法是轧辊挤压
	(2) 底部冲洗不出来 (1) 后曝光过度 (2) 底版长时间在白色荧光灯下曝光 (3) 底片的黑化浓度不充分 (4) 冲洗液已失效	(1) 减少后曝光量 (2) 在黄色安全灯下进行操作 (3) 重新制作底版,使黑化浓度达到4.0以上 (4) 更换新的冲洗液

问　题　点	原　　因	对　　策
4. 柔性版制版上的问题	（3）直线弯曲而不直 （1）后曝光不充分 （2）主曝光不充分 （3）干燥时间不充分 （4）设计（图案）本身超越了版的容许能力	（1）给予必要的后曝光，有时灯的紫外线会减少，因此应进行再次后曝光试验 （2）给予必要的主曝光，有时灯的紫外线会减少，因此应进行再次主曝光试验 （3）延长干燥时间，根据需要可给予12h以上的自然干燥 （4）重新设计
	（4）版太硬 　曝光过度	减少主曝光时间或后曝光时间
	（5）细小网点或细线被洗掉 （1）后曝光不充分 （2）主曝光不充分 （3）设计本身超越了版的容许能力	（1）给予必要的后曝光，灯的紫外线有时会减少，所以应进行再次后曝光试验 （2）给予必要的主曝光，灯的紫外线有时会减少，所以应进行再次主曝光试验 （3）重新设计
	（6）针孔 （1）暗室中尘土多 （2）底片没有涂布遮光涂料 （3）底片没有达到适当的浓度 （4）真空垫不干净	（1）搞好制版室的清洁卫生 （2）在底片的片基侧涂布遮光涂料 （3）检查底片状况 （4）更换新的真空垫
	（7）图像部模糊不清 （1）底片的缺陷 （2）在底片的感光乳剂侧涂上了遮光涂料 （3）使用了胶印用底片 （4）真空度不够	（1）检查底片，图像部是否清晰 （2）改由在片基侧涂布遮光涂料 （3）重新制作凸版用底片 （4）检查真空度是否充分，也要检查底片与版面之间是否存在气泡
	（8）版表面形成橘皮状 （1）取下版面的罩板之后把版弄弯了 （2）真空度不充分 （3）版的缺陷 （4）被冲洗剂侵蚀 （5）冲洗后没有用干净的清洗液洗净版面	（1）取下之后不可移动版面 （2）检查真空泵是否正常工作 （3）用缺陷样品检查质量 （4）曝光后立即对版进行处理 （5）仔细检查干燥过程中是否有鱼眼现象出现
	（9）版面有黏着感 　精加工处理不充分	延长处理时间，更换新液
	（10）制版后版面发生龟裂 （1）版面受到臭氧侵蚀 （2）版面受到日光照射或长期暴露在荧光灯下 （3）印刷后没有洗净油墨	（1）清除臭氧的发生源，或使版面远离臭氧 （2）将版面保管在日光或室内光照射不到的地方，并罩上黑色罩盖 （3）洗净油墨
	（11）版面不接受来自网纹辊的油墨 　版面的加工处理过分	缩短加工处理的时间

问 题 点	原 因	对 策
4. 柔性版制版上的问题	(12) 版的底部硬化不充分 (1) 冲洗处理不充分，残留有未硬化的树脂 (2) 没有进行足以使底部硬化的充分曝光	(1) 检查刷洗压力及冲洗时间 (2) 增加后曝光时间
	(13) 在印刷机上细线波动 (1) 油墨中的溶剂不适合于版面，造成画像部的溶胀 (2) 对版面的后曝光不充分	(1) 改变油墨溶剂 (2) 检查后曝光进行得是否正确
	(14) 版面从冲洗装置的夹板上脱离 (1) 螺钉松动 (2) 夹板张力不适当 (3) 刷洗压力过大	(1) 拧紧螺钉 (2) 检查后进行修理 (3) 移动辊筒

参 考 文 献

[1] 程能林等．溶剂手册．北京：化学工业出版社，1987.

[2] 油墨制造工艺编写组．油墨制造工艺．北京：轻工业出版社，1987.

[3] 惠山南等．丝网印刷，1992，(1)：14.

[4] 张碧．丝网印刷，1992，(2)：42.

[5] 相原次郎，一见敏男，根本雄平．印刷イソキ技术．东京：シーエムシー株式会社，1984.

[6] 叶洪盘编著．颜色科学．北京：轻工业出版社，1988.

[7] 徐则达编著．印刷色彩学．上海：上海印刷学校，1980.

[8] 吕新广等编著．包装色彩学．北京：印刷工业出版社，2001.

[9] 吴世明等编著．全国复合软包装及辅助材料技术培训教材（二）（三），2001.

[10] 张步堂等编著．凹版印刷基础．上海：上海出版印刷公司，1987.

[11] Akers James B, et al. US 4524189, 985.

[12] Kimura Tadao, et al. DE 4041382, 1991.

[13] 明和化成株式会社．照相凹版印刷教程．1981.

[14] 窦翔，程冠清主编．塑料包装印刷．北京：轻工业出版社，1993.

[15] 印刷杂志社．柔性版印刷（增刊），2002.

[16] 包装技术协会编．食品包装加工便览，1988.

[17] 金银河著．柔性版印刷．北京：化学工业出版社，2001.

[18] 余勇主编．柔性版印刷．北京：化学工业出版社，2011.

[19] 胡更生等．柔性版印刷技术问答．北京：化学工业出版社，2011.

第二篇

塑料薄膜的复合

第6章 塑料软包装材料基础

6.1 塑料软包装材料的基本概念

塑料软包装材料至今没有严格的定义，广义地讲，所谓塑料软包装材料，是指由塑料（或塑料复合材料）组成的，质地柔软的，可以通过制袋、包裹等方式对商品进行包装的材料。软包装材料中应用最多的是各种塑料薄膜及其膜状复合材料、织物类包装材料等。然而软包装材料通常泛指各种塑料薄膜以及膜状复合材料，而不将塑料编织布及其深加工制品编织袋包括到软包装材料范畴之内，因此目前所讲的软包装材料可粗略地理解为塑料薄膜及其膜状复合制品。

软包装材料的广泛应用为从事软包装工作的企事业单位提供了极其广阔的活动空间，在为广大用户提供优良服务的同时也取得了明显高于其他塑料成型加工行业的良好的效益，得到了迅速发展，前景十分光明。但同时必须看到，由于软包装行业前景看好，利润较高，因而吸引力也大，各种复合方法之间、企业之间、国内外行业之间出现了越来越激烈的竞争，根据有关资料介绍，至 2002 年底，我国塑料软包装企业已有 4000 余家生产能力在 150 万吨以上，因此还应当树立危机意识，清楚地认识到只有不断提升自身的技术水平和管理水平，才能在激烈的竞争中立于不败之地。

在塑料软包装材料中复合材料具有十分重要的意义，有鉴于此，并考虑到我国的实际情况，将我国目前应用最多的干法复合作为介绍的重点，同时对已有广泛应用、发展迅速、前景较好的共挤出复合及挤出复合也作较为详细的讨论，对于其他工业化复合方法只作一般性介绍。考虑到塑料软包装材料多作为销售包装使用，印刷具有特殊的意义，对塑料薄膜的印刷给予了高度重视，已在第一篇中作了相当详细的讨论，本章不再赘述。

6.2 塑料软包装材料的特点

以塑料为基础的软包装材料具有众多的优点，主要可举出如下几个方面。

（1）品种繁多，应用面广 在软包装材料中不仅可以采用不同塑料，采用不同配方，通过不同工艺制造性能不同的各种单层薄膜，而且还可以通过多种材料间的不同组合得到成百上千的各不相同的品种，满足各种不同的需要。

（2）性能各异，适应性强　由于软包装材料的品种繁多，性能跨度很大，从性能相似、相近到完全不同的产品均有工业化生产。例如，LDPE 薄膜和 EVA 薄膜性能极为接近，均具有较好的透明性、柔软性、耐低温性，良好的透气性以及良好的卫生性、易封合制袋等优点，存在耐热性较差的共同缺点，但 EVA 的柔软性、耐低温性更为突出，耐热性方面则比 LDPE 更差。也有许多性能截然不同的产品，比如既有耐水防潮性突出的聚烯烃类薄膜，如聚乙烯、聚丙烯薄膜等，也有在室温条件下完全溶解的聚乙烯醇薄膜；既有采用稳定性配方生产的防老化薄膜，也有使用以后能在较短的时间内迅速降解的可降解型环保薄膜；既有高透明的全塑型软包装材料，也有完全不透明（避光）的铝塑、纸塑复合产品；既有高光泽的软包装材料，也有消光型品种；既有透气性薄膜，也有阻隔性的品种，在阻隔性的品种中还可有高阻隔、中阻隔之分。利用不同软包装材料性能各异的特点，通过品种的合理选用可以满足众多商品包装的需求，无论日用百货、纺织用品、感光材料、新鲜果蔬、蒸煮食品、医药品等商品有何特定需要，采用塑料软包装材料包装一般均可得到比较满意的解决。

（3）原料耗用量少，节约资源显著　软包装材料均为膜状物，厚度相当小，一般仅 $0.04\mu m$ 左右，每平方米的质量仅 $0.025kg$ 左右，因此采用软包装材料包装商品较其他包装材料可以明显地节约资源耗费。

（4）价格低廉　塑料软包装材料不仅原料耗用量小，而且具有加工方便、能量耗费低、成型效率高等综合优势，因而具有价格低廉的优点。

由于软包装材料具有众多的优点，其中特别突出的是可以通过各种材料的合理组合设计制造出所期望的、比较理想的特定的包装材料，因而具有极佳的性价比，表现出强大的市场竞争能力，得到了人们的广泛关注与用户的青睐，发展很快，其应用涵盖了食品、医药、轻工、纺织、日用小商品等几乎工农业生产的所有领域，已成为塑料包装材料中最重要的品种之一。

此外，还有储存、运输、使用方便等优点。

6.3　塑料软包装材料的组成

塑料软包装材料通常由塑料或者塑料、纸张、金属箔（主要是铝箔）等材料复合制得。塑料是塑料软包装材料中不可缺少的部分，在塑料软包装中具有极其重要的作用，要制得性能优良、适销对路的塑料软包装材料，熟悉各种塑料以及常用塑料薄膜的基本性能是十分必要的，下面将就这方面的有关问题分别予以介绍。

6.3.1　塑料软包装常用塑料的品种及其基本特性

塑料有热塑性塑料和热固性塑料两大类。热固性塑料成型加工过程中伴有化学反应，物料的微观结构由线型结构变成网状（或者体型）结构，经过成型加工的热固性塑料再受热时不再具备熔融性能，不能反复成型加工，因此虽然热固性塑料具有耐高温、强度高等优点，但在塑料包装领域基本上不被采用；与热固性塑料相反，热塑性塑料成型加工过程中基本上不发生化学反应，由它制得的塑料制品及其使用后的废弃物或者成型过程中产生的边角料以及废品等经过粉碎之后可以重新加工成为所需要的塑料制件，目前在塑料包装领域（包括塑料软包装领域）都毫无例外地使用热塑性塑料。另外，基于市场价格竞争的需要，塑料软包装材料中使用的塑料，除了极少的特殊品种之外，一般均使用生产量大、性能优良、价格低廉的通用塑料及通用型工程塑料。通用塑料中主要是聚乙烯及乙烯共聚物、聚丙烯及丙烯共聚物，此外，仍部分采用聚氯乙烯及氯乙烯共聚物等。通用型工程塑料中主要是聚对苯二甲酸乙二醇酯（PET）和聚酰胺（尼龙），特种塑料主要有乙烯-乙烯醇共聚物（EVOH）、芳香尼龙（MXD-6）、聚偏二氯乙烯（PVDC）以及聚乙烯醇（PVOH）等。

塑料软包装常用基材（单膜）的基本特性见表 6-1。

表 6-1　塑料软包装常用基材的基本特性

基材名称	耐热耐寒性		阻透性		透明性	机械强度	后加工性能		
	耐热性	耐寒性	阻氧	阻隔水汽			热封合性	印刷性	热成型性
LDPE	差	优	差	良	良	较差	良	良	优
HDPE	良	优	差	优	差	良	良	良	优
LLDPE	较差	优	差	良	较差	良	优	良	良
双峰 PE	差～良	优	差	良～优	差	良～优	良	良	优
EVA	差	优	差	较差	良	良	优	良	良
CPP	良	差	差	优	优	优	良	良	可
BOPP	良	可	差	优	优	优	差	良	差
PVC	差	可	良	良	优	良	良	良	优
PET	优	优	良	可	优	优	差	良	可
PA	优	优	良	差	优	优	差	良	可
EVOH	较差	优	优	较差	优	优	良	良	优
PVDC	良	良	优	优	良	良	可	良	差
PVA	可	良	优	差	优	优	差	良	差
铝箔	优	优	优	优	差	差	差	良	差
纸	优	优	差	差	差	较差	差	优	差

表 6-1 中只定性、粗略地给出了塑料软包装常用基材的基本情况，建议在最终确定基材前向有关供应商索取产品说明书。

6.3.1.1　聚乙烯及乙烯共聚物

聚乙烯及乙烯共聚物是以乙烯为主要成分的高分子聚合物，是典型的烯烃类聚合物，是塑料软包装领域中使用最多的塑料之一。乙烯类聚合物在塑料软包装中应用最多的品种是聚乙烯和乙烯-乙酸乙烯共聚物（EVA），此外，还有由聚乙烯采用极性单体改性的接枝共聚物以及离子型聚合物等。

聚乙烯类塑料按密度分类，有高密度聚乙烯 HDPE（密度大于 $0.940g/cm^3$）和低密度聚乙烯 LDPE（密度小于等于 $0.940g/cm^3$）之分，也有人进一步将聚乙烯分为高密度聚乙烯 HDPE（密度大于 $0.940g/cm^3$）、中密度聚乙烯 MDPE（密度 $0.926\sim0.940g/cm^3$）、低密度聚乙烯 LDPE（密度 $0.910\sim0.926g/cm^3$）和极低密度聚乙烯 VLDPE（密度 $0.89\sim0.91g/cm^3$）；按照分子结构与制造方法的不同，有普通聚乙烯、线型聚乙烯（LLDPE）和茂金属聚乙烯（mPE）之分；按照分子量分布的不同，还有单峰（普通型）聚乙烯和双峰聚乙烯之分。

聚乙烯类塑料的共同特征是无毒、无臭、无味，卫生性能可靠；耐酸、碱、盐及多种化学物质，性能稳定；物理及力学性能均衡；耐寒性好，可长期在$-40℃$以下的低温环境中使用；防湿性、防潮性优良，且有一定的阻氧性、耐油性；具有优良的成型性和很好的热封合性。

除上述外，这类塑料还具有生产量大、来源广泛、价格低廉的优点。

作为塑料软包装材料使用，聚乙烯及乙烯共聚物的主要缺点是耐热性与阻隔性（阻隔氧、二氧化碳等非极性气体）较差、耐油性不足。这类塑料长期使用的最高推荐温度仅 $60\sim80℃$，短期灭菌温度也不超过 $100℃$，只可沸煮而不能适用高温蒸煮的需要；它们虽然具有一定的阻氧性、耐油性，可用于新鲜果蔬保鲜及加工食品的短时间的包装，但远不能满足真空包装、充氮包装以及其他需要阻隔氧的商品的包装，由于它们对于氧气及油类物质的阻隔性也不足，因此单层聚乙烯薄膜不能满足众多加工食品保质包装的需要。

由于制造方法、催化剂等添加剂的应用以及生产工艺条件的不同，聚乙烯的结构、密度、分子量及其分布等不尽相同，因而有很多不同品级的商业化产品，不同品级的聚乙烯间性能上可能存在巨大的差异，在实际工作中对此要引起高度的重视。

密度、熔体指数、分子量分布对聚乙烯性能的影响见表 6-2。

表 6-2 密度、熔体指数、分子量分布对聚乙烯性能的影响

性能	密度增加	熔体指数增加	分子量分布变宽	性能	密度增加	熔体指数增加	分子量分布变宽
阻隔性	↗			定向薄膜撕裂强度	↘	↘	
抗粘连性	↗	↘		断裂伸长率	↘	↘	
脆化温度	↘	↗	↘	拉伸强度	↗	↘	
光泽	↗	↗		拉伸屈服强度	↗	稍↘	
冲击强度	↘	↘	↘	透明性	↘		
软化温度	↗		↗				
刚度	↗	稍↘					

注：↗表示升高；↘表示下降。

应当了解一些最基本的情况。

在几种聚乙烯中，高密度聚乙烯是聚乙烯中机械强度最好的品种，对水蒸气的阻隔能力是各种塑料中最好的品种之一。但它在几种聚乙烯中，是柔软性和透明性最差的品种，当需要柔软性及透明性佳的制品时，则应选用低密度聚乙烯。

线型低密度聚乙烯（LLDPE）的机械强度介于普通高密度聚乙烯与低密度聚乙烯之间，其最大优点是穿刺强度、撕裂传播强度高，耐应力开裂性能突出，此外，它的热封合性能也优于高密度聚乙烯和普通低密度聚乙烯（包括具有良好的夹杂物可封合性及较高的热封合强度），但透明性及成型性能稍差，常需加入低密度聚乙烯或加工助剂（PPA）以改善加工性（当与 LDPE 混用时还可改善产品的透明性，但要部分地降低强度、热封合等性能）；在线型低密度聚乙烯中，因共聚单体 α-烯烃的不同，性能差别也很大，其中以辛烯（即 C_8）类线型低密度聚乙烯性能最佳，己烯（即 C_6）类线型低密度聚乙烯性能次之，丁烯（即 C_4）类线型低密度聚乙烯性能更差一些。

以茂金属化合物为催化剂制得的所谓茂金属聚乙烯（mPE），其大分子也是线型结构，但比一般 LLDPE 有更高的结构规整性，表现出更好的耐穿刺性、更高的强度及更佳的热封合性能（包括良好的夹杂物可封合性、较高的热封合强度以及较低的起始热封合温度、较宽的封合温度范围）、较高的使用温度，但成型性能比普通 LLDPE 还要差一些，更需要加入低密度聚乙烯或加工助剂（PPA）以改善加工性。

另一类较新的、分子量分布中有两个峰值的所谓双峰聚乙烯树脂则以高强度、易加工著称，此外，它具有极佳的耐应力开裂及低气味的特性，但它的透明性欠佳，呈消光态，不适宜用于需要良好透明性的产品。

EVA 是乙烯与乙酸乙烯酯（VA）的共聚物，该类聚合物比低密度聚乙烯有更大的柔韧性、回弹性、透明性及热封合性，其性能介于低密度聚乙烯和橡胶之间。EVA 的性能与共聚物中 VA 的含量及分子量大小（表征分子量大小的熔体指数 MI）有关，当 MI 一定时，VA 的含量越高，EVA 的弹性、柔软性、耐寒性、热封合性、透明性越好；当 VA 的含量一定时，MI 增加，软化点下降，强度下降，而表面光泽改善。EVA 无毒，可用于制造与食品接触的包装材料，但当 VA 的含量大于 10% 时具有酸味，因此 VA 含量高的 EVA 不宜用于食品包装。EVA 曾在软包装材料的热封层以及重包装薄膜等应用方面占有重要的地位，但随着 LLDPE、mPE、双峰型 PE 等高性能聚乙烯的开发，EVA 在塑料软包装中的重要性已大大降低。

聚乙烯的马来酸酐及丙烯酸、丙烯酸酯的接枝聚合物与非极性的聚乙烯以及尼龙、EVOH 等极性聚合物间均有良好的黏合性，是共挤出复合中常用的黏合性树脂。

在软包装领域中应用较多的离子型聚合物（乙烯与丙烯酸盐的共聚物）是乙

烯-丙烯酸钠盐的共聚物以及乙烯-丙烯酸锌盐的共聚物。这类聚合物的特点是它们在高温熔融状态下和普通热塑性塑料一样，大分子呈线型离子结构，具有熔融性、流动性，而在常温下，通过分子间的离子的配对作用，形成线型大分子间的交联结构，即体型结构，因此具有高的机械强度、极佳的耐穿刺性、良好的耐油性，而且由于离子结构的存在，离子型聚合物具有突出的热黏性和对极性物质的良好的黏合性。离子型聚合物在软包装中的应用，主要有制造复合薄膜的热封层、贴体包装薄膜以及阻隔性共挤出薄膜中的黏结剂等。由于离子型聚合物价格较高、易吸潮等缺陷以及 mPE、聚乙烯接枝共聚物类胶黏剂的成功利用，离子型聚合物在软包装方面的利用有明显减少的趋势。

聚乙烯树脂还经常与各种母料并用，母料的合理应用可赋予聚乙烯许多所期望的特性，例如着色、抗静电、滑爽等。必须注意，母料的加入有时会对塑料制品的性能产生很大的负面影响，例如强度和热封合性下降，黏合性、印刷性变坏等，对此应当予以高度重视。

6.3.1.2　聚丙烯及丙烯共聚物

(1) 聚丙烯和聚乙烯一样，也是典型的聚烯烃类聚合物。聚丙烯和聚乙烯有许多相似之处，例如无毒、无臭、无味，卫生性能可靠；耐酸、碱、盐及多种化学物质，性能稳定；物理及力学性能均衡；防湿性、防潮性优良，有一定的阻氧性、耐油性；具有优良的成型性和很好的热封合性。聚丙烯也具有生产量大、来源广泛、价格低廉的优点。

(2) 聚丙烯和聚乙烯相比，主要的差异有如下几个方面。

① 聚丙烯的耐热性远优于聚乙烯，可以耐 120℃ 以上的高温，聚丙烯薄膜包装食品甚至能够承受 140℃ 以上的高温蒸煮的要求。

② 聚丙烯的透明性和强度也优于聚乙烯。聚丙烯的耐油性虽不甚理想，但比聚乙烯好。

③ 和聚乙烯类塑料相比，聚丙烯的主要缺点是耐寒性差，聚丙烯均聚物在 0℃ 即可能表现出明显的脆性。

(3) 工业用聚丙烯等规聚合物分子结构规整性好，结晶性好，可以通过拉伸定向处理大幅度提高制品的机械强度，因此在软包装中使用的聚丙烯薄膜除了采用普通流延及吹塑法生产以外，大量应用双向拉伸法生产。双向拉伸法制造的聚丙烯薄膜 BOPP（也缩写为 OPP）机械强度很高（为非拉伸薄膜的 2～3 倍或者更高），可以做得很薄，一般厚度在 0.02mm 左右甚至更低，因而可以达到节约资源和降低包装成本的目的。经双向拉伸处理的薄膜在机械强度提高的同时耐寒性也明显改善，可在 −20℃ 以下的低温下不至于变脆。双向拉伸处理的负面影响是制得的薄膜的热封合性大大降低，即使采用共挤出的方法，在薄膜的两表层设置热封层，热封合强度也相当有限，只能用于一些对封合强度要求不高的领域。对封合强度要求高的地方需采用干法复合、无溶剂复合等方法，复合一层 PE 或 CPP 的热封层。

非拉伸聚丙烯薄膜通过普通吹塑（下吹水冷）及流延法制得，前者称为聚丙烯吹塑薄膜，后者称为聚丙烯流延薄膜。由于两种薄膜在生产过程中熔融 PP 料均经过骤冷处理，制得的 PP 薄膜处于无定形状态，透明性好，热封合性佳，虽然其强度较 OPP 薄膜差，也广泛地作为软包装材料使用。主要用于纺织品包装的透明袋以及多层复合材料的热封层，特别是需要耐高温的蒸煮袋等产品的热封层。

丙烯共聚是改善聚丙烯耐低温性和热封合性的有效途径。共聚丙烯的机械强度较均聚丙烯差，常用于软包装材料的热封层，包括多层共挤双向拉伸 OPP 的热封层。

6.3.1.3 聚氯乙烯

聚氯乙烯（PVC）也是使用最多的通用塑料之一，除了具备生产量大、价格低廉等通用塑料的一般优势之外，它还可以通过增塑剂等助剂对产品性能做大幅度调节，制得从软质制品到硬质制品的一系列产品，以适应各种需要。例如，可以少加或不加增塑剂制得硬质聚氯乙烯制品，硬质聚氯乙烯制品有良好的刚性，并有较好的耐水性、防潮性和阻隔氧气、二氧化碳以及氮气透过的性能（其阻氧性和涤纶相近），其耐油性、透明性也明显优于聚烯烃类塑料。聚氯乙烯在塑料包装材料中曾占有较大的份额，但由于聚氯乙烯环境适应性较差，不易回收利用，焚烧时会产生氯化氢等有害物质，它在包装方面的应用受到人们质疑，应用量有减少的趋势。

6.3.1.4 聚对苯二甲酸乙二醇酯

聚对苯二甲酸乙二醇酯（PET）即涤纶，在塑料软包装材料方面的应用主要是以双向拉伸薄膜为基材的各种复合软包装材料，PET 薄膜在其中的贡献主要是提供良好的阻隔性及机械强度，它的透氧性在 $100mL/(m^2 \cdot 24h \cdot 0.1MPa)$ 左右，仅属于中阻隔性树脂水平，但已能满足许多食品、药品等商品包装的需要，加上以双向拉伸薄膜的形式使用，薄膜的机械强度高，厚度小，因而单位面积质量小，成本比较低廉，因此得到了极其广泛的应用，是阻隔性软包装材料的首选基材之一。

6.3.1.5 尼龙

尼龙（PA）即聚酰胺，也是一种中阻隔性塑料包装材料，其阻隔性和 PET 相当，非拉伸 PA 薄膜的透氧性略大于 PET 薄膜，拉伸 PA 薄膜的透氧性略低于 PET 薄膜。PA 薄膜具有两个明显的特点：其一是耐穿刺性能突出，因此特别适用于带骨食品之类的商品的真空包装；其二是尼龙较易吸潮，而且受潮后可导致阻隔性的明显下降。对包装材料的阻隔性要求较高的商品采用含尼龙的塑料软包装材料时，应选用在 PA 薄膜的两面均有聚烯烃树脂保护的品种。

在软包装材料中使用最多的是尼龙-6，其特点是具有中等的阻隔性、较低的价格和较好的成型加工性能；芳香尼龙（MXD-6）则被认为是软包装材料中最有发展前景的高阻隔性品种之一，其阻隔性与 EVOH 相当，而且具有优良的耐蒸煮性，在经过蒸煮处理以后，透氧性虽然和 EVOH 树脂一样有较大幅度下降，但能够在较短的时间内恢复其高阻隔性，因此特别适用于制造蒸煮性食品的包装材料，其缺点是价格较高，为尼龙-6 的 2～3 倍。

6.3.1.6 乙烯-乙烯醇共聚物

乙烯-乙烯醇共聚物（EVOH）的最大特点是高阻隔性，其透氧性在 $5mL/(m^2 \cdot 24h \cdot 0.1MPa)$ 左右或更低，是塑料包装材料中仅略低于聚乙烯醇的高阻隔性树脂，而且具有极佳的保香性；EVOH 的成型性能极其优良，可采用常规的热塑性塑料的成型设备和加工方法成型加工（聚乙烯醇的成型性能极差，需要特殊的成型设备与成型方法才能成膜）。除上述优点之外，EVOH 还具有很好的环保适应性，因此曾被认为是最有发展前景的品种，但因其成本居高不下，应用受到限制，仅用于价值较高、需要高阻隔性包装的商品。

6.3.1.7 聚偏二氯乙烯

聚偏二氯乙烯（PVDC）也是一种高阻隔性树脂，它具有大体和 EVOH 相当的阻隔性，而且还具有极其优良的阻湿防潮性［透湿性可达 $5g/(m^2 \cdot 24h)$ 以下］，作为高阻隔性包装材料的基材使用效果十分突出，但其成型加工性能较差，成膜设备还需要特种合金制造的螺杆、料筒及模头，采用涂布加工，工艺性也较强，因此制品的成本较高。此外，PVDC 还有对环境保护的适应性差的问题，因而应用上受到一定限制。总而言之，PVDC 是一种优点与缺点均十分突出的材料，因而是一个备受争议的品种。

6.3.2 纸张

纸张是传统的包装材料，也是目前使用较多的软包装材料的基材之一。作为软包装材料的基材，其主要特性为印刷性能突出，可折叠性好，具有可降解性好、价格较为低廉等优点。其不足之处主要是阻氧防潮性差，耐水性、耐油脂性差。此外，它不具备热封合性能，需采用黏合制袋，使用中封口比较麻烦，因此单一的纸张不能满足许多商品包装的基本要求。和塑料、铝箔等材料组合使用，则可在保持其优势的前提下克服其固有的许多缺点。

6.3.3 铝箔

铝箔的最大优势是高度的阻隔性，既能有效地阻隔氧、氮等非极性气体的透过，又具有高度的阻湿防潮性，此外，还有极佳的阻隔紫外线的特性，这些特性对于食品、药品等众多商品的包装具有极其重要的意义。但铝箔机械强度较差，不具备热封合性能，难以作为实用性的包装材料加以应用。采用铝塑复合软包装材料，可在保持铝箔上述固有的特点的基础上消除铝箔机械强度较差、不具备热封合性能等缺点，成为用途广泛的实用性包装材料。

作为软包装材料用基材，铝箔的缺点是折叠时可能产生裂缝而使阻隔性大幅度降低；它不透光，不具透明性，因此对所包装的商品展示性差；此外，它不能透过微波，因而不能用于微波食品的包装。

6.4 复合软包装材料的生产方法

6.4.1 常见方法简介

复合软包装材料的生产方法中，最为常见的是干法复合、挤出复合、共挤出复合。此外，无溶剂复合、涂布复合、蒸镀复合、热熔胶复合等也是制造复合软包装材料比较常用的方法。

6.4.2 常见方法的比较

6.4.2.1 干法复合

干法复合是国内复合软包装材料生产中应用最为广泛的生产方法，该法最大的优点有如下几个方面。

① 适应性广。可用于各种复合软包装材料的生产，既可以用于各种塑料薄膜间的复合，也可以用于塑料薄膜与其他膜状材料（如纸、铝箔、含无机涂层的塑料薄膜等基材）的复合。

② 工艺成熟，配套性好。干法复合在国内应用使用时间较长，生产设备及辅助设备（干法复合机、印刷机械、表面电晕处理设备、制袋机等）、常用原辅材料（复合用塑料薄膜基材、铝箔、纸张、印刷油墨、胶黏剂等）均有企业生产供应。

③ 市场成熟，应用广泛。干法复合在国内经过三十多年的生产应用，在国内业已培育出成熟的市场；干法复合产品已得到国防、科研、工农业生产等各行各业的认同，应用十分广泛。

作为一种工业化生产工艺，干法复合也有许多缺点与不足，主要有以下几点。

① 干法复合以膜状物（半加工产品）为原料，而且生产过程中能耗较高，干法复合产品往往有成本较高的问题。

② 干法复合采用溶剂型胶黏剂，存在许多的缺陷，例如易燃、易爆，环保适应性较差，处理不当还可能导致产品中残余溶剂超标、卫生性能低下等问题。

6.4.2.2 挤出复合

挤出复合原则上也可以用于各种软包装材料的复合，挤出复合的部分塑料层以塑料粒子为原料，通过熔体的形式复合到膜状基材的表面上，或者置于两膜状基材之间，起胶黏剂的作用。挤出复合生产过程中不使用溶剂，可进行清洁化生产，部分采用塑料粒子为原料，和干法复合相比生产成本也比较低廉，目前国内已有比较普遍的应用。但挤出复合制品的层间粘接强度较差，若包装材料要求较高，挤出复合的产品常难以满足使用上的需要。

6.4.2.3 共挤出复合

共挤出复合全部采用粒状或粉状塑料为原料，该工艺具有生产成本较低、可清洁化生产、产品层间结合力强等优点，但仅适用于全部由热塑性塑料组成的复合软包装材料的生产，不能制造含铝箔、纸张、织物等基材的复合软包装材料，应用上受到较大限制。此外，共挤出复合不能制造层间印刷的产品。

6.4.2.4 无溶剂复合

无溶剂复合的加工过程、产品适用范围与干法复合大体相同，不同之处在于其胶黏剂百分之百是固体物质，不含溶剂，因此，其环保适应性、安全性、生产成本等方面均较干法复合更为优异，对其应予以高度重视，注意创造条件，逐步实现从干法复合到无溶剂复合的转变。目前国内的无溶剂复合设备的开发尚处于起步阶段，无溶剂复合用胶黏剂的品种还比较单一，因此，虽然它是一种极具发展前景的复合工艺，无溶剂复合工艺在国内的普遍应用尚需一段时间。

6.4.2.5 其他工业化复合方法

其他工业化复合方法，还可举出涂布、真空蒸镀、热熔胶复合等，虽然它们各具特色，但与前面几种复合方法相比应用面较窄。涂布主要用于制造含 PVDC、PVA 以及含丙烯酸类树脂涂层的产品；热熔胶复合主要用于制造使用温度较低的产品；蒸镀类复合工艺在制造镀铝、镀氧化硅等高阻隔层方面的开发应用已初露头角，应予以高度重视。

6.5 软包装材料的发展趋势

软包装材料的发展趋势，可归纳为如下两个方面。

6.5.1 高功能、低成本化

高功能化、提高产品质量并降低成本是市场经济中商品提高竞争能力的普遍需求，也是软包装材料发展的主要方向之一。为了实现高功能、低成本化的需求，目前软包装材料生产方面的发展有如下一些特征。

6.5.1.1 多种复合方法的综合应用

（1）多层共挤出复合与拉伸制膜的结合使用　通过这种组合，在生产线中经过一次加工同时完成复合与拉伸的加工，较单独使用多层共挤出复合法或者单独使用拉伸法生产薄膜可达到提高产品质量或者降低产品成本的目的，或者同时达到提高产品质量和降低产品成本的目的。因此，多层复合工艺与拉伸工艺结合使用的情况越来越多，目前新建的拉伸薄膜生产线都毫无例外地采用了与多层复合结合的方式，即采用了多层共挤出复合模头。

（2）多层共挤出复合与干法复合的结合使用　利用多层共挤出复合生产具有

mPE/LDPE 结构的高热封合性能、低成本的热封层用干法复合薄膜基材（mPE 做热封面，改善热封合性；LDPE 为主层，降低成本），这种热封基材已用于洗发液等产品的包装，可明显地减少破损率，业已成为近期十分引人注目的产品。

6.5.1.2 生产工艺或设备的改进

通过科技创新的手段改进生产工艺、设备，对于提高软包装行业的产品质量与降低成本具有积极的意义，值得注意。通过生产工艺、设备的改进提高软包装行业的产品质量与降低成本的案例很多。例如，多层共挤出吹塑薄膜机组中机顶旋转装置的采用可明显提高薄膜的平整度；泡管内冷却装置可以提高生产效率，降低生产成本；蒸镀铝前薄膜的表面预处理可以大幅度提高蒸镀层的牢度，制造出高阻隔性软包装基材。过去蒸煮袋等高质量的铝塑复合薄膜大量采用干法复合工艺生产，生产成本高，而且对环境危害较大，日本东洋制罐公司开发了以马来酸酐改性的聚丙烯为涂布材料的特种挤出涂覆工艺，制得了可用于蒸煮袋等的高质量、低成本的挤出复合型铝塑复合薄膜，复合强度可达 8N/15mm 以上，为铝塑复合薄膜的广泛应用创造了良好的条件。

6.5.1.3 新型原材料的开发应用对软包装材料发展的推动作用

塑料新品种的开发应用是软包装材料发展的重要方面，特别是茂金属聚乙烯工业化生产以后在软包装材料热封层中的应用具有较高的性价比，效果十分显著，可以根据软包装材料的实际需要选择应用。近年来，新型原材料的开发应用中值得注意的还有双峰聚乙烯薄膜、聚乙烯醇涂布聚乙烯薄膜、聚乙烯醇涂布聚丙烯薄膜、铝蒸镀型 PET 薄膜、铝蒸镀型 OPP 薄膜、氧化硅蒸镀型 PET 薄膜、氧化硅蒸镀型 OPP 薄膜等。为适应社会老年化和快节奏的需要而开发、生产的易开封包装材料，在容器易开封盖材成功应用的基础上又开发了袋用易开封类包装材料的研发工作，其中有易开封型产品和易撕裂型产品，采用这些材料制造的包装袋不需要使用刀子或钳子之类的工具就能方便地将商品取出。

6.5.2 绿色包装的发展

6.5.2.1 绿色包装的内涵

绿色包装应当同时具备 3 个基本条件，即安全卫生、环境保护、节约资源。如果一种包装不具备或者不完全具备上述 3 个基本条件，就不能称为绿色包装。

（1）安全卫生 安全性是指包装必须对所包装的商品有可靠的保护功能，是任何包装均必须具有的基本功能，因而它具有普遍意义。

卫生性是指使用的包装材料必须对人、畜不产生毒害，符合相关卫生标准的要求。不同的商品对包装材料的卫生性能的要求不尽相同，这一要求对于食品、药品尤为重要。

（2）环境保护 包装材料必须与环境保护的需要相适应。关于包装材料对环境保护适应性的问题，必须从生命周期的观点进行分析，即要求包装材料从原料开始到包装材料的生产加工、使用直至使用以后废弃物的处置全过程（整个生命周期）中均对环境保护有良好的适应性。这里强调的是全过程，而不仅仅要求包装材料在某一个或者某一些环节对环境保护有良好的适应性，也就是说治理"白色污染"，防止包装废弃物对自然环境的污染是十分重要的，是发展绿色包装的重要方面，但就发展绿色包装而言，仅仅治理"白色污染"（包装废弃物），是远远不够的。

（3）节约资源　主要指节约物资与能源，当然，从深层次上讲还有节约人力资源的问题。

6.5.2.2　塑料软包装领域绿色包装的发展

从绿色包装的内涵不难看出，符合绿色包装基本条件的包装材料既对提高人民当前的生活质量有利，又符合可持续发展的战略需要，是比较理想的包装材料，因此在绿色包装的概念提出以后立即得到方方面面的重视和各行各业的青睐。近年来在塑料软包装领域，绿色包装工作也有明显的进展，主要表现在如下几个方面。

① 环境保护适应性好的生产工艺，特别是清洁生产，越来越受到业界欢迎。

在软包装生产中，清洁生产的工艺所占比例不断扩大。比较突出的例子有使用无三废物质产生工艺替代对环境影响较大的干法复合工艺，如采用无溶剂复合、共挤出复合、挤出复合等工艺替代干法复合工艺；利用真空蒸镀的方法生产含镀铝涂层、含氧化铝镀层以及含氧化硅镀层的高阻隔性软包装复合基材等。

② 环境保护适应性较好的原料及辅助材料的应用不断增加。这方面的例子有干法复合中水性胶黏剂的应用、醇溶性油墨的应用、高浓度聚氨酯胶黏剂的应用以及利用 PVA、改性 PVA 溶液通过涂布加工制造高阻隔性软包装基材等。

③ 废弃软包装材料的无害化处理工作已提上日程。其中包括塑料购物袋的无害化回收利用（废水的处理达标排放）、塑料薄膜的易焚烧化（填料高填充化）以及降解塑料薄膜的产业化等，引起各方面越来越多的关注，并取得了一些成功的经验，在生产中得到了实际应用。

参　考　文　献

[1]　蔡明池. 塑料加工，2003，(2)：1-5.
[2]　邓煜东. 塑料加工，2003，(2)：32-35.
[3]　高永和等. 塑料包装，1996，(4)：35-37.
[4]　廖启忠. 塑料包装，1996，(3)：31-32.
[5]　葛良忠彦. プラスチックスージ，2002，(6)：106-112.
[6]　奈良功. 包装技术，2003，(2)：8-15.

第7章 塑料薄膜的干法复合

7.1 概述

我国塑料包装材料的发展起步较晚，约在 20 世纪 70 年代末逐步兴起，但发展速度很快。到 2011 年，塑料包装材料的产量已达 1600 万吨左右，约占全部塑料制品的 23.6%，与国际先进水平差距正在缩小。目前塑料包装材料主要品种有塑料软包装材料（塑料薄膜及其复合材料）、塑料编织袋、塑料容器及发泡材料等几个大类，其中塑料软包装材料所占份额最大，占塑料包装材料总量的 42.5% 以上。

塑料包装材料发展迅速、应用面广的原因，主要得益于塑料品种繁多、性能优越、成型方便、具有一定的透明度、价格相对低廉等众多优点，而且在应用中，当任何单一材料都不能满足使用需求的情况下，可以通过复合的加工方式，将性能迥然不同的两种或者多种塑料组合在一起，满足各种使用上的要求。塑料复合薄膜，则是这种应用的典型代表。

复合薄膜常采用的制备方法之一，是由两种或两种以上的薄膜，通过一定的黏合剂将它们粘接起来，使它们成为统一的整体薄膜，从而克服单一的性能缺陷，集合各自性能的优势，改进单一薄膜功能上的不足，以适应各种商品包装功能要求的一种复合包装材料。干法复合是目前我国各种复合塑料薄膜生产工艺中，应用面最广、应用量最大的一种常见复合生产工艺，值得我们高度关注、研究。

所谓干法复合，是指使用干法复合设备，在一种待复合的基材薄膜的一个表面上，涂布上一定上胶量，通过复合设备的烘道将胶层中的溶剂挥发排除，并经热压辊将它的涂胶面与另一种待复合的基材薄膜贴合（黏合）在一起，制备复合薄膜材料的方法。

干法复合的主要优点是适应面广，可以应用于各种相同或不同塑料薄膜之间的复合，也可应用于塑料薄膜与其他非塑料的膜状基材（如纸张、铝箔等基材）的复合，理论上讲，在一定条件下，如基材薄膜的厚度、表面能等，它可以生产任何结构的塑料复合薄膜，而且具有操作方便、成本相对比较低廉等优势。因此自 1965 年德国的赫贝茨公司开发成功干法复合工艺以来，至今已有近 50 年的历史，它一直作为塑料薄膜复合领域中一种主流的复合工艺，运用在复合塑料工业中。

干法复合的主要缺点是生产过程中有大量的溶剂排放、回收工作，溶剂的排放会对环境保护、卫生安全、消防工作、人员健康等带来诸多负面影响。

干法复合看似简单，但在实际生产中，由于受到设备、基材、胶黏剂、油墨、生产工艺、操作水平等诸多因素的影响，要得到高质量的产品，需要我们付出艰辛的努力。下面将对有关的问题进行概略的介绍。

7.2 复合薄膜中常用的基材

如前所述，干法复合具有广泛的适应性，可以应用于多种基材的复合，下面对常见基材分别予以简单的介绍。

7.2.1 非塑料材料

7.2.1.1 纸

纸是历史最悠久、用途最广泛的包装材料之一，它是用木质纤维做成的，由中国的蔡伦发明，是我国四大发明之一，距今已有近两千年的历史了。

在历史上，最早的纸是在周代时利用蚕丝织造的，称为"缣"，在上面写字称为"帛书"。后来到了西汉时期，我国劳动人民就用劣等丝绵制成类似今天的纸张一样的东西，但由于方法复杂而未能推广。到了东汉时期的和帝元兴元年（即公元105年），蔡伦总结了历史上劳动人民的经验，经过改良，用竹子纤维木质素为原料，创立了新的造纸方法。近两千年后，尽管现在的纸品种繁多，质量也不可同日而语，但其基本原材料和方法与蔡伦时期十分相似。所以说造纸是我国劳动人民对世界文化和文明的重大贡献，一点也不为过。

各种纸张有它们各自的性质。纸张的用途不同，对纸张的性质也有不同的要求。如书刊印刷用纸要求吸墨性好，而彩色印刷用纸则要求吸墨性差。因此，了解和掌握各种纸张的性能，对于合理利用资源和提高产品质量会有很大的促进作用。

(1) 凸版纸　凸版纸的部颁标准是 QB/T 3524—1999。

凸版纸分为一号、二号两种，主要供印刷书刊、杂志之用，又分为卷筒凸版印刷纸和平张凸版印刷纸。

凸版印刷纸的性质主要是纸质松软、吸墨性强、纸面平滑、不起毛，以保证墨迹及时干燥、印刷图文清晰，虽然对其抗水性要求不高，但要求具有好的机械强度，要有好的弹性和不透明性，以免两面印刷时发生透印现象。

(2) 胶版纸　胶版纸的部颁标准是 QB/T 1012—2010。

胶版纸分为胶版印刷纸和胶版书写纸两种，它有卷筒胶版纸和平张胶版纸之分，又有单面胶版纸和双面胶版纸的区别。

(3) 铜版纸　铜版纸的部颁标准是 QB/T 10335—1995。

铜版纸是在原纸的表面涂上一层白色涂料后经超级压光加工的涂料纸，主要用于胶印、凸印图版印刷和凹印网线产品，如画册、画报、月历、年历、商品样本、书刊精细插图、出口商标和宣传品等。

铜版纸均为平张纸，有单面和双面之分，它与其他印刷纸张不同，其质量既要取决于原坯纸样的质量，又要有较好的涂料加工及处理方法。

（4）白板纸　白板纸多为平张纸，分为特级和普通两种，并有单面和双面之分，它由里浆和面浆组成，面浆是漂白化学木浆、苇浆或破布浆；里浆一般用较次的木节浆、低级苇浆、稻草浆和废纸浆等，白板纸的面浆须加入适量的填料和胶料，以适应印刷的需要。

白板纸应洁白平滑，厚薄一致，质地紧密，不脱粉掉毛，伸缩性小，有韧性，折叠时不断裂，并有均匀的吸墨性，这样才能符合印刷和包装商品的要求。

纸的特性是无毒、易燃、刚性、不透明、易印刷、好粘接，它的缺点是透过性大、防潮防湿性差、机械强度不高。

纸可以单独作为包装材料使用，特别是做成纸板箱、纸盒、高级礼品盒等方面，用量很大。利用它的易印刷性和刚性优点，把纸与各种塑料膜甚至加上铝箔复合起来，更可以充分发挥它的特长，在牛奶、果汁、香烟、奶酪、茶叶、咖啡等各种包装上应用甚广。

近十几年来，由于塑料有"白色污染"问题，为保护环境不受"白色污染"的破坏，对使用纸作为包装材料的呼声日益高涨。但造纸要耗用大量木材，砍伐大量森林，而森林是我们人类赖以生存的生态环境中十分重要的物种，对水土保持、气温调节、空气置换和野生动物繁殖都起着重要的作用。过度砍伐森林会严重破坏整个地球的生态平衡，引起重大灾难，对人类生存造成极大威胁，是人类不明智的自杀行为。另外，在用木材造纸的工艺过程中，要耗用大量能源，会产生大量造纸黑液废水，严重污染江河水质，它与皮革厂、电镀厂、染化厂同属重污染型工业。所以，节约用纸、保护森林是全人类保护地球生态平衡的共同要求。当然，纸张丢弃在自然界后，会在短时间内自然降解，不像塑料那样会有"白色污染"的危害，这是它的优点。但从总体综合平衡来考虑，若不用塑料来代替纸张，则从食品、药品、工业用品等的保质保量、减少损失和生态平衡、减少污染上来看，它所造成的经济损失、物质资源的浪费和对地球人类的危害更大。

近年的调查表明，在美国，纸张作为包装材料使用的增长率比塑料包装材料的增长率要低，塑料包装材料在若干年内，还是一种主要的包装材料。所以，我们不要被"白色污染"所吓倒，而是要在新措施和新技术上下工夫，现在正在提倡的"减少使用、循环利用和再生利用"（通称 3R，即 Reduce、Recycle、Reuse）的做法是有益的，与此同时，还要在开发新产品上努力，寻找既有塑料固有优点，又能像纸那样可以自然降解的新型材料来代替纸和一般塑料。最近几年，全世界都在这个方面做工作，我国不少地区都有效果不错的降解塑料生产技术，并已有产品供应市场甚至出口。应该说，这才是正确的选择。

7.2.1.2 铝箔

铝箔是用高纯度铝经多次压延后使其变成极薄形式的基材产品。作为包装材料使用的铝箔,有硬铝(药片、药丸的泡罩包装上使用)和软铝(复合软包装材料上使用)两种。一般来说,硬铝的厚度为 $20\sim25\mu m$,软铝的厚度大多为 $7\sim9\mu m$,也有少量为 $11\mu m$、$12\mu m$ 厚或更厚一些的产品。

由铝板压延制造铝箔的过程中,除了要有高纯度的铝材原料外,还要用非常精密的压延设备,要用大量的润滑油对它进行冷却和润滑。在压延时,每压一次,其厚度减少很多。当压延到相当薄时,则把两片铝贴在一起再去进行压延变薄。所以,最后的产品总是接触压延辊的那一面光,另一面就不光。如果总是单片压延,其最后产品是两面光的。

压延好的铝箔,在最后收卷之前,要用大量的低沸点有机溶剂对其表面进行清洗,将压延时所使用的润滑油清洗干净。这样收卷起来,未经软化处理的产品是硬质铝箔。作为复合材料使用的软质铝箔,是将此清洗干净、收成卷状的铝箔,放入高真空($0.0133Pa$,也就是 $10^{-4}mmHg$)状态下的退火炉里去,加热到 $350\sim500℃$ 高温处理一段时间而得的产品。原先刚压延出来的硬质铝箔,经高温退火就会变成软质铝箔,在这么高的温度下,极少量残留在其表面的润滑油,也会被烧掉,油污减少,使表面清洁度提高,有利于印刷粘接。但是,由于铝是活泼性金属,在高温下很容易与空气中的氧气发生氧化作用,使极薄的铝箔变质。为了避免这个现象,就要把空气抽光。在高真空状态下,几乎没有氧气存在,所以不会氧化。另外,在高真空状态下,残留的润滑油更易挥发,变成气体被蒸发掉,有利于铝箔表面清洁度的提高。

压延铝箔本应是阻隔性非常好的材料,不透光,不透湿,不透气,但是,由于铝的纯度和生产环境空气中尘埃的关系,当压延到 $10\mu m$ 以下厚度时,往往会有针孔存在,针孔数的多少和孔径的大小,基本上取决于尘埃的多少和尘埃颗粒直径的大小。孔越多,孔径越大,则透过性也越大,阻隔性就越差。所以,在生产铝箔时,要用高纯度的铝锭原料,铝的纯度最少要大于 99.5%。另外,压延车间要无灰尘,空气要过滤净化,车间内处于正压状态,空气只能从车间里往外逸出去,外界未净化的空气不能进来。这种条件下压延出来的铝箔才不会有很多针孔。一般来说,厚度 $7\mu m$ 的铝箔,其针孔数应少于 200 个/m^2,$9\mu m$ 的铝箔应少于 100 个/m^2,$11\mu m$ 的铝箔应少于 30 个/m^2,而且孔径不得大于 $20\mu m$。随着加工设备和工艺技术的进步,当今铝箔的质量又有很大提高,特别是针孔数大大减少,目前 $6\mu m$ 厚的铝箔针孔小于 100 个/m^2,$7\mu m$ 厚的下降到 50 个/m^2 以下,$9\mu m$ 厚的只有 5 个/m^2 左右,而 $15\mu m$ 厚的就没有针孔了。这对提高铝箔的阻隔性十分有利。当针孔数少,孔径又不大时,把铝箔与其他材料复合起来后,其阻隔性还是十分优良的。各种铝箔的性能列于表 7-1 中。

表 7-1 铝箔的性能

铝箔种类	拉伸强度 /MPa		伸长率 /%		破裂强度 /kPa
	纵向	横向	纵向	横向	
硬质铝	1.87	1.99	0.5	1.7	50
半硬质铝	0.68	0.61	4.3	4.8	50
软质铝	1.28	1.30	0.5	1.0	42

由于铝是活泼性金属，与空气接触后会慢慢被氧化，表面有一层紧密的氧化膜覆盖着，一般硬铝的表面氧化膜厚度约 1×10^{-9} m。软铝比较厚一点，可达 3×10^{-9} m。这种氧化膜比较稳定，起到保护更里面的铝不再被氧化的作用，也使其表面产生更多的极性，有利于粘接和印刷。

铝箔本身极薄，表观机械强度不高，易撕碎、折断，不能单独作为包装材料使用，而是要与纸、塑料等复合后才能充分发挥它的耐高低温性和高阻隔性的突出优点。

铝箔与别的基材粘接起来时，其表面的清洁程度对粘接的难易起着决定性作用，其中油污又是关键性问题。上面说过，压延时用了大量润滑油，虽经清洗、退火，但仍难免残留一些。而残留多少就决定了它的清洁程度的好坏。若油污较多，有一层油膜，则起到脱模和妨碍粘接的作用。所以，对铝箔有一个清洁度要求，就好像对聚乙烯、聚丙烯薄膜的表面张力要求在 38mN/m 以上一样。铝箔的清洁度一般分为 A、B、C、D 四级，表明油污多少。其中 A 级最好，几乎没有油污，表面张力在 72mN/m 以上；D 级最差，表明油污严重。A、B、C、D 四级的测量方法如下。

(1) 准备好 A、B、C、D 四级测量液体
① A 级液体　由 100% 的蒸馏水组成。
② B 级液体　由 10% 的无水乙醇与 90% 的蒸馏水组成。
③ C 级液体　由 20% 的无水乙醇与 80% 的蒸馏水组成。
④ D 级液体　由 30% 的无水乙醇与 70% 的蒸馏水组成。

(2) 检测方法　将需检测的铝箔放置在一个 45° 角倾斜面的平木板架上或玻璃板上摊平。用上述 A、B、C、D 四级液体依次分别喷淋，铝箔表面应全部均匀地被其中的某一级检测液体润湿成液膜，不收缩成一块一块或一点一点，没有水珠或液珠，则此铝箔就符合该级液体的级别了，由此确定其清洁度是 A、B 级还是 C、D 级。对于粘接制造复合包装材料来说，其清洁度最好是 A 级，它的表面张力在 72mN/m 以上，若达不到这么高的要求，则应在 B 级以上，低于 B 级则不太好了，不能采用。

当然，用高表面张力的达因检测笔去测定铝箔的表面张力是十分方便的。

20 世纪 80 年代之前，我国包装用铝箔工业非常不发达，只有东北 101 厂和上海铝材一厂能生产质量不太好的 $11\mu m$ 以上厚度的产品，而且产量很小，供不应

求。现在，增加了华北铝业、南海铝业、厦顺铝业、上海美铝、江苏大亚、西南铝业等厂家，最薄的产品已可达 $6\mu m$，与世界水平齐步。但在表面清洁度、柔软性和韧性上尚有差距，弯曲时很容易断裂，因此还有不少日本、韩国的铝箔进入我国市场。

可以用在复合材料中的非塑料基材，还有织物、无纺布等材料，主要用在汽车、装饰材料等方面。

7.2.2 塑料薄膜

在复合材料中使用的塑料薄膜，按其用量大小，依次排列为：聚乙烯、聚丙烯、聚酯、聚酰胺（尼龙）、共挤膜、乙烯-丙烯酸酯共聚膜、玻璃纸等，在特殊场合下使用的有聚氯乙烯、聚苯乙烯、乙烯-乙酸乙烯酯共聚物、聚碳酸酯、聚偏二氯乙烯、聚乙烯醇、聚氨酯等。

表7-2是常用塑料薄膜的性能。根据表中所示性能，可以用两种以上的不同塑料薄膜再加上纸或铝箔进行排列组合，制造符合预定要求的包装材料。

表 7-2　常用塑料薄膜的性能

性　能	LDPE	HDPE	EVA	CPP	OPP	PVC	PT	PET	BOPA	PVDC	PVA	EVAL	PC
密度 /(g/cm³)	0.925	0.94~0.95	0.94	0.91	0.91	1.25~1.5	1.4~1.55	1.35~1.41	1.1~1.2	1.50~1.70	1.23~1.35	1.14~1.19	1.2
拉伸强度 /MPa	8.0~25	20~40	21~35	25~65	130~200	14~100	30~100	170~230	150~250	50~120	35~80	50~72	60~150
伸长率 /%	300~600	200~500	300~500	400~700	60~100	5~300	15~30	40~80	50~90	40~100	150~450	200~300	60~150
撕裂强度 /(N/25μm)	15~40	15~30	5.0~10	4.0~33	0.4~0.6	—	0.2~1.0	1.3~8.0	2.0~5.0	1.0~2.0	—	—	2.0~4.0
透湿率 (30℃, 90%RH) /[g/(24h·m²·25μm)]	10~15	4.5~10	60	7.8~10	4~10	25~100	大	20	200~350	1.5~4.5	10以上	15~60	40~50
透氧率 (23℃, 90%RH) /[mL/(24h·m²·25μm)]	2000~2500	500~2000	600~2500	1300~3400	2400	100~1500	3~5(干)	100~130	40~60	1.5~25	5~7	0.5~5	60~1300
最高使用温度 /℃	100	120	60	145	120	100以下	—	150	150	—	—	—	130
最低使用温度 /℃	−50	−50	−50	—	−40	视增塑剂量	—	−60	−60	−30	—	—	−60
耐油脂性	良	良	一般	良	良	良	不透	良	好	良	好	好	良
热封温度 /℃	120~180	135~180	100~140	160~205	—	100~180	—	—	—	—	90~170	130~180	—

7.2.2.1 聚乙烯薄膜

表 7-3 是高、中、低三种密度的聚乙烯薄膜的一般性能比较,一般来说,随着密度的升高,力学性能和阻隔性能提高,耐热性也好。

表 7-3　各种密度的聚乙烯薄膜的一般性能比较

材料	密度 /(g/cm³)	拉伸 强度 /MPa	伸长率 /%	耐折性 /次	冲击强度 /(kJ/m)	吸水率 /%	透水蒸气率 /[g/(m²· 24h·25μm)]	透氧率 /[mL/(m²· 24h·25μm)]
LDPE 薄膜	0.910～ 0.925	11～21	100～700	优秀	0.07～ 0.11	<0.01	15.5～23.3	3900～13000
MDPE 薄膜	0.926～ 0.940	14～25	50～650	非常高	0.04～ 0.06	<0.01	10.85	2600～5200
HDPE 薄膜	0.941～ 0.965	17～43	10～650	非常高	0.01～ 0.03	无	4.65	520～3900

表 7-4 是流延 PE（又称 CPE）薄膜和吹塑 PE（或称 IPE）薄膜的性能比较。

表 7-4　流延 PE 薄膜和吹塑 PE 薄膜的性能比较

材　料	浊度 /%	拉伸强度 /MPa		伸长率/%	撕裂强度 /(N/cm)	透湿率 /[g/(m²·24h·20μm)]
流延 PE 薄膜	3.5	纵向	70～100	150～400	<10000	12.5
		横向	25～40	50～150	30～100	
吹塑 PE 薄膜	7.5	纵向	25～60	200～650	150～10000	7.5
		横向	17～30	100～750	40～150	

7.2.2.2 聚丙烯薄膜

复合薄膜基材中,聚丙烯薄膜常见的成膜方法有流延法（非拉伸法）和双向拉伸法两种,成膜方法不同,得到的产品性能也不同,具体见表 7-5。

表 7-5　CPP 薄膜与 BOPP 薄膜的性能比较

材料	密度 /(g/cm³)	拉伸 强度 /MPa	伸长率 /%	耐折性 /次	冲击强度 /(kJ/m)	吸水率 /%	透水蒸气率 /[g/(m²· 24h·25μm)]	透氧率 /[mL/(m²· 24h·25μm)]
CPP 薄膜	0.885～ 0.895	3.2～7.0	500～ 1000	非常高	0.01～ 0.03	<0.005	4.18	3720
BOPP 薄膜	0.902～ 0.907	8.4～ 28.2	20～200	优秀	0.12～ 0.2	<0.005	2.17	1860

双向拉伸的 BOPP 薄膜有非常好的透明性,耐热性也比 CPP 薄膜好,又有较好的阻隔性,大量用在复合袋的外层之中,把它与热封性好的 LDPE、CPP、EEA、mPE、EAA 或铝箔等复合起来,大大提高复合膜的刚性、挺括度和物理机械性能。如果在 BOPP 基膜上涂一层防湿阻隔性优良的 PVDC,则既可使其具有一定的热封性,又大大提高它的防透过性,在香烟包装、磁带包装上大量应用。

流延聚丙烯（CPP）薄膜由于具有好的热封性，多用在干法复合包装袋的内层，特别是制造耐高温（121℃以上）蒸煮袋，非它不可，它可以制造耐145℃高温短时间杀菌蒸煮的复合袋。

作为耐高温蒸煮的CPP薄膜，不同原料生产的CPP薄膜有不同的热封强度和耐热稳定性。我国已有不少厂家生产，但有部分会在高温蒸煮后要发硬变脆，封口强度不高，而日本的トレ3701、XRC-18等就不是这样。另外，CPP真空镀铝后再与BOPP、PET、BOPA、PT等复合，作为内层材料使用的场合也很多。

除了BOPP和CPP两种聚丙烯薄膜以外，还有一种下吹水冷法制造的高透明性聚丙烯薄膜。这种聚丙烯薄膜有类似BOPP薄膜那样好的透明性，但又具有较好的热封性，多用在单膜的服装包装上。

7.2.2.3 乙烯-乙酸乙烯酯共聚物薄膜

乙烯-乙酸乙烯酯共聚物（EVA）的水解产物为乙烯-乙烯醇共聚物（EVAL或EVOH）。

EVA薄膜具有很好的透明性、耐穿刺性、耐寒性、耐油性、柔软性、耐冲击性和低温易热封性，但耐热性和耐湿性比聚乙烯差。乙烯-乙酸乙烯酯共聚物的水解产物EVAL，或称EVOH，其主要特点是对氧气等非极性气体以及油脂、香味的阻隔性佳。人们常将EVOH与PE、PP、PA等进行共挤吹膜或共挤流延，制造具有高阻隔性的共挤膜，其中有3层共挤膜，也有5层、7层共挤膜直至11层共挤膜。

表7-6是EVA薄膜和EVAL薄膜的一般性能。

表7-6　EVA薄膜和EVAL薄膜的一般性能

材料	密度 /(g/cm³)	拉伸强度 /MPa	伸长率 /%	耐折性 /次	冲击强度 /(kJ/m)	吸水率 /%	透水蒸气率 /[g/(m²·24h·25μm)]	透氧率 /[mL/(m²·24h·25μm)]
EVA薄膜	0.94	21～35	300～500	优	0.11～0.15	小	60	8000～10000
EVAL薄膜	1.14～1.19	52～83	230～280	好	0.004～0.048	大	15～18	0.4～5

从表7-6可以看出，由于EVAL的分子中含有较多的羟基（—OH），所以吸水率比EVA大，水蒸气透过率比LDPE高，但氧气透过率却极小，是阻氧性极好的材料。

7.2.2.4 聚乙烯醇薄膜

聚乙烯醇（PVA）薄膜的突出优点是强韧性好，不带静电，有高极性、高透明性，光泽好，又有很好的耐油性和耐有机溶剂性，拉伸强度高，延伸率大，极柔软，手感极好，除了水蒸气透过率大外，其他气体的透过率极小。

PVA薄膜有耐水性和水溶性两种，是由它的水解度来决定的。水解度高则是水溶性的，小到一定程度便是耐水性的。

在 PVA 薄膜中，耐水性者占 80%。主要用在高级服装的直接包装之中，这是由它的高透明性和舒适的手感所决定的。而水溶性 PVA 薄膜则在生理用品、染料、洗涤剂、农药等小单元包装上应用。在食品包装上，PVA 薄膜主要是以气体阻隔性好的材料与其他基膜复合而应用，目前以共挤膜居多。

7.2.2.5 玻璃纸

玻璃纸（PT）分为防潮和不防潮两类，防潮玻璃纸是在一般的玻璃纸基膜上涂上硝化棉、氯醋共聚树脂或聚偏二氯乙烯树脂而制成的。普通的玻璃纸中含有 $2\%\sim15\%$ 的水溶性增塑剂，从而改善它的脆性，所以对环境的湿度很敏感，吸湿性大，水蒸气透过率也大。而防潮玻璃纸则没有这个缺点。

作为包装材料，玻璃纸的优点是：高度透明，无色，刚性好，挺括，不带静电，极性大，印刷适应性好，气体透过性小，耐油性佳，光泽度好，特别耐阳光照射而不泛黄、不老化，不易被污染弄脏，耐热性好，扭结后不反弹，所以是历史悠久的一种包装材料。

玻璃纸的缺点是：脆性大，特别是在十分干燥的环境中更显脆性，易断裂，耐寒性差，不耐水，无热封性，虽然涂上了一些树脂后可具热封性，但热封强度不高，不能作为内层热封材料（如 LDPE、CPP 等）那样使用。

表 7-7 为玻璃纸的一般性能。

表 7-7 玻璃纸的一般性能

密度 /(g/cm³)	拉伸强度 /MPa	伸长率 /%	破裂强度 /(kJ/m)	撕裂强度 /(N/25μm)	吸水率 /%	透水蒸气率 /[g/(m²·24h·25μm)]	透氧率 /[mL/(m²·24h·25μm)]
1.40~1.50	20~40	15~100	0.08~0.15	20~100	45~115	>20000	10(湿度高时增大)

7.2.2.6 聚酯薄膜

聚酯（PET）薄膜一般指聚对苯二甲酸乙二醇酯薄膜，通常为双向拉伸薄膜，它具有极高的机械强度和刚性，非常挺括，耐热性极高，耐药品性极好，透明性和光泽度也十分优良，水蒸气和氧气透过率不大。它具有特别好的保香性，这一点是其他所有塑料薄膜不可比拟的。表 7-8 为 PET 薄膜的一般性能。

表 7-8 PET 薄膜的一般性能

密度 /(g/cm³)	拉伸强度 /MPa	伸长率 /%	冲击强度 /(kJ/m)	撕裂强度 /(kJ/m)	吸水率 /%	透水蒸气率 /[g/(m²·24h·25μm)]	透氧率 /[mL/(m²·24h·25μm)]
1.40	1.2	110	0.48	0.053	0.22	28	70

PET 薄膜的印刷适应性也很好，是复合包装袋中最广泛用作外层的薄膜，是在化妆品包装、蒸煮食品包装上用得最多的一种基膜。PET 薄膜是最早做成真空镀铝膜的基材，镀铝之后，可以使它具有漂亮的金属光泽，有极强的装饰作用，不

仅在复合包装上广泛使用,在烫金薄膜和防伪商标上更大显身手。

在 1997 年实现了聚 2,6-萘二甲酸乙二醇酯(PEN)产品的商品化供应,并应用到包装领域。PEN 较之 PET,在性能上具有以下优点。

① PEN 比 PET 具有更好的阻隔性,它的氧气透过率比 PET 小(氧气透过率仅为 PET 的 1/4),水蒸气透过率小(仅为 PET 的 1/3.5),二氧化碳透过率小(仅为 PET 的 1/5)。这种优良的阻隔性更有利于食品的保质、保鲜。

② PEN 比 PET 具有更高的耐热性。

③ PEN 对各种气味、介质的吸附性要比 PET 小,化学稳定性更高,能经受高温下碱性物质的洗涤和杀菌,抗热水解能力强。

④ PEN 比 PET 具有更高的机械强度,它的拉伸强度比 PET 高出 35%,弯曲模量高出 5%。

⑤ 由于 PEN 的分子结构对称性比 PET 小一点,所以 PEN 的结晶速度比 PET 慢,不必快速冷却也可以保持高透明度。

⑥ PEN 材料具有很好的紫外线阻断力和抗辐射能力。可以阻断波长 365nm 以下的紫外线穿透,防止内容物的光分解或退色变化,对绿色食品,怕光的药品具有很好的保护作用。由于它的抗辐射性好,所以在航空航天领域、抗电磁辐射领域有很广阔的应用前景。

PEN 不仅本身具有优良的性能,可以单独作为包装材料,还由于它与 PET 有很好的相容性,可以共混改性。

但由于价格因素的关系,目前 PEN 薄膜的应用尚十分有限。

7.2.2.7 聚酰胺(尼龙)薄膜

双向拉伸聚酰胺(尼龙)(BOPA)薄膜具有突出的耐穿刺性,很好的耐热性和印刷适应性,透氧率也不大。作为耐穿刺材料,BOPA 在真空包装复合袋和带骨带刺食品包装袋中广泛应用。由于它具有很好的柔软性,强度又高,在重包装袋中作为增强材料也普遍采用,例如高温蒸煮的烧鸡、烧鸭真空包装袋中,把它用在 CPP 与 AL 之间,既耐骨刺顶穿,又提高这种大袋的总体强度,能适应 1~2kg 容量的包装。表 7-9 是用尼龙-6 树脂做的两种尼龙薄膜 BOPA 薄膜和 CPA 薄膜性能对比情况。

表 7-9　拉伸聚酰胺(尼龙)(BOPA)薄膜和普通流延
聚酰胺(尼龙)(CPA)薄膜性能比较

材料	密度 /(g/cm³)	拉伸强度 /MPa	伸长率 /%	撕裂强度 /(N/cm)	吸水率 /%	透水蒸气率 /[g/(m²·24h·mm)]	透氧率 /[mL/(m²·24h·25μm)]
CPA 薄膜	1.13	0.63~1.27	250~550	1800~2800	9.5	324~1310	40.3
BOPA 薄膜	1.15~1.16	2~2.5	60~100	680~870	7~9	114~160	20~40

非拉伸聚酰胺（尼龙）（CPA）薄膜在冷冲成型全密闭的药品包装中应用很多。这种复合材料是用 CPA、铝箔和 PVC 或 CPP 复合起来的平膜，然后以一定形状的冲膜经几次冲压拉伸，形成能容纳与冲模形状相似的丸片状空穴，然后把药丸（或片）填入穴内，再与另一片未冷冲过的平膜经热压封接起来，完成对药品的包装，这种包装比以前的 PVC/铝箔型泡罩包装具有更高的密闭作用，它不透光、不透氧、不透湿，起到马口铁药罐瓶一样的作用，对某些怕光、怕潮、怕氧化的药物，可以起到十分良好的保护作用，这种包装材料正在替代 PVC 泡罩式包装被广泛应用。

7.2.2.8　聚氯乙烯薄膜

聚氯乙烯（PVC）薄膜是用加入适量增塑剂后的聚氯乙烯树脂以压延法、吹塑法或拉伸法制得的薄膜。PVC 薄膜有硬质、半硬质和软质三类，其性能略有不同，但都有一个共同的优点，就是透明性和印刷适应性好，也有一个共同的缺点，就是耐热性、耐寒性差。

硬质 PVC 薄膜中，30％用在纤维制品包装上，40％用在食品包装上，另外30％用在杂品包装上。软质 PVC 薄膜的 30％～40％用作包装，其余作为日用品而使用。这种薄膜足够薄时，具有一定的自黏性，曾在蔬菜、水果的包装上用得较多，但随着无毒的聚乙烯保鲜膜的出现，它已退出这一领域。

近年来，吹塑拉伸法生产的 PVC 薄膜，在代替玻璃纸作为糖果扭结包装上和收缩瓶贴包装上得到了推广应用。与玻璃纸一样，PVC 的密度较大，单位质量的 PVC 所做的薄膜，以同样厚度计算，其面积要比其他塑料的少，所以若按面积计算，其成本就较高。表 7-10 是 PVC 薄膜的性能。

表 7-10　PVC 薄膜的性能

材料	密度 /(g/cm³)	拉伸强度 /MPa	伸长率 /%	撕裂强度 /(kN/mm)	吸水率 /%	透水蒸气率 /[g/(m²·24h·mm)]
硬质 PVC	1.35～1.45	60～80	15～25	3.5～4.0	0.1	10～40
软质 PVC	1.24～1.45	20～50	150～500	25～40	0.1～0.5	35～150

聚氯乙烯制品中残留的氯乙烯单体是一种毒性很大，会引起癌变的物质，PVC 废弃物在焚烧时又要放出有机氯和氯化氢，对环境会产生严重的污染，所以近年来已有许多国家限制它在食品和药品包装中应用，所以原来在药包上使用的 PVC 已逐步被 PE 或 CPP 代替了。

7.2.2.9　聚偏二氯乙烯薄膜

聚偏二氯乙烯（PVDC）薄膜通常是采用管膜法加工而制成的，是阻隔性最好的一种薄膜，它的阻隔性不像 PVA 或 EVAL 那样易受湿度变化的影响，而是比较稳定，它具有良好的透明性和较好的耐热性、耐寒性，其单片膜甚至可以直接包装蒸煮食品，在火腿肠上已得到应用。

由于 PVDC 加工时，其分解温度与加工温度十分接近，工艺很难控制，分解出来的氯化氢又严重腐蚀设备，所以很晚才有把 PVDC 树脂加工成薄膜的技术出现。PVDC 乳液可作为玻璃纸、双向拉伸聚丙烯薄膜的防潮涂层，用它加工后的 PT 或 BOPP，更具有良好的防潮阻气性，提高了它的包装机能，当然这与涂上去的 PVDC 量有关系，涂布量多，阻隔性也好，图 7-1 和图 7-2 是在 BOPP 上涂 PVDC 后的透氧和透湿曲线。

从图 7-1 可以看出，当 PVDC 的涂布量为 $5g/m^2$ 时，它的透氧率（20℃，90%RH）是 $5mL/(m^2 \cdot 24h)$，比双向拉伸的 OPA 薄膜还好，相当于 EVAL 的阻隔性。

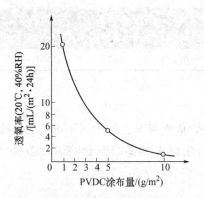

图 7-1 涂布量与透氧率的关系
（测试条件：20℃，40%RH）

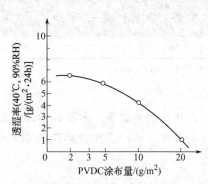

图 7-2 涂布量与透湿率的关系
（测试条件：20℃，40%RH）

表 7-11 是在 BOPP、BOPA、PET 基膜上涂 PVDC 后透氧率和透湿率数据对比。

表 7-11 涂 PVDC（2μm 厚）后透过性数据对比

材　　料	膜厚 /μm	透氧率 /[mL /(m² · 24h)]	透湿率(65%RH) /[g/(m² · 24h)]
BOPP	18	2300	7
K-BOPP	20	225	5
K-BOPP(两面)	22	25	4
BOPA	15	40	240
K-BOPA	17	16	12
PET	12	77	20
K-PET	14	17	12

近年来，在 BOPP、BOPA、PET 等基膜上涂布 PVA 涂层，制成的高阻氧性基膜，也得到了推广应用，较之 PVDC 类涂布薄膜，PVA 类涂布薄膜在干燥状态

下，具有更高的阻氧性，但涂层具有较大的吸水性，在潮湿的状态下，阻氧性下降，同时它的阻隔水蒸气通过的能力较差，因此只能作为复合薄膜的基材使用，将PVA涂层置于聚烯烃类防潮性薄膜保护中。

7.2.2.10　聚苯乙烯薄膜

聚苯乙烯（PS）是将苯乙烯单体用悬浮法经催化加热聚合而成的树脂。

聚苯乙烯薄膜是用双向拉伸法制造的，它具有极高的透明性和刚性，但耐热性和耐溶剂性不好，而且脆性大，易断裂。PS具有较好的加工性能，能深拉，所以大多制造糖果、糕点、巧克力托盘包装和果冻、奶酪等杯形包装。性能见表7-12。

表 7-12　PS 的性能

密度 /(g/cm³)	拉伸强度 /MPa	伸长率 /%	冲击强度 /(kJ/cm)	吸水率 /%	透水蒸气率[①] /[g/(m²·24h)]	透氧率[②] /[mL/(m²·24h)]
1.04～1.05	63～84	3～40	不太好	0.04～0.06	>100	1500～2100

① 在98%RH下测定。

② 在23℃、0.1MPa下测定。

近年的研究表明，苯乙烯单体有致癌作用，而在聚苯乙烯中又不可避免地残留微量的单体。所以，在食品包装中的应用已产生越来越多的安全顾虑，必须慎重对待。

7.2.2.11　蒸镀氧化硅薄膜

随着科学技术的发展，许多新技术、新材料也被应用到包装领域里来，约在20年前发展起来的镀氧化硅薄膜就是一个例子。美国FLEX公司和日本东洋油墨公司采用各自的技术，在PET、BOPP薄膜上镀上0.1μm厚的二氧化硅（SiO_2），则其阻隔性与真空镀铝膜相同，仅次于金属铝箔。但是这种新产品与真空镀铝不同，镀上去的是一层玻璃，是透明的。与其他材料复合后可耐121℃高温蒸煮，既具有很高的阻隔性，又透明美观，而且可用微波炉加热，废弃物又可回收利用，不像真空镀铝膜那样难以回收利用，这些都是它的优点。其他透明的阻隔性材料不能同时阻断水汽和氧气的透过，往往是阻汽性好了，而阻氧性就差一点；或倒转过来，阻氧性好了，阻汽性又会差一些，总是不能两全其美。镀氧化硅薄膜则不同，虽然它仍然是透明的，但却具有像镀铝膜那样同时具有阻汽阻氧的双重功能。

近十年来，真空喷镀技术和设备已日趋完善，除了真空镀铝和真空镀氧化硅之外，真空镀其他金属（金、铜、铬等）、金属氧化物（氧化铜、氧化铬等）及三氧化二铝（Al_2O_3）的产品也陆续问世，在某些特殊领域得到应用。就真空镀氧化硅而言，近十年来，在食品包装领域的应用已十分迅速，在发达国家中已商品化和市场化。德国莱宝公司已推出了先进的真空喷镀设备，该公司的设备可以镀各种金属、金属氧化物或氧化硅，镀幅宽度为650～3250mm，单机的镀膜产量为2500～

5700t/a。据莱宝公司称，虽然该设备价格昂贵，投资规模大，但若正常运转，充分发挥它的生产能力，最终镀氧化硅薄膜的成本几乎与镀铝膜相差不多，竞争力还是很大的。

这种透明的镀氧化硅薄膜在我国还很少应用，大家对它的认识也只有两三年的时间，到目前为止，还没有这种设备投入生产运转，若要使用，也只能从国外进口，价格较贵，成本较高，大量应用还会受到限制，但由于它具有固有的优点，发展前景还是有的。

7.2.2.12 芳香尼龙 MDX-6 膜

MXD-6 尼龙是高阻隔性材料，可耐高温，冲击强度很高。已用于共挤出复合薄膜的阻隔层。表 7-13 是 MXD-6 尼龙与其他阻隔性材料的透氧率对比。

表 7-13 几种阻隔性材料透氧率对比

材料	透氧率 $/[mL/(m^2 \cdot 24h)]$		材料	透氧率 $/[mL/(m^2 \cdot 24h)]$	
	20℃,0RH	20℃,100%RH		20℃,0RH	20℃,100%RH
MXD-6	0.06	0.258	BOPA	0.5	2.6
PET	1.5	1.5	EVAL	0.026	0.9

从表中数据可以看到，MXD-6 的透氧率是普通拉伸尼龙膜的 1/10，阻隔力很强。

7.2.2.13 镀铝膜

真空镀铝膜（M-PET、M-CPP、M-BOPP 等）在复合包装材料中应用甚广，目前，它有普通真空镀铝膜与加强型真空镀铝膜两大类。

（1）普通真空镀铝膜　普通真空镀铝膜是在高真空状态下将铝的蒸气沉淀堆积到各种基膜上去的一种薄膜。镀铝层的厚度一般为 $40 \sim 70nm$，即 $400 \sim 700$Å（1Å$=10^{-10}$ m），是非常薄的。

目前广泛使用的有 PET、CPP、PT、PVC、BOPP、PE、纸张等的真空镀铝膜，其中用得最多的是 PET、CPP 真空镀铝膜。

真空镀铝膜的特点，除了原有基膜的特性外，还具有漂亮的装饰性和更好的阻隔性。

基材经真空镀铝后，使其具有强烈的金属光泽，看上去像铝箔一样，是装饰性很强的材料。近年来，又可做成激光防伪镀铝膜被用在防伪包装上。

基材经真空镀铝后，对光线和各种气体的阻隔性大大提高，其阻隔性与镀层的厚度有关，镀层越厚，透过率越小，阻隔性越高，作为包装材料来说，综合性能也越好。据调查，国产镀铝膜的镀铝层厚度大多在 $400 \sim 500$Å 之间。

图 7-3～图 7-5 是基材镀铝后的镀铝层厚度与透光率、透氧率和透水蒸气率的关系。

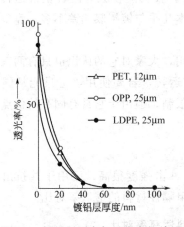

图 7-3　镀铝层厚度与透光率的关系

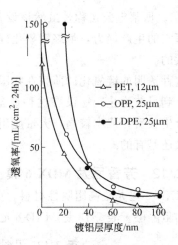

图 7-4　镀铝层厚度与透氧率的关系

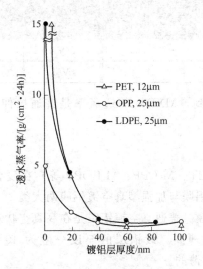

图 7-5　镀铝层厚度与透水蒸气率的关系

表 7-14 是各种基材在镀铝前后的水蒸气透过率变化情况。

表 7-14　各种基材在镀铝前后的水蒸气透过率变化情况

基材	厚度 /μm	未镀铝时透过率(40℃) /[g/(m² · 24h)]	镀铝后的透过率(40℃) /[g/(m² · 24h)]
PET	12	40～45	0.3～0.5
CPP	25	15～20	1.0～1.5
BOPP	20	5～7	0.8～1.2
LDPE	25	15～25	0.6
HDPE	25	19～20	0.9

基材	厚度 /μm	未镀铝时透过率(40℃) /[g/(m²·24h)]	镀铝后的透过率(40℃) /[g/(m²·24h)]
BOPA	15	250～290	0.5～0.8
EVAL	17	24～25	2～3
KOP	20	4～5	1～1.5
MST	300	800～1000	3～4

注：镀铝层厚度为 60～70nm。

从表 7-14 可见，各种基材经镀铝后，水蒸气的阻隔性可提高几十倍到上百倍，可以作为很好的防潮材料来使用。

（2）加强型真空镀铝膜　以前的普通镀铝膜是将铝蒸气沉淀堆积在简单的各种基膜上形成的产品，铝与基材之间的附着力不高，很容易剥刮下来，后来，先将基材进行电晕处理，让基材表面变得粗糙、表面张力提高，使铝层与基膜的附着力提高许多，用胶黏带去剥时，铝层不易脱落。但其牢度仍然有限，用好的胶黏剂去与另一种基材复合后，剥离强度大多在 1N/15mm 以下，而且铝层还是要100％转移。为了改善镀铝层与基膜之间的牢度，前几年开始，佛山杜邦鸿基已有化学处理过的 PET 基膜供应市场，让真空镀铝膜生产单位用这种基膜去生产加强型的真空镀铝膜产品。这种新的镀铝膜产品经复合后，剥离强度明显提高到2～3N/15mm，选择好的胶黏剂时可达到 4～5N/15mm，且该复合物具有耐热水性，在果冻封盖膜、榨菜包装袋甚至某些乳油型农药包装袋上应用时，都有较好的效果。

除上述外，随着共挤出技术的发展及广泛应用，现在干法复合的基材，越来越多地使用多层共挤出复合薄膜，它结合了共挤出复合工艺路线短、节能环保效果突出、生产成本低和干法复合灵活性强、适应面广的优点，可以使企业获取更好的社会效益、经济效益。

综上所述，各种塑料薄膜和其他基膜都各具有独特性能，单一一种基材不能完全满足包装性能的要求，所以要将它们进行排列组合，做成复合材料，使它们的优点集中起来，克服其缺点，做到既要满足包装的要求，又要最简单、最省钱，这就是复合包装之所以兴起、发展的原因。通过上面的简单介绍，可以基本掌握各种材料的性能，我们就可以利用这些知识，去组合某种性能需要的复合材料，适应万变的包装要求。

基于简单扼要的原因，在下列各表中，将各种塑料的包装机能因子综合列出，供大家参考。塑料薄膜用作包装材料的性能比较见表 7-15。温度与薄膜透氧率的关系见表 7-16。各种包装用薄膜的保香性能见表 7-17。各种包装用薄膜的有机溶剂蒸气透过率见表 7-18。

表 7-15　塑料薄膜用作包装材料的性能比较

材　料	阻隔性		机械强度	粘接性	耐温性		透明性	机能因子		
	防潮	阻气			耐寒	耐热		热成型性	热封焊性	印刷适应性
PT	差	优	良	优	可	优	优	差	差	优
KPT	优	优	良	优	可	良	优	差	可	优
BOPP	良	可	优	可	可	良	优	差	差	可
CPP	可	可	良	可	差	良	优	良	优	可
PET	良	良	优	优	优	优	优	差	差	优
BOPA	差～可	良	优	优	优	优	优	差	差	优
LDPE	良	可	可	差～可	良	差	良	优	优	可
MDPE	良	可	良	差～可	良	可	良	良	良	可
PVC	良	可	良	良	可	良	优	优	优	良
PVDC	优	优	良	良	良	良	优	差	可	良
EVAL	差	优	良	良	良	可～良	优	良	可	良
PVA	差	优	良	良	良	良	优	良	差	良
纸	差	差	可	优	优	优	差	差	差	优
KPP	优	优	优	可	可	良	优	差	差	优
KPET	优	优	差	可	优	优	优	差	差	良
铝箔	优	优	差	可	优	优	差	差	差	可

表 7-16　温度与薄膜透氧率的关系

材　料	透氧率/[mL/(m² · 24h · 0.1mm)]		
	20℃	−20℃	−40℃
LDPE	1380	130	29.0
HDPE	550	54.0	14.0
BOPP	854	32.0	3.7
PVC(30%DOP)	920	72.0	14.0
PS	1640	32.0	2.8
PET	18.4	2.9	0.99
BOPA	10.46	0.012	0.0014
PVDC	7.5	—	—
KPT	1.0	—	—

表 7-17　各种包装用薄膜的保香性能

材　料	保存时间 /h														
	香草	橘子	柠檬	咖喱	姜粉	桂皮	大蒜	咖啡	可可	红茶	日本茶	辣酱油	酱油	墨鱼露	韭菜汁
聚酯膜	>336	1	336	168	336	>336	>336	>336	>336	>336	>336	24	24	>336	>336
聚酰胺(尼龙)	24	1	1	336	336	>336	24	24	24	>336	>336	24	24	168	24
低密度聚乙烯	1	1	1	1	1	1	1	1	24	1	1	1	1	1	1
聚丙烯	24	24	24	168	168	24	1	24	168	336	168	24	24	24	1
软质聚氯乙烯	24	1	24	1	24	168	1	24	168	168	24	1	24	24	24
硬质聚氯乙烯	168	1	1	1	1	1	1	1	336	>336	>336	1	1	1	1
氯偏共聚物	168	24	1	168	168	168	24	24	168	>336	24	168	1	168	168
玻璃纸 /聚乙烯复合物	24	1	1	168	336	168	24	24	168	>336	24	24	24	24	24
防湿玻璃纸(涂硝化棉系)	1	1	1	24	24	1	1	1	24	1	1	1	1	1	1
防湿玻璃纸(涂氯乙烯系)	1	1	1	168	1	336	24	>336	>336	>336	>336	1	1	24	24

注：保存时间是指内容物的气味透过该薄膜而为外界嗅到的时间。

从表中数据看来，橘子、柠檬、大蒜、酱油、咖啡、韭菜汁等的透过速度较快。聚酯膜、氯偏共聚物、涂氯乙烯系的防湿玻璃纸却有较好的保香性能。

表 7-18　各种包装用薄膜的有机溶剂蒸气透过率

材　料	蒸气透过率 /[g/(m²·24h·0.1mm)]													
	甲醇	乙醇	正丙醇	异丙醇	乙酸乙酯	丙酮	甲乙酮	正己烷	正戊烷	环己烷	苯	甲苯	氯仿	四氯化碳
双向拉伸聚酯膜	1.19	0.51	0.19	0.64	8.21	11.7	4.03	1.18	0.74	0.40	0.45	0.59	168	0.62
聚酰胺(尼龙)	1450	351	1.56	1.59	3.08	1.63	1.74	0.58	0.59	0.65	0.12	0.09	584	0.11
低密度聚乙烯	25.8	21.7	17.9	14.4	457	220	284	2685	3590	2460	2320	2420	5260	4670
聚丙烯	6.04	3.34	1.95	1.59	14.2	34.5	102	2350	2090	2390	2050	1300	2820	1540
双向拉伸聚丙烯	3.37	1.74	0.97	0.61	73.4	14.4	52.9	779	723	1020	988	661	2085	2020
氯偏共聚物	1.38	0.79	0.40	0.36	788	1540	2630	0.28	0.45	0.36	546	358	1460	9.44
玻璃纸	660	17.0	6.40	14.4	0.44	5.13	4.65	1.05	0.98	1.20	0.44	0.17	0.28	0.11
偏氯涂覆聚丙烯	4.28	1.59	1.04	1.58	243	32.8	129	1.72	1.33	1.42	3620	2440	377	529
偏氯涂覆玻璃纸	0.25	2.17	0.46	0.46	59.7	1660	1795	0.56	1.67	0.61	0.79	0.46	560	0.57
偏氯涂覆聚酯膜	4.29	1.46	2.24	1.55	6.75	60.8	18.4	3.11	1.28	1.03	2.75	0.84	750	0.86

从表中的数据看来，双向拉伸的聚酯膜、玻璃纸和聚丙烯有很好的有机溶剂阻

隔性，而低密度聚乙烯（LDPE）就差很多了。因此，在选用溶剂型液体状农药包装袋的基材时，用 PET 和 PT 比较有效。

7.3 干法复合包装材料用胶黏剂

胶黏剂是指能将两种不同或相同的物质（或材料）粘接起来，使它们成为一个统一的整体而达到某种使用目的的材料（或产品）。胶黏剂的选择与应用，是干法复合的一项核心技术，在我们讨论干法复合的时候，应当对胶黏剂予以高度的重视。

7.3.1 基本要求

胶黏剂的种类很多，复合软包装材料，特别是食品、药品包装用复合包装材料所使用的胶黏剂，必须同时具备下列各项基本性能。

（1）柔软性 复合软包装材料之所以受到广泛的欢迎，柔软性是很重要的，现在人们把以塑料薄膜为主体的复合材料称为软性包装材料。用软性包装材料做成的包装袋，在蒸煮食品上应用时，被称为软罐头，以区别于玻璃瓶和马口铁这种硬罐头。这除了基材本身要柔软、可折叠外，胶黏剂本身也要具备这种性能。胶膜必须耐曲折而不断裂，如果胶膜坚硬、性脆、不可折叠，就失去了软包装的意义。

（2）耐热性 许多食品、药品包装材料，在制造加工工序中要经受高温（180℃甚至瞬间的 350℃）的处理，例如，在热封制袋时，热刀的温度有时高达 220℃才能把复合薄膜做成包装袋。另外，许多食品用复合包装材料包装好后，还要经受高温杀菌处理。例如，蒸煮食品要经 145℃、2min 或 121℃、40min 的高温蒸煮杀菌，酸奶、果酱等也要经受 80～100℃高温的处理。这就不仅要求各种基材能经受得起高温考验，所使用的胶黏剂也要能经受得起高温的考验。如果胶黏剂只能在常温下使用，而不耐高温，经高温处理时，原来复合好的材料要分层剥离，那就不是复合包装材料了。因此在选用胶黏剂时，对它的耐热性应当慎重考虑。

（3）耐寒性 有许多食品被包装后要低温冷藏或冷冻保存，这就要求包装材料本身能耐低温。如果胶黏剂在低温下变硬、发脆、分层、剥离、脱胶，那也不行，常常需要胶黏剂具有良好的耐寒性。有时可能同时要求耐热、耐寒，如果碰到这类包装，就必须选用同时具有耐高温和耐低温性能的胶黏剂。

（4）良好的粘接性 因为复合包装材料是用多种不同性质的材料做成的，是用胶黏剂把它粘接起来的，所以胶黏剂必须对各种材料都具有良好的粘接力。如果只对其中的一种粘得牢，而对另一种材料却粘不住，那也不行。在复合包装材料中使用的基材，有纸张、织物、铝箔、塑料等，而仅塑料就有十几种，其中广泛应用的有聚乙烯（LDPE、MDPE、HDPE、LLDPE、CPE、mLLPE）、聚丙烯（BOPP、CPP）、尼龙（BOPA、CPA）、聚酯（PET、PEN）、聚苯乙烯（PS）、聚氯乙烯（PVC）、玻璃纸（PT、KPT）、聚乙烯醇（PVA）、乙烯-乙烯醇共聚物（EVAL）、乙烯-乙酸乙烯酯共聚物（EVA）、乙烯-丙烯酸共聚物（EAA）、乙烯-丙烯酸乙酯共聚物（EEA）、镀铝膜（M-PET、M-CPP、M-PE、M-BOPA）等，它们的表面特性各不相同，要同时面对如此众多且复杂的材料，胶黏剂必须具有能够黏合多种不同材料的性能。

（5）耐介质性　食品本身是一种成分非常复杂的物质，含水、油、盐、糖、酒，还有香辛料，甚至乙醇、乙酸、柠檬酸、乳酸、硫化物、氧化物等。面对这些复杂的成分，包装后又要经受高低温处理和长期储存的考验。要保持包装材料的完美无缺，除了基材本身优良的抗介质侵蚀能力外，胶黏剂的稳定性也很重要，要能抵抗各种介质的侵蚀，否则会引起复合物分层剥离，失去包装作用。

（6）卫生性能要好　这里有两个概念，一是无异味、臭气，二是无毒。因为食品、药品包装材料所保护的、所包装的东西是人们直接入口、几乎天天要吃的食品或用来治病的药品，为了对消费者身体的健康安全负责，不仅基材要无味、无臭、无毒，所使用的胶黏剂也要具有相同的性能，这是人命关天的大事，各个国家都十分重视。我国除制定了《食品卫生法》外，还制定了许多包装材料的卫生标准，其中与胶黏剂有关的复合包装材料的卫生标准是 GB 9685—2008 与 GB 9683—2012（送审稿，待批）。

① 感官指标

a. 外观　应平整，无皱纹，封边良好。不得有裂纹、孔隙和复合层分离。

b. 袋装浸泡液　不得有异味、异臭、浑浊和脱色现象。

② 理化指标　理化指标要求见表 7-19。

表 7-19　食品包装用复合薄膜的理化指标要求

项　目		指　标	检验方法
蒸发残渣 /(mg/dm^2)			
4%(体积分数)乙酸	≤	6	
正己烷,常温,2h(指聚乙烯或聚丙烯为内层的复合袋、膜)	≤	6	GB/T 5009.60—2003
65%(体积分数)乙醇,常温,2h	≤	6	
高锰酸钾消耗量(水)/(mg/dm^2)	≤	2	
重金属[以 Pb 计,4%(体积分数)乙酸]/(mg/dm^2)	≤	0.2	
脱色试验			
冷餐油		呈阴性	
65%乙醇		呈阴性	
甲苯二胺/(mg/dm^2)	≤	0.0008	GB/T 5009.119—2003
溶剂残留量/(mg/m^2)			
总量	≤	10	见附录 A
苯类	≤	0.5	

7.3.2　干法复合用胶黏剂简介

干式复合用胶黏剂，目前主要是双组分的聚氨酯和单组分的压敏胶，也有少量单组分湿气固化的聚氨酯。

压敏胶有用天然橡胶制成的，但主要是用合成橡胶制成的，还有用聚丙烯酸酯类制造的。不管哪一种，它本身是一种弹性体，再加上增黏剂等助剂，用有机溶剂配成溶液，或以水为介质做成乳液，涂胶后烘干即成压敏胶。此胶可长期保持黏性而不会固化，又似乎不干，所以又称不干胶。它对多种材料具有粘接力，可在BOPP/PE、PET/PE、BOPP/AL、纸张/BOPP等结构上使用，但粘接力不高，可以剥开，耐介质性极差，而且耐热性不好，多在普通条件及常温下使用。另外，由于橡胶特别是天然橡胶，总要加入一些助剂进去，有异味，有的又以甲苯或二甲苯为溶剂，所以还有毒性。随着人们对包装材料的卫生性能要求的普遍提高，这种压敏胶的应用已逐步减少，许多原来用它制造食品、药品复合包装材料的企业，已转向使用更好的双组分聚氨酯胶黏剂。丙烯酸型压敏胶由于臭味太大，过去在食品、药品的复合包装上不被采用。近年来，美国罗门·哈斯公司推出了丙烯酸型的食品复合包装材料用胶黏剂，并且得到了美国FDA的许可，多用在口香糖和香烟的包装之中，其特点是残留单体很少，没有臭味。按GB 9685—2008《食品容器、包装材料用助剂使用卫生标准》的规定，该压敏胶是未被批准使用的。不过，用该压敏胶时也有它的优点：第一是对被粘物表面状态要求不高，许多非极性材料，表面张力小也能粘牢，对聚烯烃薄膜不必用电火花处理就可以复合。第二是由于单组分，不会交联固化，不必配胶，使用简单，未用完的胶液过夜甚至更长时间也不会坏，只要密闭不漏气保存就可以。对被它污染的导辊等，只要再用溶剂清洗即可。第三是便宜，所以尽管不符合GB 9685—2008的规定，但国内还有极少数单位采用。

目前，在干式复合中使用最多、性能最好的是双组分聚氨酯胶黏剂。这种胶黏剂由主剂和固化剂两个组分构成，平时，主剂与固化剂分开包装储存，使用时按一定比例混合，再用溶剂（一般都用乙酸乙酯）稀释到一定浓度（例如20%、30%甚至40%）施胶涂布，按干式复合法制造复合包装材料。这种胶的主剂由含许多活泼氢（例如羟基、羧基和氨基）的物质组成，而固化剂则由多异氰酸酯的化合物组成。当固化剂中的异氰酸酯基与主剂分子中的活泼氢接触时，便会自动进行加成反应，生成氨基甲酸酯的结构，使主剂与固化剂相互结合，分子量成倍增加，甚至生成带支链结构或立体构象的交联产物，可具有较好的耐高、低温、抗介质侵蚀、粘接力高等特点。由于聚氨酯分子中含有大量极性基团，偶极矩大，对被粘材料有很大的亲和力，所以能同时对多种材料起到粘接作用。另外，固化剂中的异氰酸酯基（—NCO）是一个十分活泼的反应性基团，它除了能与主剂分子中的活泼氢反应外，也可以与被粘材料表面物质分子中的活泼氢反应，生成化学键，使胶黏剂分子同时与被粘的两种材料起架桥作用，产生更强的粘接力，这就是聚氨酯胶黏剂能对各种材料都有很好的粘接力的原因。由于聚氨酯胶黏剂经充分交联固化后，具有很高的内聚力，胶膜强韧柔软，又具有很好的耐热性能和抗介质侵蚀性能，用它制成的复合材料可以包装各种性能的食品，如酸的、辣的、咸的、甜的、含油的、含酒的，都可适用。另外一个突出的特点是聚氨酯胶黏剂在所有已知胶黏剂中，耐低温性能最好，甚至在−170℃深度冷冻条件下也有极高的粘接力。这是别的胶黏剂不可能有的优良性能。聚氨酯胶黏剂的最高使用温度可达150℃，是耐高、低温范围最大的胶黏剂种类。

食品复合包装材料中应用的聚氨酯胶黏剂，有芳香族和脂肪族两大类，它的发展与蒸煮袋用胶黏剂的历史有关。

我们知道，聚氨酯是由异氰酸酯与含羟基的化合物制成的。

$$mOCN-R-NCO + nHO-R'-OH \longrightarrow \begin{bmatrix} O & H & H & O \\ \| & | & | & \| \\ O-C-N-R-N-C-O-R' \end{bmatrix}_x$$

（异氰酸酯）　　　　（羟基化合物）　　　　　　　　　（聚氨酯）

20世纪60年代初，在食品复合包装材料刚刚发展的阶段，所使用的聚氨酯胶黏剂是由芳香族的甲苯二异氰酸酯（TDI）为原料之一制成的，也有少数是用4，4′-二异氰酸酯二苯基甲烷（MDI）为原料制成的。上述这些化合物的—NCO基团直接与芳香环相连接，被称为芳香族异氰酸酯，用它们制成的聚氨酯被称为芳香族聚氨酯。70年代中期以前，世界上的食品包装复合材料，其中包括耐高温（121℃）蒸煮食品的包装材料，绝大部分都是用芳香族聚氨酯胶黏剂制成的。到70年代末期，人们对用芳香族聚氨酯胶黏剂制造食品、药品包装用复合材料的安全卫生性能产生疑问，特别是用它制造耐高温（121℃以上）蒸煮食品的复合包装材料更加担心，因为芳香族异氰酸酯经水解后会变成芳香胺，例如甲苯二异氰酸酯（TDI）水解后要变成甲苯二胺（TDA）。

$$CH_3 \overset{NCO}{\underset{}{\diagdown}}NCO + 2H_2O \longrightarrow CH_3 \overset{NH_2}{\underset{}{\diagdown}}NH_2 + 2CO_2 \uparrow$$

（TDI）　　　　　　　　　　　　（TDA）

又例如4，4′-二异氰酸酯二苯基甲烷（MDI）水解后要变成4，4′-二氨基二苯甲烷（MDA）。

$$OCN-\bigcirc-CH_2-\bigcirc-NCO + 2H_2O \longrightarrow H_2N-\bigcirc-CH_2-\bigcirc-NH_2 + 2CO_2$$

（MDI）　　　　　　　　　　　　　（MDA）

1979年，美国国家癌症研究中心发表文章说，芳香胺是一种致癌物质。聚氨酯胶黏剂中含有的芳香族异氰酸酯残留单体尽管微乎其微，但当包装好食品经受高温（121℃以上）蒸煮处理时，这些残留的单体会透过内层的塑料薄膜迁移到食品中去，与水接触后生成芳香胺，具有致癌的潜在危害，从而有可能会损害消费者的健康，所以，美国食品药物管理局（FDA）对它持异议态度。1979年美国制罐公司、大陆制罐公司、雷诺茨公司和日本东洋制罐公司联名向美国食品药物管理局再次申请，要求批准这种胶黏剂应用于耐高温蒸煮食品的复合包装材料之中，他们的理由是：用特殊的工艺生产的芳香族聚氨酯胶黏剂中，虽有极微量的残留单体，但做成蒸煮袋后内装食品经 121℃、40min 处理后，芳香胺的总迁移量在 0.00775mg/cm^2 以下，按此计算，在食品中 TDA 含量为亿分之五以下，经动物试验也证明实际无毒。但是，在 20 世纪 70 年代后期，已有一种安全无毒的改性聚丙烯悬浮液胶黏剂和脂肪族聚氨酯胶黏剂问世，FDA 批准了它们在各种食品包装的复合材料中使用，认为既然有更好的胶，就不必再批准那种从理论上讲有致癌危害的芳香族聚氨酯胶黏剂。故后来 FDA 强硬地声称："哪怕只有一个致癌物分子存在，也不批准！"同时宣布，若有人用那种胶做的袋子包装蒸煮食品在市场上出售，必将受到严厉的制裁，后来加拿大也采取相同的态度。在这种背景下，脂肪族聚氨酯胶黏剂便得到了广泛的应用。在 FDA§177.1390 中，允许脂肪族聚氨酯胶黏剂应用到 135℃高温蒸煮的复合包装材料之中。

这种脂肪族聚氨酯胶黏剂，是用脂肪族的异氰酸酯制成的，它的—NCO 基团不直接与芳香环相连接，水解后不生成芳香胺，而是生成脂肪胺，不具致癌作用。例如，六亚甲基异氰酸酯（HMDI）或对苯二甲基二异氰酸酯（XDI），还有性能更好的异佛尔酮二异氰酸酯等。它们的分子式及水解产物分别如下：

$$OCN—CH_2CH_2CH_2CH_2CH_2CH_2—NCO \longrightarrow H_2N—CH_2CH_2CH_2CH_2CH_2CH_2—NH_2$$

或

$$OCN—CH_2—\bigcirc—CH_2—NCO \longrightarrow H_2N—CH_2—\bigcirc—CH_2—NH_2$$

或

上海申化科技公司在 1985～1990 年的长期研究中，也证实了它有很好的卫生安全性能，用芳香族及脂肪族胶黏剂分别送到北京中国医科院和上海市肿瘤研究所及上海市食品卫生监督检验所去做一系列的卫生性能检查，结果发现芳香族胶会引起遗传变异，Ames 试验呈阳性，而后者没有。又将两种胶制成的复合材料做成袋子，内装 4％的乙酸水溶液，经 121℃、40min 蒸煮后，取内容物检测，同样表明前者有致癌作用，而后者没有。

当然，从整个包装材料的卫生性能来看，不应该只从胶黏剂这一种材料上去考虑，而应该从基材、油墨、胶黏剂、溶剂和整个生产环境卫生等方面去综合考虑，层层把关、严格控制，才能保证最终产品的卫生安全性能。

7.3.3 我国干法复合包装用胶黏剂的现状

改革开放以后，我国包装工业突飞猛进，进口的软包装生产线像雨后春笋一般在各地出现。20 世纪 90 年代后期，不仅有 2900 多家国内企业，还有不少中外合资企业和外商独资企业在境内建立了软包装生产线。现在，全国大大小小的复合材料生产企业已接近 5000 多家。在如此巨大的市场吸引力诱惑下，胶黏剂的生产厂家也迅猛发展，最近统计，全国已有近 100 家企业在生产干式复合胶黏剂，年生产能力达到 12.5 万吨之多。

现在，上海、北京、广东中山和深圳能提供各种性能较好、能够满足产品多种需求的干式复合用聚氨酯胶黏剂。例如上海生产的同时具有耐高温、抗介质侵蚀性能的 LY-50A/LY-50AH 型铝箔和镀铝膜专用胶、可用于铝箔结构又耐 128℃高温长时间（60~120min）蒸煮的 LY-9850R/LY-9875R 型和符合美国 FDA 规范的耐 121~124℃高温蒸煮的 LY-9850F/LY-9875F 型脂肪族聚氨酯胶黏剂；北京生产的 UK2850/UK5000 塑/塑复合耐 121℃、30min 的蒸煮胶、UK8150/UK7330 无溶剂胶；广东中山生产的镀铝膜专用胶 KH-VM80、深圳生产的 ECO501A/B 和 ECO751A/B 醇溶性胶等。

上海曾研制成功适应某些农药软包装用的 LY-50VR/LY-50VRH 胶黏剂，它适宜于甲苯、二甲苯、乙醇、煤油以及 N,N-二甲基甲酰胺（即 DMF）含量小于 20％的有机混合溶剂型农药的包装，不但可以包装固体农药，还可以包装大部分液体农药、乳油农药，已被广泛采用。2001 年上海又研制成功了快速固化（50℃下只要 12h）且不增加复合膜的摩擦系数的 LY-75FT/LY-75FTH 胶黏剂，在缩短固化时间、降低摩擦系数这两个方面，与进口同类产品相比毫不逊色，已被多家大型企业采用。

北京和上海生产的功能性的 UK9100/UK5500 和 LY-50A/LY-50AH 型胶黏剂适宜于各种塑料薄膜、铝箔、镀铝膜的复合，制品同时具有耐 100℃高温水煮和抗咸、酸、碱、辣介质侵蚀的性能，除了榨菜、酱菜、泡菜、辣酱之外，还可以包装含表面活性剂的洗发精，还可以包装强烈香辛气味的胡椒粉、鲜辣粉和五香粉，也可以包装樟脑丸、樟脑精、消毒精、乙醇、甲苯这些化学物质和腐蚀性偏小的某些农药。用 LY-50A/LY-50AH 这种胶黏剂制造的含铝箔结构的三层复合袋，装入水、8％的酒、饱和盐水、油、pH＞3.0 的乙酸液、pH＝10 的碱液，经 100℃水煮 20min 后，内层膜与铝箔之间的剥离力大多不会下降，反而会有所升高。这种胶黏剂又是挤出复合中质量最好的 AC 剂品种，曾被用在含铝箔的榨菜袋内层挤出复合之中，剥离强度高达 5~6N/15mm，上海紫江彩印、上海人民、宝柏集团、佛塑集团等，用其代替同类进口的 AC 剂，不仅质量优良，而且成本降低 30％左右，效果十分明显。这种同时耐高温和抗介质侵蚀的突出性能，越来越受到用户的欢迎，不少质量意识较强的大型企业，指定该 LY-50A/LY-50AH 胶为专用材料。为了适应高含固量、低黏度要求，上海还同时生产含固量为 75％的 LY-75A/LY-75AH 型胶黏剂，它的最终性能与 LY-50A/LY-50AH 胶相同，但用户的使用成本却大大降低了，所以也受到许多大型企业的欢迎。

高温蒸煮的 LY-9850R/LY-9875R 型胶黏剂，不仅适合塑/塑结构，而且还特别适宜于制造含铝箔的三层或四层结构的蒸煮袋。它的突出优点是在 128℃高温条件下长时间（40min、60min 或 120min）蒸煮后，层间剥离力会从原来的 6~7N/15mm 升高到 9~12N/15mm，甚至高达 15N/15mm，证明这种胶黏剂具有特别优秀的耐热性。也有个别应用技术高明的企业，用此胶做的蒸煮袋可耐 135℃高温蒸煮。

LY-9850F/LY-9875F 型脂肪族聚氨酯胶黏剂，除了具有 LY-9850R/LY-9875R 型那样优秀的耐热性外，最大特点是它可靠的卫生安全性。因为它是选用美国 FDA 规定的原材料制造的脂肪族聚氨酯，残留的微量单体或高温蒸煮时裂解下来的"碎片"都不会水解成具有致癌作用的芳香胺，所以被美国 FDA 批准为 121℃和 135℃高温蒸煮食品的包装用胶黏剂。若我国的蒸煮食品要销往美国、加拿大，用这种安全、卫生的脂肪族聚氨酯胶黏剂去制造蒸煮袋，就不会因为卫生安全问题而被拒之门外。

欧美化学公司生产醇溶性聚氨酯胶黏剂，已在一些企业中得到了实际应用，这种醇溶性聚氨酯具有不受气候条件和油墨中残留的醇类溶剂影响的优点，以乙醇作为溶剂，其刺激性略比乙酸乙酯低，因此受到用户的欢迎。

表 7-20 列举了胶黏剂中的一些具有代表性的品种，供读者参考。

表 7-20　一些具有代表性的胶黏剂

城市	序号	型号	类别	组分	含固量	外观	特点和用途
上海	1	LY-100N	芳香族	主剂	100%	淡黄透明黏稠态	室温施胶的无溶剂胶黏剂,粘接力高,最终强度可达溶剂型胶黏的效果
		LY-100H	芳香族	固化剂	100%	淡黄透明黏稠态	与 LY-100N 配套
	2	LY-50	芳香族	主剂	50%	淡黄透明胶液	低黏度,供大型高速机用
		LY-50H	芳香族	固化剂	75%	淡黄透明黏稠胶液	与 LY-50 配套
	3	LY-50A	芳香族	主剂	50%	淡黄透明胶液	功能性胶黏剂,耐 100℃高温,抗介质侵蚀,铝箔和镀铝膜专用,优质 AC 剂
		LY-50AH	芳香族	固化剂	75%	淡黄透明黏稠胶液	与 LY-50A 配套
	4	LY-75FT	芳香族	主剂	75%	淡黄透明胶液	快固化型,在 50℃下 12h 即可,对摩擦系数的影响最小,保持复合膜的滑爽性
		LY-75FTH	芳香族	固化剂	70%	淡黄透明黏稠胶液	与 LY-75FT 配套
	5	LY-75A	芳香族	主剂	75%	淡黄透明胶液	功能性胶黏剂,高含固量,耐 100℃高温,抗介质侵蚀,铝箔和镀铝膜专用
		LY-75AH	芳香族	固化剂	75%	淡黄透明黏稠胶液	与 LY-75A 配套
	6	LY-9850R	芳香族	主剂	50%	微黄透明胶液	蒸煮型,耐 128℃长时间蒸煮,适合塑/塑和铝/塑复合
		LY-9875R	芳香族	固化剂	75%	淡黄透明黏稠胶液	与 LY-9850R 配套
	7	LY-9850F	脂肪族	主剂	50%	无色透明胶液	符合 FDA 规范,可耐 121℃蒸煮,适合塑/塑和铝/塑复合
		LY-9875F	脂肪族	固化剂	75%	无色透明胶液	与 LY-9850F 配套
	8	LY-50VR	芳香族	主剂	50%	淡黄透明黏稠胶液	农药软包装用胶黏剂,能耐甲苯、二甲苯、溶剂油、乙醇及含 20%以下 DMF 混合液的农药腐蚀
		LY-50VRH	芳香族	固化剂	70%	极淡黄透明胶液	与 LY-50VR 配套

城市	序号	型号	类别	组分	含固量	外观	特点和用途
北京	9	UK8150	芳香族	主剂	100%	无溶剂,固态	无溶剂,环保型
		UK7330	芳香族	固化剂	100%	无溶剂	与UK8150配套
	10	UK2850	芳香族	主剂	72%	浅色胶液	高含固量,低黏度,可用于塑/塑型120℃、30min蒸煮的复合物
		UK5000	芳香族	固化剂	75%	浅色胶液	与UK2850配套
	11	UK2851	芳香族	主剂	72%	浅色胶液	初黏力好
		UK5051	芳香族	固化剂	75%	浅色胶液	与UK2851配套
	12	UK9100	芳香族	主剂	50%	浅色胶液	耐辛辣、耐化学品
		UK5500	芳香族	固化剂	75%	浅色胶液	与UK9100配套
深圳	13	ECO501A/B	—	—	50%	淡黄色透明液体	醇溶性聚氨酯胶黏剂
		ECO701A/B	—	—	70%	淡黄色透明液体	醇溶性聚氨酯胶黏剂
中山	14	KH-VM80	芳香族	—	75%	浅黄胶液	镀铝膜专用复合胶
	15	KH-606	芳香族	—	60%	浅黄胶液	尼龙膜专用复合胶

关于耐121℃以上高温蒸煮的复合材料,以前都习惯用进口的胶黏剂来制造,如AD502、UK3640、EPS901、TAKELAC310等,十多年的经验也证明进口的耐高温蒸煮胶质量还是可以的,大家使用都比较放心。其实,国内也有不少类似的产品,如上海生产的LY-9850R/LY-9875R、LY-9850/LY-9850H、北京的UK2850/UK5000、新东方的PU1750、PU1975等耐高温蒸煮胶,同样具有优良的耐热性和极高的层间剥离力,多年来一直为各用户使用,都给予了很高的评价,产销量正迅速增长。

由于从产品说明书介绍及市场调查中,很难收集到国产品牌胶黏剂制造的耐高温蒸煮袋的详细资料,故在表7-21中只能将用上海产LY-9850R/LY-9875R型耐高温蒸煮胶做的复合物性能列出,供大家参考。

表 7-21 用 LY-9850R/LY-9875R 胶做的蒸煮袋性能

序号	用胶单位	复合物结构	蒸煮前剥离力/(N/15mm)	经124℃、40min蒸煮后剥离力/(N/15mm)		
				水	饱和盐水	pH=3乙酸
1	上海A厂	PET/AL/CPP	4.0~4.5	6.0~8.0	6.3~8.7	5.0~5.7
			6.5~8.0	不可剥离	不可剥离	—
2	汕头B厂	BOPA/BOPA/CPP	6.7~7.2	8.2~9.4	7.5~10.6	6.5~7.8
3	连云港C厂	PET/AL/CPP	不可剥离	不可剥离	不可剥离	—
4	哈尔滨D厂	BOPA/CPP	4.5~5.0	5.0~6.4	5.0~6.0	—
5	中山E厂	PET/AL/CPP	不可剥离	不可剥离	不可剥离	—
6	佛山F厂	PET/AL/BOPA/CPP	10~12	12~14	14~15	—
7	佛山G厂	PET/AL/BOPA/CPP	10~14	12~15	12~15	—

从表 7-21 中的数据来看，LY-9850R/LY-9875R 型蒸煮胶黏剂不但适合塑/塑型蒸煮袋，也更适合制造含铝箔的多层复合结构，AL/CPP 间的剥离力无论在蒸煮前还是在蒸煮后，都比 BOPA/CPP 间的剥离力高。在检测时观察到的"不可剥离"是指剥离力大于 12N/15mm 后，基膜断裂的表现。有时基膜不断，剥离力表现到 15N/15mm 的情况也有发生。

7.3.4 胶黏剂卫生性能的控制与检测

在前面的胶黏剂简介中已讲到了目前广泛使用的聚氨酯胶黏剂的发展历史，也提到过它的卫生安全方面的一些内容。在这里，要着重谈一下聚氨酯胶黏剂的卫生性能控制和卫生性能项目的检测问题。

大家都知道，我国早已颁布了《食品卫生法》。为了保证千千万万消费者的健康，各地都设立了食品卫生监督检验所去监管市售食品的卫生安全。市售包装食品的卫生安全性能好坏，除了食品本身以外，还要受包装材料的影响，所以国家又对用于食品包装的塑料、复合材料以及其中要用的助剂都制定了相应的卫生标准，这些标准是：GB 9685—2008《食品容器、包装材料用添加剂使用卫生标准》、GB 9683—2012（送审稿，待批）《食品安全国家标准复合袋、膜》、GB/T 10004—2008《包装用塑料复合膜、袋干法复合、挤出复合》、GB/T 21302—2007《包装用复合膜、袋通则》。为了贯彻执行这些标准，卫生部又公布了《食品用塑料制品及原材料卫生管理办法》。仅仅有这些法规和标准还不够，为了统一监管测试，国家又制定了这些标准中各个项目的具体分析检测方法，这就是 GB/T 5009.60—2003《食品包装用聚乙烯、聚苯乙烯、聚丙烯成型品卫生标准的分析方法》和 GB/T 5009.119—2003《复合食品包装袋中二氨基甲苯测定方法》。这样看来，有法规，有标准，又有检测方法，所以就比较系统和完整，对包装材料的卫生安全起到了保证作用。

但是，上面这些标准都没有直接牵涉胶黏剂这种材料，在我国，还没有食品包装用胶黏剂的卫生标准。那么，就胶黏剂本身而言，如何控制它的卫生安全和什么样的胶黏剂才可以用在食品包装之中呢？在这里有必要介绍一下。

作为食品复合包装材料中使用的胶黏剂，它不像塑料容器制品或罐头内壁涂料那样直接与被包装的食物接触，而是隔了一层复合包装袋的内层薄膜，如聚乙烯膜或聚丙烯膜，所以它与食品之间是非直接接触材料，只是间接接触材料。许多国家都没有把胶黏剂当成聚乙烯和聚丙烯那样制定专门的卫生标准，而是把它当成一种助剂来看待，从允许制造它的原、辅材料限定到控制整个包装袋的卫生性能去考虑胶黏剂的卫生安全性能。

我们知道，作为复合包装袋内层薄膜的聚乙烯或聚丙烯，从微观上来看，它不是绝对"紧密"的材料，而是有一定"透过性"的材料，作为助剂使用的胶黏剂中的一些低分子量物质，例如未反应的微量单体或在高温蒸煮时裂解出来的"碎片"，还有工艺过程中残留的有机溶剂，在包装好食品的储存中，它会慢慢地通过内膜

"渗透"、"扩散"或"迁移"到被包装的内容物中去。如果这些低分子量物质有异味、臭味或毒性，则会污染被包装的内容物，造成卫生性能不合格。

由此看来，用在食品、药品包装上的油墨和胶黏剂，都应该具有良好的卫生安全性能才行。世界各国都有严格的监管，美国 FDA 把食品、药品的复合包装材料用胶黏剂归入助剂添加物类之中，限定了制造胶黏剂的原材料，规定不在许可使用范围内原料清单中的物质不能使用，并对用这种胶黏剂制造的复合材料分门别类限定其应用温度范围，即常温使用、煮沸消毒使用、121℃蒸煮灭菌使用或 135℃以上高温蒸煮灭菌使用等，同时还制定了包装材料的检测项目、检测方法和技术指标。欧洲各国和日本也参照美国 FDA 的标准，分别制定了本国的法规，例如德国的推荐标准 XXⅧ、欧盟的 EEC 指南 90/128，日本厚生省告示第 370 号（1959 年）、第 17 号（1977 年）、第 20 号（1982 年），日本接着剂协会还有"自主规定"，提出了限制使用的原料清单，列出了六十多个型号的胶黏剂品种向用户推荐。我国也把这种胶黏剂归入 GB 9685—2008《食品容器、包装材料用助剂卫生标准》的管制范围之中，规定只有用甲苯二异氰酸酯或二苯甲烷异氰酸酯合成的聚氨酯胶黏剂以及用马来酸酐改性的聚丙烯这两大类胶黏剂，才可以用在复合的食品包装材料之中，而单组分的任何类型的压敏胶都未列入许可使用范围。

大家知道，胶黏剂要经过卫生监督部门根据对该胶黏剂的卫生性能检测，认定其指标符合安全标准后发给"同意正式生产"的批件，再持该批件向卫生行政管理部门领取"卫生许可证"后，才可以正式生产和销售产品。而胶黏剂本身的卫生性能检测，必须按 GB 15139.1—2011《食品安全性毒理学评价程序》进行。根据这个"程序"规定，有资格从事食品毒理学试验的单位可根据"程序"规定进行安全性试验并出具试验报告，然后由当地省、直辖市、自治区一级食品卫生监督检验机构初审，当地卫生行政部门审核，卫生部食品卫生监督所审查后，报卫生部卫生监督司认可和备案。

以上海为例，复合包装材料中使用的胶黏剂要按"食品用产品"经下列两大项检测合格后，才可取得"同意正式生产"的批件。

第一大项，胶黏剂本身的"安全性毒理学评价试验"。

做这项试验时，把胶黏剂样品按规定做成胶膜，然后用萃取液直接对胶膜进行浸泡萃取，而不是做成复合袋隔了一层内膜去萃取，这就更严格了。如果胶黏剂中存在有毒物质，就会通过浸泡液的抽提跑到浸泡液中。试验就用这种浸泡液去做。

在这一大项中，具体有五个试验项目。

（1）急性毒性试验　顾名思义，这是了解物质毒性程度的试验，如果这一关都通不过，那就没有可能被批准使用了。

样品对雌雄昆明种小鼠急性经口半致死量（LD_{50}）要达到实际无毒级指标以上，即大于 5000mg/kg，才有可能被批准用于食品方面。以 LY-系列胶黏剂为例，它的 $LD_{50} > 21500mg/kg$，已大大超过"无毒"级（指标为 $LD_{50} > 15000mg/kg$）

程度，比"实际无毒"更安全。关于毒性的分级及其依据，见表7-22。

表 7-22　GB 15193.3—2011 中的急性毒性（LD_{50}）剂量分级

级　　别	大鼠经口 LD_{50} /(mg /kg)	相当于人的致死量	
		mg /kg	g/人
极毒	<1	稍尝	0.05
剧毒	1～50	500～4000	0.5
中等毒	51～500	4000～30000	5
低毒	501～5000	30000～250000	50
实际无毒	5001～15000	250000～500000	500
无毒	>15000	>500000	2500

（2）微核试验　这个试验是考察样品是否会有引起突变的潜在危害。

样品对雌雄昆明种小鼠采用30h两次灌胃法，与环磷酚胺阳性组和蒸馏水阴性组进行对比。LY-系列胶黏剂样品试验组与蒸馏水阴性组的骨髓嗜多染红细胞微核发生率相同，只有1.2‰，而环磷酚胺阳性对照组则为22.4‰，高出20倍，所以认定LY-系列胶黏剂样品的骨髓嗜多染红细胞微核试验结果为阴性。

（3）精子畸形试验　通过这个试验，可以检查样品会不会存在遗传畸形变异的潜在危害。

样品对昆明种雄性小鼠每日一次灌胃，连续灌胃5天，与环磷酚胺阳性对照组及蒸馏水阴性对照组进行对比试验，每鼠计算1000个精子中的畸形精子数，算出精子畸形发生率。LY-系列胶黏剂样品试验组与蒸馏水阴性对照组的精子畸形发生率相同，只有15.4‰，而环磷酚胺阳性对照组为67.6‰，高出4倍多。因此，认定LY-系列胶黏剂样品的精子畸形试验结果为阴性。

（4）Ames试验　这个试验是检查样品有没有致癌危害的可靠手段。

样品与空白对照组、无菌蒸馏水对照组和多氯联苯代谢活化阳性对照组一共四组，用美国加利福尼亚大学生物化学系提供的TA97、TA98、TA100和TA102测试菌株，经多氯联苯诱导SD大鼠肝S9及含8%的S9代谢活化混合液，按GB 15193.4—2011预培养平板渗入法试验。结果，LY-系列胶黏剂样品与空白对照组和蒸馏水对照组的 $X \pm SD$ 完全相同，而多氯联苯代谢活化阳性对照组的 $X \pm SD$ 是前者的10倍以上，故认定LY-系列胶黏剂的Ames试验结果为阴性。

（5）30天喂养试验　这是全面检查样品对生理生长影响的试验。

用高、中、低三个剂量级的胶黏剂样品与无样品的空白对照组，对Wistar雌雄大鼠连续喂养30天，试验开始及试验后每周一次动物称重，记录饲料摄入量、计算食物利用率、绘制生长曲线，最后取鼠血进行血液学和生化学检查，处死后又解剖取肝、肾、脾等称重，计算脏体比，并对主要脏器进行组织学检查。最后结果表明，LY-系列胶黏剂样品组与空白对照组的全部检测数据完全相同，大鼠的生长情况良好。

胶黏剂本身经过这项"安全性毒理学评价"试验，证明了它是安全可靠的无毒级物质后，它就可以与聚乙烯、聚丙烯、聚酯、尼龙等无毒的塑料一样，用在食品包装之中。

第二大项，用已被允许使用的聚氨酯胶黏剂做的包装材料，依据 GB/T 10004—2008，用 GB/T 5009.60—2003 和 GB/T 5009.119—2003 的方法进行检测，所有项目的检测值均符合 GB 9683—2012（送审稿，待批）的规定，再次证明该胶黏剂可以实际用来制造复合包装材料。经上述两项试验确认它安全卫生后就可发给许可证了。

GB 9683—2012（送审稿，待批）是《食品安全国家标准复合袋、膜》，其理化指标见表 7-23。

表 7-23 《食品安全国家标准复合袋、膜》的理化指标

项 目		指 标	检验方法
蒸发残渣 /(mg/dm²)			
4%(体积分数)乙酸	≤	6	
正己烷,常温,2h(指聚乙烯或聚丙烯为内层的复合袋、膜)	≤	6	
65%(体积分数)乙醇,常温,2h	≤	6	GB/T 5009.60—2003
高锰酸钾消耗量(水)/(mg/dm²)	≤	2	
重金属[以 Pb 计,4%(体积分数)乙酸]/(mg/dm²)	≤	0.2	
脱色试验			
冷餐油		呈阴性	
65%乙醇		呈阴性	
甲苯二胺/(mg/dm²)	≤	0.0008	GB/T 5009.119—2003
溶剂残留量/(mg/m²)			
总量	≤	10	见附录 A
苯类	≤	0.5	

在国内众多生产聚氨酯胶黏剂的厂家中，除少数有严格措施控制产品的卫生性能外，还有很多人对这种性能的重要性认识不足、重视不够，对产品卫生性能的检测也不十分规范，有的委托药检单位检测，有的委托区县级卫生防疫站检测，甚至某些乡镇企业，在没有卫生许可证的情况下销售产品，更有个别乡镇企业，竟将明文禁止在食品包装胶黏剂中使用的有毒有害化学物质也拿来使用，有些企业的产品说明书和包装标贴上，都没有卫生审查批号或卫生许可证号。很多用户往往没有注意卫生性能问题，也没有主动向供货单位索要这些批准文件资料，自己又没有检测手段，稀里糊涂把它用在食品、药品包装的复合材料中。在目前我国的卫生监督执法力度不够、不强的情况下，似乎平安无事，但一旦到了严格控制、严格执法、严格测试的时候，如果用了不卫生的材料，损失就无法弥补了。

7.3.5 干法复合用胶黏剂的发展趋势

干法复合胶黏剂的发展趋势有以下几个方向。

(1) 开发高固体含量、低黏度胶液的产品　最早的双组分聚氨酯胶黏剂，其主剂的固体含量是 35% 或 50%，现在已提高到 75% 或 80%，据说欧洲地区多为 88%，几乎接近无溶剂型了。固化剂的固体含量也由原来的 60%、75% 提高到 80% 以上。

过去，由于设备和工艺的关系，要求胶黏剂具备极好的初黏力，才能保证在那种设备和工艺条件下复合物没有褶皱、"隧道"的缺陷，所以胶黏剂的分子量很高，胶液黏度就大，复合时操作的浓度较低，大多在 20%~30%，这样才能保证得到预先设定的上胶量和均匀的涂胶效果，保证复合产品的质量。很明显，这种低浓度含量的涂胶，必然有大量的溶剂要被蒸发干燥。

例如，操作溶液的浓度为 20%，上胶量为 $3.5g/m^2$，那么，涂在每平方米基膜上的胶液质量便是 $3.5/0.20＝17.5g/m^2$，干燥时有 $14g/m^2$ 的溶剂变成气体排放到空气中去，只剩下 $3.5g/m^2$ 干基胶黏剂。这种情况会出现两个大问题：第一，是大量有机溶剂（具体是乙酸乙酯）排放到大气中去，要对空气产生污染，这在越来越倡导保护环境、防止污染的潮流下，显然是不行的；第二，在涂胶过程中，溶剂的作用只是帮助胶料方便、均匀地转移到被涂胶的基材表面上去，一旦这个使命完成后，就要全部离开，以便在干的状态下进行复合。很显然，溶剂对粘接力的高低不起什么作用。如果不考虑它前面所讲的作用，仅从粘接效果和剥离力高低的角度来说，它简直是多余的。因此就产生了一个经济效益的问题。就像上面所讲，操作溶液的浓度为 20%，涂胶量要求是 $3.5g/m^2$ 时，每平方米消耗的乙酸乙酯竟达 14g，跑到空气中去"浪费"掉。我们希望在保证产品质量的前提下，这种"浪费"越少越好。所以，就要向高固体含量、低黏度胶液的方向发展。这种胶黏剂可以配成较高浓度的操作溶液而仍保持预计的涂胶量和达到均匀的转移，同时还保持较高的初黏力，不会产生褶皱和"隧道"。一般来说，这种胶可以在 40%~45% 浓度下进行操作。还是用上胶量要求为 $3.5g/m^2$ 为例，操作溶液浓度配成 45%，这时，涂在每平方米基膜上的胶液质量应是 $3.5/0.45＝7.78g$，干燥后跑到空气中去的乙酸乙酯只是 $4.28g/m^2$，比前面讲的 $14g/m^2$，少了 $9.72g/m^2$，可以节约大量成本。另外，就上述生产量而言，一个月涂胶 200 万平方米，耗用干胶 700 万克，即 7000kg。此胶液若是高黏度、低固体含量、浓度只有 35% 时，则要买 20t 产品，若是高固体含量、低黏度、浓度为 75% 时，就只要买 9.33t 产品。如前者的价格为 1.80 万元/吨，买 20t 要花 36 万元；后者的价格为 2.50 万元/吨，买 9.33t 只要花 23.33 万元。制造同样多的产品，用后者时，单单胶黏剂每个月就省下 12.67 万元。溶剂与胶合计每个月可省 26 万元左右。一年下来最少可节省 260 万元以上，这确实是一笔很可观的"利润"。

由此可见，这两个原因正是发展高固体含量、低黏度胶液的原动力。但是，这里有一个问题必须引起注意，那就是固体含量提高、黏度降低了以后，胶黏剂的初黏力不应降低。一般来说，分子量低了，在同样固体含量的情况下，黏度是比分子量大的要低。但分子量低了以后，胶黏剂的内聚力不大，刚复合好后未熟化、胶黏剂没有交联固化时，粘接力（也就是初黏力）很小，容易引起复合物发皱、出现"隧道"等故障，这样就不好。因此，作为胶黏剂生产者，就不能用简单的降低分子量的办法去提高固体含量、维持较低的胶液黏度，而应该从分子结构上去考虑，以期生产出具有较高初黏力的高固体含量、低黏度产品来。经验表明，初黏力（剥离强度）在 1.0N/15mm 以下时，复合物极易产生皱纹、"隧道"等故障，初黏力在 1.0～1.8N/15mm 之间，则有故障的可能，当初黏力大于 1.8N/15mm 时，就不会产生皱纹、"隧道"等故障。

（2）开发水溶性或水分散性产品　这类胶有两种：一种是水性聚氨酯；另一种是水性聚丙烯酸酯。

它们的优点是以水代替有机溶剂，不存在燃烧、爆炸的潜在危险，也没有对环境的污染和对操作人员的毒害危险，而且成本低。但是，这种胶黏剂的性能差，胶液对被涂胶要黏合的基材的浸润性不佳，因为水的表面张力为 72mN/m，而基材的表面张力大多只有 40mN/m 左右，相差 30mN/m 左右，不相亲和，使得粘接力不高。另外，水的热容量大，要烘干它，就要消耗更多的能量，同样烘干 1mol 的物质，水要比有机溶剂多消耗 20%～30% 的能量，生产速度也提不高，成本也就高了。还有就是水蒸气对钢铁造成的严重锈蚀，导致设备的性能变差，甚至报废。这些都是影响它被广泛采用的因素。

最重要的一点，就是水性聚氨酯胶黏剂是用封端剂将分子链中的—NCO 端基封闭保护起来的，它在水中才不会与水产生化学反应而得到稳定，只有在加热到一定高温把封端剂游离出来或蒸发掉，让—NCO 重现后，才会发生化学反应，才具有聚氨酯胶黏剂的性能，达到粘接的目的。一般的封端剂都有较大的毒性，沸点又高，如苯酚，所以残留量也大，卫生性能差，到目前为止，仍未得到 FDA 的批准。故美国罗门·哈斯公司也不轻易推荐水性聚氨酯胶黏剂用在食品包装领域，而是大力推广聚丙烯酸酯型的水性胶黏剂。

（3）功能性胶黏剂　由于复合包装材料具有许多优点，它的应用领域就大大扩展，不仅在食品、药品方面，而且在化妆品、化学品、洗涤用品、农药等方面以及建筑装潢材料方面、发热器材方面也被采用。面对各行各业的具体要求，复合材料的功能也应该多种多样，因此，制造复合材料用的胶黏剂，也向高质量的功能性方向发展。

所谓功能性胶黏剂，是指能满足特定要求、能适应包装特定内容物的胶黏剂。上海烈银新材料科技有限公司有较深入的研究，并在 1991 年首先向市场提供这类产品，此后又不断推出各种功能性胶黏剂。用普通胶黏剂制造的复合袋包装干燥、中性内容物，并在常温下使用，是没有问题的，但却不能包装有酸、碱、咸、辣介质的内容物，也不能包装含表面活性剂的化妆品、洗涤用品，更不能包装含甲苯、二甲苯、乙酸乙酯，特别是 DMF（N,N-二甲基甲酰胺）或其他有机溶剂的农药、化学品。为此，必须要有高质量的、耐介质性能特别好的胶黏剂才行。国外有些品牌，如 UK3640/UK6800，是一个功能性较好的产品。上海也有类似的产品，如上面提到的 LY-50A/LY-50AH、LY-9850R/LY-9875R 和 LY-50VR/LY-50VRH 型聚氨酯胶黏剂。

LY-50A/LY-50AH 型胶黏剂制造的 BOPP/AL/PE 结构的复合袋，除了可同时耐 100℃和抗咸、酸、辣介质侵蚀外，用它去包装甲苯、二甲苯、甲苯与二甲苯的混合物（1∶1）、杀灭菊酯及低腐蚀性的一般农药，三合一洗发染发护发膏，诗芬、飘柔、飞逸洗发液等，都有很好的效果，证明它的抗介质功能很好。

LY-9850R/LY-9875R 型胶黏剂制造的 PET/AL/CPP 或 PET/AL/BOPA/CPP 型蒸煮袋，内装介质经 124～128℃高温蒸煮后，AL/CPP 间的剥离力比未蒸煮时还有较大幅度提高，也说明它有耐高温的突出功能，同时，该结构的复合袋仍可包装上面提到的那些化学介质。

LY-50VR/LY-50VRH 是适应某些农药软包装用的胶黏剂，可包装含甲苯、二甲苯、乙醇、煤油以及含 20％以下 DMF 的液体农药、乳油农药，自 2000 年以来已被全国各地采用，也被巴斯夫公司认可用于该公司农药的包装。

过去，不少企业碰到过复合包装袋开口性差的问题。国外有一种可保持内膜 PE 摩擦系数不会急速升高的专用胶黏剂，如 LX770A 等，用这种胶去做复合膜、袋，摩擦系数的增加值一般小于 0.1，可保持好的滑爽开口性。上海在 2001 年开发的类似产品 LY-50FT 和 LY-75FT 胶黏剂是同时具有快固化和对 PE 膜的摩擦系数影响极小的聚氨酯胶黏剂，用其做的复合物在 45～50℃下只要放置 12h，就达到了熟化的目的，可以拿出来分切制袋了，而且它与 LX770A 胶相比，摩擦系数的增加值更小，LX770A 的复合物内膜的摩擦系数从原来的 0.23 增加到 0.29，而 LY-75FT 胶做的，只增加到 0.27。这类功能性胶黏剂，在高速自动填充制袋包装机使用的卷膜和要求开口性好的复合袋中应用，具有很好的效果。

7.4 干法复合工艺

干法复合工艺与湿法复合工艺比较相似，但作为制造复合材料的一种方法，其基本特点是把各种基膜、基材，用胶黏剂在干的状态下进行复合。湿法复合是将胶黏剂涂在一种基材上，在胶黏剂没有烘干之前，另一种基材就贴上去了。然后再把已贴覆好的材料烘干（晾干），使其有一定强度的粘接力，成为复合材料。

湿法复合的基膜中，最少有一种是透过性很好的材料，如纸、织物等，如果被复合的基材透过性很差，都像塑料膜或铝箔那样，那么贴覆好后由于溶剂（大多是水）总是要气化的，透不出去时则要产生气泡、剥离等不良现象，不能制造好的产品，这是它的最大特点。又由于湿法复合胶黏剂的性能远远赶不上干法复合或无溶剂型胶黏剂，所以只能在低档产品上应用。

湿法复合如图7-6所示。

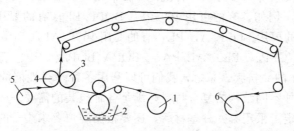

图7-6　湿法复合示意

1—第一基材；2—胶盘、胶液；3—钢辊；4—橡胶压辊；5—第二基材；6—复合薄膜

由于受所用基材的限制，湿法复合只能制造比较低档的包装材料，例如，纸与铝箔复合的口香糖和香烟包装纸是这种方法制造的。湿法复合中所使用的胶黏剂，大多是水溶性的，如淀粉、PVA，或是水乳液型的，如聚丙烯酸酯乳胶、聚乙酸乙烯酯乳胶（即白胶）等。

而干法复合则相反。它是在一种基材上涂了胶黏剂后，先到烘道里去加热干燥，将溶剂蒸发，剩下真正起粘接作用的固体胶黏剂，然后，在无任何溶剂的"干的"状态下，以一定的温度将它与另一种基材贴覆黏合，再经冷却、熟化就成为复合材料了。因为它是在"干的"状态下，而不是在"湿的"状态下进行复合的，所以称为干法（或干式）复合。干法复合如图7-7所示。

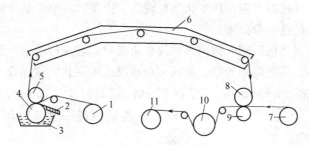

图7-7　干法复合示意

1—第一基材；2—刮刀；3—胶盘、胶液；4—凹版辊；5—橡胶压辊；6—干燥烘道；

7—第二基材；8—加热钢辊；9—橡胶压辊；10—冷却辊；11—复合薄膜

按干法复合工艺，可以把任何基材复合起来，不管它透过性的好坏，也不管它是热塑性的还是非热塑性的，所以它可以制造高、中、低档的任何一种包装材料。下面就干法复合的具体工序作个介绍。

干法复合的主要工序有基膜的准备、胶液的配制、涂胶、干燥、复合、冷却收卷和熟化。下面依次进行叙述。

7.4.1 基膜的准备

基膜的准备工作有以下几个方面。

(1) 要根据客户提出的要求，如所包装的内容物，是否要煮沸或蒸煮，保质期的长短，成本的要求等，设计出一种既能全面满足客户要求，又易加工、成本低的组合复合结构物。例如，有的可用 PT/PE、BOPP/PE，有的要用 PET/VMCPP、BOPP/CPP，有的要用 BOPP/AL/PE，有的要用 PET/AL/CPP，要求更高的则用 PET/BOPA/AL/CPP、PET/AL/PA、BOPA/BOPA/CPP、PET/AL/BOPA/CPP 或含 EVOH 的共挤膜。总之，我们可以利用各种基材性能的资料，通过排列组合，制造出各种不同结构的复合材料来满足各种包装的需要。

(2) 一旦确定了采用哪一种基材后，还要根据客户要求袋子的大小来选择基材的宽度或印刷版面排列方向，以期最大限度地利用现有设备的机能、效率和减少基材边角料损耗，降低成本、提高效益。例如，应尽量采用 1000mm 宽的基材，若全部印刷版面直排时边料浪费太多，可考虑版面横排，尽量用足 1000mm 的宽度。若仍不能达到目的时，再考虑采用另一种宽度的基膜。

(3) 所要进行复合的基膜，其表面必须是清洁、干燥、平整、无灰尘、无油污，对非极性、表面致密光滑的聚烯烃等塑料薄膜材料来说，还要事先进行电晕处理，使其表面状态发生变化，表面张力提高到 40mN/m，最少也要在 38mN/m 以上，这样，印刷和粘接才能达到一定的牢度。

像聚乙烯、聚丙烯这种非极性材料，表面致密光洁，表面能很低，原本的表面张力只有 30mN/m 左右，是十分惰性的，如果不进行表面处理，胶黏剂对它很难浸润，它们与聚四氟乙烯（塑料王）一样，也是难粘材料。为了改变这种情况，可以用各种方法对其进行处理，例如化学处理法、火焰法和电晕处理法，其中最有效可行和广泛采用的是电晕处理。

电晕处理是当薄膜刚刚吹塑出来或流延出来时，趁未冷透就让其经过一个高频高压放电的电场，进行电晕处理，使其表面状况发生变化，这样处理后，表面张力就可以从原来的 30mN/m 左右提高到 40mN/m 以上，高的可达 42mN/m 或 44mN/m 甚至更高一些，对印刷和粘接大有好处。

电晕处理的装置如图 7-8 所示。

电晕处理的原理有两个。

(1) 电冲击或击穿。在高压电场下电子流对塑料薄膜进行强有力的冲击，而且随着功率的加大而增强，使表面起毛，变得粗糙，形成坑穴，增加表面积，当胶黏剂与其表面接触时，可产生良好的浸润效果，胶黏剂会渗透到被拉毛了的凹沟里去，起到"抛锚"作用，增加粘

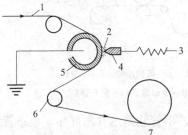

图 7-8　电晕处理装置示意

1—塑料薄膜；2—电弧放电；

3—高频高压电发生器；4—电极；

5—绝缘辊；6—导辊；7—收卷装置

接牢度。这是一个物理作用。

（2）在高压电场下，空气中的氧气被电离变成臭氧，臭氧又不稳定，会快速分解成氧气和新生态的氧原子：

$$3O_2 \longrightarrow 2O_3$$
$$O_3 \longrightarrow O_2 + [O]$$

而新生态的氧原子是十分强烈的氧化剂，能对聚乙烯或聚丙烯分子中的 α-碳进行氧化，使其变为羰基或羟基：

$$\begin{array}{c}
\text{—CH}_2\text{—CH}_2\text{—CH—CH}_2\text{—}_n \xrightarrow{[O]} \text{—CH}_2\text{—C—C—CH}_2\text{—}_n \\
\qquad\qquad\qquad |R \qquad\qquad\qquad\quad \overset{O}{|\,}\overset{H}{|} \\[2mm]
\qquad\qquad\qquad\qquad\qquad\qquad\qquad\qquad\qquad R
\end{array}$$

$$\begin{array}{c}
\text{—CH}_2\text{—C—C—CH}_2\text{—}_n \longrightarrow \text{—CH}_2\text{—C}=\text{C—CH}_2\text{—}_n \\
\overset{O}{|\,}\overset{H}{|} \qquad\qquad\qquad\qquad\qquad\quad \overset{OH}{|\;} \\
\;\; R \qquad\qquad\qquad\qquad\qquad\qquad\qquad R
\end{array}$$

这个过程是化学反应过程。

有了这种结构后，分子极性增大，表面张力提高，对具有很大极性的聚氨酯胶黏剂产生很大的亲和力、吸引力，增加粘接牢度。另外，由于产生了羰基，又使分子链中再产生新的 α-碳，出现了新的活泼氢。这种活泼氢和羟基正好能与聚氨酯胶黏剂分子中的活泼性基团异氰酸根（—NCO）进行化学反应，使被粘材料和胶黏剂之间生成化学键，更增加了它的粘接牢度。从红外光谱检测可以发现，经过电晕处理后的聚烯烃表面，在谱线上有羰基或羟基吸收峰存在，证明上述这种化学作用是存在的。

从高倍放大的电子显微镜图来看，未经处理的聚乙烯膜照片，表面平整光洁，而经过处理的照片，表面就毛糙，凹凸不平。图 7-9 是聚乙烯薄膜电晕处理前后的电镜照片，前面是未处理的照片，后面是处理后的照片。

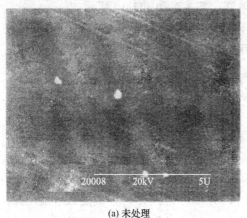

(a) 未处理　　　　　　　　　　(b) 处理后

图 7-9　聚乙烯薄膜电晕处理前后的电镜照片（放大 10000 倍）

塑料薄膜经电晕处理后，究竟效果如何，其表面张力是多少，必须进行测定才知道，检测的方法是用某种表面张力的测试笔或液体，在处理过的表面划写，看留下的液体痕迹是否连续均匀，是否不收缩、不结点。若是，则与该达因数相符或更高，此时用高一挡的表面张力测试笔或液体再去检测。按照同样的方法去判断，一直到检测准确为止。

表面张力测试笔或测试液，常用的规格有 38mN/m、40mN/m、42mN/m、44mN/m、48mN/m 五种，也可以有 52～70mN/m（测试铝箔）的特殊规格。这种测试笔使用方便，可随身携带，且液体带有红色或蓝色，比自己配制的透明测试液更容易观察和判断。

表面张力测试液也可自行配制，但要用精密分析天平，将两种化学药品按不同的质量比例混合配成，其配方见表 7-24。

表 7-24　表面张力测试液配方

表面张力/(mN/m)	甲酰胺/%	乙二醇乙醚/%	表面张力/(mN/m)	甲酰胺/%	乙二醇乙醚/%
36	42.5	57.5	42	71.5	28.5
38	54.0	46.0	44	78.0	22.0
40	63.5	36.5			

聚烯烃材料的表面经电晕处理后，已达到了一定高度值的表面张力，但若经过许多金属导辊的接触，表面张力值会比未经金属辊接触时降低一点，所以经电晕处理后，最好少经几个金属辊的摩擦接触，以保持电晕处理所得到的最初效果。

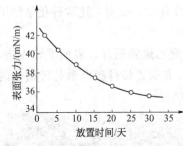

图 7-10　电晕处理后放置时间与表面张力下降的关系

另外，聚烯烃经电晕处理后，若不是马上就在印刷或复合中使用，则随着放置时间的延长，表面张力值也会逐步慢慢下降，时间越长，表面张力值越低，其关系如图 7-10 所示。

鉴于这种情况，薄膜经电晕处理后，要尽量及时使用，进行印刷和复合，放置时间最好不超过 7 天，如果要放置更长的时间，则电晕处理的初期值应相应提高 2mN/m，即为 40mN/m，以保证日后使用时表面张力还在 38mN/m 以上。

除了塑料表面要进行电晕处理外，有时，铝箔的表面油污严重，表面清洁度不高，影响复合牢度，不能满足高标准的要求，因此也要进行电晕处理，通过高压放电，将铝箔表面的油污烧掉，提高表面张力，有利于粘接复合。这种电晕处理装置与处理塑料表面的装置不同，必须严格区分，否则会发生触电的人身伤害事故。南通三信电子有限责任公司已向市场推出铝箔和镀铝膜等金属材料进行电晕处理的设备，经一些单位使用，效果明显，可以代替进口设备。

7.4.2 胶液的配制、保存及再利用

复合时所用的胶液，也称操作溶液，它的配制主要指两个方面：一是胶液浓度的确定；二是该胶液的配制程序、保存及再利用。

（1）胶液浓度的确定　操作溶液的浓度要根据上胶量要求和涂胶器的性能来考虑。所谓上胶量就是每平方米基材面积上有多少质量（一般以 g 表示）干基胶黏剂，所谓涂胶器的性能，是涂胶辊的状态，即是光辊还是凹版网线辊，若是网线辊，它的线数和网点深度是多少，网点的形状又是怎样，若是光辊，其转动方向是正转还是逆转，还有橡胶压辊的硬度或压力，都属涂胶器的性能。但从一般规律来讲，同一个涂胶辊上胶量的多少与操作溶液的浓度（含固量）是成正比的。上胶量多少才适合，这要由被复合材料、印刷状态以及包装材料的最终用途来决定，一般可参考表 7-25 的数据（干基）。

表 7-25　复合材料上胶量的参考值（干基）

复合材料	上胶量 /(g/m²)	复合材料	上胶量 /(g/m²)
塑/塑,空白	2.1~2.5	塑/铝,墨少	3.0~3.5
塑/铝,空白	2.8~3.5	塑/铝,墨多	3.5~4.0
塑/塑,墨少	2.5~3.0	塑/铝,抗酸辣	3.5~4.0
塑/塑,墨多	3.0~3.5	塑/铝,耐蒸煮	4.0~5.0

上胶量的多少与复合物的粘接牢度有很大关系，在一定范围内可以说牢度与上胶量成正比，但到了一定程度后就不成正比了，而是趋于一个平衡的数字，如图 7-11 所示。

从图 7-11 的曲线可以看出，对大多数情况来说，上胶量在 2.5~5.0g/m² 就能满足要求，超过 6g/m² 则不必要，太多则会造成浪费，成本提高。

上胶量确定了之后，就可以按下列的经验公式来计算所要配制的胶液浓度：

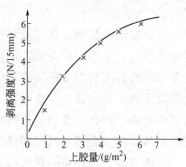

图 7-11　上胶量与剥离强度的关系

$$W=\frac{1}{4}\mu ND \text{ 或 } W=\frac{1}{6}\mu ND$$

式中　W——干基上胶量，g/m²；

μ——凹版涂胶辊的网点深度，μm；

N——所要配制的胶液浓度，%；

D——胶液密度，g/cm³。

1/4 或 1/6 是经验系数，与版子的新旧程度、网点的形状和压辊的弹性、压力等有关，一般多取 1/5，即可按下列公式去计算：

$$W=\frac{1}{5}\mu ND$$

上述公式经整理后如下：

$$N=\frac{5W}{\mu}D$$

从公式可以看出，对于上胶量来说，与网点深度 μ 和胶液浓度 N 及胶液密度 D 成正比，而与线数无关。若网点深度 μ 已知（由制版厂提供），则上胶量 W 就由胶液浓度和密度确定，相反，若胶液浓度和密度确定，则上胶量由网点深度 μ 决定。

举例如下。

上胶量要求是 $W=4.5g/m^2$，凹版辊网点深度已知是 $\mu=70\mu m$，取密度 $D=1.00g/cm^3$，胶液浓度应是 $N=5W/(\mu D)=5\times4.5/(70\times1.00)=32\%$。也就是说，操作溶液的浓度要配制成 32%。

又例如，上胶量要求是 $W=2.8g/m^2$，凹版辊网点深度为 $\mu=65\mu m$，取密度 $D=0.98g/cm^3$，则胶液浓度应是 $5\times2.8/(65\times0.98)=22\%$。操作溶液的浓度要配制成 22%，上胶量就是 $2.8g/m^2$ 左右。

胶液密度与胶液浓度有关系，浓度越大，固体含量越高，密度也越大，一般有以下关系。

① $N=20\%\sim25\%$ 时，$D=0.98\sim0.99g/cm^3$。

② $N=30\%\sim35\%$ 时，$D=1.00\sim1.01g/cm^3$。

③ $N=40\%\sim45\%$ 时，$D=1.02g/cm^3$。

在大多数情况下，计算时可不考虑胶液密度，直接按 $W=(1/5)\mu N$ 去计算就可以。

（2）胶液的配制、保存及再利用　配制时，称量要求十分准确，若主剂和固化剂是小包装，是一次用完的定量化包装时，最好先加主剂，再加固化剂，然后用已准备好的稀释溶剂去洗刷装固化剂的容器，将洗刷液加入配胶桶里去，力求全部固化剂真正与主剂配合，不要因粘在容器桶壁上倒不干净、丢弃而影响主剂与固化剂的真实比例，因此，洗刷固化剂容器的溶液应加到配胶桶内去与主剂配合，最后将剩余的稀释溶剂全部加到配胶桶中去，充分搅拌均匀就行。

主剂与固化剂碰在一起就会自动发生化学反应，产生交联固化。这个化学过程在室温下能慢慢进行，其速率随浓度增高和温度升高而加快。若配好的胶液因保管时间太长或其他原因引起交联固化、浑浊发白、失去流动性，则无法进行涂胶和复合，造成胶液报废。因此，胶液不宜一次配制太多，不宜长时间存放，特别是高温多湿的黄梅季节更要注意。另外，胶液配制好后，要盖好、保管好，防止溶剂自动挥发而影响胶液浓度，也为了防止空气中的水分和灰尘侵入。若配好的胶液无法一次用完或不是三班连续生产时，则多余的胶液应充分稀释后密闭冷藏保存。在一般情况下，新鲜配制的非快速固化型的胶液，浓度为 $25\%\sim30\%$ 时，在温度为 $30℃$ 下的密闭容器中可放置 $48h$ 不会发生质量变坏而不能使用的现象。用剩的胶液用 5 倍以上的溶剂稀释后，在阴凉处放置过夜，第二天未发现浑浊的话，可以作为稀释剂，将其分批少量地掺入新配的胶液中去使用，这样不会造成浪费，也不影响复合物的质量。

在胶液的配制时，除了确定胶液浓度和准确称量各个组分外，还有一个稀释剂用量如何确定、如何计算的问题。也就是说，胶液浓度已确定，例如是 25％ 或30％，胶黏剂也已买好，那么稀释剂（一般仅用乙酸乙酯）又如何计算去求得其用量呢？

第一，要按胶黏剂厂家资料中提供的主剂和固化剂的比例去配制，不能把固化剂用得太多或太少，否则会影响复合物产品的质量。例如，日本的 AD502 与CAT-10 的比例，按其规定是 100：8（质量比，下同），也就是说主剂 AD502 用100kg 时，固化剂 CAT-10 用 8kg。又例如，汉高公司的 UK3640 与 UK6800，按其规定是 100：2，用 100kg 的 UK3640 主剂，就只要用 2kg 的 UK6800 固化剂，而不是 8kg 或 10kg 的 UK6800 固化剂。

上海的 LY-50A 与 LY-50AH 的比例与其他大部分聚氨酯胶黏剂相同，也是100：12，而耐高温（可达 128℃）蒸煮的 LY-9850R 与 LY-9875R，其主剂与固化剂的比例则是 100：15（用户可经试验后确定最佳比例）。而北京的耐高温蒸煮的UK2850 和 UK5000 的比例则是 100：20。

总之，配胶之前一定要看清产品说明书的介绍。任何一种双组分聚氨酯胶黏剂的产品说明书中都会提供这种配方比例的参考值，在一般情况下，按照它提供的比例去配制不会出什么问题。但是，由于各个使用单位的很多具体情况不为胶黏剂生产者所控制，条件错综复杂，加上地域气候的不同，所用稀释剂的质量不同，所用的基材又不同等，用户就必须通过实践去探索更适合自己所需的、性能更可满足某一特定要求的比例，这才是最可靠的。

第二，确定了主剂与固化剂的比例以后，就要根据每次配胶要配多少来确定主剂和固化剂的使用量，要遵循上面所讲的胶液配好后要尽快用完、不要长期存放、要少配勤配的原则。对于大型高速复合机来说，由于它的用胶量大，正常生产条件下每次配 50～60kg 胶液是适宜的，而对小型慢速的国产干式复合机来说，则每次配 15～20kg 较好。

第三，根据上述所讲的配比要准和少配勤配这两点，再加上依据计算所得的胶液浓度，就可按下列公式去计算稀释剂的相对用量：

$$W_稀＝(W_主 N_主＋W_固 N_固)/N－(W_主＋W_固)$$

式中　$W_稀$——稀释剂的量；

$W_主$——主剂的量；

$W_固$——固化剂的量；

$N_主$——主剂的固体含量；

$N_固$——固化剂的固体含量；

N——所配制的胶液的浓度。

$W_主 ： W_固$ 是按产品说明书规定或自己摸索后重新确定的比例，一般为常数。下面举两个例子。

① 使用某公司产品的 AD502/CAT-10 胶黏剂，要配制 $N=30\%$ 的胶液浓度。

根据产品技术资料得知，$N_主=50\%$，$N_固=75\%$，$W_主 ： W_固=100 ： 8$，即主剂的包装桶是 20kg/桶、固化剂的包装桶是 1.6kg/桶。

已知 AD502 主剂 20kg（1 桶），CAT-10 固化剂 1.6kg（1 桶）。计算称量如下：

$$W_稀=(20×50\%+1.6×75\%)/30\%-(20+1.6)=15.73kg$$

上式说明，当主剂 AD502 用 20kg，固化剂 CAT-10 用 1.6kg，配成胶液浓度为 30% 时，则要加入 15.73kg 的稀释剂（乙酸乙酯）。

② 使用另一公司产品的 LY-50A/LY-50AH 胶黏剂，要配制 $N=30\%$ 的胶液浓度。

根据产品技术资料已知：$N_主=50\%$，$N_固=75\%$，$W_主 ： W_固=100 ： 12$，即主剂的包装桶是 20kg/桶、固化剂的包装桶是 2.4kg/桶。要配制胶液（胶的操作溶液）浓度为 25% 的溶液，稀释用的溶剂质量为：

$$W_稀=(20×50\%+2.4×75\%)/25\%-(20+2.4)=24.8kg$$

上式说明，当用一组 LY-50A/LY-50AH 胶，用 24kg 稀释剂去混合均匀后，该胶液的浓度（即固体含量）就是 25%。

其他胶黏剂按上述公式去计算，也就可以配制自己所需的任何一种浓度的胶液。

7.4.3 涂胶

涂胶是将胶黏剂均匀、连续地转移到被复合的基膜上去的方法，常用的有凹版网线辊涂胶和光辊涂胶两种，如图 7-12 所示。

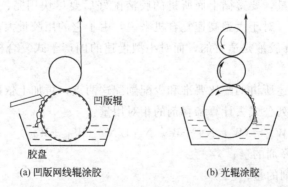

(a) 凹版网线辊涂胶　　　　　　　　(b) 光辊涂胶

图 7-12　凹版网线辊涂胶和光辊涂胶

在凹版辊涂胶中，其原理与凹版印刷相同。胶液注满凹版辊的网点之中，该网点离开胶液液面后，其表面平滑处的胶液由刮刀刮去，而只保留着凹版网点中刮不去的胶液，此网点中的胶液再与被涂胶的基材表面接触，这种接触是通过一个有弹性的橡胶压辊的帮助来实现的。经过这样的接触，网点里的大部分胶液转移到基材表面上来，这样就完成了整个涂胶过程。把涂胶的局部放大来看，如图7-13所示。

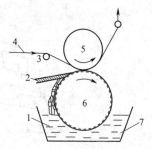

图7-13　胶液转移示意
1—胶液；2—刮刀；3—导辊；
4—基材；5—橡胶压辊；
6—凹版辊；7—胶盘

网点里的胶液部分转移到基膜上去之后，由于胶液具有流动性，它会慢慢地自动铺展流平，使原来不连续、一点一点的胶液点变成连续、均匀的胶液层。而网点里的胶液由于一部分转移出去了，所以减少了许多，但当该网点在旋转一周时又会重新浸入胶液中去，胶液又会充满、填充它。这样周而复始，一个直径不大的凹版辊就能将胶黏剂不断连续、均匀地转移到基材表面上去，实现涂胶的目的。对于一个已经做好了的凹版辊来说，由于它的网点深度已经固定，网点的形状也不能再改变，所以上胶量的多少基本上由胶液的浓度来确定，N越大，上胶量越多，反之亦然。

光辊上胶装置中，有带计量辊的，也有不带计量辊的。它是将带胶光辊或计量压辊表面的胶液全面与基材接触，从而使胶液转移到基材上去，实现涂胶的目的。

在这种装置和方法中，计量辊压下去的压力大小对上胶量的多少起很大的作用。当压力很大时，因胶液被挤压光了，所带的胶液不多，上胶量就少；当压力较小时，甚至没有压力时，或计量压辊与带胶光辊离开一点缝隙（几十微米）时，上胶量会很多；但若计量压辊与带胶光辊离得太远，甚至与带胶光辊不能接触，则又会使上胶量为零，故操作时必须十分注意。

用网线辊涂胶时，转移到基膜上的胶液总是像网点一样的形状分布。若胶液的黏度大，流平性就差，一个一个胶点不能形成均匀一致的胶膜，导致复合产品看起来是用许多密密麻麻的胶粒粘接起来，外观不漂亮，透明度也差一点。为了克服这一缺点，在涂胶后趁胶液未烘干时，用一根匀胶辊压在涂胶面上，该辊是用电机带动以与基膜走向相反旋转的形式压在带胶基膜上的。这样，尚未干的胶液被刮平了，整个涂胶面变得光滑、平整、均匀，复合物的外观质量会更好。

7.4.4　干燥

干燥是干法复合的重要工序，它对复合物的透明度、残留溶剂量、粘接牢度、气味、卫生性能都有直接的影响。所谓干法复合，就是涂胶后，将胶液中的溶剂通过加热排气的办法使其充分干燥，然后在"干的"状态下进行复合。

涂胶后的干燥是在干法复合装置的烘道里进行的。一方面，它把热风吹向涂有胶黏剂面的基材，使胶液受热，将溶剂蒸发，变为蒸气；另一方面，又进行抽风，把含有大量溶剂蒸气的空气排到烘道外面去。涂胶后的干燥如图7-14所示。

一般的烘道长度最少也有6～7m，干燥效率更高的则有9～12m。国产小型干法复合机的烘道较短，最短的只有3～4m，大多数为4～6m。整个烘道一般分为三段加热（目前也有四段加热），三段的热风温度可自由设定和控制。具体操作时，

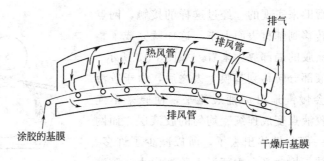

图 7-14 涂胶后的干燥示意

自进口处到出口处的温度，应由低到高逐步增加，一般是第一段约 55～60℃，第二段约 70～75℃，第三段约 75～85℃ 或高达 80～90℃（依据上胶基材与复合速度）。用进口设备高速复合（≥180m/min）时，就会高达 90℃。当然应根据实际情况去设定，不能因温度太高而使基材变形、收缩。

烘道温度的设置，应根据基材的耐热性、复合时基膜的线速度、所使用的溶剂种类等去综合考虑。总的原则是控制干燥后的残留溶剂总量要≤5mg/m²，要求高的还要控制在 1～3mg/m²。如果使用的基材是耐热性高的 PET、PT、BOPA 等时，而且复合的速度较高时，则烘道的温度可相应提高，特别是油墨中使用过沸点比较高的丁酮、丁醇、甲苯等溶剂后，更应提高一些温度。但也不能一味追求干燥而提高烘道温度，导致基膜的收缩，造成印刷图面尺寸的变化。一般来说，在一定运行张力作用下，经烘道加热后，基膜的横向可有少量收缩，其收缩率一般不超过1.5%；如果基膜收缩率大，残留溶剂又未达标时，则应放慢复合速度，适当降低温度，降低运行张力，加大排风量，这样也可达到残留溶剂合格的目的。

残留溶剂的多少，可以利用气相色谱测定法测定，也可以用重量测定法测定。下面略作介绍。

（1）气相色谱测定法 参照 GB/T 10004—2008。

① 仪器 氢燃离子检测型气相色谱仪。

② 条件 使用氮气作为载体，柱温控制在 50～90℃，注入检出口温度控制在90～200℃。

③ 标准曲线的绘制 按生产实际使用溶剂的种类配制标准溶剂样品，用微升注射器取 0.5μL、1μL、2μL、3μL、4μL 样品称量并记下质量。将称量后的样品分别注入硅胶塞密封好的清洁的 500mL 三角瓶中，放入（80±2）℃干燥箱中加热30min，用 5mL 注射器取 1mL 瓶中气体注入色谱仪中测定。以其出峰总面积值，分别与对应的样品质量作出标准曲线。

④ 试验步骤 裁取 0.2m² 样品，将它迅速裁剪成 10mm×30mm 碎片，放入清洁的在 80℃条件下预热过的 500mL 三角瓶中，用硅胶塞密封，放入（80±2）℃干燥箱中加热 30min 后，用 5mL 注射器取 1mL 瓶中气体注入色谱仪中测定，以出

峰总面积值在标准曲线上查出对应的残留量。试验结果以 mg/m^2 表示。

用此法不仅可测出残留溶剂总量，还可以从出峰位置及其面积大小而检测出溶剂的种类和相对的百分含量。

⑤ 结果计算　溶剂残留量按下式进行计算：

$$W = \frac{P}{S} \times \frac{V_1}{V_2}$$

式中　W——溶剂残留量，mg/m^2；

　　　P——对应量，mg；

　　　S——试样面积，m^2；

　　V_1——进样量，mL；

　　V_2——试样瓶实际容量，mL。

（2）重量测定法　仪器如下。

① 感量为 0.0001g 的分析天平。

② 电热恒温烘箱。

③ 干燥器。

取从烘道出口处经烘干又未进行复合的样品，裁剪成 500mm×500mm 的正方形，马上把它放到分析天平上去称取其质量，设为 W_1，然后把它放到 105℃的恒温烘箱中保持 1h，取出后在干燥器内冷却到室温，再去称取其质量，设为 W_2；此时 W_2 比 W_1 要小，因为残留溶剂已蒸发，总质量应该比未烘干时轻，这 $W_1 - W_2$ 的数值就是该面积上残留溶剂的质量，然后按下列公式进行计算：

$$R = (W_1 - W_2)/(0.5 \times 0.5)$$

就可以计算出每平方米面积上残留溶剂的质量（g/m^2）。用此法只能求出残留溶剂总量，不可求得单一残留溶剂，也不能得出单一残留溶剂所占的比例。

如果改变一下，不是直接从出口处取样，而是先取 3 块相同基材、尺寸为 200mm×200mm 正方形的空白样品，并称好每块的质量，设为 W_1，用双面胶带分左、中、右贴在要涂胶的基膜上，然后正常涂胶、干燥，到出口处将左、中、右 3 块样品取下，马上称取上胶干燥后的质量，设为 W_2，再把它们放到 105℃的恒温烘箱中保持 1h，取出后放在干燥器内冷却到室温，最后再去称取彻底干燥后的质量，设为 W_3，则可以求出残留溶剂总量：

$$R = (W_2 - W_3)/(0.2 \times 0.2)$$

也可求出上胶量：

$$W = (W_3 - W_1)/(0.2 \times 0.2)$$

这样做可以一举三得，除了上述两个数据外，还可以检查左、中、右三点的上胶量是否相同。

残留溶剂的多少，对复合牢度、表观质量、异味及卫生性能都有直接影响。所以，在控制和制定干式复合工艺参数时，必须充分注意这一点。残留溶剂太多时，由于会出现微小的气泡，将使两层基材之间的剥离强度降低，出现麻点、小泡、透明度不好，影响外观质量。另外，残留溶剂会透过内层材料渗入食品或药品中去，出现异味，影响食品的原有风味，若该溶剂具有毒性，则要对人体健康造成损害，这是不允许的。所以，干燥一定要彻底，残留溶剂总量应≤5mg/m²，条件许可时，最好在控制在1mg/m²以下，而且苯类溶剂不可使用。

7.4.5 复合

将涂胶干燥后的第一基材与另一种未涂胶的基材，经复合装置加热、加压贴合起来，就基本上完成了复合过程。在这复合工序中，应注意的问题是两种基材的张力控制、复合钢辊表面温度和复合的压力。

一般来说，第一基材多是延伸性较小、耐热性较高的BOPP、PET、M-PET、BOPA、M-BOPP、AL、PT，也有经过一次复合后的BOPP/AL、PET/AL、BOPA/AL、PT/AL、BOPP/M-PET、PET/M-PET、PET/BOPA、PAPER/AL等以及经过二次复合后的PET/AL/BOPA、BOPA/AL/PET、BOPA/PET/BOPA、PET/BOPA/AL、PET/M-PET/PET等。而作为第二基材，绝大多数的是延伸性大、受热易变形的LDPE、LLDPE、mLLDPE、CPP、M-CPP、共挤膜等，或易在张力下扯断的材料（如铝箔等），也会用到EVA、PVA、EVAL等。如果两种基材的张力不协调，特别是第二基材张力太大的话，复合后易引起收缩卷曲，严重时会造成皱纹、"隧道"等不良现象。因此必须根据复合机的性能、基膜的延伸性和实际经验，摸索出恰当的放卷张力才行。

复合钢辊表面的温度高低对复合物的牢度、外观有直接影响。因为干法复合是在胶黏剂已不含溶剂的"干的"状态下进行复合的。一般来说，当胶黏剂中无溶剂存在且冷却到室温时，该胶已无黏性或黏性不足，就这样去复合，其牢度不好。只有将已干的胶黏剂加热到一定的温度时，它才重新被活化，才会对第二基材产生良好的浸润，具有良好的黏性，这时进行复合，才能达到理想的牢度。复合钢辊表面的温度多数控制在50～75℃，这要由基材运行的线速度、基材的导热性、基材的厚度、胶黏剂的"活化"性能、工作环境温度等综合因素去确定。若速度快、导热性好（如含有铝箔）、基膜较厚，则复合钢辊的表面温度应高一些，反之就可低一点。

若复合钢辊表面温度太高，所用的基材又是耐热性不太好的LDPE，当高过100℃时LDPE膜会粘在钢辊上或熔化，造成故障。所以要注意控制，特别是有些早期制造的小型复合机，其复合钢辊是电热丝装在辊内直接加热的，若控制不当或控制失灵，有可能造成表面温度太高的危险。大型进口复合机、后期制造的国内复合机大多是由热油循环加热的，只要控制好油箱温度，就不会出问题，也有用蒸汽直接加热的，这就要经常检查和加强控制。

当然，对于使用低档的单组分压敏胶（也称不干胶）来说，复合钢辊不加热也可以。因为该胶在室温下，在"干的"状态下也具有黏性，在接触压力作用下就能产生粘接作用。但这种胶不宜在食品、药品包装上使用，只可做工业品材料包装袋。

复合时的压力要适中，太大时基材有被压延变形的可能，太小了又可能会出现贴合不够紧密，牢度不好，甚至出现小气泡等故障，这些都要注意调整。

还有一个问题就是第二基材进入复合辊时的位置和角度。例如，铝箔与 PET（或 BOPP、BOPA、PT 等）复合时，第一基材 PET 涂胶干燥后进入复合辊时，除了有舒张展平辊让它不皱之外，它与橡胶压辊或复合钢辊有一定的包角，如图 7-15 所示。

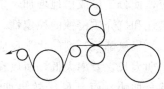

图 7-15　基材进入复合辊示意

铝箔则不必经任何托辊或展平辊就可直接进入钢辊和橡胶压辊的共同切线方向，这样就不致使铝箔发皱，不然很难保证复合物的平整性。当然，若设备精密度高，运转十分平稳，经过托辊也是可以的，原则是不能让铝箔起皱。

相反，若第二基材不是铝箔，而是 LDPE 或 CPP 等其他塑料薄膜，则还是应该像第一基材那样，要先经过一个展平辊然后再进行复合。因为铝箔本身非常平整，不须经过一些辊子去展平，若经过一些辊子反而会使它起皱，所以最好不经过任何辊子。但是 LDPE 或 CPP 等塑料薄膜比较柔软，有可能不够平整，需用展平辊去掉它原有的皱纹。

7.4.6　冷却收卷

第一基材与第二基材复合好后，从复合钢辊上剥离开来，进入一个直径较大的冷却钢辊对复合膜进行冷却后，才可再收卷起来。

冷却的作用有两个。

（1）第一个作用是让复合膜冷却定型，收卷时更平整、不发皱。因为刚从热复合钢辊上剥离下来时，复合膜的温度往往高达 $60 \sim 70 ℃$，复合膜的刚性差，发软，特别是塑/塑复合的场合，更是如此。如果不冷却就收卷，可能起皱，有暴筋，会造成"压痕"，而冷却后，复合膜的刚性好一点，挺括一点，收卷时不易起皱。

（2）第二个作用是让胶黏剂冷却，产生更大的内聚力，不让两种基材产生相对位移，避免起皱或"隧道"现象。因为原来要让胶黏剂产生"活性"、具有黏性才将复合钢辊表面温度提高，一旦粘住后，又希望胶黏剂能固定，内聚力要大，要把两种基材粘住，不产生相对位移，保证复合物不起皱、无"隧道"。

复合膜的收卷要尽量卷紧一点，不要太松，特别是使用初黏力不够大的胶黏剂时，更应如此。因为初黏力小的胶黏剂，刚复合后还未交联固化，不容易使两种基材粘住，如果张力又控制不妥，一种要收缩（往往是 LDPE），另一种又不收缩，这样就会产生起皱、"隧道"、分层剥离等缺陷，特别是横向的皱纹有可能出现。如果收卷张力足够大，卷得很紧，收缩不起来，那就不会有上述问题。

7.4.7 熟化

熟化也称固化，大多数情况是将复合物放在 40～70℃ 的恒温室内维持 48h 以上的一个必要程序，其目的是让双组分聚氨酯胶黏剂的主剂与固化剂产生化学反应，使分子量成倍地增加，生成网状交联结构，从而有更高的复合牢度、更好的耐热性和抗介质侵蚀的稳定性。

聚氨酯胶黏剂的化学反应，在温度不高的条件下也会慢慢进行，但速率缓慢，周期太长，效率太低，所以在工业化生产上是行不通的。当温度提高时，反应速率就会加快，而且最终效果即粘接牢度也较好。但温度也不能太高，因为所用的 LDPE 等薄膜的耐热性不够高，若熟化温度达 80～90℃ 甚至更高一些时，这些塑料薄膜会产生收缩变形，甚至严重到粘连熔化的地步。所以，大多数场合是 45～55℃。当然，若所用的基材耐热性好，例如耐高温蒸煮膜，是由 PET、M-PET、BOPA、AL 和 CPP 等复合，就可以让其在较高温度下快速熟化。例如，50～55℃ 时熟化要 48h 以上，70℃ 时只要 24h，而 80℃ 时只要 6～8h。但熟化室的温度太高，人就进不去，进料和出料都不方便，只有高度现代化、自动化的场合，才适合高温快速固化。

为了加快物料流转、缩短生产周期和快速向用户交货，近年来，出现了快速熟化型胶黏剂，它可以将熟化时间从原来的 48h 以上缩短到 24h 或 12h，这就给软包装加工企业提供了减少熟化室空间、减少能耗、提高经济效益等方面的帮助，受到用户的欢迎。在这种快速熟化的胶黏剂中，有进口的 LX770A 型等，只要在 45～50℃ 下熟化 16～24h 就行；有国产的 LY-50FT 和 LY-75FT 型，在 45～50℃ 下熟化 12～20h 就行；最近，国内也推出了只要 4～6h 就完全熟化的胶黏剂。

关于快速熟化型胶黏剂，大家不要陷入一个"越快越好"的误区。国外的快速熟化型胶黏剂，把熟化从原来的 48h 以上缩短到 24h，国内的产品在保证质量和操作溶液有正常较长的使用寿命前提下，从原来的 48h 以上缩短到 12h，这已经是极限了。为什么？因为我们不能一味追求复合物的快速熟化而忽略了其他性能的保持。如果将熟化时间缩短到 4h，不仅复合物的性能下降，而且配制的操作溶液的使用寿命太短，很快就黏度增加，上胶过程中会出现堵版现象，会带来经济上的巨大损失。所以要提醒用户，不要过分追求单方面的快速熟化，而要全面地综合考虑。

7.5 质量故障原因及解决办法

干法复合是制造高级复合包装材料的方法，是目前应用最广、产量最大、质量最高的生产方法。由于它既牵涉基材，又涉及油墨、溶剂、胶黏剂，甚至设备和工艺、气候环境的许多方面，所以常常会出现这样或那样的质量问题。下面就比较常见的质量问题提出来分析，找出它产生的原因，提出解决的办法，供大家参考。

7.5.1 配胶时使用的溶剂

由于聚氨酯胶黏剂的化学特性，在配制胶液时不允许使用含有水、醇、胺、酸等活泼氢或反应性基团的溶剂，而只能用纯度高的酯、酮、烃（烷烃或芳香烃）等惰性溶剂，还要考虑产品的卫生安全性能和避免异味、臭味。有毒性的芳香烃如甲苯、二甲苯应不能用，臭味很重的甲乙酮（即丁酮）也要少用，这些有卫生安全性能问题的溶剂应不用。有时候不得不用，那就要在干燥上下工夫，要保证它们尽可能挥发干净，残留量达到国家标准或国际标准。

经济发达国家人们的卫生意识强，控制管理严格，对包装材料的卫生性能、异味、臭味非常敏感，稍有问题都不能过关。所以若用于出口产品的包装，就要特别注意。近年来在出口产品中，曾因包装材料本身的残留溶剂中芳香烃含量高，装入食品后，它通过内层材料迁移到食品中去，被食品吸附，导致食品有异味或毒性，而遭到现场销毁。有时还会碰到这样一个问题：复合包装袋在室温下闻不出异味，但当包装还带有余热的食品（如刚从加工线上做出烘烤好的饼干）时，待冷却后再去品尝食品，就会出现异味，这是因为温度高时，促进了复合薄膜中的残留溶剂的迁移。

这个异味问题，往往不单是胶黏剂及其所使用的溶剂引起的，许多软包装生产企业复合时只用乙酸乙酯溶剂，但包装袋上还残留有甲苯、丁醇或二甲苯的臭味、异味，这是印刷油墨的缘故。现在的复合印刷油墨，大多采用"复合油墨"，即"里印油墨"。这种油墨中使用的溶剂，除了乙酸乙酯外，还有丁酮、异丙醇、正丙酯、丁醇、甲苯、二甲苯等中、高沸点、有臭味和有毒性的溶剂。由于油墨中的颜料颗粒很小、比表面积很大、吸附能力很强，虽然在印刷时已经加热干燥，但由于时间短、速度快，往往干燥得不彻底，会有残留溶剂，特别是大面积、实地多色叠色印刷时，更是如此。这些残留溶剂会带到复合工序中来，经复合后更难跑掉，只好慢慢迁移渗透，既向外，也向内容物扩散，所以会出现上述问题。

解决异味问题的办法有两个。

（1）严格确定干燥工艺，使残留溶剂量降到最小的程度，例如，美国、日本要求残留溶剂在 $3mg/m^2$ 以下。因为量少了就觉察不到了，但这还不是从根本上解决问题的办法。

（2）不使用含有毒性、有异味、有臭味的高沸点油墨、溶剂和胶黏剂，而只采用沸点低的乙酸乙酯、乙醇、丙酮、异丙醇等无毒、低毒、无异味、无臭味的溶剂。双组分高性能、通用型的聚氨酯油墨，就不必用芳香烃溶剂，醇溶性油墨也没有上述缺点。如果油墨没有问题，残留溶剂量又少，那就不必担心了。

只要选料恰当合理，设备功能齐全，工艺控制适当，残留溶剂问题是完全可以解决的。据我们所知，管理严格、技术素质较高的大多数企业，如黄山永新、江苏彩华、佛塑集团、上海紫江彩印、上海人民、深圳奇妙、无锡国泰、惠州宝柏、江阴宝柏、清洋宝柏、北京德宝商三、连云港中金等，其残留溶剂量都在 $5mg/m^2$ 以下，绝大部分在 $3mg/m^2$ 以下，很多时候小于 $1mg/m^2$。

有关溶剂的另一个问题，是不滥用、不乱用。曾经有一个单位，为了节省成本，用工业级的香蕉水去稀释胶黏剂，结果造成胶液分层，很快变浑浊、发白，导致不能使用，所以适得其反，不但没有省钱，反而浪费更大。还有，因为做复合包装材料的厂家自己印刷、复合，仓库里既有乙酸乙酯，又有甲苯、二甲苯、乙醇、异丙醇、丁酮等，如果管理不善发错溶剂或领错料，使用不当，也会出现问题，需特别注意，最好把复合车间要用的乙酸乙酯存放在单独的仓库里，不要与其他溶剂混放，要加强管理，提高识别能力。

有些胶黏剂供应商提出，必须用含水量在 300×10^{-6} 以下的乙酸乙酯作为稀释溶剂，这是由其产品的性质所决定要那么严格的。300×10^{-6} 以下就是小于万分之三，这在我国似乎很难买到，若有，价格也肯定很高。而一般的胶黏剂，只要求含水量不大于 0.2% 的乙酸乙酯就行了。含水量 $\leqslant 0.2\%$ 是国内的"工业一级品"乙酸乙酯。所以，在选用胶黏剂时，也要多注意。

7.5.2　上胶量的控制

这里说的控制有两层意思：一个是上胶量的多少；另一个是涂胶均匀程度问题。

上胶量的多少前面已谈过，基本上由凹版辊网点的线数、深度和胶液浓度决定。但当这些因素固定后，对凹版辊上胶来说，还多少受橡胶压辊的软硬程度、压力和刮刀压力的影响。刮刀的压力小甚至压不紧，或有机械杂质顶起来造成缝隙，则上胶量多。而橡胶压辊很软，弹性很好，而且压力很大，则上胶量也少。这一点可从橡胶重压下挤入凹版辊的网点深处去，把胶液赶出去一部分，使胶液转移量减少的形象夸张的图解得到说明（图 7-16）。

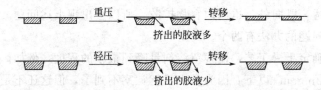

图 7-16　橡胶压辊压力与上胶量的关系

在胶液的配制中提及的经验公式 $W = (1/6 \sim 1/4)\mu ND$ 中，$1/6 \sim 1/4$ 就是受橡胶辊的弹性、压力、网点形状等影响而变化的，在一般状况下，多取 $1/5$。

对干法复合来说，上胶均匀与否是保证质量统一的根本手段，如果机械精密度不高，刮刀不平直，或左或右有机械杂质夹在版辊与刀面之间，甚至左右两边的压力不相同，都会造成上胶不均匀，最后使复合物的剥离强度不均匀。在极端的情况下，上胶太少的地方剥离强度不合格，造成报废。

解决的办法与凹版印刷中上墨量不均匀的解决办法相同。

（1）刮刀要经常检查，保证刀刃的平直度。

（2）刀架与版辊平行度可靠，不要一前一后，一上一下。

（3）刮刀与版辊之间经常检查，清除夹在二者间的机械杂质。胶液要清澈均匀，无机械杂质。

（4）橡胶压辊左右两边的压力要均等，橡胶辊本身的弹性硬度要均一，也就是说，制造橡胶辊时，炼胶混料要均匀，硫化条件要均一，任何一点的质量都要相同。

（5）必要时，按7.4.4中残留溶剂的测定方法去检查左、中、右三点是否上胶量相等。若发现有问题，就及时纠正，以保证正常生产运转时的质量稳定一致。

7.5.3　操作过程中胶液变浊发白

这可能是使用的溶剂中含有水、醇、酸或氨等杂质，应仔细检查原材料质量，另外，当多雨季节湿度高时，由于涂胶后溶剂挥发吸热而使导辊和基膜变冷，让空气中的水分在导辊表面和基膜上凝结成水滴，再沿着基膜或通过导辊回滴到胶盘中去，使胶盘中的胶液含水量越来越多，造成变浊发白。

在没有去湿恒湿装置的条件下，就要对导辊经常揩拭，除去水滴，防止冷凝水的侵入。还有一种可能，就是使用快速熟化的胶黏剂时，这种胶熟化太快（4～6h），配好的胶液在气温高和湿气重的时候，只要几小时就产生交联固化，造成操作溶液过早变浊发白。

7.5.4　基膜的表面处理

从处理效果上看，是薄膜刚吹塑出来或流延出来时，趁热进行电晕处理较好。若冷却后再电晕处理，用同样的功率，其效果就差。若要达到同样的效果，则要增加功率或放慢薄膜运行的速度，但生产率就低了，所以要求薄膜生产在线电晕处理。只有储存时间长了，表面张力衰减降低时，才不得不进行冷的电晕处理。

从经验上看，处理后若绕过很多金属导辊，然后再收卷的话，表面张力会有些降低，接触的金属导辊越多，也下降得越多。所以，应尽量减少金属导辊，或用橡胶辊代替金属辊。

塑料膜中的添加剂，例如滑爽剂、抗静电剂等低分子物质，会引起电晕处理值的快速降低。所以，添加剂多的材料，就应该在处理后尽快及时使用，不要存放太久。

表面处理后的表面张力有一个时效问题，如LDPE薄膜，当在线刚处理好时，能达到40mN/m或者42mN/m，但过了几天以后，再去检测时，它会下降到39mN/m左右，再过一两个星期，又会下降一些。因此，加工好的薄膜最好在7天以内用完，保存期超过1个月时，表面张力会下降到38mN/m以下，在粘接、印刷方面，就不太理想。

常常发现表面处理后的同一卷膜中表面张力不均匀，有些地方低、有些地高，有时会发现一段高、一段低，甚至一段的表面张力好像没有处理一样，粘接牢度和印刷牢度都非常差。这是由于电压不稳定或临时停电，无电火花发生，停止了处理的故障造成的。因为电火花发生器是高压放电装置，若所用的电压不稳定，有时高有时低，则电火花的强度也跟着发生波动，会时高时低，甚至断断续续，表面张力也就不均匀，有高有低。为了解决这个问题，就要让电源电压稳定下来，最好是加装一个稳压电源。

另一种情况是当用检测笔（液）去测量处理过的膜时，会发现纵向方向有一条一条张力较低的现象，或者半边高、半边低，这是由于电火花发生器（刀或丝）与被处理的薄膜不平行，或者发生器的局部被灰尘污染，造成集中放电，局部特别强，别的地方就偏弱，从纵向看就有条状不均匀现象。所以在开机之前，要校准发生器与膜之间的平行性以及相互间的距离，不要一边近、另一边远。另外，要清除黏附在发生器（刀或丝）上的灰尘，以便让它均匀放电。

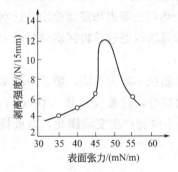

图 7-17　聚烯烃表面张力与
剥离强度的关系

在一般情况下，基材表面张力高，印刷和复合粘接的牢度都好，但也不是越高越好，若确实太高，反而不利。如对聚烯烃薄膜来说，表面张力提高到 48mN/m 以前，粘接牢度是与表面张力的高低成正比的，但超过 48mN/m 后，粘接牢度反而下降了。从实际经验与条件的许可情况来看，聚乙烯和聚丙烯的表面张力维持在 $40\sim44$mN/m 就足够了，要求低一点的话 $38\sim40$mN/m 也可以。

为什么聚烯烃薄膜电晕处理到表面张力超过 48mN/m 后，粘接牢度反而会下降呢？是因为处理得太厉害后，聚烯烃表面层分子的氧化、降解，导致形成了一个薄弱的表面层所致。

图 7-17 是聚烯烃表面张力与剥离强度的关系。

7.5.5　关于复合物的透明度问题

许多包装要求具有高透明度，如使用大面积的空白基膜 BOPP 和 CPP 去复合，但有时会出现透明度不良，其原因如下。

（1）胶黏剂本身颜色太深，深黄色、黄红色，有时甚至出现暗红色，留在胶膜上也会有相应的颜色。因此，在要求高透明度的场合下，要选用淡黄色，甚至无色的高透明度的胶黏剂。

（2）胶液中混有灰尘等微粒，或车间环境的空气中尘埃太多，上胶后烘道里吹进去的热风中也有灰尘，被粘在胶层面上，复合时夹在两片基膜中间，有许多小点，造成不透明。这就要将胶液用 180 目的金属或尼龙布网过滤，除去胶液中的不溶性微粒，也要注意车间的清洁卫生，地面要光洁，不毛糙，无浮尘，空气中的灰尘要少，烘道的进风口可用高目数的过滤网或其他过滤材料清除热风中的尘埃，每次开机前要将过滤网拆下来清理，保持干净。

（3）基膜的表面张力不高，胶液对它不能均匀浸润，要收缩，干燥后造成胶膜不均匀，看上去是一点一点，透明度不好，这就要用表面张力大于 38mN/m 的薄膜，或重新进行电晕处理，或在线电晕处理，合格后再用。

（4）胶黏剂的流动性不足，展平性差，特别是用低固体含量、高黏度，初黏力高的胶黏剂时，常有此故障。这时要改用流动性好的胶黏剂，或使用一点能提高展平性的溶剂，但要防止残留溶剂太多而出现的异味、臭味问题。

（5）上胶量不足，有空白处，夹有小空气泡，造成花斑或不透明，应检查上胶量，使其足够并保持均匀。

（6）胶黏剂胶液本身吸湿，已变浊，有不溶解物。应重新配胶，并使用不含水、醇、酸、胺等活性基团的溶剂。特别是在使用剩余胶液时，一定要仔细检查，在确认无沉淀、无浑浊时才可再用。

（7）烘道温度控制不当。入口处温度太高，干燥太快，使胶液层表面的溶剂迅速蒸发，造成表面层胶液浓度的局部提高，表面结皮。然后当热量深入胶液层内部后，皮膜下面的溶剂气化，冲破胶膜，形成火山喷口那样的环状物，一圈一圈地也使胶层不均匀，也称橘子皮状，造成不透明。因此，烘道温度自入口到出口处应逐步提高，由低到高地有个梯度，让溶剂有秩序、连续地由内部向外部蒸发。另外，可用不同沸点的溶剂混合起来，在受热蒸发时胶层表面的高沸点溶剂保留较长时间，不致表层结膜结皮。但同样要注意保证残留溶剂量合格，不要存在臭味、异味。

（8）复合时的橡胶辊有缺陷，某一点压不着，形成空当，不透明。所以要经常检查，若有缺陷，哪怕是很小，也要换好的。

7.5.6 复合膜有小气泡的问题

复合物中若有小气泡，不透明，发雾，不但影响外观质量，而且还影响复合物的剥离强度，使其降低，是十分不良的现象。

（1）基膜表面张力太小，浸润性差，上胶不均匀，没胶的地方产生空当、气泡。解决办法同 7.5.5 中的（3）。

（2）复合辊的压力不足，或复合钢辊表面温度太低，胶黏剂活化不足，流动性不足，网点一样的一点一点的胶粒流不平，有微小空隙，造成极小的气泡，这时应提高复合钢辊表面温度，提高压力。最好是在涂胶基膜进入烘道之前，用反转的匀胶辊将胶粒刮平。

（3）复合辊与膜之间的角度不适宜，包角过大，特别是对刚性较大的材料，易引起褶皱甚至小泡。应仔细调整角度，改变包角，尽量按切线方向进入复合辊。

（4）有灰尘黏附在膜的表面，该尘粒将两层膜顶起，周围形成一圈空当，空环粗看是一点一点气泡，仔细看中间有一黑点。若有这种现象，应注意环境清洁，保持空气清新。

（5）胶黏剂中混入有微量水分，胶黏剂中的—NCO 与水反应生成 CO_2 气体，产生气泡：

$$R—NCO+H_2O \longrightarrow R—\overset{H}{\underset{|}{N}}—\overset{O}{\overset{||}{C}}—OH \longrightarrow R—NH_2+CO_2\uparrow$$

因此，要在溶剂、环境湿度上保持干燥，消除产生 CO_2 的原因。

（6）残留溶剂多，而且该溶剂的透过性差，溶剂气化形成气泡夹在两层薄膜之间。所以要控制残留溶剂量，或用该溶剂透过率大的基膜去复合。

7.5.7　复合物发皱的问题

复合好的产品，出现横向皱纹，特别是卷筒的两端较为常见。这种皱纹以一种基材平整，另一种基材突起，形成"隧道"式的占大多数。在皱纹突起部分，两层膜相互之间分离，没有粘牢。产生这种现象的原因有下列几种。

（1）两种基膜在复合时的张力不适应，其中一基膜张力大，另一种小　复合好后，原来张力大的那种膜收缩，而另一种原来张力小的那种膜不收缩，造成相对位移，产生皱纹。例如，当用 BOPP 与铝箔进行复合时，BOPP 涂胶后进到烘道里去加热干燥，如果放卷张力大，拉得很紧，加上在烘道内受热，往往被拉长。另一种基材铝箔放卷张力不可能太大，而且它的延伸率很小，当它复合以后，受冷却而引起 BOPP 膜收缩，导致皱纹，铝箔突起，横向出现一条一条的铝箔突起状的"隧道"。如果是这种原因，则应调整两种基膜的放卷张力，使它们相互适应。另外，降低烘道的温度也是解决隧道效应的一个办法，因为温度越高，膜的伸长率也越大，冷却后收缩也越多，出现皱纹的机会也越多，但又要保证残留溶剂量合格，因此要互相兼顾好。

（2）残留溶剂多，胶黏剂干燥不足，粘接力太小　粘接力小会给两种基材的相互位移提供可能，只要相互间的张力差一点，一种膜要多收缩一点，也会产生皱纹。这就要从控制残留溶剂量着手去解决。

（3）胶黏剂本身的初黏力不足，凝聚力太小　这种原因引起的隧道效应，就是要从提高胶黏剂的质量上去着手解决。当今的胶黏剂发展是朝高固体含量、低黏度的方向，这是为了适应大型高速的干法复合机生产的需要以及少用稀释剂，从而减少有机溶剂对大气的排放，减少环境污染，降低生产成本的需要。

以前普遍采用 20％的低固体含量的操作溶液，上胶量是 $4g/m^2$ 干基的话，总涂胶液量就是 $20g/m^2$。在这 20g 总量中，有机溶剂占 16g，干燥时变成气体排放到空气中去了。一方面，污染环境；另一方面，白白浪费，成本增高。现在，大多采用 30％～35％高固体含量的操作溶液，有的甚至高达 45％，同样上胶量是 $4g/m^2$ 干基，胶液涂布量就减少到 $13g/m^2$ 或 $9g/m^2$，有机溶剂量比前面的少了很多，优点是明显的。但是，低黏度胶黏剂的分子量较小，往往内聚力不大，一定要待它固化交联生成大分子结构时才有理想的粘接力，而刚复合时表现出来的初黏力很小，黏力不足，当一种基材要收缩时，两种基材之间很易产生相对位移，出现皱纹或"隧道"。这就要从胶黏剂合成上入手，要制出黏度既小、初黏力又大的低黏度、高固体含量的产品来。作为软包装材料生产企业，应该在众多的胶黏剂中挑选这种产品，以保证产品的质量。

当然，如果设备的张力控制非常精确，操作技术又过硬，胶黏剂的初黏力很低也不会出现皱纹、"隧道"的问题，例如目前国内众多的无溶剂复合机，在使用无溶剂胶黏剂生产时，初黏力非常低，小于 0.2N/15mm，但都不会产生皱纹、"隧道"。

（4）涂胶量不足、不均匀，引起粘接力不好　涂胶不均匀会引起局部地方出现皱纹，应经常检查复合物的上胶量够不够、是否均匀，若在这方面有问题，就应从涂胶器和胶液浓度等方面改进，使其能达到要求时为止。

（5）收卷张力太小，卷得不紧　复合后有松弛现象，会给要收缩的基材提供了收缩的可能。因此，当两种或三种基材复合好后，收卷张力要大，让它卷紧压实，不让它出现松弛现象。如果能做到这一点，那么即使张力不均匀，初黏力不足，也不会出现皱纹。因为在卷紧压实状态下放到熟化室里去让胶黏剂充分交联固化后，粘接力大大提高，两种基材之间再也不会产生相对位移。故不管哪一种原因，复合后的收卷张力加大，总是有好处的。但要防止靠卷芯处松而外圈太紧而引起的"压痕"现象。

7.5.8　粘接牢度不好的问题

复合物经正常的工艺过程，又在 50～60℃环境中熟化好以后，粘接牢度不好，剥离强度不高，质量不符合要求。这里的原因较多，情况较复杂，必须充分注意。

（1）胶黏剂的品种、质量与要复合的基材不相适应　必须根据基材和复合物的最终用途来选择适当的胶黏剂品种。例如，当没有铝箔参与复合时，可选择通用型胶黏剂；若有铝箔，而且最终用途是包装含有液体的、酸辣的食品如榨菜、雪菜、果汁等食品时，就要选用抗酸辣的铝箔专用胶黏剂，又如，若复合袋要经高温蒸煮杀菌，就要选用耐高温（121℃或 135℃）蒸煮型胶黏剂，而且还要区别适应含铝箔的耐高温胶和仅仅适应塑料用的耐高温胶，绝对不能用一般性胶黏剂。

（2）复合时的钢辊表面温度太低　复合辊温度低，导致胶黏剂活化不足，复合时的黏性不高，对第二基材的浸润不佳，黏附力不好，造成两种基材之间不能非常好地密着，影响了粘接牢度。这就要按正常的复合工艺要求，使复合钢辊的表面温度经常保持在 75～85℃。

（3）上胶量不足　应按表 7-25 中提出的参考值实施，保证有足够施胶量的胶黏剂去粘接各种基材。上胶量不足的原因，大多与网辊清洗不净、网点被堵塞有关。因为每次用溶剂去冲洗、揩擦，是不能将网点里面剩余胶液彻底洗净的。这少量未洗净的胶要交联固化，越积越多，网点深度就逐步变浅，导致上胶量减少。为此，可用高效洗版液对已被堵塞的上胶网辊进行清洗。上海的 TH-9800 洗版液，可以十分快速、方便地对其进行高效清洗，使其恢复到像新的一样。

用 TH-9800 洗版液去清洗被堵塞的上胶网线辊时，不必将版辊拆下来浸泡，只要用刷子蘸少量洗版液涂到上胶辊上去，过 5～10min 后，原来网点深处无法用溶剂洗净的已固化了的残胶，就会变成疏松状物质从网点深处脱离开来，然后用湿毛巾或湿纱团擦去粉状物，最后再用乙酸乙酯揩擦，除去水分，该网线辊就像新的一样，整个过程只要用 0.1～0.2kg 洗版液，只要用 20～30min 的时间，省料、省时、省钱，所以很受欢迎。

（4）胶黏剂对油墨的渗透不佳　胶黏剂对油墨的渗透不佳，浮在油墨的表面，而油墨与基材之间的牢度不好，剥离时油墨被胶黏剂拉下来，表现在有油墨的地方，特别是多套色、油墨层较厚的地方粘接牢度不好，发生油墨层转移。发现这种现象时，应选用低黏度、高固体含量胶黏剂，干燥速度慢一点，让胶液有充分的时间进行渗透，达到基材表面上去，另外还要适当增加上胶量。此外，选用适当的油墨，提高基材的表面张力，使印刷油墨的附着牢度提高也是解决问题的方法之一。

（5）薄膜表面的电晕处理欠佳　电晕处理不足，表面张力小于 38mN/m，导致印刷和复合的粘接牢度都不好，应认真检测基材的表面张力，务必提高到 38mN/m 以上，最好能达到 40～42mN/m。因为 38mN/m 是最低要求，只有提高到 40～42mN/m，才算优秀。

（6）残留溶剂太高　残留溶剂多，复合后溶剂气化会形成许多微小的气泡，使两种基材分层脱离。测定剥离强度时，虽然试条宽度是 15mm，但真正有胶黏剂粘接着的部分却小于 15mm，其余是气泡隔开的地方，所以测得的剥离强度就偏低，微小的气泡越多，剥离强度就越小。提高烘道温度，或者减慢复合运转的线速度，避免使用高沸点的溶剂，特别是避免印刷油墨中使用高沸点溶剂，均有助于解决残留溶剂太多的问题。

（7）复合好后，熟化不完全，还未达到最终的粘接牢度值　所谓熟化不完全的原因，一个是熟化的温度偏低，另一个是熟化的时间太短。一般来说，复合好后应尽快放到 50～60℃ 环境中去熟化 48h 以上，有的甚至要求 5 天才能达到最好的结果。若低温存放，不仅时间要很长，而且最终剥离强度也没有在加温状态下熟化的好。例如，铝箔与聚乙烯之间的牢度，在 35℃ 下 4 天后的剥离力只有 2.8N/15mm，若在 45℃ 下 4 天，则可达 3.5N/15mm，若提高到 55℃，同样是 4 天，就可高达 4～5N/15mm，由此可见，熟化温度很重要。

复合好后尽快放到熟化室去也很重要，若过了十几小时再放进去熟化，那效果就会差很大，剥离力要小于 2～3N/15mm，这一点要请操作人员充分注意！

（8）稀释剂的纯度不高　含有水、醇等活性物质，消耗掉了一部分固化剂，造成胶黏剂中主剂与固化剂的实际比例不适当，粘接力下降。所以，在选用溶剂时，要严格注意它的质量，严格防止水分的侵入。例如在使用 LY 型胶黏剂时，要求溶剂中的水分含量小于 0.2%，用工业一级品就可以了。必要时，可增加固化剂的用量，以补充被水分消耗掉的那部分。

（9）薄膜中的添加剂的影响　这种影响要到一定时间之后（一般是 7 天以后）才表现出来，而且剥离强度有随时间的增长逐步降低的趋势。

聚乙烯或聚丙烯在加工造粒或加工制膜时，大多要加入一些诸如热稳定剂、抗氧剂或防黏剂、开口滑爽剂之类的添加剂。这些添加剂又都是低分子量物质，如开口滑爽剂，大多是油酸酰胺或芥酸酰胺之类，加工好膜以后，随着时间的推移会从膜的内部向两个界面迁移、渗出，仔细观察时可发现一层很薄的粉末状或石蜡状物，用手去擦可以抹去，用乙醇可清除掉。刚复合好的不长时期内，迁移出来的数量还不多，不足以引起粘接牢度的下降。但时间越长迁移出来的量也越多，把胶膜与该基膜隔离开来，破坏了原有的粘接状态，使复合牢度降低。为了避免这种现象，应从树脂的牌号上进行仔细的调查，选用不用添加剂或少用添加剂的原料，在加工制膜时，不要人为地加入过多的开口滑爽剂（如油酸酰胺、脂肪酸盐类等）。根据资料介绍：添加剂总量 300μg/g 者属于低滑爽型，粘接牢度较好；500μg/g 者为中滑爽型，牢度会出问题；800μg/g 以上者属于高滑爽型，很难保持好的牢度。

还有一种情况是空袋未装食品时粘接力很好，也不会随时间延长而下降，但一旦装入含酸性的食品，例如榨菜、雪菜、酸辣菜、糖醋烹调菜、果汁或表面活性剂等，存放一段时间后复合物的粘接牢度大大降低，严重时会发现内层材料脱层分离，影响被包装食品的品质，这种现象在含铝箔的复合材料中尤为突出。这是由于酸性食品中，有乳酸、乙酸、维生素 C（即抗坏血酸）等低分子量有机酸。这些酸会慢慢透过内层的聚乙烯或聚丙烯膜渗透、迁移到夹层中去，而与内层相贴的恰恰是阻隔性最好的铝箔。这些有机酸再也不能透过铝箔向外迁移了，就累积在铝箔与内膜或胶膜之间。正好铝是一种活性金属，很易与这些有机酸发生化学作用，生成低分子量的有机酸铝盐，导致内层材料与铝箔之间的剥离强度降低。细心的顾客有时会发现小包装榨菜拆开时，内膜与铝箔已分层剥离，就是这个原因引起的。日本的胶黏剂制造者做过检验，发现含铝箔的复合袋装入乙酸存放一段时间后，在铝箔与内层膜之间，有乙酸铝的光谱吸收峰存在。因此就在胶黏剂的合成上下工夫，生产一种抗酸性腐蚀的胶黏剂，使含铝箔的复合物不因酸的影响而使牢度下降太多。

上海自 20 世纪 80 年代末开始研究这种抗酸辣的铝箔专用胶，取得成功后在 1991 年推向市场，基本上解决了榨菜包装袋的质量问题，到 20 世纪末止的八九年中，销售量累计达 8000 多吨，占其总销量的 70% 左右。最近几年，又在原有基础上不断改进提高，使该系列产品的抗介质性能有所扩展和改进，不仅用在食品上，而且在某些农药（不是全部）、化妆品、洗涤用品、含香辛料的调味品如胡椒粉、五香粉、鲜辣粉、大蒜粉、姜粉以及高乙醇含量的烧酒（北京二锅头、四川尖庄酒和江西四特酒）甚至消毒乙醇的包装上，也正在得到应用，而且有很好的抗介质效果。

用 LY-50A/LY-50AH 胶或 LY-9850R/LY-9875R 胶做的复合铝箔袋，除了可

包装上述食品和日用品外，还可以包装苯、甲苯、二甲苯或它们的混合物，大大扩展了应用范围。而用 LY-50VR/LY-50VRH 胶做的农药软包装材料，已在农药聚酯瓶盖热封、含芳香族有机溶剂的液体农药以及含 DMF 为 20% 以下的有机溶剂液体农药、绝大部分乳油农药的包装上使用，效果比较明显。这是我国极少几个适应农药软包装复合材料用的胶黏剂之一。

为了保证所制造的复合包装材料能满足苛刻条件的要求，在选用胶黏剂时，一定要根据复合物的结构和它的最终用途去考虑，以避免质量事故。

7.5.9 胶液飞丝的问题

在大型高速的干法复合机进行生产时，有时会出现胶液在上胶辊那里飞丝、拉丝，或者基膜与版辊分离时拉丝。这是由于胶黏剂本身的黏度太大，再加上固体含量太高而引起的。所以，选用高固体含量、低黏度型产品，不仅对环境保护和生产成本有好处，操作性能也更好，不会有这种胶液飞丝或拉丝的现象，是今后发展的方向。

7.5.10 胶液呈雾状堆积在刮刀背面的问题

如图 7-18 所示，在高速运转时，有胶液呈雾状逐步多起来堆积在刮刀背面，而且越来越多，不得不经常去揩拭清除。这是由于刮刀与凹版辊之间的接触角度不适而引起的。图 7-18 所示刮刀的位置不好，刀刃口几乎顶着凹版辊。凹版辊的表面是不平滑的，当它高速转动时会引起有弹性的刮刀片的震动或跳动，除了有很大的噪声外，还使胶液被弹起来，变成雾状，再沉降堆积在刮刀的背面。只要把刮刀的位置调整到与凹版辊几乎是切线方向位置，让刀刃口不要指向辊心，就能解决这个问题，如图 7-19 所示。

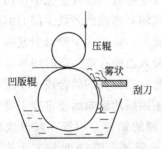

图 7-18　胶液呈雾状堆积在刮刀背面

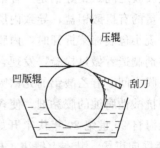

图 7-19　刮刀位置的调整

7.5.11 胶盘中的胶液泡沫多的问题

在高速运转时，胶液被凹版辊的高速转动所搅拌并带到一定高度后，多余部分回落下来的冲击，使大量空气夹带在胶液中，出现很多泡沫。这种泡沫有时转移到被涂胶的基材上，形成一点点空白无胶的地方，使表面发花，影响外观质量，也导致粘接牢度不高。如果出现这种情况，可改用高固体含量、低黏度型胶黏剂，或者对高黏度的胶黏剂，设法降低它的固体含量，让胶液变稀，黏度变小，使泡沫易破裂。还有，当用循环泵补加胶液时，输液管出口应尽量与胶盘中胶黏剂液面接近，不要离得太高，不要让补充的胶液从很高的地方冲下去，使由于冲击引起的泡沫少一些。胶盘中的胶液面也尽量维持高一些，尽量接近刮刀的位置，让刮下来的多余胶液的落差小一点，冲击就不大，泡沫也会少了。

7. 5. 12　复合后油墨层转移的问题

许多包装材料都有精美的图案和必要的文字说明，它们都是用油墨印刷上去的，而且油墨层都在表膜与次层膜之间。由于油墨层是被表膜保护着的，所以不怕磨损、刮落，没有表印油墨易掉下来的缺点。但是，有时会出现复合后在剥离时油墨层要转移，与原来的承印基膜间（一般多为 BOPP、PET 或 BOPA 膜）的牢度很差，表现出来的剥离力也会很低的现象。还有一种情况是复合袋在装入某些内容物后，特别是有芳香性、辛辣性或表面活性物质的内容物经一两周或个把月储存后，油墨层会自动分层，甚至表现出油墨发黏的现象。出现油墨层不牢、在剥离时油墨层要转移的原因，主要有以下几个。

（1）印刷前基膜的表面处理强度不够，表面张力偏低，甚至小于 38mN/m。虽然采用的油墨都是里印油墨，但它本身的印刷牢度就不高，用胶带去拉剥时很容易被拉下来。如果是这种情况，就必须改用表面张力符合印刷要求的基膜，最起码要大于 38mN/m，或重新处理到大于 38mN/m。

（2）油墨的印刷牢度合格，用胶带去拉剥时拉不下来，但复合后再去剥离时，油墨层又要转移，剥离力也很低。这种现象就不是基膜的表面张力大小的原因了。我们知道，油墨与基材之间的牢度是靠油墨中的连接料与基材之间的亲和力来实现的，这种亲和力是极性吸引力、偶极矩、分子间引力或色散力等的综合体现，严格来讲，是一种物理作用力，而不是化学结构的化学键力。而复合时使用的胶黏剂，它跟两种被粘物间的牢度，除了有与油墨相同的物理作用力外，还要加上另一个比物理作用力大得多的化学键结合力。因此，油墨层通过胶黏剂与次层膜之间的牢度，一般都大于油墨层本身与承印基膜之间的牢度。所以在剥离时，大多表现出油墨层会离开原来的承印基膜而发生转移。但是，好的油墨就表现出较高的剥离力，也不会百分之百转移；不好的油墨才会百分之百转移，剥离力很小。

（3）必须采用专用油墨才能从根本上保证质量。首先，在复合材料中必须采用里印的复合油墨，不能用表印油墨。里印油墨的连接料是用氯化聚丙烯、氯化乙烯-乙酸乙烯共聚物、氯醋共聚物再加上 MP-45 树脂（里印油墨专用的进口树脂）等组成的，它对目前复合材料中使用最多的 BOPP 膜有很好的亲和力，只要 BOPP 膜的表面张力高一点，印刷牢度都比较令人满意，特别是聚氨酯油墨质量更好。而表印油墨的连接料大多是单一的聚酰胺树脂，这种油墨就不适宜用在复合制品的里印方面。因为考虑到成本的原因，迄今为止，我们发现还有一些小厂用表印油墨去做复合制品，他们的产品绝大部分都出现油墨层转移、剥离力特别小的现象。

里印的更高档的复合油墨是双组分的聚氨酯油墨，它跟复合时使用的双组分聚氨酯胶黏剂属于同一个类型，对各种承印基膜的牢度比前一种里印油墨大得多，而且对 BOPP、PET、OPA、铝箔等基材均有理想的印刷牢度，又与复合胶黏剂十分适应，只要使用配比得当，该油墨还具有耐高温、抗介质侵蚀能力，是解决油墨层转移、剥离力小的最理想的油墨。

（4）在确定了油墨类型是单组分里印复合油墨的前提下，想进一步提高印刷牢度、避免百分之百的油墨层转移、保持稍高的剥离强度，则可在复合油墨中加入5％（质量分数）的"固化剂"。这种"固化剂"就是万用型多功能的双组分油墨中的固化剂，一般来讲，也就是干式复合中使用的双组分聚氨酯胶黏剂中的"固化剂"。采用此法的单位反馈的信息显示，这种办法有实际的效果。但是，这里必须说明，只有在质量好的里印油墨中且不含醇的情况下，才能用这种办法，如果油墨中含有醇等活泼氢的溶剂时，是不能用这种办法的。

（5）除了油墨的因素外，也可以在选择复合用的胶黏剂时，采用渗透性强、能增加油墨与承印基膜牢度的胶黏剂品种。这种胶黏剂中含有一种分子量较小的胶料，在溶剂的带动下比大分子量的胶料更易透过油墨层到达基膜表面，让油墨不仅靠它本身与基膜之间的物理结合作用力，而且还再加上胶黏剂的化学键力而达到更高的牢度。

不同的基材应采用与之适应的专用油墨。目前大量使用的里印油墨，比较适应BOPP 基膜的印刷与复合，而不太适应 PET、BOPA、铝箔或 PVC 基膜上印刷。对于后面这些基材，要采用深日油墨公司或上海 DIC 油墨公司的百年欣型专用油墨，也可采用江门东洋油墨公司的 LAMISTAR 型专用油墨，或日本东洋油墨公司的 MUTIS-SET 型专用油墨，而绝对不能采用表印油墨。

若包装了具有侵蚀作用的内容物后，由于内容物介质对油墨产生作用而致其发黏、离层等不良现象，则应慎重考虑调换抗介质型的高质量油墨。因为这种现象是无法在复合袋出厂前控制发现的质量事故，是在包装好商品储存相当长时期后才会出现，到这时造成的损失就无法挽回了。故在这种情况下选用油墨，一定要更加小心、更加谨慎。

7.5.13 复合后镀铝层转移的问题

跟复合后的油墨层转移情况一样，近年来不少单位碰到这种质量事故的困扰，产生这个现象的原因，从根本上讲还是镀铝层本身与被镀的基膜之间牢度不够。我们知道，所谓镀铝膜，是在高真空状态下将铝金属的"蒸气"附着、沉积、堆砌到被镀基膜上去的产品，就像水蒸气附着在物体上一样，纯粹是一个简单的物理作用。当然，由于铝金属蒸气的温度很高，达几百摄氏度，当它与被镀基膜表面接触时，高温能使基膜产生软化甚至熔化，从而让铝蒸气微粒冷却下来时，它与基膜之间会产生熔接的可能，产生较牢固的结合。但由于被镀基膜不同，其熔化温度也不同，聚乙烯、聚丙烯低一点，尼龙、聚酯高一点，因此，不同的基膜，其熔接所产生的牢度也不一样，熔化温度高者，牢度差一些，熔化温度低者，牢度好一些。所以，一般用压敏胶带去检验时，镀铝聚乙烯膜要牢一些，镀铝聚酯膜要差一点。

不管基材是何种物质，要增加镀层的牢度，则必须在基膜上先涂一层起粘接作用的"底油"（也称底胶）。国外已普遍采用，并且已将这个工艺和材料介绍给了我国的镀铝膜生产单位，也将这种"底油"推销给了有关单位去使用。从进口镀铝膜与国产镀铝膜的牢度对比来看，前者普遍牢度高，干式复合后剥离强度普遍在2.5N/15mm 以上甚至达 4~5N/15mm，镀铝层也不会全部转移。国产镀铝膜若采用这种工艺和材料的话，复合后也不易产生质量事故，这就证明了它的先进性与可靠性。目前，佛山的杜邦鸿基公司已向市场供应此种"化学处理"的 PET 镀铝专用基材，上海的紫江集团、安徽双津集团和通达公司，都采用这种基材做成"加强型镀铝膜"供应各包装材料生产厂使用，效果确实很明显。

不过，采用该工艺和材料时，产品成本就高很多，进口镀铝聚酯膜也比国产普通镀铝膜贵很多，所以，还有一些单位没有采用这种高质量、高成本的镀铝薄膜，特别是真空镀铝 CPP（用量已越来越大），只希望从采用共挤级真空镀铝专用 CPP进行镀铝这个方法上去解决，但始终不能完全满足要求。

选用一种黏度不太高、渗透性强的胶黏剂，让胶黏剂能充分渗透到基膜表面，把"沉积"或称"堆砌"在基膜表面上的铝通过该胶黏剂把它与基膜黏合起来，等于镀铝后再涂一层底胶的作用那样。当然，这种方法的效果达不到前面讲的先涂底胶、再镀铝那样完美的程度。早在十年前，不少包装材料制造厂就发现上海的 LY-50A/LY-50AH 铝箔专用胶能起到这种作用，复合后的铝层不太会转移，而且可在沸水中消毒仍保持完好的状态，多年来一直被广泛采用。

7.5.14 复合后胶层固化不充分、胶层发黏的问题

有时，有些单位发现复合物经过正常的熟化工艺后，剥离力不够高、胶层固化不充分甚至还会明显发黏，像压敏胶那样，特别是在制袋时发现热封口处甚至有离层的质量事故，造成一定程度的损失。

从根本上讲，胶黏剂交联固化不充分、不完全的根本原因，是主剂与固化剂没有按比例反应，固化剂中能与主剂中的活泼氢反应的有效活性基太少，总体表现是主剂"过量"，固化剂"不足"。我们知道，双组分聚氨酯胶黏剂的主剂是含有许多活泼氢结构的，特别是端基为羟基（—OH）结构的中等分子量物质，其分子结构如下：

$$\text{HO}\underset{\overset{|}{\text{H}}}{\overset{\overset{\text{H}}{|} \qquad \overset{\text{H}}{|}}{\text{———————————}}}\text{OH}$$

若有足够量的、能与它的活泼氢反应的固化剂共混接触的话，就会自动反应，使分子量成倍地增加，由原来中等程度分子量（10000~20000）物质，变为大分子物质，若有支链结构的话，还会生成立体网状结构的高分子胶膜，让原来还有黏性、强度不高的胶膜变成不再发黏、拉伸强度很高的弹性体或半弹性体高分子胶

膜，从而具有很好的粘接力和抗热耐介质性能。而另一个组分固化剂，应该是具有支链的三官能团以上结构的含有能与任何活泼氢物质反应的物质。

这种固化剂与主剂混合在一起后，固化剂中的有效活性基—NCO 就会与主剂中的活泼氢自动起化学反应。

如果固化剂的量足够，就会充分反应、完全固化，从理论上讲是会变成立体交叉的网状结构物质，变为强韧牢固的物质，它就不会再像压敏胶那样发黏。

因为包装材料是软性复合材料，做成的包装袋又称软罐头，故必须要求胶膜在具有足够的物理机械性能的同时，还要具有很好的柔软性。因此，干式复合包装上用的双组分聚氨酯胶黏剂中，主剂与固化剂的比例，就不能突破同时满足上述两个要求的界限。不同型号的胶黏剂，其两个组分可能由于原材料不同和配方不同而使其分子结构中的官能度和活泼氢数量有所不同，再加上固体含量的差异，所以，不同型号的胶黏剂，其最适合复合软包装要求时，主剂与固化剂的比例也会不同。这个最适合的比例，胶黏剂生产供应商都会有指导性的数据提供，按这个比例去配胶，不会有什么质量事故。但是，由于使用胶黏剂单位的许多条件，胶黏剂生产供应商无法掌握和控制，所以该数据也不是绝对的，最好还是使用者在该数据指导下，自己通过试验后再确定一个最适合本身条件的比例，这是十分必要的。

现实生活中确实偶尔出现这种固化不完全、胶层仍发黏的现象，主要有下列5 种。

（1）气候条件恶劣 在黄梅季节、多雨潮湿的 4～7 月期间，由于空气中的水分含量高，相对湿度超过 80％，而基膜保管不妥、不够干燥，表面吸留了水汽，有一个分子层或更多的水，额外消耗了本应让它去跟主剂分子反应的固化剂，造成主剂与固化剂的真实比例失调，主剂相对过剩，所以就交联固化不完全，胶层要发黏。

解决的办法是每年的 4～7 月要特别注意对基材（特别是易吸水的玻璃纸和聚酰胺薄膜，当然其他也要注意）的干燥保存，若已发现吸留水太多，则应先让其在干式复合机上在加热干燥状态下空走一次，用热风将它表面的吸留水赶走，干燥后马上用防潮的膜材包装起来保存，最好在里面放入一些吸水干燥剂，或者马上使用。

（2）基材吸水性强 容易吸水的玻璃纸不仅在其表面有很多吸留水，而且在其内部也因吸潮而导致含水量太高，这么多的水肯定会对胶黏剂的原来协调的比例起到破坏作用。某单位曾反映，为什么最近一批用玻璃纸制造的含铝箔三层结构制品中，外层玻璃纸与铝箔之间的剥离强度低，热封口处要脱层，胶黏剂还发黏？是不是胶黏剂质量有问题？厂家问清一些基本情况后，取来了该玻璃纸样品，拿来一看就觉得它特别柔软、平整度不好，初步认定是由于含水量太高的原因。后来便将该玻璃纸进行干燥，又进行分析，经检测发现其含水量竟高达 16％以上。然后，按正常比例配胶，分别涂在未干燥过和已干燥过的玻璃纸上，按干式复合工艺将两层玻璃纸复合起来。最后发现，未干燥过的复合物中胶层仍发黏，而干燥过的复合物，胶层则已完全交联固化，不再发黏。进一步了解才知，这批玻璃纸是处理品，价格便宜一点，又不是防潮级的，保管条件又不好，加上6月的梅雨潮湿，造成其含水量偏高，导致产品的严重质量事故。这个单位的经验，值得借鉴。

（3）稀释溶剂中含水量偏高或含有其他活泼氢的物质　含水量偏高或含有其他活泼氢的物质，会消耗固化剂，造成真实比例失调。因此，在选购和使用稀释剂时，应严格控制质量，不用含醇、氨或含水量大于0.2％的乙酸乙酯。外国供应商往往提到，在用他们的胶黏剂时，稀释用的乙酸乙酯应是"氨酯级"纯的产品，国内一些供应商也提出要用含水量小于$300\mu g/g$的乙酸乙酯，其出发点就是保证固化剂不因额外消耗而减少，最终导致比例错误，当然还有其他因素在内。近年来，由于完全理想纯净的稀释剂很难找到，许多单位也摸索出了一个经验，那就是在每年的4～7月梅雨季节时，主剂与固化剂的比例做适当的调整，让固化剂用量增加5％～10％，以补充被水消耗掉的部分。作者的观点是：若仅从胶层固化交联完全充分这个角度看，未尝不可，但不是最好的办法。最好的办法是应该尽量减少所有材料中的水分和活泼氢。

（4）固化剂的配入量不足　操作工在配制胶液的时候，固化剂的量没有用准，配入量少了。现在，所有的胶黏剂生产供应商都把主剂与固化剂按该胶使用时的混合比定量包装，例如LY-50A/LY-50AH是100∶12的比例，主剂LY-50A的包装质量为每桶20kg，固化剂LY-50AH的包装质量为每听2.4kg；UK2850/UK5000是10∶2，主剂UK2850的包装质量为每桶20kg，固化剂UK5000的包装质量为每听4kg。使用单位的操作工只要按一桶配一听倒入配胶桶中，然后稀释到所需浓度就行了，不再去称取真正的实际质量。这样做，只要仔细一点、耐心一点，把桶内、听内的物料比较彻底地倒入配胶桶内，一般情况下也不会出问题。

由于各种型号的胶黏剂其固体含量不同，其黏度不同，所以其流动性也不同。黏度小、流动性好的容易倒干净，黏度大、流动性差的则不容易倒干净，特别是固化剂，它的黏度肯定比主剂大，在冬天气温低时，流动性更小，更加不容易倒干净，往往在包装听内壁上还黏附着很多物料，如果不用稀释剂去洗刷下来加到配胶桶中去，肯定会造成固化剂量的不足。本来应该是2.4kg，由于没有倒净，有一部分黏附在听壁上被丢掉了，最后，复合物中胶层就固化交联不完全，胶层发黏。

要避免固化剂的配入量不足造成的质量事故，有三个解决办法。

一是配胶时仔细、耐心，倒完固化剂后再用稀释剂去洗刷包装听，洗下来的溶液再加入配胶桶中去。

二是要求供应商在每听固化剂中额外增加质量，以补充倒不干净的那部分损失。这不是好办法。

三是要求供应商用降低固体含量而降低固化剂黏度的办法，以重新确定混合比例的定量包装系统供货的方式，方便使用。因为固化剂的固体含量高（一般为

75%），黏度也高（一般在几千甚至上万毫帕斯卡·秒），若固体含量降低到 70% 时，它的黏度就不会超过 2000mPa·s，流动性较好，容易倒净。若是这种情况，就不能还是按原来的配比定量包装了，每听固化剂的质量就要多一些才行。例如 LY-50A/LY-50AH 型，若用这种办法，则主剂仍是每桶 20kg 包装，固化剂应调整为每听 2.54kg 才行，才能达到原来的效果；若固体含量降到 65%，它的黏度就不会超过 1000mPa·s，流动性与大多数固体含量 50% 的主剂相似，十分容易倒净。这时，固化剂的包装质量就应当调整到每听 2.3kg，才会与原来每听 2.4kg 的效果相同。

（5）人为因素　最后一个特殊原因，是个别供应商为了降低成本进行市场竞争，暗中降低固化剂的固体含量，偷工减料，欺骗用户。这本来是不应有的事，但在现实生活中，又恰恰确实有此事。近年来，化工原料不断涨价，生产胶黏剂的企业越来越多，产品价格连年下跌，利润越来越少，目前已到接近亏本的售价在激烈竞争。个别素质低下的企业，不是以开发新产品手段求发展，而是以偷工减料的手段去谋求利润。有在主剂上做手脚的，固体含量比标明的数据低 5% 甚至 10%，包装质量也比标明的数据少 5%，也有在固化剂上动同样脑筋的。

鉴于目前供应商的素质不同，产品的质量也不同，为了预防弄虚作假、偷工减料造成意想不到的质量事故，建议用户建立必要的检测手段，对购进来的胶黏剂进行重点项目的检测，以防止盲目使用造成损失。

最近几年，有企业向市场推出"镀铝膜专用胶"，其中有的厂家是用降低固化剂使用比例或降低其含量（从 75% 降低到 60% 或更低）的办法将固化剂的真实用量减少，使交联固化后的胶膜仍具有相当程度的黏性，从而表现出类似压敏胶那样的性能。从表面上看来，此类胶对任何真空镀铝膜都有不错的粘接牢度，镀铝层也不会转移。但是，胶膜始终不干，特别是耐性抗性较差，一旦包装有介质的内容物后，少则一个星期，多则一两个月，就会出现胶膜明显发黏变糊、剥离力明显降低、表面起皱离层的现象。

综上所述，讲了这十几种有可能碰到的质量事故，分析了产生的原因，提出了供参考的解决办法，不少实际工作者也许有不同的看法或有更好的解决方案，希望加强交流、相互学习，借以提高我国复合膜制品行业的整体水平。在新材料、新技术、新设备日新月异、飞速发展的 21 世纪，在实际生产中肯定还有新情况、新问题出现，这就要靠行业内的专业人员不断探索研究去解决，只有这样，才能赶上时代的步伐，适应时代的需求。

参 考 文 献

[1]　张烈银. 复合材料用功能性胶黏剂的性能与应用. 塑料包装，1998，(4)：29-35.
[2]　李绍雄. 聚氨酯胶黏剂. 北京：化学工业出版社，1998.
[3]　刘益军. 聚氨酯胶黏剂. 北京：化学工业出版社，1998.
[4]　张烈银. 复合包装袋的卫生性能问题. 广东包装，1999，(3)：3-5.

[5] 邓煜东. 干法复合中黏合剂涂布状态的影响因素. 塑料包装, 2001, (3): 31-34.

[6] 邓煜东. 关于干法复合彩印膜溶剂残留量问题的讨论. 塑料包装, 2002, (2): 35-37.

[7] 张烈银. 食品与药品包装用胶黏剂的选择. 出口商品包装, 2003, (158): 33-37.

[8] 陈全东. 软包装塑料薄膜干法复合"掉油墨"分析与对策. 中国包装, 2004, (4): 88.

[9] 张烈银. 复合包装用聚氨酯胶黏剂现状与发展趋势. 中国印刷物资商情, 2005, (7): 10-13.

[10] 邓煜东. 镀铝膜消除"白点现象"提高剥离强度. 中国包装工业, 2005, (11): 47-48.

[11] 张烈银. 食品级聚氨酯胶黏剂卫生性能的控制与检测. 中国印刷物资商情, 2005, (7): 20-22.

[12] 张烈银. 如何做好蒸煮包装袋的蒸煮试验. 印刷技术, 2006, (8): 52-53.

[13] 张烈银. 复合材料生产中如何降低胶黏剂的使用成本. 印刷技术, 2007, (11): 65-69.

[14] 张烈银. 镀铝膜复合材料的质量故障及其解决办法. 印刷技术, 2007, (11): 70-74.

[15] 张烈银. 耐高温蒸煮袋的制造工艺. 塑料包装, 2007, (2): 34-38.

[16] 张世宽. 关于涂布量对干法复合软包装产品质量影响之浅析. 塑料包装, 2007, (3): 47-49.

[17] 肖卫东. 聚氨酯胶黏剂: 设备、配方与应用. 北京: 化学工业出版社, 2009.

[18] 万敏辉, 张烈银. 超级抗腐复合胶的性能和应用. 塑料包装, 2009, (4): 8-15.

[19] 于英林, 谢涛, 董云哲, 李明森, 史云天. 干法复合用黏合剂的发展. 农业与技术, 2010, (2): 152-153.

[20] 任清杰. 干法复合薄膜剥离强度影响因素分析. 塑料包装, 2010, (6): 37-40.

[21] 徐培林. 聚氨酯手册. 北京: 化学工业出版社, 2010.

[22] 孔祥威. 食品包装复合膜中溶剂残留的不确定度评定. 现代测量与实验室管理, 2012, (1): 27-28.

第8章 挤出复合

8.1 概述

挤出复合是广泛采用的一种经济的复合方法。它是将聚乙烯等热塑性塑料在挤出机内熔融后挤入扁平模口，成为片状热熔薄膜流出后立即与另外一种或两种薄膜通过冷却辊和复合压辊复合在一起。

由于复合材料将各种基材与塑料的性能组合在一起相互取长补短，因此它具有一般单层塑料薄膜无可比拟的特性，如具有耐磨性、可热封性、隔湿性、阻气性、隔光性、保香性、耐油性、耐化学腐蚀性、耐折强韧等优点。可用作食品、药品、化妆品、洗涤用品、电器等包装材料。

挤出复合具有设备成本低、投资少、生产环境清洁、复合膜可以不存在残留溶剂、生产效率高、操作简便等优点，因此挤出复合工艺在塑料薄膜的复合加工中占有相当重要的地位。

8.2 挤出复合薄膜的种类

挤出复合薄膜可以用挤出涂覆和挤出复合两种方法制成。

8.2.1 单面挤出涂覆薄膜

其基本构成如图 8-1 所示。

	挤出树脂
	基材

图 8-1　单面挤出涂覆构成

挤出涂覆是将聚乙烯等热塑性塑料熔融后从扁平机头流出，在紧密接触的两个辊筒间将其压向基材，经冷却后制成复合薄膜的方法。

从图 8-2 中可以看出，基材从放卷装置上放出，然后在基材上挤出一层塑料，经复合压辊和冷却辊复合在一起，这是最简单的复合材料。

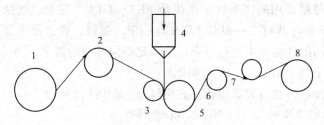

图 8-2　挤出涂覆装置

1—基材；2—支撑辊；3—硅橡胶辊；4—挤出机；

5—冷却辊；6，7—牵引辊；8—收卷

基材一般是已经印刷的 PET、BOPP 薄膜、纸张、无纺布等材料，对于 BOPP 等透明薄膜，油墨一般印在被复合面，经挤出涂覆一层塑料后，油墨被保护在内层，不会磨损、刮伤、脱落。而对于纸张、无纺布等材料，油墨一般印在表面，在其反面涂覆一层热熔性树脂。

方便面包装袋膜就是用挤出涂覆生产的典型例子。其结构如下。

BOPP 印刷　　　／　　LDPE

基材一　　　　　　挤出树脂

8.2.2　三明治型复合材料

其基本构成如图 8-3 所示。

	基材一
	挤出树脂
	基材二

图 8-3　三明治型复合材料构成

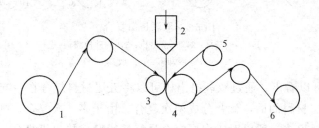

图 8-4　挤出复合

1—基材一；2—挤出机；3—硅橡胶辊；4—冷却辊；

5—基材二；6—收卷

从图 8-4 中可以看出，树脂夹在两种基材之间，它既是把两种基材结合在一起的胶黏剂，也是一层复合层，这样，一台挤出机可以将 3 种不同的材料复合在一起，获得理想的效果。

这种结构是最常用的，基材一往往是 PET、OPP、尼龙、纸张、防潮玻璃纸（MST）等印刷膜，基材二一般是 LDPE、CPP、铝箔、镀铝薄膜等，可以根据两种基材之间不同的性能要求进行组合，以满足不同客户的需求，而挤出树脂一般是 PE、PP、EAA、EMAA、EVA 等树脂。

一般普通洗衣粉包装膜就用此种方法复合。常用结构如下。

BOPP 印刷 / LDPE / LDPE 薄膜
基材一 挤出树脂 基材二

8.2.3 多层挤出复合薄膜

1 台挤出机 1 次可以复合三层薄膜，而串联式的多台挤出机 1 次可以复合多层薄膜，目前双联挤出机的应用也正在逐渐增多。

其基本构成如图 8-5 所示。

| 基材一 |
| 树脂一 |
| 基材二 |
| 树脂二 |
| 基材三 |

图 8-5　多层挤出复合薄膜

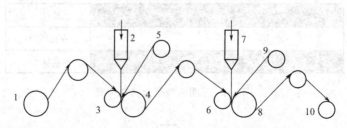

图 8-6　双联挤出复合
1,5,9—基材；2,7—挤出机；3,6—硅橡胶辊；
4,8—冷却辊；10—收卷

从图 8-6 可以看出，通过双联挤出机可以将五层材料复合在一起。如果用单联挤出机复合五层材料的话，就要分成两次复合。由于多一次复合，则材料损耗要大许多，而且能耗也多，所以对于多层复合最好用串联式挤出机复合。

一般膨化食品包装膜用该方法生产。其结构如下。

OPP 印刷 / LDPE / VMPET / LDPE / LDPE 薄膜
基材一 挤出树脂 基材二 挤出树脂 基材三

牙膏软管铝塑复合片材也是一种典型的多层挤出复合成型的材料，它是通过挤出 EAA（乙烯-丙烯酸共聚物）树脂将两层聚乙烯薄膜和一层铝箔材料结合在一起的，其基本结构如下。

PE薄膜	/	EAA	/	AL	/	EAA	/	PE薄膜
基材一		挤出树脂		基材二		挤出树脂		基材三

8.3 挤出复合用设备

生产多层复合材料的挤出复合机组主要由塑料挤出机、机头、放卷部分、复合部分、收卷部分以及传动装置、张力自动控制、放卷自动调偏、材料预处理、后处理等附属装置组成。

8.3.1 挤出机

挤出机的种类很多，以单螺杆挤出机最为普遍。

普通挤出理论是建立在输送、熔融和计量这 3 个基本职能的基础上的。因而一根普通螺杆就包括加料段、压缩段和均化段。加料段起固体输送作用，塑料在加料段中呈未塑化的固态，由松散的颗粒逐渐变成压实的颗粒，并经摩擦产生热量；压缩段起塑料熔融作用，塑料在压缩段中逐渐由固态向黏流态转变，这一段中的搅拌、剪切、摩擦作用都比较复杂；均化段的主要作用是将压缩段送来的熔融塑料增大压力，进一步均匀塑化，并使其定压、定量地从机头挤出，如图 8-7 所示。

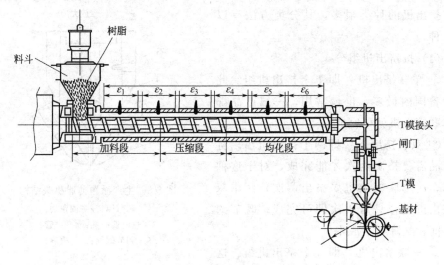

图 8-7 单螺杆挤出机

生产挤出涂覆用的挤出机直径一般为 $45 \sim 200mm$，目前以 $\phi 90mm$ 的最为普遍，直径为 $200mm$ 的主要用于 3m 以上宽幅材料的涂覆。

螺杆长径比较大，$L/D = 28 \sim 30$，要求有足够的强度，螺杆压缩比 $\varepsilon = 3.5 \sim 4$，螺杆结构类型为突变螺杆或渐变计量型都可以，计量段长为全长的 1/3，能保证熔融树脂出料均匀，压力稳定。常用于挤出复合的 90mm 挤出机的螺杆直径为 90mm，长径比 $L/D = 28 \sim 30$ [L 为螺杆的有效长度（mm），D 为螺杆直径

(mm)]，压缩比 $\varepsilon=3.85$，螺槽深度 $h_{进料}=14.5mm$，$h_{出料}=3.5mm$，螺杆转速 $n=12\sim120r/min$，最大挤出量约 $200kg/h$。

为了保护涂覆用硅橡胶辊和便于清洗螺杆和机头而不损坏涂覆装置，挤出机应装在导轨上，便于向前、向后移动。为了调节模唇与涂覆辊之间的距离，机座上还需有上下升降的结构。

8.3.2 机头

挤出涂覆通常使用直歧管 T 形机头，机头模唇外形呈 V 形，采用 V 形的目的是可缩短模唇到冷却辊与压辊相夹接触线的距离，此距离通常在 $50\sim150mm$ 之间。

机头模唇宽度即涂覆材料的宽度，主要由挤出机直径大小而定，挤出机直径越大，挤出量越大，机头模唇宽度也可增大，一般宽度为 $600\sim1500mm$，最宽的已达到 $2600mm$ 以上。歧管直径一般为 $30\sim45mm$，模唇间隙为 $0.3\sim1.0mm$，涂覆薄膜横向厚度较均匀。为了适应复合、涂布的不同宽度，模口应设计为可调幅式结构，涂覆薄膜的宽度可用图 8-8 中插入金属棒的方法来调节。为适应不同厚度的要求，模唇间隙也应为可调式。

生产涂覆薄膜机头结构如图 8-8 所示。

挤出机的种类很多，其分类方法有以下几种。

（1）按挤出机组分

① 单联挤出机　即 1 个挤出机组。此种设备国内最多，也最常用，一般产品都用单联挤出机就可完成。

② 双联挤出机　即两个挤出机组。有些产品需要挤出两次才能完成，对于这种产品，用单联挤出机要挤出两次，而用双联挤出机复合只需 1 次即可完成，既节约了时间，又降低了成本。

③ 三联挤出机　即 3 个挤出机组。这种设备价格昂贵，只有生产特殊产品时才

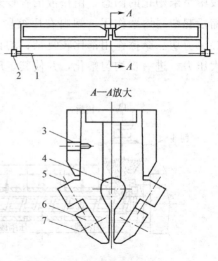

图 8-8　生产涂覆薄膜机头结构

1—调节棒；2—固定块；
3—热电偶插孔；4—歧管；
5—调节螺栓；6—模唇；
7—固定螺栓

使用。例如，生产利乐包复合膜时就可以使用三联挤出机（图 8-9～图 8-11）。

（2）按挤出模头分　有单层挤出模头和多层共挤出模头。

复合共挤出技术（co-extrusion）最近一二十年间得到了很大的发展。复合共挤出机的设备由两台或两台以上单螺杆挤出机或双螺杆挤出机和 1 个复合机头组成，各台挤出机将熔融的塑料向复合机头输送，并在机头定型部分汇合。复合共挤出加工可以在一个工序内完成多层复合材料的挤出成型，而用其他方法生产则需多

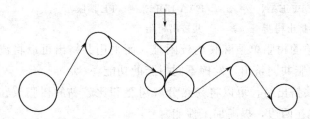

图 8-9　单联挤出机

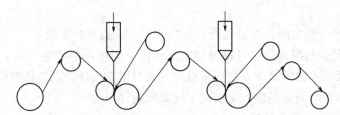

图 8-10　双联挤出机

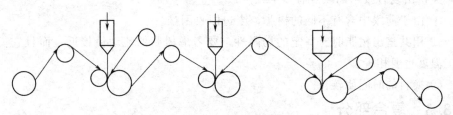

图 8-11　三联挤出机

个工序才能完成。在某些特定情形下（如 0.25mm 以下的多层薄膜）很难用共挤出加工以外的其他方法生产，因此复合共挤出加工技术在制作新产品中是非常有吸引力的。在复合薄膜的制取中，在同一时间通过 1 个模具同时挤出多种不同原材料，使每一种原材料成为具有独特性能的一层，从而形成多层结构的薄膜。采用共挤出复合技术无须胶黏剂粘接基材，生产成本低，能耗少，生产效率高。复合材料能够把具有不同性能的材料合理组合，互相取长补短，从而提高复合制品整体性能，尽量满足使用要求。

共挤出复合技术有下述优点。

① 缩短生产过程，节约大量时间。

② 用于多种材料的复合，缩短设备长度。

③ 不需要 AC 剂（胶黏剂）、溶剂，减少残留溶剂，用 AC 剂挤出速度较慢，但用共挤出时不需要 AC 剂，速度能提高，性能提高，成本降低。

④ 多种材料共挤出，同时也可以使比较昂贵的材料减薄。例如，在制造牙膏软管复合薄膜时，粘接树脂用 EAA，在挤出粘接树脂时可以采用 EAA 和 LDPE 共挤出，即 AL/EAA-LDPE/PE，这样 AL/EAA 之间的复合牢度很好，而比较昂贵的 EAA 的挤出厚度可以减薄，大大降低了生产成本。

PE 薄膜/　LDPE-EAA　/ AL/　EAA-LDPE　/　PE 薄膜
　　　　　共挤出树脂　　　　　　　共挤出树脂

⑤ 流动性差的树脂单独淋膜比较困难，而采用共挤出可以将流动性差的树脂和流动性好的树脂共同挤出，发挥不同树脂的功能。

⑥ 在三层共挤出时，可以将易热分解树脂和比较黏的树脂放在中间层，而流动性好的树脂放在两边，提高加工性能。

⑦ 复合的材质可以多样化，可调节其硬度、柔软性、刚性、耐冲击性、耐穿刺性等。

⑧ 在三层共挤出时，可将色料放在中间层，提高复合牢度。

⑨ 挤出复合时提高温度可以增加剥离强度，但薄膜易产生气味，采用共挤出可以将两层设定不同的温度，靠近基材的一面温度高一些，靠近热封层一面的温度低一些，既不影响剥离强度，又解决了气味问题。

⑩ 减少潜在的竞争对手。

共挤出复合技术的缺点有以下几点。

① 由于薄膜中含有不同的树脂，废边回收困难。

② 用共挤出树脂时有一定的局限性，要考虑树脂的流动值接近，而且它们的加工温度也要相近。

③ 换料的时间比较长。

8.3.3　复合部分

复合部分主要由冷却辊、橡胶压辊、支撑辊、修边装置等组成，它们是影响复合质量的主要部件。

8.3.3.1　冷却辊

冷却辊的冷却效果和表面状态与挤出复合的质量有着特别重要的关系。

冷却辊采用表面镀铬的钢辊筒，其作用是将熔融薄膜的热量带走，冷却和固化涂覆薄膜而使其成型。因此，冷却辊表面必须光滑，能承受复合压辊和冷却水的压力，与树脂剥离性好（即不粘住薄膜），辊筒表面温度分布均匀，冷却效果好。

为了提高冷却效果和使辊的表面温度均匀，冷却辊大多采用双层螺旋式冷却辊，内层放水的部分与外层不接触。冷却辊直径较大，一般为 450~600mm，最大为 1000mm，可提高冷却效率，冷却辊长度比复合机头宽度稍长一些。

冷却水温度一般要求为 10~20℃（如低于 10℃ 的冷却水则效果更好）。水温过高会使复合膜透明度降低并产生粘辊现象。水的流速为 0.3~0.5m/s，流速过低易使水垢沉积于辊内壁而降低冷却效果，一般均需配备专用水泵供水。

冷却辊的表面状态有两种。

（1）光亮面（镜面辊）　即辊表面经过精磨、镀铬、抛光，粗糙度要求 R_a 不大于 100μm。这种表面涂覆的薄膜透明度高，有光泽，因此在挤出 PP 等透明度较高的热熔融树脂时用镜面辊进行复合比较合适。但光亮面能使熔融塑料在辊的表面的流动阻塞性降低，易产生厚度波动。同时光亮面又会使薄膜对冷却辊的剥离性差，容易产生粘辊现象。

（2）细目面（半镜面辊）　即将光亮面再经特殊暗光处理而呈毛玻璃状。这种表面涂覆的薄膜透明度及光泽性较差，但对塑料的阻塞性好，薄膜纵向厚度均匀，并且薄膜对冷却辊的剥离性好，不易粘辊。因此，在挤出涂覆 PE、EVA 等热熔融树脂时，一般使用细目面的冷却辊，如使用光亮面的冷却辊会产生粘辊和薄膜发黏的现象。冷却辊表面状况与薄膜的关系见表 8-1。

表 8-1　冷却辊表面状况与薄膜的关系

冷却辊	表面状况	透明性	光泽度	滑爽性
镜面辊	光亮面	好	好	差
半镜面辊	细目面	中	中	好

8.3.3.2　硅橡胶压辊

橡胶压辊的作用是将基材和熔融塑料膜以一定的压力压向冷却辊，使基材和熔融薄膜压紧、粘住，并冷却、固化成型。由于从机头挤出的熔融状薄膜的温度高达 300℃以上，它首先与压辊接触，因此，压辊的材料应具有耐热性好、耐磨性好、与树脂的剥离性好、横向变形小、抗撕性良好等性能，所以一般压辊是用钢辊面包覆 20～25mm 厚的橡胶而制成的。

包覆压辊的橡胶一般是硅橡胶，其耐热性好、耐磨性好，不易与聚乙烯粘接，易剥离，无毒，操作方便。

压辊与冷却辊及机头模唇的相对位置对于挤复牢度有很大的关系。一般来说，与基材接触时的树脂温度越高，则复合膜之间的剥离强度也越高。

如图 8-12(c) 所示，从机头挤出熔融状薄膜的温度高达 300℃以上，它首先与冷却辊接触，这时薄膜发生骤冷，温度下降很多，当它与基材复合时，牢度就很差，而从图 8-12(a) 中所示的位置来看，由于从机头挤出的熔融状薄膜首先与橡胶压辊接触，在保持较高温度的情况下与基材一起压向冷却辊进行复合，这样制成的复合膜复合牢度就很好，但是也不能离冷却辊太远，如果太远的话膜会发生延伸。

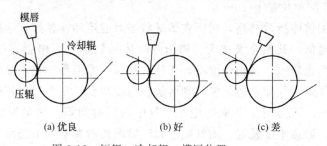

图 8-12　压辊、冷却辊、模唇位置

（1）支撑辊　支撑辊即金属压辊。它具有对橡胶压辊加压和外冷却的双重作用。支撑辊对压辊施加压力是通过压缩空气加压的，一般压力泵的压力范围选用0~0.8MPa。

（2）修边装置　挤出薄膜由于"缩颈"（薄膜宽度小于机头宽度）现象会使薄膜两侧偏厚，这样收卷就不平整，涂覆材料易起皱。因此，必须将涂覆材料两边厚的部分修去。常用的修边装置有4种，其中刀片切割用于薄膜生产和纸基复合；剪刀式用于厚纸板复合；划线刀式用于一般涂覆材料；剃刀式用于塑料片的复合。修边的废料可用鼓风机吹走，回收。

目前比较先进的挤出复合机装有在线β射线测厚仪，它将信号传递给计算机控制器，能自动调整挤出薄膜的厚薄均匀度。

8.4 挤出复合工艺

8.4.1 挤出复合原理及影响粘接强度的因素

8.4.1.1 挤出复合原理

挤出复合的原理是将温度高、黏度低的熔融薄膜经压辊加压、冷却固化后，使薄膜与基材相互黏合而成。当基材的表面有孔隙时，熔融薄膜还会渗透入表面多孔、起毛的基材间隙中。

8.4.1.2 影响黏合力的因素

（1）挤出机的挤出温度　加工温度对复合膜的粘接强度有很大的影响。一般来说，随着加工温度的升高，粘接强度增加，同时也有利于高速加工，提高生产效率。不同的树脂应采用不同的挤出温度，合理的加热温度直接涉及涂覆材料的质量优劣。温度太低造成塑化不良，使产品透明度及表面光泽下降，甚至会形成似木材年轮纹或鱼眼状次品，复合牢度下降；温度太高，则塑料易分解，会产生异味，产品脆硬，挤出膜收缩率增加，并引起后加工热封的困难。

（2）树脂的熔体指数和密度　熔体指数是树脂流动性的一种指标。熔体指数是在一定的温度和压力下，树脂熔融料在10min内通过标准毛细管的质量（g），熔体指数MI的单位是g/10min。

树脂的熔体指数越高，树脂在熔融状态时的流动性越好，熔融后流淌下来的薄膜黏度就越低，其黏合力越大。树脂的熔体指数越低，树脂在熔融时的流动性越差，黏合力也越差。树脂密度小，支链含量高，表面易活化，黏合力也就越大。

（3）气隙　气隙是指从模唇到熔融膜与冷却辊、压力辊相切的切点的距离，如图8-13所示。气隙小，熔融树脂在空气中滞留时间短，热量损失小，在接触点薄膜温度高，涂覆牢度就好；而气隙过大，熔融树脂在空气中滞留时间长，热量损失大，在接触点薄膜温度低，涂覆牢度就差。但挤出复合时要利用气隙对树脂进行氧化，在气隙段，熔融的树脂与空气中的氧气发生了氧化反应，产生极性基团，如

C＝O等，因此与基材的粘接强度提高。氧化程度与树脂在气隙段滞留的时间有关，气隙过小，挤出的薄膜冷却固化前与空气接触时间短，不能充分氧化，影响了表面极性分子的产生，减弱了其与基材的亲和力，也会影响复合牢度。如图 8-14 所示，最优气隙一般控制在 70～120mm。

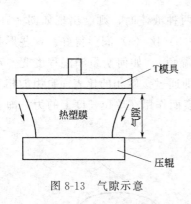

图 8-13　气隙示意

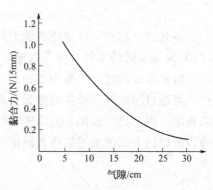

图 8-14　气隙与黏合力的关系

（4）挤出树脂的氧化程度　熔融的聚烯烃树脂从模唇流淌下来，到达冷却辊冷却前会被空气中的氧气所氧化，使它的分子极性增大、表面张力提高，复合牢度就会增强。一般来说，气隙大，流淌下来的聚烯烃与空气接触的时间就长，氧化程度就高；但是气隙过大，薄膜的热量也会跟着损失很大，复合牢度会明显下降。要提高薄膜的复合牢度必须既要使挤出薄膜的热量尽量少损失，又要增加其氧化程度，这是一对矛盾。为了解决这对矛盾，可以装一臭氧发生器（图 8-15），将喷嘴近距离接近流淌下来的薄膜，用喷出的臭氧对挤出薄膜进行强氧化，这样可大大提高挤出复合牢度。

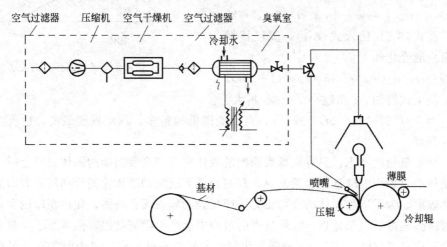

图 8-15　臭氧发生器示意

（5）基材的表面张力　一般认为，要使两个物体紧密地黏合起来并具有足够的强度，则两个物体必须相互浸润形成某种能量最低的结合。当液体与固体接触时，是用体系表面能降低多少来衡量润湿程度的，降低得越多，润湿程度越高。取某固体和某液体，与空气接触的表面均为 $1cm^2$。固液接触前，体系的表面能为 $r_{液-气}+r_{固-气}$，固液接触后，体系表面能为 $r_{固-液}$，在恒温恒压下固液接触过程中自由能变化为：

$$-\Delta G=r_{液-气}+r_{固-气}-r_{固-液} \tag{8-1}$$

通俗地讲，当在一种薄膜表面上分别滴下两种液体时，则会出现如图 8-16（a）和（b）那样不同的形状，可以判定图 8-16 中（b）比（a）润湿得好。这些形状可以用 θ 角来表示，这个角称为接触角（或称润湿角）。如何衡量润湿程度呢？对于固体，可通过测定其与液体的接触角来衡量，即通过接触相的比表面自由能相互关系来确定。因为比表面能 r 也可理解为沿液体表面作用在单位长度上的力，即表面张力，所以比表面能也可以用表面张力表示。

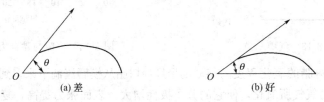

图 8-16　润湿与润湿角

从图 8-17 中可以看出，在固体、液体和空气三相接触点 O 上，有 $r_{固-气}$、$r_{液-气}$ 和 $r_{固-液}$ 3 个作用力，在平衡状态时界面上各个表面张力是处于平衡的。

$$r_{固-气}=r_{固-液}+r_{液-气}\cos\theta \tag{8-2}$$

将式（8-2）代入式（8-1），固液接触时自由能变化如下：

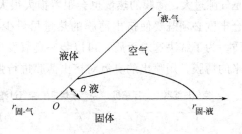

图 8-17　接触角与各表面张力的关系

$$-\Delta G=r_{液-气}+r_{液-气}\cos\theta=r_{液-气}(1+\cos\theta)$$

从上式得知，θ 角越小，$-\Delta G$ 越大。

当 $\theta=0°$ 时，则 $-\Delta G=2r_{液-气}$，自由能降低得最多，润湿程度最高，也就是亲和性最好。

从能量角度考虑，只有当低表面能的液体覆盖到高表面能的固体表面上时，才能使体系总表面能降低，也就是说，只有较低表面能的液体才能涂到较高表面能的固体表面。为了增加固体的表面张力，即提高固体表面自由能，往往在印刷和复合前对薄膜先进行电晕处理，电晕处理的过程中会产生游离基团，使氧原子与氧分子结合形成臭氧（O_3），这是一种强氧化剂。电晕处理过的聚乙烯表面含有一层很薄的被氧化的低分子量物质，它有改进黏附性能的作用。薄膜在电晕处理时，由于表面受到离子气体的强烈冲击而粗化，同时还存在由于电弧放电击穿而形成的无数微孔和毛疵，使塑料薄膜的表面张力得到进一步的提高，因而增强了胶黏剂在薄膜上的渗透力和粘接力。

一般要求聚乙烯薄膜表面张力控制在 38mN/m 以上。

（6）涂覆线速度　涂覆线速度越快，涂覆层越薄，薄膜向下流动的热损失越大，黏合力也降低越大。

8.4.2　挤出复合原材料的选择

8.4.2.1　复合膜的基材

复合膜作为包装材料，其基材的选择是十分重要的。基材主要是提供耐热性、耐寒性、阻氧隔潮性以及强度，起保护层作用。基材的物性和阻隔性对复合膜性能影响极大。最常见的基材有双向拉伸聚丙烯（BOPP）薄膜、双向拉伸聚酯（PET）薄膜、双向拉伸尼龙（BOPA）薄膜、聚偏二氯乙烯涂覆双向拉伸聚丙烯（KOP）薄膜、聚偏二氯乙烯涂覆双向拉伸聚酯（KPET）薄膜以及铝箔（AL）、纸张等。由于不同基材具有不同的特性，从而决定了各种基材的适用范围也是有差异的。

在实际应用中基材的选用并不是绝对的，要根据各方面因素综合考虑。如包装汤料时，根据基材特性也可选用 BOPA、KOP 为基材，但考虑到成本的问题，BOPA、KOP 的价格要高于 PET 的价格。所以，通常的情况下，汤料的包装选取 PET 而非 BOPA、KOP 作为基材。又如，包装干果点心，既可选用 BOPP 为基材制成透明的复合膜，又可选用铝箔为基材制成不透明的复合膜。只是前者成本较低，保质期相对较短，包装档次属于中低档；而后者成本较高，保质期相对较长，包装美观，属于高附加值的高档包装材料。

在塑料挤出复合中，如果基材和挤出树脂是同一种聚烯烃，就不需要上胶黏剂，例如在 LDPE 薄膜基材上挤出 LDPE 树脂，在 BOPP 或 CPP 基材薄膜上挤出 PP 树脂就不需要上胶黏剂也能够达到较高的剥离强度。但是不同类型的材料挤出复合时，一般需要涂布胶黏剂，例如在 PET、BOPP 薄膜上挤出 LDPE，都要涂布胶黏剂。

8.4.2.2　挤出复合用胶黏剂（AC 剂）

PE 的结构决定了它是惰性的、非极性的，所以粘接性较差。作为一种提高粘接性的方法是将 PE 在高温下挤出，在气隙段利用空气的氧化使之具有极性，同时在基材上涂覆 AC 胶黏剂，从而达到粘接效果。复合用的胶黏剂必须无毒和耐温 100℃ 以上，而且柔软不易折。不同种类 AC 剂的粘接性对基材的适应性、耐水性、耐蒸煮性是不同的。AC 剂的选择对于包装材料的品质、性能会产生很大的影响。

AC 剂为 anchor coating 的缩写，是将涂覆或复合加工薄膜与熔融聚乙烯联合起来的一种"中介底胶"。挤出复合所用的 AC 剂种类和牌号较多，大体上可分为含水型和溶剂型两类，含水型有聚乙烯亚胺系，溶剂型有烷基钛、异氰酸酯类，见表 8-2。

表 8-2　挤出用 AC 剂

体　系	优　点	缺　点
钛系 钛酸烷基酯 (alkyl titanate)	1. 初始粘接力较好 2. 有通用性 3. 结膜柔软 4. 不易发生互相粘连	1. 遇水分解，损失大 2. 溶剂挥发性高，危险 3. 耐水性差
亚胺系 聚乙烯亚胺 (polyethylene imine)	1. 遇水不分解，损失小 2. 稀释剂中使用水，危险性较小 3. 成本低	1. 通用性差，加工较困难 2. 干燥性差 3. 耐水性差 4. 有发生互相粘连的危险
异氰酸酯系 氨基甲酸乙酯 (urethane)	1. 有通用性 2. 有耐水性 3. 耐蒸煮性好 4. 遇水不分解，损失小	1. 使用时溶剂挥发性高，危险 2. 初始粘接力较差 3. 有发生互相粘连的危险

常用的 AC 剂有以下几种。

（1）钛系（alkyl titanate）　溶剂型有烷基钛系，通用性好，初始粘接力好，但容易发生水解而造成损失，溶剂挥发性较大，耐水性较差。

$$RO—Ti—OR + H_2O \longrightarrow \cdots +ROH$$

分子式中的 R 表示烷基。

（2）亚胺系（polyethylene imine）　聚乙烯亚胺系采用水作溶剂，具有成本低、危险性小等优点，但通用性较差，耐水性也较差，加工也较困难。

$$H_2N—(CH_2—CH_2—N)_n(CH_2—CH_2—NH)_m$$

（3）异氰酸酯系（氨基甲酸乙酯系）（urethane）　异氰酸酯系的通用性好，耐水性、耐高温性、耐油性优良，但采用的溶剂易挥发，危险性较大，初始粘接力较小，成本也相对高一些。

在复合加工时的胶黏剂层最重要的是"均匀的涂层，必要而足够的层厚"。涂在薄膜上的胶黏剂的涂布量必须要覆盖住薄膜的凹凸。另外，为了使胶黏剂浸透凹部，胶黏剂必须具有良好的涂布性和流动性。一般所必要的涂布量如下所示。

种　类	涂布量
钛系(干燥质量)	0.1～0.2g/m²
亚胺系(干燥质量)	0.01～0.05g/m²
异氰酸酯系[(氨基甲酸乙酯系)干燥质量]	0.2～0.5g/m²

由于挤出复合用的胶黏剂上胶量比干式复合用的胶黏剂上胶量要少得多，所以复合产品的残留溶剂极低，特别适用于食品包装。

以上3种AC剂具有各自的优缺点，它们对各种基材的适应性也有所不同，因此在使用时可以根据复合产品的要求进行选择。AC剂的基材适应性见表8-3。

表8-3　AC剂的基材适应性

基　　材	钛　　系	亚胺系	异氰酸酯系
普通玻璃纸(PT)	○	○	○
防潮玻璃纸(MST)	○	×	△
聚丙烯(OPP)	○	○	○
聚酯(PET)	○	○	○
尼龙(NY)	○	○	○
铝箔(AL)	○		○

注：○表示好；△表示中；×表示差。

涂布AC剂的涂布辊可以是网线辊，也可以是光辊，光辊涂布的上胶量较小。图8-18是涂布上胶装置，它由胶盘、涂布辊、橡胶压辊和干燥烘房等部分组成。AC剂涂布后薄膜要经过烘道充分烘干，否则会影响复合牢度，烘道的种类很多，可根据需要进行选择。图8-19是几种烘道。

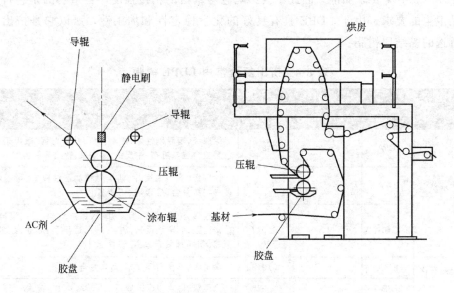

图8-18　涂布上胶装置

8.4.2.3　热熔性黏合树脂

（1）低密度聚乙烯（LDPE）　聚乙烯是发展最为迅速的塑料，聚乙烯树脂是无臭、无毒的白色粒料，聚乙烯是含有碳、氢两种元素的高分子化合物，其分子结构中不含有极性基团，因此其吸水性小，化学性能稳定，对酸、碱等化学药剂都有良好的抗腐蚀能力。聚乙烯在使用过程中由于受热、紫外线作用及空气中氧气的作用而发生老化，此时它的物理性能降低，变色以致破裂。但聚乙烯若在常温下储存于室内阴暗处，则老化缓慢，能够长期保持其使用性能。

挤出复合用的聚乙烯一般是低密度聚乙烯，密度为 $0.92 \sim 0.93 \mathrm{g/cm^3}$，见表 8-4、表 8-5。

由于低密度聚乙烯无毒、加工方便、形成的薄膜较柔软、透明度一般、化学稳定性好、耐化学药品侵蚀性好、防潮性优良、有一定的力学性能、具

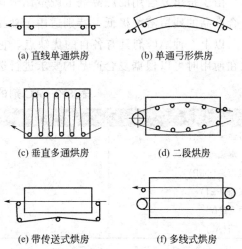

(a) 直线单通烘房　　　(b) 单通弓形烘房

(c) 垂直多通烘房　　　(d) 二段烘房

(e) 带传送式烘房　　　(f) 多线式烘房

图 8-19　烘道

有优异的耐寒性和耐低温性，适宜用作冷冻包装的内层。LDPE 热封性能优异，因此常用作复合材料的内层（热封层），但其透气性较强，阻氧性较差。LDPE 即使在高温加工的条件下缩幅也较小，这是其他树脂无法相比的。而且挤出复合用的 LDPE 一般不需要添加剂，因此不会影响它与基材的粘接强度，更重要的是它符合食品卫生的要求。由于 LDPE 具有良好的化学稳定性和加工性，所以它是挤出复合首选的黏结层树脂。

表 8-4　挤出复合常用 LDPE 树脂

生产厂家	牌号	MI /(g/10min)	密度 /(g/cm³)	特 点 和 用 途
北京燕山石化	IC5A	5.3	0.917	涂层级,覆膜刚性好,透明性好,粘接力强,适用于重包装复合层压与帆布、牛皮纸、编织袋、铝箔等复合
	IC7A	7	0.92	涂层级,流动性良好,粘接力和加工性良好,可以和多种材料复合,是通用涂层树脂
	IC10A	10	0.917	涂层级,流动性好,容易加工,涂层均匀,透明度高,粘力强,剥离强度高,热封性好,适用于 BOPP、纸张、铝箔、ONY 膜复合、轻包装复合材料
上海石化总厂	IC8A	7.5	0.918	涂层级,不含有添加剂,适合复合薄膜用
	2F7B-1	7	0.925	涂层级,适合复合薄膜用
新加坡 TPC公司	L420	3.5	0.918	涂覆级,极佳的加工性,优良的热封性和附着性
	L705	7	0.918	涂覆级,高速、低温加工性好,缩幅好,黏着力和热稳定性好,适合一般用涂层复合,如复合薄膜、牛皮纸层压膜及织品
	L705-1	7	0.918	涂覆级,加工性和热合性极好,缩幅好,滑爽剂含量高,适合一般包装涂层复合制品

生产厂家	牌号	MI /(g/10min)	密度 /(g/cm³)	特 点 和 用 途
韩国三星综合化学公司	LB7500	7.5	0.918	涂覆级,适合挤塑涂覆薄膜
荷兰国家矿业公司	I300C	7.5	0.918	涂覆级,用于食品包装的薄层挤出涂覆
美国北方石化	NPE336	6	0.917	涂覆级,加工性很好,消耗低,适合挤出涂层复合薄膜
美国埃克森化学公司	LD205	7	0.919	涂覆级,适合软包装用的涂层复合薄膜
美国陶氏化学公司	722	8	0.918	热封层,适合挤出涂层复合薄膜
日本 JPO 公司	JH606N	7	0.916	涂覆级,加工性很好,适合挤出涂层复合薄膜
	JH502	3.5	0.917	涂覆级,缩颈性较差,高速成型性较好,热成型性较好

表 8-5 挤出复合常用 LLDPE 树脂

公司名称	牌号	MI /(g/10min)	密度 /(g/cm³)	特 点 和 用 途
美国陶氏化学公司	3010	5.4	0.921	挤出涂层级,撕裂强度和穿刺强度高,抗环境应力开裂性、热封性好,适合食品和饮料包装,纸张涂层
	3030	5.4	0.933	挤出涂层级,性能同 3010 牌号,延伸性好,硬度较高,适合饮料包装和食品包装
	2035	6.0	0.919	流延薄膜,撕裂强度和穿刺强度好,拉伸伸长率高,加工容易
美国埃克森化学公司	XL101	9.5	0.922	涂覆级,适合高速挤出涂层制品
	XL105	11	0.924	涂覆级,适合低速挤出涂层制品
日本三井石化	C-249-4	7.0	0.914	涂覆级,适合低温热封
	C-249-14	10	0.908	涂覆级,适合低温热封
	2081C	8.0	0.920	涂覆级,适合一般挤出涂层制品
日本出光石油化学	1018D	8.0	0.911	涂覆级,适合低温热封
	1014D	9.0	0.911	涂覆级,适合低温热封
	1024D	8.0	0.914	涂覆级,适合低温热封
	0628D	6.0	0.915	涂覆级,适合一般挤出涂层制品
	1034D	10	0.919	涂覆级,适合一般挤出涂层制品
日本住友化学	EXL700	9.0	0.912	涂覆级,适合低温热封
	CS8026	10	0.914	涂覆级,适合一般挤出涂层制品
日本三菱油化	L40MX	8.0	0.921	涂覆级,适合一般挤出涂层制品
	X707-6	10	0.936	涂覆级,适合一般挤出涂层制品

在挤出 LDPE 树脂时要控制好模口的温度，使流出的薄膜能充分氧化，在它的表面产生极性分子，增强它对基材的亲和力。温度提高，可使流出的 PE 膜充分氧化，增强亲和力；但如果温度过高，会使薄膜表面过于氧化，不利于热封，同时也会产生烟雾，污染工作环境，而且会使薄膜向内弯曲性变大，因此一般模口温度应控制在 310～340℃。

LDPE 树脂的加工性优良，但不同牌号的 LDPE 树脂之间存在较大的差别，因此在选择挤出树脂时首先要了解树脂的熔体指数范围。

熔体指数（MI）是用熔体指数测定仪测定热塑性塑料在一定温度（190℃）和压力（2.16kg）下，其熔体在 10min 内通过标准毛细管的质量值，以 g/10min 表示。

熔体指数越大，塑料在熔融状态下的流动性能越好；反之，熔体指数越小，塑料在熔融状态下的流动性能越差。同一种高聚物，熔体指数也反映了它的分子量大小，熔体指数大，分子量就越小，其耐热性、拉伸强度、刚性等也相对差一些，但热封性能较好。

挤出复合用的聚乙烯的熔体指数一般在 5～8g/10min 为宜。MI 在 12g/10min 左右的 LDPE 一般涂布在纸张和无纺布上，它能渗透到纸张和无纺布中，以增加其黏合强度。如果 LDPE 直接涂布在铝箔上，则温度要提高近 20℃，但是，由于温度较高，LDPE 会产生异味，影响内容物，因此加工时最好采用 EAA、EMAA 或牢靠 AE，它们的加工温度较低，而且与铝箔的结合牢度较好。

（2）线型低密度聚乙烯（LLDPE）　线型低密度聚乙烯是乙烯与 α-烯烃的共聚物，它的密度在 0.915～0.935g/cm³ 之间。LLDPE 具有线型骨架，含有 5%～20% 的 α-烯烃，如 1-丁烯、1-己烯、1-辛烯和 4-甲基-1-戊烯等共聚单体，组成了有规则的侧链，分子链中只有短的支链，不像低密度聚乙烯那样分子链中有较多的长而分叉的支链。这种结构上的特点使其在拉伸强度、冲击强度、弯曲强度、撕裂强度、伸长率、耐环境应力和低温韧性、低温下冲击强度等方面都优于常规的低密度聚乙烯。

LLDPE 外观与 LDPE 相似，但透明性较差一些。LLDPE 比 LDPE 的熔点高 10～20℃，因此 LLDPE 薄膜可用来制作水煮袋。由于抗张能力的增加，LLDPE 薄膜比 LDPE 薄膜有较窄的封口范围。LLDPE 由于其强度高、性能优良，目前已被大量使用在塑料包装方面。

（3）茂金属聚乙烯（MLLDPE）　20 世纪 90 年代初，茂金属催化剂用于合成聚烯烃这一重大革新，是聚烯烃工业中最引人注目的进展。

茂金属催化剂由过渡金属的环戊二烯基络合物和甲基铝氧烷或离子活化剂组成，其活性极高，每个活性中心引发和生成的聚烯烃分子链长度和共聚单体含量几乎相同，分子量分布窄，侧链分布均一。而传统的 Ziegler-Natta 催化剂得到的聚合物分子链长短不一，分子量分布、共聚单体含量及组成分布宽。所以茂金属催化剂能精确控制聚合物分子结构、分子量分布和组成分布，即可以"定制"满足应用要求的分子结构立构规整性。因此，MLLDPE 具有高拉伸强度、高撕裂强度、高冲击强度，熔点低，低温热封性能好，热黏性好，热封强度高，光学性能优，不含低分子量、低结晶成分，故溶剂庚烷抽出物少，低臭性，卫生性好，耐应力开裂性好，耐水煮性、耐穿刺性好。由于 MLLDPE 的分子量分布窄，所以其加工性能比 LDPE 差一些。

MLLDPE 热封强度优良，热封温度低，一般在 90℃ 左右便开始能够热封，在一定温度范围内达到相同的封口强度，MLLDPE 比 LDPE、LLDPE 的封口温度要低 10～15℃，因此它广泛用于高速自动包装。用 LDPE 或 LLDPE 作为内层的包装材料，其包装速度约为 10m/min，而用 MLLDPE 作为内层的包装材料，其包装速度可达 20m/min。目前先进的自动包装机的速度可高达 30m/min，所以 MLLDPE 的出现得到广大用户的青睐，饼干、奶粉、咖啡、小吃、点心等食品都已使用 MLLDPE 作为包装材料。

MLLDPE 具有好的热黏性。热黏性是指在连续自动填充操作中热封后立即填充，由于内容物的质量而产生的剥离力作用到热封处，当热封处还没有充分冷却时的粘接强度。MLLDPE 在热封时，包装材料还没降温，其封口强度就很高，因此，该材料经常被用于高速垂直自动包装机灌装汤料、酱料、调料等湿的食品。

MLLDPE 具有优秀的抗污染性。油包、洗发水等产品在包装时难免在封口处会沾上一些液体，给封口造成困难，漏包严重。MLLDPE 由于其熔点低、熔体流动性好，因此其抗污染性较好。即使在包装时封口处沾有难以处理的污染物，用 MLLDPE 作内膜的包装材料，仍具有可靠的低温热封性和热封强度。因此，常用于包装洗发水、沐浴露、液体肥皂、油包等产品，漏包比例极低。MLLDPE 和 LLDPE 混合可以使其拉伸强度、柔软性和低温热封性都很好。

MLLDPE 具有均一分子结构，薄膜雾度低，透明度高，光学性能优异，因而可提高内包装物的商品价值。

MLLDPE 具有较高的力学性能，其拉伸强度高，耐穿刺性和韧性优良，这些优良性能可使产品薄壁化，在包装米、肥料等重物时可以减薄材料厚度，使包装成本降低，也符合环保对减少废弃物的要求。

茂金属聚乙烯（MLLDPE）以其独特的优良性能和应用特点引起人们普遍关注和兴趣，许多世界著名大石化公司投入巨大人力、物力，纷纷参与到这个具有潜在前途和富有挑战性的竞争行列。目前，美国埃克森（Exxon）化学公司、美国陶氏（Dow）化学公司、日本三井石化公司、美国菲利浦（Phillips）石油公司等的产品已开始进入我国市场。

以挤出涂覆级 MLLDPE Affinity PT1450 性能为例，看其与传统 LLDPE、LDPE 性能的差别（表 8-6）。

表 8-6　MLLDPE 与一般 LLDPE、LDPE 性能比较

性　　能	MLLDPE Affinity PT1450	LLDPE Dowlex 3010	LDPE
MI/(g/10min)	7.5	5.4	8.0
密度/(g/cm³)	0.902	0.921	0.916
熔点(DSC 法)/℃	98	119	103
维卡软化点/℃	77	99	85
拉伸断裂强度/MPa	15.3	13.8	10.5
断裂伸长率/%	950	705	580

从表 8-6 中可以看出，MLLDPE 韧性好、强度高，表现在断裂伸长率大、断裂强度高。

Affinity PT1450 的挤出温度比 LDPE 略低 10℃ 左右，但其缩颈幅度比 LDPE 大，而且挤出负荷高，其透明度比 LDPE、LLDPE 要高得多，热封起始温度比 LDPE 低十几度，比 LLDPE 低二十几度，因此广泛用于高速包装材料的内层。

MLLDPE 与 PP 的热黏合性很好，在 BOPP 和 CPP 复合时，中间挤出一层 MLLDPE 作为黏结层，不需要使用胶黏剂其复合牢度就很好，而且透明度也不错，该结构在生产时也常常使用。

（4）聚丙烯（PP）　聚丙烯属于聚烯烃热塑性通用塑料，是塑料工业中的重要产品之一。

聚丙烯是目前塑料中密度最小的一种，仅为 0.90～0.91g/cm³，BOPP 与 CPP 复合时，中间层可以挤出聚丙烯树脂，其优点是复合牢度好、透明度高、内容物清晰可见，而且不用涂胶黏剂，因此挤出复合聚丙烯树脂成本较低。

聚丙烯树脂无毒、无味，是世界公认的接触食品的最佳包装材料，聚丙烯的化学稳定性好，耐酸、耐碱、耐油，有防潮功能，而且耐热性、机械强度也比聚乙烯好。它对水特别稳定，在水中 24h 的吸水率仅为 0.01%，相对分子质量约 8 万～15 万。聚丙烯的结晶性高、结构规整，因而具有优良的力学性能。聚丙烯具有较好的耐热性，但在低于 −35℃ 的温度下会发生脆裂，其耐寒性不如聚乙烯。聚丙烯的化学稳定性很好，除能被浓硫酸及浓硝酸侵蚀外，对其他各种化学试剂都比较稳定。聚丙烯的玻璃化温度 T_g 为 −9～−7℃，所以通常都是结晶态，熔点 165～170℃。故耐热性高，可在 100～120℃ 长期使用，在无外力作用下，在 150℃ 不会变形，因此可以在沸水中蒸煮，它无毒，是弱极性高聚物，刚性和延伸性好。

表 8-7 列出了低密度聚乙烯与聚丙烯在性能方面的对比情况。

低密度聚乙烯和聚丙烯加工工艺也不一样，见表 8-8。

表 8-7　低密度聚乙烯与聚丙烯性能对比

物理性质	试验方法 ASTM	低密度聚乙烯			聚丙烯无规共聚物		
		L420	L705	L725	FC9411	FC9413	FC9414
熔体指数 /(g/10min)	D1238	3.5	7	7	20	20	25
密度 /(g/cm³)	D1505	0.918	0.918	0.918	0.9	0.9	0.9
拉伸断裂强度 /(kgf/cm²)	D638	150	140	140	300	320	320
伸长率 /%	D638	600	550	550	800	800	800
弯曲强度 /(kgf/cm²)	D747	1900	1900	1900	7000	7500	7500
熔点 /℃	TPC法	106	106	106	148	149	149
加工温度 /℃		300～340			290～330		
用途及特点			低缩颈	高速线 150m/min 或以上	BOPP 膜涂覆作为食品包装, 透明度高、热封温度低、刚性高、分散率高		高速线 100m/min 或以上

注：1. FC9411、FC9413、FC9414 都是新加坡聚烯烃私营有限公司（tpc）的涂覆级 PP。

2. 1kgf/cm² = 98.0665kPa。

表 8-8　低密度聚乙烯和聚丙烯加工工艺对比

项　目	低密度聚乙烯	聚丙烯
BOPP 涂覆	要用 AC 剂	不需用 AC 剂
模头气隙 /mm	80～120	60～100
压辊筒压力 /(kgf/cm²)	4～7	5～8
树脂温度 /℃	300～340	290～330
骤冷辊表面	粗面或半粗面	镜面
骤冷辊温度 /℃	20～40	30～50

（5）乙烯-乙酸乙烯共聚物（EVA）　乙烯-乙酸乙烯共聚物是乙烯和乙酸乙烯在高压及引发剂存在的条件下经共聚反应而得到的热塑性树脂，其分子式为：

$$\begin{array}{c} \text{+CH}_2\text{—CH}_2\text{—CH}_2\text{—CH—CH}_2\text{—CH}_2\text{+}_{\overline{n}} \\ | \\ O \\ | \\ C=O \\ | \\ CH_3 \end{array}$$

EVA 树脂与聚乙烯相比，由于在分子链上引入了乙酸乙烯单体，从而降低了结晶度，提高了柔韧性、耐冲击性、填料混入性和热密封性。产品在较宽的温度范围内具有良好的柔软性、冲击强度、耐环境应力开裂性和光学性能，对极性、非极性物质均有一定的黏合能力。缺点是在乙酸乙烯含量降低时黏合力较低，其性能接近 LDPE；当乙酸乙烯含量增大时，其弹性、柔软性、相容性、透明性等也随着提高，黏合力虽增加了，但熔点也降低了，因此不适用于需经受较高温度的涂覆材料。它可以制成薄膜用于食品包装，同时由于其强度比 LDPE 提高许多，能满足一些重包装袋的使用。

挤出复合中使用的EVA其乙酸乙烯（VA）的含量较低，一般为10%～20%。VA含量以及MI对EVA的物理化学性能的影响较大。

当VA含量增加时，各种性能的变化如下。

性能提高	性能降低	黏性、填料的容纳能力	屈伸应力
在寒冷状态下的韧性	强度	热密封性、可焊性	热变形
耐冲击性、柔软性	硬度	辐射交联性、耐反复弯曲性	隔声性能
耐应力开裂性、光泽度	熔点		
密度、耐气候性	耐化学品性		

由于MI值的增加，引起下述性能的变化。

性能提高	性能降低	性能不受影响
熔体流动性	分子量、韧性	屈服伸长应力
	熔体黏度	断裂伸长率
	拉伸强度	硬度
	耐应力开裂性	

挤出涂覆中用途较多的是改性EVA树脂。以改性EVA作为热封层材料常用作酸奶、果冻、果酱、牛奶、布丁、冷饮、杯面等塑料杯上的易撕揭盖膜，而杯体的材料主要是聚丙烯（PP）、高密度聚乙烯（HDPE）、聚氯乙烯（PVC）、高冲击强度的聚苯乙烯（HIPS）、聚苯乙烯（PS）、共聚聚酯（PETG）、非结晶聚酯（APET）。因为各种塑料的加工温度不同，各种杯体材料的热合温度也不一样，所以对于盖材封合树脂来说其使用温度范围要广。

易撕揭盖膜结构如图8-20所示。

PET
VMPET
LDPE
改性EVA树脂

图8-20　易撕揭盖膜结构

作为易撕揭盖膜的热封层材料应具有两方面的功能，既要使盖膜与杯子之间有良好的热封强度，不使杯内物体渗漏，又要易于揭开和完好剥离，而改性EVA树脂恰好具备了以上两种功能。易撕揭盖材用热熔融树脂见表8-9。

EVA树脂作为熔融树脂，对聚乙烯、聚丙烯、聚苯乙烯等材料具有较好的粘接性，而EVA的分子结构与聚乙烯、聚丙烯、聚苯乙烯等又有明显的区别，在热封粘接时，两种不同的分支结构不能完全扩散、渗透、熔合在一起，只能形成有明显界面的粘接强度。因此，热封盖膜内层材料选用EVA改性树脂对聚乙烯杯、聚丙烯杯和聚苯乙烯杯封口时，既有足够的密封性，又具有易揭和可剥离性。现在生产 EVA 改性树脂的厂家主要有日本东洋油墨株式会社、大日本油墨株式会社、日本 HIRODINE 公司、美国杜邦公司等。

表 8-9　易撕揭盖材用热熔融树脂

公司名称	型号	MI /(g/10min)	密度 /(g/cm³)	用　途
美国杜邦	Appeel 20 D745	7.5	0.938	对 PET、PVC、PS、PP 提供可剥离的热封强度
	53001	10	0.94	可用于 PP、PS、硬质 PVC、纸张、织物等热封,形成可剥离的封口强度,透明度好
	53006	13.5	0.94	可用于 PP、PS、硬质 PVC 等材料热封,提供可剥离的封口强度,具有杰出的低温热封性,卓越的透明性,很好的耐热性,在 85℃ 的高温中可持续 30min
	53007	16.5	0.94	可用于 PP、PS、硬质 PVC 等材料热封,提供可剥离的封口强度,具有杰出的低温热封性,卓越的透明性,很好的耐热性
	53021	32	0.97	用于 PP、PS、HIPS、硬质 PVC 等制成的容器的可剥离盖材的封口,具有杰出的低温热封性,卓越的透明性
日本三井	Z120F	6.0	0.928	可用作 PS、PET、硬质 PVC 等材料的易拉盖膜涂层
日本 HIRODINE	喜乐德 1346	11	0.94	对 PP、PS 等材料提供可剥离的封口强度,透明性好
	喜乐德 1358	24	0.93	对碗面容器 PSP 有可剥离的封口强度,可直接与铝箔涂覆
日本东洋油墨	L-3388	9	0.93	对 PP、HIPS 等材料提供可剥离的封口强度,有良好的耐蒸煮性

EVA 改性热熔融树脂的挤出温度一般控制在 220～230℃,最高不要超过 240℃,温度过高树脂会分解产生气味。改性 EVA 在挤出时薄膜缩颈较大,收卷后幅边会凸起,因此两端应各修边(切除)约 20mm 后收卷,使收卷保持平整。

EVA 的脱辊性比 PE 要差,因此应尽量降低冷却水的温度(20℃以下)。由于温度低而在辊筒上有凝结的水珠,必须在运转之前清除干净,如果在辊筒上有水珠的情况下进行涂布,就会在面上留下水珠的痕迹而影响加工面的外观清洁。在挤出加工结束后,要把料斗中的 EVA 树脂完全置换成 LDPE 树脂,然后把调幅杆调到最大宽度,在低速运转条件下挤出树脂,直至挤出机模头接套中的 EVA 树脂完全被 LDPE 置换为止。

(6) 乙烯-丙烯酸共聚物(ethylene-acrylate acid copolymer, EAA)　EAA 是乙烯、丙烯酸接枝共聚物,黏着力与离子聚合物近似。美国陶氏(Dow)化学公司已开发出更新型的 EAA 胶黏剂系列产品——百马黏合树脂(primacor adhesive polymers)。图 8-21 为百马的分子结构。

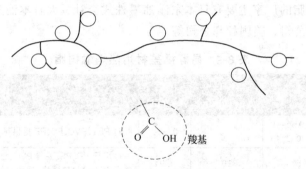

图 8-21　百马的分子结构

百马的主要分子结构特点为沿着主链均随机分布着羧基，羧基易与极性物质结合，故能提供极优良的黏合特性，而且相邻链中的羧基可相互以氢键结合，形成一种极佳的内部韧度。羧基能阻止结晶，可增加产品的透明度及降低熔点与软化点，从而能够改良热封性能。

EAA 黏合树脂具有下列特点。

① 对应力开裂、撕裂、摩擦及穿刺皆有比较佳的抵抗力。

② 与 LDPE 一样容易加工。

③ 不受湿气影响。

④ 对金属箔、纸、尼龙、聚烯烃、玻璃及其他物质有优良的黏附力。

⑤ 对油、脂、酸、盐及其他化学产品有较佳的耐侵蚀力。

⑥ 即使有难以处理的产品污染存在，仍具有可靠的低温热封性能（图 8-22）。

⑦ 热封起始温度比 LDPE 和 LLDPE 低。

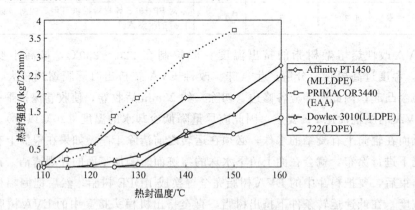

图 8-22　耐污染热封性能对比（芝麻油）

（1kgf＝9.80665N）

从图 8-22 可以看出，耐污染热封性能 EAA＞MLLDPE＞LLDPE＞LDPE。

EAA 中丙烯酸（AA）的含量越高，EAA 树脂与铝箔的结合牢度越好，并且热封温度也相应下降，但是与 PE 的结合牢度变差，所以在选择树脂牌号时要综合考虑，以防顾此失彼，造成不必要的损失。

一般来说，增加丙烯酸（AA）的含量会使其具有更低的结晶度，并且它的极性和熔体强度都会有所增加。

EAA 常用树脂见表 8-10。

表 8-10　EAA 常用树脂

生产厂家	牌　　号	熔体指数/(g/10min)	密度/(g/cm³)	缩幅/mm	丙烯酸含量/%	特性和用途
美国Dow	PRIMACOR3002	9.8	0.936	35	8.0	良好的加工性,应用于软包、密封和复合膜、缆线包覆
	PRIMACOR3003	7.8	0.935	45	6.5	密封及复合膜、缆线包覆
	PRIMACOR3004	8.5	0.938	51	9.7	牙膏软管
	PRIMACOR3340	9.0	0.932	70	6.5	一般软包装应用及复合薄膜
	PRIMACOR3440	10.5	0.938	66	9.7	牙膏软管
	PRIMACOR3460	20.0	0.938	71	9.7	对气味敏感食品的包装
	PRIMACOR4608	7.7	0.934	58	6.5	热安定性、复合膜
美国杜邦	NUCREL 30707	7.0	0.93		7.0	挤出涂布级,用于医药、食品包装,牙膏片材等复合
	NUCREL 30709	7.5	0.94		9.0	挤出涂布树脂和金属有优异的黏合性,缩颈小,可用于软塑包装的热封层、牙膏片材复合中的铝/LDPE的黏合层
	NUCREL 3990	10.0	0.94			洗发液、牙膏、小面巾、调味品及其他铝塑包装,可以在较低温度下挤出,无异味,较低的热封起始温度

（7）沙林（SURLYN）　沙林是由乙烯-甲基丙烯酸共聚物（EMAA）部分被金属离子（Zn^{2+} 或 Na^+）中和而制成的含有共价键及离子键的热塑性树脂。沙林离子键聚合物及其薄膜的主要性质是低温可热封性，优良的热黏合性，优异的光学特性，杰出的成型性，坚韧、透明，耐热性、耐油性、耐溶剂性好，热封起始温度低，热封温度范围广，优良的热封性能，以及对尼龙、金属铝箔等重要包装材料的强黏合力。

沙林在 82℃ 时即可热封，与低密度聚乙烯（热封温度 120℃）和聚丙烯（热封温度 140℃）相比热封温度低得多。热封温度低可缩短热封层的加温时间。在使用高速包装设备时，对提高包装速度极为有利。此外，沙林的低温热封温度可减少 OPP 与沙林复合材料的热变形问题。

由于沙林形成离子交联键，所以其薄膜具有高坚韧性及耐穿刺性，这种坚韧性及耐穿刺性在冰冻温度和反复弯曲下仍能保持。沙林树脂有极高的透明性，可用于成型性、坚韧性及外观都非常重要的薄膜包装。

锌离子型的沙林树脂能挤出涂布在铝箔上，以及用共挤出吹塑法黏合的尼龙上，不需涂底胶或黏合剂。

沙林具有优良的耐化学品性，因此常用于包装化妆品、调香料及其他具有侵蚀性的产品。

沙林可用一般工业用的挤出复合机加工，树脂加工温度范围为270~316℃。

沙林与铝箔相黏合的剥离强度一般为4~12N/15mm（甚至分不开），复合后4~6天可达到最大黏合强度，如图8-23所示。

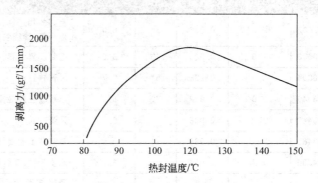

图 8-23 沙林™（SURLYN®）1652SR 热黏性能（Packforsk 方法）

[沙林树脂（25μm）涂覆铝箔（50μm）。

热封压力为 40Pa，热封时间为 3s。

最高热封温度为 150℃。1gf＝9.80665×10⁻³N]

沙林树脂涂布在铝箔或镀铝薄膜上，一般是不需要底胶的。但如果涂布于 BOPP、PET、BONYLON 或玻璃纸等，则需要涂底胶以达到"湿润"的作用，从而提高黏合力。

沙林树脂与聚乙烯相比有较高黏性，因此收卷时应注意平整，以防起皱。薄膜或涂层表面滑爽性也受加工的工艺影响，一般而言，在挤出涂布加工工艺中，较低的挤出加工温度和较短的气隙将得到较低的摩擦系数。

和加工 EVA 一样，在沙林加工完毕后应用聚乙烯把沙林从料筒中挤出，以防止树脂长时间在高温中停留产生降解以致影响螺杆，并增加下一次开机前清洗料筒的时间。

沙林吸湿性较强，其树脂使用之前若在空气中暴露 7h 左右就会因吸收水分而无法挤出复合或涂布，只能用作清洗机头。

下面以沙林 1652SR 为例作一介绍。沙林™（SURLYN®）1652SR 是一种可以用于挤出涂布工艺的离子键聚合物树脂。可以为加工聚乙烯树脂而设计的普通挤出和共挤出涂布设备进行加工。沙林™（SURLYN®）1652SR 的典型性能见表8-11。

对于挤出涂布，沙林™（SURLYN®）1652SR 树脂熔融温度应保持在 288~316℃。具体加工温度设定应该根据螺杆设计、挤出机马力限制以及共挤出时材料黏度匹配要求等因素调节。表 8-12 是沙林™（SURLYN®）1652SR 常见的温度设置。

表 8-11   沙林™（SURLYN®）1652SR 的典型性能

性　　能	典　型　值	ASTM 测试方法
熔体指数 /（g/10min）	5.4	ASTM D1238（190℃，2.16kg）
密度 /（g/cm³）	0.94	ASTM D792
熔点 /℃（℉）	100（212）	ASTM D3418（DSC）
凝固点 /℃（℉）	81（178）	ASTM D3418（DSC）
维卡软化点 /℃（℉）	79（174）	ASTM D1525
离子类型	锌	—
滑爽剂 /%	0.73	杜邦
冷却辊脱膜剂 /%	0.27	杜邦

表 8-12   沙林™（SURLYN®）1652SR 挤出涂布典型加工温度

部位	供料段	压缩段	计量段	连接部	模头	熔体
摄氏温度 /℃	177	232	299	304	304	304
华氏温度 /℉	350	450	570	580	580	580

加工沙林™（SURLYN®）1652SR 树脂的设备应该有防腐处理。316、15-5PH 和 17-4PH 型的不锈钢加高质量的双层镀铬处理是最好的选择；410 型不锈钢也可以使用，但必须在至少 600℃退火，以免防腐镀层龟裂；4140 型合金钢是最低的限度；碳钢不能满足要求。

沙林是包装工业最优秀的全能封口材料，它的热封温度范围较广，即使在老、旧包装机上使用，包装成功率也能得到保证；杰出的抗污染物进行封口的性能在包装时能减少废品率、降低货架裂漏率；它可以直接涂布在纸和铝箔上，有优异的黏合性；它的热封温度低，能加快包装线速度，提高包装线生产效率；清澈的透明性可增加包装物的外观吸引力；耐油、耐脂、耐溶剂，耐化学物质，绝佳的耐磨损性及耐穿刺性等，使沙林在包装方面的应用范围较广。

沙林可用于医药产品的包装，肉类、家禽类、海鲜类、乳酪类食品包装，早餐谷物类食品包装；粉状、颗粒状食品和非食品包装，食油、机油和其他液体包装以及休闲食品包装等。

（8）牢靠（NUCREL）EMAA　　EMAA 是由乙烯与甲基丙烯酸共聚制成的，可以为加工聚乙烯树脂而设计的普通挤出和共挤出涂布设备进行加工。

其化学结构如下：

$$\begin{array}{c} CH_3 \\ | \\ \text{—}CH_2CH_2\text{—}_m\text{—}C\text{—}CH_2CH_2\text{—}_n \\ | \\ C \\ \diagup\diagdown \\ HO\quad O \end{array}$$

由于乙烯已被改性，因此它与聚乙烯树脂相比具有极低的结晶度，非常良好的透明度及韧性、弹性和柔软性。

EMAA 在熔融状态下能很容易地流动，较快、均匀地涂布于被黏合物体的表面，与铝箔和聚乙烯表面有良好的亲和力，并能在化学或物理作用下发生固化，与被黏合物体牢固地结合在一起。EMAA 作为胶黏剂，大大提高了黏合力，增强了复合材料的强度。

EMAA 与沙林这两种物质的化学特点很相似，但在热黏合性、热封温度、热封范围、耐油性等方面有些不同。EMAA 比沙林价格低 10% 左右，但这两种材料与铝箔的黏附性基本相同，因此，与铝箔黏附生产的复合包装选用 EMAA 比较合适。

和加工沙林一样，在"牢靠"加工完毕后应用聚乙烯把"牢靠"从料筒中挤出，以防止树脂长时间在高温中停留产生降解以致影响螺杆，并增加下一次开机前清洗料筒的时间。

EMAA 吸湿性较差，因此易于包装、运输和储存。

下面以牢靠™（NUCREL®）0910 为例作一介绍。

牢靠 NUCREL 0910 是一种乙烯-甲基丙烯酸共聚物树脂，可用为加工聚乙烯树脂而设计的普通挤出涂布、共挤出涂布和挤出复合设备来加工。其典型应用有以下几个方面。

① 铝塑复合包装洗发液、牙膏、小面巾、调味品及各类非食品包装和小袋包装。

② 医疗及药物包装。

③ 小食品包装，小油包。

④ 电缆屏蔽，铝（钢）塑复合。

⑤ 无菌及热填充液体包装。

⑥ 在其他种类的铝带、真空镀金属薄膜或纸上涂布，用作热封层或黏合层。

牢靠 NUCREL 0910 对不打底胶的铝箔、纸和真空镀金属薄膜有较佳的黏合效果，为基材提供了较好的保护性，提高了结构的可靠性和阻隔的完整性。此型号对聚乙烯有优异的黏合力。其热黏合性很高，在通过污染物时更好的封合性及更结实的封合强度使热封口更牢固、更可靠。其性质见表 8-13。

表 8-13　牢靠™（NUCREL®）0910 的性质

性　能	典型值	ASTM 测试方法
熔体指数 /(g/10min)	10.0	D-1238(190℃,2.16kg)
熔点 /℃	100	D-3418(DSC)
凝固点 /℃	82	D-3418(DSC)
甲基丙烯酸含量 /%	8.7	杜邦
维卡软化点 /℃	81	D-1525

牢靠™（NUCREL®）0910 通常于 260～305℃ 在扁平模头（T 形模头）

的设备上加工。图 8-24 列出了挤出涂布/复合时的挤出机温度分布典型值。实际应用的加工温度通常由特定的设备、基材或与之共挤出的某一其他聚合物来决定。

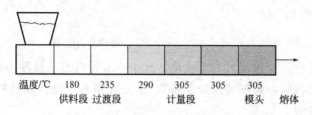

温度/℃　180　235　290　305　305　305
供料段　过渡段　　　计量段　　模头　熔体

图 8-24　挤出机温度分布典型值

加工此种树脂的设备材料表面应进行防腐处理。建议在模头和接套内采用不锈钢和/或镀铬、镀镍处理。

下面介绍一种冲料清机的方法。

在挤出复合的过程中两种类型的树脂进行互换时，一定要把挤出机机筒内现存的树脂用另一种树脂替换干净，以便开始另一种产品的生产。最重要的是机筒内现存的树脂要被完全替换干净，因为两种树脂混合料的性质要比任何单一品种树脂差得多。若替换不干净的话，会引起黏合性大大降低，而且挤出的薄膜会产生晶点，还会出现因两种树脂相混时塑化不良而产生的硬块，造成薄膜破裂等现象，因此冲料清机是非常重要的。冲料清机一般分为两个阶段。

第一阶段是先使螺杆中速转动将机筒内的存料排出。例如，若机筒内存有沙林™（SURLYN®）或牢靠™（NUCREL®）树脂，则用薄膜级低密度聚乙烯（LDPE）进行冲料。开始时挤出的薄膜是极透明状，逐渐地聚乙烯料开始代替沙林™（SURLYN®）或牢靠™（NUCREL®）料，这时挤出的薄膜开始由中心向两边变浑浊，直至完全浑浊，这表明机筒内已基本是聚乙烯料了。但这并不表明冲料清机已经完成，还必须继续进行第二阶段。反之，若机筒内的存料是聚乙烯的话，则用沙林™（SURLYN®）或牢靠™（NUCREL®）树脂冲料。开始时薄膜是浊白色，随着冲料的进行先由中心变得清澈透明，逐步向两边扩展，直至完全透明。

第二阶段是改变树脂在机筒内和模头内的流动性，并且利用这种流动变化将旧料彻底排除干净。下面是操作程序。

螺杆最高设计之转速的百分比/%	螺杆转动时间/min	螺杆最高设计之转速的百分比/%	螺杆转动时间/min
90	1	20	1
30	1	80	1
70	1	螺杆低速转动	5

以上是一个循环，共用 10min。若挤出的薄膜中仍带有块状物、晶点及杂物，应重复进行以上的 10min 冲料循环，直至理想为止。举例来说，假设挤出机螺杆

的设计最高转速是 60r/min，则设计冲料循环如下。

螺杆转速 /(r/min)	螺杆转动时间 /min	螺杆转速 /(r/min)	螺杆转动时间 /min
54	1	12	1
18	1	48	1
42	1	螺杆保持低速转动	5

若冲料不干净，则重复另一个循环。此 10min 冲料方法被称为迪斯科冲料法。

在短时间停机时，螺杆转速应保持在 5r/min 左右，以保证材料不会因滞留在机筒内而引起降解。

每次生产完毕或需长时间停机时，应把料斗内的存料卸出，然后使用薄膜级低密度聚乙烯（LDPE）按上述的两阶段冲料法进行清机。冲料干净后将模头温度降至 200℃，保持慢速转动螺杆。当实际温度到达 200℃ 时便可关机。此时部分剩余的聚乙烯会留在机筒内，但不会损坏设备。若温度未达到 200℃ 时而电流过大，也应立即停机，此时机筒内有可能出现材料搭桥现象，要进行检查。下次再恢复生产沙林™（SURLYN®）或牢靠™（NUCREL®）时，按上述的两阶段冲料法用沙林™（SURLYN®）或牢靠™（NUCREL®）树脂将机筒内存有的聚乙烯冲净，便可重新开始生产。

挤出复合的产品一般比干式复合的层间黏合强度差一些，特别是含铝箔和镀铝薄膜的挤出复合软包装材料更是如此。EAA、EMAA、沙林与铝箔的黏合力较强，但是价格太贵，一般用于高附加值产品。

最近几年，美国杜邦公司推出了一种新的挤出黏合性树脂——牢靠™（NU-CREL®）AE，它可以掺和在 LDPE 中使用，其性能介于 EMAA 与 LDPE 之间。由于牢靠 AE 与 LDPE 混合使用时，牢靠 AE 的比例很小，所以总体价格比较便宜，生产成本大大降低，并能显著提高铝箔和 PE 之间的复合强度。

牢靠™（NUCREL®）AE 是一种乙烯-甲基丙烯酸-丙烯酸酯三元共聚物树脂，由于该共聚体的大分子链中具有非极性的乙烯单元和极性的甲基丙烯酸、丙烯酸酯单元，因而对于非极性的高分子化合物、极性的 AC 剂以及铝箔等均有良好的亲和性及较高的黏合力，对于提高挤出复合产品的层间黏合牢度（剥离强度）有显著的效果，而且由于它和铝箔之间优良的黏合性以及其高度的柔韧性，它与 LDPE 的掺混料经挤出与铝箔复合后还能有效地防止铝箔龟裂，有利于保持复合薄膜的高阻隔性，容易得到优质的铝塑复合软包装材料，因而具有特别重要的意义。在与镀铝膜如 VMCPP 的挤出复合工艺中，复合后的镀铝层一面是 PE，另一面是 PP，挤复时镀铝层先受到挤出高温的热冲击，后又在冷却过程中受到由于 PE 和 PP 的结晶温度不同所产生的剪切作用。所以在最终产品中，不但镀铝层本身被严重破坏而失去致密性和阻隔性，而且其与 PE 层的复合牢度及本来的镀铝牢度也会大幅度衰减。牢靠™（NUCREL®）AE 具有通过改变 PE 的结晶温度来减少或消除上述剪切作用的功能，从而保证了镀铝膜挤出复合产品的阻隔性和包装的完整性。牢靠™（NUCREL®）AE 的大分子链中具有一定的极性成分，但它对水的亲和性并不强，对潮气不敏感，不会因吸潮而影响成型加工，从而节省了原料的预干燥、预处理工序，仓储、运输也较为方便。牢靠™（NUCREL®）AE 成型加工性能优良，其成型条件与 LDPE 相近，可用常规的为加工 LDPE 而设计的挤出复合机组加工（从防腐蚀的角度考虑，挤出机机筒与螺杆材料表面应进行防腐处理，模具和接套内表面最好采用镀铬处理）。牢靠™（NUCREL®）AE 与 LDPE 混用，在保持对铝箔（或镀铝膜的镀铝层）较高黏合性的前提下合理地进行配方，可望显著地降低产品废品率，大幅度提高复合薄膜类软包装材料的性价比，在工业化生产中具有很大的实际意义而被广泛应用。

牢靠 AE 与 LDPE 混合料挤出完毕后，不必进行冲料清机就可以直接用 LDPE 进行挤出复合，这样既节约了原料，又大大节省了时间。

牢靠 AE 用于挤出复合工艺的典型结构为：

PET（或 OPP）/AC 剂/LDPE＋牢靠 AE/铝箔（或 VMCPP、VMPET）

牢靠 AE 与 LDPE 按 1∶4 的比例混合拌和均匀后再投入挤出机的料斗。用扁平模头挤出时的熔体温度应在 290～330℃ 范围内，实际加工温度通常由特定的设备、基材和与之共挤出的某一其他聚合物来决定。

用牢靠 AE 与 LDPE 混合后挤出复合生产的复合膜，具有优良的层间剥离强度，而且复合数天后该强度还会略有上升，在挤出复合工艺中，与铝箔的复合牢度随掺混物中牢靠 AE 的配入量的增加而有所增大。牢靠™（NUCREL®）AE 的典型性能见表 8-14。

表 8-14　牢靠™（NUCREL®）AE 的典型性能

物　理　性　能	典　型　值	测试方法 ASTM
熔体指数 /(g/10min)	11	D-12389(190℃,2160g)
密度 /(g/cm³)	0.92	D-792
熔点 /℃	105	D-3418(DSC)
凝固点 /℃	85	D-3418(DSC)
维卡软化点 /℃	79	D-1525

牢靠 AE 的用量以 20%～30% 为好，低于 20%，复合制品剥离强度的改善不大。如果高于 30%，虽然随牢靠™（NUCREL®）配入量的增加，复合制品层间剥离强度仍然上升，但上升的趋势明显减缓，如图 8-25 所示；而牢靠™（NU-CREL®）的大量加入会导致配方成本不必要的升高，因此用量大于 30% 也是不可取的。牢靠™（NUCREL®）和 LDPE 的掺混物使用模头挤出涂布（复合）时，通常采用的工艺参数可与加工 LDPE 相似，一般可将模头中熔体的温度范围设定在 290～330℃ 之间，适当升高温度（例如在 325℃ 高温下挤出）有利于提高制品层间剥离强度。实际操作的加工温度要由特定的设备、基材等的具体情况来决定。

表 8-15　气隙时间控制表

气隙时间 /ms

线速度 /(m/min) \ 气隙 /mm	70	80	90	100	110	120	130	140	150	160	170	180	190	200	210	220	230	240	250	260	270	280	290	300	310	320	330	340	350	360	370	380	390	400
40	105	120	135	150	165	180	195	210	225	240	255	270	285	300	315	330	345	360	375	390	405	420	435	450	465	480	495	510	525	540	555	570	585	600
50	84	96	108	120	132	144	156	168	180	192	204	216	228	240	252	264	276	288	300	312	324	336	348	360	372	384	396	408	420	432	444	456	468	480
60	70	80	90	100	110	120	130	140	150	160	170	180	190	200	210	220	230	240	250	260	270	280	290	300	310	320	330	340	350	360	370	380	390	400
70	60	69	77	86	94	103	111	120	129	137	146	154	163	171	180	189	197	206	214	223	231	240	249	257	266	274	283	291	300	309	317	326	334	343
80	53	60	68	75	83	90	98	105	113	120	128	135	143	150	158	165	173	180	188	195	203	210	218	225	233	240	248	255	263	270	278	285	293	300
90	47	53	60	67	73	80	87	93	100	107	113	120	127	133	140	147	153	160	167	173	180	187	193	200	207	213	220	227	233	240	247	253	260	267
100	42	48	54	60	66	72	78	84	90	96	102	108	114	120	126	132	138	144	150	156	162	168	174	180	186	192	198	204	210	216	222	228	234	240
110	38	44	49	55	60	65	71	76	82	87	93	98	104	109	115	120	125	131	136	142	147	153	158	164	169	175	180	185	191	196	202	207	213	218
120	35	40	45	50	55	60	65	70	75	80	85	90	95	100	105	110	115	120	125	130	135	140	145	150	155	160	165	170	175	180	185	190	195	200
130	32	37	42	46	51	55	60	65	69	74	78	83	88	92	97	102	106	111	115	120	125	129	134	138	143	148	152	157	162	166	171	175	180	185
140	30	34	39	43	47	51	56	60	64	69	73	77	81	86	90	94	99	103	107	111	116	120	124	129	133	137	141	146	150	154	159	163	167	171
150	28	32	36	40	44	48	52	56	60	64	68	72	76	80	84	88	92	96	100	104	108	112	116	120	124	128	132	136	140	144	148	152	156	160
160	26	30	34	38	41	45	49	53	56	60	64	68	71	75	79	83	86	90	94	98	101	105	109	113	116	120	124	128	131	135	139	143	146	150
170	25	28	32	35	39	42	46	49	53	56	60	64	67	71	74	78	81	85	88	92	95	99	102	106	109	113	116	120	124	127	131	134	138	141
180	23	27	30	33	37	40	43	47	50	53	57	60	63	67	70	73	77	80	83	87	90	93	97	100	103	107	110	113	117	120	123	127	130	133
190	22	25	28	32	35	38	41	44	47	51	54	57	60	63	66	69	73	76	79	82	85	88	92	95	98	101	104	107	111	114	117	120	123	126
200	21	24	27	30	33	36	39	42	45	48	51	54	57	60	63	66	69	72	75	78	81	84	87	90	93	96	99	102	105	108	111	114	117	120
210	20	23	26	29	31	34	37	40	43	46	49	51	54	57	60	63	66	69	71	74	77	80	83	86	89	91	94	97	100	103	106	109	111	114
220	19	22	25	27	30	33	35	38	41	44	46	49	52	55	57	60	63	65	68	71	74	76	79	82	85	87	90	93	95	98	101	104	106	109
230	18	21	23	26	29	31	34	37	39	42	44	47	50	52	55	57	60	63	65	68	70	73	76	78	81	83	86	89	91	94	97	99	102	104
240	18	20	23	25	28	30	33	35	38	40	43	45	48	50	53	55	58	60	63	65	68	70	73	75	78	80	83	85	88	90	93	95	98	100
250	17	19	22	24	26	29	31	34	36	38	41	43	46	48	50	53	55	58	60	62	65	67	70	72	74	77	79	82	84	86	89	91	94	96
260	16	18	21	23	25	28	30	32	35	37	39	42	44	46	48	51	53	55	58	60	62	65	67	69	72	74	76	78	81	83	85	88	90	92
270	16	18	20	22	24	27	29	31	33	36	38	40	42	44	47	49	51	53	56	58	60	62	64	67	69	71	73	76	78	80	82	84	87	89
280	15	17	19	21	24	26	28	30	32	34	36	39	41	43	45	47	49	51	54	56	58	60	62	64	66	69	71	73	75	77	79	81	84	86
290	14	17	19	21	23	25	27	29	31	33	35	37	39	41	43	46	48	50	52	54	56	58	60	62	64	66	68	70	72	74	77	79	81	83
300	14	16	18	20	22	24	26	28	30	32	34	36	38	40	42	44	46	48	50	52	54	56	58	60	62	64	66	68	70	72	74	76	78	80

适当提高挤出复合的气隙时间，有利于提高复合薄膜类软包装材料制品的剥离强度。杜邦的牢靠、沙林和牢靠™（NUCREL®）在挤出复合时，根据其线速度和气隙计算出气隙时间，最佳的气隙时间可以得到最强的黏合强度。计算公式如下：

$$气隙时间(ms) = \frac{气隙(mm)}{线速度(m/min)} \times 60$$

建议采用60～110ms的气隙时间，牢靠、沙林和牢靠™（NUCREL®）的气隙时间一般控制在表8-15的阴影范围内。与牢靠™（NUCREL®）相混的PE宜选用涂布级LDPE，它不含开口剂、滑爽剂等助剂，黏合性较好，而且涂布级LDPE的分子量分布较窄，挤出复合时缩颈现象较小。

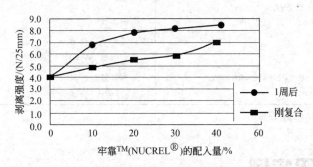

图8-25　牢靠™（NUCREL®）的配入量与剥离强度的关系

以上介绍了挤出复合的常用树脂，其性能归纳见表8-16。

挤出复合在软塑包装中的应用范围很广，它可以用于食品、日化用品、工业用品等轻包装。

表8-17归纳了一些挤出复合结构的应用。

表 8-16　挤出复合用树脂特性

树脂	热封强度	低温热封性	与金属粘接强度	耐油性	耐药品性	耐热性	耐寒性	耐刮性	原料的吸湿性	缩颈	加工性	原料交换适应性	价格
LDPE	△～○	△	△	△	◎	×～△	△～○	×	无	◎	◎	◎	◎
LLDPE	◎	△～○	△	◎	△	△	◎	×	无	△	○	○～◎	◎
MLLDPE	◎	◎	△	◎	△	△	◎	×	无	△	△～◎	○～◎	○
EVA	○	○	×～△	×～△	△	×	○	△	无	○	○	×～△	○
PP	○	×	×～△	◎	○～◎	◎	△	◎	无	○	○	△	◎
IO	○	○	○～◎	◎	×	△～○	◎	○	有	○	×	×～△	×
EAA	○～◎	◎	◎	◎	△	△～○	◎	△	无	○	×	△～○	△
EMAA	○～◎	◎	◎	◎	△	△～○	◎	△	无	○	×	△～○	△

注：◎为优；○为良；△为可；×为劣。

表 8-17　挤出复合结构的应用

结　　　　构	用　　途
BOPP/↓PE/PE	洗衣粉、冷冻食品、纸巾、糖果、饼干内包装膜
BOPP/↓PE/CPP	瓜子袋、食品外包装
BOPP/↓PE	瓶贴、快餐面袋
BOPP/AL/↓PE/PE	调味品
BOPP/↓PE/VMPET/CPP	豆奶粉、膨化食品
VMPET/↓PE	保湿材料、膨化食品
纸/↓PE	防潮轻量外包装
纸/↓PE/AL/改性 EVA	碗面盖膜
PET/VMPET/↓PE/改性 EVA	布丁、果冻、点心、巧克力、杯装即食面等盖膜
PET/EVOH/↓PE/改性 EVA	
PE/↓EVA	冷冻食品
PET/AL/↓PE/PE	茶叶等阻隔包装
NY/↓PE/PE	抽真空袋、冷冻袋
PE/↓EVA(EMAA)/AL/↓EVA(EMAA)/PE	牙膏管复合材料
PET/↓PE/↓MLLDPE	油、洗发水、调味包

注：↓PE 代表挤出 PE 树脂。

8.5　应用实例

8.5.1　BOPP 挤出涂覆 LDPE 生产"方便面"卷膜实例

（1）生产设备　日本武芷野 1200 挤出涂覆机。

主要参数如下。

项目	数据	项目	数据
螺杆直径	90mm	卷材宽度	400～1100mm
螺杆长径比(L/D)	29	最大产品速率	150m/min
转速	15～150r/min	最大卷材直径	600mm
最大挤出量	LDPE 180kg/h	树脂涂层厚度	0.015～0.030mm
驱动电机功率	55kW		

（2）原材料

① 双向拉伸聚丙烯（BOPP）薄膜　双向拉伸聚丙烯薄膜是由聚丙烯树脂经熔融加工成厚片，再经双轴定向拉伸制得。

BOPP 薄膜透明度高，光泽性好，耐热性、透气性小，防潮性优良，延伸率小，具有良好的强度和挺度，但热封性差，因此要挤出涂覆一层 LDPE 作为热封层。BOPP 薄膜规格为厚度 0.02mm，宽度 1000mm。

② 低密度聚乙烯树脂　高压低密度聚乙烯树脂是无毒乳白色扁圆形颗粒。主要性能指标如下。

项目	数据	项目	数据
密度	0.910～0.925g/cm³	含水量	0.01%左右
熔体指数（MI）	4～9g/10min		

（3）涂覆工艺　工艺流程如图8-26所示。

① 经多色凹版轮转印刷机连续印刷后的 BOPP 薄膜放上放卷架。

② 配制 AC 剂、BOPP 薄膜上胶、干燥。

③ 将 LDPE 树脂自动加入料斗，通过料孔落进压筒的一端直至塑化状态，然后将塑化后的 LDPE 树脂在加压的情况下流向模口而被挤出机外，冷却后即成型。

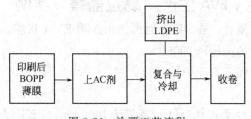

图 8-26　涂覆工艺流程

④ 挤出的 LDPE 平膜连续挤出在 BOPP 薄膜上，然后经橡胶辊和冷却辊加压，即成 BOPP 印刷薄膜复合 LDPE 的复合材料。

（4）工艺参数　参数如下。

项目	数据	项目	数据
放卷张力	5～6kgf	收卷张力	6～7kgf
涂布辊压力	2～3kgf	树脂温度	335℃
复合辊压力	2.5kgf	干燥箱温度	80℃

不涂覆 AC 剂时，挤出机温度控制在 240～340℃。如果涂覆 AC 剂的话，挤出机温度可适当降低一些。

挤出厚度为 0.02mm，"方便面"复合料总厚度为 0.04mm，剥离强度大于等于 0.7N/15mm。每次开车，当加热器基本接近指示温度时，开动挤出机的涂覆车速为 80～120m/min。

8.5.2　BOPP/↓PE/LDPE 加工"洗衣粉"卷膜实例

（1）加工设备　同 8.5.1 中的（1）。

（2）原材料

① 双向拉伸聚丙烯（BOPP）薄膜　BOPP 薄膜规格为厚度 0.02mm，宽度 1000mm。

② 低密度聚乙烯树脂　主要性能指标如下。

项目	数据	项目	数据
密度	0.910～0.925g/cm³	含水量	0.01%左右
熔体指数（MI）	4～9g/10min	树脂涂层厚度	0.015mm

③ 聚乙烯薄膜　厚度为 0.045mm；宽度为 1010mm。

④ 胶黏剂　牌号为上海烈银化工 LY-50A/LY-50AH，工作浓度为 10%。

（3）加工工艺参数　参数如下。

项目	数据	项目	数据
1$^\#$ 放卷张力	5～6kgf	收卷张力	7～8kgf
2$^\#$ 放卷张力	3～4kgf	树脂温度	335℃
涂布辊压力	2kgf	干燥箱温度	80℃
复合辊压力	3kgf	线速度	100～120m/min

8.5.3　PET/PE/↓EVA 生产"易拉盖膜"实例

PET/PE 为干式复合，在 PE 表面再挤出涂覆 EVA 树脂，此处选用的 EVA 牌号为美国杜邦公司的 Appeel 53006。

（1）加工设备　同 8.5.1 中的（1）。

（2）原材料

① PET/PE（已经干式复合好）宽度为 1000mm；PET 厚度为 0.012mm，PE 厚度为 0.030mm。

② EVA 树脂牌号为美国杜邦公司 Appeel 53006，EVA 挤出涂布厚度为 0.02mm。

（3）工艺参数　参数如下。

项目	数据	项目	数据
1$^\#$ 放卷张力	6～7kgf	树脂温度	235℃
复合辊压力	3kgf	干燥箱温度	80℃
收卷张力	7～8kgf	线速度	80～100m/min

易拉盖 Appeel 53006 熔融温度应保持在 175～238℃（350～460℉）。具体加工温度设定应该根据螺杆设计、挤出机马力限制以及共挤出时材料黏度匹配要求等因素调节。然而，应避免加工温度超过 238℃（460℉），以防止可能的树脂热降解反应。如在挤出加工过程中有短暂的停机状态，在此期间必须使螺杆保持低的转速运转。长时间停机关机前必须用聚乙烯将易拉盖 Appeel 53006 树脂从挤出机中清除干净。冲料时聚乙烯的加工温度应该设定在易拉盖 Appeel 53006 的加工温度下，在易拉盖™（Appeel®）53006 被完全冲出挤出机前绝对不要将温度升高到 238℃（460℉）以上。此外，在开机或关机冲料过程中，频繁改变螺杆转速的迪斯科冲料法可改善冲料效率。易拉盖 Appeel 53006 的典型性能和典型挤出涂布温度见表 8-18、表 8-19。

表 8-18　易拉盖 Appeel 53006 的典型性能

项　　目	测　试　方　法	典　型　值
熔体指数/(g/min)	JIS K-6730	13.5
密度/(g/cm³)	JIS K-6760	0.94

表 8-19　易拉盖 Appeel 53006 典型挤出涂布温度

部位	C₁	C₂	C₃	C₄	C₅	模头	熔体
摄氏温度/℃	175	200	225	238	238	238	238

易拉盖 Appeel 53006 对 PP 的热封曲线如图 8-27 所示。客户需根据自己特定的热封条件来调节，确保易拉盖 Appeel 53006 能满足需要。

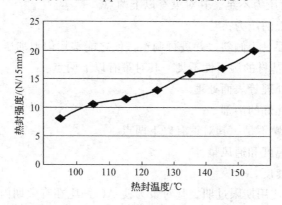

图 8-27　易拉盖 Appeel 53006 对 PP 的热封曲线

注意在复合好后应少量喷粉以防止粘连。

8.6　挤出复合中遇到的问题及解决方法

8.6.1　粘接不良

（1）由于树脂表面氧化不充分而导致粘接不良。其对策有以下几点。

① 适当增加气隙距离。

② 降低收卷速度。

③ 安装臭氧发生器。

黏合力一般与表面氧化度（根据树脂温度、风量、滞留时间）和黏度（根据温度、树脂种类）有关。

通常在同样的温度、同样的挤出速率等条件下进行挤出时，降低被涂膜厚度或提高收卷速率都会使粘接力降低。即使在同样的设定温度下，提高挤出速率也可能使树脂的温度下降、粘接力降低（但根据挤出机的特性、加热设施的种类，在程度和倾向上可能有所差异）。

在同样的加工温度下，氧化的程度也会因挤出涂布的种类而不同，一般来说，熔体指数越高，密度越低，越有氧化的倾向。

（2）树脂与基材压着时的温度过低。其对策有以下几点。

① 提高树脂温度，使树脂塑化混炼充分。压缩段、均化段加热温度越高，树

脂塑化混炼程度越高，但是温度过高树脂容易分解。加热温度的设定要根据树脂种类及其熔体指数来设定。

② 不要使模口的位置过于靠近冷却辊侧，以防止树脂在压到基材上之前过于冷却。

③ 通过烘箱对基材进行预热。

（3）加压辊的压力不足。其对策有以下两点。

① 提高加压辊的压力。

② 检查加压辊是否倾斜，并进行调整，使之能够均匀地加压。

（4）AC 剂对基材的湿润性不良。其对策有以下两点。

① 进行电晕处理等表面处理。

② 改用湿润性好的溶剂。

（5）AC 剂干燥不足。其对策有以下两点。

① 提高干燥温度和通风量。

② 降低收卷速度。

（6）AC 剂的使用期限过期。其对策为使 AC 剂应在有效期内使用。

（7）基材不适当。其对策有以下几点。

① 检查塑料薄膜的表面处理程度是否充分，其表面张力应大于 38mN/m。

② 使用纸的场合，吸湿后将降低其品级，因此不可使含水量增加。

③ 铝箔（尤其是硬质铝箔）应考虑被污染问题，如已被污染，则应采取火焰处理等措施。

（8）印刷油墨适应性不好（无油墨部位黏合力好，油墨部位粘接不良）。在基材与油墨之间粘接不良时应改换油墨。

（9）涂布基材表面不干净。应确保基材表面干净。

（10）塑料添加剂迁移到表面。选择添加剂含量低的材料。

8.6.2　厚薄不均匀，纹理不良

（1）塑模口间隙不均匀。应定期对塑模口用量规检查其间隙，并及时加以调整，使之保持均匀。

（2）T 型塑模选择不当。应更换 T 型塑模。

（3）脏物附着于模口上的某些部位。应用软质铜片清理模口部位。

（4）温度太高。在高温加工时，树脂容易发生交联，交联处树脂流动性差，在模口部位容易产生炭化物，而挤出量越少，越容易附着。因此要用软质铜片经常清理模口部位，防止炭化物附着于模口上的某些部位，影响产品质量。

（5）T 型模具上部有伤痕。应更换模具的上部。

（6）温度设定不良。应调整 T 型模具温度，使各段淋膜厚度均匀。

（7）加压辊的加压力不均匀。应调整加压辊，使之加压均匀。

（8）温度波动。联结部模头温度和熔体温度相差太大，形成温度波动，应适当调整温度。

8.6.3　膜裂、膜断

（1）树脂温度过低。应在不影响其他质量条件下提高树脂温度。

（2）涂覆速度过快。应降低速度。

（3）树脂特性不适合要求。应采用熔体指数高的树脂。

树脂的延展性会因种类不同而有很大差异，因此应事先了解树脂的特性，设置加工条件。

（4）塑模上的间隙不适应。应调整到适应的间隙。

8.6.4　熔体帘表面鲨鱼皮状

（1）树脂的温度不恰当。树脂温度太高导致塑料降解，温度太低造成塑料流动性不好。应调整到适当的树脂温度。

（2）混进了其他树脂，或是密度、熔体指数不同的树脂。不要将其他种类的树脂及密度、熔体指数不同的树脂混进到原料树脂中去。

（3）更换树脂时的清洗工作不充分。应充分进行清洗后才能进行生产。

8.6.5　复合材料褶皱

（1）基材位置歪斜。应调整基材位置。

（2）由于容易受湿度影响的薄膜（尼龙、玻璃纸等）的吸湿。应注意保管，不要使薄膜吸湿。

（3）挤出复合薄膜厚薄相差太大。应调整模唇间隙。

（4）基材厚薄相差太大。应调换基材。

（5）卷取张力设定不合理。应重新设定卷取张力。

（6）压辊与冷却辊轴线不平行。应重新调整轴线平行。

8.6.6　热封合性不良

（1）树脂表面氧化过度。其对策有以下两点。

① 降低树脂温度。

② 采用薄膜夹层加工法。

（2）制品的保管期限及保管条件不适当。应缩短保管期限，并在阴凉处保管。

（3）剥离剂的附着。为了防止树脂黏着于层压橡胶辊等处而使用硅油等物质时，应注意不可使之粘接到制品上。

8.6.7　有气味

（1）树脂氧化臭。其对策有以下两点。

① 用较低温度进行加工。

② 减小气隙。

（2）树脂臭。应选择树脂的种类（树脂中低分子部分多时，会使人感到臭味）。

（3）印刷油墨干燥不良。其对策有以下两点。

① 降低印刷薄膜的残留溶剂。

② 进行再次干燥后再涂布。

（4）AC剂干燥不良。其对策有以下4点。

① 提高干燥温度。

② 降低速度。

③ 将溶剂种类改成挥发快的。

④ 进行设备改造，增加干燥部分的高度或长度。

8.6.8 滑爽性不良

（1）冷却辊表面加工状态不恰当，不能用镜面辊，冷却辊表面应粗糙一些。

（2）树脂温度偏高。应适当降低树脂温度。

（3）表面摩擦系数太高。应在收卷前喷粉。

8.6.9 透明性不良

（1）冷却辊表面温度过高。应降低冷却辊的表面温度。

（2）加压辊压力不足。应适当提高加压辊的压力。

（3）层压橡胶辊的表面状态。存在问题及其对策如下。

① 表面状态如果过于粗糙，则应加以更换。

② 辊子表面附有异物，应立即加以清除。

8.6.10 膜表面有气泡和针孔

（1）气泡

① 树脂受潮。应经常检查树脂是否受潮，应使用干燥的树脂。

② 塑料降解。应用较低温度进行加工。

（2）针孔　应增加涂布厚度。

8.6.11 晶点

（1）树脂的温度不恰当。树脂温度太高导致塑料降解，应调整到适当的树脂温度。

（2）塑料被污染。应保持塑料的清洁度。

（3）混进了其他树脂，或是密度、熔体指数不同的树脂。不要将其他种类的树脂及密度、熔体指数不同的树脂混进到原料树脂中去。

（4）更换树脂时的清洗工作不充分。应充分进行清洗后才能进行生产（80%的晶点由此原因产生）。

8.6.12 复合薄膜两边过厚

（1）模唇两端温度偏高。应降低模唇两端温度。

（2）模唇间隙不均匀。应调节模唇间隙。

8.6.13　复合膜卷筒松

（1）收卷张力太小。应增加收卷张力。

（2）复合膜厚薄不均匀。应调整模唇间隙。

8.6.14　挤出薄膜粘住冷却辊或压辊

（1）冷却辊（或压辊）表面温度偏高。应降低冷却水温度。

（2）挤出薄膜宽度大于基材宽度。应将调节棒往里塞进一些，调节挤出薄膜宽度。

参 考 文 献

[1]　丁浩. 塑料加工基础. 上海：上海科技出版社，1983.

[2]　曹家鑫编译. 复合材料包装. 北京：轻工业出版社，1988.

[3]　窦翔. 塑料包装印刷与复合技术问答. 北京：印刷工业出版社，1996.

[4]　张知先. 合成树脂和塑料牌号手册. 北京：化学工业出版社，1995.

[5]　高福麒. 工业包装技术. 北京：新时代出版社，1984.

[6]　唐伟家. 茂金属聚乙烯及其加工和应用. 塑料包装，1998，4.

[7]　黄飞成. 复合膜内层材料的发展. 塑料包装，1999，4.

第9章 共挤出复合成膜法

9.1 概述

共挤出复合，是将两种或者两种以上的不同的塑料，通过两台或两台以上的挤出机，分别使各种塑料熔融塑化以后供入一副口模中（或者通过分配器，将各挤出机所供给的塑料汇合以后供入口模）以制备复合薄膜的一种成型方法。

这里所讲的不同的塑料，可以是不同种类的塑料，也可以是同一种类但不同牌号的塑料，或者同一牌号但不同配方的塑料。

9.1.1 共挤出复合的特点

9.1.1.1 共挤出复合的优点

共挤出复合的优点主要可归纳为如下几个方面。

(1) 生产成本低廉 在塑料复合薄膜的众多成膜方法中，只有共挤出复合成膜法直接采用塑料粒状（或者粉状）原料，通过一步加工处理直接制得多层复合薄膜。在塑料复合薄膜的常用的生产方法中，干法复合需要在各种材料复合以前先将它们全部制成薄膜状的中间产品；挤出复合以及在第 10 章中将提到的无溶剂复合、涂布、真空蒸镀、热熔胶复合等各种塑料复合薄膜的成膜方法，在制造塑料复合薄膜以前也必须将部分塑料事先制成薄膜状中间产品。因此共挤出复合成膜法和其他塑料复合薄膜的制造方法相比，具有生产工艺路线短、能耗小、成本低的优势。例如，采用共挤出复合成膜法生产塑料复合薄膜较之采用最常见的干法复合，生产成本可望降低 20%～30%。

(2) 可实现清洁化生产 共挤出复合生产过程中无三废物质产生，劳动条件好，不污染周边环境，对环境保护的适应性好；同时由于生产过程中不使用易燃、易爆的有机溶剂之类的物质，生产安全性也好。与之相反，塑料复合薄膜生产中常用的干法复合在生产过程中则要排出大量有机溶剂，这些溶剂或多或少地危害人们的身体健康，而且还往往有易燃、易爆的危险，需要进行妥善处理。

(3) 共挤出复合薄膜的卫生可靠性佳 共挤出复合生产过程中不使用有机溶剂，因此在共挤出复合薄膜中，不会像干法复合生产的复合薄膜那样出现残存溶剂的问题；共挤出复合由塑料粒料或粉料生产复合薄膜，不需要事先制造复合用薄膜中间产品，从而避免了半成品在储运过程中受到外界环境的污染而引起的卫生性能的下降，因而也使其具有较好的卫生可靠性。

9.1.1.2　共挤出复合工艺的缺点与局限

上面简单地介绍了共挤出复合的一些主要优点，作为塑料复合薄膜的一种工业化生产方法，它也存在一些自身固有的不足与缺陷，了解这些不足与缺陷对于我们合理地应用共挤出复合工艺是十分必要的。

共挤出复合工艺的缺点与局限主要表现在如下几个方面。

(1) 可应用的材料受到限制　典型的共挤出复合工艺只适用于完全由热塑性塑料制成的复合薄膜，也就是说，可用于共挤出复合工艺生产复合薄膜的材料仅限于各种热塑性塑料，倘若需要含其他材料层的复合制品，例如铝塑或者纸塑复合材料，均不能采用普通的共挤出复合的方法生产。

(2) 不能在复合薄膜的层间印刷　采用共挤出的方法生产塑料复合薄膜时，是用粒状或者粉状塑料原料直接生产出多层复合薄膜。生产过程中没有可以印刷的中间产品可供印刷，当薄膜需要印刷时，只能将图案、文字等印刷到复合薄膜的表面上，由于是外表印刷，印刷可能会因为直接受到其他物体的摩擦而产生掉色，也不能获得层间印刷时利用外层透明塑料的罩光效应而产生的高光泽性。

9.1.2　共挤出复合的分类

共挤出复合因其成型时所使用的共挤出成膜工艺之不同或使用的原料组合之不同，可以有多种不同的具体实施方法，据此可对共挤出复合进行概略的分类，大体上可以归纳为如下几种。

9.1.2.1　按共挤出工艺、设备的不同进行分类

(1) 共挤出管膜法　共挤出管膜法也称共挤出吹塑（吹胀）成膜法。该法使用环状口模（圆管形口模），采用吹胀成膜工艺制膜。产品为筒状复合薄膜，当生产大规格产品时，有时也在制膜过程中将筒状薄膜经剖切后呈平面状卷取。该法的主要优点是设备价格比较便宜，更换产品机动性较强；产品为筒状，制袋方便；生产过程中不需切边，回炉料少，成品得率较高。同时还可以通过生产过程中吹胀比、拉伸比等工艺参数进行设定与调节，吹胀成膜工艺制得的薄膜，纵、横方向上物性均衡性较好。

共挤出管膜法根据吹塑方式的不同，又有上吹法与下吹法之分。上吹法采用空气（风环）冷却，有时也称空气冷却共挤出吹塑成膜法；下吹法采用水环冷却，故也称水环冷却共挤出吹塑成膜法。

(2) 共挤出平膜法　共挤出平膜法也称共挤出流延成膜法。该法使用平片状口模（狭缝式口模），采用流延成膜工艺制膜，产品为平片状复合薄膜。此法的优点是薄膜厚度控制精度较高，膜厚误差较小；容易通过辊筒对薄膜进行骤冷，制得透明性好的薄膜；生产效率高（线速度大），经济性好，有利于大批量生产。

从模头的流道看，它又有单流道与多流道两种。单流道模头与制备单层薄膜时所采用的模头相似，生产复合薄膜所用的各种物料在进入模头以前，先进入特殊的分配器（也称"喂料块"或者"接管"）中，在分配器中汇合并形成多层层流，该多层层流再进入单流道模头，成型为多层复合薄膜；多流道模头具有与多层复合薄膜层数相同的流道，熔融物料分别进入各自的流道，然后在模头内，或者在离开口模以后汇合、成型为多层复合薄膜，其中各层物料在模头内汇合者称为模内复合；各层物料在离模后汇合者称为模外复合。单流道模头目前仅用于共挤出平膜复合，多流道模头既可用于共挤出平膜复合，又可用于共挤出环膜复合。目前工业化生产中大量采用模内复合，模外复合的应用则十分有限。

根据共挤出复合薄膜生产线中是否有拉伸装置，还可以将共挤出复合薄膜生产线分为共挤出非拉伸复合薄膜生产线与共挤出拉伸复合薄膜生产线，目前均有大规模工业化生产。

9.1.2.2 按使用原料的不同进行分类

多层共挤出复合，根据所采用的原料组合之不同，有同类或同种塑料的共挤出复合和异种塑料的共挤出复合两个大类。

(1) 同类或同种塑料的共挤出复合 最常见的是聚烯烃类塑料之间的共挤出，这种共挤出复合包括同类不同种的塑料间的复合，例如 HDPE 与 LDPE 间的共挤出复合；或者同种塑料甚至同一牌号的塑料不同配方物料间的组合，例如 LLDPE 和含增黏剂的 LLDPE 料间的组合。同类或同种塑料的共挤出复合时，塑料熔体间的流动性能相近，相互间的亲和力较强，通常不需要设置层间黏合层，技术上比较容易实现，但也正由于各层之间塑料性能相近，各层之间物料性能间的互补性较小，制得的复合薄膜性能提高幅度有限。

(2) 异种塑料的共挤出复合 常见的是极性高分子化合物如尼龙（PA）、乙烯-乙烯醇共聚物（EVOH）、聚偏二氯乙烯（PVDC）等与非极性高分子化合物如聚烯烃类的聚丙烯（PP）、聚乙烯（PE）、乙烯-乙酸乙烯共聚物（EVA）等的共挤出复合，由于极性高分子化合物与非极性高分子化合物之间性能相差很大，性能之间可以相互取长补短，通过各层材料性能之间的互补，可制得高性能的复合薄膜，常用于高阻隔性复合薄膜的产生。但异种塑料的共挤出复合时，物料间的流变性能相差较大，相互之间的亲和力较差，因而对模具的要求较高，工艺实施难度也比较大，在极性高分子化合物和非极性高分子化合物之间往往需要设置黏合层以提高它们之间的粘接强度。黏合层的设置导致复合薄膜总层数增加，进一步提高了模头的复杂程度和成型工艺的技术难度。

9.1.3 共挤出复合成膜技术的进展

如前所述，共挤出复合成膜法具有许多复合薄膜成膜方法所无法比拟的优点，因此备受人们青睐，近年来不仅在物料组合、配方研究以及模头的设计、制造方面进行了大量卓有成效的工作，而且在推动共挤出复合成膜技术的创新方面，作了不少的探索，取得了一些突破性的进展，现择要介绍如下。

9.1.3.1 单机多层共挤出技术

如前所述，传统的多层共挤出设备均使用多台挤出机向共挤出模头供给不同的塑料熔体，因而通常都普遍存在设备比较庞大、造价较高、占地面积较大的缺点。瑞士的 Nextrom 公司与芬兰的 VTT 化工技术公司等合作，开发成功了一种新颖的单机共挤出机——Conex 挤出机，于 1998 年正式用于多层塑料软管及多层电线、电缆等产品的生产，并开展了用于多层共挤出薄膜成型方面的研究。

所谓单机多层共挤出机，是采用若干个有螺杆作用的中空锥形转子，该转子内外具有相同的锥度，将锥形转子安放在和它具有相同锥度的定子之间。转子的内外表面上均有类似于普通螺杆的输送物料的螺槽；每个转子配有两个料斗，每个料斗备有螺杆式供料器。挤出机运转时，转子转动将料斗中供入的转子内外槽中的物料向前推进，并依靠外面传入的热量以及定子和转子之间相对运动所产生的摩擦热而塑化，起到类似于普通挤出机的螺杆的作用。转子转动时其内外两面所挤出的塑料熔体在转子的前端外形成相邻的两树脂层，因此 Conex 挤出机生产的产品总是成为偶数的多层结构，采用一个转子时为两层结构，采用两个转子时为四层结构，采用三个转子时为六层结构等。图 9-1 为双转子 Conex 挤出机原理。

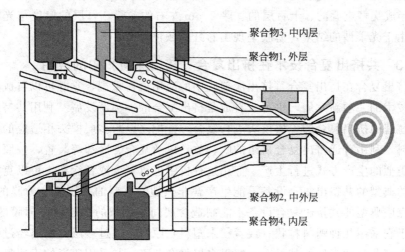

聚合物3，中内层
聚合物1，外层

聚合物2，中外层
聚合物4，内层

图 9-1　双转子 Conex 挤出机原理

单机共挤出机的主要特点如下。

① 结构紧凑，节省空间，一台挤出机即能生产多层复合制品。

② 通过调节转子和送料螺杆的转速，可方便地调节物料的挤出量及熔体的温度。

③ 物料在挤出机中的滞留时间短，可进行快速换色。

④ 可以方便地调节转子与定子之间的间隙。

其他优点还有能量耗费少、噪声低（小于 80dB）等。

ϕ270mm 的 Conex 挤出机和 ϕ60mm 的圆柱形挤出机 NMB60-24D 的比较见表 9-1。

表 9-1 Conex 挤出机和圆柱形挤出机的比较

挤出机	挤出量 /(kg/h)	熔体温度 /℃	能耗 /kW	物料停留时间 /s
	18.2	172	2.8	74
ϕ270mm 的 Conex 挤出机	35.7	170	6.3	38
	40.2	167	7.0	34
	17.6	162	3.3	396
ϕ60mm 的圆柱形挤出机 NMB60-24D	34.1	165	7.1	198
	50.5	171	11.4	132

9.1.3.2 超多层共挤出复合技术的开发应用

采用多喂料块串联的特种共挤出平模模头，已可制造成百上千层的超多层共挤出薄膜，其原理是将从第一喂料块出来的多层料流（例如三层料流）分割成若干股（例如五股）多层层流，再供入下一喂料块并叠加，形成更多层的多层料流（3×5＝15 层），经过若干次的分股、叠加之后，层数迅速提高，这种技术已在生产装饰用彩虹薄膜以及热反射薄膜等方面得到工业化应用。例如应用此技术，使 PS 与 PMMA 层形成交替重叠的、上百层的、厚 25μm 左右的薄膜，每层的厚度与光波波长相当，由于光干涉的结果，薄膜呈现出彩虹的颜色。

9.1.3.3 共挤出复合技术在挤出复合（挤出涂覆）中的应用

共挤出复合在挤出复合（挤出涂覆）中的应用值得重视，它既可以看成是共挤出复合技术的一项新发展，也可以看成是挤出复合的一项新发展。利用共挤出多层模头代替普通挤出复合的单层模头进行复合，并配之以与多层模头相应的多台挤出机供料，利用普通挤出复合机组的收、放卷以及复合、冷却等装置，按照普通挤出复合类似的生产方式进行生产。应用这种机组进行复合或者涂布，可以克服前面所讲到的典型的共挤出复合设备不能生产含非热塑性材料的多层复合薄膜的缺点；也可以克服典型的共挤出复合设备不能制造含层间印刷层的多层复合薄膜的缺点。同时由于它采用几种塑料粒状（或者粉末塑料）原料，通过多层共挤出经过一次加工、复合到业已加工好的基材上，制得多层复合薄膜，与采用普通的干法复合（或者挤出复合，要经过多次复合加工）制造多层复合薄膜的方法相比，在经济上要有利得多。

9.2 共挤出复合薄膜设备

生产共挤出复合薄膜的设备，与生产单层塑料薄膜的设备基本相似。共挤出复合设备有共挤出平膜生产线及共挤出管膜生产线两个大类，按照薄膜成型以后在生产线中是否经过拉伸的不同，又分别有共挤出非拉伸平膜生产线和共挤出拉伸平膜生产线，共挤出非拉伸管膜生产线和共挤出拉伸管膜生产线等几种。在共挤出管膜生产线中，也有上吹（空气冷却）机组与下吹（水冷却）机组，但单层塑料薄膜生产中采用的平吹设备在共挤出吹膜中通常不采用。

共挤出成膜设备和单层塑料薄膜生产设备基本相似，是由于其冷却成型、牵引、卷取以及拉伸等装置均和单膜生产设备大体相同，共挤出成膜机组可以看成是在普通单层薄膜生产线上添置共挤出用挤出机、改单层模头为多层模头而成。共挤出成膜设备可以从塑料机械制造厂商手中成套购置，或由有丰富实践经验的薄膜生产厂家自行组建。

在着手组建共挤出薄膜生产线时，共挤出用各台挤出机的大小应当与制品膜各层的厚度比例相适应，通常黏合性树脂层和阻隔性树脂层较薄，黏合性树脂层和阻隔性树脂层供料用挤出机应选取较小的为宜，这样不仅可以在生产时充分发挥挤出机的生产能力，还可避免物料在挤出机中滞留时间过长，引起降解变质，确保制品质量；除此之外，还有利于降低共挤出复合薄膜成型机组的生产成本。由于共挤出成膜设备的几台挤出机同时安装在一副模头上，因此必须注意防止共挤出成膜设备运转时因料筒受热膨胀而可能导致的设备损坏，把挤出机安装在可移动的机架上。移动机架不仅能有效地防止因设备的热胀冷缩而导致的设备损坏，而且对于模头的安装与拆卸以及口模的清洗也可带来极大的方便。

共挤出薄膜生产线中最为关键的是共挤出用模头（多层 T 模或多层环模）的设计与制造，模头的质量与产品的质量息息相关，而模头的设计与制造质量又直接决定模头的使用效果，因此对共挤出模头的设计与制造需要给予高度重视。设计、制造共挤出模头时，不论共挤出平膜还是共挤出管膜，都必须遵循挤出模头设计、制造的基本原则，只是多层共挤出复合由于采用多台挤出机同时供料，对模头加工制造的要求更高，必须特别高度重视下面两个方面。

① 多层共挤出薄膜用模头，除了设计要有合理的流道安排以外，还要求在制造模头时保证流道有较高的精度和良好的光洁程度。

② 除机械加工以外，模头温度分布也是制约塑料熔体流动的一个十分重要的因素，即使设计以及加工均良好的模头，也往往会由于加热元件的质量不好，模头温度分布不均匀，生产时不能得到令人满意的效果，这是一个至关重要而又容易被人们忽视的问题。必须给予足够的重视。

由于共挤出模头是共挤出薄膜生产线中最为关键的部件，为了使读者对共挤出模头有进一步的了解，下面就有关共挤出的多层流动流变学以及共挤出模头的有关知识作一个比较概略的介绍。

9.2.1 多层流动流变学

经过大量的研究，人们已经发现，在多层塑料熔体的流动过程中，有许多有别于单层塑料熔体流动的特点，这里介绍所谓流动中的"包覆效应"（即迁移现象）和界面不稳定性等特性。

9.2.1.1 "包覆效应"

"包覆效应"是指低黏度树脂熔体对高黏度树脂熔体的包覆现象。多层共挤出时，只要存在熔融流体层间物料流动性能不同，即会出现低黏度树脂在流动过程中包覆高黏度树脂的趋势，而且树脂层间的熔体黏度相差越大，共挤出距离越长，这种包覆现象越明显，当挤出合流段足够长时，可形成低黏度树脂熔体对高黏度树脂熔体的完全包覆，如图 9-2 所示。

低黏度树脂对高黏度树脂的完全包覆现象可通过实验用肉眼观察到，图 9-3 是共挤出过程中低黏度树脂熔体对高黏度树脂包覆的可视化结果。进入圆筒状细孔模头的是黏度不同的两股相

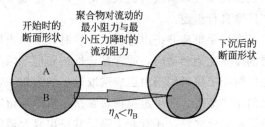

图 9-2　低黏度树脂熔体对高黏度树脂熔体的包覆现象

等的树脂流，其中高黏度树脂中配有钛白粉（图中以剖面线表示），低黏度树脂为本色（图中表示为白色），改变模头长度，得到的样品具有不同的横截面，可以清楚地看到各处低黏度树脂（半透明体）对高黏度树脂的包围情况。从图 9-3 可以看出，当共挤出段足够短时，即使各层流间有黏度差存在，包覆现象也不会十分明显，因此，只要合流段的长度设计得当就不会因低黏度树脂对高黏度树脂的包覆效应而明显地破坏共挤出塑料制品的多层结构。

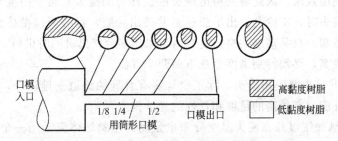

图 9-3　共挤出过程中低黏度树脂熔体对高黏度树脂
熔体包覆的可视化结果

9.2.1.2　树脂层间的界面不稳定性

两种或两种以上的聚合物熔体共挤出时，经常可以看到由于层间界面流动的不稳定性而形成的界面不规则凹凸不平状态。如果熔体层之间的黏度差大，黏度比超过一定的比值（临界值），便容易进入不稳定状态，出现大的不稳定流动。除了温度差外，界面不稳定流动的出现，与层的厚度比也有关系，当高黏度树脂层的厚度薄时，容易出现界面不稳定状态，图 9-4 为多层共挤出时的界面不稳定状态。图 9-

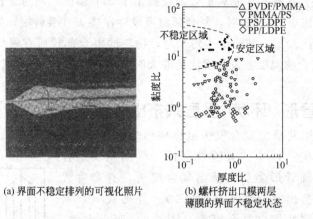

(a) 界面不稳定排列的可视化照片

(b) 螺杆挤出口模两层
薄膜的界面不稳定状态

图 9-4　多层共挤出时的界面不稳定状态

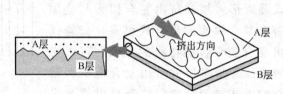

图 9-5　产生呈纹理的界面排列概念图

4 (a) 是两层共挤出模头内的歧管中熔体流动界面不稳定排列的可视化照片，由于界面的不稳定流动，界面产生凹凸不平，当凹凸不平的尺寸大小大于光波尺寸大小时，即导致制品的透明性下降及引起物像变形，以致产生呈纹理的界面排列，其概念图如图 9-5 所示。

图 9-6 是描述两层共挤出复合时界面结合的模型。该模型将流动分为 3 个阶段。

（1）沿壁定向　熔体汇合之前，熔体中靠近模头流道壁的聚合物分子，由于与壁之间的摩擦作用，产生强的分子定向。

（2）无相互嵌合的界面定向　在熔融流体汇合时，界面处的聚合物仍有强的残余定向，尚不致产生强的聚合物层间的嵌合，两聚合物流动层间处于相互打滑状态，产生界面不稳定性流动。

（3）无界面定向的界面嵌合　两熔体汇合后，熔融流动一段足够长的距离之后，界面定向完全消失，产生强的界面嵌合，并可能表现出强的黏合，不过在通常所用的多层共挤出模头中物料流动的距离内一般尚不会产生这种无界面定向的界面嵌合。

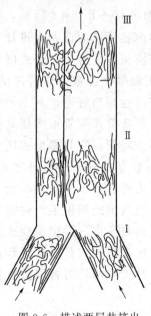

图 9-6　描述两层共挤出
复合时界面结合的模型

根据聚合物熔体多层流动流变学的研究成果，

文献［4］对共挤出模头中物料汇合部位提出了如下建议：当两聚合物的熔点差小于30℃、黏度比小于2～3时，复合部位可设计在接头（喂料块）处，而当两聚合物的熔点差大于30℃、黏度比达到3时，物料的汇合部位应在模口（即采用多流道模头）；当聚合物温度差及黏度比足够大时，应在两树脂层间增设一层过渡性黏合层。

9.2.2　圆管形（环状）多层共挤出复合模头

　　圆管形多层共挤出复合模头也称环形多层共挤出吹塑复合薄膜生产线中的关键性部件。根据模头组合方式的不同，圆管形多层共挤出复合模头，有套管式圆管形多层共挤出复合模头（图9-7）、叠加式（积木式）圆管形多层共挤出复合模头（图9-8）两个大类。此外，还有套管式圆管形多层共挤出复合模头与叠加式圆管形多层共挤出复合模头的组合式模头。套管式圆管形多层共挤出复合模头各层物料的导入，可以视为并联关系；叠加式圆管形多层共挤出复合模头各层物料的导入以相叠的方式排列，它们之间可以视为串联关系；而混合式圆管形多层共挤出复合模头各流道间的排列关系，则可视为并联式排列与串联式排列的组合（图9-9）。

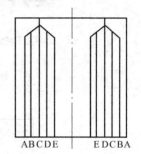

图9-7　套管式圆管形多层共挤出复合模头

9.2.2.1　套管式圆管形多层共挤出复合模头

　　套管式圆管形多层共挤出复合模头的结构，如图9-10～图9-13所示，可供初涉足于多层共挤出复合吹塑薄膜领域的读者在设计与制造两层、三层共挤出复合薄膜模头时参考。套管式圆管形多层共挤出复合模头开发应用较早，曾被当作传统的、经典式共挤出吹塑模头，目前应用也相当普遍，其主要优点是结构紧凑、加工制造方便，但套管式圆管形多层共挤出复合模头在使用中也暴露出不少问题，它与叠加式圆管形多层共挤出复合模头相比，主要存在有下述不足之处：层数增加，模头直径增大，当模头的层数多时，模头会变得直径很大而十分笨重；模头的层数不能根据生产的需要进行变换，例如，不能根据生产的需要将三层模头变成五层模头；只能从模头的外面，对模头整体（各层）进行加热，不能根据各层树脂的熔点、黏度等特性对各层进行针对性的加热。

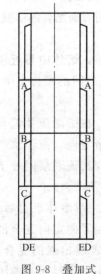

图9-8　叠加式圆管形多层共挤出复合模头

　　除上述之外，套管式圆管形多层共挤出复合模头清理也比较困难。

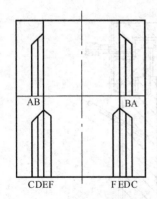

图 9-9 套管式和叠加式
组合的混合圆管形多层
共挤出复合模头

9.2.2.2 叠加式圆管形多层共挤出复合模头

叠加式圆管形多层共挤出复合模头能克服套管式圆管形多层共挤出复合模头的众多缺点，近年来有较大的发展，特别是层数多的（五层以上的）复合薄膜生产用的模头，叠加式圆管形多层共挤出复合模头，具有较大的优势。叠加式圆管形多层共挤出复合模头与套管式圆管形多层共挤出复合模头的比较见表 9-2。

叠加式圆管形多层共挤出复合模头根据叠加模块的不同，有圆筒状叠加式圆管形多层共挤出复合模头和圆锥状叠加式圆管形多层共挤出复合模头两种，前者的叠加模块为圆筒形，后者的叠加模块为圆锥形。

表 9-2 叠加式圆管形多层共挤出复合模头与套管式圆管形多层共挤出复合模头的比较

项　　目	套管式模头	叠加式模头	叠加式模头的优势
直径大小	大	小，为套管式的 1/5～1/3	模头小，质量小
树脂熔体与模头接触面积	大	小，为套管式的 1/20～1/15	压力低，物料滞留少
模头温度控制	不能分段控制	可分段控制，模块间的温差最大可达 50℃	树脂间的复合适应性强
高多层化	较难，一般在五层内	可达到八层以上	可高多层化

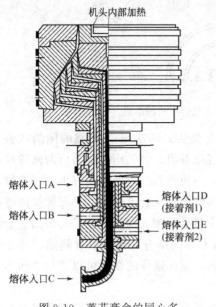

图 9-10 莱芬豪舍的同心多
螺纹芯棒式模头的结构

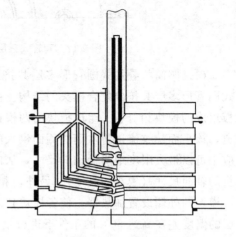

图 9-11 套管式圆管形多层
共挤出复合模头的结构

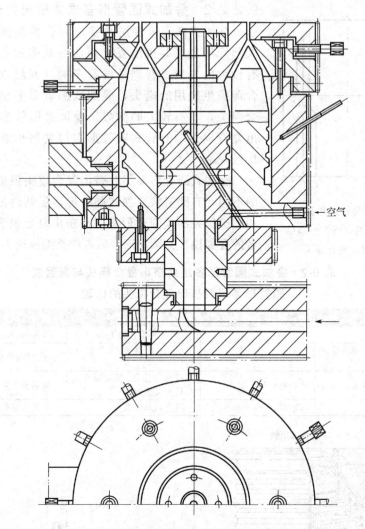

图 9-12　套管式三层共挤出复合模头的结构

（1）圆筒状叠加式圆管形多层共挤出复合模头　图 9-14 是典型的圆筒状叠加式圆管形多层共挤出复合模头的结构。由图可以看出，每一塑料层与由两圆筒状模板组成的模块相对应。组成模块的两模板中，一块模板的表面上设有平面形螺纹流道，该平面螺纹流道将从模块侧面供入的塑料熔体供入合流部位。平面螺纹流道的应用可以最大限度地降低轴向尺寸，从而减小整个叠加式圆管形多层共挤出复合模头的轴向尺寸（模头的高度）。另外，相邻两模块的结合面间可设置间隙，并于每一模块的外侧设置加热器，使各模块独立加热，据称这样的结构可以使相邻两塑料层的温度差在高达 50℃ 的条件下进行生产。

（2）圆锥状叠加式圆管形多层共挤出复合模头　圆锥状叠加式圆管形多层共挤出复合模头的结构如图 9-15 所示。圆锥状叠加式圆管形多层共挤出复合模头与圆

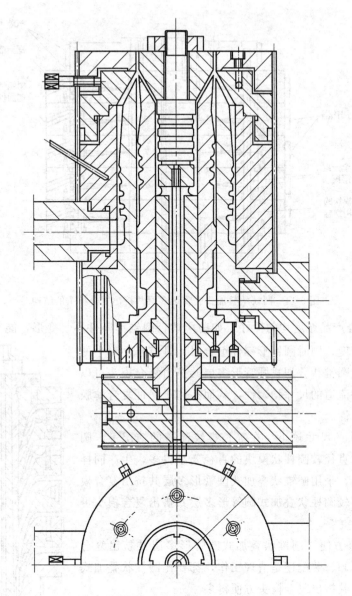

图 9-13 套管式三层共挤出复合模头的结构

筒状叠加式圆管形多层共挤出复合模头的相似之处是，它们均为叠加式结构，不同之处则在于，圆锥状叠加式圆管形多层共挤出复合模头的模块不是圆筒状而是圆锥状，而且模块中的塑料熔体的流道也是圆锥螺纹，采用圆锥状模块有许多突出的优点，主要可以列举出以下几点。

① 密封性好　圆锥状金属零件的抗变形能力大大高于板状零件，因而圆锥状叠加式圆管形多层共挤出复合模头能有效地抵制熔体高压所引起的变形，因此圆锥状表面的接触、密封效果明显地要优于平面的接触、密封效果。

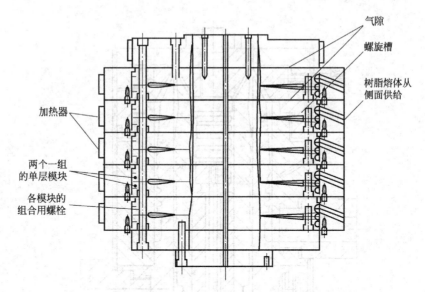

图 9-14　圆筒状叠加式圆管形多层共挤出复合模头的结构

气隙

螺旋槽

树脂熔体从侧面供给

加热器

两个一组的单层模块

各模块的组合用螺栓

② 复合产品厚度均匀性好　如前所述，圆锥形零件不易变形，能很好地保持高的加工精度，同时圆锥形零件组合时，具有自动对中的特性，因此圆锥状叠加式圆管形多层共挤出复合模头可以很好地保持流道的尺寸均匀性，从而有利于保证复合薄膜的厚度均匀性。

③ 模头的尺寸较小　在等长螺纹流道的情况下，圆锥状模块的直径较圆柱状模块的直径要小得多，生产同样规格的产品，采用圆锥状叠加式圆管形多层共挤出复合模头的直径，较圆柱状叠加式圆管形多层共挤出复合模头可减小 50% 左右。

④ 维修方便　圆锥状叠加式圆管形多层共挤出复合模头无论拆卸、装配还是清理工作，都要比圆柱状叠加式圆管形多层共挤出复合模头方便得多。

除上述外，圆锥状叠加式圆管形多层共挤出复合模头也具有可在相邻两模块的结合面间设置间隙，使各模块独立加热等叠加式模头的一般特性。和圆柱状叠加式圆管形多层共挤出复合模头相比，圆锥状叠加式圆管形多层共挤出复合模头的一个明显缺点是它的轴向尺寸要比圆柱状叠加式圆管形多层共挤出复合模头的轴向尺寸要大得多。

图 9-15 是 GE 公司开发的圆锥状叠加式圆管形多层共挤出复合模头的结构，该模头的模块由两模板组成，如图

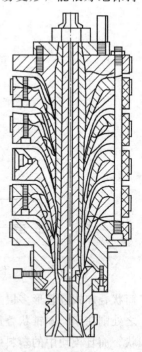

图 9-15　GE 公司开发的圆锥状叠加式圆管形多层共挤出复合模头的结构

9-16 所示。在图 9-16 中，通过螺栓将上模板和下模板连接成一个整体单元，塑料熔体由入口进入模块，经过锥形螺纹流道流至出口处，与相邻塑料层的熔体汇合。

图 9-17 是温德默勒与霍尔舍公司（W&H）公司开发的新一代多层共挤出复合模头，即所谓 MULTCONE 模头。该圆锥状叠加式圆管形多层共挤出复合模头与上述的 GE 公司的模头不同之处在于，每一塑料层与一块锥形模板相对应，而不是和一组锥形模块（两块锥形模板）相对应，其明显的优势是大大减少了模板的数量，缩小了整个模头的轴向尺寸，从而也缩短了模头中流道的长度，减少了物料在模头中停留的时间。由于没有组合模块的存在，MULTCONE 模头与 GE 公司开发的圆锥状叠加式圆管形多层共挤出复合模头相比，连接螺栓的数量大大减少，因而拆卸、组装十分方便。但是由于没有独立的模块，不能分别对各模块进行针对性的加热。

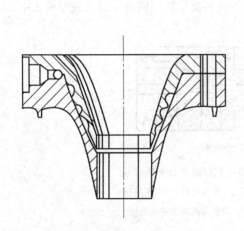

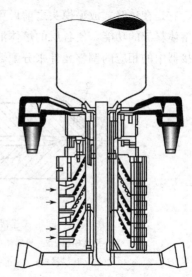

图 9-16　由两模板组成的、GE 公司的圆锥状叠加式圆管形多层共挤出复合模头的模块

图 9-17　W&H 公司开发的 MULTCONE 模头

9.2.3　平膜型多层共挤出复合模头

前面已经谈到，平膜型多层共挤出复合模头是狭缝式模头，其模头的口模是一条狭缝。根据具体流道的不同可分为喂料块式多层共挤出复合平膜模头、连接器型与多流道型组合的混合式多层共挤出复合平膜模头以及双缝式多层共挤出复合平膜模头等几种类型。

9.2.3.1　喂料块式多层共挤出复合平膜模头

喂料块式多层共挤出复合平膜模头，可以看成由喂料块（或称连接器）和成型模头两部分组成。各挤出机所供的塑料熔体，先在被称为喂料块的连接器中汇合，形成多层层流，该多层层流再进入成型模头中，经成型模头的模口（直线状的狭缝）挤出到成型辅机的流延辊上，经冷却、定型而得到多层复合薄膜，其成型模头部分基本上与普通单层薄膜的模头相同，属于单流道型，结构比较简单。保持成型模头部分不变，更换连接器，配之以相应的挤出机，即可得到不同组合的多层共挤出复合薄膜。

多层共挤出复合平膜模头用连接器主要有固定式连接器（美国陶氏公司开发的所谓道式连接器）、翼式连接器（也称克劳恩式连接器，KLOEREN 公司开发）和滑块式连接器（也称莱芬豪舍式连接器，REIFENHAUSER 公司开发）等几个类型。

（1）固定式连接器型多层共挤出复合平膜模头　固定式连接器型多层共挤出复合平膜模头如图 9-18 所示。该类模头是开发较早的连接器型多层共挤出复合平膜模头，它是在狭缝式成型模头之前设置一复合用的固定式连接器，该连接器具有分配塑料熔体料流的功能，使各层的熔体汇合并形成多层层流，它根据各挤出机的挤出量及连接器中的相应的调整元件来分配熔体流，使各流层以相同速率供入成型模头中。

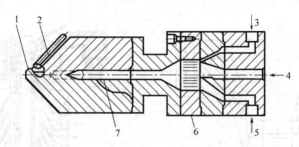

图 9-18　固定式连接器型多层共挤出复合平膜模头

1—挠性模唇；2—模唇调节螺栓；3—外层材料；4—主层材料；

5—基层材料；6—连接器；7—带有阻流段的熔体流道

固定式连接器型多层共挤出复合平膜模头的优点是结构简单、制造方便、价格低廉，但该类连接器的调整必须在停机状态下进行，效率低下。

（2）翼式连接器型多层共挤出复合平膜模头　图 9-19 是翼式连接器型多层共挤出复合平膜模头。此类模头与固定式连接器型多层共挤出复合平膜模头的不同之处在于，该模头的连接器中各流道汇合处设有可动的（可以调节的）翼式元件。在生产过程中，通过调节翼式元件可在一定范围内调节熔体流量，因此，尽管翼式连接器型多层共挤出复合平膜模头结构复杂、价格昂贵，但其运行成本较低，因而业已成为当今连接器型多层共挤出复合平膜模头的主流。

（3）滑块式连接器型多层共挤出复合平膜模头　滑块式连接器型多层共挤出复合平膜模头如图 9-20 所示。该模头采用滑板调节连接器各层熔体的流速，调节方法与口模间隙的调节方法相似，通过旋转调节螺栓进行调节，因而可以对各熔融塑料层的整个横向的厚度分布进行比较精确的调节。

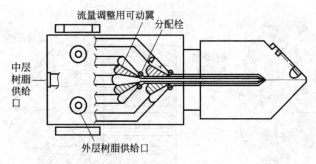

图 9-19　翼式连接器型多层共挤出复合平膜模头

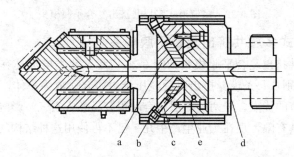

图 9-20　滑块式连接器型多层共挤出复合平膜模头

a—滑块元件；b—共挤出流道；c—调节螺栓；d—主模；e—流道调节间隙

滑块式连接器中，与熔融塑料相接触的滑板面为异型面或者组合设计结构，如图 9-21 所示。

滑板的安装与拆卸十分方便，像磁带那样，从一边插入即可，不需要将挤出机与模头之间的整体连接部分分离。

图 9-21　滑块式连接器型多层
共挤出复合平膜模头结构
［与熔体接触的滑板面为异型面
（左和中）或组合设计结构
（右）实例］

（4）多流道式多层共挤出复合平膜模头　多流道式多层共挤出复合平膜模头如图 9-22 所示。该模头中各熔融树脂层分别在各自的流道（歧管）内流动、展开之后，在临近模唇处汇合成多层层流，因此多层层流流动的距离相当短，不会产生多层层流中可能出现的低黏度树脂对高黏度树脂层的包覆现象以及界面不稳定流动所导致的复合薄膜厚度不均匀、透明性下降和纹理等缺陷。多流道式多层共挤出复合平膜模头的优点还在于，各层的层厚可以通过各层的调节螺栓分别进行调节，因而薄膜的厚度比较容易控制；可以用于塑料熔体黏度和温度差较大的塑料间的复合等。多流道式多层共挤出复合平膜模头的缺点是体积庞大、结构复杂、价格昂贵，难以用于制造四层以上的多层共挤出复合薄膜。

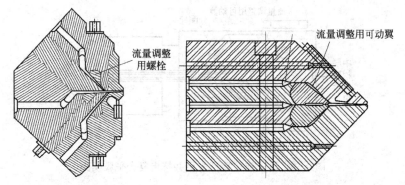

图 9-22　多流道式多层共挤出复合平膜模头

9.2.3.2　双缝式多层共挤出复合平膜模头

双缝式多层共挤出复合平膜模头如图 9-23 所示。此类模头具有两口模（两条模缝），塑料熔体分别从每条模缝挤出以后经压延辊压合而成为一体，该模头具有塑料层可完全独立调节的优点，但两塑料层压合时很容易卷入空气，影响制品质量，因此这种模头应用极其有限，现在工业生产中几乎已不再使用这种结构的模头。

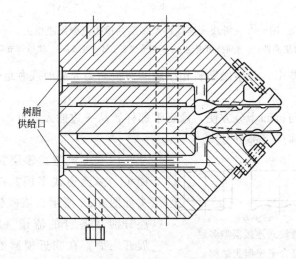

图 9-23　双缝式多层共挤出复合平膜模头

几种多层共挤出复合平膜模头的比较见表 9-3。

表 9-3　多层共挤出复合平膜模头的比较

模头类型	成型条件			厚度控制	层间黏合	适用范围	维修保养	设备成本
	黏度差适应性	温度差适应性	薄层制品适应性					
连接器型	×	×	○	×	○	○	○	○
多流道型	△	△	△	○	○	×	×	×
双流道型	○	○	×	△	×	×	×	×

注：○表示占优势；△表示良好；×表示差。

9.2.3.3　连接器型与多流道型组合的混合式多层共挤出复合平膜模头

该类多层共挤出复合平膜模头可以看成是在多流道型多层共挤出复合平膜模头中引入子连接器的结构，如图 9-24 所示。这种模头兼具连接器型多层共挤出复合平膜模头和多流道型多层共挤出复合平膜模头的优点，多流道结构的采用使子连接器供入的塑料熔体和其他各流道（以及各子连接器）所供入的塑料熔体的汇合点到模唇间的距离保持在一个很小的范围内，从而有效地防止熔体汇合后因多层流体流动距离过长产生熔体差的包覆效应而导致的层厚不均匀。子连接器的应用还可在一定程度上简化模头结构，降低成本，并有利于模头的维修保养。

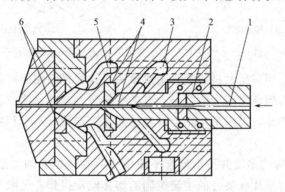

图 9-24　连接器型与多流道型组合的混合式
多层共挤出复合平膜模头

1—主层流道；2—用于铠装连接器的流道；3—内层流道；
4—内层限流元件；5—外层流道；6—外层限流元件

9.2.3.4　其他各具特色的各种多层共挤出复合平膜模头

（1）切边单层化型多层共挤出复合平膜模头　平膜成型过程中，两边都毫无例外地要产生颈缩现象，造成超厚的厚边，为了适应卷取与应用的需要，平膜产生过程中都必须将两旁的厚边切去。为降低成本，通常生产中都希望将切下的废边粉碎后加入新料中"回炉"使用，但层间塑料相容性较差的多层边料回收利用较为困难，为便于切边的回收利用，于是开发了切边单层化型多层共挤出复合平膜模头。

切边单层化型多层共挤出复合平膜模头也称封边型多层共挤出复合平膜模头，如图 9-25 所示。从该模头的模唇挤出的物料沿模唇的两边为单层结构，而且单层结构部分的宽度与需要切边的颈缩部分的宽度相对应，从而达到切边单层化的目的。为实现切边单层化的目的，可采用在流道中插入内推杆的结构，如结构①；也可以在多流道的外侧设置单流道，如结构②。切边单层化型多层共挤出复合平膜模头在异种塑料组合的多层共挤出复合平膜的生产中，具有很大的实际意义，它可使生产过程中产生的切边得到充分的应用，无论对于降低生产成本还是提高产品质量都具有积极的意义。

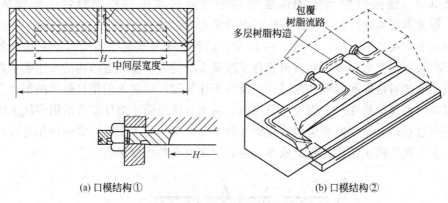

(a) 口模结构①   (b) 口模结构②

图 9-25 切边单层化型多层共挤出复合平膜模头

（2）表面修饰用多层共挤出复合平膜模头　这类模头用于同种树脂、不同颜色的树脂共挤出，得到色泽渐变的薄膜、有条状着色外观的薄膜或者有格状花纹的薄膜等奇特外观的产品，以满足应用上的特殊需要。现就日本专利中的一些实例，择要介绍如下。

①具渐变色带的多层共挤出复合平膜模头　在该模头的流道部位设有着色树脂的出料口，利用呈片状展开的主流树脂的熔体流动得到着色浓度有层次变化的着色带（日本专利特公昭 61-175），如图 9-26 所示。

②条纹着色用多层共挤出复合平膜模头　在衣架式模头流道中配备有进入着色树脂孔的第二条流道，在这种情况下，共挤出平膜有沿挤出方向上的纵向条纹；利用螺杆模头，可以制得斜的横向条纹制品（特公昭 51-47447，特公昭 57-75820），如图 9-27 所示。

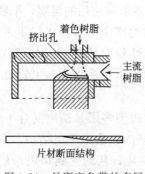

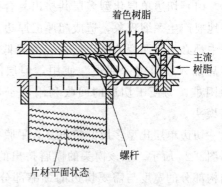

图 9-26　具渐变色带的多层　　　　图 9-27　条纹着色用多层
　　共挤出复合平膜模头　　　　　　　　共挤出复合平膜模头

③直木纹模样多层共挤出复合平膜模头　该模头在相当于普通喂料块式多层共挤出复合平膜模头的喂料块处部位，设置一个着色树脂的导入管，按几何学要求配备着色树脂挤出孔，并将挤出孔突出到导管的深处（特公昭 59-22666），如图 9-

28 所示。采用该模头制得的产品具有类似于天然木纹的弯曲状木纹，可用于家具、地板与墙壁等方面。其木纹图案在薄膜的内部，耐摩擦性较印刷类以及贴面类产品要好得多。

④ 格子状或涡形模样着色多层共挤出复合平膜模头　它在模头的流道内设有转动模块，模块供入着色树脂的出料头装在主模头中，通过其滑动制得有格子模样或者涡状模样的薄膜制品（特公昭 52-44904，特公昭 54-13466，特公昭 54-18300，特公昭 56-115240），如图 9-29 所示。

这里所介绍的几种表面修饰用多层共挤出复合平膜模头所制造的产品，不是典型的多层共挤出复合薄膜，而是含有部分复合结构、部分非复合结构的特种产品。

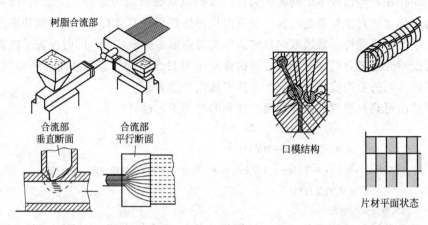

图 9-28　直木纹模样多层共
挤出复合平膜模头

图 9-29　格子状或涡形模样着色多层
共挤出复合平膜模头

9.3　同类和同种塑料的共挤出

采用同类或者同种塑料相匹配制造多层共挤出复合薄膜，虽然由各层塑料性能相近，制得的复合薄膜塑料之间性能比较接近，通常各层性能相互弥补效果较小，复合薄膜的物理机械性能的提高受到一定的限制。但物料间流变性能相近，黏合性较好，工艺实施比较容易，而且如组合搭配得当，所制得的复合薄膜的某些性能也可得到明显的提高，制得实用性很好的产品。由于同类和同种塑料之间流变性能相近，黏合性较好，由它们组合制造复合薄膜一般不需要设置昂贵的黏合层，因而复合薄膜的成本较为低廉，具有较强的竞争力，因此该类薄膜的开发利用颇受人们重视，得到了迅速的发展。目前在工业发达国家中，同类和同种塑料的共挤出复合薄膜已得到了十分广泛的应用，其应用量占共挤出复合薄膜总量的 80％ 左右。同时，相关的开发研究工作仍方兴未艾地进行着，新型产品及文献不断涌现。下面将对一些具有代表性的品种进行介绍。

9.3.1　可热封型双向拉伸聚丙烯薄膜

双向拉伸聚丙烯薄膜通常以力学性能较高、价格较为低廉的均聚丙烯为原料，由于薄膜在生产过程中经过双向拉伸加工处理，分子得到纵横两个方向的充分的定向作用，因此制得的薄膜机械强度大幅度提高，而且耐低温性明显改善，应用十分广泛。然而均聚丙烯经双向拉伸处理以后，制得的薄膜热封合的性能很差，对于薄膜需要热封合的众多应用领域，必须通过复合后加工处理，复合上一层热封层。例如，要求热封强度高时应采用干法复合；要求热封强度不很高时常采用挤出复合或者涂布复合。不管采用哪一种复合方法，在制造好双向拉伸薄膜以后再进行后加工处理，均存在着增加成本的问题。为此，人们以均聚丙烯为芯层（主层）、以共聚丙烯为表层（热封层）制造坯膜，经双向拉伸处理制得三层共挤出双向拉伸聚丙烯薄膜，这种薄膜保持了普通双向拉伸薄膜的高强度等一般特性，同时改善了热封性能，可以不经过复合后加工处理，直接应用于对封合强度要求不甚高的一些领域，从而降低薄膜的生产成本，提高产品的市场竞争能力。

共挤出可热封型双向拉伸聚丙烯薄膜的生产工艺过程如下：

```
                              助剂(功能母料)
                                  ↓
                  共聚丙烯→混合→辅助挤出机
                                           ↓
均聚丙烯→混合→主挤出机→共挤出模头→共挤出坯膜→双向拉伸→热定型处理→
              ↑
         助剂(功能母料)
收卷→时效处理→分切包装
```

助剂通常以母料的形式加入，根据配方设计要求加入开口剂母料、滑爽剂母料、抗静电剂母料等。共聚丙烯和相关助剂的混合料可由 1 台辅助挤出机塑化后经两路分别供入共挤出模头制坯膜的两表层；也可将共聚丙烯和相关助剂的混合料分别用两台辅助挤出机塑化以后供入共挤出模头制坯膜的两表层。

双向拉伸既可采用泡管法双向拉伸工艺，也可采用平片法（行军床法）双向拉伸工艺。平片法双向拉伸工艺多采用分步法双向拉伸工艺（先纵向拉伸，再横向拉伸），也可采用同时双向拉伸工艺。

典型的共挤出可热封型双向拉伸聚丙烯薄膜的规格及性能指标应符合下列要求（GB 12026）。

宽度为 100～1000mm；厚度为 15～45μm。

可热封型双向拉伸聚丙烯薄膜的宽度偏差见表 9-4。

表 9-4　可热封型双向拉伸聚丙烯薄膜的宽度偏差

宽度 /mm	偏差 /%		宽度 /mm	偏差 /%	
	优等品、一等品	合格品		优等品、一等品	合格品
100～150	±1	+2，−1	151～1000	±2	±2

可热封型双向拉伸聚丙烯薄膜的厚度偏差及平均厚度偏差见表 9-5。

表 9-5　可热封型双向拉伸聚丙烯薄膜的厚度偏差及平均厚度偏差

厚度 /μm	厚度偏差 /%			平均厚度偏差 /%		
	优等品	一等品	合格品	优等品	一等品	合格品
15~25	±7	±10	±12	±5	±6	±7
26~35	±6	±8	±10	±4	±5	±6
36~45	±5	±6	±8	±3	±4	±5

可热封型双向拉伸聚丙烯薄膜的外观见表 9-6。

表 9-6　可热封型双向拉伸聚丙烯薄膜的外观

项　　目	优等品、一等品	合格品
皱纹	厚度 30μm 以内的薄膜允许有轻微的纵向条纹，其余不允许	只允许少量皱纹
端面卷绕不整齐	≤2mm	≤4mm
褶皱、颗粒、暴筋、气泡	不允许	
端面划痕	不允许	
杂质污染	不允许	
膜卷纸芯	不允许凹陷或缺口	

可热封型双向拉伸聚丙烯薄膜的物理机械性能见表 9-7。

表 9-7　可热封型双向拉伸聚丙烯薄膜的物理机械性能

项　　目	指标	项　　目	指标
拉伸强度 /MPa		雾度 /%	4.0
纵向	≥120	摩擦系数[①]	
横向	≥180	香烟包装	≤0.38
断裂伸长率 /%		其他	≤0.80
纵向	≤220	湿润张力 /(mN/m)	>38
横向	≤80	热封强度 /(N/15mm)	≥2.0
热收缩率 /%			
纵向	≤5.0		
横向	≤4.0		

① 香烟包装薄膜，如果用户对湿润张力未提出要求则不作为考核指标。

9.3.2　共挤出复合型热收缩薄膜

　　热收缩薄膜也常称为收缩薄膜，是塑料包装薄膜中最常见的品种之一，过去应用最为广泛的是聚乙烯收缩薄膜和聚氯乙烯收缩薄膜。聚乙烯收缩薄膜具有良好的机械强度和热收缩性能，但透明性差，主要用于对透明性要求不高的工业品包装；聚氯乙烯收缩薄膜具有极其优良的透明性，同时具有易热封、收缩性能优良（收缩温度低，收缩率高）等特点，可用于食品以及日用百货等多种商品的销售包装，对于商品的促销有良好的效果，深受广大用户的青睐，曾被人们认为是最理想的销售包装材料之一。然而聚氯乙烯收缩薄膜对环境保护的适应性较差，聚氯乙烯收缩薄膜使用之后，其废弃物的回收处理较为困难，若残存于垃圾中，填埋处理不易分解，焚烧处理需要外界供给热量（聚氯乙烯燃烧是吸热反应），而且会产生氯乙烯以及二噁英之类的有害物质。因此聚氯乙烯收缩薄膜已开始受到业内人士的非议，受到众多工业发达国家的抵制，有的国家甚至明确禁止使用聚氯乙烯类包装材料，发展应用前景不容乐观。

以聚丙烯为主层的共挤出复合型热收缩薄膜具有高度的透明性和良好的热收缩性，并具有特别突出的环境适应性，能有效地克服聚氯乙烯收缩薄膜环境适应性差的缺点。其废弃物热稳定性好，可采用热塑性塑料常规的再生利用的方法，通过熔融造粒制造再生制品而得到很好利用；也可通过焚烧处理，将燃烧产生的热量用于发电或者通过生产热水回收能量，它燃烧时只产生二氧化碳和水，不产生任何有害物质。该膜采用共挤出双向拉伸工艺制造，可以通过层间组合及各层配方的调整，设计、制造出性能比较理想的产品。该膜设备投资及生产加工费用较高，单位质量薄膜成本较高，但由于该膜生产过程中，经过双向拉伸处理，具有很高的机械强度，可以使用很薄的薄膜，满足商品热收缩包装的需要，实际应用成本仍较为低廉，因此以聚丙烯为代表的共挤出聚烯烃类多层复合热收缩薄膜近年来发展很快，大有完全取代聚氯乙烯热收缩薄膜的趋势。下面就有关共挤出复合型热收缩薄膜的情况进行简要的介绍。

9.3.2.1 利用多层共挤出平膜拉伸工艺制造三层共挤出热收缩薄膜

表层采用丙烯系共聚物，该共聚物中丙烯含量为85％～96％（质量）；中间层为丙烯系聚合物和乙烯系聚合物的配合物，薄膜整体丙烯含量为75％～85％（质量）。制得的多层共挤出复合型热收缩薄膜在120℃时的纵向收缩率为25％～45％，横向收缩率为纵向收缩率的1.2～3.5倍，并可根据需要每隔一定距离在横向设置穿孔。该薄膜可用于枕套式热收缩包装，用于瓶、罐、干电池等的集合包装。有穿孔的该热收缩薄膜在包装时在热收缩力的作用下可以使薄膜沿穿孔处自行切断。上面所讲的丙烯系共聚物是以丙烯为主要成分的丙烯-α-烯烃共聚物，例如乙烯-丙烯共聚物、丙烯-丁烯共聚物、丙烯-乙烯-丁烯共聚物等。这些共聚物的熔点通常在125～150℃范围内，以142℃左右为最佳；其熔体指数在0.5～10g/10min范围内，以1.0～6.0g/10min为好。聚乙烯可以举出LLDPE、超低密度LLDPE等乙烯-α-烯烃共聚物，或者乙烯-乙酸乙烯共聚物中的一种或者两种以上的乙烯共聚物的混合物。视必要性，在丙烯系聚合物及乙烯系聚合物中，加入相应的助剂，例如润滑剂、抗粘连剂、抗静电剂、抗雾滴剂等。利用上述物料，在适当的拉伸条件下，制得性能优良的多层共挤出复合型热收缩薄膜。

表层采用丙烯含量为85％～90％（质量）的丙烯系共聚物，可使制得的热收缩薄膜在高速包装条件下经过高温加热烘道时具有良好的耐热性。如果表层用丙烯系共聚物的丙烯含量低于85％（质量），薄膜的耐热性不足，会由于加热产生白化、易断以及表面状态恶化等弊病；但若表层丙烯共聚物中丙烯含量过高，会使薄膜的热封性能下降，故丙烯系共聚物中的丙烯含量，应不高于96%（质量）。中间层采用乙烯系共聚物和丙烯系共聚物的混合物是为了赋予薄膜柔软性及低温收缩性，为了达到此目的，丙烯系共聚物与乙烯系共聚物的质量比控制在（70~90）：（30~10）之内。中间层混合物中丙烯总含量低于70%则薄膜的刚性不足，以至于对包装机械的适应性及耐热性下降，特别是在需要打孔的情况下，因刚性不足，打孔刀刀刃难以插入。而当中间层混合物中丙烯含量高于85%时，薄膜的热收缩温度上升，而且收缩温度范围变窄，后加工性能显著变坏。

实施例1

含丙烯95%（质量），熔体指数为1.2g/10min的乙烯-丙烯共聚物1为两表层，乙烯-丁烯共聚物2（密度为0.905g/cm³，熔体指数为0.5g/10min）与丙烯-丁烯共聚物3［丙烯含量为78%（质量），熔体指数为3.0g/10min］的混合物为芯层（乙烯共聚物2与丙烯共聚物3的质量比为2：8），制取坯膜，坯膜外、中、内三层的厚度比为1.0：1.5：1.0，经拉伸处理制得三层共挤出型热收缩薄膜。工艺流程如下：

丙烯-丁烯共聚物3
↓
乙烯-丁烯共聚物2→混合→辅助挤出机
↓
乙烯-丙烯共聚物1→主挤出机→共挤出模头→骤冷制取坯膜→预热辊加热→纵向拉伸→烘道预热→横向拉伸→热定型处理→收卷→时效处理→分切包装

三层共挤出热收缩薄膜的拉伸条件及产品的物理机械性能见表9-8。

表9-8 三层共挤出热收缩薄膜的拉伸条件及产品的物理机械性能

项 目	膜 A	膜 B	项 目	膜 A	膜 B
膜厚/μm	25	25	伸长率(ASTM D882)/%		
拉伸条件			纵向	223	223
纵向拉伸温度/℃	100	90	横向	31	31
纵向拉伸倍率	3.0	3.0	120℃热收缩率(SIJ Z1709)/%		
横向拉伸温度/℃	120	120	纵向	41	41
横向拉伸倍率	7.0	7.0	横向	63	63
拉伸强度(ASTM D882)/MPa			120℃热收缩应力[1]/N		
纵向	70	71	纵向	0.8	0.83
横向	167	167	横向	5.5	5.57

[1] 100mm宽样品，夹头间距30mm，在甘油中的收缩应力。

实施例2

以乙烯-丙烯共聚物1［丙烯含量为95%（质量），熔体指数为1.2g/10min］和丙烯-丁烯共聚物3［丙烯含量78%（质量），熔体指数为3.0g/10min］的混合物（混合比为 1:1）为两表层，以乙烯-丁烯共聚物 2（密度为 0.905g/cm³，熔体指数为 0.5g/10min）与丙烯-丁烯共聚物 3 的混合物（混合比为 2:8）为芯层制造坯膜，坯膜各层的厚度比为 1:1:1，经双向拉伸加工制得三层共挤出热收缩薄膜B，其拉伸工艺条件及成品膜的性能见表9-8。

利用所制得的三层共挤出热收缩薄膜代替聚氯乙烯热收缩薄膜，用于 3 号电池的枕式集合包装（4 节电池为一组），包装机烘道的设定温度为 200℃，膜 A、膜 B 的包装情况均良好。具体情况如下。

① 穿孔成型性好，采用普通穿孔刀穿孔没有问题。

② 切断性好，于穿孔处切断，切断良好。

③ 热封性好，包装体从 1.5m 高处落下，封合处不破裂。

④ 耐热性好，不会因为在烘道中加热而产生熔化及白化问题。

包装体外观良好（目视），束缚力强，包装膜紧贴电池，无松弛现象。

9.3.2.2 利用多层共挤出管膜拉伸工艺制造三层共挤出热收缩薄膜

除了前面所介绍的利用多层共挤出平膜拉伸工艺制造三层共挤出热收缩薄膜外，生产中应用更为广泛的是采用多层共挤出管膜拉伸工艺制造三层共挤出热收缩薄膜。这种工艺在文献中也有较多的介绍。

采用多层共挤出管膜拉伸工艺制造三层共挤出热收缩薄膜，当两表层为 LL-DPE，中间层为共聚丙烯时，制得的三层共挤出热收缩薄膜具有高透明、高光泽的特点，同时还具有热收缩性优良、热封性突出、可熔断焊接、焊接强度高等特点，可用于重物包装。

两外层的 LLDPE 的密度在 0.910g/cm³ 以下，维卡软化点低于 80℃，每一侧的表层的厚度为薄膜总厚度的 5%～30%；中间层采用乙烯-丙烯共聚物 [乙烯含量 2%～4%（质量）] 或者丙烯-丁烯共聚物 [丁烯含量 2%～6%（质量）]，共聚丙烯的熔点在 135～150℃ 范围内，维卡软化点在 70～110℃ 范围内。

两外层的 LLDPE 的密度如果超过 0.910g/cm³，制造薄膜时的拉伸性能下降，双向拉伸加工困难，而且制得的三层共挤出薄膜层间黏合性差，导致热熔断焊接时的焊缝强度下降；维卡软化点超过 80℃，制膜时坯膜的拉伸性能下降，需要在高温下进行拉伸，制得的三层共挤出热收缩薄膜低温热收缩性差，而且即使在高温下其收缩性能也相当低下，因此应强调 LLDPE 的密度要在 0.910g/cm³ 以下，维卡温度要在 80℃ 以下。

如果中间层的共聚丙烯的熔点超过 150℃，不仅制得的三层共挤出热收缩薄膜的低温收缩性差，高温收缩性也不好，热收缩温度范围窄。当熔点低于 135℃ 时，制得的三层共挤出热收缩薄膜的低温收缩性不会得到进一步提高，而耐热性下降，因而收缩温度范围变窄。另外，中间层的共聚丙烯的维卡温度超过 110℃，则坯膜的低温拉伸困难，需要在高温下进行拉伸，而且制得的三层共挤出热收缩薄膜低温收缩性变差；如果中间层用的聚丙烯的维卡温度不足 70℃时，坯膜拉伸性能变差，因此中间层的聚丙烯使用熔点为 135～150℃，维卡软化点为 70～110℃的聚合物。

制得的三层共挤出热收缩薄膜的每一表层的厚度应在薄膜总厚度的 15％～30％范围内，这是由于即使某一表层的厚度低于薄膜总厚度的 15％，薄膜的熔断焊接的焊缝强度也会明显下降，薄膜不能再适应重物包装的需要；另外，如果一外层的薄膜的厚度超过薄膜总厚度的 30％，会导致共挤出薄膜透明性及光泽度的下降，而且热收缩束缚力下降，同样不适合重物的热收缩包装。

实施例 1

以密度为 0.910g/cm³、维卡软化点为 67℃的 LLDPE 为两外层，熔点 138℃的共聚丙烯（乙烯-丙烯共聚物）为中间层，通过 3 台挤出机共挤出，制得总厚度为 270μm 的三层共挤出管状坯膜，其各层的厚度比为 1∶1∶1（表层/中间层/表层），坯膜经骤冷、加热以后，用吹胀法使纵、横方向各拉伸 4 倍，制得三层共挤出薄膜经松弛、热定型处理，最后得到总厚度 20μm 的三层共挤出热收缩薄膜。工艺流程如下：

```
        LLDPE→辅助挤出机
                  ↓
共聚丙烯→主挤出机→共挤出模头→制共挤出管状坯膜→预热→吹胀、拉伸→松弛→
                  ↑
        LLDPE→辅助挤出机
热定型处理→收卷→时效处理→分切包装
```

制得的三层共挤出热收缩薄膜用于电话簿的热收缩包装，设定热收缩温度为 150℃，即使烘道里的温度波动范围为±10℃，收缩包装也良好，包装物由写字台上掉下，包装也不致破裂。

实施例 2

两外层采用实施例 1 所用的 LLDPE，中间层改用由丙烯、乙烯和丁烯共聚而得到的三元共聚物，三元共聚物中丙烯的含量为 85％（质量），乙烯、丁烯的含量为总量的 15％（质量），其维卡软化点为 78℃。按照实施例 1 的方法，制得总厚度为 220μm 的三层共挤出管状坯膜，坯膜外表层/中间层/内表层的厚度比为 1∶4∶1，纵、横方向的拉伸、吹胀各 4.2 倍，然后经热定型，得到总厚度 15μm 的三层共挤出热收缩薄膜，该热收缩薄膜用于两个饮料的纸容器的集合包装，即使在热收缩烘道的温度较低时也可得到无褶皱、紧缩性优良的热收缩包装体。所得到的热收缩包装体，其熔断焊接焊缝强度也高。

9.3.2.3 三层共挤出热收缩薄膜 POF-C₃

POF-C₃ 是以 PE 和 PP 为主要原料，经共挤吹塑加工生产的三层共挤出热收缩薄膜工业化产品的简称。自 20 世纪 90 年代初该产品由意大利率先开发成功以后，由于其性能优良且成本较为低廉，备受用户青睐，发展速度较快，已成为塑料薄膜中的一个重要品种。

经生产实践表明，POF 薄膜具有许多优点，择要列举如下。

① 光学性能好　其透明性好，光泽度高，可以清晰地展示其所包装的产品，有利于体现高档商品的档次。

② 收缩性能优良　该膜的收缩率大，最高可达 75%，柔韧性好，可适应多种商品的包装，而且可以通过对工艺参数的调节控制薄膜的收缩力，满足不同商品对包装薄膜的要求。

③ 热封性能好　易封合且热封强度高，可适合手动、半自动、高速全自动包装等多种工艺的需求。

④ 耐寒性能特佳　可在 $-50℃$ 的低温下保持良好的柔韧性，被包装物可在寒冷的条件下储存、运输。

⑤ 卫生性能好　符合 FDA 及 USDA 标准的要求，可用于食品包装。

POF-C$_3$ 热收缩薄膜主要原料包括线型低密度聚乙烯（LLDPE）、三元共聚丙烯（TPP）、二元共聚丙烯（PPC）3 种树脂和滑爽剂、抗粘连剂、抗静电剂等助剂。POF-C$_3$ 热收缩薄膜生产工艺，基本与前面所述的利用多层共挤出管膜拉伸工艺制造三层共挤出热收缩薄膜相同。POF-C$_3$ 热收缩薄膜生产采用双泡工艺，先将从共挤出模头挤出的熔体用冷水骤冷，制得坯管，然后再将坯管加热、拉伸、热定型以及时效处理等工序制得。

POF-C$_3$ 热收缩薄膜的宽度视包装物品的体积而定，其厚度一般在 $12\sim30\mu m$ 范围内，其物理机械性能见表 9-9。

表 9-9　POF-C$_3$ 热收缩薄膜的物理机械性能

项　目	参　考　值			测试方法
密度 /(g/cm^3)	0.92	0.92	0.92	
厚度 /μm	15	19	25	D375
收缩率 /%	55	55	55	
拉伸强度 /MPa	M110 T100	M110 T100	M110 T100	D828
断裂伸长率 /%	90	100	100	D882
热封强度 /(N/cm)	6.50	8.0	10.0	
撕裂强度 /×10^{-2}N	4.5	7.0	10	D1938
雾度 /%	2.2	3.0	3.5	D1003
光泽度(45°) /%	85	90	93	D2457
摩擦系数	0.4	0.3	0.2	D1894

注：1. 耐寒性能佳，$-50℃$ 柔软，不发生碎裂。

2. 卫生性能好，符合 FDA 及 USDA 标准，可用于食品包装。

POF-C$_3$ 热收缩薄膜与 PVC 热收缩薄膜相比具有许多突出的优点，因此近年来得到了较快的发展，替代 PVC 热收缩薄膜的势头强劲。POF-C$_3$ 热收缩薄膜与 PVC 热收缩薄膜的比较择要介绍如下。

① 实际包装成本较低　目前 POF-C$_3$ 热收缩薄膜的市场价格按吨位计高于

PVC 热收缩薄膜，但 POF-C$_3$ 热收缩薄膜的密度低（仅 $0.92g/cm^3$），而 PVC 热收缩薄膜的密度高达 $1.4g/cm^3$；同时，由于 POF-C$_3$ 热收缩薄膜的机械强度高，薄膜制品可做得很薄，一般在 0.012mm 左右，最高不超过 0.03mm，PVC 热收缩薄膜的机械强度较 POF-C$_3$ 热收缩薄膜的机械强度明显降低，因而薄膜制品做得较厚，一般在 0.03mm 以上，因此，使用 POF-C$_3$ 热收缩薄膜实际包装成本低于 PVC 热收缩薄膜。

② 性能优良，使用效果好　POF-C$_3$ 热收缩薄膜厚度均匀，光泽好，收缩性能优良，其收缩率高，可高达 75%，而且收缩力可以在生产时加以控制，适应包装的各种产品的要求。与之相反，PVC 热收缩薄膜厚度均匀性较差，收缩率较低，最高仅达 45% 左右，而且收缩力大，易使包装的商品变形，所包装的产品四角硬而尖锐，容易刺伤皮肤。此外，POF-C$_3$ 热收缩薄膜质地柔软，耐低温性好，也为其广泛应用提供了很好的条件。

③ 加工性能好　POF-C$_3$ 热收缩薄膜易热封，适于高速自动包装生产线加工，热封合处有良好的抗揉搓性，热封加工时不产生有毒、有害物质；PVC 热收缩薄膜在高温下容易分解，热封时如控制不当会产生 HCl 等有害物质，并使封合质量下降。

④ 卫生环保性能好　POF-C$_3$ 热收缩薄膜无毒、无害，符合 FDA 与 USDA 标准的要求，可用于直接接触食品的包装，其废弃物容易通过熔融再生可方便地得到回收利用，也可通过焚烧利用热能，被公认为是一种环保性能较好的材料。PVC 热收缩薄膜虽然也可以采用无毒配方满足食品包装的要求，但其回收再生比较困难，焚烧时会产生 HCl 甚至二噁英之类的强致癌物质，环保性能较差。

9.3.3　热封型双向拉伸聚丙烯珠光膜

在聚丙烯中，配入由碳酸钙之类的无机粒状填料制造的特种母料制得坯膜，然后对该坯膜进行拉伸处理，使聚丙烯和填料粒子之间产生空隙，依靠在空隙界面所产生的光线的反射作用而使薄膜呈现珠光样外观，该技术已为业内人士所熟知。聚丙烯中配入无机填料经拉伸处理制造的单层薄膜，可以实现美丽珠光状外观，然而单层珠光薄膜不具备热封性能，应用方面受到极大限制，而且在拉伸制膜过程中可能产生部分填料粒子从薄膜表面掉下的问题，给制膜过程及后续加工带来极大的麻烦。使用共挤出的方法时在中间层（主层）采用强度较高、价格较低的均聚丙烯为原料，在其中配入珠光母料等助剂，使拉伸加工时产生珠光效应，两表层采用热封性能较佳的共聚丙烯并配之以滑爽剂、抗粘连剂等功能母料，制得的双向拉伸聚丙烯珠光薄膜既有强烈的珠光感，又具有良好的可热封性能，成膜及后加工过程中无填料脱落之虞，加工性能优良。由于这种薄膜具有外观极佳、性能优良、价格低廉的综合优势，广泛地用于糖果、冷饮以及休闲食品等多种商品的包装。可热封型双向拉伸珠光薄膜的生产过程及薄膜的性能如下。

9.3.3.1 设备

可以采用常规双向拉伸薄膜的成型设备,例如德国布鲁克纳公司制造的4000t/a生产线,其主要装置有以下几种。

(1) 主挤出机(用于中间层供料) $\phi175mm$, $L/D=33$。

(2) 辅助挤出机(用于两表层供料) $\phi65mm$, $L/D=33$。

(3) 共挤出模头模唇最大开度 1.5～3.0mm。

(4) 骤冷辊 直径1600mm。

拉伸比		最大收卷宽度	4200mm
纵向	1～6	最大收卷直径	1000mm
横向	8～10	最大机械线速度	180m/min

9.3.3.2 生产流程

生产流程如下。

```
                        助剂母料
                          ↓
辅助原料→计量配料→辅助挤出机
                          ↓
主原料→计量配料→主挤出机→连接器→成型模头→骤冷制薄片(坯膜)→辊筒预热→
          ↑
        助剂母料
纵向拉伸→烘道预热→横向拉伸→热定型→电晕处理→收卷→储存→分切包装
```

9.3.3.3 配方与工艺参数

(1) 配方(厚度25～40μm珠光薄膜参考配方)

① 中间层采用均聚丙烯,其熔体指数为2.0～4.0g/10min,并配之以适当的助剂,配比如下。

原 料	配 比
PP F280	100份
珠光母料 PP-PF-E(F)(江苏武进产品)	11～13份
白色母料 PP-LM-E(F)(江苏武进产品)	1～2份
滑爽母料 PP-S-E(F)(江苏武进产品)	1～2份
抗静电母料 PP-AS-E(F)(江苏武进产品)	2～3份

其中,滑爽母料PP-S-E(F)仅25μm的可热封型双向拉伸珠光薄膜使用。

② 表层采用共聚丙烯,配之以抗粘连剂母料,配比如下。

共聚丙烯 PPKS409(或者 KS413,比利时 SOLUGE 公司产品)	100份
抗粘连母料 PP-AS-E(F)(江苏武进产品)	0.1～1.5份

(2) 工艺参数

① 温度 主挤出机第一段110℃,其余各段235～240℃,预过滤器235℃,计量泵235℃,主过滤器235～240℃,连接器熔料管235～240℃;辅助挤出机第一段70℃,其余各段225～240℃;模头模唇235℃。

② 挤出机转速　主挤出机 70～75r/min，计量泵 45～48r/min；辅助挤出机 35～40r/min。

上述主、辅助挤出机螺杆转速的选择，保证表层厚度在 1.0～1.1μm 范围内是十分重要的，为了适应众多使用上的要求，热封型双向拉伸聚丙烯珠光薄膜的热封强度应不低于 2.0N/15mm。试验表明，热封强度与表层厚度之间具有明显的依存关系，如图 9-30 所示。要使热封强度达到 2.0N/15mm，取表面层的厚度在 1.0～1.1μm 范围内是比较有利的，其原因在于以下几点。

a. 再进一步提高表层厚度，热封强度的进一步提高缓慢。

b. 表层厚度增加，成本上升（共聚丙烯价格明显高于均聚丙烯）。

c. 表层厚度增加，在总厚度不变的情况下薄膜强度还会降低。

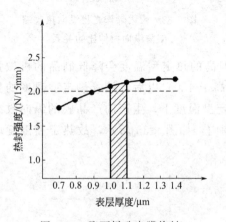

图 9-30　聚丙烯珠光膜热封
强度与表层厚度的关系

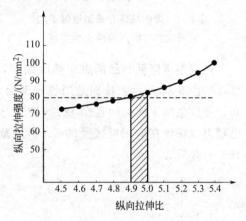

图 9-31　聚丙烯珠光膜的纵向拉伸
强度与纵向拉伸比的关系
（1N/mm² = 1MPa）

③ 口模间隙　2.2mm 左右。

（3）流延冷却工艺　骤冷辊温度 35℃（冷却水 25℃），坯膜温度控制在（65±5）℃。

预热及纵向拉伸、定型条件是：经 4 组温度梯度为 115～130℃ 的预热辊使坯膜温度升温至坯膜的高弹态，然后在温度为 110℃ 的两拉伸辊间进行 4.5～5.0 倍的纵向拉伸，坯膜在拉伸过程中空隙化，密度降低到 0.7g/cm³。纵向拉伸处理后的薄膜在 120～125℃ 热定型处理，消除后续使用过程中可能产生的热收缩的隐患。

足够的拉伸倍率是碳酸钙粒子与聚丙烯树脂之间形成空洞、产生珠光效应的必要条件，而且随着拉伸比的增大，纵向拉伸强度明显增加，如图 9-31 所示；同时，平均破膜次数会随之增加，如图 9-32 所示；纵向热收缩率也随之增加，如图 9-33 所示。因此，纵向拉伸倍率过大对于热封型双向拉伸珠光膜的生产（易断膜）及使用（纵向热收缩率大）均是十分不利的，因此纵向拉伸比应控制在 4.9～5.0 范围内。

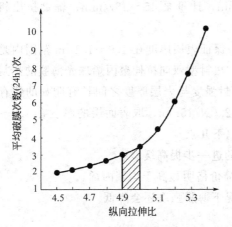

图 9-32 聚丙烯珠光膜制造时平均
破膜次数与纵向拉伸比的关系

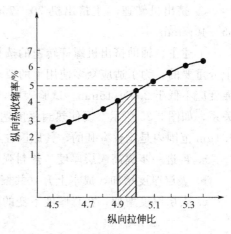

图 9-33 聚丙烯珠光膜纵向热收缩
率与纵向拉伸比的关系

热定型可降低制品的纵向热收缩率，但高的热定型温度会降低制品的机械强度，如图 9-34 所示。特别是当热定型温度高于 130℃以后，随着热定型温度的提高，强度急剧下降，而且在 120～125℃热定型温度下，生产的产品膜的纵向收缩已经可以保证在应用可接受的 5.0%的范围内，如图 9-35 所示，故热定型温度取 120～125℃。

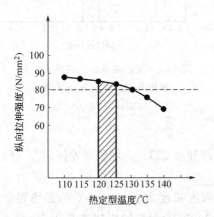

图 9-34 聚丙烯珠光膜的纵向拉伸
强度与热定型温度的关系
（1N/mm² = 1MPa）

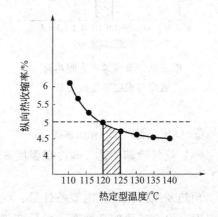

图 9-35 聚丙烯珠光膜纵向热收缩率
与热定型温度的关系

（4）烘箱预热、横向拉伸与热处理 经纵向拉伸及热定型处理的膜片经 160～170℃热烘道再预热，升温到聚丙烯的高弹态，横向拉伸 9 倍，横向拉伸之后在 163～165℃的条件下热定型处理，消除后续使用过程中可能产生的过大的横向收缩。

烘箱再预热可能导致纵向拉伸的解定向，而且再预热的温度越高，解定向作用越大，表现在纵向拉伸强度与纵向弹性模量的下降越多，纵向断裂伸长率增加越大，如图 9-36～图 9-38 所示。但烘箱再预热温度过低则会产生拉伸不均匀、破膜次数急剧增加的现象，如图 9-39 所示。从图 9-36～图 9-39 可以看出，要想生产过程顺利进行，适当地牺牲机械强度，取 168～170℃ 的横向拉伸预热温度是可取的。

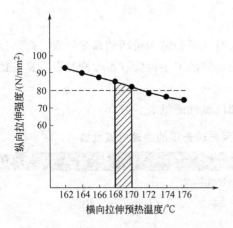

图 9-36　聚丙烯珠光膜纵向拉伸强度
与横向拉伸预热温度的关系

（$1N/mm^2 = 1MPa$）

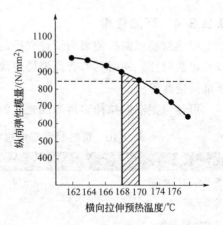

图 9-37　聚丙烯珠光膜纵向弹性模量
与横向拉伸预热温度的关系

（$1N/mm^2 = 1MPa$）

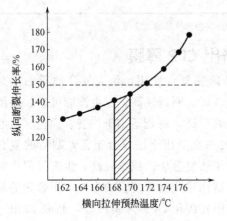

图 9-38　聚丙烯珠光膜纵向断裂伸
长率与横向拉伸预热温度的关系

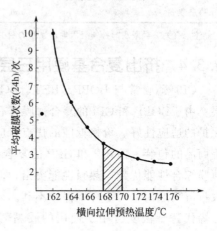

图 9-39　聚丙烯珠光膜平均
破膜次数与横向拉伸
预热温度的关系

（5）电晕处理　由于可热封型双向拉伸聚丙烯珠光膜使用中一般不进行干法复合后续加工，电晕处理的强度只要能使薄膜储存时表面张力保持在不低于 38mN/m，满足印刷加工的要求即可，因此电晕处理的强度只要求在处理 48h 后表面张力能够在 40mN/m 即可。因为如果处理 48h 后表面张力保持在 40mN/m 左右，薄膜存放 1 年内其表面张力可保持在不小于 38mN/m 的水平。过大的电晕处理强度可能导致热封强度的下降，是不可取的。

（6）时效处理　薄膜成膜以后，于 25～30℃ 的环境中存放 72h 以上，以便添加剂（抗静电剂、滑爽剂等）充分析出于薄膜的表面，以利于进行分切等后续加工。

9.3.3.4　产品性能

可热封型双向拉伸聚丙烯珠光膜的主要特性可归纳为美丽的珠光外观、高强度以及可热封性，同时具有普通聚烯烃薄膜的可靠的卫生性能、可印刷性以及良好的环境适应性等。

可热封型双向拉伸聚丙烯珠光膜的物理机械性能见表 9-10。

表 9-10　可热封型双向拉伸聚丙烯珠光膜的物理机械性能

项　目	指标值	项　目	指标值
厚度公称尺寸 /μm	25～40	热收缩率 /%	
厚度允差 /%	±5	纵向	≤6.0
拉伸强度 /MPa		横向	≤4.0
纵向	≥70	热封强度 /(N/15mm)	≥2.0
横向	≥170	表面张力 /(mN/m)	≥38
摩擦系数	≤0.6	密度 /(g/cm³)	≤0.7

注：有关热封型双向拉伸聚丙烯珠光膜的图中，虚线处均为合格指标对应值。

9.3.4　挤出复合基膜用三层共挤出 CPP 薄膜

CPP 薄膜常与 BOPP、PET、BOPA 等薄膜复合使用，作为复合薄膜的热封层。由于 BOPP 和 CPP 的复合薄膜具有透明性好、刚挺性高、卫生性能可靠、环境保护的适应性好、价格低廉的优点，应用极其广泛，特别适用于快餐、面包、点心等商品的包装。BOPP 和 CPP 的复合，过去一直沿用干法复合工艺，制得的复合薄膜综合性能优越，热封性能突出，但采用干法复合生产成本较高，生产过程中有大量溶剂逸出，对于环境保护不利。人们曾试图采用挤出复合的方法，用熔融的聚乙烯代替干法复合中所使用的胶黏剂，使 BOPP 和 CPP 薄膜黏合，制取 BOPP/PE/CPP 复合薄膜，但 CPP 和 PE 之间的黏合力十分有限，制得的复合薄膜的性能低下。为改善 CPP 和 PE 之间的黏合性，人们开发了三层共挤出 CPP 薄膜，并以此为基础，利用挤出复合工艺制得了性能优良的 BOPP/PE/CPP 薄膜，基本情况如下。

9.3.4.1　三层共挤出 CPP 薄膜的生产工艺与设备

（1）三层共挤出 CPP 薄膜的生产工艺　采用由 3 台挤出机供料的流延机组。工艺流程如下：

特种 PP→A 挤出机

PP₁→B 挤出机→共挤出模头→冷却成型→测厚→电晕处理→卷取包装、入库

PP₂→C 挤出机

由于要制造的是挤出复合专用 CPP 薄膜，挤出复合的胶黏剂是熔融的聚乙烯，因此与聚乙烯直接接触的 CPP 的 A 层原料的选择至关重要。A 层原料的选择主要有两种可供选择的方案：一是采用与聚丙烯有较好相容性的聚乙烯制 CPP 的 A 层，从而改善 CPP 与聚乙烯之间的黏合性，而且 CPP 各层间也有较好的结合，但如果采用这种方案，会由于聚乙烯层的应用而使 CPP 的透明性降低；二是选用和聚乙烯有较好相容性的聚丙烯作为 CPP 的 A 层，也可以在挤出复合时改善聚乙烯与 CPP 的黏合性，这种方法既能改善复合强度，又能保持 CPP 的高度透明性，是一种可取的方法。当没有和聚乙烯树脂有良好相容性的特种聚丙烯时，A 层也可考虑使用聚乙烯和聚丙烯的掺混料，或者在 A 层用聚丙烯中加入改性剂的方法。

（2）设备参数 设备参数如下。

设 备	参 数
挤出机 A	螺杆直径 75mm，长径比 30，转速 0～240r/min
挤出机 B	螺杆直径 130mm，长径比 30，转速 0～240r/min
挤出机 C	螺杆直径 130mm，长径比 30，转速 0～240r/min
模头宽度	2400mm
机组设计最高线速度	240m/min

（3）工艺条件 工艺条件如下。

项目	条件	项目	条件
挤出机成型温度	210～240℃	B 挤出机	35r/min
共挤出模头温度	225℃	C 挤出机	30r/min
螺杆转速		流延冷却辊温度	35℃
A 挤出机	30r/min	牵引速度	35r/min

（4）产品规格 幅宽为 980mm（一剖二）；模厚为 0.02mm。

（5）产品性能 表 9-11 中列举了由 3 种不同配方制得的供挤出复合基材用的三层共挤出 CPP 复合薄膜的性能，并将它们与日本产品进行了比较，性能良好。

表 9-11 挤出复合基材用三层共挤出 CPP 复合薄膜的性能

项 目	指标值	配方 1	配方 2	配方 3	东洋纺产品(对照)
拉伸强度 /MPa					
纵向	20	51.2	54.9	59.2	52
横向	20	26.0	34.6	29.4	24.0
断裂伸长率 /%					
纵向	300	327.5	355.0	310.0	400.0
横向	400	317.3	630	530.0	530.0
直角撕裂强度 /(kN/m)					
纵向	800	1084.7	1332.2	1247.9	—
横向	1000	1655.2	1633.6	2153.8	—

9.3.4.2　CPP 薄膜后加工复合工艺及产品性能

（1）复合工艺　采用传统的挤出复合工艺，使用聚乙烯熔融料作为层间胶黏剂。工艺流程如下：

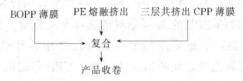

（2）挤出复合型 BOPP/PE/三层共挤出 CPP 的性能　表 9-12 列出了挤出复合型 BOPP/PE/三层共挤出 CPP 的热封强度及层间黏合强度，由表中的数据可以看出，其热封强度及层间黏合强度已达到了接近于干法复合薄膜的水平，可用于对剥离强度要求不甚高的普通食品等商品的包装。

除此以外，也可采用挤出复合方法将制得的三层共挤出 CPP 薄膜与 BOPP/PET 镀铝膜复合，制得 BOPP/PET 镀铝/PE/三层共挤出 CPP 型多层复合薄膜等。

表 9-12　挤出复合型 BOPP/PE/三层共挤出 CPP 的
热封强度及层间黏合强度

项　　目	热封强度 （东洋纺法）/(N/15mm)	层间黏合强度 （东洋纺法）/(N/15mm)
采用配方 1 的 CPP	14.1	1.9
采用配方 2 的 CPP	10.5	1.0
采用配方 3 的 CPP	11.7	1.1
日本二村公司对照产品	14.0	1.5

注：热封强度是制得的复合薄膜热封后测得的剥离强度；层间黏合强度是热封前测得的剥离强度。

9.3.5　由 EVA、LLDPE 经三层共挤出生产长效流滴、消雾多功能棚膜

以 EVA 树脂为基料的多功能棚膜具有保温效果好、流滴、消雾时效长、耐寒性好等优点，耐冲击性、耐应力开裂性以及透明性等也优于聚乙烯棚膜，但 EVA 价格较高，加工性能较差。棚膜使用中希望进一步提高流滴、消雾期，降低成本，因而在 EVA 功能棚膜的基础上采用 EVA 和 LLDPE 为基础树脂，配以适当的添加剂，开发出的三层共挤出长效流滴、消雾多功能棚膜，具有流滴、消雾性好、持续时间长、耐老化、透明性优、保温性强等特点，其成本则明显地低于 EVA 棚膜，文献［13］对三层共挤出长效流滴、消雾多功能棚膜进行了详细的介绍，基本情况如下。

9.3.5.1　主要原料

（1）LLDPE　采用 LLDPE 1001。

（2）EVA　VA 含量 5%，熔体指数 0.3g/10min；VA 含量 14%，熔体指数

0.7g/10min。

（3）助剂　流滴剂、减雾剂（氟表面活性剂、硅表面活性剂）、紫外线吸收剂（UV-5411、UV-314、UV-1084 等）、抗氧剂、远红外阻隔剂等。

9.3.5.2　主要设备

（1）共挤出吹膜机组　SJ-120/28 型三层共挤出吹膜机组（汕头金明塑机厂产品）。

（2）混合、造粒设备　GH-10 型高速混合机（山东塑料机械厂产品）；SJ-65 型塑料造粒机组（合肥塑料厂产品）。

9.3.5.3　生产工艺

（1）制造母料　流滴、消雾、保温、抗紫外线等各种助剂均先制成母料，在吹膜前以母料的形式加入 EVA 以及 EVA、LLDPE的混合料中直接吹膜，从而减少配料造粒工序，并保证助剂的良好分散。

① 流滴、消雾、保温母料　生产流程如下：

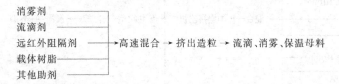

② 防老化、保温母料　生产流程如下：

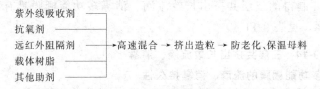

（2）吹塑制膜

① 配方设计　棚膜的流滴、消雾持久性与薄膜内流滴、消雾剂等助剂的含量以及它们向表面的析出、迁移及流失有关，因此在薄膜的中间层中加大流滴、消雾剂的含量有利于延长薄膜的流滴、消雾持久期。另外，在薄膜的外层采用VA含量较低的EVA，以减少外层树脂与流滴、消雾剂之间的相容性，从而有利于减少流滴、消雾剂通过表层向外扩散流失；中间层和内层的EVA树脂采用VA含量高的品级，使之与流滴、消雾剂有更好的相容性，以利于流滴、消雾剂向内表面迁移，以达到在内表面上有较好的流滴、消雾效果。LLDPE有较高的结晶性，对流滴、消雾剂的扩散有较好的阻减效果，故在外层采用较高浓度的LLDPE，以免大量流滴、消雾剂向外迁移、析出的损失，而且LLDPE的使用可增大薄膜的刚性、撕裂强度及耐蠕变性，并降低配方成本；内层适当配入LLDPE，可适度抑制流滴、消雾剂向内表面的迁移与析出，延长流滴、消雾持效期，根据上面的思路，设计、推

荐配方见表 9-13。

表 9-13 三层共挤出长效流滴、消雾多功能棚膜推荐配方

配方组成	配方/质量份		
	外 层	中 间 层	内 层
EVA(5-03)	45	—	—
EVA(14-07)	—	84	71.4
LLDPE 7042	45.4	—	17.8
防老化、保温母料	4.6	2.6	—
流滴、消雾、保温母料	4.6	13.7	10.8

注：本推荐配方用于三层总厚度为 0.1mm 的棚膜。

② 吹塑 吹塑工艺流程如下：

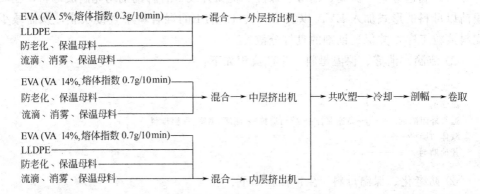

③ 膜的流滴、消雾性 制得的三层共挤出长效流滴、消雾多功能棚膜具有极其良好的流滴、消雾持久性，见表 9-14。

表 9-14 三层共挤出长效流滴、消雾
多功能棚膜的流滴、消雾持久性

编号	薄膜结构	流滴、消雾、保温母料量/质量份			流滴、消雾持久性/天
		外层	中间层	内层	
1 号	EVA、LLDPE 三层共挤出薄膜①	4.6	13.7	10.8	>195
2 号	EVA、LLDPE 三层共挤出薄膜	—	10.0	10.0	>175
3 号	EVA 单层薄膜	10.0	10.0	10.0	>160

① 推荐配方。

④ 薄膜田间试验结果 制得的三层共挤出长效流滴、消雾多功能棚膜经田间试验表现出良好的耐老化性和良好的流滴、消雾持效性，见表 9-15、表 9-16。

表 9-15、表 9-16 中的数据表明，几种多功能薄膜均有尚佳的耐老化性及流滴、消雾持效性，但推荐配方的三层共挤出多功能棚膜具有更好的流滴、消雾持效性。

表 9-15   几种薄膜的耐老化性

编号	断裂伸长率 （纵向/横向）/%	拉伸强度 （纵向/横向）/MPa	18 个月田间试验后	
			断裂伸长率 （纵向/横向）/%	拉伸强度 （纵向/横向）/MPa
1 号	715/860	22/23	525/650	17.5/20.0
2 号	720/860	22/23	525/650	17.9/20.1
3 号	730/875	23/24	530/660	18.2/20.3

注：1 号为推荐配方的三层共挤出棚膜，外层含 LLDPE 45.4 份，中层全部为 EVA，内层含 LLDPE 17.8 份；2 号也为三层共挤出薄膜，外层含 LLDPE 45.4 份，其余为 EVA；3 号为 EVA 单膜。

表 9-16   几种功能薄膜的流滴、消雾持效性

编号	有滴面积/%			雾气程度			滴液持续期/天
	90 天	120 天	150 天	1999 年 12 月 15 日	2000 年 1 月 15 日	2000 年 3 月 15 日	
1 号	11	11～18	18～26	极轻	极轻	极轻	>190
2 号	10	10～18	18～28	极轻	极轻	较轻	>185
3 号	10	10～20	20～32	极轻	极轻	较轻	>165

注：配方编号见表 9-15 注。

9.3.6   高密度聚乙烯与低密度聚乙烯组合的三层共挤出复合薄膜

高密度聚乙烯与低密度聚乙烯虽然均为乙烯的聚合物，但由于分子结构与聚集状态的不同，性能上也存在较大的差异。例如，低密度聚乙烯透明性高，抗撕裂性好，热封温度低，热封性能较好；高密度聚乙烯拉伸强度高，刚性好，耐热性较好，但透明性低，撕裂强度低，柔韧性较差，低温时受小曲率半径曲折时易破裂。采用特定的高密度聚乙烯与低密度聚乙烯组合，制得的 LDPE/HDPE/LDPE 三层共挤出复合薄膜在若干性能上具有相互弥补的作用或协同效应。例如，可制得具有高透明、高强度、可低温热封合等特点的产品，抗撕裂性得到明显的改善等。复合薄膜中使用的低密度聚乙烯也可以用含 VA 的 EVA 代替。

9.3.6.1   采用共吹塑法制造 LDPE/双峰 HDPE/LDPE 三层共挤出复合薄膜

双峰聚乙烯具有强度高、易成型等突出的优点，但透明性差，特别是高密度双峰聚乙烯。由于透明性差，在应用中受到一定的限制，通过与低密度聚乙烯的共挤出复合可有效地克服其透明性差的缺点，制得高透明、高撕裂强度、热封性能优良的共挤出复合薄膜，适用于饮用水等液体包装。

日本住友化学公司发表的专利中曾比较详细地介绍 LDPE/双峰 HDPE/LDPE 三层共挤出复合薄膜的有关技术。该复合薄膜的芯层采用的双峰高密度聚乙烯密度为 $0.940\sim0.965\mathrm{g/cm^3}$；熔体指数为 $0.02\sim0.15\mathrm{g/10min}$（最好是熔体指数在 $0.04\sim0.10\mathrm{g/10min}$ 范围内，并且高负荷熔体指数比值在 $70\sim250$ 之间的双峰树

脂）。文献指出，如果双峰 HDPE 的密度低于 0.940g/cm³，则制得的复合薄膜刚性与强度不足；如果双峰 HDPE 的密度高于 0.965g/cm³，则制得的复合薄膜的拉伸强度、撕裂强度在纵、横方向难以平衡，而且冲击强度低。如果双峰 HDPE 的熔体指数低于 0.02g/10min，HDPE 的熔体黏度过大，成膜性能差，成膜时挤出机负荷明显增加；而当双峰 HDPE 的熔体指数高于 0.15g/10min 时，复合薄膜的强度低。另外，高负荷的熔体指数比值低于 70 时，分子量分布过窄，成膜性能差；高负荷的熔体指数比值大于 250 时，分子量分布过宽，制得的复合薄膜冲击强度低，也不好。采用双峰树脂低分子量级分赋予树脂熔体良好的流动性，并赋予制品良好的表面状态；高分子量级分则赋予泡管良好的稳定性，以及赋予薄膜良好的力学性能。

复合薄膜的内外两表层采用的 LDPE 密度在 0.915～0.930 g/cm³ 之间，熔体指数在 0.18～8.0g/10min 范围内，如果密度高于 0.930g/cm³，不仅制的薄膜低温热封性能不好，而且透明性也下降；如密度低于 0.915g/cm³，复合薄膜容易产生黏闭现象，也不好。LDPE 的熔体指数如小于 0.18g/10min，熔体黏度过大，对于成膜不利；但若熔体指数大于 8.0g/10min 时，熔体黏度太低，成膜时泡管的稳定性差。这里的 LDPE 可以是 VA 含量在 15% 以下的 EVA，或者乙烯与 α-烯烃的共聚物，特别是乙烯-丁烯共聚物、乙烯-4-甲基戊烯共聚物等。

三层共挤出吹塑聚乙烯复合薄膜各层的厚度可以任意调节，但考虑到复合薄膜的高透明性，内外两表面的厚度应不低于 0.005mm。

关于 LDPE/双峰 HDPE/LDPE 三层结构的复合薄膜，在双峰 HDPE 两旁置以一层薄薄的 LDPE 以改善双峰 HDPE 薄膜透明性的机理尚无完满的解释。双峰 HDPE 薄膜之所以透明性差，是由于双峰 HDPE 成膜时结晶，结晶引起薄膜表面糙化而失去透明性，双峰 HDPE 两旁复合上一层不会因冷却结晶而失去透明性的 LDPE，消除了由于薄膜表面糙化而造成的透光率下降，因而以双峰 HDPE 为芯层的三层复合薄膜具有良好的透明性。

实施例

（1）工艺过程　工艺流程如下：

```
LDPE → 外层挤出机 ┐
双峰 HDPE → 中层挤出机 ├→共挤出管状模头→吹胀制膜→冷却收卷→成品包装
LDPE → 内层挤出机 ┘
```

（2）物料组合　内、外层采用 LDPE，密度为 0.924g/cm³，熔体指数为 1.5g/10min；中间层采用双峰 HDPE，密度为 0.953g/cm³，熔体指数为 0.05g/10min，高负荷熔体指数比值为 130 的双峰 HDPE（含有少量丁烯的共聚树脂）的高分子量级分峰值为 2.9×10³nm，低分子量级分的峰值为 67nm，高分子量级分/低分子量级分（质量比）为 44.5∶55.5。

（3）成型条件　中间层挤出机 φ40mm，熔体温度 180℃；内外两表层挤出机

ϕ50mm，熔体温度 180℃；共挤出模头的模唇直径 100mm；吹胀比 4；冷固线距离 600mm。

（4）产品　复合薄膜总厚度 0.06mm，芯层（中间层）厚度 0.04mm；内、外两表层厚度 0.01mm；产品折径 630mm。

采用实施例中的双峰 HDPE，按实施例的条件制得双峰 HDPE 单层薄膜 1，该膜透明性极差，雾度很高，撕裂强度低，见表 9-17。采用实施例中的 LDPE，按实施例的条件制得 LDPE 单层薄膜 2，该膜透明性好，撕裂强度也高，但冲击强度低，刚性及拉伸强度也较差。

采用密度 0.927g/cm³，熔体指数 21g/10min，VA 含量 5%（质量）的 EVA 代替实施例中的 LDPE，按实施例的条件制得 EVA/双峰 HDPE/EVA 三层共挤出复合薄膜 3，该膜透明性好，强度也高，见表 9-17。

表 9-17　产品性能

薄　膜	薄膜结构	雾度/%	冲击强度/(J/m)	埃尔门多夫撕裂强度/(N/cm)	
				MD	TD
实施例	LDPE/双峰 HDPE/LDPE	5.1	8900	300	800
对比膜 1	双峰 HDPE(单膜)	85.0	11800	280	520
对比膜 2	LDPE(单膜)	5.1	1900	700	760
对比膜 3	EVA/双峰 HDPE/EVA	4.5	9300	350	870

9.3.6.2　采用共吹塑法制造 HDPE/LDPE/HDPE 三层共挤出复合薄膜

赤松享采用特定牌号的高密度聚乙烯和低密度聚乙烯的组合，应用共挤出吹塑工艺制得了强度大、柔软、不易破损的 HDPE/LDPE/HDPE 三层共挤出复合薄膜。

该膜使用的 HDPE 密度为 0.941～0.965g/cm³，比较理想的厚度是 10～60μm，两表层的厚度一般相等或者相近，当要求一侧具有较高的耐热性时，该侧的厚度要适当加厚。中间层 LDPE 的密度为 0.910～0.925g/cm³，厚度是 10～90μm。

采用口模直径为 200mm，以吹胀比为 2～3 的条件制造 HDPE/LDPE/HDPE 三层共挤出吹塑复合薄膜及对比薄膜，性能测试结果见表 9-18。

表中的数据表明，用 LDPE 为夹心层制备 HDPE/LDPE/HDPE 复合薄膜时，撕裂强度不仅远远高于 HDPE，而且可以较 LDPE 的单层薄膜具有更高的撕裂强度，体现出 HDPE、LDPE 组合制造共挤出复合薄膜时的协同效应。制得的复合薄膜的拉伸强度明显高于 LDPE 单层薄膜，而接近于 HDPE 单层薄膜，其断裂伸长率则明显高于 HDPE 单层薄膜与 LDPE 单层薄膜。

此外，制得的复合薄膜具有良好的耐热性，能耐 120℃ 的高温；它还具有良好的折叠性，能如同纸一般方便地折出折痕；它可用缝纫机缝合制袋，缝纫穿孔处不致破裂。

表 9-18　HDPE/LDPE/HDPE 三层共挤出

编号	薄膜结构	薄膜厚度/mm	力 学 性 能				
			方向	屈服强度/MPa	拉伸断裂强度/MPa	伸长率/%	埃尔门多夫撕裂强度/(N/mm)
1	HDPE 单膜	0.028	纵向	31	36.8	510	0.25
			横向	26	28.2	467	0.25
2	HDPE 单膜	0.089	纵向	25	26.4	640	0.618
			横向	29.6	32.2	670	1.12
3	LDPE 单膜	0.19	纵向	9.1	18.0	580	2.02
			横向	8.8	20.7	640	3.49
4	HDPE/LDPE/HDPE	0.12	纵向	17.7	27.8	820	2.15
			横向	19.9	31.8	850	2.99
5	HDPE/LDPE/HDPE	0.11	纵向	16.6	34.0	820	2.97
			横向	19.8	34.5	850	6.47

注：1 号薄膜原料为 HDPE，熔体指数为 0.06g/10min，密度为 0.952g/cm³，吹胀比为 4；2 号薄膜原料与 1 号薄膜相同；3 号薄膜原料为 LDPE，熔体指数为 0.5g/10min，密度为 0.923g/cm³，吹胀比为 2；4 号薄膜两表层原料为 HDPE，熔体指数为 0.06g/10min，密度为 0.952g/cm³，中间层原料为 LDPE，熔体指数为 0.5g/10min，密度为 0.923g/cm³，吹胀比为 1.43；5 号薄膜两表层原料为 HDPE，熔体指数为 0.06g/10min，密度为 0.954g/cm³，中间层原料为 LDPE，熔体指数为 0.5g/10min，密度为 0.923g/cm³，吹胀比为 1.43。

9.3.6.3　采用共挤出流延法制造 LLDPE/HDPE/LLDPE 三层共挤出复合薄膜

三井石油化学公司曾在专利中介绍该公司研究的 LLDPE/HDPE/LLDPE 三层共挤出复合薄膜。该膜具有优良的低温热封性、高热封强度、高刚性与高透明度，具有较强的实用性。

LLDPE/HDPE/LLDPE 薄膜的芯层（中间层）使用的 HDPE 密度 0.950～0.970g/cm³，熔体指数 0.3～7.0g/10min；上下两表层使用的 LLDPE 密度 0.910～0.940g/cm³，熔点 113～130℃，熔体指数 0.5～20g/10min，LLDPE 是乙烯-α-烯烃的共聚物，α-烯烃的碳原子的数量在 5～10 之间。

文献指出，如果 HDPE 的密度低于 0.950g/cm³，制得的复合薄膜刚性小，而且 LLDPE 层对薄膜热封性的改善不明显。HDPE 的熔体指数低于 0.3g/10min，熔体黏度过高，成膜困难；但如果高于 7.0g/10min，熔体黏度偏低，也会导致成型性能变坏，而且复合薄膜的机械强度下降，故也不可取。LLDPE 的密度低于 0.910g/cm³，成品表面会发黏，而且耐油性差；密度超过 0.940g/cm³，则复合薄膜的透明性差，热黏性差。LLDPE 的熔体指数不足 0.5g/10min，熔体黏度过高，流延成膜性差，熔体指数大于 20g/10min，熔体的黏度过低，流延成膜性也不好，而且制得的薄膜强度差，薄膜的热封强度低；LLDPE 的熔点低于 115℃，耐热性差，熔点高于 130℃，复合薄膜低温热封性差，因此也不可取。

除上述之外要注意 HDPE、LLDPE 的熔体指数之间的匹配，应控制熔体指数比在 0.5～1.5 范围内，以避免共挤出流延时，在 HDPE 层流和 LLDPE 层流之间，出现界面不稳定现象，确保 LLDPE/HDPE/LLDPE 三层共挤出复合薄膜具有良好的透明性。

实施例 1

（1）工艺过程　工艺流程如下：

LLDPE → 外层挤出机
HDPE → 中层挤出机　　　→共挤出流延模头→流延制膜→冷却收卷→成品包装
LLDPE → 内层挤出机

（2）物料组合　中间层采用 HDPE$_1$，密度为 0.954g/cm^3，熔体指数为 1.2g/10min；两表层采用 LLDPE$_1$，密度为 0.922g/cm^3，熔体指数为 2.48g/10min，熔点为 122℃（在 116℃处有另一峰值），该 LLDPE 是乙烯-甲基戊烯共聚物。

（3）成型条件　中间层挤出机 ϕ65mm，料筒温度 250℃；两表层挤出机 ϕ40mm，料筒温度 240℃；共挤出流延模头为多歧管式，模宽 800mm，模头温度 240℃；冷却辊温度 22℃；成品模总厚度 30μm，中间层厚度 24μm，两表层厚度各为 3μm。

实施例 2

两表层采用密度为 0.935g/cm^3，熔体指数为 2.5g/10min，熔点为 120.5℃的 LLDPE$_2$，该 LLDPE 也是乙烯-甲基戊烯共聚物，其余同实施例 1。

实施例 3

中间层采用密度为 0.963g/cm^3，熔体指数为 1.6g/10min 的 HDPE$_2$，其余同实施例 1。

所制得的 LLDPE/HDPE/LLDPE 三层共挤出流延复合薄膜兼具透明度高、热封温度低、热封强度高、刚性好、机械强度高以及耐低温等优点，其透明度、热封性及机械强度等指标见表9-19。

比较例

以实施例 1 所使用的 HDPE$_1$、LLDPE$_1$ 分别制取单层薄膜，成膜条件同实施例 1，测定相关性能并列入表 9-19，以进行比较。与三层共挤出流延复合薄膜相比，HDPE 单层薄膜的透明性明显降低，LLDPE 单层薄膜的刚性则明显不足。

由表中数据可以看出，以 LLDPE 和 HDPE 为原料，通过三层共挤出流延法可以制得具有优良的低温热封性、高热封强度、高刚性与高透明性的 LLDPE/HDPE/LLDPE 三层共挤出复合薄膜。

（1）热封剥离强度测试方法　使膜重叠，分别在 100℃、110℃、120℃、130℃、140℃、150℃温度下，于 0.2MPa 压力的焊棒下加热焊接 1s；焊棒宽 5mm。切取宽 15mm 的焊接好的试样，以 200mm/min 的速率测定剥离强度。

（2）热黏性试验　使用长 550mm、宽 20mm 的试样重叠，分别在 100℃、110℃、120℃、130℃、140℃、150℃温度下，用长 300mm、宽 5mm 的焊棒于

表 9-19　几种三层共挤出流延薄膜的性能

项　　目	实施例1 LLDPE₁/ HDPE₁/ LLDPE₁	实施例2 LLDPE₂/ HDPE₁/ LLDPE₂	实施例3 LLDPE₁/ HDPE₂/ LLDPE₁	对　比　膜	
				HDPE₁	LLDPE₁
雾度/%	2.1	2.6	2.4	6.3	2.2
冲击强度/(J/m)	13000	13500	11000	12500	19000
热封强度/(N/15mm)					
100℃	3.20	0	3.3	0	3.4
110℃	6.20	0.20	5.2	0	5.8
120℃	10.20	3.5	11.6	3.4	8.9
130℃	13.70	14.40	15.3	6.9	9.6
140℃	14.10	15.60	16.2	7.9	10.3
150℃	14.90	15.90	16.9	15.4	11.5
热黏剥离距离/mm					
100℃	全长	全长	全长	全长	全长
110℃	34	全长	40	全长	45
120℃	9	98	6	全长	8
130℃	8	10	5	158	7
140℃	7	9	6	98	7
150℃	6	7	6	70	4
弯曲刚性/MPa					
纵向	7.2	7.3	7.6	8.0	2.6
横向	7.6	7.8	8.3	8.5	3.1

0.2MPa 压力下加热焊接 1s，除去压力，将各试片挂 0.43N 的负荷，使焊缝强制剥离，以剥离距离评价热黏性。剥离距离越短，热黏性越好。

（3）弯曲刚性测试方法　准备 140mm×140mm 的试片，采用 Handl-O-Meter 仪（美国 Thwing Albert 公司制造），以宽 5mm 的狭缝得出试片的最大弯曲应力，除以试片的厚度，作为弯曲刚性。

9.3.7　易开封薄膜

易开封薄膜具有很大的实用价值。所谓易开封薄膜，是一种可热封的薄膜，采用它包装商品，在薄膜进行热封合加工以后，封口具有良好的密合性能，在商品的储存、运输过程中，它能够有效地防止内容物的泄漏以及外界物质对内容物的污染，对商品有可靠的保护功能。在需要取出商品时，又可将封合处剥离开，方便地将所包装的商品取出来。

易开封薄膜一般采用多层复合结构，至少有主层及热封层两层。主层的作用是赋予薄膜刚性及拉伸强度、撕裂强度，同时它具有高的熔点，以利于封合。热封层也称黏合层，其功能主要是起可靠密封及易于剥离的作用。显而易见，热封层的选取对于易开封薄膜性能的优劣是至关重要的。热封层用料可以采用专用胶黏剂或者专用配方，要求不高时，也可使用特定牌号的通用树脂。除了热封层树脂的选用之外，生产工艺对于易开封薄膜的性能也有重大的影响。下面结合有关文献，对易开封薄膜作扼要的介绍。

9.3.7.1 含专用树脂黏合层的通用型易开封薄膜

高永和等介绍了制造易开封薄膜的干法复合用五层共挤出热封合基膜的方法，该膜采用共挤出流延法生产。经干法复合制得的易开封薄膜可用于聚乙烯容器、聚丙烯容器、聚苯乙烯容器、ABS 容器以及聚氯乙烯容器等多种塑料容器的可开封盖膜。

(1) 设备 意大利 Prandi 公司生产的五层共挤出复合薄膜流延生产线。其主要组成如下。

① 挤出机台 A、C、D 三台挤出机，均为 $\phi 55mm$，$L/D = 30$；B 挤出机为 $\phi 45mm$，$L/D = 30$。

② 共挤出平膜模头 模唇宽 1300mm，有效值 1050mm。

③ 电晕处理装置 美国 AB 公司产品。

④ 测厚仪 美国 NDC 公司产品。

生产流程如下：

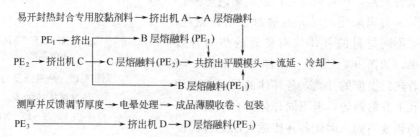

(2) 原料

① 易开封热封合用胶黏剂料 可采用 EVA、EMA 专用热封合树脂，或者 EVA＋增黏剂，或者共混料等，本例采用热封合用胶黏剂料。

易开封热封合用胶黏剂料一般采用改性 EVA，例如美国杜邦公司的 AP-PEEL53007、日本东洋公司的 TOPCO L-3388、法国 LOTRYL 公司的 20MA08、日本 HIRODINE 公司的 WT231 等。

② PE_1 应与热封合用胶黏剂料有良好的黏合性，共挤出薄膜不产生层间分离现象。

③ PE_2 应具有较高的密度，能赋予薄膜良好的刚性。

④ PE_3 它是后续加工中与干法复合胶黏剂直接接触的层面，要求与胶黏剂之间具有良好的黏合性，电晕处理后要有较高的表面张力，同时要防止放卷困难，因此需要对料中的助剂予以重视，例如最好不含或者少含滑爽剂（如油酰胺），而采用无机类开口剂（如二氧化硅）。

各层物料的熔体应具有相接近的流动性，以有助于制得各层厚度均匀性良好的五层共挤出复合薄膜，故除了上面所提到的以外，几种聚乙烯应采用熔体指数相近的物料。

（3）工艺条件　挤出温度为 180～230℃；熔体温度为（250±5）℃；冷却水温度 1 区为（23±1）℃，2 区为（22±1）℃；电晕处理电流为 21A；收卷张力为 30N。

（4）成品薄膜　总厚为（55±2）μm；结构为易开封热封合用黏合剂料/PE$_1$/PE$_2$/PE$_1$/PE$_3$；易开封热封合用胶黏剂料层厚 19μm；干法复合面（PE$_3$）表面张力大于等于 38mN/m，刚成膜时电晕处理强度在 40mN/m 左右；封合温度为 95℃可封合，封合后的薄膜可以揭下。

热封温度高时，盖膜的封合强度提高，如图 9-40 所示。必须强调指出，由于盖膜应当具有易开封性，过大的热封强度是不可取的。国外工业发达国家通常所采用的易开封包装的热封强度一般在 7～12N/15mm 范围内，我国目前装卸、运输条件较差，热封强度可以适当地高一些。

盖膜采用的易开封热封合用胶黏剂，对不同材料的杯体均有良好的热封合效果，如图 9-41 所示。由图可以看出，随着热封温度的升高，各杯体的热封强度均有上升的趋势，但不同杯体封合强度上升的幅度不同，因此各杯体适宜的封合温度

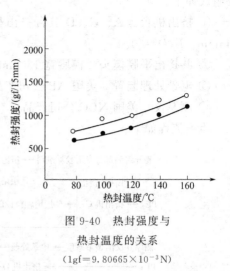

图 9-40　热封强度与
热封温度的关系
（1gf＝9.80665×10^{-3}N）

也不相同，应当根据封口可靠、剥离方便的原则分别加以选取。例如，聚丙烯杯体的封口温度可选取为 100℃ 左右。

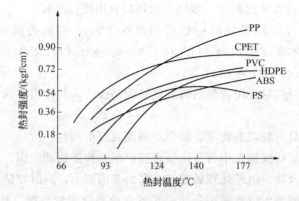

图 9-41　各种材料的热封强度与热封温度的关系
（1kgf＝9.80665N；测试条件：25μm 铝涂层涂于 50μm
厚铝箔上；热封压力 0.212MPa；热封时间 1s；剥离角 15°）

（5）易开封薄膜的基本性能指标　由于易开封薄膜常用于食品包装，廖启忠对易开封薄膜提出了3项要求，可作为易开封薄膜的基本性能指标。

① 与容器间有良好的热封性、易开封性，热封强度在7～12N/15mm之间。

② 具有一定的耐热性，能适应80℃、40min的消毒处理的需要。

③ 具有良好的抗热封污染性，即使被内容物污染，仍具有良好的热封性。因为杯体往往有较高的填充率，例如果冻填充率在95％以上，杯口的污染难以避免，由此可见，易开封薄膜的抗污染性显得相当重要。

除了上述3点之外，易开封薄膜还应该具有较宽的热封温度范围，在该范围之内，封合强度在7～12N/15mm之内。

（6）易开封薄膜的用途　易开封薄膜可用于多种商品的包装，已采用易开封薄膜包装的商品有咖啡、果冻以及方便面等。

9.3.7.2　聚烯烃类容器用易开封薄膜系列产品

日本三井油化公司在专利中介绍了一种以聚丙烯及乙烯-α-烯烃共聚物（LLDPE）为原料，经共挤出流延工艺制造的聚丙烯容器用易开封薄膜。该膜仅局限于聚烯烃容器，但所使用的原料只采用PP和LLDPE，不需要易开封热封合专用黏合料，生产成本较低。

所使用的PP可以是均聚丙烯，也可以是丙烯和15％（质量）以上的其他烯烃（乙烯、1-丁烯、1-己烯、4-甲基戊烯等）的共聚物，或者丙烯-乙烯［5％（质量）以下］-多烯（例如5-亚乙基-2-降冰片烯）的多元共聚物等，PP的熔点通常在130℃以下。

LLDPE的密度为$0.910～0.940g/cm^3$，熔点为110～130℃，熔体指数为0.5～20g/10min。

文献指出，如果LLDPE的密度低于$0.910g/cm^3$，制得的复合薄膜的热封强度过高，剥离时会破边，达不到易开封的要求；如果LLDPE的密度大于$0.940g/cm^3$，制得的复合薄膜的热封强度低，可能在使用过程中发生内容物泄漏的现象。LLDPE的熔点低于110℃，可能导致所制得的复合薄膜的热封强度过高，剥离时会破边；如果LLDPE的熔点高于130℃，制得的复合薄膜的热封强度低，可能在使用过程中发生内容物泄漏的现象。LLDPE的熔体指数低于0.5g/10min，熔体的黏度过高，共挤出流延成膜时会产生薄膜表面毛糙的现象；如果LLDPE的熔体指数高于20g/10min，会导致复合薄膜的强度低，也不可取。

易开封薄膜中热封层LLDPE的厚度为$1～10\mu m$，如超过$10\mu m$，剥离时会产生PP与LLDPE层间的分离，产生易开封膜的残余物。对于PP层的厚度无特别限制，一般为$5～10\mu m$，更为可取的是$5～50\mu m$。

在不损害易开封膜应用（热封与剥离）的前提下，还可在PP和LLDPE中配入各种塑料助剂。

实施例 1

(1) 原料　LLDPE，乙烯-4-甲基戊烯共聚物，密度为 0.922g/cm³，熔点为 122℃，熔体指数为 2.5g/10min，作热封层用。

PP，均聚丙烯，熔体指数为 7.1g/10min，作易开封膜的主层。

(2) 设备　挤出机 1（PP 用）φ65mm；挤出机 2（LLDPE 用）φ40mm；共挤出平膜模头为双流道式，模唇宽 800mm。

(3) 工艺条件　LLDPE 挤出机料筒温度 240℃；PP 挤出机料筒温度 250℃；共挤出平膜模头温度 240℃；冷却辊温度 22℃。

(4) 成品膜　总厚 30μm；PP 层厚 27μm；LLDPE 层（热封层）厚 3μm。

实施例 2

LLDPE 改用乙烯-丁烯共聚物，密度为 0.935g/cm³，熔点为 124℃，熔体指数为 1.8g/10min 的 $LLDPE_1$，其余同实施例 1。

实施例 3

LLDPE 改用乙烯-丁烯共聚物，密度为 0.925g/cm³，熔点为 120℃，熔体指数为 4.0g/10min 的 $LLDPE_2$，其余同实施例 1。

实施例 4

LLDPE 改用乙烯-4-甲基戊烯共聚物，密度为 0.930g/cm³，熔点为 123℃，熔体指数为 2.4g/10min 的 $LLDPE_3$，其余同实施例 1。

实施例 5

PP 改用乙烯含量 3.5％（摩尔）的共聚丙烯 PP_1，其熔体指数为 7.0g/10min，其余同实施例 1。

各实施例的成品膜的性能见表 9-20。

表 9-20　聚烯烃容器用易开封薄膜的性能

项　目	实施例 1	实施例 2	实施例 3	实施例 4	实施例 5
薄膜结构	PP/LLDPE	PP/$LLDPE_1$	PP/$LLDPE_2$	PP/$LLDPE_3$	PP_1/LLDPE
雾度/%	3.9	4.3	4.1	3.3	3.1
冲击强度/(J/m)	15000	14000	14500	13000	26000
热封强度/(N/15mm)					
90℃	0	0	0	0	0
100℃	0.25	0.53	1.2	0.2	0.1
110℃	7.3	4.9	5.5	4.3	6.1
120℃	6.9	5.1	5.3	6.0	6.0
130℃	7.5	5.3	6.1	6.9	6.8
140℃	8.1	5.9	6.3	7.1	7.1

采用制得的易开封薄膜与 PP 片材（厚度为 400μm）相匹配，进行热封合试验，结果见表 9-21。

表 9-21　易开封薄膜与 PP 片材热封合效果

薄　　膜	热封强度/(N/15mm)					
	90℃	100℃	110℃	120℃	130℃	140℃
实施例 1 制得的薄膜	0	0.3	6.2	6.1	6.5	5.8
实施例 3 制得的薄膜	0	0.9	4.9	5.1	7.3	5.9

9.3.7.3　日本易开封薄膜 VMX

易开封薄膜 VMX 是シエイフイルム公司的产品，有以下 3 个种类：PP 容器用的 XB 类；纸塑容器及 HDPE 容器用、面封合用的 Y 型；APET、PS 以及其他用的 ZH 型 3 个市售的类型。

易开封薄膜 VMX 采用三菱化学公司的功能性树脂 VMX 制易开封层，VMX 树脂是结晶性聚合物聚烯烃树脂与非结晶性聚合物聚苯乙烯树脂的聚合物合金。由于存在 PO、PS（黏合与非黏合树脂）的微分散，由加热、加压热封时出现微分散相，通过对黏合树脂与非黏合树脂的微米级控制，控制剥离强度。

（1）XB 系列　XB 系列都是凝集剥离类，剥离后的封合面没有剥离痕迹，剥离界面外表是清洁的，封合强度为 10～23N/15mm，按等级不同而变化，有 6 个品种上市供应，即 10FT、15FT、16C、18C、22FT、1015L。

① XB 系列的特征　无黏闭性，适应封合温度范围广；对挤出复合、干法复合适应性都好；使用温度范围广泛，具有耐急速冷却性（到－40℃）以及用微波炉、热水加热到 90℃ 的耐热性；对环状封合的适应性好；耐油性好；剥离顺利，无震裂。

PP 容器用的 VMX 薄膜性能见表 9-22。

表 9-22　PP 容器用的 VMX 薄膜性能

品级名		XB10FT	XB15FT	XB16C	SMX1015L	XR18C	XR22FT
厚度分类/μm		30,40	30,40,60	30	30	30,50	30
电晕处理		有,卷内面	有,卷内面	有,卷内面	有,卷内面	有,卷内面	有,卷内面
复合类别		干法◎ PE夹心◎	干法◎ PE夹心◎	干法◎ PE夹心◎	干法◎ PE夹心◎	干法◎ PE夹心◎	干法◎ PE夹心◎
结构		单层	单层	单层	单层	单层	单层
材质		PE系	PE系	PE系	PE系	PE系	PE系
煮沸条件		满杯, 90℃, 30min, 通过	满杯, 90℃, 30min, 通过	满杯, 90℃, 30min, 通过	满杯, 90℃, 30min, 通过	满杯, 90℃, 30min, 通过	满杯, 90℃, 30min, 通过
被黏合材料	PP	◎	◎	◎	◎	◎	◎
	PE	×	×	×	×	×	×
	PS	×	×	×	×	×	×
	APET	×	×	×	×	×	×
	PVC	×	×	×	×	×	×
	面面	×	×	×	×	×	◎

品级名	XB10FT	XB15FT	XB16C	SMX1015L	XR18C	XR22FT
剥离形态	凝集破坏	凝集破坏	凝集破坏	凝集破坏	凝集破坏	凝集破坏
食品卫生性	20号,PL	20号,PL	20号,PL	20号,PL	20号,PL	20号,PL
特点	低封合强度,耐油,冷冻时封合强度稳定,抗黏闭性好	中等封合强度,耐油,冷冻时封合强度稳定,抗黏闭性好	中等封合强度,高透明,耐油,冷冻时封合强度稳定,封箴强度好	低温封合性好,耐油,冷冻时封合强度稳定,抗黏闭性好	高封合强度,高温沸、蒸煮,冷冻时封合强度稳定,耐油	高封合强度,高温沸、蒸煮,冷冻时封合强度稳定,耐油
主要用途	人造奶油,部分胶状物,果冻,布丁,冷冻系列食品	部分胶状物,人造奶油,冷冻系列食品,果冻,布丁	果冻,布丁,部分胶状物,冷冻系列食品,点心	布丁,点心容器	米饭,含肉果冻,冷冻系列食品,部分胶状物	果冻,布丁,部分胶状物,冷冻系列食品,碗蒸鸡蛋,豆腐
雾度/%	82	72	8	70	9.6	42

热封强度/(N/15mm)		XB10FT	XB15FT	XB16C	SMX1015L	XR18C	XR22FT
	100℃	0	0	0	0.2	0	0
	120℃	4.0	7.5	7.0	7.3	2.2	7.0
	140℃	8.0	12.0	9.0	11.5	7.1	13.5
	160℃	10.0	17.5	15.0	15.0	20.7	18.5
	180℃	11.0	18.0	17.0	14.8	23.8	19.0
	200℃	10.0	18.0	17.5	14.5	22.0	19.5

注：1. 封合评价方法用 5mm 宽的加热板，加 196kPa 压力 1s，于 180°剥离，拉伸速率为 300mm/min。

2. 资料中复合材料构成为 PET 12μm/PE 30μm/VMX 30μm，被黏合材料 PP 为均聚 PP 片材，PE 为 LDPE 片材。

3. 评价符号：◎为非常好；○为良好；×为不适合。

② XB 系列动向　以前多用于餐后点心，最近采用的例子有冷冻食品用 PP 托盘的盖材，糊状食品、菜肉烩饭等微波加热即食食品，常温解冻的冷冻便当等。另外，人造奶油、含油调味品等商品使用也多。

(2) Y 系列　Y 系列基本上是凝集剥离型，封合强度在 7～11N/15mm 范围内变化的 6 个细目及封合强度为 17N/15mm 的高热封强度的 XR22 共计有 7 个品级上市。其内层覆盖物是 SMX Y-03、SMX Y-04、XR22FT、SMX PY-1000、SM PY-2000，见表 9-23。

表 9-23　PE 容器用的 VMX 薄膜性能

品级	SMX Y-03	SMX Y-04	XR22FT	SMX PY-1000	SMX PY-2000
厚度分类/μm	30,50	30,50	30	50	50
电晕处理	有,卷内面	有,卷内面	有,卷内面	有,卷内面	有,卷内面
复合类别	干法◎ PE夹心◎	干法◎ PE夹心◎	干法◎ PE夹心◎	干法◎ PE夹心◎	干法◎ PE夹心◎
结构	多层	多层	多层	多层	多层
材质	PE系	PE系	PE系	PE系	PE系

品 级		SMX Y-03	SMX Y-04	XR22FT	SMX PY-1000	SMX PY-2000
煮沸条件		满杯填充，85℃，30min，通过	满杯填充，85℃，30min，通过	满杯填充，95℃，30min，通过	满杯填充，85℃，30min，通过	满杯填充，85℃，30min，通过
被黏合材料	PP	×	×	×	×	×
	PE	◎	◎	◎	◎	◎
	PS	×	×	×	×	×
	APET	×	×	×	×	×
	PVC	×	×	×	×	×
	面面	◎	◎	◎	◎	◎
剥离形态		凝集破坏	凝集破坏	凝集破坏	凝集破坏	凝集破坏
食品卫生性		20号，PL	20号，PL	20号，PL	20号，PL	20号，PL
特征		对PE稍低的封合强度，剥离痕迹鲜明地出现在薄膜一边，白浊，滑性大	对PE低的封合强度，剥离痕迹鲜明地出现在薄膜一边，白浊，滑性大	对PE封合强度高，耐热性好，耐油性好	对PE稍低的封合强度，低温封合性好	对PE低的封合强度，低温封合性好
主要用途		PE复合纸容器盖材，面面封合包装，医疗器械包装，面、快餐、冷饮	PE复合纸容器盖材，面面封合包装，医疗器械包装，面、快餐、冷饮	挤压瓶盖材，PE液体容器盖材，微波炉用冷冻食品	PE复合纸容器盖材，面面封合包装，医疗器械包装，面、快餐、冷饮	PE复合纸容器盖材，面面封合包装，医疗器械包装，面、快餐、冷饮
雾度/%		88	91	42	88	92
热封强度/(N/15mm)	100℃	1.2	1.2		0.8	0
	120℃	6.7	3.0	5.0	9.1	7.8
	140℃	10.2	7.1	12.5	9.1	7.4
	160℃	10.3	7.6	17.0	8.4	6.2
	180℃	10.9	8.0	18.5	8.6	6.9
	200℃	11.0	7.8	17.0		

注：1. 评价方法用5mm宽的加热板，加196kPa压力1s，于180°剥离，拉伸速率为300mm/min。

2. 资料中复合材料构成为PET 12μm/PE 30μm/VMX 30μm，被黏合材料PP为均聚PP片材，PE为LDPE片材。

3. 评价符号：◎为非常好；○为良好；×为不适合。

① Y系列的特征 完全没有黏闭性；剥离痕迹是白的；对挤出复合、干法复合加工都适应；热黏性好；封合强度对温度的依存性非常小；剥离顺利，不起丝。

② Y系列的动向 Y系列的用途是HDPE容器、纸塑复合容器用盖材以及面面封合。容器商品应用有酸奶、面、冷食、餐后点心、饮料、管装加工芥末等。

面面封合的商品有咖啡、酱、糖、煮鱼虾、腌菜等。

历来纸容器盖材以热熔胶为主流，但由于近年来地球暖化导致炎夏，产生流通、储存时盖材出现开口的问题。解决这一问题的一种趋势是采用易开封树脂，在它和容器热熔时，发挥易开封性及密封性。另外，受容器再生法的影响，容器轻、废弃物易处理、处理费用低的纸容器增加，因而与其相配用的易开封薄膜的需要量增加，特别是对于纸容器，法兰部分连接处缺料（段差）不完全密封、纸脱落的难题，PY-1000、PY-2000多层薄膜的开发，可以解决此问题，见表9-23。在这种多层结构与容器的密封面之间使用流动性好的聚乙烯与容器自身的聚乙烯熔融黏合。纸容器的缺料部分完全埋在第一层。第二层使用呈现易开封性VMX薄膜的树脂，第三层为HDPE树脂，在第一层、第二层未熔融黏合之前，第三层不熔融黏合，剥离形态上是层间剥离型易开封薄膜。PY-1000、PY-2000多层薄膜的一般性能见表9-24。

表 9-24　PY-1000、PY-2000 多层薄膜的一般性能

项　　目		测 试 方 法	PY-1000	PY-2000	
			中封合强度	低封合强度	
			50μm	50μm	30μm
雾度 /%		JSI K7105	88	92	86
光泽度 /%	封合面	JIS K7105	15	15	19
	复合面	JIS K7105	75	74	71
拉伸强度 /MPa	MD	JIS Z1702	15.5	13.9	19.3
	TD	JIS Z1702	12.9	10.4	12.9
静摩擦系数	封合面 /封合面	JIS K7125	0.4	0.5	0.4
	复合面 /复合面	JIS K7125	0.2	0.4	0.3
封箧强度(160℃封合) /mmHg		—	179	146	130
开封强度(160℃封合) /N		公司自定	12.5	9.3	8.2

注：数据为代表值而非保证值。1mmHg = 133.322Pa。

以前易剥离包装以容器方面的应用为主流，近年来袋子也大量采用，这种包装适合于高龄化社会；易剥离包装还使用在那些不能使用金属件工具的场合，例如飞机上食用的食品、救难小艇常备食品的包装。进而还向通过袋子自身的一定压力，发挥泄漏效果后自开封的、适应微波炉等需要的多样化方向发展。

（3）ZH 系列　ZH 系列多是界面剥离型，但也有部分凝集剥离型（SMXZH-51），封合强度为10～19N/15mm，有4个品级销售，它们是 ZH31FT、ZH41FT、SMX ZH24、SMX ZH51，见表9-25。

表 9-25　通用的 VMX 薄膜性能

品级		ZH31FT	ZH41FT	SMX ZH42	SMX ZH51
厚度分类 /μm		30	30	30	40
电晕处理		有,卷内面	有,卷内面	有,卷内面	有,卷内面
复合类别		干法○ PE 夹心◎	干法△ PE 夹心◎	干法○ PE 夹心◎	干法○ PE 夹心◎
构成		单层	单层	多层	多层
材质		PE 系	PE 系	PE 系	PE 系
沸煮条件		满杯填充, 80℃,30min, 通过	满杯填充, 80℃,30min, 通过	满杯填充, 80℃,30min, 通过	满杯填充, 90℃,30min, 通过
被黏合材料	PP	◎	◎	◎	◎
	PE	×	×	×	◎
	PS	◎	◎	◎	◎
	APET	◎	◎	◎	◎
	PVC	◎	◎	◎	◎
	面面	×	×	×	◎
剥离形态		界面剥离	界面剥离	界面剥离	凝集剥离
食品卫生性		20 号,PL	20 号,PL	20 号,PL	20 号,PL
特征		通用,剥离有强度稍大的剥离感,脉动剥离,不适合冷冻使用	通用,剥离有中等强度的剥离感,稳定剥离,冷冻时稳定	透明性好,通用,剥离有中等强度剥离感,稳定剥离,冷冻时剥离强度稳定	封合强度对温度的依存小,对于 PE、PP、PS、APET 等剥离敏感,稳定剥离,剥离痕迹良好
主要用途		果冻、布丁,凉粉,家常菜,膨化食品(プリスタ)	冷冻微波食品,餐后点心,酸乳酪,腌鱼、肉,鳕鱼子、海产品	冷冻微波食品,餐后点心,酸乳酪,腌鱼、肉,鳕鱼子、海产品	医疗器械包装,与其他树脂配合密封防止商品换包
雾度 /%		70	62	21	92
热封强度 /(N/15mm)	100℃	8.0	6.0	7.0	
	120℃	13.5	7.0	11.0	6.9
	140℃	18	9.5	13.0	10.9
	160℃	18.5	13.5	15.8	11.7
	180℃	19.0	14.5	15.9	12.3
	200℃	21.0	14.0	17.8	12.8

注：1. 封合评价方法用 5mm 宽的热板，加 196kPa 压力 1s，于 180°剥离，拉伸速率为 300mm/min。

2. 资料中复合材料构成为 PET 12μm/PE 30μm/VMX 30μm，被黏合材料 PP 为均聚 PP 片材，PE 为 LDPE 片材。

3. 评价符号：◎为非常好；○为良好；△为差；×为不适合。

第9章　共挤出复合成膜法　301

① ZH 系列的特征　ZH 系列的特征是多种多样的，商品应用有酸乳酪等餐后点心、冷冻食品、工业品、医疗器械等。

② ZH 系列的动向　ZH 系列虽然用于 APET、PS 等通用容器，但除 SMX ZH51 以外，因 PE 容器会产生完全封合的问题，故对 PE 容器是不适合的。随着容器的多样化，开发了相应的、适合的易开封密封；但即使只讲 PS 容器，各公司的配方也是各式各样的，特别是橡胶含有率对于封合强度的经时变化往往是很不适合的。

ZF41FT 在低温下（-30℃）封合强度的降低也非常小，可适用于冷冻食品、工业品等的包装。SMX ZH51 对于温度的依存性非常小，在很大的范围之内封合强度处于定值，由于其剥离痕迹完全呈白色，可用于检查封合是否良好以及防止篡改商品。另外，即使对于 PE 容器也有易剥离性，可利用单一的盖材，广泛地适用于各种容器，是非常方便的易开封密封。而且，SMX ZH51 还具有面面密封剥离性，也可用于医疗器械等方面。

VMX 经常备有下列复合样品（表 9-26），可用这些样品确定容器同 VMX 薄膜间的可配性，以选择、使用最适合的品级。

表 9-26　VMX 经常备有的复合样品

名　称		复　合　结　构	配对容器
与透明薄膜复合制得的样品	P-10	PET 16μm/PE 20μm/VMX XB10FT 30μm	PP 容器用
	P-15	PET 16μm/PE 20μm/VMX XB15FT 30μm	PP 容器用
	P-16	PET 16μm/PE 20μm/VMX XB16C 30μm	PP 容器用
	N-16	OSM Ny 15μm/DL/Ny 15μm/PE 20μm/VMX XB16C 30μm	PP 容器用
	N-18 30	OSM Ny 15μm/DL/Ny 15μm/DL/VMX XR18C 30μm	PP 容器用
	N-18 50	OSM Ny 15μm/DL/Ny 15μm/DL/VMX XR18C 50μm	PP 容器用
	P-22	PET 16μm/干复/VMX XR22FT 30μm	PP 容器用
	P-31	PET 16μm/PE 20μm/VMX ZH31FT 30μm	PS 等通用
	P-41	PET 16μm/PE 20μm/VMX ZH41FT 30μm	PS 等通用
	P-42	PET 16μm/PE 20μm/VMX ZH42 30μm	PS 等通用
	P-51	PET 16μm/DL/VMX ZH51 40μm	PS 等通用
	Y-03	PET 16μm/PE 20μm/VMX Y-03 30μm	PE 容器用
	Y-04	PET 16μm/PE 20μm/VMX Y-04 30μm	PE 容器用
	PY-03	PET 16μm/PE 20μm/VMX PY-03 30μm	PE 容器用
	PY-04	PET 16μm/PE 20μm/VMX PY-04 30μm	PE 容器用
	P-22	PET 16μm/干复/VMX XR22FT 30μm	PE 容器用
	IMX	PET 16μm/PE 20μm/IMX 30μm	PE 容器用
与铝箔、镀铝膜复合的样品	A-10	PET 12μm/干复/AL 9μm/PE 20μm/VMX XB10FT 30μm	PP 容器
	A-15	PET 12μm/干复/AL 9μm/PE 20μm/VMX XB15FT 30μm	PP 容器
	A-22	PET 12μm/干复/AL 9μm/干复/VMX XR22FT 30μm	PP 容器
	ポーション用	PET 12μm/干复/VMPET 12μm/PE 20μm/VMX XB15FT 30μm	PP 容器
	A-31	PET 12μm/干复/AL 9μm/PE 20μm/VMX ZH31FT 30μm	PS 等通用
	A-41	PET 12μm/干复/AL 9μm/PE 20μm/VMX ZH41FT 30μm	PS 等通用

注：样品尺寸为 300mm×25m/卷。

由上述可以看出，日本包装界对易开封薄膜的生产应用相当重视，并已经形成系列产品；对于易开封薄膜这一具有巨大潜在市场的品种，我国目前虽已有易开封薄膜的工业化生产，但生产应用尚相当有限，业内同仁应当对此予以高度重视，加大对易开封薄膜的开发应用研究的力度。

9.3.8 防雾包装薄膜

在使用过程中，包装用塑料薄膜袋内的空气中的水分（湿气）在薄膜的表面上形成雾珠，会明显地降低塑料薄膜袋的透明性，降低包装对商品的展示效果；如果包装的商品是食品，特别是新鲜果蔬之类的商品，袋内湿度较大，当采用普通聚乙烯等聚烯烃薄膜袋时很容易产生结雾现象，而且一旦形成的雾珠滴入所包装的果蔬之类食品类商品的表面上，还会促进细菌繁殖，从而加速蔬菜等商品腐败变质，因此，包装用塑料薄膜常常需要防雾处理。

防止聚烯烃薄膜在使用过程中结雾，通常可以考虑两种处置方法。

① 在制造薄膜以前，在树脂中加入与之有一定相容性的表面活性剂。

② 在制造好薄膜之后，使用表面活性剂对薄膜的表面进行涂布处理。

然而单层塑料薄膜在经过上述防雾处理之后常常会出现一些令人头疼的问题，如薄膜刚性降低，薄膜变得柔软，而且具有较高的黏着性，使制袋时的机械适应性以及热封性下降；又如薄膜的防雾性随着时间的推延很快明显地下降；此外，还可能由于表面活性剂从薄膜的外表面析出，导致薄膜与油墨之间的黏合力明显下降，印刷性严重恶化等。

日本大日本印刷公司研究开发了共挤出多层复合型防雾包装薄膜，可以较好地解决上述单层防雾包装薄膜的众多问题，具有较好的实用性，现将基本情况介绍如下，详见文献［22］。

多层共挤出复合防雾包装薄膜将表面活性剂置于薄膜内层树脂中，并通过各层物料的选取，使表面活性剂只能通过内表面适度析出，产生防雾性；薄膜的外层不允许有表面活性剂析出，因此薄膜的包装机械适应性、印刷性等不受表面活性剂的影响；而且由于表面活性剂只通过内表面析出，可大大延长薄膜的防雾期。

共挤出多层复合防雾包装薄膜内层采用密度为 $0.917\sim0.932g/cm^3$ 的 LDPE（或者混炼表面活性剂后可产生防雾效果的 EVA、离子型树脂等），中间层或外层采用比内层密度高的聚乙烯或者聚丙烯。文献指出，如果内层的 LDPE 的密度低于 $0.917g/cm^3$，可能导致薄膜热封强度的不足；如果密度高于 $0.932g/cm^3$，则可能因树脂结晶性过高，不能混入足够量的表面活性剂，制得的薄膜防雾性不足，而且 LDPE 的密度高，熔点也高，成膜时温度高，可能导致表面活性剂的分解，故也不可取。

所用的用于防雾的表面活性剂，可采用缩水山梨糖醇脂肪酸酯、聚氧化乙烯缩水山梨糖醇脂肪酸酯、甘油脂肪酸酯、氧化乙烯-氧化丙烯嵌段聚合物、聚氧化乙烯烷基醚、聚氧化乙烯烷基苯基醚等。上述酯可以是月桂酸、棕榈酸、硬脂酸、油酸等的酯；上述醚一般用氧化乙烯的加成产物。

实施例 1

密度 0.921g/cm³ 的 LDPE 100 份，混炼 0.1 份聚氧化乙烯壬基酚基醚，1.2 份油酸单甘油酯，0.3 份聚氧化乙烯二醇。以制得的 PE 混合物为内层，密度 0.930g/cm³ 的纯 PE 为外层，制造共挤出复合薄膜，得内层厚 20μm、外层厚 30μm 的复合薄膜。

实施例 2

EVA［VA 含量 5%（质量）］100 份，混炼 1.2 份油酸单甘油酯，0.1 份聚氧化乙烯壬基苯基醚，0.3 份聚乙二醇，以制得的 EVA 混合物为内层，密度 0.922g/cm³ 的纯 PE 为外层，制造共挤出复合薄膜，得内层厚 20μm、外层厚 30μm 的复合薄膜。

实施例 3

将实施例 1 所制得的薄膜经过表面电晕处理。

比较例 1

密度 0.922g/cm³ 的 LDPE 100 份，混炼 0.1 份聚氧化乙烯壬基酚基醚，1.2 份油酸单甘油酯，0.3 份聚氧化乙烯二醇。以制得的 PE 混合物为内层，密度 0.922g/cm³ 的纯 PE 为外层，制造共挤出复合薄膜，得内层厚 20μm、外层厚 30μm 的复合薄膜。

比较例 2

比较例 1 制得的薄膜经过表面处理，结果见表 9-27。

表 9-27　几种塑料薄膜的防雾性

项　目	袋内侧的防雾性		测试、评价方法
	成膜 1 天后	成膜 2 周后	
实施例 1	优	良	
实施例 2	优	良	将 35℃的水加入容积 200mL 的烧杯中，用薄膜将烧杯完全覆盖（内侧向下），经过 10min 冷却到 5℃，观察薄膜结雾情况。优：薄膜全部濡湿；良：薄膜 80%以上的面积濡湿；可：薄膜 60%以上的面积濡湿；不可：薄膜表面形成细小的雾珠
实施例 3	优	良	
比较例 1	优	可	
比较例 2	优	不可	

由表 9-27 所列数据可以看出，采用共挤出复合工艺制造防雾薄膜，如原、辅材料选用得当，可制得性能优良的防雾薄膜。

9.3.9　共挤出拉伸薄膜

拉伸膜是一种应用广泛并具有极大潜在市场的包装材料，最近林渊智等介绍了共挤出拉伸薄膜的基本情况，可供大家参考。

拉伸膜又称缠绕膜，最早以 PVC 为基材，加入 DOA，起增塑剂兼增黏剂的作用，生产 PVC 缠绕膜。由于环保问题、成本高、拉伸性差等原因，PVC 拉伸薄膜逐步被淘汰而转向 PE 类拉伸薄膜的开发研究。PE 类拉伸薄膜起初以 EVA 为增黏材料，但由于既成本高又有味道，因此后来发展用聚异丁烯（PIB）、超低密度聚乙烯（VLDPE）为增黏材料的产品，其基材为 LLDPE，包括 C₄、C₆、C₈ 及茂金属 PE（MPE）。

早期的 PE 拉伸薄膜为单层薄膜，但单层薄膜只能生产双面黏型拉伸薄膜，随着人们对单面黏型拉伸薄膜的需求越来越多以及降低拉伸薄膜配方成本的需要，目前虽仍有单层 PE 拉伸薄膜的生产，但共挤出拉伸薄膜发展很快，已逐渐成为 PE 拉伸薄膜的主导产品。

PE 拉伸薄膜可以采用流延法生产，也可以采用吹塑法生产。当需要较高透明性、较高厚度均匀性的高质量产品时采用流延法生产。由于单层流延不能制造单面黏型的拉伸薄膜产品，应用领域受到局限，双层流延在材料上虽能生产单面黏型的拉伸薄膜产品，但原料的选择余地不及三层流延的大，配方成本也比较高，所以单面黏型的拉伸薄膜以三层共挤出结构较为理想。单层与多层共挤出薄膜的材料和特点见表 9-28。

表 9-28　单层与多层共挤出薄膜的材料和特点

层数	层结构	材　料	特　点
单层	A	LLDPE + 黏结剂	黏结剂添加量高，只能生产双面黏
二层	A/B	LLDPE 或 LMDPE/LLDPE + 黏结剂	可以生产单面黏，但黏结剂添加量也高
三层	A/B/C	LLDPE + 黏结剂/LLDPE/LDPE + LMDPE	配方成本低，能满足不同用户需要

注：黏结剂为 PIB 或其母料或 VLDPE。

（1）流延法工艺条件　流延法生产 PE 拉伸薄膜，由于流道长而窄，流动速度快，熔体温度范围一般控制在 250～280℃，流延冷却辊的温度控制在 20～30℃，收卷张力要低，一般在 10kgf 以内，以利于增黏剂的迁出，同时减少成品膜内应力。

共挤出拉伸薄膜生产中的问题及对策见表 9-29。

表 9-29　共挤出拉伸薄膜生产中的问题及对策

现　象	原　因	对　策
膜卷纸芯凹陷	径向力太大引起	检查纸芯长度，纸芯两端至少要长出 5mm，避免膜紧扣纸芯；减少收卷张力，确保膜的厚度分布均匀；使用质量好的纸芯；确保收卷辊与夹辊之间的平行，以避免轴向张力的变化
黏性差	PIB 没迁出表面	检查收卷张力是否合适，适当减少收卷张力；熔化温度太低，检查各区温度，使用正确的温度
	增黏剂含量太低	避免增黏剂混进其他材料，以致增黏剂含量降低；增加增黏剂用量
	材料污染	有色母料里的无机填料会降低黏性，这些材料不可与增黏剂混合使用；对于共挤，可增大增黏剂层厚度，因为增黏剂会部分迁移到非黏性层
光学性能差	挤出工艺条件不当	提高熔体温度，降低冻结线，适当降低流延冷却辊温度，可以提高光洁程度，降低雾度
熔体破裂	模唇剪切速率太高	提高最后一区的温度；调大模唇

（2）增黏剂的控制　拉伸薄膜通过两紧邻薄膜之间的良好的黏性，将货物包裹、粘牢，达到包装的目的，因此拉伸薄膜的黏性是十分重要的。黏性的获取方法是添加增黏剂，目前应用的增黏剂主要有两种：一种是在高聚物中添加 PIB（或其母料）；另一种

是掺混 VLDPE。

PIB 为半透明黏稠液体，直接添加需有专用设备或对设备进行改造（增加强制喂料装置）；普通设备只能采用 PIB 母料。PIB 析出到薄膜的表面以后，薄膜才具有黏性。PIB 的迁出有个过程，一般要两天，另外还受温度影响，气温高时黏性较强；气温低时黏性较低，经拉伸后黏性更大大降低；因此成品膜最好在一定的温度范围内储存（建议储存温度控制在 15~25℃）。

掺混 VLDPE 黏性稍差，但对设备没有特殊要求，黏性相对稳定，不受时间控制，但也受温度影响。气温高于 30℃ 时相对较黏，低于 15℃ 时黏性稍差。生产中可通过调节黏层 LLDPE 的量以达到所需的黏度。

（3）物理机械性能的控制　高的透明度有利于货物的识别；高的纵向伸长率有利于预拉伸，而且节省材料消耗；良好的耐穿刺性及横向撕裂强度允许薄膜在高拉伸倍率下包装货物，不至于因尖锐的角或边而断裂；高的屈服点使包装后的货物更紧固。

随着材料共聚单体碳原子个数的增加，支链长度增加，生成的共聚物"缠绕或扭结"效应增加，伸长率提高，穿刺强度及撕裂强度也提高。MPE 是高立构规整聚合物，分子量分布很窄，可以准确控制聚合物的物理性能，在性能上较普通 LLDPE 又有进一步的提高，但由于 MPE 分子量分布窄，加工范围也窄，加工性能较差。通常添加 5% 的 LDPE 以降低熔体黏度，增加薄膜的平整度。此外，MPE 的价格较高，为了降低成本，常用适当的 C_4 的 LLDPE 与 MPE 搭配使用。

工业生产中，机械用拉伸膜多采用 C_6、C_8 的 LLDPE 为基材，它们不仅力学性能好，能满足各种包装要求，而且容易加工。手工包装时拉伸倍率较低，多采用价格比较低廉的 C_4 的 LLDPE 作为基材。

材料密度也是影响拉伸薄膜性能的一个因素。随着密度的增加，取向度提高，平整度提高，纵向伸长率提高，屈服强度提高，但横向撕裂强度、穿刺强度及透光率均下降，所以综合各方面的性能，往往在非黏层中添加适量的中密度线型聚乙烯（LMDPE）。添加 LMDPE 还可降低非黏层的摩擦系数，避免包装好的托盘与托盘粘连。

冷却辊温度也会影响拉伸膜性能。冷却辊温度升高，屈服强度提高，但透明性等其他性能下降，所以一般冷却辊的温度以控制在 20~30℃ 为宜。

流延生产线的张力将影响薄膜的平整度及收卷松紧度；当使用 PIB（或其母料）作为增黏剂时，流延生产线的张力还影响 PIB 的迁出，张力大会降低薄膜最终的黏度，故张力一般不大于 10kgf。

（4）拉伸膜的应用　拉伸膜的应用领域很广，主要是与托盘配合使用，对零散商品进行集合包装，有时可起到代替小型集装箱的作用。采用拉伸膜包装往往可降低货物运输包装成本 30% 以上，因而被广泛应用于五金、矿产、化工、医药、食品、机械等多种产品的集合包装。在仓库储存领域，国外也较多地利用拉伸缠绕膜托盘包装进行立体储运，以节省空间和占地面积。

（5）拉伸膜的使用形式实例

① 手工包装 这种包装是缠绕膜包装中最简单的一种，膜装在一个架子上或由手持，由托盘转动或膜绕托盘转，主要用在包好的托盘破损后的重新包装以及普通的托盘包装。这种包装的缺点是速度慢，此外，劳动强度也比较大，手工包装所用薄膜厚度为$15\sim35\mu m$。

② 密封包装 这种包装类似于收缩膜包装，膜绕着托盘把托盘全包起来，然后两个热爪子把两端的膜热封在一起。这是缠绕膜最早的使用形式，并由此发展了更多的包装形式。

③ 托盘机械包装 这是一种最普遍、最广泛的机械包装形式，由托盘旋转或膜绕托盘旋转，薄膜固定在支架上可上下移动。这种包装能力很大，每小时约 15～18 只托盘，所用薄膜厚度为$15\sim25\mu m$。

④ 卧式机械包装 由膜绕着物品转，适合于长的货物包装，如地毯、板材、纤维板、异型材等。

⑤ 小物品的包装 这是缠绕膜的最新包装形式，既可以减少材料消耗，还可以缩减托盘的存放空间。在国外，这种包装最初出现于 1984 年，仅仅 1 年后，市场上就出现了许多这样的包装，此包装形式具有巨大的潜力，所用薄膜厚度为$15\sim30\mu m$。

⑥ 管和电缆的包装 包装设备安装在生产线的最后，完全自动拉伸成膜，既可以代替带子捆缚，又可以起保护作用，所用薄膜厚度为$15\sim30\mu m$。

9.4 阻隔性复合薄膜的共挤出

阻隔性复合薄膜可以通过异种塑料共挤出制得。异种塑料共挤出可充分发挥各层物料的特性，起到取长补短的作用，生产出性能优良的阻隔性复合薄膜，这类复合薄膜是富有实际意义和发展前途的一类产品。

共挤出阻隔性复合薄膜通常由防湿性塑料、阻隔性塑料以及黏合性材料 3 大类物料组合而成，现分别介绍如下。

9.4.1 防湿性塑料

共挤出阻隔性多层复合薄膜所使用的防湿性树脂通常都采用聚烯烃类，即聚乙烯、聚丙烯以及乙烯-乙酸乙烯酯共聚物等物质。防湿性材料除了具有防湿功能之外，在共挤出复合薄膜中往往还有热封合、承载等作用。

9.4.1.1 聚烯烃类树脂在阻隔性多层复合薄膜中的主要作用

（1）作为防潮层 聚烯烃类高分子化合物基本上都是非极性的（或低极性的），具有优良的防潮性，复合薄膜中采用聚烯烃层以后可有效地防止水蒸气的透过，保护多层复合薄膜袋中的物质免受袋外潮气的侵袭（同时也能有效地防止袋中水分的逃逸）。而且在易受潮气影响的尼龙、乙烯-乙烯醇共聚物等阻隔性物质两旁配置有聚烯烃层保护时，可使尼龙、乙烯-乙烯醇共聚物等物质免受水分的影响而保持它们对氧气、二氧化碳等气体的高度的阻隔性，从而使多层复合薄膜能保有高度的阻隔性。

(2) 作为热封层　聚烯烃类聚合物通常都具有优良的热封合性能（同时具有优良的热封合工艺性能——易进行封合和良好的封合强度），成本又比较低廉。因此除了某些特殊需要的场合采用黏合性树脂作为热封层以外，阻隔性多层复合薄膜一般均采用聚烯烃树脂作为热封层。

(3) 作为承载层　聚烯烃聚合物具有良好而均衡的物理机械性能，其机械强度虽不如尼龙之类的某些阻隔性树脂，但价格要便宜得多，因此阻隔性多层复合薄膜都毫无例外地采用聚烯烃树脂为承载层以降低成本，提高复合薄膜的市场竞争能力。

几种常用聚烯烃薄膜的性能见表 9-30。

表 9-30　聚烯烃薄膜的性能

名称及代号	LDPE	MDPE	HDPE	LLDPE	PP	EVA
透明性	较好	可	较差	可	良好	良好
密度 /(g/cm³)	0.910～0.925	0.925～0.940	0.940～0.965	0.910～0.940	0.90	0.94
质量膜面积 /(m²/kg)	110～108	<108～106	<106～101	110～106	111	106
拉伸强度 /MPa	7.0～25	9.4～35	21～50	25～53	21～53	21～35
伸长率 /%	200～600	200～500	100～500	500～700	300～500	400～800
冲击功 /J	0.7～1.1	0.4～0.6	0.1～0.3	0.8～1.3	—	1.1～1.5
撕裂强度(厚膜) /(N/25.4μm)	1～4	0.5～3	0.15～3	0.8～8	0.4～3	0.5～1
热焊温度 /℃	120～180	130～165	135～165	120～180	160～205	100～150
透湿性(30℃,RH 90%,25μm) /[g/(m²·2h)]	约19	7.8～16	4.7～10	约19	7.8～10	约60
透氧性(23℃,RH 0,25μm) /[mL/(m²·24h)]	4000～13000	2500～5200	500～4000	4000～13000	1300～6400	800～10000
最高使用温度 /℃	82～98	104	120	90～120	120	68～82
最低使用温度 /℃	−50	−50	−50	−50	低温不宜	−70

9.4.1.2　主要品种

(1) 聚乙烯　聚乙烯是共挤出多层阻隔性复合薄膜中最常使用的树脂。根据密度的不同，聚乙烯分为低密度聚乙烯（LDPE，密度在 0.925g/cm³ 以下）、中密度聚乙烯（MDPE，密度为 0.925～0.940g/cm³）和高密度聚乙烯（HDPE，密度在 0.940g/cm³ 以上），也有人将中密度聚乙烯与低密度聚乙烯一起统称为低密度聚乙烯。几种聚乙烯共同的特点是物理机械性能均衡，易成型加工，成本低廉，但不同密度及不同熔体指数的聚乙烯性能上有明显差异，其性能还受分子量分布的影响。

密度的大小反映聚乙烯结晶度的大小，因而密度不同的聚乙烯在性能上会表现出明显的差异。随着密度的增加，聚乙烯的机械强度增大，抗蠕变性提高，僵硬性增加，硬度增大，熔点和热变形温度上升，耐溶剂性及耐应力开裂性增加。水蒸气及气体的透过性下降，透明性下降。作为复合薄膜的基材常常需要考虑的是耐热性、透过性、柔软性（僵硬性）、透明性等。例如，用作蒸煮包装时宜选用高密度聚乙烯，当需要较好的柔软性时宜选用密度较低的聚乙烯。

熔体指数能反映聚乙烯分子量的大小，因此熔体指数不同的聚乙烯在性能上也可能表现出较大的差异。一般来讲，当聚乙烯熔体指数大时，熔体流动性增加，制品光泽改善，而耐热性、拉伸强度、延伸率等下降，刚性也有所下降。

两种不同密度的聚乙烯以适当比例掺混使用，可以得到密度介于两种聚乙烯之间的各种物料，并可根据图 9-42 予以估算；将两种不同熔体指数的聚乙烯相掺混使用，也可以得到熔体指数介于两种聚乙烯之间的物料，而且同样可以通过图解估算混合物的熔体指数的数值，如图 9-43 所示。需要指出的是，当使用熔体指数相差很大的聚乙烯掺和使用时，由于混合物分子量分布宽，可能导致其韧性、耐冲击性等性能下降，使用时应当予以注意。

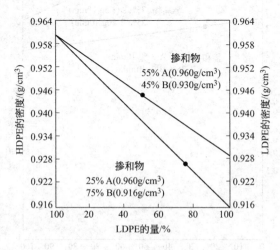

图 9-42　两种 PE 掺混物的配比与密度值

① 线型低密度聚乙烯（LLDPE）　线型低密度聚乙烯是在 20 世纪 70 年代开发的一个品种，目前已成为聚乙烯中应用最多的品种之一，它实际上是乙烯与少量 α-烯烃（如丁烯、己烯等）的共聚物。不同 α-烯烃制得的 LLDPE 在性能上有明显的差异，高碳 α-烯烃（如 8 个碳的辛烯、6 个碳的己烯）制得的 LLDPE 力学性能明显优于低碳 α-烯烃（如丁烯）制得 LLDPE。LLDPE 与普通低密度聚乙烯不同的是，线型低密度聚乙烯具有较为规整的分子结构，在线型的乙烯链上带有很短的共聚单体的支链，其密度除极少数牌号外通常又在聚乙烯的中、低密度范围内，故称为线型低密度聚乙烯。在性能上线型低密度聚乙烯与普通低密度聚乙烯也不尽相同，其中有两个特别值得注意的特点：一是线型低密度聚乙烯具有很好的耐穿刺性，用它做成的塑料薄膜不易穿孔；二是线型低密度聚乙烯具有很好的热封性，封合牢度好，而且具有良好的抗粉尘污染热封性，其性能上的缺陷是透明性较差，成型加工性能不如普通低密度聚乙烯。线型低密度聚乙烯与普通低密度聚乙烯合理的掺混使用，可以达到提高 LDPE 的强度与韧性，改善 LLDPE 的透明性、光泽度以及成型加工性能的目的。

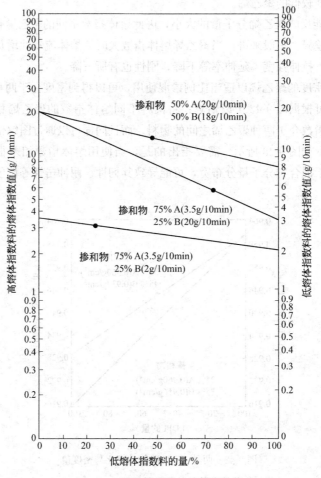

图 9-43 两种掺混物的熔体指数值

② 茂金属聚乙烯（MPE） 20 世纪末工业化的茂金属聚乙烯具有比一般线型低密度聚乙烯更高的分子结构规整性，因而制得的薄膜具有更高的耐穿刺性和更高的热封性，但其成型加工性能较线型低密度聚乙烯逊色。

③ 双峰聚乙烯 通过对分子量分布的控制，可以有效地改善聚乙烯的性能，近年来工业化的双峰聚乙烯，分子量分布具有两个峰值，使之兼具高强度、易成型加工、高耐应力开裂的明显优势，但其透明性明显下降。

（2）聚丙烯（PP） 作为复合薄膜的基材，和聚乙烯相比，聚丙烯的一大突出的优点是具有较高的耐热性，它可经受 121℃ 甚至 145℃ 的高温蒸煮，因而常用作蒸煮薄膜的承载层与热封层，聚丙烯另一突出的优点是透明性较好，当用共挤出平膜法（或者共挤出下吹吹膜法）制备多层复合薄膜时，采用聚丙烯有利于制得具有良好透明性的薄膜。

聚丙烯的缺点主要是制得的薄膜柔性较差，耐低温性欠佳。

（3）乙烯-乙酸乙烯酯共聚物（EVA） EVA 的性能随共聚单体乙酸乙烯酯（VA）的含量不同而有较大的变化，VA 的比例增加，EVA 柔软性、弹性、韧性增大，黏合性提高，熔点及耐热性下降。与聚乙烯相比，EVA 的优良的热封性是一个值得注意的优点，它不仅具有较低的热封温度，而且抗粉尘污染性较好，即使封合面遭受到粉尘的污染也能相当牢固地封合。作为复合薄膜基材，EVA 的主要缺点是耐热性较低，特别是和高密度聚乙烯相比，EVA 的耐热性要低得多。由于 EVA 中含有乙酸乙烯酯这种共聚单体，价格要比聚乙烯高，另外，成型时倘若温度过高或者在挤出机或模头内停留的时间过长，EVA 可能分解，产生令人不愉快的臭味，影响制品的应用，这也是应当予以重视的。

9.4.2 阻隔性树脂

阻隔性树脂通常是指对氧气、二氧化碳、氮气等物质阻隔性好的高分子化合物。这类树脂（除聚偏二氯乙烯等少数品种以外）多半具有或大或小的吸湿性，对水蒸气的渗透的阻隔性较差。可用于制备共挤出复合薄膜的阻隔性树脂有尼龙（PA）、乙烯-乙烯醇共聚物（EVOH）、聚偏二氯乙烯（PVDC）、高丙烯腈类聚合物（PAN）等多种物质，这里就以目前在阻隔性复合薄膜的共挤出成型中应用最多和最有发展前途的尼龙和乙烯-乙烯醇共聚物等品种分别予以介绍。

9.4.2.1 尼龙

尼龙（PA）的化学名称为聚酰胺，是分子链中含有酰胺键的一大类高分子化合物。尼龙最初主要用于生产化学纤维，现在也广泛用于制备塑料制品。应用于制造阻隔性共挤出复合薄膜的尼龙主要是尼龙-6，其次是芳香尼龙 MXD-6。

（1）尼龙-6 作为一种常用的复合薄膜基材，其主要特征如下。

① 具有良好的阻隔氧气、二氧化碳等气体透过的性能 见表9-31，就阻隔性而言，尼龙与聚对苯二甲酸乙二醇酯（PET）相当，仅次于 EVAL、PVDC、PAN 等塑料，但远远优于聚乙烯、聚丙烯之类的聚合物，属于所谓中阻隔性材料之列。

表 9-31 几种塑料的透氧、透二氧化碳性能

塑料名称	透氧率 /[mL/(m² · 24h · 0.1MPa)]		透二氧化碳率 /[mL/(m² · 24h · 0.1MPa)]	
	20℃,65%RH	20℃,80%RH	20℃,65%RH	20℃,80%RH
EVAL EP-F101	0.4	1.0	1	3
EVAL EP-F105	1.0	2.3	4	7
PVDC(挤出级)	4.0	4.0	15	15
PVDC①(乳液涂布)	10	10	50	50
PAN	8.0	11	30	40

塑料名称	透氧率 /[mL/(m²·24h·0.1MPa)]		透二氧化碳率 /[mL/(m²·24h·0.1MPa)]	
	20℃,65%RH	20℃,80%RH	20℃,65%RH	20℃,80%RH
PET	50	50	330	330
PA	50	70	300	420
PVC	240	240	—	—
PP	2500	2500	8000	8000
HDPE	4000	4000	—	—
PC	5000	5000	15000	15000
LDPE	10000	10000	28000	28000
EVA	18000	18000		

① PVDC 涂层厚度为 $2\mu m$ 时的数据,其余是薄膜厚度为 $20\mu m$ 时的数据。

② 耐穿刺性好　耐穿刺性好是尼龙薄膜的一大特点,由于尼龙耐穿刺性特别突出,含尼龙层的复合薄膜不易被物体刺穿,这对于真空包装用薄膜具有特别重要的意义。

③ 耐油性、耐有机溶剂性好　从表 9-32 可以看出,在尼龙的耐油、耐有机溶剂的性能方面,对一些物质的耐透过性略逊于 EVAL,但与 EVAL 基本上处于相同水平,耐四氢呋喃、四氯化碳及二甲苯的性能甚至超过 EVAL。

表 9-32　尼龙-6 与 EVAL 的耐油性、耐有机溶剂性

溶剂名称	溶解度参数/(cal/cm³)⁺	质量增加/%					
		24℃,1个月			20℃,1年		
		EVAL-F	EVAL-E	PA6	EVAL-F	EVAL-E	PA6
石油醚	7.3	0	0	0	0	0.3	0.2
四氯化碳	8.6	0	0	0	3.5	2.11	3.0
二甲苯	8.8	0	0	0	0	0.8	0.7
四氢呋喃	9.1	0.3	0.4	0	膨润	膨润	5.1
苯	9.2	0	0	0	0.04	0.3	1.0
丙酮	9.9	0	0	0	0	2.3	1.2
苯甲醇	12.1	0	0.4	6.7	0.05	1.0	10.8
N,N-二甲基苯甲酰胺	12.1	0.8	5.0	0.3	0.7	10.4	1.8
乙醇	12.7	1.5	3.4	5.2	2.30	6.6	11.4
甲醇	14.5	5.7	13.3	13.0	12.20	16.7	11.5
α-乙二醇	14.6	0.8	1.2	1.2	1.50	2.5	3.2
α-甲基苯	—	0	0.04	0.04	0	0.05	1.5
邻二氯苯	—	0.02	0.01	0.03	0.30	0.05	0.3
色拉油	—	0	0.03	0.04	0.10	0.07	0.2

注: 1cal = 4.1840J。

④ 耐高低温性能好　尼龙-6 薄膜有很宽广的使用温度范围,能在 -60～170℃ 范围

内使用，因此用它和聚丙烯等塑料匹配制得的复合薄膜可耐120℃以上的高温蒸煮。

⑤卫生性能好　无毒，可用于食品、药品等多种商品的包装。

⑥尼龙具有良好的成型加工性能　不需要特殊的加工设备，生产工艺也较易掌握。

（2）芳香尼龙MXD-6　芳香尼龙MXD-6是阻隔性共挤出复合薄膜生产中最有价值的高阻隔性树脂之一，它具有如下突出的特点。

①极好的阻气性，见表9-33。甚至在潮湿状态以及沸水和蒸煮处理以后也有良好的阻隔性。

②和PA6、PA66相比，MXD-6具有高玻璃化温度、高强度、高模量、低吸水性和透水性，此外，结晶速度较慢，对于加工有利，见表9-34。

表 9-33　几种阻隔性树脂透氧率的比较

薄　　膜	透氧率(23℃)/[cm³/(m²·24h·0.1MPa)]		
	60% RH	80% RH	90% RH
尼龙 MXD-6(拉伸)	2.8	3.5	5.5
尼龙 MXD-6(非拉伸)	4.3	7.5	20
EVOH[乙烯 32%(摩尔)]	0.5	4.5	50
EVOH[乙烯 44%(摩尔)]	2.0	8.5	43
PAN	17	19	22
尼龙-6(拉伸)	40	52	90

表 9-34　MXD-6 与 PA6、PA66 性能的比较

性　　能	MXD-6	PA66	PA6	PET
熔点 /℃	237	260	220	255
玻璃化温度 /℃	85	50	48	77
拉伸强度 /MPa	10	7.8	6.3	8.0
拉伸模量 /MPa	480	320	260	310
吸湿率(65%RH,20℃) /%	3.1	507	6.5	<0.5
半结晶期(120℃) /s	600	4.3	8.4	>600
透氧率(23℃,60%RH) /[cm²/(m²·24h·0.1MPa)]	0.045	—	0.69	1.7

③MXD-6应用上的最大障碍是其价格昂贵，约为PA6的2～3倍。

尼龙类共挤出复合薄膜成型加工要点如下。

①尼龙类塑料是亲水性较强的塑料，易于受潮，而且当含湿量大于0.1%时即可能使产品产生气泡，故成型加工以前一般需进行预干燥处理（防潮原包装开启后立即使用可不经过预干燥处理），为防止干燥处理时尼龙氧化变质，可采用真空烘箱进行干燥。倘若用普通鼓风烘箱干燥，预干燥温度以低于100℃为好。

除了烘箱式加热之外，工业化生产也采用沸腾式加热、微波加热等方法对尼龙进行干燥，沸腾式加热、微波加热具有加热效率高、加热时间短的优点，不过一次性投资较大。

②尼龙-6与聚烯烃类塑料之间的亲和性差，在使用尼龙和聚烯烃匹配制共挤出复合薄膜时，必须采用黏合性树脂，改善尼龙层与聚烯烃层之间的结合力，否则可能出现

层间分层问题，没有使用价值。

9.4.2.2　乙烯-乙烯醇共聚物

乙烯-乙烯醇共聚物（EVAL）是日本クラレ公司的乙烯-乙烯醇共聚物的工业化产品。它是一种兼具高阻隔性及优良的成型加工性能的共聚物，是共挤出复合薄膜的一种极好的基材。EVAL 是由 EVA 皂化而得的产物。按其分子结构，可视为乙烯与乙烯醇的共聚物，其结构为 $\cdots(CH_2—CH_2)_n—(CH—CH_2)_m\cdots$ 。在 EVAL 中，通常乙烯组分的含量大体在 30%～50%（摩尔）范围内。由于 EVAL 是共聚结构，随着乙烯与乙烯醇组分含量的不同，其性能也相应变化。乙烯含量增加，对非极性气体（氧气、二氧化碳、氮气等）的阻隔性下降，而成型加工性能及防潮性则有所改善。

（1）EVAL 的特点

① 阻隔气体透过的性能特别优良。它对氧气、二氧化碳、氮气等均有突出的阻隔性，优于多种塑料，属于所谓高阻隔性材料。EVAL 对气体的阻隔性会因温度和湿度的升高而下降，但即使在较高温度及较高湿度的环境下，它仍然具有高的阻隔性，见表 9-31。

② 保香性好。EVAL 及其复合薄膜能长久地保持薄膜袋内香味不致散逸，同时能防止不良臭味从薄膜袋的外部进入。它对于咖啡、沉香醇、薄荷醇等都具有特别突出的阻隔性，见表 9-35。

表 9-35　几种薄膜的保香性

香　　料	LDPE(50μm)	BOPP(20μm)	PET(25μm)	EVOH(25μm)
咖喱粉	× ×	× ×	×	△
大蒜粉	× ×	× ×	×	×
咖啡粉	× ×	×	×	◎
沉香醇	× ×	△	×	◎
甲基紫罗酮	× ×	× ×	△	○
薄荷醇	× ×	× ×	×	◎

注：1. 采用 5cm×10cm 的塑料袋封入样品后，置于容积 250cm³ 的磨口玻璃瓶中，定期检查香气逸出情况。
2. × × 表示香气逸出时间少于 1h；× 表示香气逸出时间少于 1 天；△表示香气逸出时间少于 1 周；○表示香气逸出时间为 7～14 天；◎表示香气逸出时间多于 2 周。

③卫生性能优良。无毒、无味，适用于食品、药物等多种商品包装。

④ 耐油性、耐有机溶剂性超群。它耐多种化学药品及油类物质，可用于油性食品、植物油、矿物油以及多种溶剂包装，见表 9-32。

⑤ EVAL 具有良好的透明性与光泽度；印刷性能好，不经过特殊的表面处理即能进行印刷，外观性能优良。

⑥ EVAL 废弃物易处理，燃烧时不产生危害环境的有害物质。

⑦ EVAL 的一个最大优点是易于成型加工，可采用通用成膜设备成型，其膜片（包括由其制得的复合膜片）具有中等程度的拉伸加工特性，二次加工性能良好。

（2）EVAL 的主要缺点

① 价格昂贵，EVAL 的价格不仅远远高于普通的聚烯烃类塑料，而且较尼龙的价格贵。

② 耐热性有限，用它制成的共挤出复合薄膜不能经受120℃的高温蒸煮。

（3）EVAL 成型加工要点

① EVAL 有一定的吸湿性，制膜时应控制粒料的含湿量低于0.3%，倘若物料受潮，必须经过预干燥以后使用，否则产品会出现气泡之类的缺陷。

② EVAL 的热稳定性较差，当温度超过230℃时，乙烯醇结构可能分解变质，因此挤出成型温度必须控制在220℃以下。

EVAL 长期停留在挤出机中受热，常常会产生凝胶化，引起操作上的麻烦。因此短期关机需加入少量润滑剂到 EVAL 中，并供入高黏度的聚烯烃树脂，排除挤出机中的大量 EVAL 树脂；当长期关机时，则应当在停止操作以后立即做好设备的清理工作。

9.4.3 共挤出复合用黏合性树脂

异种树脂共挤出时，往往会由于树脂间的亲和力差而失去使用价值。共挤出用树脂间的相容性见表9-36，相容性优良的树脂间黏合性能较好。

表 9-36 共挤出用树脂间的相容性

项 目	LDPE	HDPE	EVA	PP	PA	EVAL
LDPE	⊙	⊙	⊙	△	×	×
HDPE		⊙	⊙	×	×	×
EVA			⊙	○	×	×
PP				⊙	×	×
PA					⊙	⊙
EVAL						⊙

注：⊙为优；○为良；△为可；×为差。

解决共挤出异种树脂层间黏合性差的有效措施是利用黏合性树脂与多种树脂均有良好黏合性的特点增设层间黏合层。可以毫不夸大地讲，假如没有性能优越的黏合性树脂，就不可能制得各种性能优良的阻隔性共挤出复合薄膜，因此在我们讨论异种树脂的共挤出复合时必须对黏合性树脂给予高度的重视。

就树脂结构而言，黏合性树脂基本上都是属于以聚烯烃链为主链的、带极性支链（马来酸酐、丙烯酸或丙烯酸盐等）的高分子化合物。极性支链的引入，使它们除了与聚烯烃树脂间有良好的亲和性以外，对尼龙、乙烯-乙烯醇共聚物等高分子物质也具有良好的亲和力。随着共挤出技术的迅速发展，国外已有许多商品牌号的黏合性树脂上市销售，具有代表性的品种择要介绍如下。

9.4.3.1　美国杜邦公司的几种共挤出黏合性树脂

(1) 离子型聚合物 (Ionomer)　具有代表性的离子型聚合物是 Surlyn 系列产品。它是乙烯-丙烯酸盐共聚物,工业化产品有锌盐类及钠盐类两个大类,其中锌盐类可用作共挤出黏合层使用。锌盐类离子型聚合物是最早使用的黏合性树脂,主要特点如下。

① 它和尼龙、乙烯-乙烯醇共聚物等阻隔性树脂以及聚乙烯之间均具有良好的黏合力。

② 耐低温性和耐冲击性好。

③ 耐穿刺性及耐磨性好。

④ 耐油类、脂类及溶剂性好。

⑤ 透光性好,雾度低。

⑥ 卓越的热封性,高的热封强度。

⑦ 具有深拉成型性能。

此外,离子型聚合物具有良好的卫生性能,符合 FDA 对食品包装材料的要求,可用于食品及药物包装,几种锌盐型 Surlyn 的性能见表 9-37。

表 9-37　锌盐型 Surlyn 的性能

性能	1650	1652	1702	1705	1706	1801	1855
低温韧性	⊙	△	△	△	○	⊙	○
耐挠曲龟裂性	△	△	△	⊙	○	△	⊙
韧性	△	△	○	△	⊙	△	○
耐磨性	△	△	○	○	⊙	⊙	△
透明性	△	△	⊙	⊙	△	○	⊙
阻隔油类透过性	○	○	○	○	△	○	△
对尼龙黏合性	△	△	⊙	⊙	△	△	⊙
热封性	△	○	⊙	⊙	○	△	⊙
成型加工方法	AB	ABC	ABC	ABC	AB	AB	AB
分子量	H	H	M	H	M	H	M

注:1.⊙为优;○为良;△为可。A为流延成膜,B为单一及共挤出膜,C为挤出涂覆。
2. 1652 SB 含滑爽剂及抗粘连剂;1652 SR 含滑爽剂及冷却辊脱膜剂。

离子型聚合物的重大缺点是易于吸水,而且由于它自身的熔点又相当低(低于100℃),一旦受潮以后干燥十分困难,需采用真空烘箱在较低的温度下经过长时间的干燥(例如于 60℃真空干燥 8h)后才能投料使用。另外,它的价格昂贵,因此 Surlyn 树脂作为共挤出黏合性树脂的应用受到一定限制,近年来已逐渐被其他黏合性树脂替代。

离子型聚合物作为共挤出黏合性树脂使用的另一局限也是由于它熔点低,不能用于制备高温蒸煮类共挤出复合薄膜。

(2) Bynel 树脂　Bynel 是以 EVA 为基础开发的一种黏合性树脂,它的成本较 Surlyn 低,而且对聚乙烯、尼龙等树脂有很好的黏合牢度,因而具有较强的市场竞争能力，也是杜邦公司当前所推荐的共挤出类黏合性树脂，Bynel 树脂的代表性品种见表 9-38。Bynel 的耐热性差，不能用于高温蒸煮复合薄膜袋等用的共挤出复合薄膜。

表 9-38 共挤出用黏合性树脂 Bynel 选用指南

系列	牌号	熔体指数 /(g/10min)	维卡软化点 /℃	配 用 树 脂
1000	1025	35	35	丙烯腈类,丙烯酸类,PVC,PS,PVDC
1100	1123	6.6	50	PETP,PVC,PS,PC,PO,Ionomer
	1124	25.0	49	
2000	2002	10.0	44	PA,PO,Ionomer
	2022	35.0	55	
3000	3036 (原 E-136)	2.5	60	EVAL,PA,PS,PC,PE,PP,Ionomer
	3048 (原 E-148)	0.9	77	PA,PO,Ionomer,EVAL(中等牢度)
	3095	2.3	82	PA,PO,Ionomer
	E-162	0.8	60	PA,PO,Ionomer,EVAL(中等牢度)
3100	3101	3.5	65	PS,PP,PETG,PC,PA,PVDC,PO,Ionomer 同 301
	E-129	9.0	47	

注: 共挤出薄膜可用 3095、3048、3036; 共挤出涂覆可用 1124、2002、2022、3036; 共挤出管材可用 3036、E-162、3101。

9.4.3.2 美国陶氏化学公司的共挤出黏合性树脂

陶氏化学公司开发的黏合性树脂商品名为 Primacor (即所谓"百马"树脂)，是乙烯-丙烯酸共聚物，主要特点如下。

(1) 对尼龙、聚烯烃、铝、纸等有卓越的黏合性。

(2) 化学稳定性好，对油、脂、酸、盐等均有优良的抵抗能力。

(3) 热封性优良。

(4) 对应力开裂、摩擦、穿刺等均有优良的抵抗能力。

(5) 卫生性能良好，符合 FDA 对食品包装材料的要求。

(6) 不受潮气的影响，这是"百马"树脂较 Ionomer 树脂的一个最大的优点。由于它不易受潮，物料可以不采用防潮包装，储运方便，而且成型加工前不需烘干处理。Primacor 与 Surlyn 吸水性的比较如图 9-44 所示。

突出的热封性是"百马"树脂的另一大优点，"百马"树脂与低密度聚乙烯、高密度聚乙烯以及离子型聚合物热封性的比较如图 9-45～图 9-48 所示。

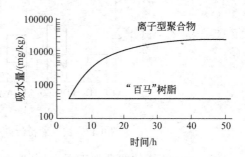

图 9-44 黏合性树脂离子型聚合物和"百马"树脂的吸水性

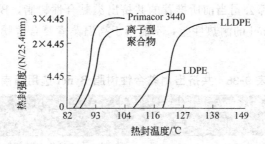

图 9-45　几种树脂的热封性

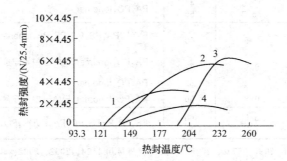

图 9-46　被烟肉脂肪污染的薄膜的热封性

[热封设备：ASKO 热封机薄膜厚度均为 $50\mu m$，上衬

50lb（1lb＝453.59g）牛皮纸，热封时间为 1s，压力为 276kPa]

1—EVA（熔体指数为 2.0g/10min，共聚单体 10％）；2—Primacor 1410（熔体指数为

1.5g/10min，共聚单体 9％）；3—LLDPE（熔体指数为 1.0g/10min，密度为 0.92g/cm³）；

4—Ionomer（熔体指数为 1.3g/10min，钠离子型聚合物）

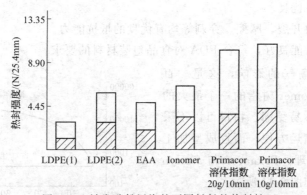

图 9-47　被发酵粉污染的不同材料的热封性

　　Primacor 树脂的成型加工温度因加工方法不同而异，采用流延时的成型加工
温度明显高于吹塑成膜时的加工温度，同时受树脂中共聚单体丙烯酸含量的影响，
部分牌号的成型加工温度见表 9-39。

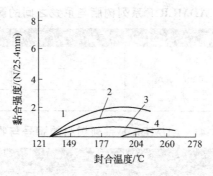

图 9-48 被肉汁污染的薄膜的黏合强度

[测试方法：自由质量热黏测试法，用 Sentinel 热封机

（只加热上层热封棒）样品厚 50μm，以 50lb（1lb＝453.59g）

牛皮纸覆盖，热封时间为 1s，压力为 276kPa]

1—Primacor 1410（熔体指数为 1.5g/10min，共聚单体 9%）；

2—EVA（熔体指数为 2.0g/10min，共聚单体 19%）；

3—Ionomer（熔体指数为 1.3g/10min，Na⁺）；

4—Dow lex LLDPE（熔体指数为 1.0g/10min，密度为 0.92g/cm³）

表 9-39 几种 Primacor 树脂的成型加工温度

性　能	2912	2150	3330	3340	3440	3460	1320	1410	1430
熔体指数 /(g/10min)	12	11	5.5	9.0	10	20	2.5	1.5	5.0
丙烯酸单体含量 /%	9.7	3.0	6.5	6.5	9.0	9.0	6.5	9.0	9.0
加工方法	挤出涂覆						吹塑成膜		
加工温度 /℃	205～260	205～260	205～275	205～275	205～275	205～260	150～230	150～230	150～230

成型加工时应注意，与 Primacor 树脂的熔体接触的设备（料筒、螺杆、成型模等）均应镀铬或镀镍以防锈蚀；停机前应用低熔体指数（2g/10min 左右）的 LDPE 在低于 280℃ 的温度下清洗设备，直到 Primacor 树脂完全排出。

9.4.3.3　日本三井石油化学公司的黏合性树脂

ADMER 是以聚烯烃（HDPE、MDPE、LDPE、PP 等）为基础经接枝改性制得的一大类黏合性树脂，它不仅与聚烯烃类塑料完全相容，而且对尼龙、EVAL 以及金属、纸张等多种材料均具有良好的粘接性能，根据用途的不同，ADMER 可以分为 4 个系列，即 B 系列（复合瓶用）、F 系列（复合薄膜用）、E 系列（挤出涂覆用）以及 P 系列（静电喷涂与流动浸渍用）。ADMER 的卫生性能良好，符合日本卫生部规定的合成树脂制品、容器包装等卫生要求［"厚生省"告示第 98 号（1979 年）］，ADMER F 系列树脂与尼龙之间的黏合强度见表 9-40；ADMER F 系列树脂的牌号与物性见表9-41。

表 9-40 ADMER F 系列树脂与尼龙之间的黏合强度

牌 号	复合膜 PA/ADMER	初始黏合力 /(N/cm)	沸煮后黏合力 /(N/cm)
LF 300		>3	>2.5(98℃,30min)
NF 300	30μm/76μm	>3	>2.5(113℃,30min)
QF 305		>3	>0.25(121℃,30min)

表 9-41 ADMER F 系列树脂的牌号与物性

性能(试验方法 ASTM)	对 PA 的黏合				对 EVAL 的黏合			
	LF 300	LF 305	NF 300	QF 305	VF 500	LF 500	NF 500	QF 500
熔体指数(D238) /(g/10min)	1.2	0.9	1.3	2.0	2.0	1.1	1.8	4.2
密度(D1505) /(g/cm³)	0.92	0.93	0.94	0.93	0.93	0.92	0.92	0.91
屈服强度(D638) /MPa	9.5	7.0	17	28	7.0	9.0	9.5	24
破断拉伸强度(D638) /MPa	18	20	20	45	18	18	7.5	38
伸长率(D638) /%	>500	>500	>500	>500	>500	>500	>500	>500
缺口冲击强度(D256)	不断	不断	不断		不断	不断	不断	
邵尔 D 硬度(D2240)	50	46	56	69	45	48	45	66
熔点(D2117) /℃	110	100	120	160	90	110	120	155
维卡软化点(D1525) /℃	92	85	100	140	74	92	90	150
对 PA 或 EVAL 黏合力[1] /(N/cm)	10	10	10	10	6	6	6	6
形态	粒料				粒料			

[1] 用"三井石油化学法"测得数据。

9.4.3.4 日本三菱油化公司的黏合性树脂

MODIC 也是具有聚烯烃的良好物理性能，而且与 PA、EVAL、PET、金属、纸等多种物质有良好亲和性的高黏合性的聚合物，成型性能也很好。MODIC 的牌号前以英文字母表示各系列。P 表示聚丙烯系列（丙烯类共聚物），H 表示高密度聚乙烯系列（高密度的乙烯类共聚物），L 表示低密度聚乙烯系列（低密度的乙烯类共聚物），E 表示 EVA 系列（EVA 为基础的改性共聚物）。选择 MODIC 的基本原则是使用和被黏合的聚烯烃同一系列的 MODIC，例如，黏合聚丙烯用 P 系列的 MODIC，黏合高密度聚乙烯用 H 系列的 MODIC 等。部分共挤出用黏合性树脂 MODIC 的性能见表 9-42。

表 9-42 MODIC 树脂的性能

性能及测试方法	R-300M (P30F)	H-190F (H20F)	L-100F (L10F)	P-300F (P40B)	H-400C (H40B)	L-400F (L40B)
	PA 共挤出用 (膜用)			EVAL 共挤出用 (瓶用)		
黏合强度(油化法) /(N/20mm)	10	15	9	30	20	20
熔体指数(JIS K6758) /(g/10min)	0.9	0.9	1.5	1.0	0.2	1.0
密度(JIS K6760) /(g/cm³)	0.89	0.95	0.93	0.89	0.94	0.93

性能及测试方法	R-300M (P30F)	H-190F (H20F)	L-100F (L10F)	P-300F (P40B)	H-400C (H40B)	L-400F (L40B)
	PA 共挤出用 (膜用)			EVAL 共挤出用 (瓶用)		
屈服强度(JIS K6760)/MPa	23	24	12	18	19	11
断裂强度(JIS K6760)/MPa	33	34	10	33	26	16
断裂伸长率(JIS 6760)/%	830	1200	700	830	960	800
简支梁冲击强度(K7111)/(J/m)	>300	>300	>300	>300	>300	>300
弯曲模量(ASTM D747)/MPa	620	850	250	610	550	250
熔点(DSC法)/℃	153	133	116	168	133	116
维卡温度(JIS K7206)/℃	125	122	91	130	118	91
脆化温度(ASTM D746)/℃	−5	<−70	<−70	<−10	<−70	<−70

9.4.3.5 法国 NORSOLOR 公司的黏合性树脂

LOTADER 是乙烯、马来酸酐及丙烯酸酯（甲酯、乙酯、丁酯等）经过高压聚合而制得的共聚物，丙烯酸酯单体赋予共聚物链极性，并降低其结晶性，提高 LOTADER 的润湿性与柔软性；马来酸酐以其单体极强的极性与化学活性明显地提高了共聚物的黏合性能。两种共聚单体的合理匹配，可以设计出应用所需要的最佳性能。

（1）LOTADER 主要特征

① 对多种物质具有优良的黏合性能。

② 柔软性好。

③ 低温热封性及热黏性佳。

④ 与聚乙烯间的相容性好，可以以任何比例相混溶。

⑤ 热稳定性好。

⑥ 化学性能良好，不具腐蚀性。

⑦ 使用方便。

⑧ 可与多种塑料与弹性体配伍。

LOTADER 的性能受共聚单体含量及熔体指数的影响，其相互关系见表 9-43。

表 9-43 LOTADER 树脂的性能变化情况

性能	丙烯酸酯＋马来酸酐含量↗	马来酸酐含量↗	熔体指数↗
密度	↗	↗	
结晶性	↘		↘
熔体黏度	↘		↘
维卡温度	↘		↘
弹性模量	↘	↘	↘
拉伸强度	↘		↘
耐冲击性			
23℃	↗		↘
−20℃	↗		↘
−40℃	↗		↘

性　能	丙烯酸酯＋马来酸酐含量↗	马来酸酐含量↗	熔体指数↗
硬度	↗		↘
黏合性能	↗	↗	

注：↗表示升高，↘表示下降。

（2）LOTADER 的应用　LOTADER 树脂对聚乙烯、聚丙烯、聚苯乙烯、尼龙、乙烯-乙烯醇共聚物、聚偏二氯乙烯、聚碳酸酯、聚对苯二甲酸乙二醇酯以及 EVA、离子型聚合物等多种塑料均有极其优良的黏合性能，可用于多层共挤出复合薄膜的黏合层，也可作为热封层使用，与各种塑料共挤配伍的 LOTADER 树脂牌号见表 9-44。共挤出黏合效果示例如图 9-49 所示。

表 9-44　与各种塑料共挤配伍的 LOTADER 树脂牌号

	PET	PVDC	EVAL	PA6、PA66	PS	PC	PP(含共聚物)
PVDC	2400,3700,3410	PVDC					
EVAL	3410,2400,3700	3410,2400,3700	EVAL				
PA6、PA66	2400,3700,3400	3700,2400,3410	2400,3410	PA6、PA66			
PS	3700	3610	3700	3700	PS		
PC	3410,3400,3700	2400,3700,3410	3410,2400,3700	3410,2400,3700	3700	PC	
PP(含共聚物)	3410,2400,3700	3610	3410,2400,3700	3410,2400,3700	3610	3410,2400,3700	PP(含共聚物)
HDPE	3410,2400,3700	3610	3410,2400	3410,2400	3610	3410,2400,3700	3610
LDPE	3410,2400,3700	3610	3410,2400	2200,3200	3610	3410,2400,3700	3610
EVA	3410,2400,3700	3610	3410,2400	2200,3200	3610	3410,2400,3700	3610
Ionomer	3410,2400,3700	3610	3410,2400	2200,3200	3610	3410,2400,3700	3610

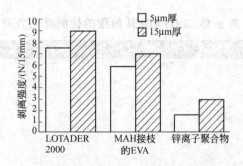

图 9-49　PA/黏合层/PE 复合薄膜层间黏合力

［膜厚结构组成：30μm/15（5）μm/40μm］

9.4.4 阻隔性共挤出复合薄膜实例

9.4.4.1 共挤出吹塑

这里给出了以尼龙-6 和 EVAL 为阻隔层的复合薄膜的基本工艺条件。当采用的树脂牌号不同时，可在此基础上适当加以调整。

含尼龙-6 阻隔层的共挤出吹塑薄膜如下。

(1) PA6/MODIC L-10F/LDPE   PA6 层采用 ϕ45mm 挤出机，温度分布为 195℃、230℃、230℃、225℃；L-10F 采用 ϕ40mm 挤出机，温度分布为 120℃、160℃、175℃、195℃；LDPE 采用 ϕ50mm 挤出机，温度分布为 150℃、160℃、180℃、205℃；模头温度为 240℃。

产品膜总厚度为 80μm，厚度构成为 PA6/MODIC L-10F/LDPE = 20μm/20μm/40μm，层间黏合力为 9N/20mm。

(2) PA6/ADMER LF 300/LDPE   PA6 挤出温度为 250℃；LF 300 挤出温度为 200℃；LDPE 挤出温度为 200℃；模头温度为 240℃。

制得的 PA6/ADMER LF 300/LDPE 三层共挤出薄膜，ADMER LF300 和 LDPE 层间不能剥离，PA6 和 ADMER 层间剥离力为 4N/10mm。

(3) 含 EVAL 阻隔层的共挤出吹塑薄膜   结构为 LDPE/MODIC L-40F/EVAL。EVAL 用 ϕ50mm 挤出机，温度分布为 170℃、190℃、200℃、210℃；MODIC L-40F 用 ϕ40mm 挤出机，温度分布为 140℃、160℃、180℃、190℃；LDPE 用 ϕ45mm 挤出机，温度分布为 140℃、150℃、160℃、170℃；模头温度为 210℃。

产品膜总厚度为 80μm，膜厚构成为 LDPE/MODIC/EVAL = 20μm/20μm/40μm，层间黏合力为 6.5N/20mm。

上述几种共挤出复合薄膜均含有阻隔性树脂层，因而具有良好的阻隔性能，但因是非对称结构，由于成型收缩性能以及吸湿性能的不同，吸湿后易于出现阻隔性能下降以及卷曲等弊病（特别是含尼龙层的三层复合薄膜）。为防止共挤出复合薄膜的卷曲等弊病，可以使用五层共挤出复合机头，参照上述成型工艺条件制取 LDPE/黏合层/PA6/黏合层/LDPE 的五层对称结构的共挤出复合薄膜，从而有效地防止因薄膜不对称结构所引起的卷曲等弊病。

9.4.4.2 五层共挤出流延复合薄膜

文献 [26] 中报道了使用意大利普兰地公司的 92F057 共挤出流延机制造的五层共挤出薄膜。

(1) 薄膜的结构及用途   结构及用途见表 9-45。

(2) 薄膜的原料   原料见表 9-46。

(3) 设备   螺杆直径（mm） A 挤出机 45

　　　　　　　　　　　　　　　　B 挤出机 40

C 挤出机 55

D 挤出机 55

长径比　A 挤出机 30

　　　　B 挤出机 30

　　　　C 挤出机 30

　　　　D 挤出机 30

转速（r/min）　A 挤出机 170/270

　　　　　　　B 挤出机 170/270

　　　　　　　C 挤出机 170/270

　　　　　　　D 挤出机 170/270

表 9-45　五层共挤出流延复合薄膜的结构及用途

型　号	结　　　构	薄膜厚度/μm	应　用　特　性
POHP	PP₁/AD/EVOH/AD/PP₂	80～110	极好的阻隔性，耐 118℃以下高温
EOHE	PE₁/AD/EVOH/AD/PE₂	70～150	高阻隔性，可用于香烟、农药包装
EAP	PE/AD/PA/AD/PP	70～180	肉制品、大米、花生、调味品、中草药、保鲜剂包装
PAP	PP₁/AD/PA/AD/PP₂	80～110	耐 121℃下高温蒸煮或者微波灭菌、烤薯、银耳羹、豆腐干、竹笋包装
EAE	PE/AD/PA/AD/PE	60～80	复合膜用基材，一般与 BOPP 复合

注：表中 AD 表示黏合剂树脂层。

表 9-46　高阻隔性五层共挤出流延薄膜用原料

原　料　名　称	代　号	产　　地
乙烯-乙烯醇共聚物	EVOH	美国杜邦公司、日本クラレ公司
尼龙	PA	日本三菱公司、瑞士 EMS 公司
黏合剂树脂	AD	美国杜邦公司的 Bynel 系列、日本三井公司的 ADMER 系列
聚丙烯	PP	意大利海蒙特公司、德国巴斯夫公司、新加坡 TPC 公司
聚乙烯	PE	上海石化公司、美国陶氏公司、德国拜耳公司

（4）成型加工条件　加工温度（℃）

　　　　　　　　　A 挤出机 210～250

　　　　　　　　　B 挤出机 210～250

　　　　　　　　　C 挤出机 220（240）～250（270）

　　　　　　　　　D 挤出机 210～250

　　　　　　　　　法兰 250～270

　　　　　　　　　模头 240～260

螺杆转速（r/min）　A 挤出机 80～160

　　　　　　　　　B 挤出机 60～140

　　　　　　　　　C 挤出机 20～60

D 挤出机 60～140

模头宽度（mm） 1350

模口间隙（mm） 0.7～1.2

流延辊表面温度（℃） 15～30

气刀压力（Pa） 300～600

（5）产品规格（mm） 宽度1050，厚度0.07～0.20

产品性能见表9-47。

表 9-47 阻隔性共挤出流延复合薄膜的性能

项 目	POHP	EAP	PAP	EAE
拉伸强度 /MPa	36.6	38.1	40.6	39.2
断裂伸长率 /%	487	425	504	488
撕裂强度 /kN	144	113	139	139
热封强度 /(N /15mm)	33.0	21.0	28.4	17.7
透氧率 /[cm³ /(m² · 24h · 0.1MPa)]	1.34	55.8	57.6	67.6
透水蒸气率 /[g /(m² · 24h)]	5.68	6.74	3.93	4.26

注：POHP 结构为 PP_1 /AD /EVOH /AD /PP_2；EAP 结构为 PE /AD /PA /AD /PP；PAP 结构为 PP_1 /AD /PA / AD /PP_2；EAE 结构为 PE /AD /PA /AD /PE

层间剥离强度见表9-48。

表 9-48 阻隔性共挤出流延复合薄膜的层间剥离强度

样品编号	剥离强度 /(N /15mm)		
	PP_1 /AD	AD /PA	AD /PP_2
1	2.91	3.39	3.14
2	3.64	3.45	3.03
3	3.46	3.00	3.35

9.4.4.3 阻隔性共挤出复合薄膜的应用

阻隔性共挤出复合薄膜主要用于包装会因氧气等气体引起变质的商品，如食品、药品等商品。由于含尼龙的共挤出复合薄膜价格比较适中，性能良好，在我国已有较为广泛的应用。尼龙类共挤出复合薄膜的应用如下。

（1）分割猪肉真空小包装 PA 类共挤出复合薄膜是分割畜产品真空小包装最适用的一种包装材料，该类材料因含有 PA 层，不仅阻隔性良好，而且具有很好的耐穿刺能力，在真空包装时薄膜不易被骨头戳穿，可有效地保持包装的完整性，因此用含尼龙层的共挤出复合薄膜包装分割猪肉。采用 PA 类共挤出复合薄膜配之以低温储存，分割猪肉真空小包装的储存期可达 12 个月以上。

（2）烧鸡之类食品的蒸煮包装 以 PA 和 PP 为基础，采用耐高温的黏合性树脂通过共挤出工艺制得的蒸煮型复合薄膜可以经受 120℃高温蒸煮消毒、杀菌，同时它又能比较有效地防止袋外氧气进入袋中，从而能够有效地防止袋内食品的变质，可使商品在室温下的货架期延长到 1～3 个月甚至更长。

（3）大米真空包装　采用 PA 类共挤出多层复合薄膜作为大米真空包装，由于复合薄膜既能有效地防止氧气进入袋中，又能防止潮气进入，因此可以使大米的保质期大大提高，长达半年以上。

（4）服装类商品　服装类商品，特别是羽绒服装之类的体积蓬松的商品，采用尼龙复合薄膜真空包装可以大大缩小体积，降低储存与运输成本。

EVAL 类共挤出复合薄膜与 PA 类共挤出复合薄膜相比具有更好的阻隔性，因而对商品有更好的保护效果，但耐穿刺性欠佳，当用于真空包装时需防止薄膜刺穿的场合，应增设尼龙层，与尼龙配用改善复合薄膜的耐穿刺性。EVAL 有突出的保香性，含 EVAL 层的复合薄膜是香精、香料的优良的包装材料，迈考美公司曾采用含 EVAL 阻隔层的共挤出复合薄膜，包装需要防止香味逃逸的食品烹调佐料，取得了十分理想的效果。可以预期，随着 EVAL 树脂生产工艺的进一步改进、树脂成本的逐步下降以及人们生活水平的不断提高，性能优良的 EVAL 共挤出复合薄膜将得到广泛的应用。

（5）其他加工食品保质包装　阻隔性共挤出复合薄膜包装加工食品，可显著地延长保质期。

① 精制烤薯的保质包装　采用 PAP 共挤出复合薄膜包装精制烤薯，可在不加任何防腐剂的情况下，在室温下储存 3 个月而不致变质。将共挤出复合薄膜及对比薄膜分别制成 150mm×110mm×0.08mm 的塑料袋，将烤薯真空包装后在 110℃ 灭菌，然后置于常温下储藏，观察色泽、香味及变质情况，见表 9-49～表 9-51。PAP 薄膜包装的红薯保存 3 个月后香味仍浓，颜色仅由黄亮变为黄褐，无变质现象，首次出现白花时间长达 108 天；采用 PET/CPP 等材料包装的红薯最多到 2 个月即开始变质，首次出现白花时间不超过 65 天，见表 9-49。

表 9-49　精制烤薯储藏时的色泽的变化

项目	HDPE	PP	PET/CPP	BOPP/CPP	PP₁/AD/PA/AD/PP₂
1个月	黄褐	黄	黄亮	黄亮	黄亮
2个月	褐	黄褐	黄褐	黄褐	黄亮
3个月	暗褐	褐	褐	褐	黄褐

表 9-50　精制烤薯储藏时的香味的变化

项目	HDPE	PP	PET/CPP	BOPP/CPP	PP₁/AD/PA/AD/PP₂
1个月	一般	尚浓	浓	浓	浓
2个月	一般	一般	浓	尚浓	浓
3个月	一般	一般	尚浓	一般	浓

② 香肠的保质包装　含尼龙层的共挤出复合薄膜对香肠的储存保质表现出良好的效果。采用 EAP 薄膜包装香肠，保质期甚至超过 BOPA/PE 复合薄膜，见表 9-52。

表 9-51 精制烤薯储藏时的变质情况

项目		HDPE	PP	PET/CPP	BOPP/CPP	PP₁/AD/PA/AD/PP₂
变质率/%	1 个月	3.64	2.62	0	0	0
	2 个月	10.87	8.63	0	2.20	0
	3 个月	36.50	26.76	6.96	12.83	0
	4 个月	47.46	40.62	20.08	27.56	3.52
	5 个月	76.36	64.80	36.83	42.51	12.67
首次出现白花时间/天		20	29	63	47	108

表 9-52 香肠存放过程中的酸价及差异性分析

包装材料	酸价/(mg KOH/g)						$\bar{x}$	δ^2
	样品1	样品2	样品3	样品4	样品5	样品6		
EAP	3.96	3.96	3.96	3.96	3.70	3.70	3.87	0.018
BOPA/PE	6.06	4.75	4.75	4.22	4.22	4.76	4.79	0.458

注: EAP 结构为 PE/AD/PA/AD/PP。

薄膜制成 280mm×100mm×0.08mm 的薄膜袋, 装入同批号的香肠 (100±2)g, 经真空包装后, 在 (25±1)℃的烘箱中储存 3 个月, 然后取样分析, 测定酸价[中和 1g 油脂所含游离脂肪酸所需 KOH 的质量(mg)], 酸价高表明脂肪被氧化的程度高, 质量标准要求酸价小于等于 4.0mg KOH/g。试验结果表明, 采用 PAP 共挤出复合薄膜包装的香肠符合标准要求, 而采用 BOPA/PE 复合薄膜包装的香肠则已变质, 酸价超过标准的要求。

参 考 文 献

[1] 穆紫. 国外塑料, 1999, (2): 30-34.
[2] 伊藤桢监修. フラスチックス成型加工の复合化技术. 东京シーエムシー社, 1997: 72-85.
[3] 村井六郎. フラスチックス エージ, 1999, 2: 102-107.
[4] 朱复华. 塑料包装, 1998, (2): 16-24.
[5] 马金骏. 塑料挤出成型模具设计. 北京: 中国轻工业出版社, 1993: 68-70.
[6] 法兰克·瑟. 中国包装, 1999, (4): 17-18.
[7] 孔岱东等. 塑料科技, 1990, (3): 47-49.
[8] 日本专利开平 5-329995.
[9] 日本专利开平 1-195043.
[10] 李霖雨. 中国包装技术协会塑料包装委员会第六届委员会年会论文集. 2002: 121-123.
[11] 丁伟. 上海塑料, 1999, (1): 13-18.
[12] 樊兴朝. 塑料包装, 1998, (1): 32-34.
[13] 王胜利. 现代塑料加工应用, 2001, (8): 17-18.
[14] 日本专利开昭 56-62151.
[15] 日本专利开昭 56-21857.
[16] 日本专利开昭 57-64551.
[17] 高永和等. 塑料包装, 1996, (4): 35-37.

[18]　包燕敏. 复合软包装内层材料的发展. 中国包装报，2003，6：23.

[19]　廖启忠. 塑料包装，1996，(3)：31-32.

[20]　日本专利开昭 57-64550.

[21]　桑原雅司等. 包装技术，2003，(2)：6-16.

[22]　日本专利开昭 56-19754.

[23]　林渊智等. 塑料包装，2002，(4)：31-33.

[24]　Glanvill A B. The Plastics Engineer Data Book. The Machinery Publishing Co. Ltd，1971：159-160.

[25]　陈昌杰. 塑料通讯，1994.

[26]　俞晓康等. 塑料包装，1996，(1)：14-18.

第10章 塑料复合薄膜的其他成膜方法

前面介绍了塑料复合薄膜最为常用的几种生产技术（干法复合、挤出涂覆、共挤出复合等）以及采用这些方法制得的一些具有代表性的产品。除了干法复合、挤出涂覆、共挤出复合之外，无溶剂复合、涂布、真空喷镀、热熔胶复合等方法也可以应用于制造塑料复合薄膜，并已用于工业化生产，而且在某些方面或某些特定应用中，还表现出了一些独到的优越性，在第二篇中的第13章中，将对无溶剂复合作详细的介绍，本章仅对涂布、真空喷镀、热熔胶复合等方法分别予以介绍，以便广大读者对塑料薄膜复合工艺的基本情况有一个比较全面的了解。

10.1 涂布

本节所讲的涂布，是指利用高分子物质的溶液或者乳液，在已经制得的塑料薄膜的一个（或者两个）表面上，涂布一层薄薄的、连续而致密的特定涂层从而制造复合薄膜的一种加工方法。采用涂布法制造的复合薄膜，不仅可以将涂布层做得很薄，有效地节约原料，而且可以制造常规塑料成型加工不能或者难以制造的一些品种，因此尽管涂布加工中，要通过加热排除溶液中的溶剂或者乳液中的水分，需要耗费大量的能量，如应用得当，涂布工艺也可获得良好的社会效益和经济效益。

涂布工艺制造的复合薄膜有多种应用形式，有的产品在涂布之后即可直接用于包装，如 BOPP 涂布聚偏二氯乙烯（K-BOPP）；有的涂布型复合薄膜则只能用作复合薄膜的基材，需要经过进一步复合加工，增设热封层、防潮层等功能层之后，才能供实际应用，如 CPP 涂布聚乙烯醇后，必须在涂层上复合一层聚烯烃薄膜作为防潮层、热封层，才具有实际使用价值。除普通包装用的复合薄膜之外，利用涂布方法制造的复合薄膜中，具有实用价值的包装材料还有压敏黏胶带、表面保护膜之类的产品，习惯上人们不把它们归入复合薄膜范畴之内，实际上也是典型的复合薄膜，本章将以适当的篇幅予以介绍。

10.1.1 含聚偏二氯乙烯涂层的复合薄膜

聚偏二氯乙烯（PVDC）的大分子中，含有众多的负离子氯，呈对称分布，结构紧密，内聚力大，分子链不易运动，分子易于结晶（结晶度高达 40% 左右），因此它表现出特别优良的阻隔性，而且兼具有对水、水蒸气的高阻隔性以及对氧气、二氧化碳的高阻隔性，常见塑料薄膜的透湿率见表 10-1，常见塑料薄膜的气体渗透系数见表 10-2。

表 10-1　常见塑料薄膜的透湿率

薄膜种类	PVDC	PP	HDPE	LDPE	PET	RPVC	SPVC	PS
透湿率（40℃，90% RH）/[g/(m²·24h)]	2.5	10	9	16	17	30	100	129

注：RPVC 为硬质聚氯乙烯；SPVC 为软质聚氯乙烯。

表 10-2　常见塑料薄膜的气体渗透系数

气体种类	气体渗透系数（温度 30℃，薄膜厚度 25μm）/[cm³·cm/(cm²·s·atm)]					
	LDPE	PP	HDPE	PA6	PET	PVDC
N_2	1029	—	205.8	7.35	5.88	0.88
O_2	3528	1736	588	29.4	23.52	4.1
CO_2	20580	7060	2940	117.6	76.4	22.05

　　PVDC 薄膜或经 PVDC 乳液（或者溶液）涂布加工而制得的含 PVDC 涂布层的复合薄膜，是阻隔性突出的一类软包装材料，在食品、药品及香烟等商品的包装中，得到了广泛的应用，而且含 PVDC 涂层的薄膜，由于 PVDC 涂层极薄，PVDC 树脂的耗用量极少，成本相对较为低廉，在实际应用中，具有较强的竞争力。PVDC 乳液及溶液已用于纤维素薄膜（赛璐玢）、双向拉伸聚丙烯薄膜、聚乙烯薄膜、尼龙薄膜、聚酯薄膜以及聚氯乙烯薄膜等多种塑料薄膜的涂布处理，经 PVDC 涂布处理的薄膜，为了与未经涂布处理的薄膜相区别，常在经 PVDC 处理的薄膜前面，加英文字母 K。例如，KPET 表示经 PVDC 涂布处理过的 PET 薄膜，KPT 表示经 PVDC 处理过的赛璐玢等。

　　经 PVDC 涂布处理后的薄膜，其阻隔性显著提高，PVDC 涂层对 PE 薄膜阻隔性的影响见表 10-3，PVDC 涂层对 BOPP 薄膜阻隔性的影响见表 10-4，PVDC 涂层对 PET 薄膜阻隔性的影响见表 10-5，PVDC 涂层对 PA 薄膜阻隔性的影响见表 10-6，PVDC 涂层对硬质 PVC 薄膜阻隔性的影响见表 10-7，PVDC 涂层对 PS 薄膜阻隔性的影响见表 10-8。

表 10-3　PVDC 涂层对 PE 薄膜阻隔性的影响

PE 薄膜厚度 /μm	PVDC 涂层 /(g/m²)	透湿率 /[g/(m²·24h)]		气体透过率（20℃）/[cm³/(m²·24h·0.1MPa)]		
				O_2	N_2	CO_2
70	0(未涂布)	a	7	2000	1000	12000
		b	1.2			
	5	a	1.5	<5	<5	300
		b	0.5			

PE 薄膜厚度/μm	PVDC 涂层/(g/m²)	透湿率/[g/(m²·24h)]		气体透过率(20℃)/[cm³/(m²·24h·0.1MPa)]		
				O_2	N_2	CO_2
100	0(未涂布)	a	6	1500	800	9800
		b	0.9			
	5	a	1.3	<5	<5	100
		b	0.5			

注：条件 a，90%RH，38℃；条件 b，85%RH，20℃。

表 10-4 PVDC 涂层对 BOPP 薄膜阻隔性的影响

BOPP 薄膜厚度/μm	PVDC 涂层/(g/m²)	透湿率/[g/(m²·24h)]		气体透过率(20℃)/[cm³/(m²·24h·0.1MPa)]		
				O_2	N_2	CO_2
15	0(未涂布)	a	7.7	2000	800	4000
		b	2.5			
	5	a	6.1	5	5	150
		b	0.4			
20	0(未涂布)	a	7.0	1200	600	3200
		b	2.0			
	5	a	5.2	5	5	100
		b	0.9			
30	0(未涂布)	a	6.5	800	400	2800
		b	1.2			
	5	a	4.0	5	5	100
		b	0.7			

注：条件 a，90%RH，38℃；条件 b，85%RH，20℃。

表 10-5 PVDC 涂层对 PET 薄膜阻隔性的影响

BOPP 薄膜厚度/μm	PVDC 涂层/(g/m²)	透湿率/[g/(m²·24h)]		气体透过率(20℃)/[cm³/(m²·24h·0.1MPa)]		
				O_2	N_2	CO_2
12	0(未涂布)	a	35	110	20	500
		b	14			
	5	a	4.5	<5	<5	50
		b	0.5			
40	0(未涂布)	a	20	50	10	150
		b	6.0			
	5	a	5.5	<5	<5	50
		b	0.4			

BOPP 薄膜厚度 /μm	PVDC 涂层 /(g/m²)	透湿率 /[g/(m²·24h)]		气体透过率(20℃)/[cm³/(m²·24h·0.1MPa)]		
				O₂	N₂	CO₂
50	0(未涂布)	a	11.5	20	5	120
		b	3.0			
	5	a	7.5	<5	<5	40
		b	0.3			
100	0(未涂布)	a	7.0	10	<5	60
		b	1.5			
	5	a	4.8	<5	<5	40
		b	0.2			

注：条件 a，90%RH，38℃；条件 b，85%RH，20℃。

表 10-6　PVDC 涂层对 PA 薄膜阻隔性的影响

PA 薄膜厚度 /μm	PVDC 涂层 /(g/m²)	透湿率 /[g/(m²·24h)]		气体透过率(20℃)/[cm³/(m²·24h·0.1MPa)]		
				O₂	N₂	CO₂
35	0(未涂布)	a	210	20	15	200
		b	28			
	5	a	11	<5	<5	50
		b	1.4			
50	0(未涂布)	a	140	10	10	150
		b	20			
	5	a	8	<5	<5	50
		b	0.5			
100	0(未涂布)	a	70	<5	<5	75
		b	10			
	5	a	4.5	<5	<2	30
		b	0.2			

注：条件 a，90%RH，38℃；条件 b，85%RH，20℃。

表 10-7　PVDC 涂层对硬质 PVC 薄膜阻隔性的影响

硬质 PVC 薄膜厚度 /μm	PVDC 涂层 /(g/m²)	透湿率 /[g/(m²·24h)]		气体透过率(20℃)/[cm³/(m²·24h·0.1MPa)]		
				O₂	N₂	CO₂
30	0(未涂布)	a	25	100	50	500
		b	5			
	5	a	7.7	<5	<5	100
		b	0.8			

硬质PVC薄膜厚度/μm	PVDC涂层/(g/m²)	透湿率/[g/(m²·24h)]		气体透过率(20℃)/[cm³/(m²·24h·0.1MPa)]		
				O_2	N_2	CO_2
40	0(未涂布)	a	20	80	30	450
		b	3			
	5	a	7.7	<5	<5	100
		b	0.5			
100	0(未涂布)	a	12	30	20	320
		b	2			
	5	a	4.5	<5	<5	100
		b	0.5			
200	0(未涂布)	a	7.7	20	10	280
		b	0.8			
	5	a	4.0	<5	<5	100
		b	0.3			

注：条件a，90%RH，38℃；条件b，85%RH，20℃。

表10-8 PVDC涂层对PS薄膜阻隔性的影响

PS薄膜厚度/μm	PVDC涂层/(g/m²)	透湿率/[g/(m²·24h)]		气体透过率(20℃)/[cm³/(m²·24h·0.1MPa)]		
				O_2	N_2	CO_2
30	0(未涂布)	a	93	2400	850	16000
		b	31			
	5	a	7.7	5		300
		b	0.9			
50	0(未涂布)	a	58	1500	500	10000
		b	25			
	5	a	5.5	5	3	230
		b	0.4			
100	0(未涂布)	a	32	700	250	5200
		b	11.5			
	5	a	4.5	2	1	180
		b	1.0			

注：条件a，90%RH，38℃；条件b，85%RH，20℃。

10.1.1.1 涂布用PVDC乳液

涂布用PVDC乳液，是采用偏二氯乙烯与少量共聚单体（主要是丙烯酸类单体）的共聚体的乳液，共聚单体的引入，使PVDC树脂的熔融温度下降，从而拉开熔融温度与分解温度的距离，有利于成膜以改善 PVDC 乳液的涂布工艺性能，共聚单体的含量通常控制在一个较低的水平（仅 10％左右），以使制得的 PVDC 树脂具有优良的阻氧、防潮性。

塑料薄膜涂布 PVDC 的目的是改善阻隔性，主要是改善阻氧、防潮性。不言而喻，所选用的 PVDC 树脂，必须具有良好的阻隔性，除此之外，还必须具有良好的抗粘连性以及较好的乳液储存稳定性。下面介绍"吴羽法"对这些性能的评价。

（1）PVDC 乳液的涂布加工性 PVDC 乳液的涂布加工性的评价，可以通过肉眼观察的方法加以实施，即在通过电晕处理的 BOPP 的表面上，涂上聚氨酯底胶，涂布量为 0.3g/m²，然后在 80℃的烘箱中加热干燥 30s，再在聚氨酯底胶的涂布面上，涂布 PVDC 乳液（乳液的表面张力调整为 40mN/m），涂布量为 5g/m²（固体量），在 80℃的烘箱中加热干燥 30s，取出经过干燥处理的薄膜进行观察，若无裂纹、无凹凸斑，则认为涂布性能良好，反之，则为涂布性能不佳。

（2）抗粘连性 抗粘连性是指薄膜经过 PVDC 涂布加工之后，应该具备良好的抗粘闭性。将经过 PVDC 涂布的、厚 20μm 的 BOPP 薄膜，制成长 50cm、宽 15cm 的试样，以（25±1.0）N 的张力，卷到直径 25.4mm 的、表面平滑的 PVC 管上，用玻璃黏胶带粘住薄膜的终端，在 40℃放 4h，缓慢放卷，若该膜涂布面与基膜之间不产生粘连，基膜表面的凹凸纹不刻在涂膜表面上，表示抗粘连性好，反之，则表示抗粘连性差。

加入 1％～2％的高细度的二氧化硅，或者蜡的胶乳，可以防止 PVDC 涂层产生粘连，但高温蒸煮用 PVDC 涂布薄膜，不可在 PVDC 中加入胶乳；另外，抗粘连剂的用量不宜过多，否则会对涂布薄膜的雾度、光泽度以及油墨附着性等产生明显的负面影响。

（3）乳液的成膜寿命 采用在（20±1）℃的储存温度条件下，从聚合制取乳液，到涂布试验开始产生裂纹所经过的时间，予以表征，性能良好的 PVDC 乳液，成膜寿命应多于 3 个月。

10.1.1.2 PVDC 涂层厚度的确定

含 PVDC 涂布的薄膜，其物理机械性能首先取决于基膜的种类及薄膜的厚度，涂层的厚度的主要贡献是改善薄膜的阻隔性。在实际应用中，PVDC 涂布薄膜，通常根据它所包装的商品，来设定基膜及涂层的厚度，例如香烟包装用 K-PET、K-BOPP 薄膜，基膜厚度为涂布膜总厚的（85±3）％［即涂布层为涂布膜总厚的（15±3）％］，Ⅰ型食品、药品包装用 K-PET、K-BOPP、K-BOPA，基膜厚度也为涂布膜总厚的（85±3）％；Ⅱ型食品、药品包装用 K-PET、K-BOPP、K-BOPA 均为双面涂布产品，基膜厚度为涂布膜总厚的（77.5±2.5）％。海南塑料公司的部分 K-BOPP、K-PET、K-BOPA 薄膜的结构及用途见表 10-9。

表 10-9　K-BOPP、K-PET、K-BOPA 薄膜的结构及用途

型号	产品结构	厚度 /μm	主要用途
TY₁	PVDC /AD /BOPP /AD /PVDC	20～23	
TY₂	PVDC /AD /BOPP /AD /PVDC	20～23	
TY₃	PVDC /AD /BOPP /AD /PVDC	22～23	香烟包装
TY₄	PVDC /AD /BOPET /AD /PVDC	16～20	
TS₁Ⅰ	PVDC /AD /BOPP	16～50	
TS₁Ⅱ	PVDC /AD /BOPP /AD /PVDC	18～55	
TS₂Ⅰ	PVDC /AD /BOPET	14～50	
TS₂Ⅱ	PVDC /AD /BOPET /AD /PVDC	16～55	食品、药品包装
TS₃Ⅰ	PVDC /AD /BOPA	16～55	
TS₃Ⅱ	PVDC /AD /BOPA /AD /PVDC	18～55	

注：AD 为底胶。

10. 1. 1. 3　PVDC 涂布工艺

工艺过程如下：

基膜→表面电晕处理→涂底胶→红外干燥[①]→热风干燥→涂 PVDC（面胶）→红外线干燥→热风干燥→卷取→制品熟化[②]→产品

注：① 通过远红外线快速升温干燥，可以防止涂层表面结皮，有助于涂层的干燥。

② 通过熟化可使 PVDC 涂层均匀结晶，防止涂层因结晶不均匀出现龟裂的弊病，以获得高阻隔性的产品。

薄膜需进行双面涂布处理时，重复上述涂布施工。

香烟包装用 K-BOPP、K-PET 的涂布条件如下：表面处理使基膜的表面张力达到 45mN/m 以上；底胶热风干燥温度为 80～120℃；底胶涂布量为 0.4～1.0g/m²；PVDC 涂胶量为 2.5～4.0g/m²；PVDC 干燥温度为 95～120℃；熟化条件为 40～50℃、48h。

注：上述条件为德国 Busch 公司生产的 PVDC 涂布生产线的生产工艺条件，该生产线采用逆向轻接触式网辊涂布，生产线速度为 150～200m/min。干燥采用远红外线干燥和热空气喷射相结合的干燥方法。

10. 1. 1. 4　PVDC 涂布薄膜的性能和包装效果

（1）PVDC 涂布薄膜的性能　香烟包装用 PVDC 涂布薄膜的物理机械性能见表 10-10，食品、药品包装用 PVDC 涂布薄膜的物理机械性能见表 10-11。从表中所列数据可以看出，含 PVDC 涂层的薄膜，具有良好的综合性能，除了保持原基膜所固有的、包装材料需要的良好物理机械性能之外，还拥有较普通薄膜更加优良的阻隔性。

表 10-10　香烟包装用 PVDC 涂布薄膜的物理机械性能

项　　目		TY₁(K-BOPP)(22μm)	TY₄(K-PET)(18μm)
拉伸强度 /MPa	纵向	121	195
	横向	220	223
断裂伸长率 /%	纵向	138	155
	横向	31	118
热收缩率 /%	纵向	2.0	1.28
	横向	1.0	0.10
摩擦系数	动	0.30	0.25
	静	0.40	0.28
热封强度 /(N/15mm)		1.5	2.45
雾度 /%		3.0	3.5
氧气透过率 /[cm³/(m²·24h·0.1MPa)]		12	8
水蒸气透过率 /[g/(m²·24h)]		4	6

表 10-11　食品、药品包装用 PVDC 涂布薄膜的物理机械性能

项　　目		TS₁ Ⅰ(K-BOPP)	TS₂ Ⅰ(K-PET)	TS₃ Ⅰ(K-BOPA)
拉伸强度 /MPa	纵向	145	162	218
	横向	208	183	265
断裂伸长率 /%	纵向	150	108	126
	横向	54	92	94
热收缩率 /%	纵向	3.0	1.38	0.81
	横向	0.10	0.59	0.82
热封强度 /(N/15mm)		1.10	1.09	1.45
雾度 /%		2.0	3.5	3.2
氧气透过率 /[cm³/(m²·24h·0.1MPa)]		14	10	11
水蒸气透过率 /[g/(m²·24h)]		4	6	15

（2）包装效果

① 香烟包装　含 PVDC 涂层的薄膜，用于香烟包装，较采用普通 BOPP 薄膜包装，其效果有明显的改善。由于 PVDC 涂层的存在，薄膜耐烟标纸中的残余溶剂的渗透性明显改善。同时，所包装的香烟的香味不易逃逸，能在更长的时间内保持浓郁的香味，含 PVDC 涂层的薄膜用于香烟包装时的商品外观效果见表 10-12，含 PVDC 涂布层的薄膜用于香烟包装时的保香性见表 10-13。

② 食品包装　文献[1]中，还提供了采用含 PVDC 涂布层的复合薄膜 BOPP/AD/PVDC/PE（总厚 48μm），替代市售方便面调料的包装材料（普通市售方便面调料油包装材料为 BOPP/AD/CPP；方便面调料酱包装材料为 BOPP/AD/CPP，方便

面调料用干菜与粉料的包装材料为 BOPP/AD/AL/CPP）。通过对包装进行对比试验，所获取的数据表明，含 PVDC 涂层的复合薄膜，包装效果均十分良好，干菜与粉料包装的结果甚至表明，含 PVDC 涂层的复合薄膜，在某些应用中（例如方便面调料用干菜与粉料的包装），表现出与含铝箔的复合材料相当的包装效果，含 PVDC 涂层的复合薄膜 BOPP/AD/PVDC/PE 包装方便面调料时的效果见表 10-14。

表 10-12　含 PVDC 涂层的薄膜用于香烟包装时的商品外观效果

香烟品牌		沛公			遵义			邕州		
烟标颜色		桃红色			深红色			浓红色		
烟标印刷方法		凹版印刷			平版印刷			平版印刷		
薄膜种类		BOPP	TY₁	TY₄	BOPP	TY₁	TY₄	BOPP	TY₁	TY₄
观察时间	1 周	◎	◎	◎	◎	◎	◎	◎	◎	◎
	2 周	◎	◎	◎	◎	◎	◎	◎	◎	◎
	4 周	◎	◎	◎	◎	◎	◎	※	◎	◎
	6 周	◎	◎	◎	※	◎	◎	◎	◎	◎
	8 周	◎	◎	◎	※	◎	◎	△	◎	◎
	10 周	◎	◎	◎	△	※	◎	△	◎	◎
	12 周	※	◎	◎	△	※	◎	▲	◎	◎
	16 周	※	※	◎	▲	△	◎	▲	▲	◎

注：1. BOPP，22μm；TY₁ PVDC/AD/BOPP/AD/PVDC，22μm；TY₄ PVDC/AD/BOPET/AD/PVDC，18μm。

2. ◎表示薄膜外观无变化；※表示薄膜外观略起点、起皱，起点数≤5；△表示薄膜外观比较明显地起点、起皱，起点数≤10；▲表示薄膜外观大量起点、起皱。

表 10-13　含 PVDC 涂布层的薄膜用于香烟包装时的保香性

时间	BOPP	TY₁	TY₄
1 个月	香味浓	香味浓	香味浓郁
2 个月	香味浓	香味浓	香味浓郁
3 个月	香味尚浓	香味浓	香味浓郁
6 个月	香味一般	香味浓	香味浓郁
8 个月	香味一般	香味尚浓	香味浓郁

注：BOPP，22μm；TY₁ PVDC/AD/BOPP/AD/PVDC，22μm；TY₄ PVDC/AD/BOPET/AD/PVDC，18μm。

综上所述，我们可以看出，通过 PVDC 涂层，可以大幅度提高各种塑料薄膜的阻隔性，明显地改善薄膜对各种商品（特别是需要防潮、阻隔氧气进入以及防止香味逸出的食品、药品、香烟等商品）的包装效果，而且含 PVDC 涂层的薄膜，具有可靠的卫生性能，适宜于食品、药品包装。此外，一方面，PVDC 涂布工艺、设备成熟，生产速度快，生产效率高，原料耗费少（PVDC 的用量明显地低于共挤出复合时的用量），因而成本比较低廉，在实用性、经济性方面，优点十分突出，是塑料复合薄膜中富有良好发展前景的品种；但是另一方面，由于 PVDC 树脂热稳定性较差，PVDC 塑料制品的废弃物不能采用普通的熔融工艺再生而加以利用，而且 PVDC 树脂中含有氯，焚烧处理时会产生氯化氢、二噁英之类的对环境有害的物质，对于环境保护的适应性较差，因而目前 PVDC 是一个比较有争议的品种，其更大规模的发展与应用尚有待于科学技术的进一步发展，在改善其环境保护适应性方面取得突破性进展。

表 10-14　含 PVDC 涂层的复合薄膜 BOPP/AD/PVDC/
PE 包装方便面调料时的效果

观察日期	原包装			BOPP/AD/PVDC/PE		
	油料	酱料	干菜与粉料	油料	酱料	干菜与粉料
7 月 22 日	※	※	※	◎	◎	◎
7 月 30 日	※	※	※	◎	◎	◎
8 月 10 日	※	※	※	◎	◎	※？
8 月 20 日	※	※	△	◎	◎	※？
9 月 3 日	△	△	△	◎	◎	※？
10 月 8 日	△	△	▲	※	◎	

注：1. 购入方便面日期为 7 月 18 日，改变包装并作对比。

2. ◎表示无味道渗透出；※表示有微量味道渗透出；△表示有稍浓的味道渗透出；▲表示有强烈的味道渗透出；※？表示发现封口有小缺口。

10.1.2　含聚乙烯醇涂层的复合薄膜

聚乙烯醇（PVA）树脂价格比较低廉，而且在干燥条件下，具有极好的阻隔性，其干态下的阻隔性，不仅远远优于聚乙烯等通用塑料，还明显地优于 PVDC、EVOH 等高阻隔性树脂，其耐油性、卫生性能优良，是食品、药品等商品包装用复合薄膜的理想的阻隔性基材之一。含 PVA 薄膜层的复合薄膜，在日本已工业化生产；在中国，上海塑料制品研究所等单位，也进行过开发研究工作，试验效果良好，但是 PVA 树脂成膜性能极差，不能采用热塑性塑料常规的加工设备及加工方法成型加工，薄膜的生产技术难度大、成本高，应用上受到限制。利用 PVA 的水溶性，制得稳定性良好的溶液，通过溶液涂布法，制造含 PVA 涂层的阻隔性复合薄膜，引起了国内外塑料加工界的广泛关注。在 20 世纪 80 年代，成都科技大学率先推出了以 PVA 涂层为阻隔层的复合薄膜，并投入工业化生产，用于榨菜等商品的包装，取得了良好的技术经济效果。20 世纪 90 年代中期，又在普通阻隔性 PVA 涂布型复合薄膜的基础上，研制成功含 PVA 涂布层的蒸煮型复合薄膜。航天局 8511 所也在 PVA 改性的基础上，开发成功改性 PVA 涂布工艺，制得了含 PVA 涂布层的复合薄膜。在 20 世纪末，日本有关杂志也报道了 PVA 涂布的相关技术。

含 PVA 涂层的薄膜和含 PVDC 涂层的薄膜均属于高阻隔性复合薄膜的基材，均可用于制造高阻隔性复合薄膜，这是它们的共同之处，但由于 PVA 树脂和 PVDC 树脂自身固有的特点，两种薄膜也存在许多重大的差异，首先 PVA 树脂的耐水性较差，不仅透湿率高，而且吸水性强，吸水后 PVA 涂层的阻隔性（如阻氧性）急剧下降，因此作为阻隔性基材使用的、含 PVA 涂层的薄膜，必须和阻湿性好的聚烯烃类塑料薄膜配合使用，将 PVA 涂层置于复合薄膜的中间部位，以避免 PVA 涂层直接与空气接触，防止因 PVA 涂层吸收空气中的水分（湿气）而导致复合薄膜阻隔性的下降；即使经过改性的、对水的敏感性明显下降的 PVA 涂层，为获得良好的使用效果，仍以聚烯烃塑料薄膜加以保护为好。与之相反，由于 PVDC 树脂兼具良好的阻氧、防潮性，PVDC 涂层既可以置于复合薄膜的中间层，制取高阻隔性复合薄膜，也可将含 PVDC 涂布层的薄膜，不再经过复合加工，在 PVDC 涂层直接与空气接触的条件下，作为包装材料使用。含 PVA 涂层的薄膜和含 PVDC 涂层的薄膜，另一重大的差异是，PVA 在燃烧时仅生成二氧化碳和水，而不产生任何其他有害于环境及人类健康的物质，PVA 涂层被普遍地认为是一种环境友好材料，在人们环保意识普遍提高的今天，含 PVA 涂层的高阻隔性复合薄膜颇受人们青睐，而含 PVDC 涂层的薄膜，在燃烧时则可能产生氯化氢、二噁英之类的不利于人类健康和环境保护的有害物质，对环境保护的适应性较差，已引起业界高度重视。

典型的含 PVA 涂层的复合薄膜，两侧为防潮性优良的聚烯烃薄膜，如 BOPP/AD/PVA/AD/PE，该结构不仅可赋予复合薄膜良好的防潮性，而且能够有效地保护在中间部位的 PVA 涂层，使其不致受潮而处于干燥状态，保持对氧气等非极性气体等物质的高度的阻隔性，从而使整个薄膜表现出高的阻氧、防潮性。

由于 PVA 和 BOPP、PE 等聚烯烃之间的亲和力较差，两者之间不能牢固地黏合在一起，为了使它们之间具有良好的黏合效果，通常需要在涂布 PVA 涂层前涂底胶；含 PVA 涂层的塑料薄膜与 PE 等塑料薄膜复合时，常采用干法复合的方法，并选用特定的黏合剂，以改善复合薄膜的层间结合牢度。

BOPP/AD/PVA/AD/PE 复合工艺过程如下：

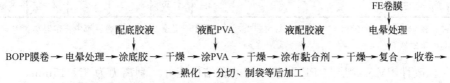

整个工艺过程实际上包括涂布与干法复合两个加工工艺过程，但为了降低生产成本，可在一条生产线上完成。

（1）改性 PVA 涂层的复合薄膜及其制造方法　含交联剂的 PVA 溶液可以不上底胶，直接涂布到 PE 薄膜上，然后采用干法复合的方法，使其与 BOPP 薄膜复合，制得性能优良的含 PVA 涂层的复合薄膜。其工艺过程如下：

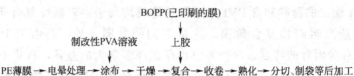

采用了交联剂改性的PVA溶液，不仅简化了复合薄膜的制造工序，而且制得的复合薄膜具有优良的性能，表现在如下几个方面。

① 阻氧、防潮性能突出　表 10-15 中列举了几种复合薄膜的氧气透过率。由表中的数据可以看出，含交联剂改性的 PVA 涂层的复合薄膜，对于氧气的阻隔功能，明显地高于 BOPP、PET 及 PA 的复合薄膜。

表 10-15　复合薄膜的氧气透过率

薄膜结构	氧气透过率/[cm³/(m²·24h·0.1MPa)]
BOPP 20μm/PVA 涂层 2μm/PE 50μm	0
PE 50μm/PVA 涂层 2μm	0
PE 50μm/PVA 涂层 4μm	0
BOPP 20μm/PE 50μm	820
PET 12μm/PE 70μm	118
PA 15μm/PE 70μm	55

表 10-16 中列举了几种复合薄膜的透湿率。由表中的数据可以看出，含有 PVA 涂层的复合薄膜，当 PVA 涂层居于复合薄膜的中间位置时，该复合薄膜具有良好的防潮性（甚至优于 PET 及 PA 的复合薄膜）。

表 10-16　复合薄膜的透湿率

薄膜结构	水分透过率/%					
	24h	72h	120h	168h	240h	312h
BOPP 20μm/PE 40μm	0.24	0.72	1.23	1.63	2.44	3.12
BOPP 20μm/PVA 涂层 3μm/PE 40μm	0.27	0.78	1.29	1.72	2.58	3.33
PET 20μm/PE 40μm	0.35	1.18	2.00	2.77	3.97	5.17
PA 20μm/PE 40μm	0.43	1.49	2.47	3.41	4.87	6.23

注：将 25g 水装入 10cm×15cm 的三封小袋中，封口后置于温度 38～40℃的烘箱中，定时称量，记录 5 只样品的平均值。

② 改性 PVA 涂层与 PE 薄膜之间的黏结性能好　剥离力为 3N/15mm。

③ 由该复合薄膜制得的塑料袋热封强度高　达 15.8N/15mm。

④ 复合薄膜的卫生性能好　符合 GB 9683—1988 要求。

含交联剂的 PVA 涂层的复合薄膜，已用于香肠、腊肉、牛肉干、榨菜、风味大头菜、泡菜、豆腐乳、豆瓣、豆腐丝等豆制品、琥珀胡桃、花生、板栗、竹笋、锅巴等多种商品的包装，据称包装的香肠的保质期在 1 年以上，腌菜等商品有效保质期为 6～10 个月；该包装袋的陈列外观（透明度及色泽等）优于 PA/PE 复合袋。

含交联剂的 PVA 溶液已载入中国专利 85109218。

（2）含蜜胺树脂的改性 PVA 溶液的涂布及其复合薄膜产品　文献[5]中，介绍了含蜜胺树脂的 PVA 改性溶液（简称 818 改性剂），加入蜜胺树脂改性液之后，PVA 的羟基被适度封闭与交联，使 PVA 的耐水性改善，从而使含 PVA 涂层的薄膜，在潮湿状态下的气密性得到改善，改性 PVA 溶液的另一特点是在常温条件下，不产生结皮现象，故可以实现常温配胶、常温涂胶；818 改性剂改性的 PVA 溶液与 BOPP、PE 等基膜间的黏结性能明显改善，涂布时可不上底胶，而将 818 改性剂改性的 PVA 溶液直接涂布到 BOPP（或者 PE）薄膜的表面上，涂布工艺过程也可得到简化。其工艺过程如下：

PVA树脂

818改性剂 → 配涂布液

PE卷膜 → 涂布 → 干燥 → 收卷 → 熟化 → 分切 → 检验入库

由含 818 改性剂的 PVA 溶液涂布制造的、含改性 PVA 涂布层的复合薄膜与含普通 PVA 涂层的复合薄膜的性能比较见表 10-17。

表 10-17　含改性 PVA 涂布层的复合薄膜与含普通 PVA 涂层的复合薄膜的性能比较

比较项目	由含未改性的 PVA 涂层的基膜制得的复合薄膜	由含经 818 改性剂改性的 PVA 涂层的基膜制得的复合薄膜
黏合状况	涂层会剥落	涂层不会剥落
耐水性	涂层遇水会溶胀、脱落在水中，浸 24h 即有涂层溶胀、脱落现象	涂层遇水不会溶胀、脱落在水中，浸 24h 无涂层溶胀、脱落现象
氧气透过率/[cm³/(m²·24h·0.1MPa)]	5.89	0.92
水蒸气透过率/[g/(m²·24h)]	8.20	3.30

注：PVA 涂层厚度 3～5μm。

含 818 改性剂改性的 PVA 涂层的复合薄膜和一些其他常见复合薄膜的阻隔性的比较见表 10-18。

从表中的数据可以看出，含蜜胺树脂改性 PVA 涂层的复合薄膜，无论其阻氧性或是防潮性，和其他复合薄膜相比都是比较突出的，甚至丝毫不会比含 PVDC 涂层的复合薄膜逊色。含蜜胺树脂改性涂层的复合薄膜，已经在除氧剂封存、真空包装以及气体置换包装等领域得到实际应用。

（3）耐蒸煮型 BOPP/AD/改性 PVA 涂层/IPP 复合薄膜　制造方法是：将厚度 50～60μm 的吹塑聚丙烯薄膜（IPP）经分切、电晕处理以后，在涂布机上涂布一层改性 PVA 涂层，制得 PVA 涂层/IPP 两层复合薄膜；将 20μm 的 BOPP 薄膜经分切、电晕处理以后，在干法复合机上，涂布上丙烯酸类干法复合黏合剂（AD胶），并使之与改性 PVA 涂层/IPP 两层复合薄膜复合，制得的 BOPP/AD/改性PVA 涂层/IPP 复合薄膜，在 30～35℃存放、熟化 24h 以上，使 AD 胶充分固化。

表 10-18　含 818 改性剂改性的 PVA 涂层的复合薄膜和一些
其他常见复合薄膜的阻隔性的比较

复合薄膜的结构	氧气透过率(20℃,60%RH) /[cm³/(m²·24h·0.1MPa)]	水蒸气透过率(40℃,90%RH) /[g/(m²·24h)]
BOPP 60μm/改性 PVA/BOPP 20μm①	0.966	—
BOPP 60μm/改性 PVA/BOPP 20μm①	0.42	3.40
LDPE 60μm/改性 PVA 5 μm	0.917	—
LDPE 60μm/改性 PVA 5μm	0.51	4.79
BOPP 22 μm/改性 PVA/PE 40μm	0.59	2.5
PP/EVOH/PP	1.34	2.74
KPT 15μm/PE 40μm	3.5	4.2
KOPA 15μm/PE50μm	4.32	5.8～6.1
KPET 12μm/PE 60μm	4.9	12
KBOPP 20μm/PE 40μm	2.2	6.6
PA 16μm/PE 60μm	—	5
PA 15μm/SR 60μm	59～82	6
PA 20μm/PE 60μm	48～55	5～10
PET 30μm/PE 70μm	316	10.9
BOPA 15μm/PE 40μm	30～120	16
BOPP 20μm/PE 40μm	1500～2000	5

① 原文如此，拟应为 CPP 60μm/改性 PVA/BOPP 20μm；改性 PVA 涂层未注明厚度者，拟应为 3～5μm。

BOPP/AD/改性 PVA 涂层/IPP 复合薄膜的性能如下。

① 热封合性好　经差热分析（DSC）表明，当升温速度为 80℃/min 时，IPP的熔点为 164℃，较 BOPP 的熔点（178.6℃）要低 14.6℃，比 BOPP 开始熔化的温度（168.7℃）要低 4.7℃，在这种加热升温条件下，IPP 全部熔化时，BOPP 尚未开始熔化，通常复合薄膜制袋时的升温速度较快，大于 80℃/min，因此 BOPP/AD/改性 PVA 涂层/IPP 具有良好的封合性，封合操作可以在外层不熔化的情况下，完成内层的封合；同时该复合薄膜具有高的剥离强度，复合薄膜封合性能的比较见表 10-19。

② 耐蒸煮性佳　经差热分析（DSC）还表明，在升温速度为 10℃/min 时，IPP 的熔点为 160.9℃，IPP 的开始熔化的温度为 149.2℃，较 121℃的蒸煮温度要

高 28.2℃，蒸煮处理应不成问题；封口部位因封口时加热后缓慢冷却而增加结晶度，其开始熔化的温度提高到 160℃左右，承受 121℃的蒸煮温度更不成问题。经 121℃、30min 的实际蒸煮试验表明，在该蒸煮条件下，复合薄膜袋外观无明显变化，也无内层粘连等现象发生，而且蒸煮前后，氧气的透过性能持平，蒸煮前为 2.49cm³/(m² · 24h · 0.1MPa)，蒸煮后为 2.35cm³/(m² · 24h · 0.1MPa)。

表 10-19　复合薄膜封合性能的比较

性　　能	BOPP/AD/改性 PVA 涂层/IPP	PET/CPP
边封强度/(N/15mm)	20.8	21.6
底封强度/(N/15mm)	22.8	21.9

注：复合薄膜的热封层 IPP、CPP 的厚度均为 60μm。

几种复合薄膜用于午餐肉包装，经储存试验表明，BOPP/AD/改性 PVA 涂层/IPP 型复合薄膜优于 PA/CPP 型复合薄膜，采用不同包装的午餐肉储存试验结果见表 10-20。

表 10-20　不同包装的午餐肉在储存时挥发性盐基氮的变化

包装材料	储存条件	盐基氮/(mg/100g)			
		未储存	储存时间 5 天	储存时间 10 天	储存时间 20 天
PA/CPP	(37±2)℃	8.98	11.82	13.92	16.64
	室温	8.98	11.08	12.39	13.45
BOPP/AD/改性 PVA 涂层/IPP	(37±2)℃	8.98	10.14	11.24	12.20
	室温	8.98	9.96	10.87	11.35

注：午餐肉包装后，经 121℃蒸煮 20min 灭菌处理。

用 BOPP/AD/改性 PVA 涂层/IPP 结构的复合薄膜袋所包装的午餐肉，储存时挥发性盐基氮的含量低，表明该膜的包装效果较好；在（37±2）℃避光条件下，采用 PA/CPP 复合薄膜袋所包装的午餐肉，经过 25 天即有明显的油哈味，而采用 BOPP/AD/改性 PVA 涂层/IPP 复合薄膜袋所包装的午餐肉，经过 25 天却没有明显的油哈味；在室温、不避光条件下，采用 PA/CPP 复合薄膜袋所包装的午餐肉，储存 25 天后退色，而采用 BOPP/AD/改性 PVA 涂层/IPP 复合薄膜袋所包装的午餐肉，储存 25 天后色、香、味俱佳。试验说明，BOPP/AD/改性 PVA 涂层/IPP 结构的复合薄膜，不仅可以作为蒸煮复合薄膜使用，而且其使用效果优于 PA/CPP 型复合薄膜。

10.1.3　含丙烯酸类树脂涂层及橡胶类涂层的复合薄膜

薄膜经丙烯酸类树脂的乳液及橡胶类溶液涂布处理后，丙烯酸类树脂涂层及橡胶涂层可赋予薄膜一定的黏性，广泛地用于胶黏带、表面保护膜等。橡胶溶液涂布类胶黏带、胶黏膜投产较早并沿用至今，但由于生产中使用有机溶剂，卫生性、安全性较差，而采用丙烯酸类树脂的乳液涂布，不使用有毒、易燃、易爆的有机溶剂，生产车间的卫生性、安全性好，而且丙烯酸类树脂有耐光性、耐老化性、耐油性、耐溶剂性优良的特点，而且无色透明，其综合性能明显地优于橡胶类物质，此外，还可以通过对丙烯酸类树脂中共聚单体的种类及用量的设定，在较大范围内对胶黏带的性能进行调整，因此丙烯酸类胶黏带颇受用户和业界人士欢迎，丙烯酸类胶黏带发展速度较快，并有逐步替代橡胶类胶黏带的趋势，丙烯酸类表面保护膜也得到了广泛的应用。

丙烯酸类树脂的乳液可由胶黏带的生产厂家自制，也可从丙烯酸类树脂的专业生产厂家购得。丙烯酸类树脂乳液的涂布工艺如下：

丙烯酸树脂乳液
↓
BOPP薄膜 → 电晕处理 → 涂布(上胶) → 干燥 → 卷取 → 分切 → 检验入库

成品胶黏带的黏性等性能指标，主要取决于丙烯酸类共聚树脂中共聚单体的种类及其用量。丙烯酸类树脂通常由几种单体共聚而成，它们分别起着黏附、凝胶、改性的作用。其中作为黏附成分的，是烷基碳原子数为 $4 \sim 12$ 的丙烯酸烷基酯，其均聚物的玻璃化温度为 $-20 \sim 70 ℃$，这种成分占胶黏带用丙烯酸树脂的 50% 以上；凝胶成分是均聚物玻璃化温度较高的单体，它在提高共聚树脂的内聚力，并在对黏附性、耐水性、透明性等性能方面有特殊的贡献，其用量为丙烯酸树脂的 $20\% \sim 50\%$；此外，还使用具有特定官能团的改性单体，可以起到交联作用，对黏附性、内聚力的提高均有贡献，其含量较少，为丙烯酸树脂总量的 $1.0\% \sim 10\%$，改性单体中所含的官能团可以是羟基、羧基、氨基、酰氨基以及环氧基等。

更为详细的情况，可参阅有关专著。

10.2 蒸镀复合

所谓蒸镀复合，是指采用特定的方法，在真空条件下，使物质气化或等离子化，然后再使其沉积（涂覆）于塑料薄膜的表面上，形成一层极薄的、牢固的蒸镀层的加工方法。

采用蒸镀法，可以在塑料薄膜的表面上，镀覆上多种致密的无机物，目前已经获得实用价值的主要有铝、氧化铝以及氧化硅等镀覆层。镀铝可改善薄膜的外观，通过镀铝可以得到光辉夺目的金属外观，而且可以结合塑料薄膜的着色（或者有色涂层的使用），提供多种可供选择的外观形态。例如，使用黄色透明的塑料基膜，蒸镀铝以后，得到金色的镀铝膜；使用无色透明的塑料基膜，蒸镀铝以后，得到银色的镀铝膜。镀铝以后除了改善薄膜的外观以外，薄膜的遮光性也得到改善，具有防止紫外线通过薄膜、避免紫外线破坏袋内商品的功能，当镀铝层的厚度足够大时，致密的镀铝层还能赋予薄膜良好的阻氧、防潮性；蒸镀氧化铝和蒸镀氧化硅则能在保持薄膜透明的前提下，大幅度提高薄膜的阻隔性，改善薄膜对食品、药品等商品的保护功能，延长其保质期。蒸镀型薄膜的另一大优点，是其废弃物的处理比较容易，焚烧时蒸镀层不会产生有害于人体健康以及有害于环境的物质；同时由于蒸镀层的量相当少，废弃物的回收利用可像普通未蒸镀的薄膜一样，按常规的方法处理，而没有其他额外的要求。因此随着人们对商品包装及环境保护要求的提高，采用蒸镀的方法作为制造高阻隔性复合薄膜的方法，越来越为人们重视，近年来蒸镀复合取得了长足的进展，根据有关资料报道，日本1996年的透明型阻隔性蒸镀膜的应用量，已达到包装用阻隔膜总量的2%，1996年日本阻隔性包装薄膜的应用情况见表10-21。随着加工技术的不断进步，产品性能的不断提高，生产成本的不断下降，蒸镀型薄膜的优势将更加突出，已引起业内人士高度重视。

表 10-21　1996 年日本阻隔性包装薄膜的应用情况

薄膜类型	铝箔类	PVDC 涂布型	透明蒸镀型	其他
市场份额 /%	40	25	2	33

　　蒸镀铝型阻隔性包装薄膜和蒸镀无机氧化物（氧化硅、氧化铝）型阻隔性包装薄膜相似，都是在塑料薄膜的表面上，运用特定的加工方法，镀覆一个极薄的、纳米级厚度的无机涂层，通过无机涂层对氧气、水蒸气以及芳香物质的阻隔性，制得高阻隔性复合软包装材料。蒸镀氧化硅型、氧化铝型阻隔性包装薄膜和镀铝型阻隔性包装薄膜之间，具有很多类同的地方。

　　涂覆的阻隔性涂层的厚度都很薄，仅仅几十纳米，因此，具有节约资源显著的特点。

　　薄膜对氧气、水蒸气和芳香物质都同时具有很高的阻隔性。曹华报道，利用强流电子束蒸发技术，在厚度为 $12\mu m$ 的 PET 基材上蒸镀氧化硅，可制得阻隔性十分优良的阻隔性 SiO_x 薄膜。该膜无色透明，镀覆层与基材之间附着牢固；PET 基材上的 SiO_x 薄膜厚度不同，对水蒸气的阻隔性不同。膜厚为 340 ～ 3200Å[❶] 时，阻隔性可提高 1～32 倍。

　　在一定涂层范围内，薄膜的阻隔性随涂层厚度的增加而提高，但当涂层的厚度

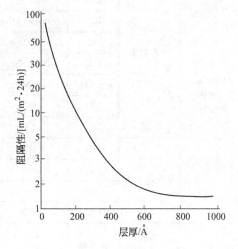

图 10-1　阻隔性包装薄膜的阻隔性与蒸镀层厚度的关系

达到某一极限值以后，薄膜的阻隔性则趋于一个固定值，不再随涂层厚度的增加而明显增大。蒸镀氧化硅型阻隔性包装薄膜的阻隔性与蒸镀层厚度的关系如图10-1所示。

---

❶　1Å＝0.1nm。

当然蒸镀氧化硅型阻隔性包装薄膜和镀铝型阻隔性薄膜毕竟是完全不同的两种材料，它们之间存在重大的差异。例如，蒸镀氧化硅、氧化铝型阻隔性包装薄膜具有良好的透明性，对所包装的商品具有优良的展示性能，具有更佳的商业效果（当然对于需要遮光储存的商品，则不宜使用蒸镀氧化硅型阻隔性包装薄膜）。又如，镀铝型阻隔性包装薄膜因含有金属铝的涂层，不能透过微波，因此不能用于微波食品的包装，与之相反，蒸镀氧化硅、氧化铝型阻隔性包装薄膜具有良好的微波透过功能，可以用于微波食品包装，包装的食品可以在微波炉里加热，如此等等，不一而足。高阻隔、优良的环保适应性、高透明、可微波加热等特性，是蒸镀氧化硅、氧化铝型高阻隔性薄膜备受业内人士高度关注的主要原因。

10.2.1 蒸镀薄膜的制造方法

塑料薄膜的蒸镀加工有多种实施方法。这些方法可以归纳为两个大类，即物理蒸镀法（PVD 法）和化学蒸镀法（CVD 法）。目前镀铝基本上都毫无例外地采用物理蒸镀法（电阻加热法），而镀氧化硅，则既有采用物理蒸镀法，也有采用化学蒸镀法。部分具有代表性的蒸镀薄膜生产单位见表 10-22。

表 10-22　部分具有代表性的蒸镀薄膜生产单位

蒸镀方法		原料类型	商品名	公司
PVD 法（物理蒸镀法）	电阻加热	SiO	GT 膜	东洋インキ(日)，涂料、油墨制造商
		SiO	GL 膜	凸版印刷(日)，塑料薄膜加工商
		SiO	ラックバリャ	三菱化成ポリテック(日)，塑料薄膜制造商
		Al	バリアロッス	东洋メタリンク(日)，金属化商
		SiO	Trans Pack	Hex Product(美)，加工商
		SiO	Silaminate	4P(Vanlee)(德)，加工商
		SiO	DOB	Galieo(意)，蒸镀机械制造商
		SiO	—	ULVAC(日)，蒸镀机械制造商
	电子枪加热	SiO	MOS	尾池工业(日)，金属化商
		SiO	Ceramis	Aluswiss(瑞士)，加工商
		SiO	—	Leybold(德)，蒸镀机械制造商
		SiO	DOB	Cetev(意)，开发研究公司
CVD 法（化学蒸镀法）	高频	有机硅化合物	QLF	Airo Coating(美)，蒸镀机械制造商
	低温等离子	有机硅化合物	Supper Barrier	PC Materials(美)，合资经营企业
		—	QLF	BOC(美)，开发研究公司
	电磁波	聚硅氧硅	—	ECD(美)，开发研究公司

人们采用 PVD 法制造含蒸镀氧化硅涂层的薄膜时，通过电阻加热或者电子射线激化（电子枪加热），使薄片状的 SiO 在真空状态下升华，以 $SiO_{1.5 \sim 1.7}$ 的形态

蒸镀到 PET 等塑料薄膜的表面上，这种方法所制得的蒸镀膜，其透氧率可达 $2.0cm^3/（m^2·24h·0.1MPa）$，透水蒸气率可达 $2.0～3.0g/（m^2·24h）$。后续加工时，如采用干法复合，产品的阻隔性可保持上述水平而不致下降，但当采用挤出涂覆（挤出复合）时，由于蒸镀层和处于熔融状态的、高温的 PE 直接接触，可能导致蒸镀层的开裂，引起阻隔性的下降；PVD 法生产蒸镀型薄膜的难点之一是片状氧化硅的连续供料，特别是在生产速度高时，供料难度更大。

CVD 法以液态有机硅化合物（六甲基二硅氧烷，即 HMDS）或者气相的硅烷 SiH_4 为原料，与载体氮或者氧化用氧气混合并通入真空室中，供料困难不大；硅化物受高频或者电磁波的作用而等离子化，经氧气氧化并同时在塑料薄膜的表面上沉积而完成蒸镀加工，产品有更佳的阻隔性，它的透氧率可达 $1.0cm^3/（m^2·24h·0.1MPa）$，透湿率在 $1.5g/（m^2·24h）$ 以下。

10.2.2　影响蒸镀薄膜性能的因素

影响蒸镀薄膜质量的因素较多，现将收集到的有关资料整理、介绍于后。

10.2.2.1　影响蒸镀铝类蒸镀薄膜性能的因素

（1）被蒸镀的基膜　被蒸镀的基膜应在高真空状态下不产生气体，否则会因为放出气体，降低真空度，从而降低蒸镀铝层的质量。基膜中如有水分存在，在真空状态下，会挥发成水蒸气，降低镀铝室的真空度，将导致蒸镀质量的明显下降，因此，用于真空镀铝的基膜，应处于干燥状态。

基膜与蒸镀的铝层之间应当有良好的黏合性，当基膜与铝层之间黏合力欠佳时，采用电晕处理改善薄膜的表面状态，往往可以提高铝层与基膜之间的黏合力，足以满足使用上的需要，但当要求很高时，例如，制备高阻隔性蒸镀铝类复合薄膜，则需要使用特种物料进行底涂加工处理，以改善蒸镀铝层与塑料薄膜之间的结合牢度。

塑料薄膜制造商在制造基膜时，选用与蒸镀铝层有良好黏合性的特殊配方制造的蒸镀专用基膜，或者经过底胶涂布处理制得的蒸镀专用基膜，与蒸镀的铝层之间有较好的黏合强度。

（2）真空度　高真空度是获得高质量蒸镀铝薄膜的必要条件，只有在高真空条件下，才能制得致密而光洁的蒸镀铝膜，而且真空度越高，蒸镀铝膜的质量越佳，为了制得质量好的蒸镀铝膜，蒸镀时的真空度应不低于 $10^{-2}Pa$，最好在 $10^{-3}Pa$ 以上。

10.2.2.2　影响蒸镀氧化硅类蒸镀薄膜性能的因素

（1）被蒸镀的基膜

① 塑料薄膜的类型　蒸镀的氧化硅膜与塑料薄膜之间的黏合牢度，与塑料基膜种类之间有较大的关系，PET、PVC 等极性较大的薄膜与氧化硅之间的黏合性较佳，而非极性的薄膜与氧化硅之间的黏合力则比较差。

② 塑料薄膜表面状态　蒸镀氧化硅类蒸镀薄膜的阻隔性，除了受蒸镀层的厚度影响之外，更大程度上取决于氧化硅镀层的均匀性。裂缝、针孔等缺欠，会导致蒸镀氧化硅类蒸镀薄膜的阻隔性明显下降，缺陷的形成除了蒸镀层本身的化学成分与结构之外，所用基膜的表面平滑性也是一个重要因素，粗糙度越大，越容易造成蒸镀缺陷，但适量的粗糙度，会使蒸镀层和基膜的表面之间形成物理锚接，改善层间黏合力。

③ 塑料薄膜的表面预处理状况　为了得到优质的蒸镀薄膜，对基膜进行适度的表面电晕处理是十分必要的。塑料薄膜经过表面电晕处理，可在其表面形成氧化层（通过交联、臭氧化、羧基化、硝基化等多种复杂的化学反应，将氧、氮等原子及原子团引入塑料薄膜的表面上），增大基膜与蒸镀涂层之间的结合力。在预处理设备一定的情况下，如果预处理时间不足，表面改性不充分，基膜与涂层之间的结合牢度不理想；预处理时间过长，则可能引起基膜较深层次的界面弱化，产生基膜自身的弱界面层，引起整个材料的结合力下降。

（2）蒸镀方法　蒸镀方法对于蒸镀氧化硅类蒸镀薄膜性能也会产生明显的影响。氧化硅蒸镀层与塑料基膜之间的结合，依靠吸附作用与化学结合两种方式来实现。

吸附作用来源于物体的表面能，两种物体相接触，减少两者的表面能而产生黏结。吸附有物理吸附与化学吸附，物理吸附的强度较小，而且是可逆的，在一定情况下会解吸附；化学吸附强度较大，而且是不可逆的。

化学结合是通过分子间的化学反应而产生的结合，结合力远远高于物理吸附。

蒸镀加工时，塑料基膜与蒸镀层之间的结合，一般以物理结合占主导地位，但采用等离子化化学蒸镀时，若配之以适当的表面处理，可使蒸镀时的化学结合占主导地位，从而大大提高蒸镀层与塑料基膜之间的黏结强度，提高蒸镀膜的阻隔性。

（3）蒸镀工艺条件对蒸镀氧化硅薄膜性能的影响

① 采用物理蒸镀时，真空度的高低、基材薄膜的温度、电子枪的功率、蒸镀原料 SiO 的形状、真空室中氧气导入的速度、蒸镀涂层的厚度（取决于蒸镀时间与蒸发功率）等均会影响最终产品的性能。

蒸镀时真空度越高，越有利于 SiO 的蒸发，制得的蒸镀膜的质量越高。

蒸镀时塑料基膜的温度高，有利于蒸发的 SiO_x，在塑料基膜上沉积、形成致密的涂层，并有利于提高蒸镀层与塑料基膜之间的黏结强度，因此适当提高塑料基膜的温度有利于提高蒸镀薄膜的质量。

采用电子枪轰击、蒸发 SiO 时，宜使用块状的 SiO，因为粉状的 SiO 在受电子枪轰击时，易产生粉末溅射现象，影响蒸镀膜的质量；而粉状 SiO 则有利于电子加热蒸发。

氧气的导入速度影响蒸镀层的组成，即 SiO_x 中 Si 原子数与 O 原子数的比值，氧的量越大，x 的值越大，蒸镀层向透明性提高的方向移动，当 x 等于 2 时，得到阻隔性差的、无色透明的蒸镀层，通常 x 控制在 $1.5 \sim 1.8$ 以获得兼具高阻隔性及良好透明性的蒸镀氧化硅薄膜。

蒸镀层的厚度增加，蒸镀膜的阻隔性增加，但当蒸镀层的厚度超过 500Å 时，蒸镀层的厚度再进一步增大，蒸镀膜的阻隔性基本保持不变，因此不能指望依靠降低生产线的线速度、增加蒸镀层的厚度的办法，无限度地提高蒸镀薄膜的阻隔性。

② 化学蒸镀中，高频电磁波或微波频率的选择，应与离子化气氛中的离子化能量以及蒸镀材料离子化所需要的能量相匹配，高频电磁波一般选用 13.56MHz，微波一般选用 2.45MHz，真空度在 10^{-2}Pa 左右即可获得优良的蒸镀效果，而物理蒸镀时则需要更高的真空度，即 $10^{-3} \sim 10^{-2}\text{Pa}$ 或者更高的真空度。

10.2.3 典型的蒸镀薄膜产品实例

10.2.3.1 凸版印刷（日）公司的 GL 系列产品

GL 系列产品概况如图 10-2 所示。

（1）GL-AU 是以 PET 薄膜为基膜，经蒸镀加工而制得的高阻隔性产品，具有能和铝箔阻隔性相匹敌的阻隔性，在世界上的透明型阻隔性蒸煮包装薄膜中，具有最高等级的阻隔性，可以代替铝箔使用。

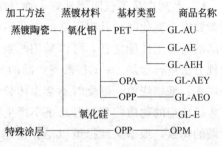

图 10-2　GL 系列产品概况

（2）GL-AE 是以 PET 薄膜为基膜，经蒸镀加工而制得的标准型产品，具有优良的透明性与阻隔性，可广泛用于替代 PVDC 薄膜以及 PVDC 涂布型薄膜使用。

（3）GL-AEH 是以 PET 薄膜为基膜，经蒸镀加工而制得的产品，是以蒸煮包装为目的而开发的透明型阻隔性包装薄膜，在透明型蒸煮包装薄膜中，它具有高度的阻隔性。

（4）GL-AEY 是以双向拉伸尼龙薄膜为基膜，经蒸镀加工而制造的产品，阻隔性优良，可以代替 K-BOPA 使用。

（5）GL-AEO 是以双向拉伸聚丙烯薄膜为基膜，经蒸镀加工制造的产品，具有中等阻隔性，可以代替 K-BOPP 使用。

（6）GL-E 是 GL 系列产品中唯一蒸镀氧化硅的品种，阻隔性和 GL-AE 相同或者更高一些，但是在塑料薄膜蒸镀氧化硅以后微具黄色，用它包装商品会给人以陈旧的感觉，因此在部分商品包装中的应用受到限制，为此凸版印刷公司开发了GL-AE 等蒸镀氧化铝的品种。

（7）OPM 它是以 BOPP 薄膜为基膜，通过涂布不含氯的树脂处理而得到的涂布型复合薄膜，具有高的阻隔氧气、阻隔水蒸气的性能，价格与 BOPP 相当；该膜是 GL 系列中唯一的非蒸镀型产品。

GL 系列产品的阻隔性见表 10-23。

表 10-23　GL 系列产品的阻隔性

品名	基材及其厚度/μm	加工方法	透氧率/[cm³/(m²·24h·0.1MPa)]	透水蒸气率/[g/(m²·24h)]
GL-AU	PET 12	蒸镀	0.3	0.2
GL-AE	PET 12	蒸镀	0.5	0.6
GL-E	PET 12	蒸镀	0.5	0.5
GL-AEY	BOPA 15	蒸镀	0.5	8.0
GL-AEO	BOPP 20	蒸镀	1.0	4.0
OP-M	BOPP 20	特殊涂层	1.5	3.8

注：1. 透氧率测试条件为 30℃、70%RH；透水蒸气率测试条件为 40℃、90%RH。

2. 试样为表中的薄膜与 30μm 厚的 CPP 薄膜进行复合，制得的复合薄膜再进行性能测试。

GL 系列产品不仅阻隔性好，而且阻隔性的稳定性好，在温度、湿度等外界环境参数发生变化时，其阻隔性的变化不大，始终保持在高阻隔性的水平；GL 系列产品的后加工性能优良，可以采用凹版印刷、挤出涂覆（挤出复合）、干法复合等常规方法进行后加工；GL 系列产品的另一突出的优点是环境保护适应性好，主要表现在：低燃烧值，燃烧时不会损坏焚烧炉；燃烧时不产生含氯化氢以及二噁英等有害于环境的物质；焚烧时几乎不产生残渣。此外，GL 系列产品还具有价格比较低廉的优点，根据文献报道以尼龙为基膜制得的 GL 薄膜，其价格较 EVOH 薄膜要降低 20％左右。

GL 系列产品已用于点心类食品、蛋黄酱、奶酪、豆腐、蒸煮食品（菜粥、炖制食品、咖喱等）等商品的包装，也用于洗涤用品、医药品等包装，由于 GL-E 系列产品不含金属箔，GL-E 系列产品制造的包装袋可以采用微波加热，因此可以用于微波食品的包装袋使用。

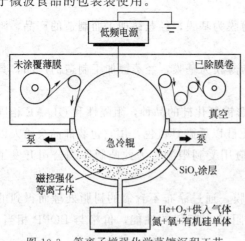

图 10-3　等离子增强化学蒸镀沉积工艺

10.2.3.2　BOC 公司的 QLF

美国 BOC 公司所开发的化学蒸镀型涂布技术，称为 PECVD 法，该法生产的薄膜称为 QLF，即石英玻璃状薄膜（quartz like film），该法在低压、低频、低温条件下进行蒸镀，使用氧、氩和六甲基二硅烷为原料，用多极磁场限制等离子，以便在低压下提高沉积速度，得到氧化硅蒸镀阻隔层，图 10-3 为等离子增强化学蒸镀沉积工艺。PVD 法和 PECVD 法的比较见表 10-24。

表 10-24 PVD 法和 PECVD 法的比较

蒸镀方法	PVD 法		CVD 法(PECVD 法)
	电子溅射法	蒸发法	
真空度 /Pa 过程中 基础	10^{-1} 10^{-4}	10^{-4} 10^{-4}	$1\sim10$ $1\sim10$
功率 /kW	几百	几十	小
过程温度	高	高	低
蒸镀原材料	SiO_2	SiO/SiO_2	有机硅单体(HMDSO)
原料利用率 /%	约 40	约 25	>50
蒸镀层厚度 /Å	400~500	1500~3000	150~300
薄膜颜色	黄	黄	明亮
蒸镀层结合方式	物理	物理	化学
阻隔性	中	中	高

注：表中所列数据是蒸镀涂膜宽度为 600mm 的试验机上得到的数据（该机可以进行溅射法、蒸发法及 PECVD 法 3 种方法镀膜），数据方面，采用 PECVD 法，可较溅射法、蒸发法节约能源，原料利用率高，而且产品有较好的外观和更高的阻隔性。

QLF 薄膜的阻隔性随蒸镀时蒸镀速度的增加而降低，见表 10-25。

表 10-25 QLF 薄膜的阻隔性与蒸镀时蒸镀速度的关系

项　　目	SiO_x/PET			SiO_x/PA			
蒸镀速度 /(m/min)	100	150	200	100	200	250	300
透氧率 /[cm³/(m²·24h·0.1MPa)]	1.1	1.6	2.0	0.9	3.0	5.0	10.0
透水蒸气率 /[g/(m²·24h)]	1.4	2.0	2.2	—	—	—	—

注：PET 薄膜厚 12μm，蒸镀加工前的透氧率为 115cm³/(m²·24h·0.1MPa)；BOPA 薄膜厚 15μm，蒸镀加工前的透氧率为 40cm³/(m²·24h·0.1MPa)；透氧率的测定条件为 23℃、50%RH。

由表 10-25 可以看出，经过 PECVD 蒸镀加工以后，薄膜的阻隔性明显改善，但阻隔性随蒸镀的线速度的升高而降低，当蒸镀速度为 100m/min 时，以 PET 为基膜的 QLF 薄膜的透氧率为 1.1cm³/(m²·24h·0.1MPa)；当蒸镀速度为 150m/min 时，以 PET 为基膜的 QLF 薄膜的透氧率为 1.6cm³/(m²·24h·0.1MPa)；而当蒸镀速度为 200m/min 时，以 PET 为基膜的 QLF 薄膜的透氧率增加到 2.0cm³/(m²·24h·0.1MPa)。对于水蒸气透过率也有类似的情况，但即使蒸镀速度增加到 200m/min，以 PET 为基膜的 QLF 薄膜的透水蒸气率也仅 2.2g/(m²·24h)，保持高阻隔性的水平。以 BOPA 为基膜进行蒸镀加工时，也有类似的情况，当蒸镀线速度增加时，成品薄膜的阻隔性略有下降。

采用 PECVD 法制得的蒸镀薄膜，后加工性能良好。由于蒸镀层 SiO_x 和基材薄膜之间的结合，属于化学结合，涂层的牢度好，可采用挤出复合对其进行后加工，使熔融态的聚乙烯，直接与该蒸镀膜复合，并得到很好的黏合牢度；此外，油墨也和 SiO_x 涂层之间有良好的黏附力，印刷效果良好。

采用 PECVD 法生产的、含 SiO_x 蒸镀层的薄膜，具有良好的卫生性能，已经获得 FDA 认可，可用于食品、医药品包装。此外，它还有成本比较低廉的优势，根据文献报道，采用 BOC 公司的 PECVD 法制造的 QLF 阻隔性蒸镀薄膜，成本仅 $0.03 \sim 0.045$ 美元$/m^2$。

综上所述，我们不难看出，QLF 型薄膜是一种性能突出的、具有实用性的阻隔性蒸镀薄膜。

10.2.3.3 日本メィワバックス公司的高阻隔镀铝薄膜 ATAC 系列

メィワバックス公司利用日本三菱重工的高性能连续式真空蒸镀机，开发出了含镀铝层的高阻隔性镀铝膜，商品名为 ATACFKB。

ATAC 蒸镀薄膜的生产工艺如下：

基膜→放卷机→涂布机（底涂）→蒸镀室（蒸镀）→收卷机

整个过程在连续式蒸镀机中进行，可连续进行生产。

ATAC 系列产品的品种、特性及用途见表 10-26。

表 10-26 ATAC 系列产品的品种、特性及用途

品种	特　　性	应用
V-CPFKA	高阻隔性，装填适应性好	快餐、冷冻食品、使用除氧剂的包装、充氮包装
V-CPFKB	超高阻隔性，装填适应性好	快餐、充氮包装(代替铝箔类复合薄膜)
VM-LLMLA		米袋等重物包装、冷冻食品包装
VMP-R		纸镀铝类转印膜

ATAC 系列中，特别值得注意的是 ATACFKB 型薄膜，它是采用高水平蒸镀技术开发的一种产品，蒸镀铝层厚可达 $0.1\mu m$，为 CPP 蒸镀的两层结构，其透氧率在 $0.2cm^3/(m^2 \cdot 24h \cdot 0.1MPa)$ 以下，透水蒸气率在 $0.15g/(m^2 \cdot 24h)$ 以下，具有较市售 5 层全塑型蒸煮薄膜更佳的阻隔性，成本还可较市售 5 层蒸煮薄膜降低 $10\% \sim 20\%$（ATACFKB 型薄膜厚度为 $65\mu m$；市售 5 层蒸煮薄膜 OPP/AD/PET/AD/CPP 厚度为 $75 \sim 78\mu m$）。由于经过底涂，CPP 薄膜与镀铝层之间的黏结强度好，ATACFBK 还具有低温热封性、表面滑爽性好的优点，因此对自动装填的适应性好，装填时耐破袋性佳。

含 ATACFKA、ATACFKB 的复合薄膜与其他复合薄膜包装前后阻隔性的变化见表 10-27。

10.2.3.4 杜邦鸿基公司的高阻隔膜 8231、镀铝用预处理基膜 121 以及它们的蒸镀产品

8231 是由双向拉伸 PET 薄膜，经过特定涂布处理而制得的阻隔性薄膜，如果

再经过蒸镀涂布加工处理，其阻隔性进一步提高，实用范围进一步扩大。121 则是用于制造高阻隔性蒸镀膜的预涂膜。

表 10-27 含 ATACFKA、ATACFKB 的复合薄膜与其他复合薄膜包装前后阻隔性的变化

复合薄膜种类	透氧率 /[cm³/(m²·24h·0.1MPa)]		透水蒸气率 /[g/(m²·24h)]	
	包装前	实际包装后	包装前	实际包装后
BOPP 25μm/DL/FKA 40μm	4.0	1.5	0.5	1.6
BOPP 25μm/DL/FKB 40μm	0.2	1.5	0.15	0.5
BOPP 20μm/EAA 15μm/VM-CPP 40μm	10.0	100		2.1
BOPP 20μm/PE 15μm/VMPET 12μm/PE 15μm/CPP 20μm	0.2	1.5	0.5	1.0

注：DL 表示干法复合，dry lay-up 的缩写。

双向拉伸聚酯薄膜等薄膜蒸镀铝层后，可保持薄膜基膜原有的物理机械性能，赋予薄膜极高的光泽度，而且具有良好的避光性、良好的装饰性和良好的耐紫外线性，在包装方面应用已有很长的历史，但由于过去镀铝层的厚度不能制得足够厚，当镀铝层高于 35nm 时，镀层的剥离强度大幅度下降，镀铝之后阻隔性改善效果不大，应用上受到很大限制，8213 和 121 膜的开发成功，解决了蒸镀后铝层剥离强度不足的问题，使 PET 镀铝薄膜的应用领域，从装饰、避光扩大到阻隔等诸多领域。

双向拉伸聚酯薄膜在蒸镀铝层前后薄膜物理机械性能的变化见表 10-28。

表 10-28 双向拉伸聚酯薄膜在蒸镀铝层前后薄膜物理机械性能的变化

性能		镀铝前典型值	镀铝后典型值	测试方法
厚度 /μm		12	12	
密度 /(g/cm³)		1.4	1.4	ASTM 1505
断裂伸长率 /%	MD	110～150	110～150	ASTM D882A
	TD	110～150	110～150	ASTM D882A
拉伸强度 /MPa	MD	220～245	220～245	ASTM D882A
	TD	210～250	210～250	ASTM D882A
表面摩擦系数		0.3～0.5	0.3～0.5	ASTM D1894

注：1N/mm² = 1MPa。

双向拉伸聚酯薄膜在蒸镀铝层前后薄膜透湿率及透氧率的变化见表 10-29。

典型阻隔性 PET 薄膜如下。

（1）阻隔膜 8231 该膜是采取在线涂布法制得的阻隔性 PET 包装薄膜。其阻氧性和 BOPA 薄膜相似，如果再结合真空镀铝加工，产品的阻氧率还会大幅度提高，见表 10-30。

表 10-29　双向拉伸聚酯薄膜在蒸镀铝层前后薄膜透湿率及透氧率的变化

基材类型	厚度/μm	蒸镀铝层厚度/μm	透湿率/[g/(m²·d·atm)]		透氧率/[mL/(m²·d·atm)]	
			蒸镀前	蒸镀后	蒸镀前	蒸镀后
BOPET	12	0.035	40～50	<1.24	150～160	<2
	12	0.068		<0.2		<0.2
BOPET	25	0.068	20～23	<1	75～80	<1
BOPP	25	0.068	4～8	约 0.5	约 2300	<1
BOPA	25	0.068	130～150	约 0.5～0.8	30～40	<1

表 10-30　高阻隔膜 8231 真空镀铝加工前后阻隔率的比较

薄膜种类	BOPET 基膜	8231(涂布型 BOPET)	经真空镀铝的 8231
透氧率/[mL/(12μm·m²·d·atm)]	164	41.3～44.5	<1

注：测试方法为 ASTM D1434（23℃，0RH）。

（2）铝用预处理基膜 121　121 薄膜是 BOPET 薄膜，涂布一层提高镀铝层与 PET 薄膜结合力强的涂层而制得的一种专用薄膜，由于该涂层的存在，镀铝层可由常规的 35.0nm，提高到 50.0nm 甚至 68.0nm，从而使真空镀铝 PET 薄膜的阻隔性得到大幅度提高，见表 10-31。

表 10-31　真空镀铝层的厚度对蒸镀膜阻隔性的影响

薄膜种类	镀铝层 35.0nm	镀铝层 68.0nm
透氧率/[mL/(12μm·m²·d·atm)]	<2	<0.2

注：测试方法为 ASTM D1434（23℃，0RH）。

经上述涂布改性处理后，PET 薄膜所制得的真空镀铝膜，不仅阻隔性提高，而且后加工适应性也明显改善。例如，传统的 PET 真空镀铝膜，采用挤出复合加工时，高温会导致镀铝层龟裂剥离；经涂布改性处理后 PET 薄膜所制得的真空镀铝膜，则能很好地适应挤出涂布复合加工的要求。又如，传统的 PET 真空镀铝膜，不能在 85℃水煮条件下加工处理，不能适应包装果冻之类物品的需要，在这种条件下它很容易出现分离现象；经涂布改性处理后 PET 薄膜所制得的真空镀铝膜，则不仅能在通常条件下，大幅度提高镀铝层的剥离强度，而且在潮湿、高温条件下，仍保持优异的剥离性能，可满足包装果冻之类物品的需要。高阻隔膜 8231、镀铝用预处理基膜 121 是具有巨大潜在市场的两个品种。

10.2.4　无机双元蒸镀

10.2.4.1　无机双元蒸镀的一般情况

无机双元阻隔性蒸镀薄膜是蒸镀薄膜中的一种较新的品种，这里简要介绍无机双元阻隔性蒸镀薄膜的基本情况。

所谓无机双元阻隔性蒸镀薄膜，是指在塑料薄膜的表面上，同时蒸镀氧化硅和氧化铝两种物质的薄膜。其蒸镀用基膜可以是 PA 薄膜，也可以是 PET 薄膜，由于同时蒸镀了两种氧化物，较之只蒸镀一种氧化物的一元蒸镀薄膜可以具有一系列的优点。氧化铝、氧化硅双元蒸镀薄膜的主要特征如下。

该膜的特征是兼具优良的阻隔性、无色透明性以及受加工影响小。蒸镀薄膜的模型如图 10-4 所示。

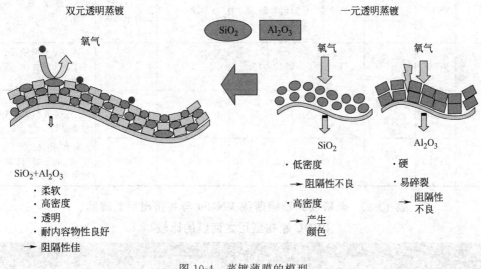

图 10-4　蒸镀薄膜的模型

从图 10-4 可以看出，采用双元蒸镀，蒸镀薄膜的主要特征是可以蒸镀较高的密度、蒸镀层柔软及阻隔性好，阻隔氧气的性能佳，而且无色透明。如果只蒸镀氧化硅，密度低时阻隔性不足，密度高时会产生颜色；如果只蒸镀氧化铝，则镀膜较硬易龟裂，蒸镀密度不宜过高，而且一旦蒸镀层龟裂，则会导致阻隔性明显降低。

10.2.4.2　日本东洋纺绩株式会社的无机双元蒸镀薄膜

日本东洋纺绩株式会社利用无机双元蒸镀开发的系列工业化产品"エコシアール"，该无机双元蒸镀薄膜"エコシアール"主要牌号及特征见表 10-32。

(1) 尼龙基膜类双元蒸镀薄膜　在无机双元蒸镀薄膜中，以 PA 为基膜的透明蒸镀阻隔性薄膜特别值得关注，尤其是其中的高阻隔性、高耐针孔性薄膜 VN400。无机双元蒸镀薄膜 VN400 与常用共挤出尼龙薄膜、PVDC 涂布型尼龙薄膜的比较见表 10-33。

从表 10-33 可以看出，阻隔氧气、阻隔水蒸气以及耐针孔性等主要指标，无机双元蒸镀尼龙薄膜 VN400 较共挤出尼龙薄膜和聚偏二氯乙烯涂布尼龙薄膜均要好。

几种阻隔性薄膜的阻氧性、阻隔水蒸气的定量指标值的比较见表10-34。

表 10-32 无机双元蒸镀薄膜"エコシアール"主要牌号及特征

基膜	牌号	类别	厚度/μm	透氧率/[mL/(m²·24h·MPa)] [mL/(m²·24h)]	透水蒸气率/[g/(m²·24h)]	沸煮性	用途
PA	VN100	一般尼龙基膜	15	20(2.0)	3	可(用于三层的中间层)	重包装袋
	VN400	耐针孔尼龙基膜	15	15(1.5)	2	可(用于三层的中间层)	半生点心、年糕、奶酪、沸煮、蒸煮等特别对耐针孔性要求的应用
PET	VE100	一般阻隔型	12	20(2.0)	2	可	咸菜、干燥物品、点心、微波食品、沸煮食品等
	VE300	黏合性改良型	12	10(1.0)	1	可	咸菜、干燥物品、点心、微波食品、沸煮食品等
	VE500	高耐针孔阻隔型	12	3(0.3)	0.5	不可	干燥物品、点心、药品、电子零件、其他阻隔性应用

表 10-33 无机双元蒸镀薄膜 VN400 与共挤出尼龙薄膜、PVDC 涂布型尼龙薄膜的比较

材料		阻氧性	阻隔水蒸气性	耐针孔性	复合强度	封合强度	穿刺强度	冲击强度
エコシアールVN400		◎	◎	◎	○	○	○	○
共挤出尼龙	MXD-6 类	×	△	×	○	○	△	△
	EVOH 类	△	△	○	◎	○	△	○
K-PA		◎	○	◎	◎	○	○	○

注：◎表示优；○表示良；△表示可；×表示差。

表 10-34 无机双元蒸镀薄膜 VN400、共挤出尼龙薄膜、PVDC 涂布型尼龙薄膜的阻隔性

性能		エコシアールVN400	MXD-6 类阻隔性尼龙	EVOH 类阻隔性尼龙	K-PA
透氧率/[mL/(m²·24h·MPa)] [mL/(m²·24h)]	湿度 65%	20(2.0)	85(8.5)	25(2.5)	75(7.5)
	高湿 90%	25(2.5)	110(11.0)	125(12.5)	88(8.8)
透水蒸气率/[g/(m²·24h)]		2.8	12.2	10.0	4.8

注：测试样品为采用与 60μm LLDPE 的复合薄膜。

由于エコシアールVN400 选用独特的耐针孔性尼龙薄膜 N2000 系列为基膜，通

过与很薄的蒸镀阻隔膜层的协同效应，因此耐针孔性特别优良。用 3 种模式进行试验后，用有色墨水测定薄膜的通孔，结果如下。

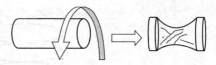

图 10-5　ゲルポ法（扭结法）处理

① 通过ゲルポ法（扭结法）处理，对耐针孔性进行评价　如图 10-5 将复合薄膜制成筒状，加以 440°扭转，使样品产生大的褶皱后，测定通孔数。在室温条件下，经 2000 次扭结，看不出阻隔膜间大的差异，但在低温下，仅仅经过 500 次扭结处理，穿孔就大幅度增加，仅ェコシア-ルVN400 不发生变化，处于明显优势，见表 10-35。

表 10-35　无机双元蒸镀薄膜 VN400、共挤出尼龙薄膜、
PVDC 涂布型尼龙薄膜的耐针孔性（扭结法）

条件	ェコシア-ルVN400	MXD-6 类 阻隔性尼龙	EVOH 类 阻隔性尼龙	K-PA
25℃,2000r	0.4个	1.1个	1.0个	0.5个
5℃,500r	0.3个	11.5个	4.3个	4.1个

注：测试样品为采用与 60μm LLDPE 的复合薄膜。

② 用摩擦法，对耐针孔性进行评价　样品经四折角摩擦瓦楞纸，对耐针孔性进行评价，如图 10-6 所示。比较产生针孔前的距离，ェコシア-ルVN400 和 K-PA 产生针孔前的距离长，表现出良好的耐摩擦针孔性。测试结果见表 10-36。

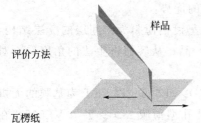

样品

评价方法

瓦楞纸

图 10-6　样品经四折角
摩擦瓦楞纸

③ 振动试验对耐针孔性进行评价　振动试验按图 10-7 进行，振动处理后，测针孔数，结果见表 10-37。无论低温或者常温进行振动试验，ェコシア-ルVN400 的耐针孔性均处于优势地位。

表 10-36　无机双元蒸镀薄膜 VN400、共挤出尼龙薄膜、
PVDC 涂布型尼龙薄膜的耐针孔性（摩擦法）

薄膜种类	ェコシア-ルVN400	MXD-6 类 阻隔性尼龙	EVOH 类 阻隔性尼龙	K-PA
针孔发生距离 /cm	1125	236	261	1289

注：测试样品为采用与 60μm LLDPE 的复合薄膜。

首先，用于 MXD-6 系列、EVOH 系列阻隔性尼龙所使用的年糕、半熟点心、液体汤料、乳酪等商品的包装基材方面，耐针孔性、阻隔水蒸气性好，结合新的标准，已经积累了 4～5 年的实绩。

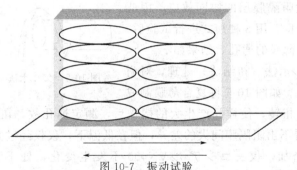

图 10-7　振动试验

（1袋 8 个年糕，1 箱 10 袋，振幅 50mm，振动频率 170 次/min）

表 10-37　无机双元蒸镀薄膜 VN400、共挤出尼龙薄膜、
PVDC 涂布型尼龙薄膜的耐针孔性（振动法）

条件	エコシア-ルVN400	MXD-6 类阻隔性尼龙	EVOH 类阻隔性尼龙	K-PA
5℃,1h	4	12	8	6
23℃,8h	7	17	14	13

　　另外，在传统的透明 PET 蒸镀薄膜领域，因为无色透明，加工时阻隔性降低少，得到了应用。虽然沸煮、蒸煮包装材料可采用透明蒸镀 PET/PA/热封层，但应用 PET/エコシア-ルVN/热封层可表现出更大的优势。

　　从重视成本的角度，PVA/EVOH/PVDC，蒸镀铝薄膜为中间层的 3 层结构，可能代之以エコシア-ルVN/热封层的 2 层复合产品；从容器再生法的角度看，对消减包装的总量也可寄予厚望。

　　（2）PET 为基膜型的高阻隔性品级エコシア-ルVE500　以 PET 为基膜的无机双元蒸镀薄膜同样可以获得高耐针孔性。高耐针孔型薄膜エコシア-ルVE500，在印刷、复合以及使用时，受龟裂引起的阻隔性降低少，正是基于无机双元蒸镀工艺的开发应用。エコシア-ルVE500、VE100 经印刷、复合以及扭结试验后，阻隔性降低测定结果，见表 10-38、表 10-39。由表中数据可以清楚地反映出，高耐针孔型薄膜エコシア-ルVE500 经印刷、复合以及扭结试验后，阻隔性几乎没有下降，而对比的一般阻隔用的 VE100 薄膜，阻隔性则有比较明显的下降。

表 10-38　扭结后薄膜透氧率的变化

项目	透氧率/[mL/(m²·24h·0.1MPa)][mL/(m²·24h)]		处理条件
	VE500	VE100	
未处理	3(0.3)	10(1.0)	油墨:使用无甲苯的单组分油墨;扭结条件:23℃,50 次
白色满印	3(0.3)	30(3.0)	
扭结试验	3(0.3)	54(5.4)	

表 10-39　扭结后薄膜透水蒸气率的变化

项目	透水蒸气率 /[g/(m²·24h)]		处理条件
	VE500	VE100	
未处理	0.5	1.5	油墨:使用无甲苯的单组分油墨; 扭结条件:23℃,50 次
白色满印	0.6	2.6	
扭结试验	0.6	2.5	

耐针孔性,是阻隔性薄膜应用中,保持阻隔性的极为重要的性能指标。无机双元蒸镀可以获得突出的耐针孔性,因此该工艺具有良好的实用性,值得我们高度关注。

10.3　热熔胶复合

热熔胶复合,是利用热熔胶涂布到塑料薄膜、纸张、铝箔之类的膜状材料的表面上,形成我们所期望的涂层而制得的复合薄膜,或者利用热熔胶作为黏合剂,将两种(或两种以上的)薄膜状材料,黏合在一起而制得复合薄膜的方法。

10.3.1　热熔胶复合与无溶剂复合的比较

(1) 热熔胶复合与无溶剂复合十分相似,它们相同之处可列举如下。

① 热熔胶和无溶剂黏合剂均不含溶剂,而是以100%的固态物质的形态进入复合产品中。

② 热熔胶和无溶剂黏合剂均可在加热状态下,采用辊涂的方式,涂布到膜状基材上。

由于热熔胶和无溶剂黏合剂一样,是不含溶剂的100%的固态物质,与制造复合薄膜常用的干法复合相比,热熔胶复合也具有无溶剂复合的众多优点,如环保适应性好,车间安全性好,节能,节约生产场地,生产成本较低,产品的卫生性能可靠性强等。

(2) 热熔胶复合和无溶剂复合也有一些明显的差异,主要列举如下。

① 层间黏合机理不同。无溶剂复合基材间黏合力的产生,主要依靠黏合剂在熟化过程中的化学反应,因此无溶剂复合生产复合薄膜的过程中,基材间贴合、冷却以后,必须经过熟化过程,完成化学反应以获得良好的层间黏合;热熔胶复合时基材间的黏合力,则仅仅依靠黏合剂的熔融、凝固等物理作用,热熔胶复合在基材间贴合、冷却以后,复合加工即告完成。

②应用领域不同。无溶剂复合应用范围较广,在黏合剂的选择及施工工艺控制得当的情况下,可以生产出高质量的,甚至可制得用于蒸煮包装的复合薄膜,而热熔胶复合,一般仅用于生产低温及常温条件下使用的产品。人们还常将热熔胶涂布到塑料薄膜、纸张或铝箔等基材的表面上,制成由基材、热熔胶构成的两层复合材

料，这类两层结构的复合材料，在黏胶带、热封带、可热黏型装饰材料等方面的应用，具有重要意义。

③热熔胶复合的具体实施方法不尽相同。热熔胶复合除了利用辊涂施工外，还可通过狭缝口模，用泵泵出或者挤出机挤出供料的方式进行涂布施工。当采用挤出机供料时，可视为挤出复合的一种特例，在这种情况下，甚至可以利用工厂原有的挤出复合设备进行必要的调整，而不必另外购置热熔胶复合设备。

10.3.2　热熔胶复合工艺

不管采用辊涂法施胶，还是采用狭缝口模法施胶，热熔胶复合的工艺过程可简要表示如下：

基材 1 放卷

↓

热熔胶→加热熔融→涂布复合→冷却→成品卷取→分切→入库

↑

基材 2 放卷

注：生产压敏胶带、热封胶带、可热封型装饰材料等产品时，不需基材 2。

10.3.3　热熔胶

热熔胶是以热熔性高分子化合物为基础，添加增黏树脂、稀释剂（也称软化剂或降黏剂）、防老剂以及填料等辅助成分而制得的黏合剂。热熔胶中完全不含有机溶剂和水等溶剂，在常温下是固态物质，采用热熔胶黏合，需要将它加热到它的熔点以上，使其熔融而变成黏流态，黏合在熔融状态下进行（涂胶并贴合），贴合的薄膜在接触压力下，经瞬间（数秒钟）冷却、固化，即得到相当高的强度，完成复合加工。当前已大规模工业化生产的热熔胶，按照热熔胶中的高分子化合物的不同，可以分为 EVA 类、热塑性橡胶类（包括 SBS 类、SIS 类、SEBS 类、SEPS 类等）、聚酰胺类、聚酯类等，用于塑料薄膜复合的主要是 EVA 类、SBS 类、SIS类、SEBS 类、SEPS 类等。从使用性能的不同，可以将热熔胶分为普通型热熔胶、压敏型热熔胶（除具备普通型热熔胶的一般特性之外，还具备压敏胶的特征，即在常温条件下，只需施以轻度压力，它即能将被黏物粘牢）、水溶性热熔胶（除具备普通型热熔胶的一般特性之外，还具备水溶性的特征，可溶解于水并在水溶后将被黏物粘牢）等。

10.3.3.1　EVA 类热熔胶

EVA 类热熔胶以 EVA 为基础树脂，EVA 类热熔胶是当前应用最广、产量最大的热熔胶之一，它对多种材料有良好的黏合性，具有良好的柔软性及耐低温性；EVA 类热熔胶的性能还具有较大的可调性，其性能可以通过基础树脂的选用，通过增黏剂等辅助材料的选择，以及各组分用量的变化而加以调节。

（1）基础树脂　制备热熔胶用基础树脂，最常用的品种是 VA 含量为 18%～

33%（质量）、熔体指数在 7g/10min 以上的品种，当配制压敏型热熔胶时，需要选用 VA 含量更高的 EVA，其 VA 含量应在 40%以上。

（2）增黏剂　增黏剂的加入是为了降低热熔胶的熔体强度，以改善其黏结工艺性，使涂胶时热熔胶易于润湿黏合物的表面，改善黏合强度，还可以通过增黏剂调节热熔胶的耐热温度以及露置时间等参数。

注：露置时间是指热熔胶自涂胶时起经过一段露置，将被黏物压合并经固化后具有有效黏结性能的时间，超过这段时间，黏结性能将大大下降，甚至不能黏结。

增黏剂除了应与 EVA 树脂有良好的相容性、制得的热熔胶有良好的黏结性之外，还应当具有良好的热稳定性。增黏剂的用量因增黏剂的品种之不同以及黏合剂的用途不同而异，一般用量在 20～150 质量份范围内（以热熔胶中 EVA 的用量为 100 份计）。

EVA 类热熔胶最常用的增黏剂介绍如下。

① 松香及其衍生物　松香及其衍生物是热熔胶中应用最多的一类增黏剂，主要品种有以下几种。

a. 松香　松香是从松树中采集到的一种天然的树脂状物质，主要成分是松香酸，具有极性较强的羧基，其分子较小，易与 EVA 树脂以及热熔胶中的其他成分相容混，配制的热熔胶黏性好，但松香中含有共轭双键，易被空气中的氧气氧化，此外，其熔化温度也较低，仅 70～80℃，因此应用上受到一定限制。

b. 聚合松香　它是由普通松香经催化聚合而制得的产品，其酸值较低，颜色较浅，软化点较高，耐氧化性优良，是一种比普通松香更好的增黏剂。

c. 氢化松香　它是由普通松香经氢化而制得的产品，其颜色较深，呈褐色，但软化点较高，79～85℃，脆性较低，对氧化稳定。

d. 松香（或者氢化松香）的酯类　其中有松香甘油酯、松香季戊四醇酯等，各项性能均较好，也被普遍采用。

② 萜烯及改性萜烯

a. 萜烯树脂　是从松节油中制得的 α-蒎烯与 β-蒎烯的聚合物，萜烯树脂呈中性，其耐酸性、耐碱性、耐光性以及耐候性均好。

b. 萜酚树脂　它是蒎烯与酚醛缩合聚合而得到的共缩聚物，其耐氧化性、耐酸性优良。

③ 石油树脂　它是石油裂解的副产物不饱和烯烃的聚合物，主要有以下几种。

a. 脂肪族碳五馏分（主要成分是戊烯和戊二烯）的聚合物　其熔点较低（在 65～110℃范围内），熔体黏度较高，但其价格较为低廉。

b. 芳香族聚合物　主要是乙烯基甲苯、苯乙烯以及茚类的聚合物，其熔点较高（在 80～160℃范围内），这类树脂与 EVA 的相容性稍逊，如采用其氢化加工的产品，EVA 间的容混性及热稳定性改善。总体上讲，石油树脂作为 EVA 型热熔胶的增黏剂使用时，它和热熔胶其他成分间的相容性以及增黏效果，均不如松香树脂和萜烯类增黏剂。

(3) 稀释剂　稀释剂也称软化剂或降黏剂，在热熔胶中，主要起降低热熔胶熔体黏度的作用，在热熔胶使用中，有减少熔体抽丝的功效。同时还具有防止胶料自黏、缩短胶料露置时间的作用。

稀释剂主要使用蜡类物质，有石蜡、微晶蜡、合成蜡等，由于蜡类物质的价格较低，因此加入适量的稀释剂，除了改善热熔胶的性能之外，还有降低成本的作用，但稀释剂的加入量如果过多，会导致热熔胶黏结力下降以及收缩增大等弊病。故稀释剂的用量一般在 $10\%\sim30\%$ 范围内。常用稀释剂简要介绍如下。

a. 石蜡　为白色片状结构，熔点 $50\sim70\,^{\circ}\mathrm{C}$，主要成分是 $C_{20}\sim C_{35}$ 的正链烷烃，是各种稀释剂中价格最低的品种。

b. 微晶蜡　为黄色晶状结晶体，熔点 $64\sim92\,^{\circ}\mathrm{C}$，主要成分是 $C_{35}\sim C_{65}$ 的异链烷烃，作为稀释剂，与石蜡相比，可以提高耐热性与耐寒性，提高热熔胶的柔软性以及黏合强度，但其价格要比石蜡高得多。

c. 聚乙烯蜡　聚乙烯蜡又称合成蜡，是相对分子质量 $1000\sim10000$ 的低分子量聚乙烯，其熔点较高，在 $100\sim120\,^{\circ}\mathrm{C}$ 之间，它具有良好的化学稳定性，黏度低，色泽白，无色、无味，与热熔胶其他成分间的相容性好，但价格较高。

(4) 抗氧剂　抗氧剂的作用，是防止和减少热熔胶在高温下的氧化变质，即防止因热氧降解而引起的热熔胶的变色以及强度下降等弊病。聚烯烃类塑料常用的抗氧剂，如抗氧剂 264、抗氧剂 1010 等均可用作热熔胶的抗氧剂。

抗氧剂的用量因抗氧剂的品种、热熔胶的配方及其施工条件之不同而异。例如，采用一般性能的抗氧剂 264，其用量较高；采用高性能的抗氧剂 1010 时，配用量要低得多；又如当热熔胶采用松香作增黏剂时，抗氧剂的使用量，比采用聚合松香时的配用量要多；辊涂施工用热熔胶，抗氧剂的配用量，比采用挤出涂布施工时要多。

抗氧剂在热熔胶中的配用量，一般在 $0.1\%\sim1.5\%$ 范围内。

(5) 其他成分

① 填料　填料的加入，可以提高热熔胶的耐热性，减小胶料的收缩性，而且可以通过填料的加入，控制胶料的流动性，防止自黏等。常用的填料有碳酸钙、滑石粉、黏土以及石英粉等。

② 增塑剂　增塑剂的加入，可以改善胶料的熔融性能以及对被黏物表面的浸润性，改善热熔胶的低温性能，但若增塑剂的用量过大，则会降低热熔胶的黏结强度以及耐热性。

(6) EVA 类热熔胶　配方举例如下。

① EVA 类热熔压敏胶　参考配方如下：

EVA	100 份
芳香石油酯 L60	100 份

该配方制得的几种 EVA 热熔压敏胶、SIS 压敏胶及市售透明压敏胶的性能见表 10-40。

表 10-40　几种 EVA 热熔压敏胶、SIS 压敏胶及市售透明压敏胶的性能比较

EVA 牌号及对比黏胶带	VA 含量/%	熔体指数/(g/10min)	胶体熔体黏度(177℃)/Pa·s	初黏力			180°剥离力/(N/m)	剪切持黏力/h
				接触法/N	滚球停止法/cm	快速剥离法/(N/m)		
EY-901	40	7.2	61	6.16	0.7	366	788	27.4
EY-902-30	40	7.0	14.2	6.21	1.0	252	856	14.5
EY-903	45	4.7	89	6.70	0.24	166	665	93.0
EY-905	50	18	34	6.87	1.42	436	863	1.4
EY-909	60	6.7	49	4.45	5.0	117	476	3.9
SIS 压敏胶	—	—	111	4.75	>38	0	1179	>200
市售透明压敏胶				3.85	2.5	123	277	70

② EVA 型纸塑编织袋封口胶带用热熔胶　该热熔胶涂布到纸质基材上，制得用于封合纸塑编织袋的上下口的黏胶带。纸塑编织袋底经缝合后，将热封黏胶带于缝合处加热，并在接触压力下冷却，将袋底的缝合线及针孔封住；待装满物料、缝合袋口以后，再将热熔胶带加热，并在接触压力下冷却，将上口的缝合线及针孔封合。使用热熔胶型封口胶带，可有效防止编织袋中粉状物料的泄漏，改善编织袋的防潮性，同时还可有效改善包装的外观。

EVA 型纸塑编织袋封口胶带用热熔胶的参考配方如下：

EVA（VA 含量 30%，熔体指数 7～10g/10min）	100 份
聚合松香	80～100 份
石蜡	20～25 份
抗氧剂	0.2～1.0 份

注：该热熔胶制造封口胶带时，涂布参考量为 40～60g/m²。

10.3.3.2　热塑性橡胶类热熔胶

热塑性橡胶类热熔胶，特别是其中的热熔压敏胶在包装中的实际应用，具有相当重要的地位。热塑性橡胶类热熔胶和 EVA 类热熔胶的组成大体相同，也由高分子化合物（热塑性弹性体）、增黏剂、稀释剂、抗氧剂等组分配制而成，热塑性橡胶类热熔胶与 EVA 类热熔胶最大的差异，是该胶黏剂中的高分子化合物采用热塑性橡胶而不是 EVA，另外需要在较高的温度下使用时，热塑性橡胶类热熔胶中还配有交联剂。热塑性橡胶类热熔胶的主要成分如下。

（1）热塑性橡胶　热塑性橡胶也称热塑性弹性体，用于配制热熔胶的热塑性弹性体主要有苯乙烯-丁二烯-苯乙烯的嵌段聚合物（SBS）、苯乙烯-异戊二烯-苯乙烯

的嵌段聚合物（SIS）、苯乙烯-乙烯-丁烯-苯乙烯的嵌段聚合物（SEBS）、苯乙烯-乙烯-丙烯-苯乙烯（SEPS）的嵌段聚合物等。在 SEBS、SEPS 的高分子链中，不含双键，耐氧化性及耐候性好，但它们的价格明显地高于 SBS、SIS 等热塑性弹性体，因此除了对热熔胶的耐氧化性和耐候性有较高要求的场合以外，一般热塑性弹性体类热熔胶均采用 SIS 或 SBS 而不用 SEBS 和 SEPS。

在 SIS 类热熔胶和 SBS 类热熔胶中，SIS 类热熔胶较之 SBS 类热熔胶有许多优越之处，例如 SIS 类热熔胶的熔体黏度低（仅为 SBS 类热熔胶的熔体黏度的 1/10 左右），而且具有更好的内聚力及优良的黏结性、低温柔软性及透明性，因此 SIS 是热熔压敏胶较为理想的原料，但 SIS 也有其不足之处，和 SBS 相比，SIS 最明显的缺点是耐热性差且更容易老化，为了使两者的性能得到较好的互补，制得性能良好的热熔胶，有时也采用 SIS 和 SBS 的混合物作为配制热熔胶的原料。

SBS 是目前我国制造热熔压敏胶最常用的热塑性弹性体之一，SBS 不仅其分子中的苯乙烯与丁二烯的含量比对热熔胶的性能影响很大，而且 SBS 的分子结构对热熔胶的性能的影响也很明显。苯乙烯含量大时，内聚力大，持黏性增大，但苯乙烯含量过高时，黏附性及浸润性下降，初黏力下降；线型 SBS 较之星型 SBS 易软化，制得的热熔胶剪切强度高，因而更适合于制造热熔胶。热塑性弹性体类热熔压敏胶，可采用苯乙烯与丁二烯的质量比为 30∶70 的、线型结构的 SBS。如 1301（YH791）型 SBS。

（2）增黏剂　在热塑性弹性体类热熔胶中，增黏剂的作用与 EVA 型热熔胶中增黏剂的作用相同，主要是增加热熔胶的黏合强度，并降低热熔胶的熔体黏度以利于施工。作为增黏剂使用的物质，应当和热塑性弹性体之间有良好的相容性，其中一类增黏剂的溶解度参数较低，和热塑性弹性体中的橡胶相有较好的相容性，如脂肪族及脂环族的石油树脂、松香和氢化松香、萜烯树脂及低熔点的萜烯-酚醛树脂等；另一类增黏剂的溶解度参数较高，与极性较大的苯乙烯链段相容，如芳香石油树脂、古马隆-茚树脂、芳香族单体改性的萜烯树脂以及茚树脂等。增黏剂只要和热塑性弹性体中的某一相相容，即能降低混合物的熔体黏度，达到增黏效果。

各种增黏剂的增黏效果各异，例如对 SBS 型热熔胶的剥离强度而言，萜烯树脂的改善效果最为明显，其中又以 β-蒎烯聚合物为最佳，但萜烯树脂的价格较高，常加入少量的 C_5 树脂混合使用以降低成本；在其他增黏剂中，芳香烃类石油树脂的效果次之，萜烯-酚醛树脂更次，而古马隆树脂对 SBS 热熔胶的剥离强度改善效果最差；松香树脂有极好的增黏效果，但易于氧化变色，其软化点也比较低，使用时需予以注意。

增黏剂的品种及配用量，会对热熔压敏胶的软化点产生明显的影响。配方相同时，增黏剂软化点高者，配制出的热熔胶有较高的软化点，热熔胶的软化点与增黏剂的品种的关系见表 10-41；同一品种的增黏剂，配用量增加时，制得的热熔压敏胶的软化点有下降的趋势，增黏剂含量对热熔胶软化点的影响如图 10-8 所示。增黏剂的配用量，对热熔胶剥离强度也有相当明显的影响，在一定范围内，随着增黏剂用量的增加，热熔压敏胶的黏结性能提高，但当增黏剂的用量超过一定量之后，再增大增黏剂的配用量，热熔胶的剥离强度反而下降，增黏剂的配用量对 SDS 型热熔胶的剥离强度的影响见表 10-42。

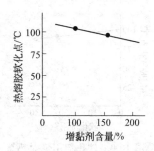

图 10-8　增黏剂含量对热熔胶软化点的影响

（3）软化剂　热塑性弹性体类热熔胶的软化剂，类同于前面所介绍的 EVA 热熔胶的稀释剂，也被称为稀释剂，有的文献还将其划归为增塑剂之列。它在热熔胶中的主要作用，是降低热熔胶的熔体黏度以利于涂布，改善初黏性，并降低成本。

表 10-41　热熔胶的软化点与增黏剂的品种的关系

配方组	编号	增黏剂种类	热熔胶的环球法软化点 /℃
一组	1	萜烯树脂 A	93
	2	萜烯树脂 C	101
	3	β-萜烯	107
	4	改性松香	78
二组	1	萜烯树脂 A	91
	2	聚合松香	85
	3	改性松香Ⅰ号	85
	4	改性松香Ⅱ号	80

表 10-42　增黏剂的配用量对 SDS 型热熔胶的剥离强度的影响

增黏剂配用量 /质量份	90	95	100	105	110
180°剥离强度 /(kN/m)	0.8	1.3	1.5	1.2	0.7

注：SDS 型热熔胶的热塑性弹性体是 SIS 与 SBS 的混合物，SIS 与 SBS 混合质量比为 60∶40，增黏剂配用量以热塑性弹性体为 100 份计。

热塑性弹性体类热熔胶的软化剂，分子结构最好和热塑性弹性体类热熔胶的橡胶相相容，而不和热塑性弹性体的塑料相相容，否则会降低热熔胶的内聚力，使热熔胶的黏结性能变坏；物质的溶解度参数越低、分子量越高，越不易与塑料相相容，对橡胶强度的影响越小，软化效果越好，故各类脂肪烃矿物油，在这类热塑性弹性体类热熔胶的软化剂方面的应用具有明显的优势，同时各类脂肪烃矿物油，还具有挥发性低、黏度低、成本低、耐老化性好等优点，因此脂肪烃类矿物油，被认为是热塑性弹性体类热熔胶较为理想的软化剂。需要引起注意的是，矿物油中不应含有芳香烃，即使只有少量的芳香烃，例如含量在 2%～3% 的芳香烃，也能因其与热塑性弹性体中的塑料相的相容，降低热熔胶的黏结强度。

就具体物质而言，热塑性弹性体类热熔胶的软化剂以环烷油最佳，其次是液压

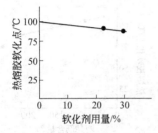

图 10-9　软化剂用量对热熔
胶软化点的影响

油、40#机油、真空泵油、DBP（邻苯二甲酸二丁酯）、白油等。

在一定用量范围内，随着软化剂用量的增加，热塑性弹性体类热熔压敏胶的软化点下降，而且两者间呈直线关系。软化剂用量对热熔胶软化点的影响如图10-9所示。

软化剂用量对热塑性弹性体类热熔压敏胶的剥离强度也有明显的影响，在一定范围内，软化剂的用量增加，热熔胶的剥离强度增加，但当软化剂的用量超过某一用量以后，软化剂的用量再增加，热熔胶的剥离强度反而随软化剂的用量的增加而逐渐下降，DSD型热熔胶的剥离强度与软化剂的用量的关系见表10-43。

表 10-43　DSD 型热熔胶的剥离强度与软化剂的用量的关系

软化剂用量/质量份	35	40	45	50	55
180°剥离强度/(kN/m)	0.9	1.3	1.6	1.5	1.0

注：SDS 是 SIS 与 SBS 的混合物类，其中 SIS 与 SBS 混合质量比为 60：40；增黏剂的用量以热塑性弹性体为 100 份计。

（4）其他成分　除上述之外，热塑性弹性体类热熔压敏胶的其他组分，还有防老剂（抗氧剂）、交联剂等。

抗氧剂的加入，可以提高热熔胶的热稳定性，防止因热老化导致热熔胶失去黏性或剥离强度降低。常用的抗氧剂有 264、1010 以及抗氧剂的复合体系 CA-DLTP 等。N,N-二丁基二硫代氨基甲酸锌（BZ）和多烷基亚磷酸酯，对防止热塑性弹性体类热熔胶的老化特别有效，BZ 熔点低，仅 105℃，又是橡胶的硫化促进剂，因此还能使 SIS、SBS 等组分中的橡胶相链段交联，提高热熔压敏胶的耐热性、抗蠕变性，并使热熔胶的持黏力和内聚力增大。此外，在热熔压敏胶中加入白油，可显著提高其耐紫外线的性能。

（5）热塑性弹性体类热熔压敏胶

① SIS 类热熔压敏胶

a. 通用型压敏胶

（a）配方

SIS（壳牌化学公司 KRATON D-1107）	100 份
脂肪族石油树脂（软化点 100℃）C₅	140 份
矿物油（壳牌化学公司 Shellflex 371）	10 份
N,N-二丁基二硫代氨基甲酸锌（BZ）	5 份

（b）KRATON D-1107　异戊二烯/苯乙烯的比例为 86：14，线型结构，密度为 0.92g/cm³，熔体指数（200℃，5kg，ASTM D-1238）为 9.0g/10min，300%

定伸强度为 700kPa，拉伸强度为 21000kPa，断裂伸长率为 1300%，硬度为邵尔 A 37。

（c）用途 制造以纸或者 PET 为基材的压敏胶胶带。采用牛皮纸基时，压敏胶涂胶量为 43g/m²；用于 PET 基时，压敏胶涂布量为 36g/m²。由上述热熔压敏胶制造的胶带的性能，见表 10-44。

表 10-44 热熔压敏胶胶带的性能

性　　能	牛皮纸基压敏胶胶带	PET 基压敏胶胶带
初黏力(PSDC-6 法)/cm	1.3	1.3
初黏力(接触法)/N	5.88	12.74
180°剥离强度(对不锈钢球)/(N/m)	550	800
持黏力/min		
对不锈钢	500	2000
对牛皮纸	300	2000

b. 标签膜用压敏胶

（a）配方

SIS（壳牌化学公司 KRATON D-1107）	100 份
脂肪族石油树脂（软化点 100℃）C₅	150 份
矿物油（壳牌化学公司 Shellflex 371）	50 份
N,N-二丁基二硫代氨基甲酸锌（BZ）	5 份

（b）性能

初黏力（PSDC-6 法）/cm	2.0
初黏力（接触法）/N	3.92
持黏力（对不锈钢）/min	200

c. 管道保护用黏胶带用胶

（a）配方

SIS（壳牌化学公司 KRATON D-1107）	100 份
脂肪族石油树脂（软化点 100℃）C₅	140 份
矿物油（壳牌化学公司 Shellflex 371）	10 份
N,N-二丁基二硫代氨基甲酸锌（BZ）	5 份
钛白粉	5 份

（b）性能（PE/布为基材制造的黏胶带）

初黏力（PSDC-6 法）/cm	0.5
初黏力（接触法）/N	8.82
180°剥离强度（对不锈钢球）/(N/m)	2100
持黏力/min	
对不锈钢	190

対牛皮纸　　　　　　　　　　　　　　　　　　　　　5470

② SDS 类热熔压敏胶

a. 配方

SIS（日本瑞翁公司）　　　　　　　　　　　　　　　　60 份

SBS（岳阳化工总公司 SBS 1301）　　　　　　　　　　40 份

萜烯树脂（广东信宜松香厂，软化点 90～100℃）　　　　90 份

石油树脂（美国 Exxon 公司，软化点 95～100℃）　　　　10 份

环烷油（上海润滑油厂）　　　　　　　　　　　　　　40 份

白油（辽阳隆亿化工公司）　　　　　　　　　　　　　5 份

N,N-二丁基二硫代氨基甲酸锌（浙江乐清超微细化工公司）　3.5 份

264（辽阳滨河化工厂）　　　　　　　　　　　　　　1.2 份

b. 性能　SDS 类热熔压敏胶的性能见表 10-45。

表 10-45　SDS 类热熔压敏胶的性能

性　能	指　标
外观	淡黄及浅棕色透明块状弹性体
密度 /(g/cm³)	1.25～1.35
软化点 /℃	80～90
180°剥离强度 /(kN/m)	1.6
初黏力(球号数)	20
持黏力 /h	11

参 考 文 献

[1]　韦丽明. 塑料包装，2000，(1)：25-30.

[2]　陈慧玲. 塑料通讯，1989，(4)：19-38.

[3]　代模兰等. 塑料工业，1991，(3)：42-45.

[4]　毛维友等. 塑料工业，1995，(2)：42-44.

[5]　庞志鹏等. 塑料包装，1999，(4)：16-20.

[6]　施法宽. 中国包装工业，2000，(1)：28-29.

[7]　杨玉昆. 压敏胶黏剂. 北京：科学出版社，1991.

[8]　今井伸彦. 包装技术，1999，(9)：81-86.

[9]　曹华. 环保型高阻隔包装材料的制备及国内的研究进展. 北京印刷学院学报，2008，(4).

[10]　松田修成. 透明蒸着バリアフィルム［エコシアール］各种グレードの的特征と利用事例. 包装技术，
　　　2007，(11)：54-58.

[11]　葛量忠彦. Plastics Age Encyclopedia（进步篇）. 1993：57.

[12]　陈文瑛. 塑料包装，1998，(3)：1-3.

[13]　董志武. 塑料包装，1997，(2)：41-44.

[14]　王畅等. 真空镀铝双向拉伸聚酯薄膜的应用及发展. 中国包装技术协会塑料包装委员会论文集，
　　　2002，3：158-162.

[15]　陈昌杰. 广东包装，2012，(5)：25-31.

[16]　李光宁等. 粘接，1999，(3)：13-15.

[17]　丁秀英等. 中国胶黏剂，1997，(6)：18-20.

第三篇
塑料软包装行业的新进展

第11章 水性油墨及其在塑料凹版印刷中的运用

11.1 水性油墨

11.1.1 水性油墨概述

　　水性油墨也称水基（油）墨，简称水墨。它是由水溶性或水分散性高分子树脂、着色剂、表面活性剂等相关添加剂经化学过程和物理加工而制得的。水性油墨区别于溶剂型油墨的最大特征在于其所用的溶解载体。溶剂型油墨的溶解载体是有机溶剂，如甲苯、乙酸乙酯、甲乙酮等；而水基墨的溶解载体则是水或者混合有少量醇的水，故水基墨具有显著的环保安全特点，理论无毒、无害、不燃、不爆，从生产到应用都是安全的。水基墨的开发与应用是要解决使用溶剂型油墨带来的环境污染及人体健康损害的问题，如今在纸品印刷方面水基墨已得到广泛的应用，而水性塑料油墨的开发则是水基墨在塑料薄膜印刷领域方面的又一个应用，用其印刷的制品主要用于食品、药品的包装，用于解决溶剂残留对被包装物的污染问题。

　　20世纪60年代，由于石油原材料日趋紧张，人们开始了水基墨的研究与应用，并取得了一定的进展。最初的水基墨主要使用糊精、虫胶、酪素、木质酸钠等物质为连接料，制备的水基墨主要用于一些低档纸张印刷产品。

　　随着材料科学和合成技术的进步，松香改性马来酸树脂等开发成功，并取代了酪素、虫胶等成为主要连接料，生产的水基墨基本能够满足当时多种纸张印刷需要。但是这类产品依然存在很多的不足之处，如光泽度差、耐水性不佳、附着力弱、容易起泡、存放稳定性差等弊病，而且完全无法在非极性材料上应用。后来，人们把此阶段生产的水基墨称为第一代产品。

　　到了20世纪70年代，由于石油危机导致油墨用原材料供应十分紧张，加上环保要求已提上议事日程，各发达国家纷纷立法控制空气品质，限制有机挥发物（VOC）向大气中排放，开始对食品、饮料、药品等卫生条件要求严格的包装印刷制品的重金属含量、溶剂残留量等进行严格限制。从而促使各国油墨研发人员继续进行深入研究，由此开发出了以苯乙烯-丙烯酸类溶液共聚树脂等为连接料的第二代水基墨，其弥补了第一代水墨耐水性和存放稳定性差的不足；但是在光泽度和印刷适性等方面同溶剂墨相比仍有差距，而且仍不能应用于非极性材料上。

20 世纪 90 年代之后，油墨研发人员在第二代水性墨的基础上引入某些特定的丙烯酸及其酯类与苯乙烯等聚合，研制出各种具有核壳结构和互穿网络结构的聚合物乳液，该系列树脂大大改善了油墨的光泽度和干燥性，促进了水基墨在高档纸品印刷方面的应用，使得水基墨与溶剂墨在纸品印刷方面的竞争优势渐显，并不断拓宽应用范围，于是第三代水性墨产品便应运而生，而且逐渐在塑料薄膜印刷领域开始探讨应用。

水性油墨从发展过程看其经历了不断的更新换代，并在一些发达国家有了较广泛的应用和成功的经验。在欧美国家，水基墨在包装行业印刷的应用量，将近占整个包装印刷的 80％。但是在我国，水性油墨还主要用于柔性版印刷纸张等吸收性材质，而且因受成本等的制约，仅占整个包装印刷的 10％左右，比发达国家要滞后许多。相比较在纸品类印刷上的大放异彩，水基墨在塑料薄膜印刷上的应用和推广却举步维艰，其主要原因是受技术制约。首先水基墨在塑料薄膜上无法像纸张上一样存在挥发与渗透两者同时起作用的干燥形式，而只能依靠单一的蒸发来达到，而且水基墨的溶剂——水相对于溶剂墨的挥发性有机溶剂来说不易挥发，按照传统机械和印刷工艺，水基墨在塑料薄膜上印刷时的干燥速度就要比溶剂墨慢很多，如果要达到同样印刷速度，在水基墨配制技术上和塑料薄膜印刷设备上都要有进一步的提高和较大的改动。再则，水基墨与塑料薄膜的表面张力相差较大，造成水基墨在塑料薄膜上存在附着牢度差的难题；况且目前水基墨还存在必须使用氮丙啶、氨水或乙醇胺类有机胺等高分子助剂而带来的毒性，以及水基墨在储存、运输过程中结冻、发霉等问题。所有诸多技术层面的问题悬而未决，必将导致水基墨在塑料薄膜凹印应用方面的缺失。在我国直至今日，塑料软包装几乎全是采取溶剂墨凹版印刷，塑料凹版水性油墨用量几乎为零。当然除了上述原因外，与企业自身能力及对技术创新的认识不足等不无关系；同时社会大环境尚允许溶剂墨塑料凹版印刷方式存在，无疑也对水性油墨的应用产生了巨大阻力。

然而，展望我国水基墨的发展前景还是应当持乐观态度，相信随着人们生活水平的提高及社会进步和包装行业的不断发展将会有大跨步的进步。水基墨在烟酒、食品、药品、儿童玩具等塑料软包装印刷方面的使用将通过多种印刷方式逐步加强。根据相关报道，到 2011 年我国的纸品类印刷用水基墨将占油墨总耗量的 25％～30％，年需求量达 14.6 万吨。随着我国 ISO 14000 环境管理体系的逐步实施，随着无毒、无污染、环保型的水基墨的技术进步，适用范围不断拓宽，相信将会在不远的将来取代溶剂墨。据悉，水基墨是目前所有印刷油墨中唯一通过美国食品药品管理局（FDA）认可的无毒油墨，可以肯定包括塑料凹版用水基墨在内的整个水性油墨市场的发展前景将是不可估量的。

11.1.2 水性油墨的特性

（1）水性油墨用含有少量醇的水作溶剂，墨性稳定，故特别适宜用于食品、药品等包装行业；其可用水清洗、不易燃、不易爆，对大气环境和作业工人健康几乎无不良影响，也无因静电和易燃溶剂引起的火险隐患，具有生产安全性。

（2）水性油墨是一种色浓度高、不复溶、光泽度好、适印性强、流平性较好且高固含量的新型印刷油墨。

（3）水性油墨操作简便，在印刷时仅需按照需求量预先加入自来水调配好油墨，在印刷过程中直接添加适量调配好的新墨，不需要额外加入水溶剂，可防止造成颜色深浅不一。

（4）水性油墨干涸后一般不再复溶于水。开机印刷时必须让印版浸在水性油墨中始终保持转动状态，否则印版上水性油墨会迅速干燥，造成版辊被堵塞，导致无法印刷。

（5）鉴于目前由石油资源日益枯竭带来的有机溶剂价格的不断上涨，溶剂墨的制造成本和环境使用成本将日益增高；而水基墨的溶剂主要使用自来水，而且由于水基墨色浓度高，凹印版深度可浅，所以从成本上来说，尽管水基墨价格高，但其综合使用成本据测算比溶剂墨节省了30％左右，也少有印刷物表面溶剂残留毒性的担忧，水基墨在塑料凹版印刷领域应用探索成功，对彩印包装厂来说无疑是上好佳音。

11.1.3　水性油墨的成分及作用

水性油墨组分主要由着色剂、水性树脂、碱组分、溶剂和添加剂等组成。碱组分为有机胺或氨水，溶剂为水和少量的醇类，添加剂包括消泡剂、分散剂、交联剂和增滑剂等。水性油墨配方见表11-1。

表 11-1　水性油墨配方

成分	比例	成分	比例
改性丙烯酸树脂	35%	乙醇	2.0%
色素炭墨	13%	异丙醇	0.5%
酞菁蓝 BGS	1%	消泡剂	1%
有机胺	6%	增滑剂	0.5%
分散剂	1%	水	40%

水性油墨配方较多，各组分的作用也不相同，下面参照上列配方分别予以阐述。

11.1.3.1　水性油墨用树脂

树脂是水性油墨的重要成分，直接影响油墨的附着性能、干燥速度、防黏脏性能及耐热性等，同时也影响光泽及油墨转移性能，因此选择适合的树脂是水性油墨的关键。水墨用树脂皆为水溶性树脂或水分散性树脂，其必须具备易形成水溶盐、与着色剂亲和性好、印刷成膜后附着牢度高、耐磨、抗划伤、耐热性好，光泽度高，并且要求印刷干燥时，水的释放性好、易交联成膜等性能。现在常用的树脂连接料可分为水溶性连接料、扩散性连接料、碱溶性连接料三大类。高档水墨连接料中采用的树脂主要为改性马来酸类、丙烯酸类、聚氨酯类。水墨常用三类水性树脂综合性能见表11-2。

表 11-2　水墨常用三类水性树脂综合性能

性　　能	马来酸树脂	水性丙烯酸树脂	水性聚氨酯树脂
颜料分散性	中	优	优
印刷适性	中	优	良
耐湿摩擦性	中	优	优
耐干摩擦性	差	良	优
油墨稳定性	中	优	良
耐热性	差	极优	优
耐水性	差	优	优
附着力	中	良	优
光泽度	差	良	良

从表11-2中可看出，改性水性丙烯酸树脂和聚氨酯树脂相对来说在光泽度、耐候性、耐热性、耐水性、耐化学品性和耐污染性等方面均具有较显著的优势，在直接分散溶解或合成高分子乳液时，也均能表现出优良的性能，故目前水墨大多数选用丙烯酸树脂和聚氨酯树脂作连接料，这两大类树脂又可分为溶液型、乳液型两类。

溶液型树脂相对分子质量通常为 5000～10000，其具有较好的溶解性和光泽性，作为颜料的载体和分散体具有良好的润湿性、配伍性及稳定性。然而它的弱点是不具备乳液状态的特性，干燥慢，连续成膜性差，因此在水墨中一般不单独使用，而是与其他乳液拼用。

乳液型树脂品种很多，但因组成不同形成的乳液粒子状态也不同，理化性能各异，通常有胶态分散体和结膜性乳液两种。

胶态分散体多是丙烯酸与苯乙烯的共聚物，相对分子质量为 15000～40000，由于粒子个数少于乳液要求极限，不属真正的乳液；但其粒度大，可加大量水稀释，多用于瓦楞纸箱印墨中。

结膜性乳液，由于分子量较高，所以耐油耐水性好，光泽性也好，在非吸收性承印材料上有较好的附着性，并且玻璃化温度低，成膜性、耐抗性好，被广泛用于薄膜、金属箔等不能渗透干燥的承印材料印刷方面。水墨在这类材料表面的干燥仅为挥发型干燥，并伴随有化学反应。水墨其水溶性原理是：所用主体树脂须含有—COOH（羧基）、—OH（羟基）、—NH$_2$（氨基）、—CO—NH$_2$（酰氨基）和—C—O（羰基）等亲水官能团，可经过一定的工艺，加入一定量的氨基（—NH$_2$）

碱性物质后，反应形成能完全溶于水的黏滞状溶体——有机铵盐。而其干燥的机理是：油墨干燥过程中，氨挥发后致使油墨中的树脂恢复成了不溶于水的墨膜，从而完成了油墨的干燥固化。在上述反应中氨的用量需要严格控制：油墨的 pH 值最好控制在 8.0～9.5，因为 pH 值如小于 8，油墨在印刷过程中就容易产生气泡，如气泡量比较大，就会出现墨色不均匀、漏白；pH 值如大于 9.5，则塑料薄膜不容易上墨。

水性丙烯酸树脂是由一种或多种单体经聚合而成的高分子量聚合物，通过在这种聚合物分子链上引入含有—COOH、—OH、—NH₂、—SO₃H、—CONH₂ 等强亲水性基团，再经过中和成盐的处理而成为水性丙烯酸树脂。所使用的原料主要是甲基丙烯酸甲酯、甲基丙烯酸-β-羟乙酯、丙烯酸丁酯和丙烯酸及苯乙烯等单体，在过硫酸铵、过氧化苯甲酰存在下，以水及醇作溶剂进行聚合而制得，相对分子质量通常为 5000～40000。此类树脂制作的油墨在塑料薄膜上印刷效果好，附着牢度强，不燃、不爆、无毒，不会损害印刷工人的健康，对大气也无环境污染，成本又较低，特别适用于在 PE、BOPP、PVC、PET、PP 等塑料薄膜上凹版印刷，也适用于复合薄膜凹版印刷以及柔版印刷。

聚氨酯具有极好的耐磨性、耐溶剂性、黏结性以及良好的低温性能等性能优势，其是含有氨基甲酸酯基团的聚合物，通常由多异氰酸酯或其加成物与含活泼氢（主要是羟基中的活泼氢）的聚多元醇反应而成。水性聚氨酯树脂则是以聚酯二元醇、二异氰酸酯和二羟甲基丙酸等为主要原料，通过聚合反应生成的聚酯型水性聚氨酯。水性聚氨酯整个合成过程可分为两个阶段：第一阶段为预聚合，即由低聚物二醇、扩链剂、水性单体、二异氰酸酯通过溶液逐步聚合，生成相对分子质量为1000 数量级的水性聚氨酯预聚体；第二阶段为中和后预聚体在水中的分散，以聚酯、三甘醇、二羟甲基丙酸、异佛尔酮二异氰酸酯为原料，合成阴离子脂肪族水性聚氨酯分散液。水性聚氨酯树脂因其分子链中含亲水性基团，因而与水具有很强的亲和性，其在附着力、耐磨性、耐溶剂性、耐化学品性、耐冲击性以及柔韧性方面具有优势。其主要分为聚氨酯水溶液、聚氨酯水分散液和聚氨酯乳液，其外观差别见表 11-3。

表 11-3　聚氨酯水溶液、聚氨酯水分散液和聚氨酯乳液的外观差别

种类	聚氨酯水溶液	聚氨酯水分散液	聚氨酯乳液
外观	透明	半透明	乳白

由于单一的树脂具有一定的局限性，目前对塑料凹版水性油墨用树脂大部分均进行改性，如聚氨酯改性丙烯酸树脂、环氧改性丙烯酸树脂等，其目的就是充分利用各树脂的优点，制备出性能更优异的水性油墨。

11.1.3.2　水性油墨用颜料

颜料赋予了油墨颜色特征，满足了印刷对色彩的要求。有较多的有机颜料和无机颜料可用于水性油墨。由于水墨的树脂大多为碱溶性的，故所选颜料须是耐碱性

的。但是，水墨中颜料的分布密度较溶剂墨要大许多，而水的表面张力及极性又与溶剂墨相差较大，使得颜料分散相对困难，直接影响水墨的稳定性、黏度和 pH 值。采用添加表面活性剂可增加树脂和水的亲和力及颜料与连接料的亲和力，有利于分散。颜料选择对于水墨尤为重要，应选择颜料中色泽艳亮、不易发胀、体系稳定的高档品种，对于印刷食品、药品的水墨还要注意颜料的重金属含量，尽量不用苯胺及稠环化合物类有致癌性的颜料，有些颜色还必须选用进口高质量的颜料。

11.1.3.3 水性油墨用助剂

为提高水墨的各项性能、满足印刷作业的不同要求需添加各种助剂，并通过科学使用助剂来改善水墨的弱点，以提高水墨的印刷适性和稳定性等。在水墨中使用助剂较溶剂墨更为要紧，常用的水墨助剂有以下几种。

(1) 消泡剂　其作用是抑制和消除水墨气泡的产生。用量一般为总墨量的 1%～2%，在水墨生产过程中加入，印刷使用时如气泡较多也可适量加入。一般来说，当水墨的 pH 值过低、黏度过高或者当印刷机运转速度比较快时就容易产生气泡，如果产生的气泡量比较大，就会出现墨色不均匀、漏白，势必会影响印刷品的质量。

(2) pH 值稳定剂　其主要是用来调节和控制水墨的 pH 值，使其稳定在 8.0～9.5，同时，它还可以调节水墨的黏度，并对水墨进行稀释。一般来说，在低速印刷过程中每隔一定时间就应该加入适量的 pH 值稳定剂，使水墨保持良好的印刷状态；在印刷过程中则加入调整好的新墨即可。一般 pH 值稳定剂使用有机胺等高分子助剂；氨水或乙醇胺等还可防止水墨在储藏、运输过程中聚结、发霉，降低水墨黏度等。

(3) 慢干剂　慢干剂一般应用于纸品类水墨，在塑料用水墨中很少使用。其可以防止油墨在印版或者网纹辊上发生干燥，抑制和减缓水墨的干燥速度，减少堵版和糊版等印刷故障的发生率，一般控制在总墨量的 1%～2%，如果加入量过多，油墨干燥不彻底，印刷品就会产生黏脏或者异味。

(4) 润湿分散剂　是具有颜料亲和基团的亲水性聚合物，能促进颜料分散，使油墨容易研磨，加强连接料分子和颜料结合，降低水墨的表面张力，其用量为颜料质量的 4%～20%。

(5) 抗腐剂　为一般杀菌剂，可抑制细菌的生长，需要时加入。

(6) 流平剂　在油墨干燥过程中起流平作用。

(7) 增滑剂　增滑剂用于增加印刷品表面的耐摩擦力，常使用的增滑剂一般为蜡类。

(8) 交联剂　常用多官能氮丙啶类交联剂，在干燥时使油墨树脂结合成网状结构，可以提高水性体系对底材的附着力。

11.1.3.4 水性油墨用溶剂

油墨所用溶剂需具有：①溶解树脂，给予墨性；②调节黏度，给予印刷适性；

③调节干燥速度。而水墨还要求具有无毒的特性，因而它的溶剂是采用自来水和少量调节溶解性与干燥速度的醇类，如异丙醇、乙醇等。这些溶剂可以辅助水增强溶解树脂的能力，提高颜料的分散性能，并加速渗透，抑制发泡。

11.1.3.5　水性油墨主要技术指标

水性油墨主要技术指标见表 11-4。

表 11-4　水性油墨主要技术指标

项　　目	技术指标	检测标准
颜色	标样	GB/T 13217.1
着色力/%	90～110	GB/T 13217.6
黏度/s	50±30	GB/T 13217.4
光泽度(60°)/%	＞80	GB/T 13217.2
细度/μm	≤5	GB/T 13217.3
pH 值	8.0～9.5	
初干性/mm	15～50	GB/T 13217.5
耐碱、耐水性(24h)	良好	

11.2　水性油墨在塑料软包装上的印刷运用

11.2.1　水性油墨应用于塑料凹版印刷的现状

现阶段塑料薄膜凹版印刷过程中大量使用的油墨基本上仍是溶剂型油墨，试想如能被水性油墨全面替代的话，其优势主要可体现在以下几个方面。

首先，溶剂型油墨本身有 $50\%\sim60\%$ 的有机挥发性物质（VOC），一般印刷时未经回收处理而直接排入大气中，其中有相当部分存在于车间空气中。在生产过程中为维持油墨黏度通常还需加上相当于油墨总量 50% 左右的含苯类溶剂，因此在印刷品干燥时，约有油墨总用量 $70\%\sim80\%$ 的含苯类挥发性组分散发出来，仅我国塑料软包装行业每年排放到大气中的含苯类溶剂就达数十万吨之巨！塑料软包装行业为此已被国家列入了环境重点监控对象 [国家发改委 2007 年第 24 号公告：《包装行业清洁生产评价指标体系（试行）》]。根据监测统计，现大多数塑料薄膜凹版印刷厂作业场所苯类化合物均超标，按照国家标准要求，工业生产车间中苯的最高容许浓度为 $10mg/m^3$、甲苯为 $100mg/m^3$、二甲苯为 $100mg/m^3$。不少生产车间中苯类溶剂的平均浓度超过国家标准好多倍，从医学角度来说，这会对印刷工人的健康带来极大的、不可逆转的伤害；而且有机溶剂会残留在包装袋中，最终对消费者的健康造成损害。排放到大气中的有机挥发性物质会直接破坏臭氧层，污染大气环境。从长远来看更会制约企业的生存与发展。然而水墨主要用水作溶解载体，无论是在其油墨的生产过程中，还是被用于印刷时，很少或几乎不会向大气中散发VOC，所以这是溶剂墨所无法比拟的。

其次，水墨由于几乎不含有机溶剂，使得印刷品表面残留溶剂大大减少。这一特性为食品、药品、儿童玩具等卫生条件要求严格的包装印刷产品的生产和使用提供了健康和安全保障。在包装的卫生安全备受人们关注的今天，大家对包装印刷物中溶剂残留量的控制非常重视。对此，使用溶剂墨的塑料印刷制品要想达到国家标准（GB/T 21302—2007《包装用复合膜、袋通则》）比较困难，而对于使用水墨的塑料印刷制品，却是件较容易做到的事情。

再次，使用水墨还能够减少资源消耗。由于水墨固有的特性——固含量及色浓度较高，通过浅版，可以用较薄的墨膜涂布达到同样的印刷要求。因此相对于溶剂墨，它的涂布量（单位印刷面积所消耗的墨量）根据生产中长期积累的数据，比溶剂墨约减少了30%，也即油墨总用量减少了约30%。不仅如此，由于印刷时需要经常清洗印版辊筒等，因此使用溶剂墨印刷，还需要清洗用有机溶剂，而使用水墨印刷，清洗介质则是自来水或经过滤的无杂质干净雨水。从资源消耗角度看，水墨更加经济，符合当今世界提倡之节约、低碳的主题。

最后，十分关键的一点是水墨可以保障操作人员的安全和健康。溶剂墨属于易燃化学品，其生产制造和应用过程中存在一定危险性，易挥发有机溶剂于空气中形成的混合气体一旦浓度达到爆炸极限后遇到火星即会发生爆炸，因此生产作业环境的火灾爆炸危险性相当高。按照中国目前的法规，溶剂墨生产、应用企业必须具备完善的危险化学品生产和管理的条件才能取得生产许可证。再者，有机溶剂或多或少对人体都有害；其特有的毒性对于生产作业人员的健康极为不利，国家卫生监督部门将此类作业定义为职业危害性作业，对作业现场空气中的VOC浓度有严格规定，作业人员须定期做职业健康体检，以保障操作人员的健康。

但是，目前虽然大家都意识到用溶剂墨印刷不论对环境还是包装制品均有害，必须淘汰，但出于传统习惯和商业利益，同时也由于改用水墨印刷还存在种种困难，因此直到现在国内仍少有大中型软包装印刷企业在批量生产中正式采用水性印刷技术，也少有大型食品、药品企业正式采用水性印刷的塑料软包装制品，这说明目前塑料软包装水性印刷技术及其制品市场认可程度还存在一定问题。

笔者认为这个问题应该从两方面去着手解决，一方面是要求塑料软包装水性印刷技术进一步提高，包括水性油墨性能和印刷技术的提高以及印刷设备的配套，以生产出高质量水性印刷的塑料软包装制品并为市场所接受；另一方面需要国家政策导向的支持，直至法律法规的介入，迫使有污染、有毒有害的溶剂墨尽快退出塑料软包装的历史舞台，特别是应尽快退出食品和药品包装的应用场合。

可喜的是随着塑料水性油墨应用技术日益成熟，相对溶剂墨生产、应用的技术门槛和投资额的提高，塑料软包装印刷行业的发展正呈现出如下一些状况。

（1）大中型规模的包装凹印企业正逐步取代溶剂墨时代小型企业占主流的

状况。

(2) 凹印生产线加工方式正趋于更加多样化,大幅面软包装凹印机的数量不断增加,凹印机功能配置越来越强,相应的管理系统、远距离技术支持系统日渐被采用;为满足个性化需求而从收、放卷到印、复连线加工各工位都将被模块化。其中令人瞩目的如凹印小推车或凹印与柔印版互换小推车的采用、凹印机组独立驱动技术以及电子轴传动技术等,将带来凹印机的全面升级换代,专用于塑料水基墨凹版印刷之凹印机的制造和应用也正提上议事日程。

(3) 由于环保与卫生方面的原因,食品、药品、烟酒等行业越来越注重包装材料和印刷工艺的环保性,凹印企业也相应会更加关注印刷车间的环境;环保型水基墨正逐渐受到关注,封闭式刮墨刀系统及适应水基墨的凹印机将逐渐被采用并推广。

11.2.2 塑料水性油墨的印刷适性及在薄膜凹版印刷中存在的问题

11.2.2.1 塑料水性油墨的印刷适性

所谓油墨的印刷适性,是指油墨在特定的印刷机上以一定印刷速度、在一定印刷压力等条件下转移到印刷对象表面,待印膜干燥后固着于印刷对象表面以表达印刷预期效果的性能。由此可见,油墨的印刷适性包括印刷作业适性和印刷质量适性两方面。油墨的印刷作业适性涉及油墨与相应版型、机速、印压和印刷对象相适应,以保证油墨能够从包装容器—墨斗—墨辊—印版—印刷对象的顺利转移;油墨的印刷质量适性是指转移到印刷对象表面的墨膜所显示的固着、干燥速度、颜色及成膜后的光泽、牢度、耐抗性等各种保证印刷效果的性质。通常把油墨所表达颜色效果的方面称为墨性。油墨印刷适性的调配主要是解决墨色和墨性与印刷效果之间的优化匹配。水基墨由于其构成和印刷版型、印刷对象、印刷品用途等方面的特殊性,在实际使用过程中墨色和墨性与印刷作业和印刷质量不相适应的问题比较突出,由此要优化、解决这些问题,以下一些影响因素至关重要。

(1) 凹版印刷塑料水基墨的印版要求 采用水基墨作塑料凹印,如印版采用电雕版或激光雕版,以其高色浓度作前提,版深可在 $22\sim32\mu m$,明显浅于溶剂墨用印版(版深一般为 $35\sim55\mu m$)。版浅能提高印速,并节约用墨。烘干温度以 $50\sim60℃$ 为宜,而且风量要大,出风角度要调整好,使转移到薄膜上的油墨迅速干燥。在印刷前水基墨倒入墨槽后,要让印版空转 $2\sim3min$,起到润湿印版和搅拌作用,印刷过程中如观察印刷品等需临时停机时,不得使印版停止转动,以免印版上的墨干涸而造成塞版(万一塞版,只能用专用洗版液润湿清洗)。印前根据版的深浅调整好墨的黏度后,在印刷过程中尽量不要往墨中加水,只要加预配好的新墨即可,以保证印刷品前后颜色及色浓度一致。印刷完毕应立即清洗印版,余墨装好,将清水放入槽中,转动印版进行清洗或调入 3% 洗衣粉溶液进行清洗。

（2）塑料水性油墨的干燥　干燥性是指转移在承印物表面的油墨层由液态转化为固态的现象。印刷后的油墨在较短时间内从液态到固态，整个过程是经过部分连接料的渗透或挥发，部分连接料产生化学或物理反应，使墨膜逐渐增黏变稠变硬固化而与承印物黏为一体。干燥性是衡量油墨质量和性能的重要指标之一，因此，控制好油墨的干燥性能是取得良好印刷效果的一个重要手段。水基墨在塑料薄膜上只能为单一的挥发性干燥，目前对此存在一个先天的矛盾：一方面由于塑料水基墨干燥后的不可复溶性导致在印版和网纹辊上逐步堆积并堵塞网纹，造成半色调网点的丢失或者破坏，实地部分出现漏白等；另一方面油墨印刷后的干燥速度过慢，严重制约印刷速度的提高，在多色叠印中还会引起背面黏脏。

在实际运用中，塑料水基墨的干燥速度取决于凹印机的印刷速度、干燥装置的烘干能力、承印材料的性能以及油墨自身的组成成分等。首先对凹印机干燥系统必须予以从技术层面改进，提高水基墨印刷速度和效率，加速水基墨干燥，并做适应水环境要求的小革新，保证使用水基墨的经济性。一方面宜根据水的蒸发性能，在不增加运行成本的前提下改进操作方法以防止油墨在印版上干涸；另一方面在少量增加凹印机设备成本的前提下重新设计加热装置及热风的进出角度，在风压适当的范围内追求尽量大的风速、风量来达到最大的干燥速度，适宜的干燥温度为50～60℃。另外在实际印刷中，油墨的黏度和pH值也会对油墨的干燥性能产生一定的影响，例如黏度过高会使油墨的干燥速度降低；pH值过低则会使油墨干燥过快。因此，在塑料凹版印刷过程中应该首先调整并控制好水基墨的黏度和pH值，然后再根据实际印刷速度调整温度、风速、风量等，以获得适宜的干燥速度。

（3）塑料凹版水性油墨的色浓度　油墨的色浓度是由油墨特定颜色的饱和度高低而体现出来的深与浅，油墨色浓度是影响印刷质量的重要因素之一。油墨色浓度高，则印刷品色彩鲜艳，色调再现性好。影响油墨色浓度的因素有颜料本质及分散度、黏度等。颜料在油墨中起着显色作用。油墨中颜料含量的大小以及颜料的质量，一定程度上决定了油墨色浓度的高低。颜料含量越高，油墨色浓度越高。同时颗粒细、密度小、遮盖力强、稳定性好、色彩鲜艳的颜料，制成的油墨色浓度就高。另外，颜料在连接料中分散度高低，对油墨的色浓度也有影响。由于颜料不溶于连接料，但可以均匀地分散在连接料中，一般提高分散度能使颜色变得鲜艳，油墨的色浓度也就越高。

塑料水基墨的色浓度要比溶剂墨高，颜料的选择除遮盖力高、色彩鲜艳外，还要在水性树脂中要有很好的分散性。对于食品、药品的塑料包装印刷还要注意颜料的重金属含量及毒性。就色浓度而言除颜料本身含量、质量和颗粒大小影响外，黏度也是影响水基墨色浓度的一个因素。调小水基墨的黏度，色浓度降低，反之，色浓度升高。

（4）塑料水基墨的黏度和pH值　黏度是表征水基墨印刷作业适性的主要性能指标。水基墨的黏度相比溶剂墨来得低，水基墨的黏度过大或过小均不利于印刷作业的进行。因为水基墨溶解度的大小取决于 pH 值的大小，塑料凹版水基墨是呈碱性的，使用时要密切关注 pH 值的变化，应尽量控制在 8.0～9.5，不然将直接影响印刷品的印刷质量。使用过程中可通过加入 pH 值稳定剂量的大小来控制其在合理范围。实验表明，当 pH 值太高时，体系的碱性太强，则会过度地溶解体系中的碱溶性树脂，因而水基墨黏度变得过低，会造成油墨稳定性变差，在传递过程中易起泡，印刷品易出现针孔、发虚、晕圈、水纹、粉化、掉灰等故障；再者水溶性变好，但干燥速度降低，易出现印刷品背面黏脏和耐水性差的问题。当 pH 值太低时，体系的碱性太弱，即体系中的碱溶性树脂得不到很好的溶解，导致水基墨黏度增大，会造成油墨在传递过程中传墨不畅，转印不良，印刷品咬色、糊版、起橘皮等故障；干燥速度变快，容易造成印版和网纹辊的堵塞，引起版面起脏。塑料凹版印刷水基墨，印前需事先用水调低黏度（涂-4 杯）并控制在 12～20s（25℃），在水基墨使用过程中，如黏度过大，可加入低黏度的新墨调整，切忌用自来水冲兑，否则，可能造成干性不良；如黏度过小，可用较高黏度的新墨进行调整。

(5) 塑料凹版水基墨的流动性及其调控　流动性是与水基墨黏度、黏性和稠度相关联的综合表征，受水性连接料的特性、颜料、填料的结构及水基墨组成中固体成分的含量等因素的影响。水基墨如果流动性过大会出现图文扩展、层次不清、墨色不饱、色泽不亮等故障，对此可通过改变配方设计进行调整，也可在使用中调兑黏度较大的新墨进行调整或者更换油墨；如果流动性过小则会出现传墨不畅、下墨不均匀、墨色前后不一致（前深后淡或前淡后深）的现象，此现象可通过冲调稀料（水性连接料∶乙醇∶水＝2∶3∶5）得到调整。

(6) 塑料凹版水基墨起泡沫及其消除　水基墨低黏度、稀薄而呈液态状，空气会不可避免地混入流动的墨中，因水基墨的表面张力较大而形成液包空气的气泡。起泡影响水性油墨印刷作业正常进行，严重时将使印刷作业无法进行。泡沫消除的办法是一方面加入水性油墨配方量 0.3%～0.5% 的消泡剂；另一方面应尽量降低水基墨流动途径中的落差。

(7) 塑料凹版水基墨的稳定性及其调控　水基墨的稳定性是指油墨在储存或使用过程中所表现的连续均匀性。水基墨由于是稀薄、低黏度的液体，往往出现颜料、填料与连接料分层的稳定性变差现象：在储存容器中上稀下稠，在印刷过程中墨色前后不均匀。造成这种现象常是配方设计不合理、油墨黏度过低或颜料密度过大、分散不良所致，可通过调整配方设计来解决；使用过程中兑稀过度也会产生这一现象，这时可往墨斗中添加新墨进行调整。事实上即使设计合理的水基墨在储存中也会存在程度不同的分层，通过搅拌一般即可消除。

(8) 塑料凹版水基墨的光泽度　光泽度是指印刷墨层在固定光源照射下，从某一角度反射光线的能力。墨层的光泽度对印刷品的外观有很大影响，光泽度好，色彩鲜艳，能够显著提升印刷品档次。光泽度差，色泽比较暗淡，给人一种陈旧、抑郁的感觉，就会大大降低产品的宣传效果。因此，光泽度是水基墨的一项重要性能指标。塑料水基墨采用高性能的树脂及颜料，相比于塑料溶剂墨，由于不再使用有机溶剂而摒除了有机溶剂对树脂、颜料色泽的负面影响，故完全可以达到溶剂墨相同的光泽度。

（9）塑料凹版水基墨的触变性　当油墨受到外力搅拌时，油墨随搅拌的作用由稠变稀，当停止搅拌后，油墨又会由稀变稠，这种现象称为触变性。油墨应具有一定的触变性，在印刷机上，由于墨辊的作用，油墨传递时的流动性、延展性也随之增大。直至转移到印刷品后，由于外力消失，其流动性、延展性减小，随之由稀变稠，从而保证印迹网点的准确性与清晰度。油墨具有适当触变性时，有利于油墨顺利、均匀地转移，提高油墨的转移率。水基墨同样要具有适当的触变性，如果水基墨的触变性过小，由于水基墨在印刷品表面浸润、铺展过度会造成网点扩大、文字线条变粗。但如果触变性过大，由于凹版印刷的传墨过程短，会造成供墨不流畅，甚至会出现供墨中断的现象，影响供墨量的均匀和准确程度。一般网纹、文字、线条版印刷要求水基墨的触变性略大些，而大面积实地版印刷则触变性略小些。

（10）塑料凹版水基墨的黏着性　油墨阻碍墨膜剥离的能力，称为油墨的黏着性。油墨的黏着性实质上是油墨内聚力（分子间力）在附着力作用下的一种表现。黏着性的大小对于保证印刷过程的顺利进行是极其重要的。水基墨的黏着性较大时，水基墨分离困难，印刷机上水基墨延展就不均匀。薄膜表面墨层在与印版分离时，如果阻力超过了其与薄膜的结合力，就会产生水基墨着色不均匀，甚至剥离的现象。多色印刷时，前色的水基墨必须在充分干燥的状态下再印刷后一色，否则，就有可能出现后印的水基墨把先印的水基墨黏走的现象。

（11）塑料凹版水基墨的附着性　水基墨附着性是指彻底干燥后的墨膜在印刷对象表面黏结牢度的性能。水基墨的附着性主要受连接料所用树脂性能及用量的影响，使用表明，高酸价松香加成树脂墨较丙烯酸树脂墨附着性差，同时印刷对象的表面结构也影响附着性，因此塑料薄膜表面要进行电晕处理，处理后要达到 38～42mN/m。改善附着性除通过更换树脂品种外，在应用中可补加新的同类连接料，尤其在现场稀释时最好是采用连接料与复合溶剂复配的方法比较适宜。

（12）塑料凹版水基墨的耐抗性　水基墨的耐抗性主要是指印膜过水、有机溶剂、酸碱液的耐久保色等性能。水基墨的耐久性受水基墨树脂结构、分子量及用量的影响。耐抗性通过改变配方结构得到一定程度的改善。

11.2.2.2　水基墨在薄膜凹版印刷中存在的问题

塑料水基墨凹印技术经过十多年的探索，已经开始逐步进入塑料软包装企业现场试验生产中，但由于各方面的问题，我国目前仅有少数塑料软包装企业在坚持使用水基墨用于实际生产。在欧盟，受严格的法律条例规定，现在已经较普遍使用了塑料凹版水基墨，但是，也存在印刷效果差强人意，印刷速度仅为 50～60m/min 的尴尬；在日本也有塑料软包装印刷厂家采用具有世界领先技术的 300m/min 凹印机，自 2000 年开始试印水基墨，但是至今最高速度也仅为 80m/min，相当于正常溶剂墨生产速度的 1/4。可见水基墨通过凹版印刷方式在塑料薄膜上要达到与溶剂墨相同的印刷速度、附着力、光泽度等属于至今亟须解决的一个系统工程，其牵涉凹版印刷机、水性油墨、制版、印刷工艺等诸多方面因素。

水基墨印刷的最大技术难点，一是水溶剂不像有机溶剂易挥发，干燥困难，而降低生产速度；二是水基墨在塑料薄膜上附着牢度较差。目前国内塑料软包装印刷领域，由于水性印刷技术不到位，印刷质量差，应用推广基本处于实验阶段。但为了实现塑料软包装印刷工艺的"清洁生产"，采用水性印刷是必要的技术途径；水基墨在塑料软包装上印刷要获得成功，就必须解决由于水挥发慢带来的干燥问题和附着牢度差及生产速度、生产效率低下等一系列问题。对此，除了研究、改进油墨配方设计，更大的措施不外乎凹印机设备的改造，与原用溶剂墨凹印机不同，水基墨凹印机主要须考虑水的蒸发干燥和附着力问题。首先，印刷机的烘道要相对更长，在不增加风压的情况下要求风量更大，及增加其他辅助干燥的形式，以利于水分的蒸发；其次，由于水与薄膜表面张力相差较大，需考虑在线印刷时直接增加塑料薄膜表面处理装置，因此在凹版印刷机上需要加装相应的装置；再次，由于水基墨颗粒细、采用浅版印刷，因此对于橡胶辊材料选择、加工精度等要求更高。还有水基墨相对溶剂墨容易产生气泡，量大时会严重影响生产，因此需要改进上墨方式。难能可贵的是国内目前已有一些塑料软包装印刷厂家正在进行着各种大胆的尝试，例如江西四维印务有限公司已率先开发拥有了一条水基墨塑料薄膜凹版印刷生产线用于塑料软包装的生产。

11.2.3 塑料凹版水基墨一般应用技术要求

首先要指出一点：水基墨塑料凹印的应用应该注意平时开机各方面的技术数据的积累，在工艺上不懈地努力取得进步，把承印物、水基墨、薄膜表面张力等有机地结合在一起，通过不断调整各项参数，取得一个最佳的相对平衡点。

11.2.3.1 基本要求

(1) 印刷速度 50～200m/min。

(2) 干燥温度 50～65℃。

(3) 调整油墨黏度 达到 4 号杯 15～25s。

(4) 薄膜电晕处理 38～42mN/m。

(5) 稀释剂参考配方 自来水（正常生产过程不需要添加乙醇或者氨水）。

(6) 水基墨的储存 水基墨应储存于塑料桶内，不宜长期接触黑铁容器。存放在 6～38℃仓库内，避免阳光直接照射。

11.2.3.2 印前准备

水性油墨可不必像溶剂墨那样准备各种材质的专用油墨，如准备表印、里印的油墨等，水性油墨是高固含量、低黏度的通用型油墨，可以做到表印、里印及多种材质兼用。在塑料薄膜上采用凹版印刷方式使用水性油墨，应基本具备下列条件。

（1）凹版印刷机必须予以从技术层面改进，使其适宜使用水性油墨，可满足高速工况下的干燥速度及其他各种操作条件，同时设备本身必须要特别注意解决锈蚀的问题。现在有尝试采用高频红外线和微波加热装置来解决水蒸发问题的做法，由于试验机采用属于加装的专用装置，还不足以说明代表性问题。但如此法能行的话，对于塑料水性油墨推广应是一个利好的消息。

（2）无论何种薄膜材料，表面张力必须达到 38mN/m 以上。

（3）工艺参数必须调整到位，保证使用水性油墨的可操作性。

（4）凹印版制作需按照上述提到的浅版制版工艺进行。

11.2.3.3　生产控制

在生产过程中，要加强对生产的监督与控制，从设备、人员、工艺参数等各方面严格要求，以确保生产的产品质量、生产效率、生产成本等都能达到预期的效果。

（1）生产前做好制版、薄膜预处理、油墨性能的调整等印前准备工作。

（2）要特别强调印刷技术工人的培训。因为水性油墨应用目前最困难的是工艺参数的把握。由于塑料水性印刷技术尚不成熟，造成塑料软包装企业应用水性油墨技术难度大大提高，所以在实际生产前，必须下大力气对印刷机长进行这方面的系统培训。主要内容为新设备特性、水性油墨原理、版辊异同及工艺参数调控等。凡长期从事溶剂墨印刷的机长更要特别注意，须反复强调和自我提醒，以免一不小心重蹈溶剂墨印刷老工艺而造成浪费。

（3）pH 值控制在 8～9.5，提高印刷流程的稳定性，确保产品印刷质量。

（4）利用水性油墨遮盖力强，而改进制版工艺。烂版深度须由常规凹版的38～48μm 改为 24～28μm，这样既可加快水性油墨干燥，提高印刷速度，又可大大减少水性油墨的使用量。但是同时也将面对水性油墨本身比溶剂墨相对差的润滑性而造成版辊特别容易磨损，极易形成版雾的问题，以致使水性油墨整体经济性大打折扣。因此对于制得的版辊，需要印刷厂反复对比着使用，选择适合自己的制版形式，满足水性印刷的需要。

（5）应注意在正式印刷前水性油墨倒入墨槽后，须让印版空转 2～3min，起到润湿印版和搅拌水性油墨的作用。印前根据版的图案深浅要求在调整好墨的黏度后，注意印刷过程中尽量不要往墨斗中加水，只要加调整好的新墨即可，以保证印刷品前后颜色、浓度一致。印刷完毕应立即清洗印版，余墨装好，将清水放入槽中，转动印版进行清洗。

11.2.4　笔者的经验及几点体会

根据笔者经验，在此再谈几点体会，以供业内同仁和读者共同探讨。

（1）目前市售的乳液型塑料水性油墨，一般在室温 5℃以下，大部分水性油墨都会出现果冻现象。但由于采用的配方不同，有的油墨厂家生产的水性油墨在温度低于20℃时就会出现果冻现象，这是一个非常棘手的问题！如此略有温度差别即出现果冻现象就无法印刷了。

（2）现在的塑料水性油墨还离不开乙醇，但是，如采用发酵型乙醇，在夏天运输途中及储存环境温度偏高时特别容易发生再发酵反应生成乙酸，致使塑料水性油墨产生异味而只能报废。因此使用水性油墨时一定要向供应商咨询明白，注意季节性气候带来的副作用。

（3）塑料水性油墨在印刷中的起泡现象还没有得到彻底解决，加消泡剂会影响水性油墨的性能。现在有设备厂家试探采用递墨辊传墨解决该问题，但由于未进行正式的中试，该法实际效能如何，还尚待进一步考察后才能下定论。

（4）与塑料溶剂墨的印刷成本相比塑料水性油墨的使用成本相对要低，从以下几个方面可以说明。

① 从单价方面　水性油墨现在 5 原色平均单价为 35 元/kg，而溶剂墨的 5 原色平均单价为 25 元/kg。

② 从性能方面　水性油墨普遍具有多功能性，可以一墨多用，印刷于不同薄膜上，而溶剂墨一般不具有这样的功能。

③ 从耗墨量方面　水性油墨凹印一般制版深度为 $15\sim28\mu m$，以白墨为例，每千克水性油墨如作满版印刷能印 $180\sim200m^2$；而用溶剂墨，须用 $35\sim48\mu m$ 深度印版印刷出来上述标样的效果，印刷面积则为 $100\sim120m^2$（说明溶剂墨耗墨量大或每千克油墨的印刷面积大为减少）。其他各种色墨情况也差不多。如此水性油墨使用量可较少，仅相当于溶剂墨用量的七成，所以它实际单价就相当于 24.5 元/kg。

④ 从溶剂方面　水性油墨基本上在使用时就是添加自来水（仅 2 元/t），几乎可以忽略不计；溶剂墨印刷时必须用有机溶剂来稀释，因企业的作业环境不同，如通风、温度等原因，造成稀释用有机溶剂用量的不同，一般为溶剂墨用量的50%~100%。按混合溶剂单价 10 元/kg 计，等于在 25 元/kg 单价基础上平均增加了 7.5 元/kg 的有机溶剂成本。所以，相当于溶剂型油墨的成本价在 32.5 元/kg 以上，由此得出比水性油墨综合成本高三成左右。

（5）现在在国外还有一种新的降低印刷油墨成本的采购模式，这种模式是将水性油墨按成分拆开购买，也就是向油墨生产厂只购买色浆，另外向树脂生产厂或经销商购买树脂。因为树脂在水性油墨的配方中所占的份额较大，树脂经过了油墨厂必定会增加费用，成本就会增加。另外一种材料则是几乎不花钱的水。采用这种模式，减少了运费，减少了包装。按照这种模式生产出来的水性油墨，单价在 25 元/kg 左右，再按耗墨量、溶剂的成本等计算方式，实际单价在 17.5 元/kg 左右。应用这种低价位品质的水性油墨不但使印刷企业减少印刷成本，还可以帮助企业冲减因石油原材料涨价所带来的风险。这个模式在国外大行其道，在我国也有部分的凹版、柔版纸张印刷企业采取这种模式，它不仅可降低印刷成本，而且可根据印刷需要随时变换墨种。如可将表印墨变成复合墨，复合墨变回表印墨，凹版复合墨调整为柔版印刷墨等。不过该模式目前尚不适合塑料软包装凹版印刷，因为现在的塑料水性油墨生产厂家还非常不成熟，况且现在市售的树脂尚难满足塑料水性油墨的要求，一般油墨厂生产的色浆也很难满足塑料水性油墨特性要求，故目前我们还以用油墨厂直接供应的水性油墨成品为宜。

(6) 塑料水性油墨凹印时黏结不实的因素及解决办法分析如下。印刷品的好坏直接影响产品的地位，影响企业的效益及发展前途。塑料水性油墨凹印也同溶剂墨一样，虽然随着技术的提高，印刷质量得到了提高，但塑料水性油墨凹版印刷是一项专业性较强的技术，在实际使用时常发生质量问题。如印刷品实地不实（色块出现斑点）、图文线条残缺、印刷品有刀线、层次再现性差或网点丢失等着墨不实等不良现象。层次再现性不良又常常发生在网线深度 $20\mu m$ 以下的层次版上面居多。总结起来有多种因素。

① 塑料薄膜表面张力不良　塑料软包装最常用的聚乙烯、聚丙烯等薄膜属于非极性材料、表面致密、光洁，表面张力仅为 $29\sim30mN/m$，表面张力偏小，导致油墨的转移不理想；表面光滑、无毛细孔存在，油墨层不易固着或固着不牢，印好一色，容易被下一色叠印的墨黏掉，使图案及文字不完整，造成缺陷。另外，经电晕处理过的表面存在羧基等基团（红外光谱测得）及印刷过程中薄膜添加剂的析出（在其表面形成一层油质层）等，均会影响油墨在薄膜表面牢固黏结，这也是油墨着墨不实的根本原因所在。因此需要通过电晕处理法等提高塑膜的表面自由能，电晕处理后，通过放大镜可以看到原来致密、光洁的表面呈现出凹凸不平状毛孔而变得粗糙，由此基材与墨层的亲和性、相容性增大了，油墨附着力也就增强了。但是这种处理方式一般只能使基材表面张力达到 $40mN/m$ 左右，对于水性油墨来说还希望强化处理至 $45mN/m$ 以上。

② 油墨堵版引发印刷时着墨不实故障　一般来说，在凹版印刷中，印版网穴中的油墨只有 $1/3\sim2/3$ 转移到承印材料表面，导致印刷品出现斑点的原因有以下几个。

a. 水性油墨干涸于印版表面网穴中，这是堵版的主要原因之一。由于水性油墨干燥后不复溶，故因油墨黏度高、印刷速度过慢或不适当停机等都会造成堵版，尤其是网纹印版，此现象较为常见。水性油墨的黏度及干燥控制极为重要，所以在实际印刷中应注意：如果黏度过高，水性油墨中水含量相对较少，更易于挥发而干涸，因此必须适当降低水性油墨的黏度；水性油墨干燥过快，容易产生堵版，对此可以调整加快印刷速度，印刷速度过慢，等于增加了水性油墨中溶剂水连续挥发的时间，使油墨容易干涸于网穴中。对此除适当提高印刷速度外，还可根据实际情况考虑缩短刮墨刀刮墨点与压印点之间的距离。另外需要注意的是，中途停机时间较长时，应升起刮墨刀，并让印版辊筒在墨槽中低速运转，防止油墨在版面干涸。一旦发生堵版现象，应立即用去污粉进行洗版处理。若印刷完毕，必须视情况使用洗衣粉和清水将印版擦洗干净，并涂上保护油，用毛毯包裹，放置通风干燥处，以免下次印刷发生堵版现象。同时，环境因素也很重要，印刷车间温度宜为 21～23℃，相对湿度在 60% 左右为佳，环境温度过高，相对湿度过低，水挥发快，易造成堵版，必须适当加快机速。

b. 水性油墨性能不良及印版质量问题的影响。水性油墨颜料颗粒较大或未被充分分散，水性油墨储存期过长导致变质，碱基平衡发生变化，引起水性油墨溶解性降低，不同类型的水性油墨调配使用不当而引起化学反应、流平性不良、水性油墨转移率降低等均会造成堵版；水性油墨中混有杂质，如刮墨刀的刀屑，未被溶解的墨渣，水性油墨存放过久结团等也会导致堵版，则应通过过滤油墨来解决。现在塑料凹印版大多采用电子雕刻，制版加工过程中，可能会由于工艺等原因使网穴内壁生成疵点，镀铬留下表面缺陷或者发生网点丢失，产生印刷不完整等故障，必须予以注意，以便及时发现。

③ 着墨不实与压印辊筒表面老化、磨损、细滑度差有关，由于水性油墨比溶剂墨更细腻，因此压印辊筒表层细腻度、光洁度比溶剂墨要求更高，才能保证着墨良好。压印辊筒表层采用的是聚亚氨酯橡胶，由于印刷时承受较大的压力，而且长期处于碱性环境的侵蚀，表面极易发胀、老化、磨损，甚至出现裂纹或微小的凹坑，印刷时与缺陷位置相接触的图案部分就会不着墨，从而造成图文残缺，特别是当印刷版面为层次版，而且网穴深度极浅时最易出现。大多是印不上去，呈块状分布，解决办法则是更换同型号的压印辊筒。如果压印辊筒表面附着灰尘或异物，在图文处常常表现为颗粒性的斑点，斑点的空隙处与异物黏附情况相吻合。

④ 导致着墨不实的其他因素

a. 塑料水性油墨凹版印刷带有网点产品时，印刷品层次如再现性差，通常会出现细小的花絮状斑点，主要是因为网点部分网穴深度较浅，油墨的转移性差，而且油墨容易干涸于网穴中，难以真实反映图案的阶调层次。

b. PET 印刷时最易产生静电，使印刷品出现斑点。除使用静电消除刷外，还可以用物理方法加以调节，如调节印刷车间的温湿度等。

c. 刮墨刀的作用是将无网穴处的油墨刮净，使网穴内的油墨匀净地转印在基材上。如果印刷层次版，刮墨刀的角度就极其重要。角度太大，压力太大，容易造成印刷品文字线条、印版磨损至网点印不全；刮墨刀的角度太小、压力太小，则印版刮墨不净而糊版。印刷时，刮墨刀的压力和刮墨角度大小是根据印版图文的深浅以及印刷品的着墨情况具体而定的。

(7) 如何在生产中提高凹印版的耐印力　在保证印刷质量的前提下，一块印版所能承印的最高印刷数量称为印版的耐印力。凹版耐印力的高低直接关系到凹印生产的经济效益，是降低成本、提高产量、保证质量的关键之一。在塑料水墨凹印过程中，我们时常会遇到版面部分颜色浅于正常颜色的问题，并且随着印数的增加而愈趋严重，直接影响印刷品质量。停机观察可发现部分版面图文被磨损，着墨孔开口变小、深度变浅至网穴传墨单元面积减小，总传墨量也相应减少，墨色的总趋势变淡，从而无法使用。经分析，影响印版磨损的主要因素有表面摩擦、凹版的制版质量、刮墨刀的压力、印刷压力、印版辊筒和压印辊筒的线速度、油墨及材料的性能等。这些因素对印版磨损的影响虽是不可避免，但如何减小这些不良因素对印版产生的不良影响，对提高印刷品质量，降低印刷成本，缩短印刷周期是非常必要的。

① 表面摩擦是降低印版耐印力的主要原因　印刷离不开压力，有压力，必然会产生摩擦，导致印版表面磨损。压力越大，摩擦力也大，印版磨损也越严重。印版辊筒表面主要存在以下几种形式的摩擦。

a. 刮墨刀与印版辊筒之间存在的摩擦。

b. 印版辊筒和压印辊筒之间存在的摩擦。

c. 油墨中的颜料、填料的粗细度和颗粒，承印物表面结构质地疏松和粉尘的脱落等均可产生额外的摩擦。

② 制版质量对印版耐印力的影响

a. 铬层硬度要高　铬层的质量是印版耐印力的基础。在印刷过程中，印版受各方面因素的影响，不断地受到磨损。如铬层硬度低、镀层薄都会导致印版的耐印力降低，所以镀铬时以硬度高些为好。

b. 铬层光洁度要高　印版辊筒表面的铬层光洁度高，刮墨刀在较轻的压力下能将油墨刮净；如果表面粗糙，刮墨刀难以刮干净油墨，易产生印刷故障。

③ 工艺控制对印版耐印力的影响

a. 印版辊筒印刷时径向跳动要小　如印版辊筒加工精度差，动平衡不好，或者辊筒轴、轴承及传动齿轮等产生磨损或变形，印刷时都会产生径向跳动，引起印刷刀线和刮墨不净，因此印刷时应确保印版辊筒径向跳动要小。

b. 印版辊筒表面要经常擦拭　印版辊筒表面黏附硬物会直接损伤印版辊筒，引起印刷故障。因此，要经常检查、擦拭辊筒。

c. 刮墨刀的角度与压力不同对印版有不同的磨损作用　刮墨刀的压力与角度较小，对印版的磨损作用较少，但应以刮干净为准。

④ 印刷压力与印版耐印力　印刷压力大对印版磨损有着很大的影响，因此，在印迹、色调有足够保证的基础上，尽可能采用较小的印刷压力（即理想印刷压力），将有利于减少印版的磨损。

⑤ 印版辊筒和压印辊筒的线速度要相同　根据凹版印刷工艺要求，印版辊筒和压印辊筒在滚压时，不但要传动平稳，瞬时传动比恒定，并且要求两辊筒表面的线速度一致。但是由于压印辊筒表面的磨损，在印刷当中压印辊筒的半径就会发生变化。由 $V=WR$ 可知，在磨损前后及最低处的线速度不一致，这样就会产生速差，引起相对滑移。印刷面的速差越大，摩擦越大，版面的磨损也加剧。因此，适当对压印辊筒进行修整，使印版辊筒和压印辊筒在印刷过程中表面的线速度尽可能

一致，并减少磨损所带来的速差，将有利于减少版面的磨损。

⑥ 油墨性能对印版的影响　若油墨颜料的颗粒大，将起到磨料的作用，会加剧印版的磨损。油墨的黏度较高，虽可得到清晰的网点，但若纸张强度不够，易产生掉粉、拉毛现象，同样会加剧印版的磨损。因此，选择适合的油墨，对减少印版的磨损和提高印刷质量是有益的。一个质量较好的印版辊筒有比较高的耐印力，高质量的印版为印刷提供了可靠的保证，表面铬层被磨薄了，还可以重新镀铬继续使用。一般溶剂墨用凹版辊筒的耐印力可达 300 万～400 万转，但是水性油墨用浅版凹版辊筒的耐印力目前仅能达到 50 万～60 万转。耐印力的提高不仅取决于印版本身，还有许多外界因素直接或间接地影响印版的耐印力。笔者从印刷工艺操作方面出发，根据以往的经验和体会归纳如下。

a. 在保证印刷质量前提下，使用最小的压印力，减少印版辊筒与压印辊筒之间的摩擦。

b. 在能刮净版面油墨的前提下，尽量使用较小的刮墨刀压力和刮墨刀角度，以减少刮墨刀对印版的磨损。

c. 过滤油墨，定期清洗墨槽和印版辊筒，消除承印物表面的静电，以免油墨中的粗颗粒或承印物表面由静电而吸附的硬物损伤印版。

d. 严格控制油墨的干燥速度，避免水性油墨在印版表面过早干燥而损伤印版。

e. 印版表面无油墨时，刮墨刀不应接触转动的印版，因版面无油墨润滑时会损伤印版。

f. 在工艺全过程包括运输、储存过程中尽量避免印版辊筒受到各种不正常的损伤。

总之，印刷中产生印版磨损的因素很多，并且这些因素也是客观存在。面对问题，人人都应学会勤观察、勤动手、逐一仔细分析，排除种种易导致印版磨损的不利因素，从而使印刷过程中少停机、少换版，保证生产顺利进行，有效提高生产率。

参 考 文 献

[1]　王彩印. 从环保的角度看印刷油墨的进步. 中国包装网.
[2]　吕海平. 如何认识凹印油墨表面张力. 印刷技术，2004，(2).
[3]　苏传健，张黎明. 食品包装印刷油墨存在的安全隐患及控制. 中国印刷物资商情，2006，(10).
[4]　周岱子，宋胜梅，董川. 水性油墨发展综述. 化工科技市场，2007，(12).
[5]　张松，杨西江. 表面活性剂对水性油墨干燥速度的影响. 辽宁化工，2010，(3).
[6]　万婷，陈涛. 塑料印刷油墨用水性聚氨酯的合成. 华中师范大学学报，2006，(2).
[7]　中国油墨协会. 中国水性油墨研究报告. 2009.
[8]　蒋振宇，张春林. 我国塑料制品行业"十一五"期间发展情况及"十二五"发展建议. 中国包装联合会塑料制品委员会. 2011.
[9]　国家发改委. 产业结构调整指导目录（2011 年本）. 2011.

第12章 水性黏合剂及其在干法复合中的应用

12.1 概述

在上面内容中，我们曾经比较详细地介绍了"绿色包装助剂"醇溶性黏合剂，在干法复合中，应用醇溶性黏合剂替代酯溶性黏合剂，可以比较有效地改善干法复合生产现场的劳动条件，并提高产品复合薄膜的卫生可靠性，同时使用醇溶性黏合剂，还有助于克服空气湿度对干法复合的不利影响，从而提高产品的成品率、降低产品的生产成本。相对于干法复合的经典的酯溶性黏合剂而言，醇溶性黏合剂是一种比较理想的绿色助剂。然而醇溶性黏合剂毕竟仍然是使用有机物质（醇类）为溶剂的产品，在干法复合烘干的过程中，醇类溶剂的挥发、排放和酯类溶剂的挥发、排放一样，同样存在浪费资源和污染环境、危害工人健康等问题。因此人们长期以来，对于干法复合中利用水性黏合剂替代有机溶剂型黏合剂的可能性进行了深入的研究，并在此基础上开发出了实用化的干法复合用水性黏合剂，并投入了工业化生产。

水性黏合剂与酯溶性黏合剂、醇溶性黏合剂不同，它不采用有机溶剂，而是使用自然界中丰富的自然资源水作为黏合剂的分散剂。在干法复合中，采用水性黏合剂时，干燥过程中挥发、排放的不是有机溶剂酯类或者醇类物质，而是水蒸气，因此不仅避免了大量珍贵的有机溶剂的浪费，而且也从根本上避免了有毒有害的有机物质对操作人员与环境的危害，根除了残留溶剂对产品卫生性能的不利影响，此外，由于水不会燃烧、不会爆炸，水性黏合剂对于生产过程中的安全性也更为有利。近年来，食品及其包装的卫生安全性能越来越引起人们的重视，节能和环境保护意识不断提高，从而大大加快了干法复合中水性黏合剂替代溶剂型黏合剂的进程，据称在美国，水性黏合剂已占软包装黏合剂市场30%的份额，水性黏合剂被人们普遍认为是干法复合工艺发展的主要方向之一。

水性胶黏剂是以水作为溶剂或者分散剂的黏合剂，主要有聚乙烯醇类、改性淀粉类、聚乙酸乙烯类、乙烯-乙酸乙烯共聚物类、聚丙烯酸类和聚氨酯类胶黏剂等，这些水性黏合剂比较长的一个时期内，已在压敏胶带、木材加工、涂层等方面有着广泛的应用。目前在食品软包装方面使用的水性黏合剂，则主要是以聚氨酯聚合物和聚丙烯酸为主要成分的、以水为分散介质的黏合剂，即水性聚氨酯和水性丙烯酸乳液，它们具有良好的耐热性、耐介质性，与绝大多数复合基材有良好的亲和力，粘接力强，适应面广，是性能比较优秀的水性黏合剂。复合软包装用聚氨酯类水性胶和聚丙烯酸类水性胶，均属于精细化工产品，生产工艺复杂，技术含量高，不同厂商的产品往往性能差异较大，因此在选用这类胶黏剂时，一定要根据复合产品的具体要求，通过与黏合剂供应商的沟通，对相关资料进行认真的分析研究，筛选出适合自己的品种。

在复合软包装用水性黏合剂中，我们应当特别注意的是聚氨酯类水性胶，该类胶黏剂不仅复合产品的剥离强度明显地高于水性丙烯酸类黏合剂复合产品的剥离强度，而且耐热性、耐介质性等综合性能优越，在各类水性胶黏剂中独树一帜，近年来受到国内外的广泛关注，已成为当前的热点课题之一。

水性聚氨酯是以水作为分散介质的聚氨酯，它可制成水溶性、胶乳或乳液的形式，是配制水性聚氨酯黏合剂的基础物质和关键组分，它的性能直接决定黏合剂的最终性能。根据粒子所带电荷种类的不同，水性聚氨酯可分为阴离子型、阳离子型和非离子型三大类。水性聚氨酯黏合剂主要由以下两种方法制得：一是通过加入乳化剂把原有的聚氨酯胶黏剂直接乳化为稳定的水分散型乳液，但由于乳化剂的存在，影响其耐水性和粘接强度；二是在聚氨酯的分子骨架中引入亲水性的离子基团，使它形成自分散和自乳化体系，这种体系的优点是不含乳化剂、成膜性好，并能与其他阴离子或阳离子聚合体系掺和进行改性以降低成本。

水性聚氨酯黏合剂的性能，主要取决于预聚体的性能。一般来讲，由聚醚多元醇制得的预聚体，有良好的耐水解稳定性，较好的柔韧性和延伸性，而且耐低温性能好；聚酯多元醇型预聚体，内聚力大，粘接强度高；芳香族型预聚体有较好的强度，但不耐黄变，而脂肪族型预聚体耐黄变性优良。

国内的水性聚氨酯以聚醚型 TDI 为主流产品，国外以聚酯型脂肪族（或脂环族）为主。目前水性聚氨酯以阴离子型自乳化为主，亲水性扩链剂较多用 2,2-二羟甲基丙酸（DM-PA），成盐剂用有机碱类（如三乙胺 TEA、TEA/DMPA）。在一定范围内，可获得黏度适中、稳定性好的聚氨酯乳液，以此配制的黏合剂，可直接用于现有的溶剂型干法复合机使用。

由于水性聚氨酯黏合剂，不但具有聚氨酯的优异性能，而且具有不燃、无毒、无公害、省资源等优点，因此受到了人们的普遍欢迎。尤其是近十几年来，地球环境保护问题日益突出，在世界环保动力的驱动下，水性聚氨酯黏合剂的开发、应用取得了巨大的进展，水性聚氨酯黏合剂，已作为一种成熟的工业产品，在复合软包装材料的生产中得到了成功的应用。

水的比热容和汽化潜热远高于酯类、醇类等有机溶剂，不容易挥发，因此对于水性黏合剂，提高它的固含量以提高其使用时的生产速度、降低能耗，同提高黏合强度等性能一样，具有特别重要的意义。近来，水性聚氨酯黏合剂的研究工作主要集中在提高它的固含量和粘接强度两方面，此外，还有增加交联或引入聚醚以提高其耐水性等方面的工作。

一般水性聚氨酯胶黏剂的性能指标见表12-1。

表 12-1　水性聚氨酯胶黏剂的性能指标

性能	指标	性能	指标
固含量 /%	35～60	黏度 /Pa·s	0.15～20
有机挥发成分 /%	0～10	pH 值	5～9
平均粒径 /μm	<0.15～0.7	表面张力 /(N/m)	$(30～55)×10^{-3}$

目前，制约水性聚氨酯胶黏剂广泛应用的主要因素，除了水性聚氨酯胶黏剂的某些性能也还不如溶剂型聚氨酯胶黏剂之外，目前由于水性聚氨酯胶黏剂制造工艺比较复杂、产量不高，其生产成本比较高、单价较高也是一个重要因素。不过应注意到，由于水性聚氨酯胶黏剂单位面积上胶量较低，生产中常常能够有效地消减水性聚氨酯胶黏剂单价高的缺点，这对于推动水性聚氨酯胶黏剂的应用是相当有利的。

12.2　水性聚氨酯胶黏剂的发展动向

目前，各国在水性聚氨酯胶黏剂的研发工作主要致力于降低成本、提高性能的研究，为了提高水性聚氨酯胶黏剂的性能，人们进行了大量的开发、研究工作，水性聚氨酯胶黏剂改性主要集中于水性聚氨酯乳液的研究。

众所周知，水性聚氨酯乳液是水性聚氨酯胶黏剂的基础物质和关键组分，它的性能直接决定胶黏剂的最终性能。为了获得耐高温性能好、耐水性佳、初黏力大、固化快的优良的水性聚氨酯，通常需要对其进行改性。

水性聚氨酯的改性方法主要分为交联改性、共混改性、共聚改性和助剂改性。

12.2.1　交联改性

交联改性是通过化学键的形式将线型的聚氨酯大分子连接在一起，形成具有网状结构的聚氨酯树脂，是将热塑性的聚氨酯树脂转变为热固性树脂较有效的一种途径。按照交联方法的不同，可将其细分为内交联法和外交联法。

12.2.1.1　内交联改性

所谓内交联，是指通过原料的选择，能制得部分支化和交联的聚氨酯乳液，有的水性聚氨酯含可反应的官能团，经热处理能形成交联的胶膜，这些方法称为内交联。

引入内交联的方法有多种。

（1）在原料中采用三官能团聚醚或聚酯多元醇或异氰酸酯。如低聚物多元醇原料可使用全部或部分低聚物三元醇制得部分交联水性聚氨酯。

（2）具有氨基的聚氨酯，用环氧氯丙烷处理能得到热固性的聚氨酯乳液。例如，制备聚氨酯-脲-多胺并与环氧氯丙烷反应，引入氨基及卤醇基，胶膜加热固化能形成交联结构。还可在聚氨酯分子结构中通过含环氧基多元醇组分引入环氧基。环氧基与氨基甲酸酯基及氨基、脲基能发生反应，产生交联膜。

（3）封闭型异氰酸酯乳液，或与其他聚氨酯乳液混合而成的稳定乳液，成膜后加热，则—NCO 基团再生，与聚氨酯分子所含的活性氢基团（如羟基、氨基、脲基、氨酯基）反应，形成交联的胶膜。可在水性聚氨酯制备时，将预聚物的部分异氰酸酯基团封闭，形成含少量封闭异氰酸酯基团的水性聚氨酯。

封闭异氰酸酯交联是一种特殊的内交联，有人把它与内交联、外交联并列而论。

（4）采用多官能团交联剂。

内交联方法有以下一些缺点：预聚物的黏度高，导致乳化困难，有可能得不到粒径细微的稳定乳液。同时必须控制支化和交联度，否则在乳化前预聚体可能产生凝胶。在乳化时用多元胺交联也可能使颗粒粗化，成膜性能不好。本身已交联的聚氨酯乳液其成膜性一般没有热塑性的好，即聚氨酯微粒间聚集性差。

12.2.1.2　外交联改性

所谓外交联改性，是指在使用前添加交联剂组分于水性聚氨酯主剂中，在成膜过程中或成膜后加热时产生化学反应，形成交联的胶膜。

与内交联相比，所得乳液性能好，并且可根据不同交联剂品种及用量调节胶膜的性能，缺点是双组分型胶黏剂操作没有单组分型方便，这一点和溶剂型相同。

（1）环氧化合物　预聚体乳化同时进行扩链，生成的是聚氨酯-脲，一般以氨基为端基。多环氧基化合物与聚氨酯-脲的氨基反应，形成交联结构，这个反应可在常温缓慢地进行。在高温热处理时，聚氨酯分子中的各种含活性氢的基团都能参与交联反应。

（2）多元胺　在羧酸基阴离子聚氨酯乳液中，加入多元胺交联剂能有效地提高其胶膜耐水性。与环氧型交联剂相比，二胺交联剂效果好；多元胺与羧基反应，产生交联，此反应在室温进行。

（3）氨基树脂　氨基树脂及其他含 N-羟甲基基团的树脂初期缩合物一般可用于水性聚氨酯的交联剂，在中高温能与聚氨酯分子中的羟基、氨基甲酸酯基、氨基及脲基反应，产生交联的胶膜。采用酸性催化剂可降低温度及热处理时间，产生的胶膜硬度高、耐磨性、耐溶剂性好，特别是在水性聚氨酯涂料中应用较多。

为了更好地改善水性聚氨酯胶黏剂的性能，可以采用同时添加内交联剂和外交联剂的方法，通过双重作用对聚氨酯胶黏剂进行交联。

12.2.2　共混改性

为了降低成本、改善聚氨酯的某些性能，可以把水性聚氨酯胶黏剂与其他水性树脂共混改性，但要注意离子型水性胶黏剂的离子性质和酸碱度，以免共混时引起凝胶。水性聚氨酯可与如丙烯酸酯乳液、氯丁胶乳、EVA 乳液、环氧树脂乳液、水性脲醛树脂等其他水性树脂共混，组成新的高性能水性胶黏剂。

12.2.3　共聚改性

目前，PU 与羧甲基纤维素、聚乙烯醇、乙酸乙烯、丁苯橡胶、环氧树脂、聚硅氧烷和丙烯酸酯的共聚改性均有研究，其中尤以后三类复合乳液的研究最为活跃。

12.2.4　丙烯酸酯改性——接枝和嵌段共聚改性

在各种改性方法中，最引人注目的是聚氨酯/聚丙烯酸酯（PUA）改性复合乳液的研究。聚丙烯酸酯（PA）具有优异的耐光性、户外暴晒耐久性，即耐紫外线照射不易分解变黄，能持久保持原有的色泽和光泽，有较好的耐酸碱盐腐蚀性，极好的柔韧性。但存在硬度大、不耐溶剂等缺点。若用丙烯酸酯对水性聚氨酯改性，则既能把两者的优点结合起来，又能克服彼此的缺点，从而制备出高性能的水性聚氨酯胶黏剂，可大大拓宽其应用范围。PUA 改性树脂将两种材料的最佳性能融合于一体，可生产出高固含量的水性树脂，降低加工能耗，提高生产率，具有独特的成膜性。其胶膜柔软，耐磨性、耐湿擦性、耐水解性优异。经过丙烯酸酯改性的水性聚氨酯兼有聚氨酯和聚丙烯酸酯两者的优点，因此被誉为"第三代水性聚氨酯"。

制备丙烯酸酯改性水性聚氨酯的方法如下。

目前已有共混交联反应法（乳液共混交联反应，或溶液共混反应后再乳化）、乳液共聚法、加聚反应法等多种实施方法，最后得到聚氨酯离子聚合物和聚丙烯酸酯嵌段共聚物。

共混乳液（PU＋PA）的性能介于聚氨酯乳液和丙烯酸乳液之间，而共聚复合可获得性能优异的乳液及胶膜，其性能高于共混改性、聚氨酯和丙烯酸酯。共聚改性的 PUA 乳液的粒径增大显著，其热稳定性、耐水性也比共混改性的产品要好，剪切强度也比 PU、PA 高，同时其润湿性也得到提高。

12.2.5　环氧树脂复合改性

环氧树脂具有优异的粘接性、热稳定性、耐化学品性，而且高模量、高强度，是多羟基化合物，可直接参加水性聚氨酯的合成反应，可以将支化点引入聚氨酯主链，使之形成部分网状结构，提高水性聚氨酯胶黏剂胶膜的硬度和拉伸强度等力学性能，改善胶膜的耐热性、耐水性和耐溶剂性等性能。

12.2.6　有机硅改性

有机硅树脂具有良好的低表面能、耐高温性、耐水性、耐候性以及透气性，已广泛地应用于聚氨酯材料的改性。可采用两种方法合成聚硅氧烷-聚氨酯嵌段共聚物：一是端羟基的聚硅氧烷与二异氰酸酯、扩链剂反应；二是端氨基的聚硅氧烷与二异氰酸酯、扩链剂反应。

研究显示，有机硅改性的单组分水性聚氨酯胶黏剂能代替双组分聚氨酯胶黏剂，减少交联剂的毒性，并增加了乳液的储存稳定性，还能提高水性聚氨酯的湿态和干态粘接性能、粘接强度、耐水性、耐热性、胶膜的撕裂强度、耐久性及拉伸强度，并保留其伸长率性能。

12.2.7 助剂改性

助剂是胶黏剂工业中不可或缺的重要原料，是胶黏剂的关键组分，不仅能显著提高产品本身的性能、工艺性能和使用性能，并赋予特殊功能，而且还能扩大应用范围，延长使用寿命，增加储存稳定性，节能降耗，减少毒害，消除污染，降低成本，带来可观的经济效益。实际上，很多新产品的开发成功，都离不开新型助剂的巧妙配合。采用助剂对胶黏剂进行改性，是一条简便易行、经济实惠、卓有成效的途径。

近年来已不断取得了许多令人振奋的成果，大体上集中于如下几个方面。

（1）提高固含量　目前所生产的水性聚氨酯胶黏剂的浓度多为 20%～40%，干燥和运输费用较高，设法将其提高到 50% 以上是国外研究者的主要课题。由于提高固含量会导致性能不稳定，因此，研究者多从反应工艺学方面加以研究。目前，日本已有 55%～60% 固含量的商品上市。

（2）采用共混技术、降低成本　将水性聚氨酯胶黏剂与其他廉价的水性胶配合使用，可制成高性能、低成本的水性聚氨酯胶黏剂，这是降低水性聚氨酯胶黏剂成本的重要途径之一。美国已开发了水性聚氨酯-聚丙烯酸酯胶黏剂，其粘接强度和耐溶剂性等均比共混者优越，目前产品已投放到欧美市场。

（3）提高初黏性　水性聚氨酯胶黏剂的初黏性低是阻碍其广泛应用的重要因素之一。日本大日本油墨公司已采用引入环氧树脂的方法制得了具有良好初黏性的产品。

（4）提高稳定性　在保持水性聚氨酯耐水性的同时，提高水性聚氨酯胶黏剂的储存稳定性是目前国外水性聚氨酯研究中的重要方向。研究者从乳液的形态学着手研究，以解决粒径、黏度、储存性与胶性能之间的矛盾。

近年来，国内高盟新材、欧美化学、隆宏等公司已先后开发了干法复合用水性黏合剂并投放市场，包括水性聚氨酯类、改性丙烯酸类复合黏合剂两大类。改性丙烯酸类复合产品的层间剥离强度较低，主要用于轻包装用软包装材料的生产，水性聚氨酯类复合产品的层间剥离强度较高，可用于要求黏合牢度高的复合软包装材料的生产。

干法复合用水性丙烯酸和聚氨酯黏合剂中不含—NCO 基团，虽然水性聚氨酯中含有羧基、羟基等基团，在适宜条件下可参与化学反应，使黏合剂产生交联，但水性复合黏合剂主要是靠分子内极性基团产生内聚力进行固化的，而酯溶性双组分聚氨酯胶黏剂则用—NCO 的反应，在固化过程中增强粘接性能，因此水性复合软包装材料用黏合剂，复合后有较高的初始剥离强度，不需熟化即可分切制袋。其成膜机理如图 12-1 所示。

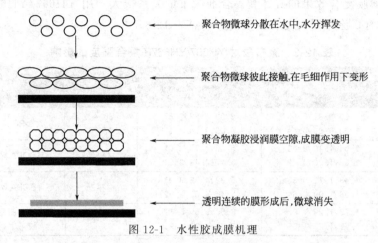

聚合物微球分散在水中,水分挥发

聚合物微球彼此接触,在毛细作用下变形

聚合物凝胶浸润膜空隙,成膜变透明

透明连续的膜形成后,微球消失

图 12-1　水性胶成膜机理

12.3　干法复合用水性聚氨酯胶黏剂

12.3.1　干法复合用水性聚氨酯胶黏剂 YH667/YH667B

YH667/YH667B 是双组分水性聚氨酯复合胶黏剂，具有初黏力大、粘接强度高、熟化时间短等特点。对 PET、BOPP、CPP、PE 等材料具有良好的粘接性能。

12.3.1.1　YH667/YH667B 技术指标

双组分水性聚氨酯复合胶黏剂 YH667/YH667B 技术指标见表 12-2。

表 12-2　双组分水性聚氨酯复合胶黏剂 YH667/YH667B 技术指标

性　　能	YH667	YH667B
外观	乳白色分散液	淡黄色液体
固含量 /%	28±2	80
黏度(3# 查恩杯,25℃) /s	14～18	—
pH 值	6～8	—
配比 /份	16	1

12.3.1.2　YH667/YH667B 特点

（1）初黏力好，粘接强度高。

（2）极佳的透明性。

（3）熟化时间短。

（4）100％PU，没有任何添加剂。

（5）无毒、环保。

12.3.1.3 涂布量

复合薄膜复合效果的好坏和黏合剂涂布量关系很大。用 YH667/YH667B 复合 PA 和 PE 时，涂布量对复合强度的影响见表 12-3。

表 12-3 涂布量对 YH667/YH667B 复合强度的影响

上胶量 /(g/m²)	初始强度 /(N/15mm)	剥离强度 /(N/15mm)	热封强度 /(N/15mm)	备注
1.0	1.03/0.82/0.63 1.08/0.89/0.64	3.80/3.33/2.87 4.05/3.60/3.11	38.40 37.77	NY、PE 拉断光膜
1.56	1.54/1.10/0.80 1.62/1.06/0.72	5.63/4.71/3.61 5.47/4.48/3.01	材料断	BOPA 贴胶带
1.63	1.43/1.12/0.83 1.38/1.09/0.64	5.39/4.58/3.91 5.45/4.50/3.92	材料断	BOPA 贴胶带
2.15	1.73/1.22/1.05 1.78/1.29/1.06	6.50/5.50/5.11 7.79/5.28/4.90	材料断	NY 贴胶带，不贴胶带上机撕断

12.3.2 干法复合用水性聚氨酯胶黏剂 YH668/YH668B

YH668/YH668B 是双组分水性聚氨酯复合黏合剂，可耐 100℃、40min 水煮，具有初黏力大、粘接强度高、熟化时间短等特点。对 PET、BOPA、CPP、PE 等材料具有良好的粘接性能。

12.3.2.1 YH668/YH668B 技术指标

双组分水性聚氨酯复合胶黏剂 YH668/YH668B 技术指标见表 12-4。

表 12-4 双组分水性聚氨酯复合胶黏剂 YH668/YH668B 技术指标

性　能	YH668	YH668B
外观	乳白色分散液	淡黄色液体
固含量/%	28±2	80
黏度(3# 查恩杯,25℃)/s	13～19	—
pH 值	6.5～8.0	—
配比/份	16	1

12.3.2.2 YH668/YH668B 特点

（1）耐 100℃、40min 水煮。

（2）极佳的透明性。

（3）熟化时间短。

（4）100％PU，没有任何添加剂。

（5）无毒、环保。

12.3.2.3 涂布量

复合薄膜复合效果的好坏和胶黏剂涂布量关系很大。不同涂布量对剥离强度的影响见表12-5。

表 12-5   不同涂布量对剥离强度的影响

结构	剥离强度 /(N /15mm)		
	$1.0 \sim 1.5 g/m^2$	$1.5 \sim 2.0 g/m^2$	$2.0 \sim 2.5 g/m^2$
PET /PE	$2.8 \sim 4.5$	无法剥离	无法剥离
PA /PE	$2.5 \sim 4.5$	$4.5 \sim 6.0$	$6.0 \sim 10.0$

由表12-5可以看出,建议干基涂布量在$1.5 g/m^2$以上。

12.3.2.4 熟化时间对复合强度的影响

上胶量为$1.6 g/m^2$,不同熟化时间对剥离强度的影响见表12-6。

表 12-6   不同熟化时间对剥离强度的影响

基材	剥离强度 /(N /15mm)					
	刚下机	2h	4h	12h	18h	24h
PET /PE	1.6	3.58	无法剥离	无法剥离	无法剥离	无法剥离
PA /PE	1.5	3.24	5.40	PA 破	PA 破	PA 破

12.3.2.5 性能对比

结构为 PET/PE、PA/PE 水煮袋,YH668/YH668B 与溶剂型水煮胶的对比见表12-7。

表 12-7   YH668/YH668B 与溶剂型水煮胶的对比

结构	剥离强度(常态) 100mm /min) /(N /15mm)		剥离强度(100℃,水煮 40min, 100mm /min) /(N /15mm)	
	YH668 /YH668B	溶剂型水煮胶	YH668 /YH668B	溶剂型水煮胶
PET /PE	无法剥离	无法剥离	无法剥离	无法剥离
PA /PE	5.50	6.60	8.84	7.90

注:YH668/YH668B复合后在50℃条件下熟化8h,普通水煮胶在50℃条件下熟化48h。

从表12-7可以看出,YH668/YH668B与溶剂型水煮胶性能相当。

12.3.3   LH-468A/LH-468B 水性黏合剂 (普通型)

12.3.3.1   LH-468A/LH-468B 水性黏合剂性能指标

LH-468A/LH-468B 水性黏合剂(普通型)是隆宏化工的干法复合用水性聚氨酯黏合剂(普通型),是双组分、透明复合用水性黏合剂。适用于 BOPP、PE、PP、PET 等基材的复合,具有良好的剥离强度和透明度。

LH-468A/LH-468B 水性黏合剂的物理性能指标见表12-8。

表 12-8   LH-468A/LH-468B 水性黏合剂的物理性能指标

性　能	LH-468A	LH-468B	性　能	LH-468A	LH-468B
外观	乳白色液体	无色透明液体	密度/(g/cm³)	1.05~1.1	—
固含量/%	42	100	配比(质量)/份	100	2
黏度(20℃)/mPa·s	≤50	—			

12.3.3.2   LH-468A/LH-468B 水性黏合剂的使用方法

（1）打开胶黏剂桶盖，往主剂中加入固化剂，匀速、缓慢地搅拌 5~10min，切勿剧烈搅拌防止大量气泡的产生。

（2）干基涂布量可在 1.5~3.0g/m² 之间选择。需进行热加工或深度加工的复合膜，涂布量较大，反之，则涂布量较小。对于印刷膜也应适当增加涂布量。

（3）用 38dyn❶ 的达因水检测印刷膜的表面张力，确保油墨表面超过 38dyn（可以直接使用胶水在被涂薄膜表面检测其适用性）。

（4）使用反向转动的匀胶辊，可以提高表观质量。

（5）烘箱温度设置为 80℃、85℃ 或 90℃（温度到设定温度后才可开机）。因为风量对于水性胶黏剂的干燥很重要，所以烘箱的进风和排风要放到最大，复合热鼓温度设置为 75~85℃，复合热鼓压力尽量设到最大（对于温度的设定，在考虑薄膜和工艺的承受能力情况下要建议尽量按以上的条件操作）。

（6）在 (50±5)℃ 的条件下熟化 24h 后可进行分切加工。如熟化后进行制袋加工则应适当延长熟化时间。

12.3.3.3   LH-468A/LH-468B 水性黏合剂产品性能

LH-468A/LH-468B 水性聚氨酯黏合剂复合产品的性能指标见表 12-9。

表 12-9   LH-468A/LH-468B 水性聚氨酯黏合剂复合产品的性能指标

材料结构	干基涂布量/(g/m²)	复合外观	热封强度/(kgf/15mm)	剥离强度/(N/15mm)
BOPP/CPP	2.0~2.5	良好	1.9~2.7	2.2~3.1
BOPP/PE	2.0~2.5	良好	1.7~2.6	2.0~3.0
PET/PE	2.0~2.5	良好	2.0~2.9	2.4~3.4
PET/CPP	2.0~2.5	良好	2.2~3.4	2.7~3.6

注：1kgf=9.80665N。

12.4   干法复合用水性丙烯酸胶黏剂

12.4.1   干法复合用水性丙烯酸胶黏剂 YH620S

YH620S 是高盟公司的单组分、水性改性丙烯酸类的镀铝专用复合黏合剂。具

---

❶   1dyn=10⁻⁵N。

有使用过程不需要稀释、不需要熟化、操作方便等特点。

12.4.1.1　水性丙烯酸胶黏剂 YH620S 的物理性能

干法复合用水性丙烯酸胶黏剂 YH620S 的物理性能指标和国外产品的对比见表 12-10。

表 12-10　干法复合用水性丙烯酸胶黏剂 YH620S 的物理性能指标和国外产品的对比

性　　能	YH620S	国外产品
外观	乳白色液体	乳白色液体
固含量 /%	42±2	42±2
黏度(25℃,3 号杯) /s	13～15	14

12.4.1.2　水性丙烯酸胶黏剂 YH620S 复合产品的性能

复合薄膜复合效果的好坏和黏合剂涂布量关系很大。用 YH620S 和国外的对比产品用于复合满版印刷 BOPP 和 VMCPP 时，涂布量对剥离强度的影响见表 12-11。

表 12-11　涂布量对 YH620S 剥离强度的影响

结构	剥离强度 /(N /15mm)		
	1.0～1.5g /m²	1.5～2.0g /m²	2.0～2.5g /m²
YH620S	0.6～1.0	1.0～1.4	1.4～1.6
国外胶黏剂	0.6～1.0	1.0～1.4	1.4～1.6

由表 12-11 可以看出，干基涂布量在 1.5g /m² 以上为宜。

单组分水性黏合剂 YH620S 镀铝专用复合黏合剂，可以在现有的溶剂型干式复合设备上使用，不需要更新设备，但在进行复合时，需要适当提高烘道温度并增大风速，以利于水分的挥发。

12.4.2　水溶性丙烯酸酯胶黏剂体系 PD8117＋XR2990

PD8117＋XR2990 是一种双组分水性丙烯酸酯类干式复合用胶黏剂，是富乐公司专为生产复合塑料软包装而开发的产品，主要应用于多种膨化食品、糖果等包装以及其他工业用途。PD8117（丙烯酸酯胶黏剂）与 XR2990（交联剂）按 98：2（质量比）混配。此胶黏剂系统对于大多数薄膜具有优异的粘接力，并具有优异的抗介质性能，固化速度快，操作时间长（有利于改善操作性能），对于大多数油墨都有良好的浸润性。通过在两层 OPP 薄膜之间的应用，证明具有很好的透光性。对于复合具有极低 COF 值的聚乙烯薄膜，此水溶性胶黏剂系统不会吸收薄膜的滑爽剂。在换胶时，此胶黏剂系统可以随意地与其他水溶性胶黏剂混合，从而将清洗和换胶的时间减少到最短。

PD8117＋XR2990 胶黏剂系统不含异氰酸酯，因而不会产生"芳香胺"。

12.4.2.1 水溶性丙烯酸酯胶黏剂体系 PD8117＋XR2990 的物理性能

PD8117＋XR2990 胶黏剂的物理性能见表 12-12。

表 12-12 PD8117＋XR2990 胶黏剂的物理性能

性　　能	PD8117	XR2990
基体物质	丙烯酸酯	含氮多功能团物质
色泽	珍珠白	清澈,淡黄色
黏度(23℃)/cP	50	200
质量混配比/份	98	2
体积混配比/份	104	2
固含量/%	50	100
密度/(g/cm³)	0.995	1.067
pH 值	8.9	10.5

注:1cP＝10⁻³Pa·s。

12.4.2.2 水溶性丙烯酸酯胶黏剂体系 PD8117＋XR2990 的工艺条件

PD8117＋XR2990 使用参数如下。

混配后黏度 (23℃)	50cP
推荐涂布辊	180 线/in❶
操作时间 (23℃)	18～24h
固化速度	8h 可分切或进行后续加工
	48h 对于绝大多数结构可完全固化
推荐涂布量	1.9～2.7g/m²

12.4.2.3 水溶性丙烯酸酯胶黏剂体系 PD8117＋XR2990 复合产品的性能

应用 PD8117＋XR2990 复合产品的预期性能见表 12-13。

表 12-13 应用 PD8117＋XR2990 复合产品的预期性能

应用领域	典型薄膜结构	PD8117＋XR2990	初黏力/(N/15mm)	最终强度/(N/15mm)	涂布量/(g/m²)
零食、干燥食品以及糖果、点心包装	PP/PP,玻璃纸/玻璃纸	推荐使用①	0.87 至膜破	膜破	1.6～2.4
	PP/Met PP	推荐使用①	0.87 至膜破	0.87 至膜破	1.6～2.4
保鲜包装	PP/PPO,PP/PE	不推荐	N/R	N/R	N/R
液态食品、零食和调味品	PET/PE,PP/PE	推荐使用	0.87 至膜破	膜破	1.9～2.7
	Met PET/PE	推荐使用	0.87 至膜破	2.0 至膜破	1.6～2.4
肉类、奶酪包装	Saran PET/PE	不推荐	N/R	N/R	N/R
	Saran Nylon/PE	不推荐	N/R	N/R	N/R
	Met PET/PE	不推荐	N/R	N/R	N/R

---

❶　1in＝0.0254m。

应用领域	典型薄膜结构	PD8117＋XR2990	初黏力 /(N/15mm)	最终强度 /(N/15mm)	涂布量 /(g/m²)
咖啡制品及咖啡砖形包装	Met PET/PE	推荐使用	0.87 至膜破	2.0 至膜破	1.9～2.7
	Met PET/PE	不推荐	N/R	N/R	N/R
蒸汽灭菌包装、环氧乙烷灭菌包装	PET/Cast PP	不推荐	N/R	N/R	N/R
蒸煮包装袋	Cast PP/Foil	不推荐	N/R	N/R	N/R
装饰袋和图版覆盖层	Paperto PP,Met PP, 醋酸纤维	可用	0.87 至膜破	1.74 至膜破	2.4～5.6, 取决于薄膜结构
工业包装	PET/PE	可用	0.87 至膜破	0.87 至膜破	1.9～2.7
	PET/Foil	可用	0.87 至膜破	0.87 至膜破	1.9～2.7
工业包装、抗紫外线	PET/PE,PP/PE	可用	0.87～2.3	0.87 至膜破	1.9～2.7

① 典型薄膜的厚度如下：PP 12～25μm，PET 12～25μm，Met PET 12～25μm，CPP 25～51μm，PE 38～76μm。

12.4.3 YH610/YH05 双组分水性丙烯酸酯复合胶黏剂

YH610/YH05 双组分水性丙烯酸酯胶黏剂是高盟公司的干法复合用水性聚氨酯黏合剂。

12.4.3.1 YH610/YH05 双组分水性丙烯酸酯胶黏剂的物理性能

YH610/YH05 双组分水性丙烯酸酯胶黏剂的物理性能指标见表 12-14。

表 12-14 YH610/YH05 双组分水性丙烯酸酯胶黏剂的物理性能指标

性　　能	YH610	YH05
外观	乳白色液体	淡黄色液体
固含量/%	42±2	99±1
黏度	16～18s(25℃,3号杯)	1500～2500mPa·s(25℃)
配料比(质量)/份	100	1

12.4.3.2 YH610/YH05 耐水煮塑-塑复合用水性丙烯酸黏合剂的产品性能

YH610/YH05 耐水煮塑-塑复合用水性丙烯酸黏合剂的产品的剥离强度与涂布量的大小有关，涂布量对 YH610/YH05 复合产品剥离强度的影响见表 14-15。

表 12-15 涂布量对 YH610/YH05 复合产品剥离强度的影响

结构	剥离强度/(N/15mm)		
	2.0～2.5g/m²	2.5～3.0g/m²	3.0～3.5g/m²
PA/PE	2.3～2.7	2.7～3.4	3.4～4.2
PET/PE	2.0～2.4	2.4～2.8	2.8～3.6

由表 12-15 可以看出，建议干基涂布量不低于 $3.0g/m^2$。

12.4.3.3 YH610/YH05 复合产品水煮性能

用 YH610/YH05 复合 PA/PE、PET/PE，干基涂布量为 $3.0\sim3.5g/m^2$，经过 100℃、30min 水煮，水煮前后剥离强度的对比见表 12-16。

表 12-16 YH610/YH05 复合产品水煮前后剥离强度的对比

结构	剥离强度(常态，300mm/min)/(N/15mm)		剥离强度(100℃，水煮 30min，300mm/min)/(N/15mm)	
	YH610	溶剂型 PU 胶	YH610	溶剂型 PU 胶
PA/PE	3.8	4.5	3.4	3.6
PET/PE	3.3	3.9	2.8	3.1

从表 12-16 可以看出，YH610/YH05 和溶剂型聚氨酯黏合剂相当，同样能够满足水煮的要求。

12.5 水性复合黏合剂使用过程中需要注意的若干问题

沈峰、陈小锋等就 YH620S 水性胶与市场上的其他几种产品进行对比分析，发现了使用水性胶的一些问题，针对这些问题提出一些解决办法，具有一定的普遍性，对于水性复合黏合剂在干法复合中的应用具有较大参考价值，摘要如下，供读者参考。

12.5.1 上胶辊（网线辊）与上胶量

水性胶上胶量小，选择合适的上胶辊很重要。对于水性胶来说，上胶辊的网坑要浅，开口要大，使胶水以最大的表面积接触基材，这样涂布均匀，干燥速度快，复合外观好，剥离强度高。合适的网线辊是保证上胶量和剥离强度的前提，用户应该根据设备条件和复合速度来调整。建议使用 $180\sim200$ 线/in 的电雕辊，网坑相通，网坑深 $32\sim35\mu m$。在使用过程中经常清理上胶辊，防止堵塞，并且使用一段时间后要重新镀铬或雕刻新的网线辊。

合适的上胶量为 $1.6\sim2.4g/m^2$，不能低于 $1.6g/m^2$，否则剥离强度无法保证。上胶量过高，会影响胶水的干燥，影响胶水在塑料膜表面的流平，从而影响复合外观和剥离强度。

12.5.2 高速复合时产品的气泡及其解决方法

为了赶生产进度，也为了降低成本，复合机的速度一般都很快，有的达到 160m/min 以上。对于这种复合速度，水性胶在胶槽中容易起较多泡沫，如果连续生产几天不停，泡沫会越积越多，甚至往胶槽外溢出。此时若不采取一定措施，可能导致上胶量偏小、强度偏低、外观出现白点等问题。最好的解决办法是在胶槽中放一根匀墨棒，起到消泡作用。同时，采用循环打胶的方式，保证胶槽中胶液不要太少。循环胶桶要备用一个，这样长时间运转时胶桶中的泡沫若无法消去，可以采用备用胶桶来打胶，待原胶桶中泡沫消去后再替换使用。

水性胶如 YH620S 已含有消泡剂，一般不需要额外加消泡剂，过多的消泡剂会影响胶液表面性能，从而影响复合外观。外加的消泡剂无法与胶液混合均匀，也会影响复合外观。

12.5.3　水性胶可以用水稀释问题

目前市场上的水性胶多为乳液型的，其原理是高分子聚合物依赖乳化剂在水中稳定存在，它实际是一种亚稳定状态，许多外作用力会导致胶液破乳分层，失去作用。除生产厂商特别推荐外，不推荐用水稀释胶水，因为用水稀释会增加胶液的表面张力，破坏胶液的稳定性，导致分层。另外，稀释会改变产品的表面性能，导致润湿性变差，影响复合外观。

12.5.4　复合产品出现白点的原因及其避免的办法

水性胶一般含有 50% 的水分，在短时间内要完全挥发干净，需要足够的温度和风速。复合产品外观出现白点，其原因有两种：一是上胶量不足；二是干燥不彻底。能够经过短时间的熟化而消失的白点，说明是干燥不彻底，因为熟化可以进一步帮助水分挥发；反之，则说明是上胶量不足。要避免出现干燥不彻底的情况，需要调整烘道温度和风速。烘道温度可以设定为 70℃—80℃—90℃，但笔者发现许多复合设备的实际温度要比设定温度低很多，所以有条件的一定要进行校正，避免误差太大。风速的大小对水性胶的干燥尤为重要，务必要保证风速达到 6m/s 以上，并经常对设备出风和进风口进行清理，防止堵塞。另外，复合辊的温度也会影响复合外观，还影响初黏力，要保证复合辊的实际温度达到 50℃ 以上。

12.5.5　熟化问题

单组分的丙烯酸类水性胶如 YH620S 复合的膜一般来说不需要熟化，下机就可以分切。适当熟化一段时间，可以提高剥离强度，因为水性胶的分子量很高，需要一定时间流平达到更好的强度。所以，有条件时将复合膜放在 50℃ 熟化室熟化 1~4h 较好。长时间较高温度（80℃ 以上）熟化对复合膜的强度有一定影响，因为水性胶聚合物不能耐长时间的高温。

双组分的水性胶复合后应进行熟化处理，以便两组分间发生化学反应，提高剥离强度。

12.5.6　水性胶与油墨的匹配问题

水性胶会不会影响油墨在薄膜上的附着力？为什么使用不同油墨印刷的膜复合后的外观有很大差别？水性胶对水性油墨和溶剂型油墨均有较好的适应性，发生油墨转移一般与油墨的质量有关。如果油墨与薄膜的亲和力差，黏合剂就可能把油墨从薄膜上拉下来，使用质量好的油墨就不存在这个问题。

油墨里含有不同的蜡、滑爽剂、消泡剂、增塑剂等，这些成分对胶水会产生不利的影响，进而影响复合外观，所以更换油墨后应该对胶水做试验，避免出现损失。

12.5.7 复合基材的表面张力

复合膜的表面张力低于 38dyn 时，水性胶难以润湿，复合后剥离强度会偏低很多，所以一般要求复合膜的表面张力不得低于 38dyn，但塑料膜和镀铝膜在放置过程中表面张力都会慢慢下降，所以上卷前应检测膜的表面张力。发现下降较多时，应该先进行小批量试验，检验复合后的强度是否达标，才可以进行正常的复合。

12.5.8 低温环境下使用水性胶需要注意的问题

冬季气温低，车间的温度一般在 5～15℃ 之间，即使有的厂家采取措施，但有时外边环境温度太低，车间温度很难提高，再加上有的车间空间大，温度更没法保证。在这种情况下，水性胶如何使用，保证强度不会下降太多，成为很重要的问题。

首先，水性胶应该储存于 5～35℃ 的环境中，冬季一定要防冻。在使用之前，将胶放置在有暖气的小房间里加热 4～6h，房间温度以 15～25℃ 比较适宜，这样保证胶水本身的温度不至于太低。其次，车间温度较低时，烘道温度适当提高 2～5℃。再次，提高复合辊的温度。复合辊的温度会因外界温度太低而提不上去，需要采取措施保证复合辊温度不低于 50℃，机器开动时复合辊温度不低于 40℃。最后，将复合好的膜放置在 40～50℃ 的环境中进一步提高强度。

12.6 水性聚氨酯复膜胶的优势与不足

首先，水性聚氨酯黏合剂可以用于普通的干法复合生产线上，生产复合软包装材料，不需要购置或者改造干法复合设备，对水性聚氨酯黏合剂的推广应用十分有利。

水性聚氨酯复合薄膜用胶黏剂是以水代替了乙酸乙酯或乙醇作为介质，水性聚氨酯黏合剂表现出许多明显的优势。因为是水性聚氨酯黏合剂乳液体系，故其黏度不随聚合物分子量改变而有明显的差异，可使高聚物高分子量化、高固含量化以提高其内聚强度；水性聚氨酯黏合剂不易燃、环保适应性好，使用过程中，设备容易清洗，但考虑到完全环保的要求，需要对该胶生产中添加的封端剂、乳化剂、稳定剂、pH 值调节剂和抗寒防冻剂等进行筛选与控制，避免这些助剂也会带来弊端。同时，水性胶黏剂也存在一些其他比较明显的不足之处，如水的挥发较慢，烘干需要提高烘道温度，加长烘道，耗能较大；初黏性较溶剂型差；价格相对较高；对塑料薄膜的润湿性差；长期接触水蒸气会使铁质设备部件造成锈蚀等，我们在推广水性聚氨酯黏合剂的时候，要充分认识到这些问题的存在。

参 考 文 献

[1] 张淑萍，沈峰. 一种双组分水性聚氨酯复合黏合剂的应用性能研究. 广东包装，2008，(6)：62-63.
[2] 张淑萍，沈峰. 耐水煮复合软包装用胶黏剂的制备及应用. 粘接，2010，(10)：64-66.
[3] 中国包装网. 上海隆宏化工推出新一代双组分水性黏合剂. 2006-7-19.
[4] 沈峰，陈小锋. 环保型黏合剂在食品包装复合膜中的应用. 塑料包装，2006，(6)：21-24.
[5] 富乐公司（美）交流资料. 水溶性丙烯酸酯胶黏剂体系 PD8117＋XR2990 性能描述.
[6] 襄樊航天化学动力总公司. 双组分水性聚氨酯复合胶黏剂产品介绍.
[7] 沈峰. 水性聚氨酯黏合剂的特性. 印刷技术，2006，10：31-32.
[8] 沈峰，邓煜东. 水性聚氨酯黏合剂应用研究. 印刷技术，2006，1：20-21.
[9] 李付亚等. 水性聚氨酯胶黏剂改性研究进展. 中国胶黏剂，2007，(2)：45-49.
[10] 项尚林等. 复合薄膜用交联型水性聚氨酯胶黏剂的研制. 中国胶黏剂，2006，(1)：30-32.

第13章 无溶剂复合

13.1 概述

13.1.1 无溶剂复合的发展沿革

无溶剂复合是复合薄膜生产中的一个历史悠久而颇具活力的工艺，联邦德国Herbert公司继20世纪60年代初干法复合工艺产业化之后，即开始了无溶剂复合的研究，并于1974年推出了无溶剂复合技术，由于这种工艺和其他复合工艺（特别是干法复合工艺）相比，同时具有明显的经济性、安全性以及环保适应性等众多的优点，因此在其问世之后，在欧洲各国得到了迅速的推广应用，同时也得到了美国等工业发达国家的青睐，无溶剂复合在长期的实践过程中，表现出了强大的生命力，至20世纪末期，在欧洲新建复合生产线中，无溶剂复合生产线的保有量已超过干法复合生产线的9倍以上，无溶剂复合工艺也名副其实地成为了复合薄膜生产领域中的一种主流工艺。

20世纪80年代以来，我国也先后引进了几十条无溶剂复合膜生产线，但直至20世纪初，由于国内黏合剂、设备的消化吸收工作没有跟上，完全依赖于国外供应。黏合剂与设备成本居高不下，致使无溶剂复合工艺在经济上的优势荡然无存，导致无溶剂复合的推广应用，受到极大的限制。在众多进口生产线中，除了大连大富、河南双汇、湖北盐业以及浙江长海等为数不多的几家公司应用较好之外，绝大多数的单位所进口的设备，大都处于停产或半停产的状态，国内无溶剂工艺的发展举步维艰，长期处于一个十分艰难的阵痛阶段，至今无溶剂复合生产线的保有量，尚在干法复合生产线与无溶剂复合生产线总量的3%以下。直到20世纪初，上海康达化工有限公司在人们普遍对无溶剂黏合剂尚存敬畏心理的情况下，他们敢为人先，率先在国内成功地开发出具有自主知识产权的无溶剂黏合剂，并实现了工业化生产，然后又开发出了可满足不同需求的无溶剂黏合剂的系列产品（包括通用型无溶剂聚氨酯复膜胶WD8118A/B、高性能无溶剂聚氨酯复膜胶WD8128A/B、耐121℃蒸煮无溶剂聚氨酯复膜胶WD8168A/B、铝箔专用无溶剂聚氨酯复膜胶WD8158A/B等）。此后，北京的高盟新材料股份有限公司、浙江的欧美化学公司、江苏的力合黏合剂有限公司、广东的中山市康和化工有限公司等国内复合软包装黏合剂的知名企业，也都先后实现了无溶剂黏合剂的工业化生产，与此同时，德国的汉高公司、法国的波士胶芬得利（中国）黏合剂有限公司、富乐（中国）黏合剂有限公司、陶氏化学公司、科意亚太有限公司等跨国公司，也在中国建立了无溶剂黏合剂的生产基地或者来华推广无溶剂黏合剂。无溶剂复合设备方面，近年来也得到了长足的进展，继广东汕头的华鹰、广东中山的富通、温州的博大等公司在无溶剂复合机的开发进程中，历经种种艰辛与曲折之后，广州的通泽公司经过几年的不懈努力，终于成功地开发出了国产的、为众多软包装复合材料生产企业认可的、高质量低价位的无溶剂复合设备，著名的意大利无溶剂复合机的生产企业——诺德美克公司，也在上海建立了生产基地，国内生产印刷、复合设备的龙头企业——北人股份有限公司也适时介入，参与了无溶剂复合设备的开发研究工作。由于近年来在我国无溶剂黏合剂和无溶剂复合设备的迅速发展，彻底改变了长期以来，我国无溶剂黏合剂及无溶剂设备价格"虚高不下"的局面，黏合剂和设备价位的理性回归，经济上的优势和节能环保、安全卫生的两大引擎，对我国无溶剂复合工艺的高速发展起到了巨大的推动作用，加之近年来国家食品安全、环境保护等相关法律、法规的引导，无溶剂复合工艺在我国的应用有了令人欣慰的、长足的进展，国内 2009 年一年新建无溶剂生产线，相当于过去近二十年所建无溶剂生产线的总和。可以预期，在我国塑料包装工业已经完成由无到有、由小到大的发展历程，步入由高能耗、高污染的生产模式，向资源节约型、环境友好型的生产模式转变阶段的今天，以无溶剂复合工艺为代表的"高、新"技术必将得到迅速的发展，软包装行业中，一个万紫千红的春天即将很快到来。

13.1.2 无溶剂复合的工艺过程

无溶剂复合工艺是典型的"贴合式"复合方法，它利用黏合剂，使两种膜状基材黏合而复合，生产复合薄膜。就其生产过程而论，和干法复合极其相似，应用范围也基本相同，无溶剂复合与干法复合两种工艺的工艺过程如图 13-1 所示。

无溶剂复合：

基材₁→放卷→涂胶(涂无溶剂型胶黏剂)→贴合→收卷→熟化→成品

↑
放卷
↑
基材₂

干法复合：

基材₁→放卷→涂胶(涂溶剂型胶黏剂)→烘道干燥→贴合→收卷→熟化→成品

↑
放卷
↑
基材₂

图 13-1　无溶剂复合与干法复合两种工艺的工艺过程

从工艺过程中可以清楚地看到，两种工艺的相同之处在于，它们都是利用黏合剂，将两种膜状基材黏合而制取复合薄膜，由于在复合过程中有黏合剂的熟化过程（化学反应），黏合效果较好、层间复合牢度较高，对基材的适应性好、应用面广。但两种工艺之间，也有一个"细微的"差别，即干法复合工艺使用的是溶剂型（或水分散型）黏合剂，在生产复合软包装材料的过程中，涂胶以后两基材贴合（复合）之前，需要把黏合剂中的溶剂（或分散剂水）烘干；而无溶剂复合工艺使用的是无溶剂黏合剂，涂胶以后两基材不必经过烘干处理，即可将两基材贴合（复合），也正因为这一"微小的差异"，无溶剂复合较之干法复合呈现出一系列突出的优点。

13.1.3　无溶剂复合的主要优缺点

由于无溶剂复合工艺和干法复合工艺应用领域基本相同，因此，我们在考察无溶剂复合的优缺点的时候，将其与复合软包装行业中目前大量使用的干法复合进行比较，是更为妥帖的。

无溶剂复合工艺较之干法复合工艺具有如下主要优势。

13.1.3.1　节约资源显著

（1）不使用溶剂。

（2）没有烘道干燥过程，可节约大量能源。

（3）上胶量少，无溶剂复合单位面积胶黏剂涂布量约为干法复合单位面积胶黏剂干基涂布量的 2/5。

13.1.3.2　环保适应性好

无溶剂复合使用的胶黏剂是百分之百的胶，不含任何溶剂，因而在生产过程中，除停机时需要用少量溶剂对涂胶部分进行清洗之外，没有溶剂排放，生产中没有三废物质产生，不会由于大量溶剂的排放影响生产工人的身体健康，也不会对周边环境产生污染，有利于清洁化生产。

13.1.3.3　有助于产品质量的提高

（1）复合薄膜不会因残存溶剂而污染所包装的内容物，产品的卫生可靠性好。

（2）复合时，基材不会因溶剂及烘道加热而引起薄膜变形，对确保复合薄膜平整性有利。

（3）复合薄膜采用里印时，采用无溶剂复合，印刷面的油墨不会因黏合剂中的溶剂影响而导致质量下降。

13.1.3.4　安全、卫生性好

无溶剂复合生产中不使用可燃、易爆性有机溶剂，故安全性好；复合薄膜中不会因残余溶剂的存在导致卫生性能下降，产品卫生性能可靠性佳。

13.1.3.5　可明显地降低生产成本

无溶剂复合的加工成本较之干法复合工艺明显要低，复合工序的成本可望降低到干法复合的 60％左右或者更低，经济效益极其显著。无溶剂复合成本低是推动无溶剂复合快速发展的强大动力。

（1）无溶剂复合单位面积上胶量少，胶料成本低　无溶剂复合上胶成本低是无

溶剂复合成本低的主要因素。如上所述，无溶剂复合单位面积胶黏剂用量约为干法复合单位面积胶黏剂干基涂布量的 2/5，因此尽管无溶剂复合胶黏剂的价格可能会较干法复合胶黏剂的价格高 70% 左右，无溶剂复合胶黏剂成本反而可能较干法复合胶黏剂成本降低 50% 左右。

2008 年笔者曾就干法复合与无溶剂复合单位面积的上胶费用（以普通轻包装产品为例）做过如下计算。

① 黏合剂成本

a. 无溶剂复合单位面积上胶 1.2～1.5g/m²

无溶剂复合胶黏剂单价 38 元/kg，3.8 分/g

单位面积黏合剂成本 1.2g/m²×3.8 分/g=4.56 分/m²

1.5g/m²×3.8 分/g=5.70 分/m²

b. 干法复合单位面积上胶黏剂干基涂布量 2.5～3.0g/m²

2.5～3.0g/m² 干胶，换算为 75% 的高浓度胶，应为 3.33～4.00g/m²

干法复合胶黏剂单价 20 元/kg，2.0 分/g

单位面积黏合剂成本 3.33g/m²×2.0 分/g=6.66 分/m²

4.00g/m²×2.0 分/g=8.00 分/m²

小计：

无溶剂复合产品单位面积上胶费用 4.56～5.70 分/m²

干法复合产品单位面积上胶费用 6.66～8.00 分/m²

② 稀释溶剂成本　干法复合一般在 40% 以下的浓度下进行涂布，涂布时要加入溶剂对黏合剂进行稀释，消耗乙酸乙酯，这部分乙酸乙酯也应计入成本，计算如下。

a. 100 份 75% 浓度的黏合剂含 75 份固体黏合剂，当它稀释为 40% 的黏合剂，稀释后为 187.5 份（75/40=187.5），也就是说 100 份 75% 浓度的黏合剂，配成固体含量 40% 的黏合剂需加入 87.5 份乙酸乙酯（187.5－100=87.5）

b. 根据 a. 计算，干法复合产品，采用 75% 的高浓度胶的上胶量为 3.33～4.00g/m²，稀释到 40%，单位面积需加入的溶剂量为（3.33×0.875=2.91g/m²，4.00×0.875=3.50g/m²）2.9～3.5g/m²

c. 按 2007 年 2 季度乙酸乙酯价格 10 元/kg 计，干法复合（普通产品）单位面积稀释用乙酸乙酯产生的成本费用为 2.9～3.5 分/m²

③ 上胶成本计算结果

a. 无溶剂复合产品单位面积上胶费用 4.56～5.70 分/m²

b. 干法复合产品单位面积上胶费用（含稀释用乙酸乙酯）为单位面积的上胶的黏合剂成本＋单位面积上胶时加入的稀释剂成本，即（6.66＋2.19）分/m²～（8＋3.5）分/m²=9.54～11.50 分/m²

为醒目便于读者分析、参考，计算结果汇总见表 13-1。

表 13-1　轻包装用复合薄膜的干法复合与无溶剂复合单位
面积上胶成本比较

项　　目		无溶剂复合	干法复合
黏合剂成本	单位面积黏合剂固体含量 /(g/m²)	1.5~2.0	2.5~3.0
	单位面积涂胶量 /(g/m²)	1.5~2.0	3.33~4.00(75% 浓度胶)
	黏合剂单价 /(元 /kg)	约 38	约 20
	单位面积黏合剂成本 /(分 /m²)	4.56~5.70	6.66~8.00
稀释溶剂成本	单位面积胶需添加溶剂量 /(g/m²)	0	2.9~3.5
	溶剂乙酸乙酯单价 /(元 /kg)		约 10
	单位面积添加溶剂成本 /(分 /m²)	0	2.90~3.5
上胶总成本 /(分 /m²)		4.56~5.70	9.57~11.50

由表 13-1 可以清楚地看出，无溶剂复合的上胶总成本仅为干法复合上胶总成本的 50%，也就是说，如果我们把干法复合转变为无溶剂复合，即可以节约 50% 的上胶成本，节约幅度十分令人鼓舞。当然，随着黏合剂、溶剂等物资价位上的波动，干法复合与无溶剂复合的上胶成本也会有所变动，但从上面的分析不难看出，无溶剂复合的上胶总成本低于干法复合上胶总成本的基本情况是不会改变的，至于降低的具体情况，我们可根据各个时段胶黏剂、溶剂等材料的实际价格，运用上面的分析方法，得出明晰而具体的结论。

除上胶成本低之外，在下列几个方面，无溶剂复合较之干法复合也有明显的成本优势。

（2）无溶剂复合一次性投资少，设备回收折旧成本也比较低

① 复合设备没有预干燥烘道，设备造价较低（可降低 30% 或者更多）。

② 设备占地面积小，可明显降低车间面积。

③ 无溶剂复合黏合剂的体积小且不用储藏溶剂，可以减小仓储面积。

（3）无溶剂复合，节能显著　复合过程中，不需要经过烘道加热排除胶黏剂中的溶剂，每条无溶剂复合生产线较之干法复合生产线，耗用能量要少得多，可较之干法复合节约能耗 2/3 以上。某包装有限公司提供的实际应用数据称，一条无溶剂复合生产线较之干法复合生产线，一年节约的电费高达 20 余万元之巨。

（4）无溶剂复合生产线速度明显提高，因而可以使生产成本降低　无溶剂复合的最高线速度高达 500~600m/min，一般也在 300m/min 左右。

（5）无溶剂复合不需治理三废　无溶剂复合无三废物质产生，不需配置昂贵的环保装置以及相应的运行费用。

综上所述，采用无溶剂复合替代干法复合，不仅在环境保护、生产安全、确保产品质量方面都表现了明显的优势，而且降低生产成本、提高经济效益方面效果十

分显著，对于企业参与激烈的市场竞争，或者获取更为丰厚的利润，都具有巨大的意义。

"低碳"已成为当前全球普遍关注的一个问题，仅就"低碳经济"而论，无溶剂复合较之干法复合也显示出明显的优势，是名副其实的"低碳工艺"，见表13-2。

表 13-2 原料消耗及 CO_2 排放

项　　目	溶剂型黏合剂	无溶剂型黏合剂
CO_2 排放 /(kg/1000m^2)	59.6	8.6
水消耗 /(L/1000m^2)	405.5	168.6
原料消耗 /(kg/1000m^2)	26.9	5.0

注：该数据摘自 Boustead Consulting Lid 公司关于软包装黏合剂生命周期分析的报告。

从上面的介绍可以看出，无溶剂复合无论从降低生产成本、提高经济效益的角度，还是从改善环境质量、适应环保需要以及安全生产的角度看，或者从保证产品质量、满足使用要求的角度看，它较之干式复合均具有众多明显的优势，是一种值得倡导的、极有实用价值的复合方法。

13.1.3.6　无溶剂复合的缺陷与不足

当然无溶剂复合也存在不少工艺本身所固有的问题。由于无溶剂复合黏合剂不含溶剂，不可能通过溶剂来调节黏合剂的黏度，要使黏合剂的黏度保持在一个较低的、适合于涂布施工的水平，所能够考虑的办法无非两个方面，即升高涂胶温度或者降低黏合剂的分子量。通过加热提高黏合剂的温度，可以降低黏合剂的黏度，但在高温下，会缩短黏合剂的适用期，因此复合加工时黏合剂的温度的提高受到极大的限制，双组分胶黏剂一般最高涂布温度仅为 70～80℃；为了使黏合剂黏度满足涂布加工的需要，只能降低无溶剂黏合剂的分子量，黏合剂的分子量低，对应用带来的种种负面影响，我们必须予以高度重视。

黏合剂分子量降低的直接结果，则表现为初黏力的下降（一般无溶剂复合的初黏力仅为 0.2～0.3N/15mm 或者更低），远低于干法复合的初黏力（一般在 1.0N/15mm 以上）。初黏力低，复合薄膜不易收卷，对设备的张力控制系统要求高，对操作工的技术要求也较高，它以前曾经是妨碍无溶剂复合工艺发展的一个重要因素，随着机电技术的进步，高质量无溶剂复合机的开发应用，初黏力低引起的卷取时产生隧道效应等收卷方面的问题已经得到了较好的解决；产品的初黏力低，对复合过程的另一不利影响是，使薄膜在熟化以前比较难以通过薄膜的初始黏合情况，对于复合薄膜的最终复合牢度进行预判。无溶剂复合从复合到熟化完成，需要经过2 天左右的时间，即使通过加热快速测试的方法（例如通过涂布、加热升温熟化后测定黏合力），反馈也较慢，一般要 2～4h 后才会得到结果，生产过程中滞后这么长时间之后才发现问题，可能造成很大的损失，因此，无溶剂复合要求对生产过程进行严格的控制，这也是一些管理及技术力量比较薄弱的企业对无溶剂复合工艺望而却步的重要原因。

13.2 无溶剂胶黏剂

13.2.1 无溶剂复膜胶的发展过程

近年来世界许多国家都对无溶剂聚氨酯胶黏剂进行了深入的研究，研制开发了多种实用性强的商业化产品。胶黏剂的发展可大致分为以下几个阶段。

(1) 第一代为单组分无溶剂聚氨酯胶黏剂　按其分子结构的不同，可以分为聚醚聚氨酯聚异氰酸酯和聚酯聚氨酯聚异氰酸酯两个大类，它们的共同特点是依靠空气中的水蒸气以及被涂覆膜附着的水分与黏合剂发生化学反应而固化，如水分供给量不足，则会造成固化不良，同时由于这类黏合剂固化时会产生 CO_2 气体，容易造成气泡。

(2) 第二代为双组分无溶剂聚氨酯胶黏剂　这类黏合剂依靠双组分均匀混合后，黏合剂中的活性基团—NCO 和—OH 相互反应，形成大分子而实现交联固化，其用途广泛，除 EVA、尼龙以外的薄膜及铝箔都能使用。

(3) 第三代无溶剂胶黏剂是在第二代基础上改进的双组分体系（采用芳香族的多元醇提高了耐高温性能）　在含有铝箔结构的复合膜中，能够耐高温蒸煮，它具有较高的初黏力，黏度低，操作温度低于 80℃，对复合基材无限制的优点，能够解决第二代胶黏剂对 EVA 和尼龙热封不良的问题。同时阻隔性强的膜易起褶皱或易剥离的问题也得到了解决。

无溶剂聚氨酯复膜胶系列的产品结构如图 13-2 所示。

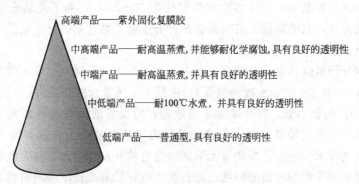

图 13-2　无溶剂聚氨酯复膜胶系列的产品结构

(4) 第四代为紫外固化型无溶剂胶黏剂　在选择适当紫外线发生器前提下，此胶黏剂能够快速复合聚酯薄膜，可在几分钟到 1h 内达到相当高的粘接强度。

表 13-3 为单、双组分无溶剂聚氨酯复膜胶优缺点的比较，由表 13-3 可以看出，双组分无溶剂胶黏剂比单组分无溶剂胶黏剂有更多的优点，同时可以制成普通型和耐高温蒸煮型，双组分胶黏剂是今后无溶剂胶黏剂的发展方向。

表 13-3 单、双组分无溶剂聚氨酯复膜胶优缺点的比较

类别		单组分	双组分
涂布量	较多情况下	不固化或固化时间较长,复合时易产生 CO_2 而影响外观	影响很小
	较少情况下	差别不大	差别不大
固化性能	固化时间	较慢	较快
	湿度的影响	有	无
配胶失败可能性		无可能	有可能
粘接性能		通用型及水煮型(100℃)	通用型及高温蒸煮型(121℃和135℃)
适用期		长	短

无溶剂聚氨酯胶黏剂的结构特点是:分子间吸引力大(可形成氢键),在常温下黏度很高,当温度升高,氢键断裂,黏度下降。因此提高温度使黏度下降,涂布变得容易;但温度过高(单组分胶高于100℃,双组分胶高于80℃),胶黏剂的内部反应速率加快,发生凝胶化,造成涂布困难和涂布不均匀。因此要确定涂布的最佳温度,并保持最小的温度差。一般单组分胶黏剂的涂布温度控制在70～100℃,黏度控制在600～3000mPa·s;双组分胶黏剂涂布温度控制在常温到80℃(因品种不同而异),黏度控制在500～1500mPa·s。

13.2.2 单组分无溶剂聚氨酯复膜胶

单组分无溶剂黏合剂依靠湿固化,聚氨酯复膜胶黏度变化快、固化速度慢,易产生 CO_2 气泡,涂布量较大或水分供给不足时,还容易产生固化不良等缺点。但单组分无溶剂聚氨酯胶黏剂也有使用方便、没有配比错误危险的优点,此外价格也比较低廉。

单组分聚氨酯胶黏剂多是含有—NCO端基的聚氨酯预聚体,是靠空气中水分和被涂覆附着的水与之反应而固化的,可分为聚酯型聚氨酯类或聚醚型聚氨酯类,其分子结构上的共同特征是末端均为异氰酸酯基,结构式如下:

$$\text{OCN—R—NH—C—O}\sim\sim\text{O—C—NH—R—NCO}$$
$$\qquad\qquad\overset{\|}{O}\qquad\qquad\overset{\|}{O}$$

单组分无溶剂胶黏剂在复合时,依靠涂覆膜附着的水分和空气中的水分与活泼的异氰酸酯基团发生化学反应而固化:

$$\text{R—N=C=O}+H_2O\longrightarrow(\text{R—NH—C—OH})\longrightarrow\text{R—}NH_2+CO_2\uparrow$$
异氰酸酯胶　　　水　　　　　　　　　　胺　二氧化碳

$$\text{R—}NH_2+\text{R—N=C=O}\longrightarrow\text{R—NH—C—NH—R}$$
胺　　　异氰酸酯胶　　　　　　脲

13.2.3 双组分无溶剂聚氨酯复膜胶

双组分无溶剂聚氨酯胶黏剂,由于它不含溶剂,为确保其涂布性,需要适当控制胶黏剂的黏度。黏度太大会造成涂布不均匀、产生褶皱等缺点，而黏度太低则会影响其粘接性能（特别是对含蒸镀金属的塑料薄膜或金属箔）。

双组分无溶剂黏合剂，可以通过改变不同的配方及工艺条件，满足耐寒、耐油、耐热、阻气、耐磨等各种性能上的要求。双组分无溶剂黏合剂一般可以分为四个档次：普通型、水煮型、高温（121℃）蒸煮型和铝/塑高温（135℃）蒸煮型。其涂布量一般控制在 $1.0\sim2.0g/m^2$，对于特殊需要的复合薄膜（如高温蒸煮用），可适当加大涂布量，但不超过 $5.0g/m^2$。

双组分无溶剂聚氨酯复合薄膜用胶黏剂，是由两组聚氨酯预聚体组成的，在使用时将两个组分均匀混合在一起，靠相互的反应形成大分子而达到交联固化。双组分无溶剂聚氨酯胶黏剂化学结构式如下。主组分一般为聚异氰酸酯预聚物（一般含有—NCO 基团）：

$$ONC—R—NCO +OH \sim\sim\sim R'—OH \longrightarrow OCN—R—\underset{H}{\overset{}{N}}—\underset{O}{\overset{}{C}}—O—R'—O—\underset{H}{\overset{}{C}}—\underset{O}{\overset{}{N}}—R—NCO$$

另一组分一般为羟基封端的预聚体：

$$OCN—R—NCO +HO\sim\sim\sim OH \longrightarrow HO\sim\sim\sim O—\underset{O}{\overset{}{C}}—\underset{H}{\overset{}{N}}—R—\underset{H}{\overset{}{N}}—\underset{O}{\overset{}{C}}—O\sim\sim\sim OH$$

使用时两组分按一定比例混合，在薄膜复合好之后，黏合剂通过交联反应而成为大分子化合物，达到固化的目的。通常双组分胶黏剂的黏度比单组分胶黏剂低，有些品种在常温下就可使用。

双组分无溶剂聚氨酯复膜胶中，有常温涂布型与高温涂布型两种，常温涂布型胶黏剂的分子量较低，在常温下黏度较小，可在常温下施工，但初黏强度低，需要经过足够长时间熟化之后，才能进行分切、制袋等后加工处理；高温涂布型胶黏剂的分子量较高，在常温下黏度大（20℃时黏度可高达十余万毫帕·秒），必须将它加热到较高的温度下（一般要加热到 $60\sim80℃$），才能进行涂布复合，其优点是初黏强度较高，复合之后只需经过较短时间的熟化，即可进行后加工。

13.2.4 耐高温蒸煮的双组分无溶剂聚氨酯复膜胶

耐高温蒸煮袋，是指用耐蒸煮的胶黏剂将 PET、PA、Al 箔、CPP 等基膜复合在一起，然后制袋而成，是用于食品、医疗器具等包装的能经受高温蒸汽加热杀菌的复合膜袋（也称可蒸煮的软包装或软罐头），利用耐高温蒸煮袋包装的食品，具有轻质、方便、保质期长、卫生性佳、易储存、易开袋等特点。

蒸煮袋按灭菌等级的不同，分成三个档次。

(1) 121℃中温蒸煮袋，大部分食物需要 121℃、40min 蒸煮，特殊食物（如牛肉）需要 121℃、60min 杀菌处理，水产品、豆制品一般 121℃、20min 就足够了。

(2) 135℃，最长 20min 高温蒸煮就可以实现无菌包装。

(3) 145℃超高温蒸煮，一般 $2\sim3min$，最多 $3\sim5min$，就足以把最耐热的有害菌种（芽孢肉毒杆菌）杀灭干净。

目前，国内外耐蒸煮复膜胶的应用仍然以溶剂型双组分聚氨酯胶为主，无溶剂聚氨酯复膜胶主要用于通用型软包装复合膜的生产，耐蒸煮无溶剂双组分聚氨酯虽然有所研究，但产品很少，而且性能上与溶剂型相比还有很大差距。具有优异的蒸煮性，耐水、盐、油脂、酸等介质侵蚀的无溶剂双组分聚氨酯复膜胶，有待进一步的开发研究。

13.2.5 紫外固化型单组分无溶剂复膜胶

目前应用的紫外固化型单组分无溶剂胶黏剂，是阳离子固化类产品，主要是酸催化的环氧体系，在紫外线照射下，胶黏剂中的光引发剂（路易斯酸）分解，引发环氧嵌段聚合，得到环氧树脂的三维交联结构。阳离子固化机理允许胶黏剂在复合前露置于大气中，在紫外线照射下，其交联速率较普通的聚氨酯胶黏剂要快得多，在复合后几分钟到 1h 内即可达到相当高的粘接强度，足以保证后续加工过程的顺利进行。

13.2.6 具有代表性的无溶剂胶黏剂品种

13.2.6.1 单组分无溶剂黏合剂

虽然单组分无溶剂黏合剂在无溶剂黏合剂中，较之双组分无溶剂黏合剂是一个重要性相对较低的品种，许多的无溶剂复合黏合剂的生产单位都具有供应单组分无溶剂黏合剂的能力，如美国罗门哈斯公司、德国汉高公司等；国内上海康达化工新材料股份有限公司等单位也开发有单组分无溶剂聚氨酯胶黏剂，并且已得到广泛的应用。举例如下：美国罗门哈斯公司的 MOR-FREE B 57 单组分胶。

美国罗门哈斯公司 MOR-FREE B 57 单组分胶的性能指标见表 13-4。

表 13-4　美国罗门哈斯公司 MOR-FREE B 57 单组分胶的性能指标

性能指标	MOR-FREE B 57 单组分胶
固体含量/%	100
黏度(100℃)/mPa·s	825±75
密度/(g/cm³)	1.20±0.01

MOR-FREE B 57 适用于塑料薄膜 OPP/PE 以及铝箔与纸张、纸板的复合。胶黏剂可能与待复合材料中的其他组分（油墨、薄膜助剂、涂层以及包装的内容物）之间发生相互作用，并导致无法预见的质量变化。因此，在正式生产前，必须先进行试验，以确认胶黏剂与复合材料及被包装物之间的适应性。

德国汉高公司 LF190×3 单组分胶性能指标见表 13-5。

德国汉高公司开发的 Liofol® 单组分无溶剂黏合剂系列主要用于纸张/薄膜、纸张/铝箔的复合，涂布温度一般在 70～100℃ 之间，涂布量为 2.5～4g/m²，需要水汽熟化。

表 13-5　德国汉高公司 LF190×3 单组分胶性能指标

性能指标	LF 190×3 单组分胶	性能指标	LF 190×3 单组分胶
固体含量 /%	100	涂布温度 /℃	80～100
黏度 /mPa·s	1000±700(100℃)	涂胶量 /(g/m²)	0.8～4.5

上海康达化工新材料股份有限公司 WD8198 单组分胶性能指标见表 13-6。

表 13-6　上海康达化工新材料股份有限公司 WD8198 单组分胶性能指标

性能指标	WD8198 单组分无溶剂复膜胶	性能指标	WD8198 单组分无溶剂复膜胶
外观	淡黄色或无色透明液体	涂布温度 /℃	65～75
气味	无味	涂胶量 /(g/m²)	1.0～3.0
黏度 /mPa·s	<1000		

上海康达开发的单组分无溶剂复膜胶系列主要用于 PE、CPP、纸、PET、BOPP 等各种常用薄膜材料之间的复合，涂布温度一般在 65～75℃ 之间，涂布量为 1.0～3.0g/m²，复合后的薄膜材料能够耐 100℃ 水煮 30min 以上。适合于塑/塑和纸/塑薄膜的粘接，适应面广，对于多种薄膜具有优良的粘接性能。考虑到对各种具体基材的适应性不尽相同，在正式生产前，须先进行小批量试验，小试确认没有问题后方可进行批量生产。

13.2.6.2　双组分无溶剂黏合剂

双组分无溶剂黏合剂是无溶剂黏合剂的主流产品，是塑料复合软包装材料领域中最为重要、应用最多的品种。表 13-7、表 13-8、表 13-9 中，列出了国内外一些主要双组分无溶剂复膜胶产品的性能指标，以供读者参考。

表 13-7　美国罗门哈斯公司双组分胶性能指标

性　　能		MOR-FREE 403LV /C-411		MOR-FREE 403LV /C-83	
		主剂	固化剂	主剂	固化剂
固体含量 /%		100	100	100	100
黏度(25℃) /mPa·s		1700±400	2000±500	1700±400	1100±300
密度 /(g/cm³)		1.17±0.02	1.07±0.02	1.17±0.02	1.10±0.02
混合比例 (质量比) /份	标准	100	50	100	60
	聚酰胺/聚乙烯	100	60	100	70
	镀铝膜/赛璐玢	100	70	100	50

MOR-FREE 403LV/C-411 和 C-83 是室温下使用的无溶剂型双组分聚氨酯胶黏剂，适用于透明薄膜和铝箔的复合。

在这些双组分无溶剂黏合剂中，上海康达化工新材料股份有限公司的通用型无溶剂复膜胶 WD8118A/B 可在室温下进行涂布，操作时间多于 30min，适用于 PE、

CPP、PET、NY、BOPP、VMCPP、VMPET、PVDC等各种常用薄膜材料之间的复合，复合薄膜经充分固化之后，能够耐100℃水煮30min以上；WD8158A/B、WD8168A/B适用于含铝箔层及透明的蒸煮薄膜的复合。

表 13-8　德国汉高公司 UR7740/UR6065、UR7750/UR6070、
6090 双组分胶性能指标

性　　能	UR7740/UR6065		UR7750/UR6070		UR7750/UR6090	
	主剂	固化剂	主剂	固化剂	主剂	固化剂
固体含量/%	100	100	100	100	100	100
配比/份	6	1	6	1	6	1
黏度(25℃)/mPa·s	1500		1300		1300	
用途	真空镀铝		—		铝箔蒸煮	

表 13-9　上海康达公司 WD8118A/B、WD8158A/B、
WD8168A/B 双组分胶性能指标

性　　能	WD8118A/B		WD8158A/B		WD8168A/B	
	A	B	A	B	A	B
固体含量/%	100	100	100	100	100	100
配比(质量比)/份	100	75	100	80	100	80
密度/(g/cm³)	1.12±0.01	0.98±0.01	1.12±0.01	1.03±0.01	1.11±0.01	1.04±0.01
黏度/mPa·s	1000~1200 (23℃)	600~800 (23℃)	700~1000 (45℃)	1500~1800 (45℃)	500~800 (45℃)	1500~1800 (45℃)
用途	100℃水煮		铝箔蒸煮		121℃透明蒸煮	

13.3　无溶剂复合设备

　　各无溶剂设备生产厂商的产品具体情况不尽相同，但都具有如下特点。首先，完善的无溶剂复合生产线都包括无溶剂复合机与供（混）胶装置两个部分，否则就不能自动、持续地进行生产。无溶剂复合机与干法复合机相比，都具有两大鲜明的特征，即没有干燥烘道，胶黏剂的涂布采用传胶式涂布装置（干法复合机采用网纹辊涂胶），该涂布装置还带有升温、控温系统（通过控制温度调节胶黏剂的黏度以利于涂布的正常进行），此外，无溶剂复合机对收卷装置的张力控制要求较高，收卷装置中必须设有闭环张力控制器，以保证收卷质量（胶黏剂初期黏合力较小，需要严格控制收卷张力以防止复合薄膜生产过程中的"隧道效应"等弊病）。

　　无溶剂复合机的设备如图 13-3 所示。

　　近年来，国内无溶剂复合设备的发展速度很快，据报道，广州通泽、汕头华鹰、陕西北人、广东松德等公司都有无溶剂复合设备商品化的产品，其中广州通泽

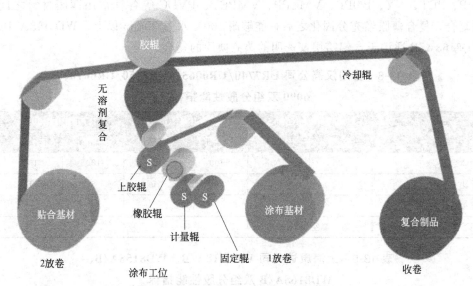

图 13-3　无溶剂复合机的设备示意（S 表示钢辊）

机械有限公司（后简称广州通泽公司）是国内无溶剂复合设备领域内，至今为止产品系列化程度最高的单位，也是开发研究成果较多、产品应用面较广、最受用户欢迎的单位之一，这里以广州通泽公司的产品为例，对无溶剂复合设备进行一个简单的介绍。

广州通泽公司的代表性产品见表 13-10。

表 13-10　广州通泽公司无溶剂复合设备

设备类型	无溶剂复合机	自动供胶机	试验专用机
产品系列	SSL-A 系列	SM-1 型双组分胶自动混胶机	SSL300C 型
	SSL-B 系列	SM-2 型单组分胶自动供胶机	
	SSL-C 系列		
	其中,SSL-A、SSL-C 系列适用于各类型大中型企业的复合加工,而 SSL-B 系列更适合中小型企业或新采用这一工艺的企业		主要适用于各类胶黏剂生产研发机构

13.3.1　SSL 无溶剂复合机

SSL 系列无溶剂复合机是广州通泽公司无溶剂复合机的主要机型，具有独立知识产权，其主要技术指标和使用性能已相当于进口同类设备的水平。

13.3.1.1　SSL 系列无溶剂复合机主要技术性能指标

SSL 系列无溶剂复合机主要技术性能指标见表 13-11。

13.3.1.2　SSL 系列无溶剂复合机的主要组成部件及功能

（1）主放卷单元（也称第一放卷单元）　在恒定的张力控制下将主基材的卷筒料展开并稳定进入涂布单元。

表 13-11　SSL 系列无溶剂复合机主要技术性能指标

主要性能指标	SSL-A	SSL-B	SSL-C
最大料带宽度 /mm	1050,1300,1500	1050,1300	1050,1300,1500
最高机械速度 /(m/min)	350	200	450
最大放卷直径 /mm	800	600	800
最大收卷直径 /mm	1000	800	1250
全宽张力范围 /kgf	2~30,2~40	2~30	2~40
涂布量范围 /(g/m²)	0.8~3.0	0.8~3.0	0.8~3.0
涂布单元控制方式	独立伺服驱动	独立伺服驱动	独立伺服驱动
标准型放卷 /收卷	单工位	单工位	单工位
自动张力控制方式	分段独立式	分段独立式	分段独立式
选择项		电晕处理器 铝箔放卷架 双工位放卷 /收卷 与干式复合组合	

（2）多辊涂布单元　将胶黏剂均匀减薄并涂覆在主基材上。

（3）副放卷单元（也称第二放卷单元）　在恒定的张力控制下将卷筒料第二基材展开并稳定进入涂布单元。

（4）复合单元　提供足够的压力将主基材与辅助基材黏合在一起形成新的复合材料。

（5）收卷单元　将复合料在张力适当控制下，边缘整齐地进行卷取。

（6）机器控制和管理单元　用于主机控制和整机管理，采用 PLC 和触摸屏，对复合机的主要功能进行设定和控制，并提供若干生产指标的管理功能。

（7）选择性配置　如电晕处理器、铝箔专用放卷架、喷湿装置等。

涂布装置是无溶剂复合机的核心装置，其涂胶系统如图 13-4 所示。

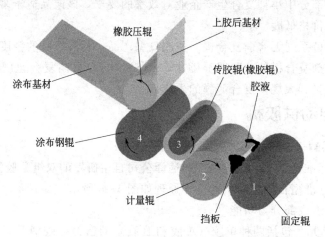

图 13-4　SSL 系列无溶剂复合机的涂胶系统

SSL 系列无溶剂复合机的涂胶系统中固定辊、计量辊和涂胶辊均为钢辊，有升温、控温功能，各辊的速度以及各辊的辊间间距可独立控制，从而控制涂布胶层的厚度。

13.3.1.3　SSL-A 系列无溶剂复合机的布局

SSL-A 系列无溶剂复合机的布局如图 13-5 所示。

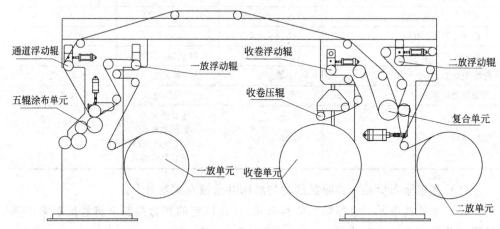

图 13-5　SSL-A 系列无溶剂复合机的布局

13.3.1.4　SSL-A 系列无溶剂复合机各论

（1）SSL-A 系列无溶剂复合机　是标准型产品，其最高机械速度为 300m/min，实际生产速度为 250～300m/min，与我国进口的大多数无溶剂复合机线速度相当，是实际替代进口无溶剂设备、满足较大规模生产所需的主流产品。

（2）SSL-B 系列无溶剂复合机　是经济型复合机，最高机械速度为 200m/min，实际生产速度为 150～200m/min，和当前国内高档干法复合机线速度相当，可满足国内大部分中小型复合生产企业对效率的要求，该产品适于多品种、小批量产品的生产，价格低廉。

（3）SSL-C 系列无溶剂复合机　是改良型产品，具有较高的精度与线速度，与国外高档无溶剂复合机的差距明显缩小，如 SSL-C3，最高复合速度为 450m/min，特别适于大批量、大规模复合薄膜的生产。

13.3.2　自动供胶机

13.3.2.1　SM-1 型标准型自动供胶机

SM-1 型标准型自动供胶机是广州通泽公司自主研发的双组分胶混胶机。

SM-1 型标准型自动混胶机的工作原理如图 13-6 所示。

（1）主要组成部分与功能

① 储胶单元　包括两种单胶（A 胶和 B 胶）的密封存胶桶及附属装置（如空气干燥或充氮气系统，桶内压力、液位或重量检测系统，显示和警示装置等）。

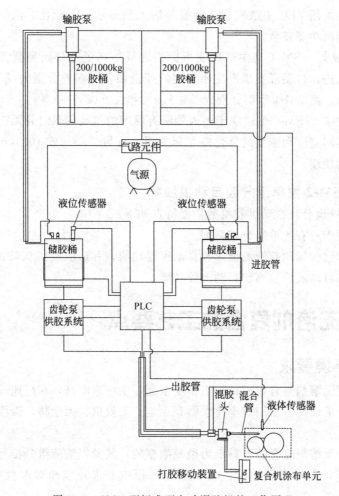

图 13-6　SM-1 型标准型自动混胶机的工作原理

② 计量单元　包括计量齿轮泵及传动系统。

③ 输胶和混胶单元　包括输送管路、控制阀门、混胶头及过滤装置等。

④ 加热保温系统　包括储胶、计量和输胶各单元独立的加热保温装置。

⑤ 上胶单元　即上胶自动控制单元，包括液位超声波检测、混胶头自动往复移动机构等。

⑥ 控制单元　即整机的主控制单元，由 PLC、触摸屏等硬件和一系列控制功能（如混配比设定、液位设定、单泵校验、各段温度设定、报警等）组成。

⑦ 与主机联动控制的接口（选择项）　包括与主机的联动控制、在线涂布量计算和实时显示等。

⑧ 与大桶供胶系统的联动接口（选择项）　略。

（2）SM-1 型标准型自动混胶机的主要特点

① 配置先进　SM-1 型在主要功能、结构和控制技术与最新进口的同类产品相

同或相似，如采用 PLC 集散控制、触摸屏输入和显示，混配比、温度、压力、液位等检测和控制功能齐全。

② 性能良好 SM-1 型主要性能指标接近或达到了进口同类型自动混胶机水平，例如目前进口自动混胶机混配比控制的理论和实际误差分别为 $\leqslant \pm 1.5\%$ 和 $\leqslant \pm (3\% \sim 5\%)$，而 SM-1 型则分别为 $\leqslant \pm 1.0\%$ 和 $\leqslant \pm (2\% \sim 3\%)$。

③ 适应性广 SM-1 型适应于国内外所有黏度的包装用双组分无溶剂胶，可与各种品牌、不同宽度和速度的复合机配套使用，可与 200kg 或 1000kg 大桶胶自动供胶系统联动使用。

13.3.2.2 SM-2 型单组分胶自动供胶机

SM-2 型单组分胶自动供胶机的主要特点如下。

(1) 可用于所有的单组分胶黏剂。

(2) 具有储胶桶和胶管的加热和自动保温功能，并适应最高 90℃的工艺要求。

(3) 具有自动液位检测和自动上胶功能。

13.4　无溶剂复合的工艺要点

13.4.1　环境要求

(1) 由于无溶剂复合机机械加工精度很高，生产速度高，在高速运行过程中对周围的环境要求较高。车间卫生要求做到无尘、无蚊虫、无杂物，否则将会影响复合产品的质量。

(2) 由于无溶剂复合的胶黏剂为聚氨酯型的，其异氰酸酯组分极易与水汽进行反应产生 CO_2，影响产品质量，故在生产过程中要求环境相对湿度控制在 85% 以下。

(3) 复合好的产品进入熟化室，最好用铁架将产品以悬浮状态放置；熟化室温度根据产品种类及胶黏剂种类的不同，一般控制在 35~45℃。

13.4.2　原材料的准备与检测

(1) 无溶剂复合基材必须厚薄均匀、外观良好、无杂质、无碰伤破损、无受潮；基材上机前需进行表面张力检测，当其表面张力低于要求时，则不能进行复合。否则会影响复合产品的剥离强度，甚至会产生分层。

(2) 所有基材宽度不应超出机器允许的最大幅宽，同时也不应小于机器最大幅宽的 60%；第二基材比第一基材（上胶基材）幅宽大 0~5mm；第一基材的幅宽大于转移胶辊 10~20mm。

(3) 根据胶黏剂生产厂商提供的使用要求进行使用，并确认胶黏剂透明、无结块、无杂质、无变质。

(4) 根据材料的具体情况，对基材的表面进行电晕处理，其中聚乙烯、聚丙烯薄膜必须经电晕处理，使表面张力不低于 40mN/m；PA 薄膜经表面处理后的表面张力不得小于 50mN/m；PET 薄膜经表面处理后的表面张力不得小于 45mN/m。

（5）双组分无溶剂黏合剂混合比的监测。

双组分黏合剂配比准确性，直接关系到复合后的产品质量。为保证配比准确性，一般都会使用自动上胶、混胶系统，通常还会有胶液比例失调自动报警系统，随着使用年限的增加，供、混胶装置也会出现问题，在黏合剂比例失衡时却不报警。由于无溶剂黏合剂熟化时间较长，定时的物性检测反馈较慢，即使采用烘箱内加速熟化，普通物性检测一般也需要 2～4h 之后才会知道结果，若黏合剂的配比出现问题，产品报废损失也很大，因此在复合过程中，对黏合剂配比的有效监管是十分必要的。

实践表明，只要黏合剂的比例确定，一定温度下，胶液折射率是一定的。虽然实际操作中，因为温度、测试时间的影响，折射率会有一些变化，但都是有规律可循的，如果黏合剂比例发生变化，那么测出的胶液折射率也会相应变化。生产过程中，使用阿贝折射仪检测黏合剂涂布液的折射率，操作十分方便，可以在不影响在线生产情况下监测涂布液中两种组分的稳定性，防止由于混合比的不当，导致产品报废，是一种颇具实用价值的方法。

13.4.3 设备的要求

（1）机器电源电压要求稳定，有稳压装置。

（2）机器气源稳定，有空气干燥机过滤，要求压缩空气干燥、清洁、压力不低于 0.6MPa。

（3）水源要求用过滤干净的自来水，水压不低于 4.0kgf。

（4）整机（包括混胶机）需保持整洁，各胶辊、导辊及钢辊无任何污物、杂质。

（5）机器各部位开机前检查，发现问题找专业人员维修，切忌自行处理。

13.4.4 无溶剂复合注意事项

（1）进行小样试验。原则上，干法复合工艺所生产的产品都可以考虑采用无溶剂复合工艺生产，但由于无溶剂干法复合无溶剂黏合剂分子量小，渗透性较强，而且单位面积上黏合剂的涂布量小，因此当复合产品由干法复合改为无溶剂复合时，对薄膜的品种、印刷油墨、滑爽剂等多种因素的适应性常常会出现一些问题。

印刷基材复合时产生"白点"。在正常印刷条件下，非专色墨的墨层厚度应在 1μm 以下，但专色墨——包括白墨层的厚度会在 1μm 以上，印刷品的墨层表面存在明显的"凹凸不平"，某些部位的墨层厚度可能只有 1μm 多（单纯白墨层处），某些部位的墨层厚度可能在 3～4μm 甚至更多（多层油墨叠加处），无溶剂干法复合加工中，上胶量一般都在 2g/m² 以下，胶层的厚度小于 2μm。由于没有像溶剂型干法复合机的平滑辊那样的装置使胶层在印刷膜表面进行"二次分配",因此,涂在印刷墨层表面的胶层也必然是"凹凸不平"的,在高速条件下运行无溶剂复合机,由于胶层没有充分的时间自然流平,在复合压力不足的条件下,此时复合上去的第二基材状况就保持其原有的平直状态,并在胶层的"凹陷"处显示出"白点"的存在。

印刷基材复合时印刷图案变形。由于无溶剂黏合剂比溶剂型黏合剂的渗透力要强,对于某些印刷的软包装产品,会导致产品的色相出现与干法复合产品间的差别;而且由于无溶剂黏合剂具有高渗透性,复合后产品的印刷图案边缘可能会变大,细小文字的笔画也会更粗大。

复合产品热封性能下降。由于低分子的黏合剂有可能会透过基材,当上胶量偏大的时候,有可能在基材热封面累积,通过二次反应,生成脲等衍生物,影响产品的热封性能。

因此,建议无溶剂复合正式批量生产前先进行小批量试验,以期获得上佳的效果。

(2) 应根据环境、基材类型、厚度以及复合速度等条件,对工艺参数进行适当调整。

(3) 长时间停机需要对涂胶系统以及胶的计量/混合/输送部分进行清洗(丙酮、乙酸乙酯等溶剂均可用于清洗所有相关设备)。

(4) 开启后的胶黏剂必须严密封存,最好采用充入干燥空气或者氮气的方法进行保护,并尽快将开启过的胶黏剂使用完毕。

13.4.5 无溶剂复合工艺参数

无溶剂复合工艺参数,因复合产品、设备以及黏合剂等因素不同而异,下面给出的一些数据仅供参考。

(1) 计量辊与转移钢辊间隙 0.08~0.12mm。

(2) 储胶桶、输送管路、涂布辊温度 35~55℃(单组分胶要达到85~90℃)。

(3) 复合辊温度 比涂布辊温度略高(如增加2~5℃)。

(4) 复合压力 传胶辊 3.0~5.0bar[❶];涂胶辊 3.0~4.0bar;复合辊 3.5~4.5bar;收卷辊 1.0~1.5bar。

(5) 涂胶量 0.8~3.0g/m²,依据复合结构和产品用途而定。

一般用途、简单结构 0.8~1.2g/m²;镀铝膜复合 1.4~1.6g/m²;高功能结构 1.6~2.0g/m²;纸塑复合结构 2.0~3.0g/m²。

(6) 固化温度 一般为35~45℃。

---

❶ 1bar=10⁵Pa。

（7）固化时间　因黏合剂品牌不同而不同。一般为 24～48h，但完全固化可能需要一周左右（在实际生产中，有些品牌的胶水固化时间较短，可在固化 12h 后，进行第二次复合；固化 24h，即可分切；固化 24～48h，即可制袋，但这需要先试验确认）。

13.5　无溶剂复合常见问题与分析

13.5.1　熟化后胶水发黏

无溶剂胶黏剂熟化后不干、发黏从化学的角度来说是因为两组分没有完全反应，没有形成大分子结构所引起的。导致这种现象的原因及解决方案主要有如下几个。

（1）胶黏剂两组分配比错误　两组分比例失调，特别是羟基组分过多会引起胶黏剂熟化后长期发黏；使用混胶机时应该首先检查混胶机是否有堵塞、出胶比例是否正确；手工混胶时检查配胶比例是否有误。

（2）胶黏剂搅拌不均匀　特别是手工配胶、胶黏剂黏度较大时，容易产生混胶不均匀引起胶水不干、发黏的现象。混胶不均匀从本质上来讲也是局部的配比错误。

（3）胶黏剂失效　确认胶黏剂在保质期内，并且无结皮、结块、浑浊、絮状等现象；必要时按比例少量配胶放置进行试验，观察固化情况，如果确实是胶黏剂本身质量引起，则更换质量稳定、可靠的胶黏剂。

（4）胶黏剂内混入水分或大量溶剂　胶黏剂内混入水分或大量溶剂从本质上来说也是胶黏剂失效，分析使用过程中有无混入水分或溶剂的可能，如发现有这种潜在的可能，则排除这些可能因素后再进行复合。

13.5.2　剥离强度低

复合薄膜出现剥离强度低的现象，引起的因素较多，主要与胶黏剂的种类、胶黏剂的配胶比例及混合均匀度、涂布均匀度、上胶量、复合基材的表面张力、基材的添加剂以及熟化程度等几个方面因素有关。

（1）胶黏剂的种类选择　应该根据复合材料的用途不同选择合适的胶黏剂种类。如复合袋需要经过高温蒸煮（121℃或135℃）杀菌的，就应该选择耐高温蒸煮的胶黏剂；需要装一些辛辣食品或者农药包装的，就需要选择专门的耐介质胶黏剂或者农药专用胶黏剂。另外，由于市场上胶黏剂的生产厂家技术力量参差不齐，产品的质量、稳定性也是千差万别，故在选择胶黏剂的型号时，首先要选择具有一定技术力量的生产厂家的产品。目前应用较好的国外进口的无溶剂胶黏剂生产厂家有德国汉高、美国陶氏、法国波士、西班牙 Cromogenia-units，S. A. 等，国内上海康达化工新材料股份有限公司等单位的无溶剂复膜胶产品，在适用性、剥离强度、操作性等性能方面也基本达到了国外产品的性能。

(2) 胶黏剂涂布均匀度及上胶量　无溶剂复膜胶上胶量不足或者涂布不均匀会引起全部或者局部的产品剥离强度下降。一般透明复合产品的上胶量在 $1.2g/m^2$ 左右，水煮产品的上胶量在 $1.4g/m^2$ 左右，高温蒸煮膜或镀铝材料的复合一般在 $1.6g/m^2$ 以上，当上胶量低于所要求的经验值时会影响产品的质量，当然具体产品的上胶量还需要根据各个厂家的实际情况略有不同。

(3) 配胶比例及混合均匀性　主要是针对双组分无溶剂复膜胶产品，当无溶剂复膜胶两组分配胶比例失调或者混合不均匀时会影响产品最终的剥离强度，严重时会出现发黏现象。

(4) 复合基材的表面张力　当复合基材的表面张力低于要求值时，会严重影响产品复合后的剥离强度，一般薄膜电晕处理后应尽快使用，随着时间的延长，处理过的薄膜表面张力会逐渐降低。建议每次开机前用达因笔检查待复合材料的表面张力是否合格。

(5) 熟化程度　无溶剂胶黏剂的分子量较低，基本没有初黏力；复合后需要在 40~50℃ 的熟化室中进行进一步的交联固化。当熟化室温度过低、熟化时间较短或者低温存放时间过长都会影响产品的最终剥离强度，有些重新放置熟化也没有明显的效果，这主要是部分异氰酸酯组分已经与水汽发生了反应的缘故。

(6) 基材添加剂等其他因素的影响　塑料薄膜中添加剂（如滑爽剂）迁移到复合材料的表面与胶黏剂的异氰酸酯组分反应，降低产品最终的剥离强度；可以适当降低熟化温度来减少塑料薄膜中添加剂的迁移。另外，油墨中溶剂残留过多（特别是使用醇类溶剂）、胶黏剂与油墨的匹配性以及复合压力等因素也会影响产品最终的剥离强度。

13.5.3　白点、气泡

引起无溶剂复合产生白点、气泡的最常见原因有很多，主要包括：上胶量不足，复合温度、压力，环境湿度，车间清洁度，基材原因（表面张力、刚性、阻隔性、表面晶点杂质等），复合工艺及机械原因等引起。

(1) 上胶量不足　上胶量不足是引起白点、气泡现象的一个主要影响因素，特别是在浅色油墨处更为明显。上胶量较小，胶黏剂在压力的作用下流平后仍然有空白，造成气体滞留，产生气泡，适当增加上胶量会解决这一产品质量问题。

(2) 机械原因　当无溶剂复合机计量辊、传胶辊、涂胶辊及复合辊光洁度不够、损伤、老化等引起气泡。特别是传胶辊，由于其同时接触计量辊和涂胶辊，并通过三者的速比来实现传胶和上胶量的控制。如果其表面硬度、粗糙度太大或者表面清洗不干净，会引起上胶量和涂布均匀性的变化出现空白引起白点、气泡。如果是复合辊本身的质量问题引起，则由设备厂家更换复合辊，如果是由于复合辊清洗不干净引起，则彻底清洗复合辊。

(3) 复合机速的影响　复合机速较高时，复合的两层薄膜的压合时间较短，会出现白点现象，适当降低机速可以减轻或解决白点现象的出现。

（4）复合压力、温度的影响　适当增加复合辊的压力、提高复合温度，可以增加无溶剂胶黏剂的蠕动现象，有利于胶黏剂的二次流动及两层薄膜之间更好的贴合，减少白点现象的出现。

收卷张力太小，会导致部分刚性稍大的复合基材翘曲，两基材之间产生微小的间隙形成白点或气泡。

（5）复合基材本身的原因　复合基材表面有晶点、杂质，在经过涂胶、复合辊时，会影响涂胶和气体的挤压排出，在复合后晶点回弹将薄膜撑起引起白点或气泡；当复合基材表面张力较低时，会影响胶黏剂的流平性而产生外观问题；当复合的两种基材均为高阻隔性的材料时，薄膜本身的水汽和胶黏剂反应产生的二氧化碳气体无法排出而产生气泡；复合基材特别是吸水性好的材料（如尼龙、镀铝材料），在复合前较早地打开包装引起薄膜大量吸水后与胶黏剂反应产生大量二氧化碳无法排出而产生气泡。

（6）环境湿度及车间清洁度的影响　当环境湿度太大时，胶黏剂与水汽反应产生二氧化碳无法排出而产生气泡；另外，车间清洁度差导致灰尘或小的蚊虫附着于基材表面，尘粒将两层薄膜顶开周围产生空当而产生气泡，仔细观察会发现气泡中间有个小小的黑点。所以建议为无溶剂复合机建造独立、恒温、恒湿的环境以保证产品质量。

（7）其他　引起产品质量出现白点、气泡的因素还有：收卷纸芯的表面平整度不好，溶剂清洗上胶系统后马上使用导致胶黏剂中混入残留溶剂，印刷膜印刷油墨残留溶剂过多等。实际生产过程中产品出现白点、气泡等质量问题，可根据实际情况采取相应措施予以解决。

13.5.4　褶皱

无溶剂复合产生褶皱主要是由于无溶剂胶黏剂本身分子量较小、没有初黏力所引起，但这是无溶剂胶黏剂本身难以克服的缺点。而对于无溶剂复合产生褶皱主要由复合基材本身质量问题、复合工艺及设备等几个方面的原因引起。

（1）复合材料的质量问题　当复合的薄膜材料两端松紧不一致或者厚薄变化较大时，上机后产生上下或左右大幅度摆动，复合后产生褶皱。另外，复合基材本身收缩率较大时，熟化过程易产生收缩，造成褶皱，遇到这种情况可适当降低熟化温度。

（2）复合机参数设置不合理　复合的薄膜材料要根据材质的厚薄、宽度的不同，张力做相应的调整，如果两基材张力不匹配，胶黏剂本身没有初黏力，膜层之间容易产生滑移而产生褶皱；另外，收卷张力不合适会造成卷芯部分产生褶皱或瓦楞。

（3）设备本身的原因　当各导辊表面不平整或较脏时，容易产生斜纹，复合后产生褶皱；当导辊平行度较差时，会造成输送不平展而产生褶皱。

13.5.5 镀铝转移

镀铝层"转移"是指镀铝膜复合后在剥离时，镀铝层大部分或全部转移到其他薄膜材料上，造成剥离强度下降。镀铝膜可分为有涂层的镀铝膜和无涂层的镀层膜，涂层是为了增强铝膜与薄膜之间的粘接强度，涂层的好坏也将影响镀铝层的转移程度，有涂层的镀铝膜主要应用于有煮沸要求或有一定耐介质性要求的产品包装上。

镀铝层"转移"大部分都是发生在没有涂层的镀铝膜复合上，因此除了镀铝膜本身的质量因素影响外，还有胶黏剂、内层材料、加工工艺等都会对镀铝膜是否转移产生影响。

(1) 镀铝膜本身质量　是解决镀铝膜转移的前提条件，若镀铝膜本身质量较差，那么无论什么样的复合工艺和胶黏剂都是无能为力的。

(2) 选用专用胶黏剂　选用合适镀铝膜专用的胶黏剂。

(3) 增加胶黏剂的柔软性　在配胶时，适当减少异氰酸酯组分的用量，使两组分的交联反应程度有所降低，从而减少胶膜的脆性，使其保持良好的柔韧性和伸展性，有利于控制镀铝层的转移。

(4) 减少熟化时间　一般普通薄膜的熟化温度控制在45℃左右，而镀铝膜的复合产品可以适当提高熟化温度，采用高温短时间的熟化方式，一般熟化温度在50℃左右，切勿低温长时间熟化。

(5) 内层材料的影响　一般软包装生产厂家采用无溶剂复合工艺复合 PET/VM-PET/PE 时，是 PET 与 VM-PET 复合后经过熟化，然后复合 PE，但是 PET/VM-PET 熟化后镀铝层不发生转移，继续复合 PE 后，镀铝层转移的现象就出现了。这种现象的出现与各种薄膜、胶层、熟化时间等有直接关系。如果先进行 PE 与 VM-PET 复合后经过熟化，然后复合 PET，则镀铝层转移的现象会有明显改善。

13.5.6 油墨脱层或油墨"溶解"现象

复合后的软包装材料熟化后，油墨层大部分转移到镀铝面。该现象大多出现在 PET 印刷膜上，OPP 印刷膜上出现的概率相对不多，可能出现的原因如下。

(1) OPP 印刷膜出现这种情况大多与使用的聚酰胺类型的油墨有关，改用氯化聚丙烯类的油墨该现象就会消失；另外，OPP 表面张力不能达到使用要求也会导致此现象。

(2) PET 印刷膜出现油墨脱层现象有 3 种因素影响。

① 与使用的氯化聚丙烯类油墨有一定关系，改用聚酯、尼龙专用的油墨可以解决。

② 与残留溶剂影响有关，只要降低印刷过程中溶剂残留量，转移现象就会减轻。

③ 与PET膜产品质量有关，PET膜如果电晕处理过度，对薄膜表面产生了破坏作用，则会产生油墨转移现象。

（3）无溶剂复合过程中会偶尔出现油墨边缘变花或者油墨"溶解"现象，这主要是由于无溶剂胶黏剂本身分子量较低，与油墨分子比较接近，从而产生了互溶的现象。一般出现这种现象使用的都是规模较小油墨厂家生产的油墨或由软包装生产厂家自己调色，所用油墨静止放置一段时间会出现分层现象；遇到这种现象建议更换有一定生产规模的油墨生产厂家生产的油墨或由油墨厂家调专色的油墨进行印刷。

13.5.7 摩擦系数大引起开口性不好或热封不牢

影响软包装材料的开口性不好和热封不牢的因素除了材料本身的质量问题之外，还包括胶黏剂种类、上胶量、熟化温度等影响因素。

（1）内层膜本身质量问题 若内层膜（如PE、CPP）本身滑爽性有问题，那么无论什么样的复合工艺和胶黏剂都会出现摩擦系数太大的问题。

（2）内层膜太薄、上胶量大 除了内层膜本身滑爽性不够引起摩擦系数大的原因外，造成摩擦系数大的原因是胶黏剂与有机类滑爽剂反应导致滑爽剂析出（主要出现在内层膜为PE时），可以更换相对较厚的PE膜或保证剥离强度的前提下适当减少上胶量可以使摩擦系数大的问题得到很大的改善。

（3）降低熟化温度 如果上述解决方法不能够很好地解决摩擦系数大的问题，适当降低熟化温度到40℃以下，也能够降低复合薄膜的摩擦系数。

（4）更换胶黏剂 更换分子量相对较大的胶黏剂。

（5）内层薄膜电晕处理过度 复合薄膜的内层膜电晕处理过度引起击穿，会导致复合薄膜热封不牢的问题。

（6）滑爽剂析出附于内层膜表面 胶黏剂与滑爽剂反应或将滑爽剂溶解析出导致滑爽剂附于内层薄膜表面，或者热封温度太高导致滑爽剂析出附于内层膜表面引起热封不牢；可以通过减少上胶量、降低热封温度来改善热封不牢的问题。

参 考 文 献

[1] 於亚丰. 国内无溶剂复合工艺已初显燎原之势. 广东包装，2009，(11)：48-51.

[2] 陈昌杰. 再论无溶剂复合工艺. 全球软包装工业，2011，(5)：60-64.

[3] 范军红，沈晓芸. 通泽成功推出450m/min超高速无溶剂复合机、自动混胶机突破无溶剂复合设备瓶颈. 广东包装，2012，(3)：59-60.

[4] 陈高兵. 无溶剂复合工艺及陶氏化学无溶剂胶黏剂的应用. 中国包装报，2010-7-5.

[5] 胡洪国，张仲实. 无溶剂复合的应用及其产品. 中国包装报，2010-9-13.

[6] 陆企亭. 无溶剂胶黏剂的现状及其发展趋势. 2012年中包联塑料委专家委员会扩大会议暨"创新驱动、转型发展"塑包技术论坛会议会刊，上海：上海国际包装印刷城，2012：44-48.

[7] 左光申. 我国无溶剂技术的发展现状. 2012年中包联塑料委专家委员会扩大会议暨"创新驱动、转型发展"塑包技术论坛会议会刊，上海：上海国际包装印刷城，2012：49-59.

[8] 张世宽，邢顺川. 无溶剂复合实践论略. 2012年中包联塑料委专家委员会扩大会议暨"创新驱动、转

型发展"塑包技术论坛会议会刊，上海：上海国际包装印刷城，2012：60-64.

[9] 陈昌杰. 解读无溶剂复合. 中国塑协通讯，2008，(4)：32-36.

[10] 赵有中等. 国内无溶剂复合的发展及面临的机遇. 塑料包装，2008，(4)：23-26.

[11] 李绍雄，刘益军等. 聚氨酯树脂及其应用. 北京：化学工业出版社，2002：385-395.

[12] 中国专利：无溶剂复合机 ZL200810027777.1.

[13] 中国专利：双组分胶自动混胶机 201110112968.X.

[14] 吴孝俊，苗丽萱，董春莹. 无溶剂复合的实际应用技术. 无溶剂复合技术研讨会会议论文集，广州：2008：13-15.

[15] 赵世亮. 无溶剂干法复合加工中应关注的问题. 全球软包装工业，2011，(4)：76-78.

[16] 吴孝俊，林龙杰. 无溶剂复合技术应用实践. 全球软包装工业，2011，(4)：108-109.

[17] 谭文群. 无溶剂复合气泡产生的原因分析. 塑料包装，2003，(4)：46-48.

[18] 刘宁，武向宁. 浅析无溶剂复合工艺. 国外塑料，2006，(1)：42-45.

第14章 多层共挤出的新进展

多层共挤出复合是唯一能够直接从热塑性塑料粒子生产复合薄膜的成型加工工艺，相对于其他塑料复合薄膜的成型工艺，它的生产工艺路线短，节约材料、能源及人力资源，生产成本明显地低于其他塑料复合薄膜的成型工艺，同时它属于清洁化生产工艺，环境适应性特佳。由于在生产过程中，多层共挤出薄膜不使用溶剂，无溶剂残留超标之虞，因此在卫生安全性方面，较之目前我国广泛使用的干法复合薄膜具有明显的优势。如此多的优点使得多层共挤出复合工艺特别为业界同仁高度关注，近年来，人们在多层共挤出方面做了大量的工作，在设备、工艺及新品开发中，都取得了卓有成效的成绩，对塑料软包装材料，实现由高能耗、高污染的生产模式，向资源节约型、环境友好型的生产模式的转变，做出了积极的贡献。本章拟就其中的一些具有代表性的工作作概略的介绍，供广大读者参考。

14.1 多层共挤出设备进展

多层共挤出薄膜生产线主要由挤出机、多层复合机头、冷却、牵引、卷取机构、控制系统等几个部分组成。近几年来，为了满足对薄膜性能及生产效率不断提高的需要，这些环节的技术都得到了不断的改进与创新，大大促进了多层共挤出技术的快速发展。

14.1.1 挤出机

挤出机的主要功能是输送、塑化、混炼塑胶。与单层挤出不同的是，共挤出薄膜机械要求各层挤出机在塑化质量、塑化效率等方面，与多层复合机头具有更好的协调性。

欧洲的薄膜机械采用加料段开槽进料的挤出机。这种结构在料筒加料段开设纵向沟槽，能够强制喂料，有效提高输送效率及挤出的稳定性，比较适合于多层共挤出的定量输送要求。虽然这种挤出机也有加料段压力高、料筒易磨损、齿轮箱扭矩大等缺陷，但德国的一些知名的多层共挤出薄膜设备的生产厂商目前仍广泛采用，例如 Battenfeld Gloucester 公司、Reifenhauser 公司等；北美地区的挤出设备则应用光滑料筒结构的较多，其输送效率的提高主要靠螺杆的设计。无论是开槽进料，还是光滑料筒结构挤出机，螺杆一般采用屏障式或分离式，螺杆加料段为双头螺纹，均化段有混炼单元，保证塑胶原料的高效塑化及混炼均匀。

14.1.2　多层共挤出机头

多层复合机头是多层共挤出薄膜设备最关键的技术，其结构决定着复合塑料薄膜的性能。机头必须满足各层不同性质的原料"先进先出"的需要，对材料的适应范围宽，原料在其中停留时间短，同时应避免流道有死角及滞留区（特别是对于易降解的材料），考虑到各层不同原料的加工温度范围不同，机头对各层温度最好能够单独控制。近年来针对以上要求，多层共挤出流延薄膜机头（平膜法）和多层共挤出吹塑薄膜机头（管膜法），在结构和共挤出薄膜层数及物料的适应性、薄膜厚度控制精度以及模头加热技术等方面都有很大发展。

14.1.2.1　平膜法

共挤出平膜法，即共挤出流延膜法，所用机头为狭缝式机头，主要有多流道式机头和供料块式机头以及二者的组合式，即供料块与多流道组合式狭缝式机头。此法的优点是：薄膜厚度控制精度较高，厚度误差较小；容易通过辊筒对薄膜进行骤冷，制得透明性好的薄膜；生产效率高（线速度大），经济性好，有利于大批量生产。近年来，在多层共挤出 CPP、BOPP 等薄膜中得到了广泛的应用，结构也有了很多新的突破。

（1）多流道式机头　共挤出最早于 20 世纪 50 年代出现，平膜法最早使用的是多流道式机头，它具有和层数相对应的、与薄膜宽度等长的槽，通过各自的槽，熔体流扩宽后通过阻流条控制各层的速度和流量并合流，然后从模唇挤出。

贾润礼等介绍了可更换模唇的多层复合共挤出机头（图 14-1）、模唇可调并可更换的 3 层共挤出机头（图 14-2）等。模唇可调并可更换的 3 层共挤出机头，膜片厚度有较大的适应范围，机头可实现精度较高的 3 层共挤出膜片的挤出，并且容许3 层物料熔点有一定差异。

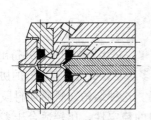 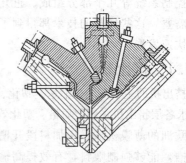

图 14-1　可更换模唇的多层复合共挤出机头　　图 14-2　模唇可调并可更换的 3 层共挤出机头

近年来，多流道式机头薄膜在厚度精度控制上有了比较大的发展。同时，为了满足高速、高效、高产量、高品质以及节省原材料、降低材料成本等的要求，在机头机构上也有创新。

EDI 公司是一家专业的机头供应商，长期以来一直致力于共挤出机头的研究，经过了 3 年的努力，成功研制了 5 层多流道式机头（图 14-3），用于生产拉伸薄膜，代替了传统的 5 层喂料块式和单流道式机头。机头口模比单流道式机头要厚，但由于没有喂料块，其占用的整体空间较小，自动控制元件比喂料块式机头有更精确的厚度控制。此外，该机头还采用了定型框使宽度上的尺寸也更加精确，2005 年时该机头口模宽度已达 1000～1250mm。为了更快地更换产品，该公司又开发出了 Contour 机头（图 14-4），其倾斜的形状与传统的结构有很大的不同，其主要特征是沿宽度方向在中间增加了机头体的厚度，厚度从中间到末端逐渐减小。这种机头采用的是衣架式流道，但改变了流道形状，减小了料流的不均匀性，该机头在整个机头宽度上的流量都很均匀，同时能避免产生非流线型流动，产生更多的流线型熔体流，物料换色时能更快地清洗机头。此外，这种机头还大大提高了产量，薄膜厚度精度也较高。

图 14-3　EDI 公司的 5 层多流道式机头　　　图 14-4　EDI 公司的 Contour 多流道式机头

　　Takita 等在专利中介绍了一种新型结构的多流道式机头（图 14-5）。第一个机头部分形成芯层，第二个机头部分形成第一个表层，机头的这一部分有 1 个横向的多流道，熔体流的一部分多次流经这一流道；第三个机头部分形成第二个表层，机头的这一部分也有 1 个横向的多流道，熔体流的一部分多次流经这一流道。第二部分的横向多流道和第三部分的横向多流道都很长，能从根本上消除挤出薄膜的形状记忆特性，提高薄膜品质。

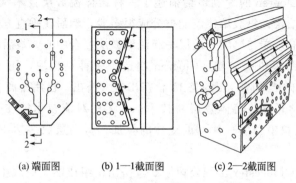

(a) 端面图　　　　(b) 1—1 截面图　　　(c) 2—2 截面图

图 14-5　Takita 等开发的新型多流道式共挤出机头

图 14-6 具有厚度自动调节
功能的多流道式机头

我国多流道式共挤出机头供应商——中国精诚时代集团开发的多流道式共挤出机头具有快速开口模唇，下模唇柔性调节厚度范围 0～4mm，上模唇为微调柔性模唇，可控精度≤2%以内；可在线自由调节，调节时间由普通机头的 20min 缩短至 2min，缩短了停留时间，提高了生产效率。该公司还开发了具有厚度自动调节功能的多流道式机头（图 14-6），可根据实际使用要求，经测厚仪自动横向往返准确检测后反馈数据。通过膨胀螺栓自动微调，快速有效调控薄膜精度。模唇调节结构有推、拉式和全推式柔性模微调多种。机头标准宽度有 2000mm、2500mm、3000mm、4500mm。

（2）喂料块式机头　EDI 公司开发出了一种新型结构的共挤出供料块——Accuflow（图 14-7），其特点是可以在线调节薄膜各层厚度，而不需中断生产，提高了生产效率，避免开停机产生不合格薄膜。之所以能做到这一点，主要是因为这种供料块采用了组合卷轴装置，实现了在线、细微调节各个熔体层。此外，还消除了"黏度压缩"造成的变形。这种供料块的另一个优点是，卷轴所形成的流动更具流线型，缩短了供料块的清洗时间。对薄膜性能要求的提高以及复合层数要求的增加，催生了微层供料块技术。喂料块的另一个重要应用就是用于微米层/纳米层薄膜的共挤出。聚合物微米层/纳米层共挤出技术是指将两种或两种以上聚合物共挤出形成几十层乃至上千交替层的复合薄膜，所得挤出层的厚度可以是微米级甚至达到纳米级。该结构最早是由道化学公司以彩虹膜的形式提出来的，其关键技术就是供料块。微层膜有两种最基本的商用供料块。第一种是道化学公司在 20 世纪 60 年代发明的，第二种是机头制造商 Cloeren 公司于 20 世纪 90 年代发明的。道化学公司的供料块技术是中间层产生器或层增加器将微层分层并叠加，层的增加是顺序产生的，这样层几乎就可以无限增加（图 14-7）。Cloeren 的方法不同于道化学公司的层叠加技术。Cloeren 的专利申请描述了一种熔体流分层技术（图 14-8），在供料块中产生微层结构。每股熔体流能被分成很多股，然后在垂直方向将多层熔体流顺流，在供料块的末端与厚的表面层一起流到微层复合中心。最后将所有材料一起通过传统的流延薄膜机头挤出。Cloeren 制造了一种供料块，用于生产 450 层的 EVOH 流延阻透微层薄膜，用的是 11 台挤出机共挤出，已用于商业生产。

Clemson 大学开发的熔体叠层新技术——无序对流技术能在一种称为 Smart Blender 的类供料块中产生一种可重复性的叠加，得到层数多达 1000 层的半连续微层。

Bat Tenfeld Gloucester 工程公司用 9 台挤出机组成的生产线生产 17 层阻透薄膜，而且可以用 Cloeren 的供料块扩到 34 层。

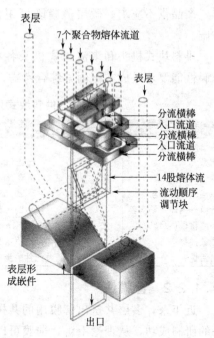

表层

7个聚合物熔体流道

表层

分流横棒
入口流道
分流横棒
入口流道
分流横棒

14股熔体流

流动顺序
调节块

表层形
成嵌件

出口

图 14-7　EDI 公司的 Accuflow 供料块

图 14-8　Cloeren 的微层薄膜供料块原理

　　EDI 公司在 NPE2006 展出了其 80 层的微层超薄高阻透性薄膜机头（图 14-9），其主要部分是层增加器，成膜原理是：由两种材料组成的 3 层三明治式结构由层增加器变成微层结构，然后进入多流道式机头的中心流道，与两种新的材料流结合，形成最终薄膜的外层。该技术生产的微层结构可以改善包装薄膜的湿气阻透性。图 14-10 表明微层结构中凝胶等缺陷被其他层包围，因而降低了基材破裂的可能性，提高了薄膜的性能。

图 14-9　层增加器增层示意

图 14-10　微层结构中凝胶被其他层包围

北京工商大学也开发成功了微层薄膜共挤出技术并已转让，商业化生产已有多年，产品供不应求。微层薄膜既可用作光学薄膜，也可用作阻透薄膜，市场前景广阔。

供料块式机头和多流道式机头各有优缺点，见表14-1。实际使用时，应根据薄膜性能要求及成本等因素综合考虑。

表 14-1　供料块式机头和多流道式机头的比较

项目	供料块式机头	多流道式机头
投资成本	相对较低	相对较高
层数	已达1000层	一般2层，可达3~4层
操作程度	相对简单，不需要对单层进行调节	更复杂，需要对单层进行调节
单层的厚度偏差	±10%	±5%
各组分的作用黏度差	(1:2)~(1:3)	>1:3
外层挤出(<10%)	宽>1m为佳	宽<1m为佳
热敏性材料	用于中心层更好(与金属无接触)	用于覆盖层较好
灵活性	好，容易通过元件的更换改变层数、层位置	差，层数要预先设置

14.1.2.2　管膜法

近年来，多层共挤出薄膜用的共挤出机头得到了很大的发展。叠加型圆柱体机头的研制成功，从理论上讲，薄膜可以实现任意层数的组合。为了消除传统套管式圆柱体机头薄膜上产生的熔接痕，出现了叠层芯棒式机头（图14-11），其最大的优点就是多层厚度的配置有可变性。

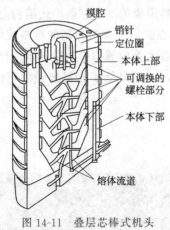

图 14-11　叠层芯棒式机头

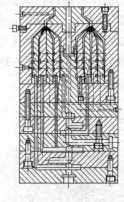

图 14-12　具有均匀进料结构的机头

（1）套管式圆柱体多层共挤出机头　在我国，多层共挤出吹塑薄膜机头得到了广泛的应用。为了提高吹塑薄膜的品质，很多新型共挤出吹塑薄膜机头在我国开发研制成功并得到应用。为了解决套管式圆柱体机头出料均匀性问题，孙洪举设计了一种均匀进料多层共挤出吹塑薄膜机头并申请了专利，该机头合理地分布了进料结构，使得进料十分均匀（图14-12）。

马镇鑫发明了一种多层共挤出吹塑薄膜机头（图14-13），其主要特征在于熔体进入机头时采用多流道或改变流道结构和形状，克服了传统上由于机头内靠近入料口处与远离入料口处存在料压力差这一缺陷。

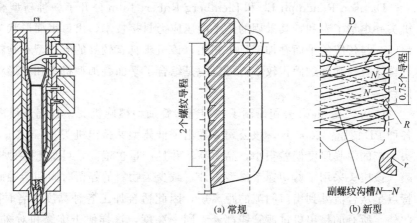

图 14-13　新型结构的多层共挤出吹塑薄膜机头

图 14-14　新型螺旋芯棒结构
D 为副螺纹沟槽料流；R 为主螺
纹沟槽截面半径；r 为副螺纹沟槽截面半径

2006 年，陶伟强等设计了新型多层共挤出吹塑薄膜旋转机头，采用了短圆柱体式的芯棒结构（图 14-14），芯棒上的多头螺纹沟槽的螺纹仅有 0.75 个导程，而且在芯棒上添加了与主螺纹沟槽同等数量的较小截面积的副螺纹。这种设计简化了机头结构，缩短了流道的长度，减小了机头体积和质量，降低了制造成本。

（2）叠加型共挤出机头　叠加型共挤出机头一般采用侧进料，熔体以中心轴对称，在每层的叠加面（平面和锥面）流动，而不是传统的筒状流动。叠加型机头的最大优点是机头层数可以任意组合，而且每层温度可以单独控制，这样可以根据不同的需要分别控制每层的温度，而且物料的停留时间较常规的机头要短，所以可以有效防止物料降解。

大连橡胶塑料机械股份有限公司研制了 3 层共挤出重包装膜吹塑机组 SJG-ZM2860×3201，采用的就是双螺旋模块化叠加型共挤出吹塑机头。该公司设计制作的 5 层共挤出医用输液膜吹塑机组，也是双螺旋模块化叠加型共挤出机头，该机已在上海双鸽实业股份有限公司试车成功，投入生产。近年来，叠加型机头在多层共挤出吹塑薄膜中不仅得到了广泛的应用，而且得到了很大的发展，主要体现在降低机头高度、缩短熔体流道长度及其在流道中的停留时间、优化流道设计、提高层间温度控制精度和密封性；提高薄膜厚度控制精度及自动化控制程度；增强物料的适应性；方便拆卸和清洗等。

（1）优化流道设计，缩短熔体停留时间　Battenfeld Gloucester 公司的径向叠加型机头的同心圆芯棒式设计使机头的高度和质量比常规的机头减少了 50%。其改进后的螺纹和密封技术确保了层与层之间不会有任何污染，而且使加工的灵活性提高，熔体混合效果更好，吹塑出的薄膜的品质更高。缺点是熔体温度不能单独控制，特别是中间层的温度。

Davison Randolph L. 和 Blemberg Robert John 公开了一种新型叠加型共挤出机头并申请了专利，其采用的是平面压应力封接技术，出口表面形状为锥形或其他角度。与传统的平面叠加型机头相比，该机头具有较好的流线型和物料融合性，而且整体直径和熔融面积较小，可以说是综合了平面叠加型机头和锥形叠加型机头的优点。

Davis-Standard 公司研制了一种新型叠加型螺旋机头，其流道很短，可以成型各种 PE 树脂。2005 年，该公司又推出了低体型共挤出机头（Lo-Pak 机头），该机头生产的薄膜厚度偏差很小，品质高，并且产量也很高，可加工多种树脂和新型薄膜。该机头采用了剪切速率模型设计，减少了物料的停留时间和熔融面积。其另一特点是从合流处到出口间隙的距离短，因此适合加工各种黏度和各种类型的树脂。此外，所有的挤出机过渡管线都处于同一高度，这样便于维修和对树脂进行处理。Lo-Pak 机头的直径在 200～900mm 范围内，最多可共挤出 9 层薄膜。

Brampton 公司称其流线型共挤出机头（SCD）在原有的基础设计上一直都在改进，截至 2004 年已经研制出 SCD-3。该机头共挤出的薄膜尺寸精度高，各层之间隔热，流线型设计保证了流道内没有滞留点，聚合物不会在机头内降解，对于加工多种聚合物都有优异的表面稳定性。此外，其湿润面积小，各层流道清洗更快、更经济。通过增加层数很快地改变薄膜结构，在同一条生产线上生产多种结构也就越来越实际。SCD 机头的独特之处是各层之间可以按其理想温度加工，层间温差可以高达 40℃，这样就可以很好地利用各种聚合物的性能。例如，可以紧挨着聚酰胺加工 EVOH。此外，机头采用模块化设计，打开后，所有流道都露出来了，非常易于清洗。

利用 MULTICONE 技术，W&H 公司开发了具有极佳性价比的新型模块化吹塑薄膜系统。在 K2004 上，W&H 展示了其 VAREX 5 层吹塑薄膜生产线，该生产线装备有公司最新专利技术 MAXICONE 机头（图 14-15）。这一技术采用紧凑型设计，可以确保流动路径和物料停留时间最短，并保证每一层薄膜都具有完全可靠的流动分布，通过采取减少死角和减少压力损失实现节约物料。2006 年，该公司研制成功了其首台 9 层阻隔性薄膜用机头，薄膜层数更多了，为薄膜加工厂商提供了更大的灵活性，可以构造出不同结构的阻隔性薄膜，满足包装产品的要求。其设计关键是熔体容积和停留时间都减少了，而这两个指标对于最终薄膜品质有着决定性的影响。因为在加工一些薄膜如 EVOH 时，如果与金

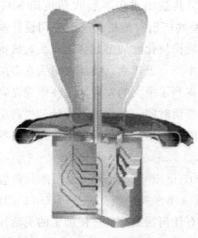

图 14-15　MAXICONE 9 层机头示意

属表面接触时间长了，就很容易分解，会造成大量原材料的浪费。其采取的主要解决措施是通过熔体再分配器实现熔体的再分配；通过其专利技术的螺旋芯棒分配器使熔体在圆周方向上均匀分配；通过锥形叠加螺旋芯棒分流器保证熔体流程最短，缩短了停留时间。

在 K2007 上，Hosokawa Alpine 公司展示了其新型 X 系列 3 层、5 层、7 层、9 层共挤出机头，该系列机头采用了螺旋分流系统，流道短，熔体在流道内的停留时间短；而且流道表面经过涂覆，熔体可以自由流动。此外，机头内空气分布好，适用于内膜泡冷却。温度和分流容易控制；清洗和维修易于进行。9 层共挤出工程阻透薄膜机头——NBF40256X 的直径为 400～560mm，最大工作压力可达 60MPa。

广东金明精机股份有限公司开发的高性能多层共挤出中心进料机头，利用中心进料，螺旋芯轴分配，双锥面叠加结构。优点是：熔体流程短，薄膜厚度精度高（图 14-16）。

图 14-16　双锥面叠加型共挤出机头部件

（2）提高物料的适应性　此外，共挤出机头还提高了加工物料的多样性。机头的流线型设计以及短的流动路径使得加工热敏性物料成为可能，机头的加工物料组合变得更随意化，如 Macro 公司用包裹技术生产吹塑薄膜的专利技术，成功地将易降解材料在进入机头之前包裹，降低了降解的可能性。

2008 年广东金明塑胶设备有限公司利用多层共挤出叠加型机头的结构优势，开发出了 7 层非对称结构的多层共挤出高阻隔性薄膜生产线，7 层薄膜由 1 层 EVOH、3 层 PA、2 层黏合剂树脂和 1 层茂金属聚乙烯组成。其所采用的机头（图 14-17）能够将温度不同、流变特性迥异的不同熔融态树脂复合，分层清晰，比例稳定。

（3）提高薄膜厚度控制精度大连东方橡胶塑料机械开发公司为了使多层共挤出叠加型机头生产的薄膜总厚度偏差缩得更小，在 2001

图 14-17　7 层非对称结构的多层
共挤出高阻隔性薄膜机头

图 14-18　自动调节厚度的吹塑薄膜机头

年成功开发了一种柔性模口机头，可分别独立调整圆周上 24 个点的厚度偏差，使叠加型机头更加完善。

在 Chinaplas 2008 上，广东金明塑胶设备有限公司展出了一台可自动调节薄膜厚度的吹塑薄膜机头（图 14-18），机头直径为 250mm，周围均布 56 个加热元件（加热元件数量视机头直径和控制点精度要求增减），通过电加热方式调整控制机头内管坯料流的温度，与薄膜在线测厚仪和控制单元共同组成了一套薄膜厚度在线检测、调节的闭环系统。采用自动机头系统可以自动检测、调节、控制吹塑薄膜的厚度，提高了薄膜品质，在保证薄膜品质不变的条件下减少了原料消耗，降低了生产成本，同时减轻了操作人员的劳动强度。

14.1.3　挤出机加热技术

挤出机及其模头的加热是生产薄膜能耗的主要部分，如何有效提高加热效率已经成为了研究的热点。鲁谷（北京）科技有限公司研究开发了变频高效加热节电系统，其原理是通过电力电子技术和电磁兼容技术，把电能转换为磁能，利用塑料设备料筒、法兰、模头等金属直接发热的装置，因此可以使塑料成型设备的金属外表温度保持在60～80℃。据称该加热系统，加热到 200℃左右节电 80%，加热到 280℃左右节电 60%，加热到 360℃左右节电 50%，加热到 400℃左右节电 35%，可比红外线加热节能 40%，从根本上解决了电热片、电热圈等电阻式加热元件效率低下的问题。

14.1.4　计算机辅助工程

多层共挤出薄膜的基本要求，是生产的薄膜每层厚度达到设计要求，不能出现断料、降解等问题。决定这一问题的关键首先是机头的流道设计与制造。机头的每层树脂在复合位置的速度、流量、剪切速率、压力的径向分布必须平衡。采用常规的设计手段难以保证每层厚度在周向的均匀分布。国际一流的薄膜设备商均采用CAE 进行机头流道的分析优化。其中比较成熟的 CAE 软件有 FLOW2000 软件。

14.1.5　冷却技术

多层共挤出薄膜生产中，冷却对产量及产品质量影响很大。冷却不均匀，会影响薄膜的厚度、透明度、表面光泽等。

目前的冷却技术是采用外冷和内冷。外冷法是采用风环冷却，最新的外冷系统为双唇环冷却。双唇环冷却是在口模上安装一个附加风环，二次气流将部分冷却的膜泡快速向上引导，冷却气体采用制冷的空气，制造商认为这种新一代的冷却环可提高产量35％。但折径及厚度较大的土工膜不能单纯靠外冷系统，必须对膜泡内外同时进行冷却。最先进的内冷系统是膜泡内冷技术（IBC）。IBC技术可以达到内部冷却介质定量、低温、恒压、动态平衡的要求，使膜泡进入夹平辊之前充分冷却，提高薄膜的生产效率及产品质量。

14.2 多层共挤出超多层薄膜

14.2.1 概述

多层共挤出吹塑薄膜的优点是可以根据需要，把不同性能的材料进行复合，使其具有各种性能。例如，为了防止薄膜外层在热封过程中与热封装置相粘连，薄膜外层应采用熔点较高的材料，如HDPE、MDPE或PA，热封层采用熔点较低的材料，如LDPE或EVA等。对于热封和包装机械来说，它需要被加工的薄膜具有良好的机械加工性能，多层复合膜中MDPE或HDPE层，可以提高复合膜的强度和坚挺性，确保其有良好的机械加工性能。在阻隔性多层共挤出吹塑薄膜生产中，确保使用需要，节省生产成本的空间显得尤为广阔，通过设计不同的共挤出结构，厂家可以选择生产最优化的产品。例如，某5层共挤出复合膜的结构为LDPE/HV（黏结层）/PA6/HV（黏结层）/EVA，其阻隔层PA6厚度为 $70\mu m$ ，当采用 $5\mu m$ 厚的EVOH材料替代时，其阻隔氧气的能力基本相同。虽然EVOH的价格比PA6贵很多，但是在功能不变的前提下，EVOH材料的消耗远低于PA6，材料的综合成本就得到降低。

需要强调的是选用多层共挤出产品时，需要根据产品的应用要求来选择最合适的结构。目前的发展趋势不再仅仅用3层取代单层包装，国外已经开始采用5层共挤出来代替3层共挤出生产普通的包装薄膜，根据厂家介绍，5层薄膜除了性能上比单层、3层更具优势之外，特别是在配方灵活性、生产成本等方面往往具有明显的优势。至于生产阻隔薄膜，7层共挤出应用也越来越普遍，有的厂家已经开始使用9层共挤出的设备来生产。下面从产品结构来分析5~9层薄膜的优缺点。

5层的基本结构为PE/TIE/EVOH/TIE/PE（PP）对称结构，在这个结构中EVOH的厚度有限制，最大厚度为 $15\sim20\mu m$ ，当然薄膜的阻隔系数为 $0.5\sim1$ ，如果客户要求更低的阻隔系数，那么只能用7层结构将EVOH分别设计为2层或3层，即薄膜大的结构为PE/TIE/EVOH/EVOH/EVOH/TIE/PE，或为PE/TIE/EVOH/EVOH/TIE/PE/PE；这样阻隔系数可达到0.5以下的级别，而且有效地保护了EVOH不受潮变质。另外，用5层结构的尼龙复合薄膜时，结构为PE/TIE/PA/TIE/PE，尼龙的厚度也有局限性，如果想要增加阻隔性，并且要求有一定的深度拉伸性，5层结构不够用，客户要求为对称结构的多层尼龙的话，只有用 7 层结构：PE/TIE/PA/PA/PA/TIE/PE，或 PE/TIE/PA/EVOH/PA/TIE/PE 等。如果有的用户要求用尼龙来做表层进行流水线制袋工艺，则需要将尼龙放在表层，那么 5 层的结构只能是 PA/PA/TIE/PE/PE，而 7 层就可以为 PA/TIE/PE/TIE/PA/TIE/PE 的结构，因为 PA 两层在一起会使薄膜卷曲得非常严重，分开则会变得很平整。在使用回收原料上，7 层设备可以在内部某层 PE 中，使用回收原料，但 5 层是做不到的。从降低原料成本的角度看，7 层或 9 层有相当大的利好空间。另外，由于一般高阻隔薄膜应用于包装冷冻产品，如肉、家禽、奶酪以及鱼等，同时也可以包装非冷冻食品，如奶粉、坚果、宠物食品以及酒等。对于这类包装膜，除了高阻隔性以外，还要求薄膜具有良好的柔性，以便于将食品的小包装放到盒子里或大包装袋中。带有薄尼龙层的 9 层薄膜的相对柔性较好，而带有尼龙阻隔层的 5 层或 7 层薄膜因为尼龙层更厚则相对韧性更强。

近年来，随着微层模头技术的发展，在吹膜领域的应用也有了重大突破。美国 BBS 公司专为 Modular Disc Die 工艺技术新研制出一种名为 Layer Sequence Repeater 的仪器装置。应用这项技术，把阻隔性树脂和黏结层树脂混合在一起，层叠为有 21nm 厚的单叠层。在一种结构为 PE/黏结层/纳米堆叠层/黏结层/PE 的复合阻隔薄膜中，总共由 25 层膜构成。其中的 EVOH 叠层具有更高的氧气阻隔性，特别是在复合薄膜经过折叠拉伸后，比传统的含单一 EVOH 阻隔层的 7 层复合薄膜的拉伸强度更高。BBS 公司在 SPE Polyolefins 2009 研讨会上介绍了这种模内层叠技术，同时在广东金明精机股份有限公司进行了测试，反映效果很好。同时美国的 Cryovac（希悦尔）公司也将微层模头技术应用在收缩薄膜生产上，在 2009～2010 年期间，开始生产微层的收缩膜，名为 CT-301、CT-501 和 CT-5701，CT 代表希悦尔关于微层中心技术平台。根据希悦尔的专利申请报告所说，CT-301 和 CT-501 可以在很小的厚度（7.6μm）具备很高的撕裂强度，而且能上自动的收缩包装机械，这在以前的收缩膜是不可能做到的。这个"多层，内包含有许多微层结构的热收缩膜"专利描述说，在此膜撕裂强度方面的巨大改进基础上，可以把膜降低厚度 50%而仍然具备同样的性能（至少 10gf**❶** 撕裂强度）。

14.2.2　原料及产品结构

多层共挤出高阻隔薄膜采用的原料主要有吹膜级 PA（尼龙）、EVOH（乙烯-乙烯醇共聚物）、mLLDPE（茂金属线型低密度聚乙烯）、LLDPE（线型低密度聚乙烯）、LDPE（低密度聚乙烯）、HDPE（高密度聚乙烯）及黏合树脂等原料，有时还加入一定量的色母料等添加剂。制品的层结构一般根据用途有所差异，下面是一些 7 层共挤出薄膜的常用结构：

a. PE/PE/黏合剂/PA/黏合剂/PE/PE；

---

❶ 1gf=9.80665×10⁻³N。

b. PE/PE/黏合剂/EVOH/黏合剂/PE/PE；

c. PE/黏合剂/PA/EVOH/PA/黏合剂/PE；

d. PA/黏合剂/PE/黏合剂/PA/黏合剂/PE。

14.2.3　工艺过程与设备

生产过程是：将各种不同特性的原料经计量后，按设定比例自动加入料斗，通过挤出机固体输送、熔融、混炼、排气和熔体输送，进入共挤出模头形成膜管，从模头中心的冷却风管吹入压缩空气，将膜管吹胀到设计要求的筒状薄膜（称为膜泡）。经内部和外部空气冷却后进入人字夹板将膜泡折叠，通过薄膜旋转牵引装置，将折叠后的薄膜经空转导辊引至收卷机卷成成品膜卷。

广东金明精机股份有限公司、大连大橡等公司是国内成功开发7层共挤出吹膜机的代表性企业，积累有较为丰富的经验，"金明精机"还可为用户提供整套交钥匙工程服务。7层共挤出高阻隔薄膜吹塑机组，以"金明精机"的产品为例介绍如下，该生产线由中央供料系统、多组分连续失重式自动称重喂料系统、单螺杆高效挤出机（7台）、手动双工位快换滤网装置、高温熔体压力及温度传感器、7层共挤出平面叠加机头、自动膜泡控制系统、双风口自动风温控制风环、电动升降及开合的低摩擦稳泡装置、在线薄膜厚度精确测量装置、轻型低摩擦人字夹板、±360°水平式薄膜旋转牵引系统、薄膜宽度自动检测装置、双超声波监控的薄膜中心纠偏装置、双工位自动表面/中心/间隙收卷机、数字化总线控制系统等部分组成。可用于生产7层结构的各种对称或者非对称结构高阻隔功能薄膜，最多可以生产4层EVOH、PA等气体阻隔材料的薄膜，广泛用于液态奶、果汁、番茄酱等无菌包装，腌腊制品（香肠、火腿、腊肉、板鸭等）、豆制品、熟食制品（烧鸡、烤鸭、酱牛肉等）、肉类制品等真空贴体包装，满足食品、乳制品、医药行业、军工等特种行业对于高性能阻隔包装材料的需求。

14.3　吸氧型阻隔性包装薄膜

14.3.1　开发吸氧型阻隔性包装薄膜的背景

传统的高阻隔性包装薄膜利用高阻隔性材料层的阻隔性，如PVDC、EVOH等塑料层，或者铝箔、喷镀的致密的铝层、氧化铝层以及氧化硅层等的高阻隔性，可有效地防止包装袋外部的氧气进入包装袋内，然而即使采用真空包装或者充气包装技术，仍然会有2%～3%的氧气残留在包装之中，因此食品等商品仍然会由于因氧气的作用而导致食品腐败、异味，或者造成食品部分营养成分损失、颜色发生变化等诸多问题。为了消减包装内残存的氧气对食品的不利影响，人们开发了脱氧包装技术，在阻隔性包装内放置脱氧剂（也称吸氧剂或除氧剂），如还原铁粉，利用脱氧剂与氧气的反应降低氧气的浓度，以有效地提高防止氧气对食品危害的效果，达到延长食品货架期的目的，脱氧包装技术在月饼等常见食品的包装中已得到成功应用。但传统的脱氧包装技术要在包装中放置脱氧剂，不仅会使包装工艺复杂化、包装成本上升，而且还有可能发生消费者误食脱氧剂的问题，而且一些特定的商品还不适于使用常规的脱氧包装，如饮料，除了灌装时顶隙进入的氧气和储存过程中通过包装材料进入的氧气之外，还有饮料本身溶解的氧，这类商品也不适合采用放置除氧剂的包装技术。这些问题的解决迫切地需要开发一种新型的阻隔性包装材料，于是吸氧型阻隔性包装薄膜应运而生。

14.3.2　吸氧型阻隔性包装薄膜及其功效

吸氧型阻隔性包装薄膜也可称为脱氧型阻隔性包装薄膜或者除氧型阻隔性包装薄膜，或称为活性阻隔性包装薄膜。吸氧型阻隔性包装薄膜是多层共挤出薄膜中的一种极具发展前景的新品，是吸氧塑料和阻隔性塑料的巧妙组合，它除了具有普通阻隔性包装薄膜所具有的阻隔性之外，还对氧气具有"活性"，当氧气进入、通过该薄膜的活性层（吸氧层）时，薄膜中的易氧化成分会和氧进行化学反应，从而消耗进入、通过薄膜的氧气。吸氧型阻隔性包装薄膜除能阻隔大气中的氧气进入包装袋之外，还可与袋内的氧气发生化学反应，降低袋内的氧气浓度，使包装内的氧气浓度降低至 0.01% 的水平，因此对防止依靠氧生长繁殖的霉菌等微生物对食品的危害以及防止食品中易氧化成分由于氧化作用而导致的食品变质都具有很大的作用，因而用于食品包装，较之普通阻隔性薄膜具有更佳的实效。

14.3.3　吸氧型阻隔性包装薄膜的组成、吸氧机理及结构

（1）吸氧型阻隔性包装薄膜的组成与吸氧机理　吸氧型阻隔性包装薄膜的吸氧性，是通过特殊的"吸氧层"的设置而实现的。

"吸氧层"也称"活性层"，即含有易氧化物的塑料薄膜层。易氧化物质通常由"吸氧物质"（即可氧化物——还原性物质）和反应促进剂（催化剂）组成，如还原铁/氯化钠、亚硫酸钠、抗坏血酸等，或者 MXD-6/钴盐、双键聚合物/钴盐、双键聚合物/MXD-6/钴盐、PE/PS/钴盐、含环己烯侧链的聚合物/钴盐等的树脂掺和物等，吸氧型活性阻隔性材料及其用途见表 14-2。

表 14-2　吸氧型活性阻隔性材料及其用途

分类	吸氧物质	反应促进剂	制品例	用途（包装形态）
无机类	还原铁	卤化金属 NaCl	"オキシカート"（东洋制罐）	袋子（食品、点心等），蒸煮袋（粥、汤等），托盘（无菌饭），杯子（咖啡、汤等）
			エ—ツレスオ—マック（三菱瓦斯化学）	
			"Fresh Pax" "SLFフィルム"（Mutisorb Tech）	袋子（各种食品）
	亚硫酸盐		"ライナ-材"（日本クラウンコルク）	盖衬里（啤酒）

分类	吸氧物质	反应促进剂	制品例	用途(包装形态)
有机类	抗坏血酸	碱性物质,迁移金属催化剂 —	"uresealｨﾅ-材"P (Zapata) "ｨﾅ-材"ラ (Drexe-Containers)	盖衬里(啤酒、食品)
	MXD-6尼龙	迁移金属催化剂(钴盐)	"OXBAR"(CMB) "X-321"(CBT) "Bind-Ox"(Schmalbach-Lubeca)	PET瓶(啤酒)
	双键聚合物/MXD-6尼龙	碱性物质,迁移金属催化剂 —	"ｵｷｼﾌﾞﾛｯｸ"(东洋制罐)	PET瓶(热销售饮料)
	双键聚合物	碱性物质,迁移金属催化剂	"OS1000"(Seald Air) "ﾌﾟﾛｱｸﾄ"(クラレ)	盖材(生食品、加工肉)用开发中
	PE/PS系树脂	碱性物质,迁移金属催化剂 —	"ﾏﾙﾁﾌﾞﾛｯｸ"(东洋制罐)	聚烯烃类瓶(蛋黄酱)
	含环己烯基的聚合物	碱性物质,迁移金属催化剂 —	"OSP"(Chevron)	盖材(生食品)

　　见表 14-2，易氧化物质"吸氧剂"可以是无机物，也可以是有机物，可以是低分子物质，也可以是高分子物质。添加低分子吸氧剂制备吸氧包装材料工艺简单，成本低廉，吸氧效果好，可达到食品、饮料包装的要求，例如将乙二胺四乙酸亚铁盐均匀地分散于聚氯乙烯（PVC）或聚对苯二甲酸乙二醇酯（PET）等基体树脂中，与从基体渗透的水蒸气接触后引发吸氧性，还可添加抗坏血酸等作为辅助吸氧剂。实验证明，当添加配比为 1:1 的乙二胺四乙酸亚铁盐和抗坏血酸钠时，该材料的吸氧量最大可达 $30.4\mu mol/d$。但是添加低分子吸氧剂制备吸氧塑料，有降低制品的透明性、降低力学性能（特别是容易使撕裂强度下降）以及产生低分子物迁移等问题，因此高分子类吸氧剂也备受关注。

　　美国 Chevron Phillips Chemical 公司开发了商品名为"OSP™"的吸氧共混物体系，其中主要成分为乙烯-丙烯酸甲酯-丙烯酸环己烯基三元共聚物（EMCM），在包装前用紫外线照射可使其产生自由基，该自由基与氧气结合达到吸氧的目的。引发前该体系在空气中可稳定存在，引发后不会产生降解副产物，而且外观透明。图 14-19 为该共混物引入包装中的结构。由于阻隔层的存在，只有痕量的氧会达到 OSP™ 层，因此，OSP™ 一般不会快速消耗而具有非常长的使用寿命。

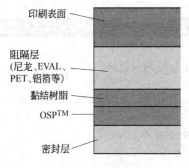

图 14-19 含 OSP™吸氧层的
吸氧型阻隔性包装薄膜的结构

图中标注：印刷表面；阻隔层（尼龙、EVAL、PET、铝箔等）；黏结树脂；OSP™；密封层

OSP™与其他聚合物共混仍具有很好的吸氧性能。室温下，线型 LDPE（LLDPE）/OSP™（70∶30）共混物约 10d 后达到近 70mL/g 的最大吸氧量，美国 Cryovac 密封气体公司采用 OSP™ 制作了用于透明包装的 OS 1000 薄膜，被瑞士雀巢公司下属的 Nestle Buitoni 公司用于包装各种面食制品，并投放到美国市场，其中包装盒壁为热成型 EVAL 阻隔层，盒上部采用 OS 1000 薄膜密封，这样可使食品包装盒内的氧气含量降低至 0.1％以下，从而使食品货架寿命延长 50％。

（2）吸氧型阻隔性包装薄膜的结构　典型的吸氧型阻隔性包装薄膜的结构如下：印刷层/阻隔层/吸氧层/热封层（透气层）。

吸氧型阻隔性包装薄膜袋内残存的氧气，通过内层的透气层，进入吸氧层，与层中的易氧化成分发生化学反应而被消耗，降低残存于袋内的氧气的浓度，从而提高包装对内容物的保护效果。这种结构，由于吸氧层外阻隔层的存在，可大大延缓大气中的氧气进入袋中，吸氧层中的吸氧性物质不至于在短时间内消耗殆尽，确保袋中氧气长时间处于低浓度状态，而且吸氧层不直接接触袋内的食品，在安全卫生性方面也更为有利。

（3）吸氧薄膜オクシカート简介　オクシカート是东洋制罐生产的、以还原铁和氯化钠为催化剂的树脂掺混型吸氧阻隔性材料。オクシカート薄膜可用于蒸煮袋、输液的外包装袋、含维生素 C 的美容面膜的包装袋等。

オクシカート薄膜的吸氧性能如图 14-20 所示。经测定，其样品膜的吸收氧能力为 $0.3mL/cm^2$，并可通过掺混吸氧剂量的变化控制薄膜的吸氧量。

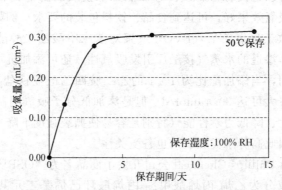

图 14-20　オクシカート薄膜的吸氧性能

オクシカート蒸煮袋的性能如图 14-21 所示。其性能数据的获得是通过如下实验得到的：在密封袋中充入水并使上部空间为 10mL，通氮气置换，将使上部空间中氧气的浓度调整到 2％。实验表明，オクシカート袋（オクシカート薄膜与透明

蒸镀薄膜配用的蒸煮袋）对上部空间的氧表现出明显的捕捉效果。

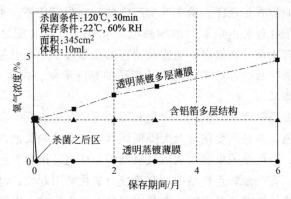

图 14-21　オクシカート蒸煮袋的性能

图 14-22 显示了オクシカート薄膜对维生素 C 之模型液体的保存效果。该实验室使用浓度为 $5.7 \times 10^3 \, mol/L$ 的维生素 C 的水溶液 150mL，分别充满各个袋子，在蒸煮之后，测定维生素 C 的残存率。含铝箔结构的袋子，氧的透过量为零，蒸煮之后保存期间，维生素 C 的浓度保持不变，但因为蒸煮时水中存在的氧使维生素 C 氧化分解，维生素 C 的残存率较采用オクシカート薄膜袋包装的样品要低得多。

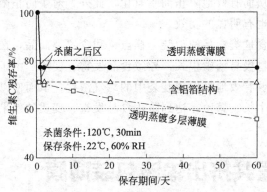

图 14-22　对维生素 C 的模型液体的保存效果

14.3.4　吸氧型阻隔性包装薄膜的应用

吸氧型阻隔性包装薄膜原则上适用于一切在储存、运输过程中，必须或者希望处于低氧气浓度气氛状态下的商品的包装。

（1）茶叶的包装　茶叶包装的首要任务是保香和防止异味的产生，同时还需要防止其在储存、运输过程中的变色。茶叶包装中所含的氧气，会和茶叶的儿茶素、叶绿素、脂类、叶红素及维生素 C 等易氧化成分发生氧化反应，引起茶叶的变质，特别是绿茶，一旦被氧化就会失去嫩绿色而变黄，外观明显变化，商品价值大大降低。当氧气过多时，还会使抗坏血酸氧化变成为脱氧抗坏血酸，并进一步与氨基酸结合发生色素反应，使茶叶味道恶化，品质进一步大幅度下降。

香味与颜色是评价茶叶品级的极为重要的指标，使用优质包装以确保茶叶在储运、销售过程中的醇香与色泽，是茶叶生产中的一项艰巨任务。使用吸氧型阻隔性包装薄膜，可使茶叶包装内的氧气浓度降低至 0.01%，如再配之以防潮、遮光等措施，可有效地防止茶叶在储存、运输及销售的众多环节中所引起的变味、变色等诸多问题，确保茶叶品质，对树立企业及产品的品牌形象、提高产品市场竞争力，具有十分重大的意义。

(2) 火腿和香肠等食品的包装　火腿和香肠等，其色素在氧和光的作用下，会发生变色或者退色，颜色的变化会大大降低顾客对商品的购买欲，影响销售，因此防止这类食品变、退色至关重要。利用吸氧型阻隔性包装薄膜袋包装，可降低包装袋中的氧气浓度，有效地防止食品中的有色成分氧化而引起变、退色，而且由于降低了包装袋中的氧气浓度，对于防止食品因氧化而产生异味、因微生物繁殖生长而产生的霉变等现象也十分有利。

(3) 富含油脂类食品的包装　含有丰富油脂的食品，在储运加工中极易发生氧化酸败，即油脂在紫外线和热的催化作用下被空气中的氧所氧化，产生过氧化物。油脂氧化酸败的结果导致食品的风味丧失，而且会产生令人厌恶的哈喇味，同时还会改变食品的色泽，降低食品的营养价值，采用脱氧型阻隔性薄膜包装能够降低包装中的氧气浓度，从而有效地阻止油脂氧化，此外，对于防止微生物繁殖所导致的腐败、长霉等问题也有明显的功效。

(4) 糕点、甜食这类食品的包装　糕点、甜食这类商品，在氧存在的情况下储存时，霉菌等微生物极易繁殖生长，导致食品发霉、变质。由于采用吸氧型阻隔性包装薄膜包装，能够有效地降低包装袋中的氧气浓度，从而使以氧气为生长繁殖必要条件的霉菌无法生长、繁殖，达到防止食品发霉、变质的效果，显著地延长食品货架期。

14.4　多层共挤出输液包装薄膜

14.4.1　概述

世界上输液产品包装材料的发展大致经历了三个阶段：第一阶段为采用玻璃瓶包装；第二阶段为采用聚氯乙烯（PVC）输液软包装袋；第三阶段为塑料瓶及非聚氯乙烯材料的输液软包装袋。

玻璃瓶作为一种传统的输液容器，至今仍有使用，但它存在许多严重的缺陷，如性脆、使用时需引入空气而可能导致二次污染以及在生产中能耗大、成本高等。20 世纪 70 年代开始研制聚氯乙烯塑料薄膜的软质输液袋，它在使用方便性以及成本低廉等方面表现出明显的优势，在工业化生产中得到了广泛的应用，但在应用及废弃物处理中，聚氯乙烯输液软包装袋也暴露出许多重大的缺点。

(1) PVC 软质输液袋薄膜的配方组分繁杂，特别是其中增塑剂用量高达 50%

左右，长时间储存，表面可能产生低分子成分的微量析出，一旦低分子成分析出、混入药液，输液时，这些低分子成分也随药液进入人体，对人体产生种种危害。

（2）PVC 软质输液袋耐热性较差，其消毒灭菌的最高温度不能超过 109℃，如再升高消毒灭菌温度，则会导致 PVC 软质输液袋的变形，因此不能达到保证无菌的要求（$F_0 < 8$）（我国药典所规定的灭菌标准）。

（3）医用输液储存期较短。

此外，聚氯乙烯输液袋的废弃物的处置也存在较大的问题：深埋不易分解；焚烧可能产生二噁英等有毒有害物质。

有鉴于此，人们开始关注新型的输液薄膜——多层共挤出输液薄膜。在国外工业发达国家，非 PVC 输液袋已在临床应用 10 余年，并以其安全、长效等优点，深受广大医务工作者与病患的欢迎。

多层共挤出输液薄膜具有巨大发展潜力，值得我们高度重视。开发生产非 PVC 输液袋的工作，已列入了我国国家鼓励类产品的产品目录，引起了国内塑料包装界的高度重视，吸引了众多的科技工作者参与多层共挤出输液薄膜的开发研究工作，取得了许多具有自主知识产权的成果，发表了许多发明专利，同时实现了非 PVC 输液袋的工业化生产，开始得到了实际应用。

多层共挤出医用输液薄膜用原料主要采用医用级的聚乙烯弹性体、聚丙烯弹性体、乙烯-丙烯弹性体、聚酯弹性体、茂金属聚乙烯以及一些阻隔材料等。多层共挤出医用输液薄膜基本要求是，外表层具有防止灭菌前后薄膜发生黏着的性能，中间层具有柔软性、耐冲击性，内表层具有良好的热封性、低溶出性等。

多层共挤出医用输液薄膜性能指标，须达到国家标准 GB/T 4456—1996 优等品的要求：拉伸强度，MD＞12MPa；TD＞12MPa；断裂伸长率，MD＞200％；TD＞200％；薄膜表面光洁，透光率不低于 75％。

目前多层共挤出医用输液薄膜有两个大类，即全聚烯烃类的三层共挤出薄膜和含阻隔层的五层共挤出输液薄膜，前者阻隔性较差，主要用于生理盐水等对氧稳定性较好的药液，后者具有较佳的阻隔氧气的性能，除用于对氧稳定性较好的药液包装之外，还可用于包装含有易氧化成分的药液。目前多层共挤出医用输液薄膜推广应用的主要障碍是，生产设备和原料的价格较高，薄膜成本较高，但它有卫生安全性高及环保适应性强两大引擎的推动，可以预期，通过广大科技工作者的不断努力，随着多层共挤出输液薄膜成本的不断下降，随着多层共挤出输液薄膜品种的不断增加，随着多层共挤出输液薄膜产品质量的不断提高，多层共挤出输液薄膜袋的应用将越来越广，在一个不远的将来，将逐步成为医用输液容器的主力产品。

14.4.2 多层共挤出医用输液薄膜实例

14.4.2.1 全聚烯烃类的三层共挤出薄膜

聚烯烃类的三层共挤出薄膜最大特点是，不使用增塑剂和黏合剂，高透明度，具有良好的阻隔水性和一定的阻氧性以及优良的抗撕裂性，它对于多种药物具有良好的保护功能，同时使用后的废弃物易通过焚烧实现无害化处理，不致对环境造成污染等，是输液产品包装的比较理想的新型环保材料。现以聚丙烯类聚合物的三层共挤出输液薄膜为例，简要介绍如下。

（1）结构　这里介绍的共挤出输液用膜的三层分别如下。

第一层为高强度、高透明茂金属聚丙烯（PP），占整个薄膜厚度的18%～22%。

第二层为多元共聚聚丙烯（PP）与热塑性弹性体接枝共聚物，占整个薄膜厚度的50%～60%。

第三层为高速热封共聚型聚丙烯，占整个薄膜厚度的20%～25%。

该膜用于无毒、高阻湿、阻氧、耐高温、高透明、柔韧性好、抗低温性强（-40℃）和热合强度高的环保型输液药用包装材料。

（2）产品特点

① 该三层共挤出薄膜是非极性高分子材料，具有良好的生物惰性，不与袋中液体发生反应。

② 耐高温，可在121℃的高温下灭菌20min而不产生变形。可经高温消毒，确保无菌要求（$F_0 > 8$）；同时它具有良好的耐低温性（可达-40℃），包装药液之后，可在低温储存，延长药物的保质期。

③ 该膜制成的输液袋柔软而具有自收缩性，输液时不必导入空气就可以进行输液，没有任何不洁空气进入药液，从而避免了此环节细菌交叉感染。

④ 由多层共挤出输液用膜制成的输液袋弹性和柔韧性好、耐扎破强度高、可承受较强的机械力的作用而不易破损、体积小、方便储运。

⑤ 多层共挤出输液用膜及袋储存期长，可达3年。

14.4.2.2　含阻隔层的五层共挤出输液薄膜

这里根据文献所报道的内容，简要介绍一种由聚烯烃和聚酯弹性体组成的五层共挤出输液膜，它可用于输液或血液等药用的包装。

（1）结构及各层原材料简介　该五层共挤出输液膜总厚度为150～190μm。结构如图14-23所示。

第一层为热封内层A，厚度为20～45μm，占多层共挤出输液膜总厚度的15%～25%，其成分是聚丙烯与SEBS热塑性弹性共聚物组成的混合树脂。热封内层A中SEBS热塑性弹性共聚物在所述混合树脂中的加入量为40%～60%（质量）。

所用聚丙烯与SEBS热塑性弹性共聚物组成的混合树脂的熔体指数为2.0～15g/10min，密度为0.89～0.9g/cm³。

SEBS弹性体为苯乙烯-乙烯-丁烯-苯乙烯嵌段共聚物，由于丁烯橡胶的弹韧性特别好，所以不但成品柔软性和强韧度极佳，低温热封性能也很好。SEBS用在内层还具有自黏作用，在膜泡内用 100 级无菌超净空气吹制，经夹辊压扁后，能使两层膜始终在自黏闭合的状态下分切包装，杜绝外界低净化级别的空气污染，从而保证了直接接触药液的内层具有优良的卫生和生物指标。经药物相容性试验证明，它耐化学稳定性能特别好，具有广泛的药物相容性，灌装药液后经微粒仪在 6 个月的加速试验中检测证明，渗出物和微粒数极少，完全达到和超过了欧美及国家标准。能经得起高温 121℃、30min 灭菌的前提下，应选用熔点温度应尽量低的树脂，加入 SEBS，正好满足了这方面的要求。

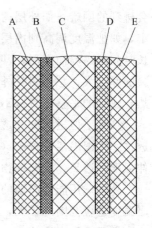

图 14-23　五层共挤出输液膜示意

第二层为黏结层 B，黏结层 B 的厚度为 $15\sim26\mu m$，占多层共挤出输液膜总厚度的 8%～15%；其成分是乙烯-丙烯共聚物。

所用乙烯-丙烯共聚物的熔体指数为 $1.5\sim5g/10min$，密度为 $0.89\sim0.9g/cm^3$。

第三层为核心层 C，厚度为 $50\sim80\mu m$，占多层共挤出输液膜总厚度的 30%～45%；其成分是乙烯-丙烯-α-烯烃共聚弹性体。

核心层 C 中所用乙烯-丙烯-α-烯烃共聚弹性体的熔体指数为 $1\sim5g/10min$，密度为 $0.89\sim0.92g/cm^3$。

该层特点是柔软度特别好，能耐冲击和弯曲，透明度和耐穿刺性极佳，在低温下仍能保持良好的韧性，拉伸强度和力学性能好，是能保证通过 2.5m 跌落试验的主要材料。

第四层为黏结层 D，厚度为 $15\sim25\mu m$，占多层共挤出输液膜总厚度的 8%～14%；其成分是乙烯-甲基丙烯酸酯共聚物。

黏结层 D 中所用乙烯-甲基丙烯酸酯共聚物的熔体指数为 $1.5\sim5g/10min$，密度为 $0.9\sim0.93g/cm^3$。

第五层为耐候层 E，厚度为 $18\sim36\mu m$，占多层共挤出输液膜总厚度的 10%～20%；其成分为弹性树脂聚对苯二甲酸乙二醇酯。

所用弹性树脂聚对苯二甲酸乙二醇酯的熔体指数为 $4\sim10g/10min$，密度为 $1.1\sim1.3g/cm^3$。

聚酯具有良好的阻隔性能和冲击强度，透明度好，强韧耐磨，冷热稳定性能好，在高温热封和高温杀菌时不会变形，并以优良的物理性能，保证外层的耐摩擦性能和印刷牢度。

聚酯的熔点温度为 225～260℃，聚丙烯的熔点温度为 164～172℃，聚乙烯的熔点温度是 125～128℃，用聚酯作为外层，能利用它的耐高温性能，解决了很多专利中所谓的对称结构（即内外层都用聚丙烯或聚乙烯）在实际应用的热封制袋时会碰到的困难，如外层树脂熔融温度与内层差不多的话，热合时温度低了根本烫不牢，如把温度调高到内层树脂能熔融粘牢的时候，外层树脂先接触烫模，因经不起长时间的高温而变形，甚至破裂，尽管温度、时间、压力微调得很仔细，由于输液膜的厚度大，总是感觉外面的膜快熔破了，而传递到内层的热合温度还不够。这样热合成袋的平整度肯定不好，漏包等次品比例也很高。

聚酯不但透明度和透光率好，还有着良好的阻隔性能和拉伸强度，聚酯的氧气透过率比聚丙烯低得多（透气量仅为聚丙烯的百分之几），因此设置聚酯层后，拉伸强度和透氧、透湿等物理性能大幅度提高，输液膜的厚度降低了。

外层选用能耐高温的聚酯，保证制袋质量和输液袋上烫印文字的效果，随着外层温度适应范围的扩大，在保证内层热封效果的同时，提高了生产效率。

产品在物理性能、密封性能、防微粒渗出性能、透明度、柔软性及耐温性等方面具有优异的综合表现，特别适合在医疗领域中作为注射液或血液等的药用包装用材料使用。

(2) 薄膜的主要特点

① 内层具有自黏性能，在收卷、分切包装出厂时始终密闭，卫生性能好，微粒数极低，渗出物极少。

② 透明度和柔软性极佳，可完全压扁，避免瓶装输液空气交换带来的药物污染。

③ 经 121℃高温灭菌 30min，输液袋不漏液，物理性能不下降，在低温环境下仍能保持良好的韧性，解决了玻璃瓶不能冷藏的难题。

④ 水和氧气透过率很低，阻隔性能特别好，可以做成双室袋或多室袋，在同一袋内灌装不同药液，用力一拍即可混合，减少配药时间，方便医院使用。

⑤ 广泛的药物相容性，不会与药液起不良反应。

⑥ 热合强度高，渗漏率低，适应各种自动灌装机高速连续生产。

⑦ 耐穿刺和冲击性能好，抗 2.5m 跌落试验。

⑧ 环保材料，生产、使用及回收中不产生毒素。

14.4.3 输液袋产品实例

第一层为热封层，采用聚丙烯与 SEBS 热塑性弹性共聚物组成的混合树脂［其中 SEBS 的加入量为 40%（质量）］；第二层为黏结层，采用乙烯-丙烯共聚物；第三层为核心层，采用乙烯-丙烯-α-烯烃共聚弹性体；第四层为黏结层，采用乙烯-甲基丙烯酸酯共聚物；第五层为表层，采用聚对苯二甲酸乙二醇酯弹性树脂。

各层的厚度分别为：第一层 30μm，第二层 20μm，第三层 65μm，第四层 20μm，第五层 25μm。总厚度为 160μm。

根据国家药监局 YBB00342002 质量标准，测试产品各项性能，测试结果见表 14-3。

表 14-3　多层共挤出输液膜的物理、卫生性能检测数据

项目		测试方法	YBB00342002 标准指标	五层共挤出膜 检测数据
拉伸强度 /MPa	纵向 ≥	GB/T 13022—1991	30	35.5
	横向 ≥	GB/T 13022—1991	24	30.6
拉伸断裂伸长率 /%	纵向 ≥	GB/T 13022—1991	400	486
	横向 ≥	GB/T 13022—1991	400	465
热合强度 /(N/15mm)			不得低于 20	34
透光率 /%		GB 2410—1989	不得低于 75	76
光泽度 /%		GB 8807—1988	80	81
水蒸气透过率 /[g/(m² · 24h)]		GB 1037—1988	不得超过 5	3.8
氧气透过率 /[cm³/(m² · 24h · 0.1MPa)]		GB/T 1038—2000	不得超过 1200	951
氮气透过率 /[cm³/(m² · 24h · 0.1MPa)]		GB/T 1038—2000	不得超过 600	517
炽灼残渣 /%			不得超过 0.05	0.04
不溶性微粒 /(个 /mL)	粒子直径 ≥5μm		不得超过 100	69
	≥10μm		不得超过 20	17
	≥25μm		不得超过 2	1
6 项金属元素		2010 年版药典	不得超过百万分之三	小于百万分之三
溶出物试验		2010 年版药典	15 个检测项目	全部合格
细菌内毒素		2010 年版药典	不得超过 0.25EU /mL	合格
细胞毒性		GB/T 14233.2—1993	不得超过 2 级	合格
致敏试验		GB/T 14233.2—1993	不产生致敏	合格
皮内刺激试验		GB/T 14233.2—1993	无刺激作用	合格
急性全身毒性试验		GB/T 14233.2—1993	无急性毒性	合格
溶血试验		GB/T 14233.2—1993	溶血率不得超过 5%	合格

根据《中国药典》2010 年版二部对多层共挤出输液膜与葡萄糖氯化钠注射液相容性进行了试验,结果见表 14-4。

表 14-4　多层共挤出输液膜与葡萄糖氯化钠注射液相容性试验结果

检品名称	葡萄糖氯化钠注射液	试验条件	加速试验温度(40±2)℃,湿度(20±5)%	
批号	0407051	规格	250mL 葡萄糖 12.5g 与氯化钠 2.25g	
包装	多层共挤出输液用袋膜号 040604	检验目的	加速试验 6 个月	
		检品数量	28 袋	
供样单位	大容量注射剂 G 车间	收检日期	2010 年 7 月 6 日	
检验依据	《中国药典》2010 年版二部	报告日期	2011 年 1 月 13 日	

检验项目	标准规定	检验结果
[性状]	应为无色的澄明液体	无色的澄明液体
[检查]		
pH 值	应为 3.5~5.5	3.9
5-羟甲基糖醛	在 284nm 的波长处,吸收度不得大于 0.25	0.06
重金属	不得超过百万分之五	小于百万分之五
不溶性微粒	应符合规定	符合规定
澄明度(不合格率)	不得超过 5%	符合规定
细菌内毒素	应符合规定	符合规定
无菌	应符合规定	符合规定
[含量测定]		98.0%
含葡萄糖	应为标示量的 95.0%~105.0%	
含氯化钠(NaCl)	应为标示量的 95.0%~105.0%	98.3%

结论:本品按《中国药典》2010 年版二部检验,结果符合规定。

14.4.4　生产设备

凡具备制造多层共挤出薄膜机组能力的单位，大都具有开发研究多层共挤出医用输液薄膜生产线的能力。大连橡胶塑料机械公司、广东金明精机股份有限公司等单位都已成功地开发出五层共挤出医用输液薄膜用吹塑设备，投入实际应用并取得了良好的效果。

14.5　共挤出防锈薄膜

14.5.1　概述

防锈薄膜又称气相防锈薄膜，是为金属防锈而开发的一种功能性薄膜。

14.5.1.1　金属锈蚀机理与油脂防锈

金属常常通过电化学或者化学反应，逐渐变成金属离子，进而形成化合物而被锈蚀。在导致金属锈蚀的化学反应中，氧气和水分的存在起着重大的作用。金属腐蚀时所发生的变化，可用下面的化学反应式表述。

阳极：
$$M - e \longrightarrow M^+$$

阴极：
$$O_2 + 2H_2O + 4e \longrightarrow 4OH^-$$
$$M^{n+} + nOH^- \longrightarrow M(OH)_n$$

由此可见，要有效地抑制金属的锈蚀，防止金属直接与氧气和水蒸气接触是十分重要的。

在金属制品及金属零部件的储存、运输前，常常采用涂覆油脂的方法，对金属表面予以保护，达到防锈的目的，然后这些被外部油脂保护的物件，在使用时需要再用溶剂将油脂清洗干净，这样的防锈方法，不仅需要耗费大量的人力、物力，而且溶剂的散逸对操作工人的身体健康、对环境保护也十分不利。

气相防锈剂技术的开发应用为金属件的包装、储运开辟了一条理想的途径，因而受到业界的高度重视与欢迎。

14.5.1.2　气相防锈技术

气相防锈技术是以应用气相防锈剂为基础的一种新的防锈技术。气相防锈剂，简称 VCI（volatile corrosion inhibitor）；气相防锈剂也称气相缓蚀剂，简称 VPI（vapor phase inhibitor）。

气相缓蚀剂是在常温下具有一定挥发性的物质（可以是液态物质，也可以是在常温下就能不断地挥发、充满整个包装容器的挥发性固态物质），气相缓蚀剂在常温下持续、缓慢地气化，最终能够在密闭空间内始终处于"饱和"状态。包装中挥发到空气中的缓蚀剂蒸气，被所包装的金属件表面吸附，在金属表面，形成一到两个分子厚的稳定保护膜，防止氧气、湿气等物质对金属件表面的接触，从而保护金属，避免外界环境对金属的腐蚀。

14.5.1.3 气相防锈薄膜

气相防锈薄膜简称防锈薄膜，它含有气相防锈剂，依靠气相防锈剂的作用产生防锈效果。

(1) 气化性防锈塑料薄膜的一般特点

① 储存、运输方便，应用面广　防锈对象可以是金属的零部件，也可以是由金属的零部件组装的整机，小到几毫米的机械零件，大到整架飞机都可采用气相防锈塑料薄膜包装。

② 使用方便，包装效率高　防锈工艺与传统的涂油防锈工艺对比如下。

a. 传统的涂油防锈包装　产品→防锈设备→上防锈油→晾干→去除残油→包装→运输→打开包装→去油→使用。

b. 防锈薄膜防锈包装　产品→VCI膜包装→运输→打开包装→使用。

防锈薄膜除了可制成包装袋、采用热封包装外，也可利用胶带、订书机等简单封合。使用防锈薄膜防锈，包装过程容易实现包装自动化，省工、省时。

③ 改善劳动条件、提高环保适应性　有助于改善劳动条件，还可提高环境保护适应性。

④ 防锈效果显著　采用防锈薄膜包装，具有突出的防锈效果，防锈期可较涂油防锈法提高1倍以上。防锈薄膜包装的金属件，海运防护可达2年以上，仓储保护可达5年，见表14-5。

表 14-5　几种防锈包装方法效果的比较

包装方法	防锈期	适应范围	应用状况
涂防锈油,包防锈纸包装	1年	小零件	能基本满足防锈包装工艺要求
涂防锈油,包塑料袋包装	1年	通用零件	能基本满足防锈包装工艺要求
防锈塑料薄膜包装	2年以上	通用零件	能满足不同客户的防锈包装要求,尤其是合资或外资企业的无油包装要求

⑤ 便于观察包装物锈蚀变化情况　气相防锈薄膜透明性较好，不用打开包装就可以看清楚膜内的物体表面是否有锈蚀产生。

(2) 防锈薄膜的基本知识　防锈薄膜要有效满足对金属件的防锈要求，对金属件具有可靠的保护作用，不仅必须具有良好的防锈功能，同时还需要具有良好的力学性能。国家标准 GB/T 19232—2004，对防锈薄膜的分类、标识卡形式及代号、防锈功能和物理性能，提出了基本要求。

根据防锈薄膜应用领域的不同，可分为黑色金属用、有色金属用和多金属用几个大类。

根据防锈薄膜结构的不同，可分为单层、双层和多层等几个大类。

多层共挤出防锈薄膜不仅可直接由塑料粒子吹塑而得，具有生产工艺路线短、成本低的优势，而且因防锈层一般均置于多层复合薄膜的内层，与单层防锈薄膜相比，吹塑可以有效避免大量的防锈剂散逸到大气之中，减少防锈剂的浪费，改善车间的环境卫生；使用过程中，也可有效地防止防锈剂向包装外的大气中散逸，而将防锈剂的扩散最大限度地控制在包装的内部空间而有利于改善防锈效果，改善环境卫生，因此，多层共挤出类防锈薄膜是一种值得高度重视、大力倡导的包装材料。

14.5.2　生产工艺

14.5.2.1　工艺要点

采用挤出吹塑法生产防锈薄膜，是将气相防锈剂直接混入塑料粒子中（更为理想的是采用气相防锈母料与塑料粒子混合），然后挤出吹塑而得到防锈薄膜。制造吹塑气相防锈薄膜时，还可采用共挤出吹塑成膜法。采用共挤出工艺时，薄膜的外层不含气相防锈剂，不仅可减少气相防锈剂的用量，降低生产成本，而且可减少气相防锈薄膜生产时气相防锈剂向车间的挥发，以及气相防锈薄膜使用时气相防锈剂向包装袋外的散逸，改善环境质量。

与涂覆型产品相比，吹塑法的优点是：制得的防锈薄膜具有清洁美观、透明性高、生产工艺流程短、生产成本低等优点，是当今气相防锈薄膜的主要方法。

与涂覆型产品相比，吹塑法生产的防锈薄膜的不足之处是：防锈诱导期较长（气相缓蚀剂需从薄膜的内部向薄膜的表面扩散、析出，再挥发到大气中，呈现防锈效果需要一定的时间）；气相防锈剂在生产过程中要承受高温处理，对气相防锈剂的要求较高，气相防锈剂的选择或工艺控制不当，气相防锈剂容易产生气化、液化甚至变质，从而影响薄膜生产过程的顺利进行和产品的防锈效果，随着气相防锈剂生产水平的提高、气相防锈剂品种的扩大及相关助剂的开发应用，这类问题已逐步得到解决。

气相防锈塑料薄膜核心技术，是筛选具有高温（200℃）稳定性和适宜蒸气压的气相防锈剂，并使其以超微粉形态与聚乙烯均匀混合，因此常常需要对气相防锈剂进行预处理，并进行高质量的熔混造粒（更为可取的是，先将优良的防锈剂和载体塑料制得高气相防锈剂含量的防锈母粒，再将此母料均匀地混入聚烯烃树脂中），再应用吹塑工艺，制取薄膜。

14.5.2.2　气相防锈剂的筛选与处理

（1）防锈薄膜用防锈剂的选用原则　防锈薄膜是添加有气相防锈剂的塑料薄膜，应用过程中，依靠塑料薄膜中的气相防锈剂不断向薄膜的表面扩散，然后挥发到空气中，被金属件的表面吸附，表现出对金属件的保护效果。防锈剂的选择，除了需要具有良好的防锈效果之外，还应当与母体塑料有适度的相容性，不与塑料的各组分产生化学反应，对塑料的性能不产生负面影响；此外，它必须具有足够的耐热性，能够满足塑料成膜加工的需要。

由于塑料加工条件一般是在150～195℃之间，而常用的气相防锈剂稳定的温度范围多在100℃以下，一些加工温度较高的气相防锈剂防锈效果又不太理想，因此筛选具有较高加工温度、具有优良气相防锈性能的气相防锈剂便成为关键技术之一。另外，由于通常气相防锈剂粒度较大，为了满足正常生产、减少对塑料薄膜的物理性能的不利影响、满足塑料薄膜良好外观的需要，往往需对固体气相防锈剂进行细化处理（超微粉碎，同时还要防止带入潮气）。实践证明，采用流化床式气流磨，对气相防锈剂进行超微粉碎，粉碎后气相防锈剂的粒度可达到 $3\mu m$ 左右，而且不易带入潮气，能满足吹塑气相防锈薄膜的需要。

（2）气相防锈剂母粒的制造　要实现连续、稳定地工业化生产，保证产品质量，减少废品率和中间控制环节，将经细化处理的气相防锈剂与载体树脂及所需要的其他加工助剂混合后造粒，制得高气相防锈剂含量的母粒，再和塑料粒子混合吹制薄膜，往往是制造优质气相防锈薄膜的有效手段。

14.5.2.3　吹塑型防锈塑料薄膜实例

文献 [25，26] 公开了一种由内外两层组成的气相防锈薄膜及其生产方法，其生产工艺大体相同，摘要介绍如下。

实施例 1

将亚硝酸钠 1kg、乌洛托品 1kg、1250 目轻质碳酸钙 0.6kg 混合，然后放进气流磨进行研磨 40min 左右，至 100% 的物料细度在 600 目以上，95% 的物料细度在800 目以上。

将粉体放进 106℃ 鼓风烘箱中进行干燥，干燥 2.6h 后取出。

取熔体指数为 2g/10min 的低密度聚乙烯 10kg，放入高速搅拌机搅拌 2min 左右，待其表面软化之后，加入氧化聚乙烯蜡 0.2kg 和磨好的粉料，高速搅拌 1min，粉料基本粘在聚乙烯粒子上后放出，在密封包装条件下冷却至室温，然后进行造粒，得防锈母料。

将低密度聚乙烯 40kg 和防锈母料，在高速搅拌机内混合均匀后，加到双层共挤出吹塑薄膜机组的内层挤出机料斗中，同时在外层挤出机料斗中加入低密度聚乙烯与线型低密度聚乙烯的混合物（两者的质量比为 25∶6），在吹塑温度为 155～185℃、内外层螺杆的转速比为 1.76∶1 的条件下，吹制共挤出薄膜，得双层气相防锈薄膜。

实施例 2

称取气相缓蚀剂原料四硼酸钠 1kg、钼酸铵 2kg、月桂酸环己胺 3kg，分散润滑剂聚乙烯蜡 0.3kg，载体塑料 EVA 2.5kg，将各组分混合均匀后，投入高速搅拌机中混合 20min，利用高速搅拌机产生的摩擦热，使 EVA 颗粒发黏，使聚乙烯蜡熔化，当气相缓蚀剂均匀地黏附在 EVA 上时出料，自然冷却后，再投入造粒机中进行造粒，获得添加剂母粒。

称取内侧防锈剂释放层塑料原料线型低密度聚乙烯 72kg 和低密度聚乙烯 18kg，将其与所制得的添加剂母粒均匀混合后，投入吹塑机的内层挤出机的料斗中；取外侧屏蔽层塑料原料低密度聚乙烯，投入吹塑机的外层挤出机的料斗中。在 130~180℃温度范围内进行共挤出吹膜，吹膜时外侧屏蔽层螺杆速度控制在 18~25r/min 范围内，内侧防锈剂释放层螺杆转速控制在 30~40r/min 范围内，使外侧屏蔽层厚占总厚度的 20%~40%，内侧防锈剂释放层厚占总厚度的 60%~80%，吹制厚度 0.10mm 的筒状膜，分切卷取，即得双层环保气相防锈薄膜。

实施例 3

称取气相缓蚀剂原料四硼酸钠 2kg、钼酸铵 1kg、月桂酸环己胺 1.5kg，分散润滑剂聚乙烯蜡 0.2kg，载体塑料 EVA 2.0kg，将各组分混合均匀后，投入高速搅拌机中混合 20min，利用高速搅拌机产生的摩擦热使 EVA 颗粒发黏，使聚乙烯蜡熔化，当气相缓蚀剂均匀地黏附在 EVA 上时出料，自然冷却后，再投入造粒机中进行造粒，获得添加剂母粒。

称取内侧防锈剂释放层塑料原料线型低密度聚乙烯 64kg 和低密度聚乙烯 16kg，将其与制备好的添加剂母粒均匀混合后，投入吹塑机的内层挤出机的料斗中；同时取外侧屏蔽层塑料原料低密度聚乙烯，投入吹塑机的外层挤出机的料斗中。

在 130~180℃温度范围内进行共挤出吹膜，吹膜时外侧屏蔽层的螺杆转速为 18~25r/min，内侧防锈剂释放层螺杆转速为 30~40r/min，吹制厚度为 0.10mm 的筒状膜，分切卷取，得双层环保气相防锈薄膜。

沈阳防锈包装材料有限责任公司、中山市歌德防锈材料有限公司等单位，已有防锈薄膜的工业化产品供应，应用效果良好，但总体来讲目前国内防锈薄膜生产应用尚不够多，是一种市场潜力巨大，但尚待努力推广应用的塑料包装材料。

14.6 多层共挤出石头纸

14.6.1 概述

14.6.1.1 石头纸的基本概念

石头纸，实际上是一种高填充的塑料薄膜。石头纸，也称石科纸，是以石头粉为主要成分，再加上聚烯烃树脂与少量助剂，进行改性处理后，经挤出或压延成型而制得的特种薄膜，由于其中碳酸钙等石头粉的含量可高达 70%或更高，同时可应用于纸品的许多传统应用领域，因此被人们称为石头纸。

14.6.1.2 石头纸的主要特点

石头纸是人们公认的一种典型的环保材料，它具有一系列的优点。

（1）节能减排效果显著　石头纸的组成中，绝大部分是自然界中取之不尽、用之不竭的天然石头粉，较之普通塑料薄膜，可节约大量石油、天然气等不可再生资源。

和传统的纸张相比，石头纸可节约大量的木材，减缓森林的砍伐速度，而且石头纸可进行清洁化生产，无废水、废气与废渣的排放，不会对大气、大地和江河、海洋产生污染，此外，生产过程中耗费的能量也比较少。

（2）石头纸可具有良好的卫生性能　石头纸的主要成分碳酸钙、滑石粉、硅藻土等粉料以及聚烯烃均属无毒无害物质，只要对表面活性剂、滑爽剂、相容剂、偶联剂等附加成分的选择应用加以严格控制，石头纸的卫生安全性是没有问题的。

（3）石头纸废弃物易实现无害化处理　首先石头纸具有良好的可回收再利用的性能。石头纸类产品使用之后可以经过塑料制品的回收途径，收集后经粉碎、挤出制成 PE 塑料加工的添加粒料，生产有色的塑料袋、花盆、塑料容器等。

同时废弃物容易焚烧处理。石头纸使用后作为垃圾送到焚化炉燃烧处理时，因其中含有大量石粉及少量的树脂，只有无毒树脂可以燃烧，当树脂燃烧时，石粉会粉化而促进树脂与空气的接触，加速树脂完全燃烧，因此在燃烧中不会出现因缺氧闷烧而产生黑烟的问题，燃烧后没有毒性废气，而且二氧化碳的排出量少，可以减缓地球的暖化。

石头纸使用之后如被抛弃于室外，在阳光的照射下约 6 个月就会自动脆化成破碎蛋壳状，回归大自然。

由此可见，大力倡导和推广应用质优价廉的石头纸，对于我们的可持续发展、我们塑料行业的发展，具有十分积极的意义。

14.6.1.3　石头纸的生产方法

石头纸的生产方法，基本上类同于普通塑料薄膜的生产方法。可以采用挤出吹塑、挤出流延、压延等塑料薄膜的主流生产方法。生产石头纸之前，通常，先对石头粉料进行必要的表面处理，采用特定配方，配制石头纸专用料，然后通过密炼机或双螺杆挤出机（或者多螺杆挤出机）混炼、造粒，制成石头纸专用料，以备成膜之用。

制得的初级石头纸还可进行表面涂布加工，以及复合、印刷等深加工。

本节拟就对石头纸的多层共挤出吹塑进行概略的介绍。

14.6.2　石头纸专用料的制备

14.6.2.1　原辅材料的选择

（1）石头粉　常用于制造石头纸的石头粉料，主要是碳酸钙和滑石粉、硅藻土等。碳酸钙在价格上具有明显的优势，是目前石头纸生产中使用最为普遍的原料；滑石粉制得的石头纸，在刚性方面，较之碳酸钙类石头纸具有明显的优势，价位较为适中，含滑石粉的熔体流动性较好，对于挤出机和成型模的磨损较小，因此对于需要较高刚性的石头纸，或拟通过提高刚性、降低石头纸的厚度时，常采用滑石粉代替（或部分代替）碳酸钙。

碳酸钙有重质碳酸钙、轻质碳酸钙及活性碳酸钙等品种。

重质碳酸钙，是通过机械磨碎的方法，将天然碳酸钙——石灰石（方解石、大理石、白垩等）磨碎而得，成本最为低廉。重质碳酸钙有普通重钙粉、超细重质碳酸钙、湿法研磨超细碳酸钙、超细表面改性重质碳酸钙等。

轻质碳酸钙具有粒子细、粒子粒度分布范围狭窄、颗粒形状可控以及比表面积大等特性，是天然碳酸钙经过化学加工处理而得的产品，由于价格较高，目前石头纸中应用不多。

活性碳酸钙以碳酸钙为基料，采用多功能表面活性剂和复合型高效加工助剂，对无机粉体表面进行改性活化处理而成，经改性处理后的碳酸钙粉体，表面形成一种特殊的包层结构，能显著改善在聚烯烃等高聚物基体中的分散性，能显著改善与聚烯烃等高聚物的亲和性，与高聚物基体间产生界面作用，提高填充塑料制品的机械强度。

一般来讲，碳酸钙的粒度越细，应用效果越好，石头纸的强度及光洁度等质量指标都会更好；经表面改性的碳酸钙比未经表面改性处理碳酸钙的使用效果要好；但碳酸钙的粒度越细，价位越高；经表面处理的碳酸钙较未经表面处理的碳酸钙的价格要高。

考虑到产品性能和经济的综合平衡，石头纸生产中比较常用的填料通常是粒度在 1000～1500 目的活性重质碳酸钙。技术力量比较雄厚的企业，从降低成本考虑，也常购入普通重质碳酸钙，自己进行表面活性处理。

（2）树脂　用于生产石头纸的树脂主要是聚乙烯和聚丙烯，前者的熔体强度较高，可用于吹塑、流延和压延成型，后者的熔体强度较低，主要用于流延成型和压延成型。

聚乙烯有高密度、低密度等品种，高密度聚乙烯的刚性、机械强度较高，是聚乙烯中比较适用于生产石头纸的品种。从强度考虑，在同样密度的条件下，双峰聚乙烯和茂金属聚乙烯明显优于传统的普通聚乙烯。此外，在成品的热封性方面，茂金属聚乙烯有明显的优势，但双峰聚乙烯和茂金属聚乙烯的价位较高，在选取聚乙烯时，应当在性能和价格之间进行综合平衡。

通过接枝共聚，可以大幅度提高聚烯烃和无机填料粉体之间的亲和力，提高石头纸的性能（特别是机械强度），聚烯烃的接枝共聚是石头纸生产中一个值得关注的技术。

（3）其他辅助材料　石头纸比较常用的辅助材料还有偶联剂、相容剂、分散剂、滑爽剂、抗静电剂、发泡剂、阻燃剂等。其中偶联剂、相容剂、分散剂等的应用，主要目的是改善粉体填料与树脂之间的分散，确保在高填充剂用量的情况下，石头纸能够获得尽可能高的机械强度；滑爽剂、抗静电剂、发泡剂、阻燃剂等则是为了使石头纸具有良好的滑爽性、抗静电性、发泡性（降低石头纸的密度）以及阻燃等性能，满足使用上的特定要求。

石头纸专用料的具体配方是石头纸生产的核心技术，各公司都十分注意保守秘密。不过即使是初入门者，运用上述的一些基本规律，通过认真的配方设计与试验，也还是有可能步入禁区，求得适合于自己所需要的、石头纸专用料的实用配方。

14.6.2.2　石头纸专用料的制备

石头纸专用料的制备，可以采用密炼、造粒或者单螺杆挤出机挤出造粒、双螺杆挤出机挤出造粒、三螺杆挤出机挤出造粒等方法。从投资、操作方便、混炼效果等方面综合考虑，以双螺杆挤出造粒工艺应用较多。

双螺杆挤出造粒工艺示例如下：混合器预热至 100～110℃，然后加入碳酸钙粉末和 PE，低速搅拌 3～5min（搅拌速度为 80～150r/min），然后按照偶联剂、分散剂、阻燃剂、滑爽剂的顺序每隔 3～5min 依次将各种助剂加入混合器中，高速搅拌 8～10min（搅拌速度为 200～250r/min），然后物料送到双螺杆挤出机中混炼、造粒，得到石头纸专用料。

14.6.3　石头纸的共挤出吹塑成型

14.6.3.1　石头纸吹膜用生产设备

聚烯烃类薄膜的吹塑设备与工艺原则上都可以应用于石头纸的生产，但由于大量石粉的加入，会导致薄膜力学性能的明显降低，为了获得具有优良机械强度的石头纸，可参照 LDPE 热收缩薄膜的吹塑工艺，在较低熔体温度下，采用高长径比、吹胀比的吹塑，使石头纸在吹塑成型过程中塑料的大分子得到良好的拉伸定向。

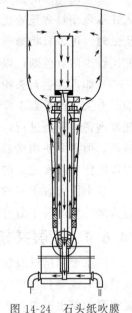

为了有助于吹塑过程中石头纸的拉伸定型，广东金明精机股份有限公司的李浩、陈新辉等发明了"一种石头纸吹膜用生产设备"，如图 14-24 所示。

该生产设备在机头中心位置设有中央排风直管，在口模上面设有圆形拉伸棒，该圆形拉伸棒呈上大下小的锥度，圆形拉伸棒的侧面包裹有布质材料，圆形拉伸棒上端的直径大于圆环形挤出口的直径，在圆形拉伸棒上面还设有内冷却风环。中央进风直管从机头中央向上延伸并穿过圆形拉伸棒，中央进风直管的上端连通内冷却风环的进气口，内冷却风环的出气口位于其进气口外围，中央排风直管从机头中央向上延伸并穿过圆形拉伸棒，再穿过内冷却风环，中央排风直管的上端开口位于内冷却风环的上方。

该发明可以使石头纸的熔体经口模挤出之后上升一段

图 14-24　石头纸吹膜
用生产设备

距离以后，形成的坯管再进行吹胀和拉伸，以确保石头纸在吹塑过程中得到良好的拉伸定向，从而提高石头纸的机械强度。同时高模头与内冷却技术结合，改善了吹膜冷却，有助于提高机组的生产效率。

14.6.3.2　石头纸的共挤出吹塑成型

通过石头纸的共挤出吹塑，可以一次制得多层石头纸，达到提高性能、降低成本的目的。

例如，可以以普通 HDPE 与有大量 1000 目的碳酸钙（如碳酸钙含量为 80%）的石头纸专用料为主核心层（占总厚度的 80%），以普通 HDPE 和较低 1000 目含量的碳酸钙（如碳酸钙含量为 40%）制成的石头纸专用料为热封层（占总厚度的 10%），以普通 HDPE 和含有大量碳酸钙（如碳酸钙含量为 70%）制成的石头纸专用料为表层（占总厚度的 10%），制得的石头纸的碳酸钙含量为 75%，但它的热封性及表面外观质量要明显高于碳酸钙含量 75% 单层石头纸（其外观质量与含碳酸钙 70% 的石头纸相当，热封性和碳酸钙含量 40% 石头纸相当）。

又如，可以以价格较低的普通 HDPE 和含有大量 1000 目的碳酸钙（如碳酸钙含量为 80%）制成的石头纸专用料为主核心层（占总厚度的 75%），以茂金属聚乙烯和较低含量的碳酸钙（如碳酸钙含量为 50%）制成的石头纸专用料为热封层（占总厚度的 15%），以普通 HDPE 和含有大量 1500 目的碳酸钙（如碳酸钙含量为 70%）制成的石头纸专用料为表层（占总厚度的 10%），可以在成本增加不多的情况下，获得热封性和外观质量更高的石头纸。

大量填充剂的加入，使得石头纸的着色性能下降，要获得较佳的效果，需要加入比本色塑料薄膜着色时多得多的着色剂，明显地增加配方成本。当需要彩色的石头纸时，可以只将薄薄的表层进行着色（仅在表层石头纸专用料中加入着色剂），使用较少的着色剂，以较低的着色成本，即可生产出需要的彩色石头纸。

又如，大量石头粉的加入，使石头纸的密度大幅度上升，发泡降低密度，是当前行业关注的重点工作之一。由于大量石头粉的加入，塑料发泡性能急剧下降，为使发泡得以顺利进行，人们开展了苯乙烯改性等大量的研究工作，并取得了可喜的进展，但需要使用接枝改性树脂，成本大幅度提高，如果采用多层共挤出复合，则可以制作中间发泡层的方法，减少改性树脂的用量，大幅度降低成本。

从上面为数不多的实例中，可以清楚地看出，合理利用多层共挤出工艺，对于石头纸的生产是十分有利的。

14.6.4　三层共挤出石头纸吹塑设备

广东金明精机股份有限公司的李浩、陈新辉等，根据传统的聚烯烃三层共挤出吹膜机头螺旋套直径大，螺旋流道长，流动阻力系数大，用于石头纸吹塑成型，需要很高的挤出压力，否则就会造成流动不畅、物料滞留，但挤出压力太高，又会造成漏料等诸多问题，发明了一种螺旋套外径小，螺旋流道长度短，适合于石头纸生产的三层共挤出机头（图 14-25），并在此基础上，结合内冷却、螺杆优化以及拉伸棒的应用等技术，开发了石头纸专用三层共挤出吹膜机组。

石头纸专用三层共挤出吹膜机组的主要技术参数如下。

(1) 制品最大幅宽　1200mm。

(2) 口模直径　ϕ150mm。

(3) 制品厚度　0.02～0.10mm。

(4) 制品结构　A/B/C。

(5) 螺杆直径　ϕ55mm/ϕ65mm/ϕ55mm。

(6) 螺杆长径比　30∶1。

(7) 螺杆转速　100r/min。

(8) 最大产量　220kg/h。

(9) 制品厚薄均匀度　≤±8%。

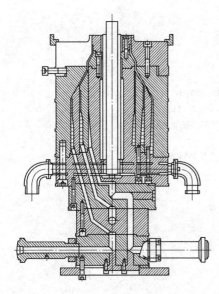

图 14-25　石头纸吹塑用三层共挤出机头

(10) 制品宽度误差　≤±3mm。

(11) 最大生产线速度　60m/min。

(12) 最大收卷直径　ϕ800mm。

(13) 机组总功率　160kW。

参 考 文 献

[1]　佚名. 多层共挤薄膜机械的现状与发展. 中国包装工业，2009，11：31-32.

[2]　苗立荣，张玉霞，薛平. 多层共挤出塑料薄膜机头的结构改进与发展. 中国塑料，2010，24（2）：11-20.

[3]　贾润礼，赵光星. 新型塑料挤出机头设计. 北京：国防工业出版社，2006：18，34，102.

[4]　Alice Blanco. Die with a Shape. Plastics Engineer，2007，63（4）：53.

[5]　Takita，Kotaro，Kikuchi，Sintaro. Coext Rusion Die and Manifold System Therefor：WO，035154A2. 2009203219.

[6]　张玉霞. 微层薄膜的技术进展及最新应用. 塑料包装，2006，16（5）：57-60.

[7]　张玉霞. 新型共挤吹塑薄膜机头. 中国塑料，2002，16（10）：6-10.

[8]　孙洪举. 均布进料多层共挤吹塑薄膜机头：中国，99223532. 200024212.

[9]　马镇鑫. 一种塑料多层共挤出机头装置：中国，00227270. 2000211229.

[10]　陶伟强，强祥珍，陶树钧. 新型多层共挤复合吹塑薄膜旋转机头的设计. 中国塑料，2006，20（9）：88-90.

[11]　占国荣，周南桥. 国外多层共挤吹塑薄膜技术. 塑料制造，2007，（10）：106-111.

[12]　Davison Randolph L，Blember Robert John. Hybrid Disk-Cone Extrusion Die Module：WO，011566A1. 2003202213.

[13]　Alice Blanco. Coext Rusion Keeps a Low Profile. Plastics Engineer，2005，61（4）：50.

[14]　Alice Blanco. Nine-layer Coextrusion Die. Plastics Engineer，2004，60（10）：38.

[15]　孙洪举. 多层共挤叠加型机头性能介绍. 塑料包装，2001，11（2）：38-39.

[16]　葛良忠彦. バリャ性包装材料の動向. 包装技术，2011，12：8-19.

[17]　陈昌杰. 略论阻隔性软包装材料. 上海塑料，2011，1.

[18]　中国专利 200510037179.9.

[19]　中国专利 200510049011.X.

[20]　中国专利 2010102010950.5.

[21]　中国专利 200810200994.6.

[22]　陈昌杰. 功能性塑料包装薄膜. 北京：化学工业出版社，2010：289-322.

[23]　孙凯. 气相防锈塑料薄膜关键技术. 塑料包装，2004，3：8-11，27.

[24]　刘伟平，孙树仁. 气化性防锈塑料薄膜的应用研究. 汽车科技，2005，(1).

[25]　公开号 CN 1344616A. 气相防锈薄膜及其生产方法.

[26]　发明公开号 CN 101249903A. 双层环保气相防锈薄膜及其制备方法.

[27]　中国专利 201010236841.4.

[28]　中国专利 201010203147.2.

[29]　中国专利 201020272750.1.

第四篇

塑料软包装材料的
性能测试

第15章 食品用塑料包装薄膜产品的检测标准与方法

15.1 概述

　　塑料软包装是指用塑料薄膜或塑料薄膜与纸、纤维制品、铝箔、复合材料等复合而成的复合膜进行的包装。塑料软包装材料由于有良好的韧性、防潮性和热封性，而且加工成型方便、价格便宜，使得当今这种材料的使用非常广泛，目前已经成为食品包装领域的主流材料。但是为了改进塑料的性能，通常还要在聚合物中添加各种辅助材料，才能将塑料加工成为性能良好、能满足食品包装要求的材料。目前常用添加剂主要有填充剂、增塑剂、抗氧剂、稳定剂、着色剂、润滑剂等。

　　添加了这些添加剂的塑料材料在与食物的接触过程中，材料中的残留溶剂、未聚合的游离单体及其塑料制品的降解产物，以及稳定剂、增塑剂、抗氧剂、着色剂等助剂都会向食物迁移，对食品安全构成威胁。作为食品包装领域最主要的包装材料之一，食品塑料软包装材料的安全问题显得格外重要。

15.2 食品用塑料包装复合膜产品的主要添加剂

　　（1）填充剂　填充剂一般都是粉末状的物质，而且对聚合物都呈惰性。配制塑料时加入填充剂的目的是改善塑料的成型加工性能，提高制品的某些性能，赋予塑料新的性能和降低成本。塑料的硬度、刚度、强度、绝缘性、导电性、耐热性、成型收缩率及塑件尺寸稳定性等都可以通过添加相应的填充剂得到改善。从降低塑料成本的角度来讲，应多加填充剂，但加多后会影响其强度。目前使用量较多的填充剂有碳酸钙、滑石粉、石棉、炭黑、金属粉、聚四氟乙烯粉或纤维等。

　　（2）增塑剂　增塑剂是指增加塑料的可塑性，改善在成型加工时树脂的流动性，并使制品具有柔韧性的有机物质。它通常是一些高沸点、难以挥发的黏稠液体或低熔点的固体，一般不与塑料发生化学反应。增塑剂首先要与树脂具有良好的相容性，相容性越好，其增塑效果也越好。添加增塑剂可降低塑料的玻璃化温度，使硬而刚性的塑料变得软且柔韧。

（3）稳定剂　塑料在成型加工、储存和使用过程中，由于受内外因素的影响，逐渐老化，使物理机械性能逐渐降低，以致最后丧失使用价值。凡能阻缓塑料老化变质的物质统称为稳定剂。按所发挥的作用，稳定剂包括抗氧剂、光稳定剂、热稳定剂和防霉剂等。

（4）着色剂　着色剂可使塑料具有各种鲜艳、美观的颜色。常用有机染料和无机颜料作为着色剂。

（5）润滑剂　润滑剂的作用是防止塑料在成型时不粘在金属模具上，同时可使塑料的表面光滑美观。常用的润滑剂有硬脂酸及其钙、镁盐等。除了上述助剂外，塑料中还可加入阻燃剂、发泡剂、抗静电剂、滑爽开口剂等，以满足不同的使用要求。

针对食品用包装材料的添加剂，我国制定 GB 9685—2008《食品容器、包装材料用助剂使用卫生标准》（2009 年 6 月 1 日实施）。明确规定了食品包装材料用的添加剂的使用原则、允许使用的添加剂的种类、使用范围、最大使用量、最大残留量及特定迁移量。为保障食品的安全性，食品包装用塑料材料必须严格执行该项标准。

目前一些生产企业为降低生产成本，无节制地添加填充剂及回料，使用劣质添加剂，使得食品用塑料包装材料存在很大的安全隐患。

15.3　食品用塑料包装材料主要安全问题

15.3.1　塑料包装材料生产过程中添加剂的影响

塑料属于高分子聚合物，其为单体在适当条件和引发剂的作用下，发生聚合反应而形成的。塑料在加工过程中都要添加各种添加剂，这些添加剂有些是无毒的，有些是有毒的，有些是多种添加剂综合后才有毒。有些添加剂比较稳定，有些比较活泼。当塑料在高温分解的情况下，某些添加剂也许会释放有害成分，对人体造成伤害。这是因为塑料单体和加工助剂都属于低分子化合物，在一定的介质和温度条件下，会从塑料中溶出，转移到食品中，从而污染食品，给人体健康造成危害。一般来说，用于食品直接包装的塑料原料是安全的，在常温下表现出的化学稳定性、耐热性等都能满足安全要求。但对于熔融时的食品包装材料是否还安全，就要通过检测进行判定。如液体包装膜由于是在熔融的状态下直接与液体接触，往往容易造成液体食品的严重污染和质量安全问题。

15.3.2　印刷用油墨的影响

油墨大致可分为苯类油墨、无苯油墨、水性油墨和醇性油墨。因为油墨中的重金属和溶剂会同时向内和向外迁移，如果它们进入包装内容物中就会存在安全隐患。我国现在提倡使用环保型油墨（醇溶性油墨和水性油墨），尤其是水性油墨作为环保型油墨越来越多地被推广使用。但是仍有许多厂家使用传统的溶剂型油墨，尤其是使用苯溶剂型油墨进行印刷。尽管我国至今没有明确禁止使用这类油墨，但在欧美等发达国家已有明文规定，在食品包装中禁止使用苯类溶剂。苯类溶剂中含有甲苯或二甲苯，这些物质一旦渗入皮肤进入人体会危及人的造血功能和神经系统。目前国内有些小油墨厂家用染料替代颜料进行油墨的生产，而染料的迁移会严重影响食品的安全；另外，有的油墨为提高附着牢度会添加一些促进剂，如硅氧烷类物质。硅氧烷类物质在一定的干燥温度下基团会发生键的断裂生成甲醇等物质，而甲醇会对人的神经系统产生危害。水性油墨因为其溶剂是水，对环境没有影响，而且对人体健康不构成威胁，应作为食品用包装材料印刷用油墨的主要发展方向。但是由于其成本较高，印刷的适印性要求较高，所以大多数企业仍习惯采用溶剂型印刷油墨。

15.3.3 复合塑料包装材料使用的黏合剂及其稀释剂残留物的影响

首先是复合用胶黏剂中的游离单体以及该产品在高温时裂解下来的低分子量有毒有害物质带来的污染危害。因为现在使用的聚氨酯胶黏剂，其使用的原料是芳香族异氰酸酯，它遇水会水解生成芳香胺，而芳香胺是一类致癌物质。我国的 GB 9683—2003《复合食品包装袋卫生标准》规定，经加热抽提处理后，包装袋的芳香胺（包括游离单体和裂解的碎片，以甲苯二胺计）含量不得大于 0.004mg/L，只有低于这个限量才是安全的。

其次是胶黏剂中的溶剂种类问题。溶剂型 PU 胶的溶剂应该是高纯度的单一溶剂即乙酸乙酯，但个别生产供应商也可能使用回收的不纯净的乙酸乙酯，带来安全问题，更有个别的生产供应商会掺和一些甲苯进去，甚至还采用以甲苯、二甲苯为溶剂的单组分压敏胶，这就更具潜在危害了。

再次就是胶黏剂中的重金属含量问题。它与油墨中的这个问题一样，若重金属含量超标，同样对人体健康和环境会造成危害。我国目前还没有食品包装用胶黏剂的行业、部颁或国家标准，各个生产供应商的企业标准中也没有重金属含量这个项目和指标，但欧盟的 94/62/EC 或 90/128/EEC 指令中，已对制造复合包装材料用胶和包装袋成品中铅、汞、镉、铬的含量规定了严格的指标要求。

15.4　我国食品接触材料及制品标准体系结构

15.4.1　食品安全法

2009 年 2 月 28 日第十一届全国人民代表大会常务委员会第七次会议通过了新的《食品安全法》，并于 2009 年 6 月 1 日起实施。自此，新的《食品安全法》代替了 1995 年颁布实施的《食品卫生法》，相比起来新法更加完善和具体。新法首次提出国家建立食品安全风险监测制度，对食源性疾病、食品污染以及食品中的有害因素进行监测。并对食品添加剂做了规范，从无害转变到了必要，即以前是无害就可以添加，现在是有必要才能添加。我国《食品安全法》对于食品包装材料的定义是：包装、盛放食品用的纸、竹、木、金属、搪瓷、塑料、橡胶、天然纤维、化学纤维、玻璃等制品和接触食品的涂料。《食品安全法》中明确规定，国家对食品添加剂的生产实行许可制度，食品添加剂应该在技术上确有必要，而且经过风险评估证明安全可靠。《食品安全法》对食品包装进行了明确规定：食品包装材料应当无毒、清洁，禁止生产经营被包装材料、容器、运输工具等污染的食品。为了真正做到保障我国人民的食品安全，需要按照《食品安全法》的规定严格实施，不断健全政策、完善标准以及提高检测技术，来确保食品及相关产品的安全，要构建有中国特色、符合国家和地方特色的产品质量及食品安全监管的长效机制。

15.4.2　部门规章制度

卫生部针对不同材质的食品包装材料在 1990 年 11 月 26 日卫生部令第 8 号发布施行了九项管理办法——《食品用塑料制品及原材料卫生管理办法》、《食品包装用原纸卫生管理办法》、《陶瓷食具容器卫生管理办法》、《食品用橡胶制品卫生管理办法》、《铝制食具容器卫生管理办法》、《搪瓷食具容器卫生管理办法》、《食品容器内壁涂料卫生管理办法》、《食品罐头内壁环氧酚醛涂料卫生管理办法》、《食品容器过氯乙烯内壁涂料的卫生管理办法》，主要规定了各类食品容器、包装材料的基本卫生要求。

针对我国相关出口产品因安全质量问题而被禁止入境、退货或销毁事件增多、负面影响扩大的局势，国家质检总局在 2006 年开展了对食品接触材料的专项整治行动，当年 9 月发布了《关于对食品用塑料包装、容器、工具等制品实施市场准入制度的公告》。自 2008 年 1 月 1 日起，39 种食品用塑料制品实行强制性市场准入制度 "QS"，未获证企业不得生产，经营者不得经营。2007 年 8 月又与海关总署联合发布公告，将塑料餐厨具等四类商品纳入强制实施出口检验范围。2009 年，塑料餐厨具等产品正式列入出口法检目录。

15.4.3　食品容器、包装材料基础标准

强制性国家标准 GB 9685—2008《食品容器、包装材料用添加剂使用卫生标准》自 2009 年 6 月 1 日起正式实施。该标准是由卫生部和国家标准化管理委员会于 2008 年 9 月 9 日联合发布。该标准参考了美国联邦法规第 21 章第 170 部分～第 189 部分、美国食品和药物管理局发布的食品接触物通报列表以及欧盟第 2002/72/EC 号指令食品接触塑料等相关法规。GB 9685—2008《食品容器、包装材料用添加剂使用卫生标准》，该标准适用于所有食品容器、包装材料用添加剂的生产、经营和使用者，对食品接触用塑料、纸制品、橡胶等材料中用到的增塑剂、增韧剂、固化剂、引发剂、促进剂、防老剂、阻燃剂等及有关胶黏剂、油墨、颜料等都做出了明确的规定。规定了食品容器、包装材料添加剂的使用原则、允许使用的添加种

类、使用范围、最大使用量、最大残留量或特定迁移量及其他限制要求等，为适应新的《食品安全法》的出台实施，该标准对 2003 年版本标准进行了大范围的修订，批准使用添加剂的品种由原标准中的几十种扩充到 959 种。标准还以附录的形式列出了允许使用的添加剂的名单、化学文摘登记号（CAS 号）等。

15.4.4 塑料食品包装材料卫生标准

我国目前塑料食品包装材料及容器卫生标准分别由卫生部、国标委和质检总局3 个部门发布。国家产品卫生标准共 21 项，其中成型品卫生标准 12 项，树脂标准9 项，除 GB 9690—2009《食品容器包装材料用三聚氰胺-甲醛成型品卫生标准》由卫生部和国标委于 2009 年发布外，其余均为卫生部于 20 世纪 80～90 年代发布。目前这些标准均在修订中。我国产品卫生标准见表 15-1。

表 15-1　我国产品卫生标准

序号	标准名称	标准号	备　注
1	食品容器、包装材料用聚氯乙烯树脂卫生标准	GB 4803—1994	树脂卫生标准
2	食品包装用聚乙烯树脂卫生标准	GB 9691—1988	
3	食品包装用聚苯乙烯树脂卫生标准	GB 9692—1988	
4	食品包装用聚丙烯树脂卫生标准	GB 9693—1988	
5	食品容器及包装材料用聚对苯二甲酸乙二醇酯树脂卫生标准	GB 13114—1991	
6	食品容器及包装材料用不饱和聚酯树脂及其玻璃钢制品卫生标准	GB 13115—1991	
7	食品容器及包装材料用聚碳酸酯树脂卫生标准	GB 13116—1991	
8	食品容器、包装材料用偏氯乙烯-氯乙烯共聚树脂卫生标准	GB 15204—1994	
9	食品包装材料用尼龙 6 树脂卫生标准	GB 16331—1996	
10	食品包装用聚氯乙烯成型品卫生标准	GB 9681—1988	成型品卫生标准
11	复合食品包装袋卫生标准	GB 9683—1988	
12	食品包装用聚乙烯成型品卫生标准	GB 9687—1988	
13	食品包装材料用聚丙烯成型品卫生标准	GB 9688—1988	
14	食品包装用聚苯乙烯成型品卫生标准	GB 9689—1988	
15	食品包装用三聚氰胺成型品卫生标准	GB 9690—2009	
16	食品容器及包装材料用聚对苯二甲酸乙二醇酯成型品卫生标准	GB 13113—1991	
17	食品容器、包装材料用聚碳酸酯成型品卫生标准	GB 14942—1994	
18	食品包装用聚氯乙烯瓶盖垫片及粒料卫生标准	GB 14944—1994	
19	食品包装材料用尼龙成型品卫生标准	GB 16332—1996	
20	食品容器、包装材料用橡胶改性的丙烯腈-丁二烯-苯乙烯成型品卫生标准	GB 17326—1998	
21	食品容器、包装材料用丙烯腈-苯乙烯成型品卫生标准	GB 17327—1998	

15.4.5 塑料食品包装材料及容器产品质量标准

我国目前的产品质量标准分别由国家标准化管理部门、质量技术监督部门、轻工业管理部门、发改委、中国包装总公司等部门发布，主要是对纸类、塑料、塑料复合等包装材料和容器的物理性能、力学性能和卫生性能以及标签等指标的规范性要求，制定的国家标准和行业标准，主要技术指标除上述卫生标准中包括的卫生指标外，还包括外观、尺寸（包括长度、宽度、厚度等）、物理机械性能（如拉伸性能、撕裂性能、冲击性能、剥离力、热合强度、穿刺性能等）；光学性能有透光率、雾度、光泽度等；阻隔性能有气体透过率、水蒸气透过率等性能指标。

国家标准中有强制性标准和推荐性标准两种。前者需要食品包装材料和制品的生产、经营、销售和使用部门强制执行，进口到我国的相关产品也必须满足标准中的质量要求；后者更加侧重于对食品包装材料和制品提出一个统一的、规范性的要求，为相关部门推荐使用，例如，GB/T 18192—2008《液体食品无菌包装用纸基复合材料》、GB 10457—2009《食品用塑料自黏保鲜膜》、GB 19741—2005《液体食品包装用塑料复合膜、袋》均为强制性标准，GB/T 21302—2007《包装用复合膜、袋通则》、GB/T 17030—2008《食品包装用聚偏二氯乙烯（PVDC）片状肠衣膜》等为推荐性标准。

塑料食品包装材料及容器产品行业质量标准，由轻工业管理部门和中国包装总公司等部门发布，轻工业管理部门发布的行业标准由 QB 字母开头，如 QB 1231—1991（2009）《液体包装用聚乙烯吹塑薄膜》、QB/T 1871—1993《双向拉伸尼龙（BOPA）/低密度聚乙烯（LDPE）复合膜、袋》、QB/T 2461—1999《包装用降解聚乙烯薄膜》等。中国包装总公司发布的行业标准由 BB 字母开头，如 BB/T 0002—2008《双向拉伸聚丙烯珠光薄膜》、BB/T 0014—2011《夹链自封袋》、BB/T 0041—2007《包装用多层共挤阻隔膜通则》等。我国食品用塑料薄膜类产品质量标准见表 15-2。

表 15-2 我国食品用塑料薄膜类产品质量标准

序号	标准名称	标准号
1	包装用聚乙烯吹塑薄膜	GB/T 4456—2008
2	包装用塑料复合膜、袋 干法复合、挤出复合	GB/T 10004—2008
3	普通用途双向拉伸聚丙烯(BOPP)薄膜	GB/T 10003—2008
4	食品用塑料自黏保鲜膜	GB 10457—2009
5	聚乙烯热收缩薄膜	GB/T 13519—1992
6	食品包装用聚氯乙烯硬片、膜	GB/T 15267—1994
7	包装用复合膜、袋通则	GB/T 21302—2007
8	双向拉伸聚苯乙烯(BOPS)片材	GB/T 16719—2008
9	包装用双向拉伸聚酯薄膜	GB/T 16958—2008

序号	标准名称	标准号
10	食品包装用聚偏二氯乙烯(PVDC)片状肠衣膜	GB/T 17030—2008
11	液体食品无菌包装用纸基复合材料	GB/T 18192—2008
12	液体食品保鲜包装用纸基复合材料	GB/T 18706—2008
13	液体食品包装用塑料复合膜、袋	GB 19741—2005
14	聚烯烃热收缩薄膜	GB/T 19787—2005
15	双向拉伸尼龙薄膜	GB/T 20218—2006
16	包装用复合膜、袋通则	GB/T 21302—2007
17	塑料购物袋的环保、安全和标识通用技术要求	GB 21660—2008
18	塑料购物袋	GB/T 21661—2008
19	塑料购物袋的快速检测方法与评价	GB/T 21662—2008
20	聚偏二氯乙烯(PVDC)自黏性食品包装膜	GB/T 24334—2009
21	日用塑料袋	GB/T 24984—2010
22	食品包装用多层共挤膜、袋	GB/T 28117—2011
23	食品包装用塑料与铝箔复合膜、袋	GB/T 28118—2011
24	双向拉伸聚丙烯珠光薄膜	BB/T 0002—2008
25	聚偏二氯乙烯(PVDC)涂布薄膜	BB/T 0012—2008
26	软塑折叠包装容器	BB/T 0013—2011
27	夹链自封袋	BB/T 0014—2011
28	包装用镀铝膜	BB/T 0030—2004
29	商品零售包装袋	BB/T 0039—2006
30	包装用多层共挤阻隔膜通则	BB/T 0041—2007
31	未拉伸聚乙烯、聚丙烯薄膜	QB/T 1125—2000
32	单向拉伸高密度聚乙烯薄膜	QB/T 1128—1991(2009)
33	液体包装用聚乙烯吹塑薄膜	QB 1231—1991(2009)
34	双向拉伸尼龙(BOPA)/低密度聚乙烯(LDPE)复合膜、袋	QB/T 1871—1993
35	聚丙烯吹塑薄膜	QB/T 1956—1994(2009)
36	包装用降解聚乙烯薄膜	QB/T 2461—1999

15.4.6 塑料食品包装材料卫生性能分析和物理机械性能检测方法标准

15.4.6.1 卫生性能分析方法标准

　　包装材料的卫生性能越来越受到人们的关注。在国际贸易中，许多国家禁止含有有害物质的材料进入市场，如对重金属、溶剂残留等的含量，各国都有所限制。我国对有关食品包装材料的卫生性能也有许多规定。制定了一套用于塑料包装材料卫生性能的检验方法标准。常用的有 GB/T 5009.58—2003《食品包装用聚乙烯树脂卫生标准的分析方法》、GB/T 5009.59—2003《食品包装用聚苯乙烯树脂卫生标准的分析方法》、GB/T 5009.60—2003《食品包装用聚乙烯、聚苯乙烯、聚丙烯成型品卫生标准的分析方法》、GB/T 5009.61—2003《食品包装用三聚氰胺成型品卫生标准的分析方法》。这些标准主要规定了对食品包装材料的有机物、无机物、重金属、耗氧量、脱色性等的试验方法。将被测材料按一定尺寸比例、在一定温度的水、乙醇、乙酸、正己烷中浸泡一定时间，获得浸泡液。这些液体分别模拟包装材料接触的水、醋类、酒类和油类。食品包装材料和容器的分析和检测方法标准，用于分析和检测食品包装材料和容器对食品的安全性。我国卫生性能分析方法标准见表 15-3。

表 15-3　我国卫生性能分析方法标准

序号	标准名称	标准号
1	食品包装用聚乙烯树脂卫生标准的分析方法	GB/T 5009.58—2003
2	食品包装用聚苯乙烯树脂卫生标准的分析方法	GB/T 5009.59—2003
3	食品包装用聚丙烯树脂卫生标准的分析方法	GB/T 5009.71—2003
4	食品容器及包装材料用不饱和聚酯树脂及其玻璃钢制品卫生标准分析方法	GB/T 5009.98—2003
5	食品容器及包装材料用聚碳酸酯树脂卫生标准的分析方法	GB/T 5009.99—2003
6	尼龙 6 树脂及成型品中己内酰胺的测定	GB/T 5009.125—2003
7	食品包装用树脂及其制品的预试验	GB/T 5009.166—2003
8	聚氯乙烯树脂　残留氯乙烯单体含量的测定　气相色谱法	GB/T 4615—2008
9	食品包装用聚乙烯、聚苯乙烯、聚丙烯成型品卫生标准的分析方法	GB/T 5009.60—2003
10	食品包装用三聚氰胺成型品卫生标准的分析方法	GB/T 5009.61—2003
11	食品包装用聚氯乙烯成型品卫生标准的分析方法	GB/T 5009.67—2003
12	食品包装用发泡聚苯乙烯成型品卫生标准的分析方法	GB/T 5009.100—2003
13	复合食品包装袋中二氨基甲苯的测定	GB/T 5009.119—2003
14	食品包装用苯乙烯-丙烯腈共聚物和橡胶改性的丙烯腈-丁二烯树脂及其成型品中残留丙烯腈单体的测定	GB/T 5009.152—2003
15	食品用包装材料及其制品的浸泡试验方法通则	GB/T 5009.156—2003
16	食品包装材料中甲醛的测定	GB/T 5009.178—2003
17	聚氯乙烯膜中己二酸二(2-乙基)己酯与己二酸二正辛酯含量的测定	GB/T 20500—2006
18	食品塑料包装材料中邻苯二甲酸酯的测定	GB/T 21928—2008
19	PVC食品保鲜膜中 DEHA 等己二酸酯类增塑剂的气相色谱串联质谱法	SN/T 1778—2006
20	食品容器及包装材料用聚酯树脂及其成型品中锑的测定方法	GB/T 5009.101—2003
21	食品容器、包装材料用聚氯乙烯树脂及成型品中残留 1,1-二氯乙烷的测定	GB/T 5009.122—2003
22	食品中包装用聚酯树脂及其成型品中锗的测定	GB/T 5009.127—2003

序号	标准名称	标准号
23	食品接触材料 塑料中受限物质 塑料中物质向食品及食品模拟物特定迁移试验和含量测定方法以及食品模拟物暴露条件选择的指南	GB/T 23296.1—2009
24	食品接触材料 高分子材料 食品模拟物中 1,3-丁二烯的测定 气相色谱法	GB/T 23296.2—2009
25	食品接触材料 塑料中 1,3-丁二烯含量的测定 气相色谱法	GB/T 23296.3—2009
26	食品接触材料 高分子材料 食品模拟物中 1-辛烯和四氢呋喃的测定 气相色谱法	GB/T 23296.4—2009
27	食品接触材料 高分子材料 食品模拟物中 4-甲基-1-戊烯的测定 气相色谱法	GB/T 23296.6—2009
28	食品接触材料 高分子材料 食品模拟物中丙烯腈的测定 气相色谱法	GB/T 23296.8—2009
29	食品接触材料 塑料中环氧乙烷和环氧丙烷含量的测定 气相色谱法	GB/T 23296.11—2009
30	食品接触材料 塑料中氯乙烯单体的测定 气相色谱法	GB/T 23296.13—2009
31	食品接触材料 高分子材料 食品模拟物中氯乙烯的测定 气相色谱法	GB/T 23296.14—2009
32	食品接触材料 高分子材料 食品模拟物中 2,4,6-三氨基-1,3,5-三嗪(三聚氰胺)的测定 高效液相色谱法	GB/T 23296.15—2009
33	食品接触材料 高分子材料 食品模拟物中 2,2-二(4-羟基苯基)丙烷(双酚A)的测定 高效液相色谱法	GB/T 23296.16—2009
34	食品接触材料 高分子材料 食品模拟物中乙二醇与二甘醇的测定 气相色谱法	GB/T 23296.18—2009
35	食品接触材料 高分子材料 食品模拟物中乙酸乙烯酯的测定 气相色谱法	GB/T 23296.19—2009
36	食品接触材料 高分子材料 食品模拟物中己内酰胺及己内酰胺盐的测定 气相色谱法	GB/T 23296.20—2009
37	食品接触材料 高分子材料 食品模拟物中甲醛和六亚甲基四胺的测定 分光光度法	GB/T 23296.26—2009

15.4.6.2 物理机械性能检测方法标准

塑料薄膜的物理机械性能包括拉伸性能、撕裂性能、冲击性能、剥离力、热合强度、穿刺性能等;光学性能有透光率、雾度、光泽度等;阻隔性能有气体透过率、水蒸气透过率等性能指标。目前我国已制定有完整的相关检测方法标准,这些标准基本上是等效采用 ISO 标准制定。我国塑料薄膜的物理机械性能标准见表 15-4。

表 15-4 我国塑料薄膜的物理机械性能标准

序号	标准名称	标准号
1	塑料薄膜和片材透水蒸气性试验方法 杯式法	GB/T 1037—1988
2	塑料薄膜和薄片气体透过性试验方法 压差法	GB/T 1038—2000
3	包装材料 塑料薄膜和薄片氧气通过性试验 库仑计检测法	GB/T 19789—2005
4	塑料 拉伸性能的测定 第1部分:总则	GB/T 1040.1—2006
5	塑料 拉伸性能的测定 第3部分:薄膜和薄片的试验条件	GB/T 1040.3—2006

序号	标准名称	标准号
6	透明塑料透光率和雾度的测定	GB/T 2410—2008
7	塑料薄膜和薄片厚度的测定 机械测量法	GB/T 6672—2001
8	塑料薄膜和薄片样品平均厚度、卷平均厚度及单位质量面积的测定称量法(称量厚度)	GB/T 20220—2006
9	塑料薄膜和薄片长度和宽度的测定	GB/T 6673—2001
10	塑料镜面光泽试验方法	GB/T 8807—1988
11	软复合塑料材料剥离试验方法	GB/T 8808—1988
12	塑料薄膜抗摆冲击试验方法	GB/T 8809—1988
13	塑料薄膜和薄片抗冲击性能试验方法 自由落镖法第1部分:梯级法	GB/T 9639.1—2008
14	塑料薄膜和薄片摩擦系数测定方法	GB/T 10006—1988
15	塑料 膜和片润湿张力的测定	GB/T 14216—2008
16	塑料薄膜和薄片耐撕裂性试验方法 埃莱门多夫法	GB/T 16578.2—2009
17	塑料直角撕裂性能试验方法	QB/T 1130—1991(2009)
18	塑料薄膜包装袋 热合强度试验方法	QB/T 2358—1998(2009)

15.5 塑料薄膜主要检测方法介绍

15.5.1 物理机械性能

15.5.1.1 塑料试样状态调节和试验的标准环境

GB/T 2918—1998《塑料试样状态调节和试验的标准环境》规定了各种塑料及各类试样在相当于实验室平均环境条件的恒定环境条件下进行状态调节及试验的规范。其原理是：如果把试样暴露在规定的状态调节环境或温度中，那么试样与状态调节环境或温度质检即可达到可再现的温度和/或含湿量平衡的状态。可以看到相关标准上往往表示为："样品的状态调节和试验的标准环境按 GB/T 2918 规定进行，在标准环境状态下样品预处理时间为 4h 以上。试样环境条件为（23±2）℃，湿度（50±10）％。"这就表示塑料产品的检测对检测环境是有规定要求的，要在规定的条件下放置一定的时间，并在此条件下进行检测。

15.5.1.2 厚度

塑料薄膜厚度的检测方法有两项。一项是 GB/T 6672—2001《塑料薄膜和薄片厚度的测定 机械测量法》，该方法非等效采用 ISO 4593:1993《塑料—薄膜和薄片—厚度测定—机械测量法》。适用于薄膜和薄片厚度的测定，是采用机械法测量即接触法，测量结果是指材料在两个测量平面间测得的结果。测量面对试样施加的负荷应在 0.5～1.0N 之间。薄膜的测量精度为 0.001mm。该方法不适用于压花材料的测试。

试样裁取时应在距样品纵向端部约 1m 处，沿横向整个宽度截取试样，试样宽100mm。试样应无褶皱。同时要注意确定测量厚度的位置点，当试样长度≤300mm，测 10 个点；试样长度在 300～1500mm 之间，测 20 个点；试样长度≥1500mm，至少测 30 个点。在产品标准中往往还要考核产品的极限厚度偏差和平均厚度偏差。

厚度的极限偏差应按式(15-1) 计算：

$$\Delta t = t_{\max}(t_{\min}) - t_0 \qquad (15\text{-}1)$$

式中　Δt——厚度极限偏差，mm；

$t_{\max}(t_{\min})$——实测厚度的最大值（最小值），mm；

　　　t_0——公称厚度，mm。

厚度的平均偏差应按式(15-2) 计算：

$$t = [(t_n - t_0)/t_0] \times 100\% \qquad (15\text{-}2)$$

式中　t——厚度平均偏差，%；

　　t_n——平均厚度，mm；

　　t_0——公称厚度，mm。

另一项是 GB/T 20220—2006《塑料薄膜和薄片样品平均厚度、卷平均厚度及单位质量面积的测定称量法（称量厚度）》，该标准适用于所有的塑料薄膜和薄片，特别适用于用机械测量法测量厚度不够准确时，如测量压花薄膜的厚度。原理是：样品的厚度通过测量其质量、面积和密度计算获得。

该方法是选取一定长度、宽度的薄膜进行称量，计算其单位面积的试样质量，结果除以密度，即得出所测薄膜的厚度。需要指出的是，由于该方法测出的是薄膜平均厚度，所以当以称量法测试厚度时，无法测试薄膜的极限厚度。

15.5.1.3　拉伸强度及断裂伸长率

GB/T 1040.3—2006《塑料　拉伸性能的测定　第 3 部分：薄膜和薄片的试验条件》规定了测定厚度小于 1mm 的塑料薄膜或薄片拉伸性能的试验条件。

拉伸强度是指材料产生最大均匀塑性变形的应力。在拉伸试验中，试样直至断裂为止所受的最大拉伸应力即为拉伸强度，其结果以 MPa 表示。用仪器测试样拉伸强度时，可以一并获得拉伸断裂应力、拉伸屈服应力、断裂伸长率等数据。

拉伸强度的计算公式如下：

$$\sigma_t = p/(bd) \qquad (15\text{-}3)$$

式中　σ_t——拉伸强度，MPa；

　　p——最大负荷，N；

　　b——试样宽度，mm；

　　d——试样厚度，mm。

注意：计算时采用的面积是断裂处试样的原始截面积，而不是断裂后端口截面积。

　　断裂伸长率是表示一定长度薄膜的单位截面承受最大拉力发生断裂时的长度减去薄膜原来长度与原来长度之比。断裂伸长率表示薄膜的韧性。

　　断裂伸长率的计算公式如下：

$$S=[(L-L_0)/L_0]\times100\% \tag{15-4}$$

式中　S——断裂伸长率，%；

　　　L——试样断裂时的长度，mm；

　　　L_0——试样原来的长度，mm。

　　标准规定了4种试样：2型试样、5型试样、1B型试样、4型试样，优先选用2型试样；同时还规定了6种拉伸速度供选用。进行拉伸试验时试样的类型、拉伸速度的大小都直接影响最终结果。

　　试样制备时应注意，无论用切割还是冲切方法制备，都必须使试样边缘光滑无缺口。当用剃刀刀片、切纸刀、手术刀或其他工具切割时，应使其宽度合适、边缘平整、两边平行且无可见缺陷。当用冲刀裁切时，应定期大磨以保持冲刀的锋利度，并使用适当的衬垫材料，以确保刀刃边缘平整。并使用放大镜检查试样边缘，确保无缺口。

15.5.1.4　剥离力

　　复合薄膜是用干复式或共挤式将不同单膜复合在一起，复合的好坏直接影响复合膜的强度、阻隔性及今后的使用寿命。所以在选用包装材料前测试复合层的剥离力很重要。剥离力检测方法标准是 GB/T 8808—1988《软复合塑料材料剥离试验方法》，该方法是将试样制成一定的宽度，将预先剥开起头的被测膜的预分离层的两端夹在拉力试验机上，以一定的速度将试样剥开，测试剥开材料层间时所需的力。检测结果是一定单位长度的试样所用的力值，即单位是 N/15mm。需要特别提醒注意的是，该剥离力并非是最大力，而是整个剥离过程中的平均力，所以进行该试验时，拉力试验机一定要配置计算机，要具备有可显示拉伸与位移变化的曲线图的软件，否则无法准确读取结果。

15.5.1.5　热合强度

　　塑料薄膜作为包装材料，常常用热合的方法将被包装物封装在内，是否达到良好的密封，热合的质量很重要，目前实验室常用的设备是"热合仪"或"热合梯度仪"，是一台可设定不同温度、压力、时间的热合试验设备，它可用于试验某种材料在某种条件下封合的最佳封合质量。热合强度的检测方法标准是 QB/T 2358—1998（2009）《塑料薄膜包装袋　热合强度试验方法》，该标准适用于各种塑料薄膜包装袋的热合强度测定。试验时将热合好的样品切割成一定宽度的试样（15mm），把试样的两端夹在拉力试验机的两个夹具上，以规定的速度进行拉伸，试样封合部位破坏时的最大力值，就是热合的力值，结果一般以热合强度表示，即一定单位长度的试样所用的力值（N/15mm）。

15.5.1.6　撕裂性能

撕裂性能常用的检测方法有两种。一种是 QB/T 1130—1991（2009）《塑料直角撕裂性能试验方法》，该方法适用于薄膜、薄片及其他类似的塑料材料。试验方法是将试样裁成带有 90°直角口的试样，将试样夹在拉伸试验机的夹具上，试样的受力方法与试样方向垂直。用一定速度进行拉伸，试验结果以撕裂过程中的最大力值作为直角撕裂负荷（N）。在产品标准中一般以直角撕裂强度进行规定，即直角撕裂负荷与试样直角口部分的厚度之比，单位为 N/mm。试样如果太薄，可采用多片试样叠合起来进行试验。但是，单片和叠合试样的结果不可比较。如果是叠片进行检测，则在检测结果中应注明。

另一种是 GB/T 16578.2—2009《塑料薄膜和薄片耐撕裂性试验方法　埃莱门多夫法》，适用于软塑料薄膜、复合薄膜、薄片，不适用于聚氯乙烯、尼龙等较硬的材料。该方法是使具有规定切口的试样承受规定大小摆锤储存的能量所产生的撕裂力，以撕裂试样所消耗的能量计算试样的耐撕裂性。

15.5.1.7　摩擦性能

塑料薄膜摩擦性能的检测方法标准是 GB/T 10006—1988《塑料薄膜和薄片摩擦系数测定方法》。在产品质量标准中，往往规定静摩擦系数和动摩擦系数。

静摩擦系数是指两个接触表面在相对移动开始时的最大阻力与垂直施加于两个接触表面的法向力之比。

动摩擦系数是指两个接触表面以一定速度相对移动时的阻力与垂直施加于两个接触表面的法向力之比。

试验装置由水平试验台、滑块、测力系统和使水平试验台上两个试验表面相对移动的驱动机构等组成。

试验时通过将两个试验表面平放在一起，在一定的接触压力下，使两个表面相对移动，测得试样开始相对移动时的力和匀速移动时的力。通过计算得出试样的摩擦系数。

15.5.1.8　冲击性能

塑料薄膜冲击性能的检测方法标准有两种。一种是 GB/T 8809—1988《塑料薄膜抗摆冲击试验方法》，该标准适用于各种塑料薄膜抗摆锤冲击试验。试验是测量半圆形摆锤冲击在一定速度下冲击穿过塑料膜所消耗的能量，以 J 表示。

另一种是 GB/T 9639.1—2008《塑料薄膜和薄片抗冲击性能试验方法　自由落镖法　第 1 部分：梯级法》，该标准适用于塑料薄膜和厚度小于 1mm 的薄片。试验是在给定高度自由落镖冲击下，测定 50% 塑料薄膜和薄片试样破损时的能量，以冲击破损质量表示。在产品标准中往往按薄膜不同的厚度给出落镖的重量，取10 片试样进行检测，当薄膜破损数量小于 50% 时（除非标准中有明确规定），则该检测项目为符合标准要求。

15.5.1.9　润湿张力

GB/T 14216—2008《塑料　膜和片润湿张力的测定》，标准规定了塑料膜和片润湿张力的检测方法。试验时的环境条件是：温度（23±2）℃，湿度（50±5）％。这比平时其他物理机械性能的环境条件温度（23±2）℃、湿度（50±10）％要严格。检测时需按标准规定的要求配制混合溶液。常用的混合溶液有 38mN/m、40mN/m、42mN/m、52mN/m，必要时可用达因笔测试，便于生产企业的质量控制。试验混合溶液应储存在棕色玻璃瓶中，如果经常使用，混合溶液需要在 3 个月后重新配制，所以瓶上要贴有配制溶液的时间及有效期。每次试验应使用新棉签。

15.5.1.10　光学性能

塑料薄膜的光学性能主要有雾度、透光率、光泽度。

GB/T 2410—2008《透明塑料透光率和雾度的测定》，标准规定了透明塑料透光率和雾度的两种测定方法，方法 A 是雾度计法，方法 B 是分光光度计法。透光率是测定薄膜的光通量大小。雾度是透过透明薄膜而偏离入射光方向的散射光通量与投射光通量之比，用百分比表示。雾度表征透明材料的清晰透明程度。雾度与薄膜材料本身固有性质及所用添加物有关，例如，薄膜的结晶度和取向度，添加剂的种类、粒径大小和用量等。但也与成型加工过程和环境有关。

GB/T 8807—1988《塑料镜面光泽度试验方法》，标准规定了用 20°角、45°角和 60°角测量塑料镜面光泽的 3 种方法。目前塑料薄膜标准中往往选用 45°角检测光泽度。选用时要关注标准中对入射角的规定要求，不要盲目采购。不同的角度其光泽度没有可比性。

15.5.1.11　阻隔性能

（1）水蒸气透过率　GB/T 1037—1988《塑料薄膜和片材透水蒸气性试验方法 杯式法》，该方法适用于塑料薄膜、复合塑料薄膜、片材和人造革等材料。从检测原理上来分，透湿性测试方法主要有称重法和红外检定法两类。

称重法分为增重法和减重法。增重法的原理是：先将一定的干燥剂（一般用无水氯化钙）放入透湿杯中，在透湿杯上放置被检测的薄膜，并用蜡密封，使透湿杯内形成一个封闭的干燥空间，将透湿杯放入恒温恒湿的环境中（38℃，90％），水蒸气透过测试材料后被干燥剂吸收，以适当的时间间隔称量透湿杯重量的增加，直至恒重，从而计算出水蒸气透过率。减重法的测试原理与增重法相似，只是在透湿杯内盛的是蒸馏水或盐溶液，将试样放置在透湿杯上，并用蜡密封，使透湿杯内形成一个封闭的高湿空间，将透湿杯放入恒温干燥的环境中，透湿杯内的水蒸气透过测试材料后被恒温恒湿箱中的干燥物质吸收，以适当的间隔时间称量透湿杯重量的减少，从而计算出水蒸气透过率。目前国内一些透湿仪检测原理就是运用了减重法。

称重法的缺点是试验时间长，受环境影响较大。特别是近年来，随着高阻隔性的塑料包装材料越来越多，该方法的检测精度不能满足产品的要求。

红外检定法的原理是：用试验薄膜隔成两个独立的气流系统，一侧为具有稳定相对湿度的氮气流，并随着干燥的氮气流流向红外检定传感器，测量出氮气中水蒸气透过率。红外检定法在整个试验过程中全自动测定，不破坏扩散和渗透的平衡，结果准确可靠，同时由于红外检定法检测传感器的高灵敏度，因而可以在短时间内测量高阻隔性的材料。

目前我国的国家标准仅有称重法标准，对于水蒸气透过率较小且不可热封的材料或结构中含有吸湿性较大的材料（如纸、玻璃纸、尼龙等）时，一般应以红外检定法为宜。目前我国还没有红外检定法测量包装材料透湿率的相关标准。需要时可采用 ASTM F 1249—2001《Standard test method for water vapor transmission rate through plastic film and sheeting using a modulated infrared sensor》。

（2）气体透过率　GB/T 1038—2000《塑料薄膜和薄片气体透过性试验方法压差法》，压差法的测定原理是：用试验薄膜隔成两个独立的空间，将其中一侧（高压室）充入测定用气体，而另一侧（低压室）则抽真空，这样在试样两侧就产生了一定的压差，高压室的气体就会通过薄膜渗透到低压室，通过测量低压室的压力或体积变化就可以得出气体渗透率。压差法具有简单、方便、可以测定各种气体以及仪器设备价格较低等优点。我国在 2005 年之前唯一的气体透过率国家标准GB/T 1038—2000 就是采用了压差法，所以目前我国大部分产品标准上使用的也均为该方法，在我国目前第三方实验室所使用的气体透过率测试仪器也基本上是压差法的仪器。

GB/T 19789—2005《包装材料　塑料薄膜和薄片氧气透过性试验　库仑计检测法》，库仑计检测法氧气透过率测试仪的原理是：用试验膜隔成两个独立的气流系统，一侧为流动的待测气体（可以是纯氧气或含氧气的混合气体，可以设定相对湿度），另一侧为流动的具有稳定相对湿度的氧气。试样两边的总气压相等，但氧的分压不同，在氧气的浓度差作用下，氧气透过薄膜。通过薄膜的氧气在氮气流的载运下送至电量分析传感器中，电量分析传感器能测量出气流中所含的氧气量，从而计算出材料的氧气透过率。

电量分析型氧气透过率测试仪可以控制不同的湿度、温度及不同氧含量的气体等测试条件，能更有效地模拟包装在实际中的作用条件，测试过程中试样两侧压力相同，有利于减少试验过程中的泄漏和对试样的破坏。

我国近期在制定和修订产品标准中，已有部分产品已将该检测方法作为薄膜氧气透过率的检测依据。如 BB/T 0012—2008《聚偏二氯乙烯（PVDC）涂布薄膜》、GB/T 17030—2008《食品包装用聚偏二氯乙烯（PVDC）片状肠衣膜》等。

15.5.2　卫生性能

（1）塑料食品包装材料及容器的主要卫生指标　塑料食品包装材料及容器通常

要进行一般溶出试验和特异性指标试验。所谓溶出试验，就是根据食品包装材料和容器的不同用途（盛装水性、酸性、油性、醇性食品等），分别采用相应的食品模拟物（水、4％乙酸、正己烷、乙醇）浸泡后测定蒸发残渣（向食品中迁移的总可溶性及不溶性物质的量，反映食品包装材料在使用过程中接触到液体时析出残渣、重金属、荧光性物质、残留毒素的可能性）、高锰酸钾消耗量（代表向食品中迁移的总有机物质及不溶性还原性物质的量）、重金属（铅、镉、锑、锗、钴、铬等）、脱色试验等。特异性指标试验是根据食品包装材料的特性，检测可能污染食品的砷、氟、重金属、有机单体残留物（如氯乙烯单体、苯乙烯单体）、裂解物（如酚类、甲醛）、有害添加剂等。

试样经过浸泡后，溶出的有机物含量一般用测定高锰酸钾消耗量来表示。

浸泡液经蒸发后，可称量出包装材料被溶出的残渣的含量。

（2）脱色试验　是观察试样浸泡液不得染有颜色，以及用沾有冷餐油、乙醇等溶剂的棉花在包装材料或容器表面擦拭，棉花上不得沾有颜色来试验试样是否脱色。

（3）重金属含量　食品包装材料中的重金属（以铅计），一般采用定性的试验方法。试验原理是浸泡液中的重金属（以铅计）与硫化钠作用，在酸性溶液中形成黄棕色硫化铅，与标准色样进行比色，若深于标准色样，就表示不符合标准。

（4）单体含量　检测有机单体残留物。如 GB/T 4615—2008《聚氯乙烯树脂残留氯乙烯单体含量的测定　气相色谱法》，氯乙烯单体聚合时，微量未反应的氯乙烯可能残留在树脂中，由于氯乙烯单体对人体的危害性，应控制其限量，指标控制在不得超过百万分之一。

该方法以气-液平衡为基础，试样在密封容器内，用合适的溶剂溶解。在一定温度下，氯乙烯单体向空间扩散，达到平衡后，取定量顶空气体注入气相色谱中测定，以保留时间定性，以峰面积（峰高）定量。

15.5.3　溶剂残留量

近几年由于发生多起食品包装袋苯系物超标事件，引起了公众对塑料软包装材料中的残留溶剂问题的广泛关注。塑料软包装材料尤其是复合膜材料的生产过程中，涉及印刷油墨和胶黏剂的稀释过程，不可避免地要用到大量的有机溶剂，这些溶剂中的绝大多数都具有很强的毒性甚至致癌性，而且这些溶剂或多或少都会在最终的包装材料中有所残留。残留在包装材料中的有机溶剂会向包装的食品发生迁移，不仅会影响产品的味道、品质，同时也给人们的健康带来很大的威胁。

为规范食品包装生产行业，保证包装材料的安全性，我国目前实行食品用包装、容器、工具等制品市场准入制度。该制度包括生产许可制度、强制检验制度、市场准入标志制度和监督检查制度 4 项具体制度。对与食品直接接触的包装的生产加工企业，进行必备生产条件、质量安全保证能力审查及对产品进行强制检验。该制度的实施是从塑料包装的市场准入开始的。国家对包装材料进行安全评价和监督检验主要依靠相关的法规和标准。我国目前已经出台的与食品包装用塑料软包装相关的法规和标准主要对包装材料的规格、外观、物理机械性能（阻隔性能、拉伸性能等）以及卫生标准进行了规定。其中卫生标准指标主要包括脱色试验、重金属、蒸发残渣（迁移的不挥发迁移物的含量指标）、高锰酸钾消耗量（迁移的小分子有机物的含量指标）、单体迁移量指标等。仅在 GB/T 10004—2008《包装用塑料复合膜、袋 干法复合、挤出复合》、GB/T 21302—2007《包装用复合膜、袋通则》两项标准中有关于溶剂残留总量的规定，但并没有规定相应检测的溶剂范围，对可能的各种溶剂的限量也未做详细的划分，只要求生产企业根据实际使用的溶剂进行检测。特别是新修订的 GB/T 10004—2008 标准规定：溶剂残留总量≤5mg/m²，其中苯系溶剂残留量不得检出。

《食品用塑料包装、容器、工具等制品生产许可审查细则》（国家质量监督检验检疫总局）（2006 年 7 月，以下简称细则）对复合包装膜、袋产品溶剂残留量限量做了进一步规定：要求溶剂残留总量≤10mg/m²，其中苯系溶剂残留量≤2mg/m²。同时根据我国包装工业的溶剂使用情况对检测溶剂的范围进行了规定，包括 3 种苯系溶剂和 8 种其他溶剂，共计 11 种溶剂，进行了明确界定，从而使执行细则增加了可操作性。这 11 种溶剂分别是乙醇、丙酮、乙酸乙酯、二甲苯、甲苯、己丙醇、乙酸丁酯、丁酮（甲乙酮）、乙酸异丙酯、丁醇、苯。

此外，塑料包装材料中的生物安全，如致病菌、细菌、霉菌等分别参照 GB/T 4789.4、GB/T 4789.5、GB/T 4789.10、GB/T 4789.11、GB/T 4789.15 进行检测。

总之，食品塑料包装材料的安全性已越来越得到社会的重视，塑料包装生产企业应当从保护人民身体健康和促进环境保护的角度不断提高检测技术和水平，为塑料食品包装材料的安全可靠做出应有的贡献。

参 考 文 献

[1] 毛希琴，潘炜，付林华，关成，陈吉平. 关于扩大我国食品塑料软包装标准中残留溶剂检测范围的探讨. 食品工业科技，2009，1.
[2] BOPET 专业委员会. 国内外食品包装卫生标准的现状. 塑料包装，2011，4.
[3] 蔡荣. 食品包装的要求与检测. 上海包装，2009，10.
[4] 秦紫明，施均. 食品用塑料包装材料的安全性研究. 上海塑料，2010，4.
[5] 程鹏. 塑料在食品包装中的安全性. 上海包装，2010，12.
[6] 陈锦瑶，朱蕾，张立实. 我国塑料食品包装材料及容器标准体系现况研究与问题分析. 现代预防医学，2011，6.
[7] 周磊，贾晓川，李晶，于智睿，张彬，于燕燕. 食品包装材料用塑料国内外标准法规的对比分析. 食品研究与开发，2010，10.
[8] 方成明. 提高检测技术保障包装安全. 印刷技术，2009，24.
[9] 食品安全法（2009 年 6 月 1 日起实施）.
[10] GB 9685—2008. 食品容器、包装材料用添加剂使用卫生标准（2009 年 6 月 1 日起实施）.